人力资源和社会保障部职业能力建设司推荐

冶金行业职业教育培训规划教材

转炉钢水的炉外精炼技术

主　编　俞海明

副主编　黄星武　徐　栋　肖明光

审　稿　黄星武

北　京

冶金工业出版社

2011

内 容 提 要

本书为冶金行业职业技能培训教材,根据冶金企业的生产实际和岗位技能要求编写,并经劳动和社会保障部职业培训教材工作委员会办公室评审通过。

本书介绍了转炉钢水炉外精炼常用方法,精炼过程中使用的耐火材料基础知识及其在精炼过程中的使用与维护,结合各种炉外精炼手段,介绍了冶炼过程中脱硫、脱氧的工艺操作和控制,重点介绍了常见精炼工艺 CAS-OB、LF、RH、VD 等的基本操作工艺和一些常见钢种的冶炼特点。

本书可以作为钢铁企业职工的培训教材,可以作为中高职院校的教材或者学生熟悉和了解现场的参考书,也可以作为工程技术人员的参考资料。

图书在版编目(CIP)数据

转炉钢水的炉外精炼技术/俞海明主编. —北京:冶金工业出版社,2011.8

冶金行业职业教育培训规划教材

ISBN 978-7-5024-5650-4

Ⅰ.①转… Ⅱ.①俞… Ⅲ.①钢水—炉外精炼—技术培训—教材 Ⅳ.①TF769

中国版本图书馆 CIP 数据核字(2011)第 155880 号

出 版 人 曹胜利
地 址 北京北河沿大街嵩祝院北巷 39 号,邮编 100009
电 话 (010)64027926 电子信箱 yjcbs@cnmip.com.cn
责任编辑 刘小峰 常国平 美术编辑 李 新 版式设计 孙跃红
责任校对 王贺兰 责任印制 张祺鑫
ISBN 978-7-5024-5650-4

北京百善印刷厂印刷;冶金工业出版社发行;各地新华书店经销
2011 年 8 月第 1 版,2011 年 8 月第 1 次印刷
787mm×1092mm 1/16;26.75 印张;709 千字;407 页
59.00 元

冶金工业出版社投稿电话:(010)64027932 投稿信箱:tougao@cnmip.com.cn
冶金工业出版社发行部 电话:(010)64044283 传真:(010)64027893
冶金书店 地址:北京东四西大街 46 号(100010) 电话:(010)65289081(兼传真)
(本书如有印装质量问题,本社发行部负责退换)

序

吴溪淳

　　改革开放以来，我国经济和社会发展取得了辉煌成就，冶金工业实现了持续、快速、健康发展，钢产量已连续数年位居世界首位。这其间凝结着冶金行业广大职工的智慧和心血，包含着千千万万产业工人的汗水和辛劳。实践证明，人才是兴国之本、富民之基和发展之源，是科技创新、经济发展和社会进步的探索者、实践者和推动者。冶金行业中的高技能人才是推动技术创新、实现科技成果转化不可缺少的重要力量，其数量能否迅速增长、素质能否不断提高，关系到冶金行业核心竞争力的强弱。同时，冶金行业作为国家基础产业，拥有数百万从业人员，其综合素质关系到我国产业工人队伍整体素质，关系到工人阶级自身先进性在新的历史条件下的巩固和发展，直接关系到我国综合国力能否不断增强。

　　强化职业技能培训工作，提高企业核心竞争力，是国民经济可持续发展的重要保障，党中央和国务院给予了高度重视，明确提出人才立国的发展战略。结合《职业教育法》的颁布实施，职业教育工作已出现长期稳定发展的新局面。作为行业职业教育的基础，教材建设工作也应认真贯彻落实科学发展观，坚持职业教育面向人人、面向社会的发展方向和以服务为宗旨、以就业为导向的发展方针，适时扩大编者队伍，优化配置教材选题，不断提高编写质量，为冶金行业的现代化建设打下坚实的基础。

　　为了搞好冶金行业的职业技能培训工作，冶金工业出版社在人力资源和社会保障部职业能力建设司和中国钢铁工业协会组织人事部的指导下，同河北工业职业技术学院、昆明冶金高等专科学校、吉林电子信息职业技术学院、山西工程职业技术学院、山东工业职业学院、安徽工业职业技术学院、安徽冶金科技职业技术学院、济钢集团总公司、宝钢集团上海梅山公司、中国职工教育和职业培训协会冶金分会、中国钢协职业培训中心等单位密切协作，联合有关冶金企业和高等院校，编写了这套冶金行业职业教育培训规划教材，并经人力资源和社会保障部职业培训教材工作委员会组织专家评审通过，由人力资源和社会保障部职业能力建设司给予推荐，有关学校、企业的编写人员在时间紧、任务重的情况下，克服困难，辛勤工作，在相关科研院所的工程技术人员的积极参与和大力支持下，出色地完成了前期工作，为冶金行业的职业技能培训工作的顺利进行，打下了坚实的基础。相信这套教材的出版，将为冶金企业生产一线人员理论水平、操作水平和管理水平的进一步提高，企业核心竞争力的不断增强，起到积极的推进作用。

随着近年来冶金行业的高速发展，职业技能培训工作也取得了令人瞩目的成绩，绝大多数企业建立了完善的职工教育培训体系，职工素质不断提高，为我国冶金行业的发展提供了强大的人力资源支持。今后培训工作的重点，应继续注重职业技能培训工作者队伍的建设，丰富教材品种，加强对高技能人才的培养，进一步强化岗前培训，深化企业间、国际间的合作，开辟冶金行业职业培训工作的新局面。

展望未来，任重而道远。希望各冶金企业与相关院校、出版部门进一步开拓思路，加强合作，全面提升从业人员的素质，要在冶金企业的职工队伍中培养一批刻苦学习、岗位成才的带头人，培养一批推动技术创新、实现科技成果转化的带头人，培养一批提高生产效率、提升产品质量的带头人；不断创新，不断发展，力争使我国冶金行业职业技能培训工作跨上一个新台阶，为冶金行业持续、稳定、健康发展，做出新的贡献！

前　言

本书是按照人力资源和社会保障部的规划,得到冶金工业出版社的支持,参照行业职业技能标准和职业技能鉴定规范,根据企业的生产实际和岗位技能要求编写的。书稿经人力资源和社会保障部职业培训教材工作委员会办公室组织专家评审通过,由人力资源和社会保障部培训就业司推荐作为行业职业技能培训教材。

本书详尽地介绍了炉外精炼用耐火材料的使用与维护,深入浅出地介绍了炉外精炼原理和炉外精炼过程的脱氧、脱硫和钢中夹杂物控制,结合生产实例介绍了转炉钢水的 RH、LF、VD、CAS - OB 精炼工艺的操作方法和操作要点,最后归纳了转炉品种钢的生产要点。

本书可作为钢铁企业职工的培训教材、中高职院校的教材或者学生熟悉和了解现场的参考书,也可以作为工程技术人员的参考资料。

笔者先后供职于不同的炼钢生产线,包括两条不同配置的长流程生产线和两条短流程生产线。其中,3 座 20t 转炉没有精炼工艺,3 座 120t 转炉具有 3 种不同的精炼工艺,还有 1 座 70t 电炉短流程生产合金钢和 1 座 110t 电炉短流程生产板坯。笔者最为深刻的感受就是,转炉钢水的炉外精炼装备,能够极大地缓解转炉操作过程中的压力,降低各类损失,提高系统的抗风险能力,开发出高附加值的钢种,提升企业的竞争力。转炉钢水的炉外精炼技术,由于冶炼的钢种不同,初炼炉的工况不同,所以炉外精炼的关键控制点和电炉钢水的炉外精炼技术相比,既有较多的相同之处,也有很多不同之处,并且炼钢的关键控制,在于炼钢工能够理智地按照炼钢过程的基础知识和概念进行管控。

笔者供职的 120t 转炉生产线,3 年来历经了数百起各种各样的常见事故,在事故的处理过程中和职工的培训过程中,笔者深刻认识到,许多基础概念和基础知识,尤其是不同工序的基础知识是现场炼钢工最为迫切需要了解的。为此笔者就此想法和冶金工业出版社做了诚恳的沟通,得到了出版社的支持和鼓励。所以笔者本着提高职工操作技能的单纯目的,着手编写本书。编写过程中,笔者在参考大量文献的基础上,结合生产中出现的问题点,耗时 18 个月,终于完成初稿的编写。期间,考虑到笔者知识的局限,邀请3位长期供职于转炉生产线的黄星武高工,徐栋、肖明光工程师讨论并且编写了部分章节。其中,第5~8章由黄星武完成;第10~12章由徐栋完成;第1、13、14章由肖明光完成。全书完成以后,书稿由黄星武高工在百忙之中进行了审阅,并且提出了宝贵的修改意见。初稿草成后,冶金工业出版社又在内容组织等方面提出了许多具体的修改意见,略去了和笔者另外一本书《电炉钢水的炉外精炼技术》相同的内容,使得全书的内容焕然一新,更具有可读性。本书略去的部分内容,有兴趣的读者可参阅《电炉钢水的炉外精炼技术》(冶金工业出版社2010年出版)一书。在本书的编著过程中,冶金工业出版社的严谨、负责、专业的作风,给笔者以深深的感动,帮助笔者少走了许多的弯路。

　　本书出版之际,笔者感谢培养我、支持我的亲人、师长和同事,感谢那些激励我的人们,感谢总经理助理袁万能先生给予的鼓励和嘉勉,感谢八钢,感谢参考文献的作者,感谢为本书编写提供资料和帮助的人们!

　　由于笔者学识所限,书中不足之处,真诚希望读者给予批评指正。

俞海明

2011 年 6 月

目　录

1 转炉钢水的特点和常见的炉外精炼方法概述

1.1 转炉钢水的特点

转炉炼钢的主要原料是 70% ~ 100% 的铁水和 0 ~ 30% 的废钢,采用较大的供氧强度以及超声速氧枪或者超声速集束氧枪的射流冲击熔池,利用铁水的物理热,加上氧化钢液中的硅、锰、磷、硫、碳、铁等元素放热,提高钢水的温度,来实现炼钢温度满足后续工艺要求的炼钢方法。这种冶炼方法废钢加入量少,炉料配碳量较高,脱碳反应过程中产生的 CO 气泡,可以有效地去除钢水中的有害气体元素氢、氮,因此,转炉钢水的氢、氮含量较低,残余有害元素铬、镍、铜、锌、铅、锡等含量很低。与另外一种主要的炼钢方法——电炉炼钢相比,两者的生产技术特点和钢水成分的控制特点见表 1-1。

表 1-1 转炉钢水和电炉钢水的技术特点、质量的比较

项 目	技术指标	转 炉	电 炉
技术特点	供氧强度 /m³·(t·min)⁻¹	3.0 ~ 4.0	0.40 ~ 1.5
	金属炉料升温范围/℃	300 ~ 450	足够大
	升温速度/℃·min⁻¹	30 ~ 40	15 ~ 45
	脱碳量占炉料的百分比/%	3.5 ~ 4.5	0.8 ~ 3.0
	脱碳速度/%·min⁻¹	0.2 ~ 0.45	0.03 ~ 0.15
	冶炼周期/min	18 ~ 40	35 ~ 65
	成分的稳定性	较稳定	波动较大
	冶炼成本	电炉钢比转炉钢吨钢成本多 150 ~ 400 元	
钢水成分控制/%	C	0.03 ~ 0.80	0.08 ~ 0.80
	H	0.00015 ~ 0.0003	3 ~ 5
	N	0.001 ~ 0.004	50 ~ 150
	O	0.03 ~ 0.09	350 ~ 1200
	S	0.01 ~ 0.04	0.015 ~ 0.045
	P	约 0.04	约 0.03
	Cu + Zn + Cr + Ni + Pb	较 低	较 高

转炉炼钢另外的一个特点是反应快、升温迅速,造成终点的温度和成分较难准确控制;冶炼后期,[C]-[O] 反应趋缓,渣钢间的反应远离平衡条件,容易造成钢水氧化,如果出钢挡渣不力,大量氧化性炉渣流入钢包给炉外精炼带来较大困难。所以,转炉钢水的炉外精炼特点是和电炉钢水的炉外精炼特点在一些条件上有着明显的差别,如果没有炉外精炼的保证,现代转炉高质量钢种的开发困难很大,转炉钢水的炉外精炼工艺是提高转炉钢水质量的必要条件。

据统计,一座没有炉外精炼设备的转炉厂,生产建筑用钢材的条件下,由于温度和成分的波

动较大,连铸的溢漏率和废品率分别是有炉外精炼设备转炉厂的 4 倍和 2.5 倍。

1.2　转炉钢水的常见炉外精炼方法的发展简述

　　20 世纪 60 年代初到 70 年代期间,转炉的主要优点体现在产能和成本的优势上。转炉以生产一些建材和普钢为主,对钢水质量的关注已经有了一定深度的认识,只是当时的工装水平的局限,阻碍了转炉冶炼钢水的质量和品种的尽快发展。2001 年美国“9·11”恐怖事件以后,从倒塌的世贸中心大厦上拆解的废钢分析,该大厦的主要钢结构用钢是日本一个知名钢铁企业生产的建材,类似于国内目前生产的合金板 Q345B,即采用钛强化的转炉钢,据分析,该种钢材产于 20世纪 60 年代末期,与目前国内同类钢铁产品相比,氧含量的控制水平较好,但是夹杂物的含量较高,这一点也反映了当时转炉钢水的质量水平。

　　在没有炉外精炼的前提下,大多数钢厂的转炉,出钢需要将成分和温度一次命中。在温度没有命中的情况下,有些温度没有满足浇铸条件的低温钢水需要回炉;在成分没有命中的情况下,钢材或者降级使用,或者作为废品处理;还有些特殊的情况,如转炉出钢过程中出钢口过大,出钢时间短,合金化过程中合金没有及时熔化,而是在钢包表面结块,或者是部分没有及时熔化,也意味着钢水成分存在不可控的风险;还有在一些情况下,当连铸机出现故障,将整包的钢水退回的情况下,就意味着整包钢水的回炉损失。这些矛盾的存在,就需要相应的解决方法应对。最初的转炉吹氩站,就是为了调整钢液的成分和温度出现的。那时候转炉钢水出钢以后的处理方法主要是在吹氩站进行简单的吹氩,调整合金成分和温度,以及简单的喂丝对钢液进行钙处理,解决转炉冶炼某些钢种在连铸浇铸过程中的结瘤问题。

　　随着连铸技术的发展,为了提高铸坯的质量,要求转炉钢水在温度、成分及时间节奏的匹配上能够保证定时、定量、温度波动小、钢水成分波动小、能连续为连铸提供钢水,稳定连铸生产,这些方法后来发展成为目前转炉钢水的主要精炼方法之一的 SAB(scald argon bubbling,氩气泡清洁钢液法)法,又称 CAS(composition adjustment by scalded argon bubbling,通过氩气泡清洗调整成分)法。钢水吹氩精炼的方式有底吹和顶吹两种方式。最早的吹氩方式是以顶吹氩为主,这种吹氩方式可以通过吹氩来均匀钢液成分,促使部分夹杂物上浮,还可以根据钢包内钢水化学成分的具体情况,添加少量的合金,保证钢水的化学成分能够满足钢材的各种性能要求。在钢包钢水温度较高的时候,可以向钢包添加和冶炼钢种成分相同或者相近的厂内返回废钢(轧钢的切头、废品、炼钢的坯头、坯尾、废坯等),调节钢包内钢水的温度。考虑到通过向钢包添加合金、废钢以及吹氩时,钢包内钢液的飞溅现象,可能对操作工和设备的安全性能带来危害,CAB(capped argon bubbling,加盖吹氩)法应运而生,有些厂家叫 CAS 法,或者LATS 法。

　　随着化学热升温方法在冶金过程中的应用,典型的铝热法升温,给低温钢水,包括转炉出的低温钢水和连铸退回的事故低温钢水,带来了一种低成本的解决方法,和 CAS 法组合形成了目前的 CAS-OB 转炉钢水的精炼方法。这种方法由于成本低廉,投资小,钢水的处理时间稳定,在成本上具有较强的竞争力,成为目前转炉钢厂生产普钢的首选方法。这种工艺最早是日本开发的,我国的鞍钢也发明了具有自己特色的 ANS-OB 工艺,以及目前的达涅利康力斯公司的伯利恒化学升温工艺(BRPS),也是 CAS-OB 工艺形式的衍生物之一,只是设备投资费用、生产运行成本、设备维护成本、可操作性都更加有竞争力而已。

　　CAS-OB 工艺用来处理普钢能够在成本上取得优势,但是在钢液升温和脱硫上,还存在着不足和缺陷,如铝热法对钢水进行大幅度的升温以后,钢水的夹杂物数量增加,可浇性下降;此外,钢液脱硫能力很小,影响了这种工艺对质量要求较高钢种的处理需求。在这期间,为了解决钢液脱硫的问题,转炉钢水的喷粉冶金工艺得到了发展,典型的有 1974 年德国蒂森公司发明的 TN 喷粉精炼工艺、1979 年瑞典 Scandinavian Lancer 公司发明的 SL(氏兰法)、日本住友金属发明的 IR-UT 工艺等。

转炉钢水的喷粉冶金,具有优势也存在缺陷。由于处理的钢种有限,钢液容易吸收氢、氮,温降明显,设备运行不可靠因素多等原因,转炉钢水的喷粉冶金工艺没有得到长足的发展。

1971 年,日本大同特殊钢公司开发出 LF 工艺,该工艺采用了对钢水几乎没有污染的电弧升温、钢液的造白渣深度脱硫、钢水的喂丝钙处理净化钢液等方法,对提高钢水质量具有的优越性,得到了世界各国的普遍认同,同时该工艺也成为了转炉钢水炉外精炼的不二选择。我国的西安电炉研究所于 1980 年自行设计了第一台 40t LF 炉,目前国内已有多家设计单位和科研机构能够设计建造 20 ~ 350t 的 LF 炉。

随着钢铁工业和世界制造加工业、石油工业、机械工业、家用电器行业、船舶制造业、食品行业、汽车行业的发展,对钢材的质量和性能提出了更加高的要求,其中表现之一就是在转炉生产的钢材向低碳、高强度化和高度洁净化的方向发展,这促进了转炉钢水炉外精炼手段向真空处理方向的发展。

20 世纪 50 年代中后期,随着大功率的蒸汽喷射泵技术的突破,德国发明了钢包内钢水提升脱气法(DH)及循环脱气法(RH),使得转炉钢水能够大批量地进行真空处理。

这样,转炉钢水的炉外精炼技术正式形成了真空处理和非真空处理两大类型。在这些技术中,VOD 技术用于冶炼超低碳钢;VD 技术早在 20 世纪 50 年代就已应用于生产,为钢液的脱气创造了良好的冶金条件,但是由于处理过程中温度损失、脱硫能力有限,直到 LF 发明以后,VD 与 LF 配套才得以迅速发展。在真空处理技术方面,日本首先对德国的 RH 技术做了改进,发明了吹氧脱碳升温的 RH-OB 技术,随后世界各国相继发明或者创造了 RH-PB、RH-KTB、RH-MFB 等技术,这些技术的发展,基本确定了钢水吹氩技术是各种炉外精炼技术得以实施的基础。

VD、RH 等真空处理手段和 LF 或者喷粉冶金手段组合,形成了目前较为齐全的转炉炉外精炼方法,使得精炼炉与转炉在生产能力和生产节奏上配套,保证了精炼设备具有较高的作业率。

目前,随着冶金工程学的进步,在冶金工作者的努力下,转炉钢水的炉外精炼手段经过运行比较,不同厂家的转炉钢水炉外精炼的设备选择也不相同,但是它们的功能主要表现在以下几点:

(1)搅拌熔池,均匀钢水成分和温度,保证钢材的组织成分合格;

(2)通过钢渣反应、真空冶炼以及喷射冶金等方法,去除钢中氢、氮、氧、硫、磷等杂质和夹杂物,提高钢水洁净度;

(3)可以对钢水进行升温、控温和成分微调,满足窄成分控制的需要;

(4)生产环节的调节功能,能够使得炼钢—连铸或者炼钢—模铸的生产处于一种动态的平衡状态。

为满足钢种冶炼的质量要求,可将不同功能的精炼设备组合起来,共同完成精炼任务。常见的转炉炉外精炼匹配方式有:CAS—RH、CAS—LF、LF—RH、LF—VD、AOD—VOD 等方法。

为了使得各个工序之间较好地衔接,充分发挥炉外精炼的作用,转炉钢水的炉外精炼设备一般的匹配原则是:精炼炉的容量略大于初炼炉出钢量;而精炼周期应小于炼钢与连铸的生产周期,以保证炼钢与连铸间具有适当的缓冲能力。各种常见的转炉钢水炉外精炼的工艺性能对比见表 1-2。

表 1-2　各类常见的转炉钢水的炉外精炼设备的工艺性能对比

精炼设备	搅拌	升温	合金化能力	精炼功能					生产调节能力
				脱气	脱碳	渣洗	喷粉	夹杂物处理	
CAS-OB	强	强	强	无	无	较弱	无	一般	较好
CAB	强	无	弱	无	无	较弱	无	较弱	一般
LF	一般	强	强	无	无	强	无	好	较好
IR-UT	一般	无	弱	无	无	一般	强	一般	一般
RH	强	弱	强	强	强	一般	一般	一般	好
VD	强	无	强	强	较弱	强	一般	好	一般
VOD	强	一般	强	强	强	一般	弱	一般	一般

1.3　转炉钢水炉外精炼的常见工艺设备的选择

转炉钢水炉外精炼设备的选择主要考虑以下几个方面：

（1）根据本厂产品大纲的要求选择炉外精炼设备，并且要考虑中长期的远景计划，留有余地；

（2）充分考虑转炉和连铸的产能、生产节奏，选择的炉外精炼设备应该具有较高的设备作业率；

（3）充分考虑转炉钢水可能出现的各种情况，选择的炉外精炼设备应该具有较强的适应性；

（4）生产运行成本要求合理，能够满足生产成本在盈亏点以下；

（5）投资成本要合理，设备的运行要可靠，能够尽可能地提高钢水的炉外精炼比例。

表 1-3 是两种不同炉外精炼方式的工艺比较，表 1-4 是各种精炼工艺合金元素收得率的比较。

表 1-3　LF 精炼工艺和 CAS-OB 精炼工艺的比较

工艺 项　目	LF	CAS-OB
生产节奏	相对较慢	快
处理周期/min	15 ~ 45	5 ~ 35
升温速度/℃·min^{-1}	3 ~ 5	5 ~ 12
下渣处理方式	泼渣或者顶渣改质	排渣操作或泼渣
适合处理的钢种	硅锰镇静钢以及铝镇静钢	铝镇静钢
处理成本/元·t^{-1}	30 ~ 70	2.5 ~ 12
操作难度	对操作工的要求较高	要求一般

表 1-4 各种精炼工艺合金元素收得率的比较 （%）

工艺	C	Mn	Si	Al	Cr	Ti
CAS-OB	80 ~ 95	95 ~ 100	70 ~ 95	50 ~ 80		45 ~ 75
LF	90	94	85 ~ 95	35 ~ 70	96.4	40 ~ 80
RH		95 ~ 98	85 ~ 95	45 ~ 75		55 ~ 85
VD	90	94 ~ 100	90 ~ 95	60 ~ 80	98	75 ~ 95

一个现代化的转炉优钢生产线,精炼工艺的标准配置应该是以 CAS 为基础,LF 为保证,RH、VD 为深度扩展,各种工艺能够相互灵活组合,以实现钢水质量有足够的保证,冶炼成本最低的目的。

1.4 各种不同工艺组合的精炼特点

1.4.1 LD + 渣洗工艺 + FW(喂丝)工艺

LD + 渣洗工艺 + FW(喂丝)工艺可以处理大部分的钢种。对转炉要求铁水进行脱硫处理,入炉废钢原料的硫含量控制要求较高。转炉出钢的温度、成分控制精度要求较高,并且出钢挡渣效果要好。出钢过程中加入合金脱氧剂的同时,加入渣料和合成渣,或者预熔渣,精炼剂等进行脱氧,利用渣洗工艺将脱氧产物排至顶渣吸收,出钢过程中全程以较大的流量吹氩,出钢结束以后,在钢渣的表面加入钢渣改质剂对钢渣进行改质,然后在喂丝站喂入各类丝线调整成分或者进行钙处理。在冶炼铝镇静钢的时候,喂入铝线调整铝的成分,可以进行钙处理,也可以不进行钙处理;在冶炼中高碳钢的时候,喂入碳线调整碳的成分。在转炉温度控制不合适,出钢下渣等情况下,这种工艺的基础就很难有效果,钢水只有吊往 LF 或者 RH 等工位处理了。

1.4.2 LD + CAS-OB 工艺

CAS-OB 是常用的炉外精炼工艺之一。CAS 是在钢包底吹氩气搅拌的基础上开发的浸罩式炉外精炼技术,CAS-OB 就是在 CAS 的工艺基础上加铝丸、铝粒或者铝铁,然后吹氧氧化,利用铝氧化放热达到钢包内钢水升温功能的工艺。CAS-OB 工艺的设备投资少、精炼处理速度快、操作简单、能满足快节奏生产要求等优势,在日本、美国、欧洲和中国不少钢铁厂都采用该工艺。这种工艺的优点是:

(1)炉外处理设备中,CAS-OB 的升温速度最快,可达到 6 ~ 12℃/min,升温幅度最高可达到 100℃。

(2)促进夹杂物上浮。采用 CAS-OB 对钢水进行加热(升温低于 100℃),可控制钢中酸溶铝不高于 0.005%,钢水 T[O] 含量降低 20% ~ 40%。

(3)精确控制钢液成分,实现窄成分控制,处理中铝、硅、锰等合金元素的收得率稳定,并可提高合金收得率 20% ~ 50%,实现对钢液成分的精确控制。

(4)均匀钢水成分和温度。

（5）与喂线配合，可进行夹杂物的变性处理。

CAS-OB 工艺能够适应转炉的生产节奏；适宜转炉的温度控制；精炼成本低；但不适宜生产 Si-Mn 镇静钢。适宜 CAS 冶炼的钢种有：普碳钢，如 Q195 ~ Q235 等；普通低合金钢，如 20MnSi、HRB335 ~ 600 等；低碳深冲钢，如低碳冷轧薄板 SPHC、SPHE、08Al 等；低碳钢丝（软线），如 SWRM6 ~ 10 等；低碳焊条钢，如 H08A 等；准沸腾钢，如 F11、F18 等；耐候钢，如 09CuPTiRE、09CrPV 等；高层建筑结构钢，如 400 ~ 450MPa 耐火钢等。

1.4.3　LD + LF 工艺

转炉配备 LF 工艺的优点主要有：

（1）利用电弧加热功能，热效率较高、升温幅度大、温度控制精度高，可以保证提供给连铸的钢水温度波动在最小的范围内，实现恒温恒速浇铸，有效地减少漏钢的几率。

LF 炉采用电弧加热，对钢水加热效率一般不低于 60% ，高于电炉升温热效率。吨钢平均每升温 1℃ ，耗电 0.5 ~ 0.8kW · h。LF 炉的升温速度决定于供电的比功率，而供电比功率大小又决定于钢包耐火材料的熔损指数。LF 炉的供电比功率为 150 ~ 200kV · A/t，升温速度可达到 3 ~ 5℃/min，采用埋弧泡沫技术，可减轻电弧的辐射热损失，加热效率提高 10% ~ 15% 。LF 炉采用计算机智能动态控制终点温度，可保证终点温度的控制精度为 ±5℃ 以内。

而且 LF 炉的电弧加热工艺，使得转炉生产合金钢成为了可能。以往轴承钢、齿轮钢、部分工具钢等大多在短流程电炉生产线上生产，目前这些钢种已经有很大一部分转移到了转炉生产，并且质量比电炉更加稳定，成本上更有竞争力。

（2）可以有效地提高转炉的废钢加入比例，降低转炉的出钢温度，对转炉的炉衬寿命、作业率、产能都有积极的意义。

转炉配加废钢的目的是起到了一个冷却剂的作用，一般来讲，转炉的废钢最佳加入比例在 15% ~ 17% 之间。在一些工业化比较集中的地区，炼铁的能力相对不足的时候，转炉通过增加废钢的比例，适当地降低出钢温度，能够弥补铁水不足造成的影响。

在生产硬线钢、弹簧钢、轴承钢等一些中高碳钢的时候，转炉全铁水冶炼，采用高拉碳操作（留碳操作）工艺，这种高拉碳工艺，相对的出钢温度较低，采用转炉配 LF 炉的工艺，不仅能够生产出残余有害元素含量低的钢种，而且生产的工艺也相对地得到了优化。

（3）白渣精炼是 LF 炉工艺操作的核心，也是提高钢水纯净度的重要保证。电弧加热下的渣钢精炼工艺，增强了精炼功能，有利于钢渣界面的脱硫反应和脱氧反应，适宜生产超低硫、超低氧钢，扩大产品的范围。

（4）具备搅拌和合金化功能，易于实现窄成分控制，提高产品的稳定性。

合金微调与窄成分控制技术是保证钢材成分性能稳定的关键技术之一，也是 LF 炉的重要冶金功能。LF 炉在氩气搅拌的作用下，合金的混匀时间较短，收得率稳定。

LF 炉合金元素成分，可以根据炉内钢液还原情况进行调整，分 1 ~ 5 次对合金成分进行微调，白渣下的贵重合金元素回收率稳定，成分波动小，可以充分满足窄成分控制的需要。但是，LF 炉对转炉来讲，较为适合处理 Si-Mn 镇静钢，由于处理周期偏长，和转炉快节奏的生产节奏不相适应，而且只具有升温功能，不具有降温的功能，而且不要求大量升温，对转炉的挡渣要求更严格。所以目前有些厂家对 LF 炉的功能有了细化，可以采用 LF 轻处理工艺、一般处理工艺和重处理工艺，以适应转炉的生产节奏和降低处理成本。适合于 LD + LF 处理的合金钢钢种见表 1-5 和表 1-6。

表 1-5　适合于 LD + LF 处理的合金钢

钢　种	典型的代表钢号	主　要　用　途	主要合金元素
硬线钢	65、70、75、80、85、75Mn、80Mn、85Mn、82B 等	预应力钢丝、镀锌钢丝、钢绞线、钢丝绳用钢丝、子午线轮胎用钢丝、弹簧钢丝等	硅、锰、铝
齿轮钢	20MnMoBH、20CrMn TiH、16MnCr5 等	各类齿轮箱和车辆齿轮	铬、锰、钼、钛、硅、钒、硼等
轴承钢	GCr15、9Cr18Mo、GCr15SiMn、W18Cr4V	制造滚动轴承的滚珠、滚柱、轴承套圈等	硅、锰、钼、铬、钨、钒、镍等
弹簧钢	60Si2Mn、60Si2Cr、55SiMnVB、SUP9、50CrVA	各类车辆弹簧，各类弹簧丝、圈等	铬、锰、钼、钛、硅、钒、硼等
管线钢	X42、X46、X52、X60、X65、X70 等	输油管线用钢	硅、锰、钼、钛、钒、铜、镍、铌等
重轨钢	U71Mn、PD3、260 等	高速铁路用钢	硅、锰、钼、钒、铝等
高强度建材用钢	HRB335 ~ 700、厚板钢 Q345 系列	建材或者高层建筑用钢	硅、锰、铌、钛、钒

表 1-6　适合于 LD + LF 处理的微合金化钢

用　途	钢种牌号	σ_s/MPa	合金系列
造船用钢	AH36　DH36、EH36	≥350	C-Mn-Nb(V)
桥梁用钢	14MnNb	≥355	C-Mn-Nb(V,Ti)
锅炉用钢	BHU35	330 ~ 390	C-Mn-(Mo)-Nb
工程机械用钢	Welten60RC	450	C-Mn-Nb-V
汽车大梁钢	B510L	355	C-Mn-(Nb)
	B550L	355	C-Mn-(Ti)
	09SiVL	355	C-Mn-V

1.4.4　LD + RH 工艺

RH 法又称真空循环脱气法。最初的 RH 是为了给钢液脱气发明的，随着不同的功能扩展，目前 RH 已经成为了转炉钢水炉外真空精炼的主要工艺方法。RH 工艺的基本原理是利用气泡泵的原理，使用氩气泡将钢水不断地提升到真空室内进行脱气、脱碳等反应，然后回流到钢包中。因此，RH 处理不要求特定的钢包净空高度，反应速度也不受钢包净空高度的限制。和其他各种真空处理工艺相比，具有脱碳反应速度快、处理周期短、生产效率高、反应效率高等特点，钢水直接在真空室内进行反应，可生产 [H] < 0.005% （质量分数，下同）、[N] < 0.0025%、[C] < 0.001% 的超纯净钢；还可进行吹氧脱碳和二次燃烧进行热补偿，减少处理温降；在有的厂家，RH

进行的喷粉脱硫,能够生产[S] < 0.005% 的超低硫钢。对汽车、家电用薄钢板,为了提高钢材的深冲性能,一般要求严格控制[C] + [N] < 0.005% 。为了大量生产[C] + [N] < 0.005% 的深冲钢板,使低碳低氮钢的 RH 精炼工艺得到迅速发展。作为转炉钢水炉外精炼的重要手段,RH 能够处理的钢种有低碳深冲钢、低碳低氮的汽车面板钢、家电用面板钢、易拉罐用钢、高等级的管线钢(X70 以上牌号的管线钢)和高等级的低碳钢丝绳索用钢,一些适用于 VD 处理的钢 RH 大部分都可以处理,日本的三腿 RH 还用于冶炼不锈钢。表 1-7 是一座 120t 的 RH 处理一些钢种的时间分布情况。

表 1-7　一座 120t 的 RH 处理一些钢种的时间分布情况

钢　种	管线钢	轴承钢	弹簧钢	齿轮钢
辅助时间/min	4	4	4	4
脱气(原始 N0.012% ,H < 0.007%)/min	12	18	10	12
测温取样/min	1	1	1	1
等样/min	3	3	3	3
循环次数/次	2 ~ 5	2 ~ 5	1 ~ 5	1 ~ 5
环流量/t · min^{-1}	13.72	16	22	12 ~ 26
钢包下降时间/min	1	1	1	1
台车到加保温剂位置/min	1	1	1	1
喂丝吹氩、保温剂加入/min	3	3	3	3
弱吹氩/min	2 ~ 5	2 ~ 5	2 ~ 5	2 ~ 5
钢包台车开出/min	1	1	1	1
合计/min	24 ~ 27	34 ~ 37	26 ~ 29	28 ~ 34

1.4.5　LD + CAS + LF 或者 LD + LF + CAS 双联工艺

对生产长型材或中厚板为主的转炉钢厂,可采用 CAS + LF 双联精炼工艺。

CAS + LF 双联精炼的基本思想是对 LF 炉的生产工序进行解析,将 LF 炉的部分冶金功能在 CAS 炉内完成,而在 LF 炉内只进行白渣精炼工艺,在保证足够的渣精炼时间内,使 LF 炉的精炼周期与转炉相匹配,适宜转炉快生产节奏。CAS 炉与转炉在线配置,处理周期 8 ~ 15min,精炼能力达到转炉生产量的 98% 以上;双联配置以后 LF 炉作业周期缩短到 30min 以内,作业率提高 40% 。对铝镇静钢,精炼后 T[O] ≤ 0.002% ;对 Si-Mn 镇静钢,CAS + LF 炉双联处理后 T[O] ≤ 0.003% ,[S] ≤ 0.01% 。

表1-8为CAS+LF双联配置的功能分解和优点,表1-9为部分适宜CAS+LF双联精炼的钢种。

表1-8　CAS+LF双联配置的功能分解和优点

工　位	发挥的精炼炉主要功能	CAS+LF的双联工艺的优点
CAS工位	不易氧化,回收率稳定的合金元素进行粗调整,转炉的高温钢水加废钢调温,也可以进行喂丝处理	迅速降低转炉的高温钢水,部分合金可以一次调整到钢种成分的中下限
LF处理工位	造白渣脱硫、脱氧,添加易氧化的合金进行合金化,喂丝进行夹杂物的变性处理	易氧化的贵重合金收得率提高,完成钢水温度的精确控制,钢液进行变性处理,提高钢液的质量
待浇工位	软吹氩进行夹杂物上浮,提供工序的缓冲时间	形成工序缓冲时间稳定,钢水质量较为可靠的工艺

表1-9　部分适宜CAS+LF双联精炼的钢种

精炼的钢种	典型的钢种	主要合金化元素
冷镦钢	SWRCH35K、ML7-35	硅、锰、铬等
碳素结构钢	20~45	硅、锰
弹簧钢	60Si2Mn、50CrMn	硅、锰、铬、钒、硼、钼等
硬线钢	60、70、82B、85Mn等	硅、锰、铬等
工程机械用钢	A514M等	硅、锰、铬、钒、钼等
造船用钢	A、D、E级高强度造船板	硅、锰、铌等
压力容器用钢	16MnR	硅、锰等

1.4.6　LD+LF+VD或者LD+VD+LF工艺

作为钢水炉外精炼的一种工艺,VD主要和LF配合,生产对氢、氮、硫要求较为严格的钢种,由于VD处理对钢包的净空高度有限制,一般来讲主要和中小型转炉或者电炉、方坯连铸机配合,适合生产中高碳钢、弹簧钢、合金钢、锅炉钢、各类无缝钢管用钢、重轨钢等几乎所有的常见特殊钢。由于VD处理钢水的能力没有RH大,处理节奏较RH慢,所以RH适合与大中型转炉和板坯连铸机匹配生产。至于工艺的先后顺序,根据钢种的特点,转炉出钢以后钢包的具体温度灵活掌握,以取得最佳的冶金效果。如转炉出钢以后,钢包内钢液温度较高,选择LD→VD→LF,首先在VD进行真空条件下的碳脱氧、脱气操作,然后到LF进行白渣条件下的精炼脱硫;在钢包温度较低的情况下,首先进行LF的升温,白渣脱硫、脱氧,然后到VD进行脱气和深脱硫操作。

1.4.7　LD + LF + RH 或者 LD + RH + LF 工艺

　　LD + LF + RH 或者 LD + RH + LF 工艺比较灵活,可以有效地降低转炉的各种工艺负荷,特别适合生产各类低碳铝镇静钢和对钢中气体含量要求严格的硅镇静钢、高级别的超低硫管线钢、汽车面板钢以及大部分需要真空处理的钢水。本钢炼钢厂转炉矩形坯连铸生产 GCr15 工艺流程为:铁水脱硫→扒渣→转炉→LF→RH→矩形坯连铸→热送特钢厂下道工序。特钢厂生产工艺流程为:加热→800/650℃棒材连轧机组→保温→修磨→检验→包装缴库→发货。

2 炉外精炼用耐火材料基础知识

转炉钢水的炉外精炼过程中,不同的精炼方式,钢包的要求也各不相同。除了钢包以外,转炉钢水的炉外精炼过程中,RH、VD、CAS-OB 使用的耐火材料的材质选择与维护,对制定合理的工艺路线,降低制造成本,提高钢水的质量,加速冶金过程中的物化反应,保证冶炼过程中的安全有积极的意义。

转炉钢水炉外精炼过程中,不论是哪一种精炼方法,钢包都是最重要的精炼使用容器,它承担着转炉出钢过程中的接钢(又称为受钢),精炼过程中加热、脱氧等各种任务,使用条件苛刻。不同的钢种质量要求、成本要求不同,使用的精炼工艺也各不相同。每种精炼方法因冶炼钢种、精炼目的、操作水平等具体的工艺情况各不相同,耐火材料的使用条件也千差万别。由于精炼的特点决定了对精炼容器(在绝大多数场合是钢包)的内衬耐火材料要求很高,其耐火材料对冶炼的效果、安全、吨钢成本、钢水质量、能耗有着直接的影响,所以,钢包的耐火材料,是实现转炉钢水炉外精炼的基本保证。冶金工作者把耐火材料比作钢铁之母也是基于以上原因。了解炉外精炼的一些基本的耐火材料的基础知识,对工艺的操作和提高,是大有裨益的。

2.1 耐火材料的基础性质和成分组成

讨论耐火材料的性能,就会提及耐火材料的性质。耐火材料的性质一般分为矿物组成、组织结构、力学性质、热学性质和高温使用性质。其中有些是常温下测得的性质,如显气孔率、体积密度、耐压强度等,这些性质可以预测耐火材料在高温下的使用性能;有些是高温下测得性质,如耐火度、荷重软化点、热震稳定性、抗渣性等,这些性质反映了耐火材料在高温下的状态,或者反映了高温下与其他系统的作用关系,对安全经济地使用耐火材料具有较强的指导意义。

2.1.1 耐火材料的矿物组成和化学成分

2.1.1.1 矿物组成

炉外精炼的耐火材料,受到高温条件下的物理和化学作用的影响,会产生熔融软化、机械剥离、熔渣侵蚀等现象,这些现象的产生是与期望值相反的,因此要求耐火材料必须具备能够适应各种操作条件的性质,而这些性质中的大部分决定因素,取决于耐火材料的化学矿物组成。

矿物组成是指耐火材料制品中含有的矿物岩相结构成分。如镁炭砖中的主要晶相是方镁石晶相,那么方镁石晶相就是镁炭砖中的主要矿物组成。矿物组成相同的耐火材料,其矿物结晶的尺寸、形状和分布不同,耐火材料的性质也会不一样。耐火材料的矿物组成可以是单一晶相,也可以是多晶相组合体。矿物相目前一般分为结晶相和玻璃相两种,其中构成耐火材料主体并且熔点较高的矿物组成称为主晶相,其余在耐火材料大晶体或者骨料间隙中存在的物质称为基质,如镁炭砖中的碳即基质。耐火材料主晶相的性质、数量和结合状态直接决定了耐火材料的使用性质。

大多数耐火材料按照主晶相和基质可以分为两类:一类是含有晶相和玻璃相的多成分耐火制品,典型的是以黏土砖为代表的耐火材料;另一类是仅仅含有晶相的多成分耐火材料制品,基质多数是细微的结晶体。如镁砖和镁铬砖等碱性耐火材料,在生产制造过程中,产生一定数量的液相,但是液相冷却时不形成玻璃相,它们形成具有结晶性质的基质,将主晶相胶结在一起,显然基质晶体的成分和主晶相是不同的。

在耐火材料的生产过程中,对一定的原料条件,制造耐火材料的时候,可以通过工艺的优化,取得不同矿物组织的物相构成,包括晶粒的形式、尺寸的分布、形成的固溶体、玻璃相等,在一定的条件下,能够影响耐火材料的工作性能。所以评价耐火材料的指标时,矿物组成是判断使用过程中耐火材料性质的重要依据。

2.1.1.2　化学成分

耐火材料的化学组成通常按照各个成分的含量和作用分为三部分:一是质量分数占绝对多数量的基本成分,又称主成分;二是耐火材料制造过程中刻意加入的添加成分;三是耐火材料生产过程中,原料中伴随的夹杂物,称为杂质成分。也有的将杂质成分和添加成分合称副成分。

A　主成分

耐火材料的主成分是耐火材料的特性基础,是构成耐火原料的主题成分,其含量和性质决定了耐火材料的特性。主成分可以是高熔点的氧化物,如氧化镁、氧化锆、氧化铝和二氧化硅等;也可以是复合氧化物,典型的有镁铝尖晶石($MgO \cdot Al_2O_3$)、白云石($MgO \cdot CaO$)等;还可以是一些单质和非氧化物。按照主成分的含量,耐火材料可以分为三种:

(1) 酸性耐火材料。酸性耐火材料包括硅质耐火材料、黏土质、半硅质耐火材料。

(2) 趋于中性的耐火材料。从化学的角度上讲,中性的耐火材料严格地讲只有炭质耐火材料一种,在炼钢过程中没有应用。趋于中性的耐火材料主要有:1)高铝质耐火材料,该类制品中 $Al_2O_3 > 45\%$,属于弱酸性而又趋于中性的耐火材料;2)铬质耐火材料,偏碱性而又趋于中性。

(3) 碱性耐火材料。制品含有的 MgO 和 CaO 成分占绝对多数的耐火材料,称为碱性耐火材料,主要有镁炭砖、白云石砖、镁钙砖、镁铬砖、镁橄榄石质和尖晶石质耐火材料,其中,强碱性耐火材料主要是镁质和白云石质耐火材料。

酸性耐火材料容易与碱性炉渣或者耐火材料起化学反应,导致耐火材料的熔化损失速度加快;碱性耐火材料容易与酸性炉渣或者耐火材料起化学反应,影响使用的效果。在钢包选择耐火材料的时候,需要考虑不同部位耐火材料的主成分性质之间的搭配,提高耐火材料的使用寿命。表 2-1 是炉外精炼常见耐火材料的主成分的熔点,表 2-2 是应用在钢包上主成分不同的两种耐火材料的性能对比。

表 2-1　钢水炉外精炼常见耐火材料的主成分的熔点

种 类	名 称	化学组成	熔点/℃
氧化物	氧化铝	Al_2O_3	2050
	氧化镁	MgO	2800
	二氧化硅	SiO_2	1725
	氧化钙	CaO	2570
	氧化铬	Cr_2O_3	2435
	氧化锆	ZrO_2	2690

续表 2-1

种　类	名　称	化学组成	熔点/℃
复合氧化物	莫来石	$3Al_2O_3 \cdot 2SiO_2$	1870 或 1810 熔融分解
	镁铝尖晶石	$MgO \cdot Al_2O_3$	2135
	锆英石	$ZrO_2 \cdot SiO_2$	2500
	白云石	$MgO \cdot CaO$	2300（低共熔点）
单　质	石　墨	C	3700

表 2-2　钢包用主成分不同的两种耐火材料的性能对比

耐火材料	化学成分/%			常温耐压强度 /MPa	体积密度 /$g \cdot cm^{-3}$
	Al_2O_3	MgO	C		
铝镁炭砖	≥75	≥10	≤5	≥30	≥3.1
镁铝炭砖	≥12	≥70	≤6	≥30	≥3.05

B　添加成分

在耐火材料的生产过程中,为了促进某一种耐火材料的一些性能转变,使得生产工艺简单化,如降低烧结温度和烧结范围,实现成本结构的优化和耐火材料使用性能的提高,添加的一些少量成分称为添加成分。添加成分能够明显地提高耐火材料的性能,降低生产成本。生产中分别用 TiO_2、Cr_2O_3、B_2O_3、V_2O_5 作为添加剂,进行了对合成尖晶石原料烧结性的影响试验。试验结果表明:TiO_2 对促进镁铝尖晶石烧结过程中的致密化效果最好,Cr_2O_3 也有一定的促进致密化效果,B_2O_3、V_2O_5 对镁铝尖晶石烧结过程中的致密化有不利的影响。主要原因如下:

(1) TiO_2 的固溶与 Al_2O_3 从尖晶石结构中的脱溶,使 Ti^{4+} 占据在尖晶石晶格中 Al^{3+} 的位置上,导致空位的产生,促进了原子的扩散和物质的迁移,有利于镁铝尖晶石的致密化。

(2) Cr^{3+} 固溶于尖晶石中产生晶格空位,加入 Cr_2O_3 可提高不同组成的尖晶石的密度,有利于烧结,但考虑到铬公害,一般不采用 Cr_2O_3 为添加剂。

Ghosh 采用 ZnO 作为添加剂,在 1550～1600℃ 范围内烧结合成尖晶石。结果表明,当加入 0.5% ZnO,在 1500℃ 烧结时,合成尖晶石的相对密度可达到 99%。

C　杂质成分

在耐火材料的生产加工工艺过程中,由于原料的纯度有限,一些对耐火材料的使用性能有负面影响的少量成分进入了耐火材料中,这些少量成分就叫杂质成分。通常来讲,氧化铁或者氧化亚铁(Fe_2O_3)、氧化钾(K_2O)和氧化钠(Na_2O)是耐火材料中的有害杂质成分。杂质成分在高温下具有强烈的溶剂作用,它们之间相互作用或者和主成分相互作用,使得生成共熔液相的温度降低或者液相的产生量增加,从而降低了耐火材料的使用性能,如镁铬砖中的 Fe_2O_3,在钢水精炼气氛从氧化气氛向还原气氛变化时,铁酸镁($MgO \cdot Fe_2O_3$)和镁浮氏体之间的晶型转变,会造成体积的变化使镁铬砖开裂损坏。

以氧化物为主的碱性耐火材料含有的酸性氧化物,以及以氧化物为主的酸性耐火材料含有的碱性氧化物都被视为杂质成分。

2.1.2　耐火材料的组织结构

耐火材料是由固相和气孔两部分组成的非均质体,耐火材料中各种形状的气孔的大小和固相之间的结合形式,分布的多少,以及固相中的结晶相和玻璃相的分布情况,叫做耐火材料的宏观组织结构特征,是影响耐火材料高温使用性能的主要因素。

2.1.2.1　气孔率

气孔率是指某一耐火材料制品的所有气孔体积占该耐火材料制品的体积分数。

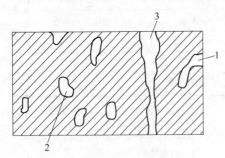

图 2-1　耐火材料的气孔类型
1—开口气孔;2—闭口气孔;3—贯穿气孔

耐火材料在生产过程中产生的气孔形式有开口气孔、闭口气孔和贯穿气孔三种。图 2-1 是耐火材料气孔的类型。

耐火材料制品的气孔率和耐火材料的制品使用性质关系密切,一般情况下,耐火材料的热传导率、抗渣性、强度、体积密度、热膨胀系数随着气孔率的增加而下降。为了简便起见,将上述的三类气孔合为两类,即显气孔和真气孔两种;在一般耐火材料制品中,开口气孔,包括贯穿气孔,占气孔率的绝对多数,闭口气孔占少数。气孔率定义如下:

(1) 显气孔率:耐火材料与大气相通的孔隙(开口气孔)的体积与总体积之比。

(2) 真气孔率:耐火材料全部孔隙的体积(包括开口气孔、闭口气孔和贯穿气孔的体积)与总体积之比。

由于闭口气孔的体积难以直接测定,通常使用开口气孔率衡量耐火材料的性能,即用显气孔率表示。显气孔率 B 可以表示为:

$$B = \frac{V_1}{V_0} \times 100\%$$

式中,V_0 为耐火材料的总体积,cm^3;V_1 为开口气孔的体积,cm^3。

2.1.2.2　透气度

透气度是表征特定条件下,一定量的气体通过一种耐火材料制品难易程度的特性值。其定义为:在一定的时间内,一定压力的气体,透过一定断面和厚度的耐火材料试样的数量。采用以下公式表示:

$$K = \frac{Qd}{(p_1 - p_2)At}$$

式中,Q 为透过气体的数量,L;d 为试样的厚度,m;$p_1 - p_2$ 为试验测得的试样两端气体的压力差,N/m^2;t 为气体通过的时间,h;A 为试样的横截面面积,m^2;K 为透气度系数,也称为透气率,$L \cdot m/(N \cdot h)$。

除了钢包的透气砖以外,其余的耐火材料,透气度越小越好。透气度越小,炉渣的侵蚀速度和耐火材料的热导率也越小。

2.2　耐火材料的性能

2.2.1　耐火材料的热学性质

2.2.1.1　热膨胀

耐火材料在使用过程中,随着温度的升高,主晶相和基质中的原子,由于非谐性振动增大了物体中的原子间距,从而引起体积的膨胀,称为耐火材料的热膨胀。耐火材料的热膨胀关系到钢水炉外精炼过程中的安全使用性能。如热膨胀性能较差的耐火材料,在使用的烘烤阶段,就会发生膨胀崩裂,造成耐火材料损坏;还有在使用过程中产生裂纹,也是影响钢水炉外精炼顺利实施的一个重要因素。

耐火材料的热膨胀率通常使用线膨胀率和线膨胀系数来表示。其定义为:

(1)线膨胀率。耐火材料试样从室温加热到试验温度期间,试样相对长度的变化率。

(2)线膨胀系数。耐火材料试样从室温加热到实验温度期间,温度每升高1℃,试样长度的相对变化率。

耐火材料的热膨胀和耐火材料的晶体结构有关。晶体结构中形成晶体的键能决定了热膨胀系数。如在 MgO、Al_2O_3 的晶体结构中,氧离子紧密堆积,耐火材料受热以后,氧离子的相互热振动造成耐火材料的热膨胀率较大。

在结构上高度各向异性的耐火材料,热膨胀率较低,典型的有堇青石($2MgO \cdot 2Al_2O_3 \cdot 5SiO_2$)。

不同耐火材料的热膨胀系数各不相同,所以利用各种不同耐火材料原料热膨胀系数的差异来调整耐火材料的性能十分重要,如在不定形浇注料中,添加蓝晶石等原料,利用其在高温下的显著膨胀作用抵消不定形耐火材料在高温下产生的收缩,效果良好。

2.2.1.2 热导率

热导率是指单位温度梯度下,单位时间内通过单位垂直面积的热量。影响热导率的主要因素是耐火材料制品的气孔率和矿物组成。

一般来讲,耐火材料气孔中气体的热导率很低,故气孔率较大的耐火材料热导率较低。钢包耐火材料中,采用耐火纤维和轻质砖作为隔热层,主要是利用了以上的原理来实现钢包的热导率的降低,保证钢水有一个合适的降温速度,满足浇铸的要求。

此外,耐火材料的矿物组成中,晶体结构越复杂,杂质成分越多,热导率越低。

图2-2是一种低碳镁炭砖的热导率的估算模型。

对低碳镁炭砖来讲,材料的热导率与其材质及结合状态相关。从材质上考虑,减小石墨的用量,即低炭化可明显降低材料的热导率;从结合状态上考虑,在制备耐火材料时控制气孔的孔径及其分布状态,即尽量使气孔孔径细化并且呈连续分布,也可有效降低材料的热导率。

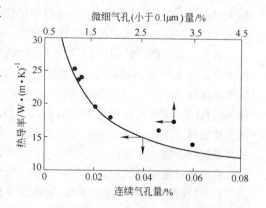

图2-2 镁炭砖的热导率估算模型

2.2.1.3 热容

常压条件下加热 1kg 的某一种物质,使之升温1℃所需要的热量,称为该物质的热容,也称为比热容(单位 kJ/kg)。

比热容在耐火材料的使用过程中,会影响耐火材料的烘烤加热和冷却。如比热容较大的耐火材料,烘烤的时间相对较长一些。

2.2.1.4 高温导电性

耐火材料在常温下,除了炭质和石墨制品以外,基本上是不导电的,随着温度的升高,电阻的减小,耐火材料的导电性增强,在1000℃以上时提高得较快,加热到熔融状态时,耐火材料将会出现较强的导

电能力。耐火材料的导电性强弱,通常使用电阻率来表示。电阻率和绝对温度有以下的关系:

$$\rho = Ae^{B/T}$$

式中,ρ 为电阻率,$\Omega \cdot m$;T 为绝对温度,K;A,B 为与耐火材料有关的常数。

2.2.2 耐火材料的高温力学性能

2.2.2.1 高温耐压强度

高温耐压强度是指耐火材料在高温下单位截面能够承受的最大极限压力。大多数的耐火材料在高温下生成的液相黏度比在低温下生成的固相黏度更高,促进耐火材料颗粒之间的结合更加牢固,尤其是加入了一定数量的结合剂的耐火材料性能更为明显。如高铝砖,在 1000~1200℃耐压强度达到最大值,然后随着温度的升高,耐压强度又会急剧降低。

2.2.2.2 高温蠕变性

耐火材料在高温下承受小于其极限强度的某一个恒定载荷时,产生塑性变形,这种变形量会随着时间的增加而逐渐增加,甚至会导致耐火材料的损坏,这种现象叫做蠕变。

高温蠕变用蠕变曲线表示,其定义为:变形量(%)和时间(h)的曲线,称为蠕变曲线。

2.2.2.3 高温抗折强度

耐火材料在高温下,单位截面所能够承受的极限弯曲应力叫做耐火材料的高温抗折强度,又称为耐火材料的高温弯曲强度或者高温断裂模量,该指标取决于耐火材料矿物组成、晶体结构和生产工艺。耐火材料之间的溶剂物质和生产过程中的烧成温度对耐火材料的高温抗折强度影响特别明显。

碱性的直接结合砖,其高温抗折强度大,对抵抗温度升高带来的应力破坏,以及提高耐火材料制品的抗剥落性、抗渣性、抗冲击有积极的意义。所以,耐火材料的高温抗折强度是表征耐火材料制品强度的重要指标。图2-3是锆刚玉莫来石添加 SiC 以后的高温抗折强度曲线图。

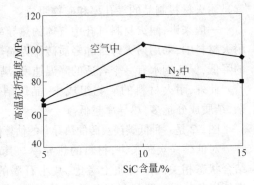

图 2-3　锆刚玉莫来石添加 SiC 以后的高温抗折强度曲线

高温抗折强度的测定方法是:选取一规定尺寸的长方体耐火材料试样,将试样放置于三点弯曲装置上,在耐火材料上施加载荷,测得耐火材料受弯时所能承受的最大载荷即耐火材料的高温抗折强度。可以表示为:

$$R = \frac{3Wl}{2bd^2}$$

式中,R 为高温抗折强度,Pa;W 为断裂时所施加的最大载荷,N;l 为两支点之间的距离,cm;b 为试样的宽度,cm;d 为试样的厚度,cm。

2.2.3 耐火材料的高温使用性能

2.2.3.1 耐火度

耐火材料抵抗高温作用而不熔化的性能称为耐火度,其表征方法是以温度来衡量的。由于耐火材料没有固定的熔点,所以耐火度实际上是指耐火材料软化到一定程度时的温度。耐火度是选用特定耐火材料的重要参考指标。选用耐火材料的耐火度,应高于其最高使用温度。耐火度的测试是将待测的耐火材料按照规定做成锥体试样,与标准试样一起加热,锥体受高温作用软化而弯倒,当其弯倒至锥体的尖端接触底盘时的温度,即为该耐火材料的耐火度。耐火材料耐火度的测试方法如图2-4所示。

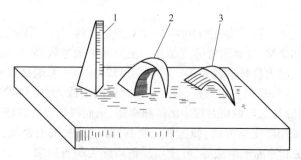

图2-4 耐火材料耐火度的测试示意图
1—软化前的试样;2—在耐火度时弯倒;3—超过耐火度时弯倒

2.2.3.2 荷重软化温度

荷重软化温度也称荷重软化点。耐火制品在常温下耐压强度很高,但是在高温下承受载荷后,就会发生变形,降低了耐压强度,荷重软化温度是指耐火材料在高温承受恒定载荷的条件下,产生一定变形的温度。

2.2.3.3 热稳定性

耐火材料随温度急剧变化而不开裂、不损坏的能力,以及在使用中抵抗碎裂或破裂的能力,称为热稳定性。耐火材料的热稳定性用急冷急热的次数表示,也称耐急冷急热性。

2.3 炉外精炼常见耐火材料及其制品

2.3.1 尖晶石耐火材料的概念和基本制造流程

2.3.1.1 尖晶石耐火材料的概念和分类

广义上讲,尖晶石是指结构上基本相同的一类矿物,化学通式表示为 $AO \cdot R_2O_3$ 或者 AR_2O_4。其中,A 表示二价元素离子,如 Fe^{2+}、Mg^{2+},R 为三价元素,包括 Fe^{3+}、Al^{3+}、Cr^{3+} 等。这些相同矿物都以相同的晶型固溶体的形式存在,天然的尖晶石很少见,工业化生产使用的尖晶石全部是人工合成的产品。此类耐火材料属于中高档的耐火材料,炼钢常用的主要是镁铝尖晶石耐火材料和镁铬砖,铬镁砖是炼钢过程中较为理想的耐火材料之一。按照国外学者 Bartha 的分类方法,尖晶石耐火材料可以分为以下三类:

(1) Al_2O_3 含量小于 30% 的,称为方镁石-尖晶石耐火材料。

(2) Al_2O_3 含量在 30% ~68% 之间的,称为尖晶石-方镁石耐火材料。

(3) Al_2O_3 含量在 68% ~73% 之间的,称为尖晶石耐火材料。

2.3.1.2 镁铝尖晶石耐火材料的基本制造工艺

镁铝尖晶石(MA)的化学式为 $MgO \cdot Al_2O_3$(其中 MgO 28.2%,Al_2O_3 71.8%),其熔点较高

(2135℃)、热膨胀系数小、热导率低、热震稳定性好、抗碱侵蚀能力强。镁铝尖晶石在自然界中是一种接触变质产物,也有少数来自火成岩和沉积岩,但天然产出很少。耐火材料用镁铝尖晶石都是由氧化镁和氧化铝通过人工合成的。氧化镁和氧化铝能够固溶于 MA 中,形成富镁或富铝尖晶石,它们与 MA 的低共熔温度都在1900℃以上。由于密度较大的氧化镁和氧化铝反应生成密度较小的尖晶石的过程伴随有5%的体积膨胀,所以镁铝尖晶石的制备通常主要有以下几种方法:

(1) 两步法煅烧制备。第一步,在1100 ~ 1140℃煅烧原料,合成活性尖晶石粉;第二步,经过重新粉碎、研磨、成型和烧结,得到致密的烧结体。虽然此法成本较高,但由于可生成高纯、致密的尖晶石而受到重视。耐火材料学者 Beiley 发现,在1125 ~ 1140℃煅烧碳酸镁与三氧化二铝的混合料,使其完成55% ~ 70%的尖晶石化,并且保持足够的活性,再在1640℃以下进行第二步煅烧,就可降低或完全消除第二步煅烧过程中的体积膨胀,从而得到致密的烧结体尖晶石。

(2) 湿化学法。采用湿化学方法,如氢氧化物共同沉淀法、碱土金属无机盐或有机盐的溶胶-凝胶法、喷雾干燥法和冷冻干燥法等,可成功制备高纯尖晶石粉末。与传统的固态反应烧结法相比,采用以上这些湿化学方法,可以更好地控制配料中 MgO 和 Al_2O_3 的配比及其化学均一性,并且提高其反应烧结性能,可以在相对较低的烧结温度下得到纯度较高的尖晶石,但采用上述方法生产的尖晶石仍然没有获得足够烧结而达到完全致密。

(3) 高能球磨法。高能球磨法最初用来制备纳米材料,随着研究的不断深入,现被用来合成尖晶石材料。利用机械能直接参与或引发化学反应是一种新思路。高能球磨后,材料的比表面积增大,晶格发生畸变,表面会产生许多破键,使粉末内部存储大量的变形能和表面能。这样,一方面可降低烧结温度,另一方面,由于长时间粉磨,会促使非晶态物质的形成。

尖晶石原料可以通过不同的工艺制成尖晶石砖和尖晶石浇注料。尖晶石原料需要高压成型,压砖机的压力在150MPa左右,压砖机的压力越大,得到的制品的致密度越高,性能越好。

近年来,熔铸的尖晶石砖和磷酸盐结合的尖晶石不烧砖也得到了不同程度的发展。

2.3.1.3　尖晶石耐火材料的使用特点

钢水精炼过程中使用的尖晶石耐火材料主要分为尖晶石砖和尖晶石浇注料两种。在显微结构上,尖晶石矿物均匀地分布在方镁石中,晶体尺寸在5 ~ 20μm 之间,故镁铝尖晶石砖的热震稳定性和抗渣性较好。

理想的尖晶石的成分为: Al_2O_3 8% ~ 20%, CaO 0.5% ~ 1.0%, Fe_2O_3 0.2% ~ 0.8%, SiO_2 < 0.4%, BO 等碱性杂质 < 0.3%,其余的成分为 MgO。在这些合适的范围内,当加入 ZnO 时,其热震稳定性提高,8次热循环后(从1000℃高温中取出,放入空气中骤冷),强度几乎不变,仍在200MPa以上。同时抗渣性也表现较好。国外学者研究了 Al_2O_3 含量分别为47%和69%的富镁、富铝尖晶石抗 CaO-Al_2O_3-SiO_2 渣的侵蚀性,结果表明:富镁尖晶石有较好的抗渣侵蚀性,在渣和耐火材料界面上生成的 $MgO(Al,Fe)_2O_3$ 复合尖晶石层的量与尖晶石中的氧化镁含量成正比,它抑制了渣的直接侵蚀;富铝尖晶石有良好的抗渣渗透性,耐火材料中的氧化铝和渣中的氧化钙反应,在钢渣-耐火材料界面上生成 CaO-Al_2O_3 化合物,可以抑制渣的渗透,尤其是高碱度炉渣的渗透。

还有的学者在高铝尖晶石和铝镁浇注料的抗渣试验中发现, Al_2O_3-MgO 浇注料中原位生成的尖晶石吸收渣中氧化铁和氧化钙的能力是合成尖晶石的4倍左右。由于原位尖晶石较细,分散均匀,且生成二次尖晶石时伴随体积膨胀,所以在整体膨胀受约束的状态下,材料的结构较为致密,提高了耐火材料的抗渣性。

　　尖晶石粒度也影响浇注料的抗渣性。在铝尖晶石浇注料中,对高碱度渣,尖晶石颗粒加入量较多的浇注料的抗侵蚀性好;对低碱度渣,尖晶石细粉加入量较多的浇注料的抗侵蚀性和抗渗透性均较好。钢包使用的尖晶石浇注料一般使用高模数的水玻璃作为结合剂。在尖晶石砖的制品中,如果尖晶石砖中 $Al_2O_3 < 8\%$ 时,尖晶石晶体含量少,晶间结合以方镁石与方镁石结合为主体,制品出现抗剥落性差的镁砖的特点; $Al_2O_3 > 20\%$ 时,砖的抗侵蚀性能将会下降。

2.3.2　方镁石的概念和结合方式

　　方镁石的化学式为 MgO ,纯净的方镁石密度为 $3.58g/cm^3$,熔点为 $2800℃$,属于等轴晶系,晶格常数为 $0.4201nm$ 。在晶体结构中,阴离子 O^{2-} 按照立方最紧密的方式堆积,阳离子 Mg^{2+} 充填在全部的八面体的空隙中,阳离子和阴离子的配位数都是6,两者以离子键结合,晶体结构稳定。

　　方镁石膨胀系数大,膨胀系数随着温度的升高而增大,化学性质稳定,在 $1540℃$ 以下,除了硅砖以外,与各种耐火材料不起化学反应或者发生的化学反应极其微弱,对含有 CaO 和 FeO 的炉渣有极好的抵抗能力。方镁石在高于 $2300℃$ 时容易挥发,高温下容易被碳还原成金属镁,方镁石容易吸潮水化生成 $Mg(OH)_2$ 。

　　方镁石是镁质耐火材料中的主要矿物,增大镁砂中方镁石的结晶尺寸可以减少氧化镁与碳和炉渣的反应活性,有利于提高镁质和镁炭质耐火材料的抗渣性和使用寿命。烧结镁砂中方镁石的结晶尺寸在 $40 \sim 60\mu m$;电熔镁砂中,方镁石的晶粒一般大于 $80\mu m$ 。目前,方镁石的结晶尺寸的发展方向为 $100 \sim 200\mu m$ 。

　　镁砂中方镁石的结合主要有两种:

　　(1)硅酸盐结合形式,即陶瓷结合。常见于电炉的捣打料炉底等。此种结合方式中,方镁石之间由低熔点的晶质或者非晶质硅酸盐连接在一起,是在液相下完成的烧结,这也是晶界理论和耗散理论在冶金过程中的成功应用典范。

　　(2)直接结合方式。方镁石晶粒之间相互直接接触,没有液相出现。直接结合的程度与 MgO 含量以及烧结温度有关。直接结合的镁砂具有较高的机械强度、抗渣性和体积稳定性。

2.3.3　铝矾土的概念和耐火材料制品

　　耐火材料行业所指的铝矾土是指将含有氢氧化铝为主的铝土矿(伴生有其他的氢氧化物、黏土矿物和氧化物等)经过煅烧以后, Al_2O_3 含量大于 48% , FeO 含量较低的铝土矿,其主要用于制造高铝质耐火材料、氧化铝,以及铝矾土尖晶石等。

2.3.4　镁铬砖、铬镁砖、直接结合砖和化学结合砖

　　将铬镁砖和镁铬砖按照不同的主成分要求进行选料,配料以后,使用水压机或者摩擦压砖机成型,制成体积密度在 $4.3g/cm^3$ 的坯体,然后在烧成温度为 $1600℃$ 的隧道窑内,采用弱氧化气氛烧成的耐火材料叫烧成镁铬砖或者烧成铬镁砖,简称镁铬砖或者铬镁砖。

　　直接结合砖是指在镁铬砖或者铬镁砖中,方镁石和尖晶石或者方镁石和方镁石之间的直接结合,在一定程度上取代了被硅酸盐膜包围的铬矿颗粒和方镁石晶粒的典型结构,从而使砖具有较高的高温强度、抗渣性以及高温下($1800℃$)的体积稳定性。直接结合砖的生产步骤为:合成镁铬砂 + 铬铁矿砂 + 合成镁铬砂细粉 + 结合剂→压砖机成型→成型的砖体毛坯进行干燥→在 $1700℃$ 的条件下烧成直接结合的镁铬砖。

　　除了烧成砖以外,采用硫酸镁($MgSO_4 \cdot 7H_2O$)或者硫酸、氯氧化镁、聚磷酸钠、六偏磷酸钠称为结合剂,采用化学的方法生产的称为化学结合砖,此工艺简单,简化了生产流程,砖的使用性能

和烧成砖基本一致。

2.3.5　镁钙系耐火材料

镁钙系耐火材料的主要化学成分为 MgO 和 CaO,主要矿物组成为方镁石和方钙石,它汇集了 MgO 和 CaO 各自的优点,具有以下特性:

(1) 由于 MgO、CaO 均为高熔点氧化物,且二者的最低共熔温度为2370℃,因此具有良好的耐高温性能。

(2) 由于熔渣与镁钙系耐火材料中的 CaO 反应生成高耐火度的硅酸二钙和硅酸三钙,使熔渣的黏度提高,润湿角增大,从而抑制了熔渣对耐火材料的渗透和侵蚀,因此具有良好的抗渣性。

(3) 镁钙系耐火材料中的游离 CaO 在高温下具有较好的塑性,可以缓冲热应力,因此具有良好的抗热震性。

(4) 常见氧化物中,CaO 的热力学稳定性最好,对钢水二次氧化的可能性最小,在高温下的使用寿命高于 MgO、ZrO_2 等材料。

(5) 镁钙系材料中的游离 CaO 易与钢液中的硫、磷等杂质反应,使其转移到炉渣中,因此具有净化钢液功能,是冶炼洁净钢、特殊钢的首选材料。

但是,镁钙系耐火材料中的游离 CaO 容易发生水化,同时产生体积膨胀,使耐火材料开裂、粉化。20 世纪 90 年代以来,随着炼钢技术的快速发展,转炉、电炉、连铸中间包和精炼炉等设备的使用环境越来越苛刻,而具有上述一系列优良性能的镁钙系耐火材料因此成为这些设备的理想选择而被广泛地应用。

2.3.6　白云石制品

白云石是一种沉积岩,成分以碳酸钙和碳酸镁组成,化学式为 $CaCO_3 \cdot MgCO_3$,或者 $CaO \cdot MgO \cdot 2CO_2$,结构式写作 $CaMg[CO_3]_2$。以白云石为主要原料生产的碱性耐火材料称为白云石质耐火材料,按照制品的化学矿物组成,白云石质耐火材料可以分为两大类:

(1) 含有游离氧化钙的白云石质耐火材料,由于组分中含有的氧化钙,容易吸潮粉化,又叫做不稳定或者不抗水的白云石质耐火材料。

(2) 不含游离氧化钙的白云石质耐火材料,由于组分中的氧化钙全部成结合状态,不会吸潮粉化,因此也叫稳定性或者抗水性白云石质耐火材料。

白云石质的耐火材料在钢包以及钢水的炉外精炼过程中应用的较少。

2.3.7　黏土质耐火材料

黏土质耐火材料是指使用各类天然的黏土做原料,将一部分黏土预先煅烧成熟料,并且与一部分生黏土配制成 Al_2O_3 含量在 30% ~46% 的耐火制品,其中我国冶金工业使用的黏土原料主要有以高岭石为主要成分的硬质黏土和与煤层伴生的软质黏土两种。

黏土砖的制造流程为:选料混合→加入黏结剂→半干机成型→干燥→烧结成型。

黏土质耐火材料的主要性能随着 Al_2O_3 的增加而提高。目前黏土质耐火材料很少见于转炉钢水的炉外精炼过程中。

2.3.8　高铝质耐火材料

使用天然产的高铝矾土为原料,制造的 Al_2O_3 含量在 48% 以上的耐火材料称为高铝质耐火处理。高铝质耐火材料主要分为三等:

（1）Ⅰ等：Al_2O_3 含量大于 75%；

（2）Ⅱ等：Al_2O_3 含量在 65%～75% 之间；

（3）Ⅲ等：Al_2O_3 含量在 48%～65% 之间。

2.3.9 刚玉制品

Al_2O_3 含量在 90% 以上的耐火材料称为刚玉质耐火材料或者氧化铝耐火材料。炼钢使用的刚玉质耐火材料主要有透气砖和钢包的水口座砖、滑板、钢包砖等。

刚玉耐火材料在钢包上的使用性能一般优于其他的耐火材料，表 2-3 是某厂使用的刚玉质无碳预制砖的性能，在国内某著名钢厂使用以后，寿命最高超过了 230 炉以上。

表 2-3 某厂使用的刚玉质无碳预制砖的性能

项　目		标　准　值
化学成分/%	Al_2O_3	≥90
	SiO_2	≥3
体积密度/g·cm^{-3}		≥3.15
气孔率/%		≤10
耐压强度/MPa		≥40
高温抗折强度（1400℃×30min）/MPa		≥8

2.3.10 镁炭砖

镁炭砖即采用死烧镁砂/电熔镁砂和炭素材料（主要是结晶完全的石墨）为原料，以树脂做结合剂配制加压，经过热处理以后形成镁炭砖。为了提高抗氧化性，砖中经常加入金属或者其他防氧化剂。镁炭砖中耐火氧化物以及 MgO 与一些氧化物形成的复合氧化物或二元系氧化物的情况见表 2-4。

表 2-4 镁炭砖中耐火氧化物、复合氧化物以及一些二元系氧化物的熔点

耐火氧化物或复合氧化物	熔点/℃	复合氧化物或二元系	熔点/℃
Al_2O_3	2045	$2MgO·SiO_2$（M_2S）	1900
CaO	2600	$2MgO·TiO_2$（M_2T）	1732
Cr_2O_3	约2400	$MgO·Fe_2O_3$	1700℃以上转变为镁浮氏体固溶体（MgO-FeO）
MgO	2825	MgO-FeO	固溶体
SiO_2	1723	MgO-CaO	低共熔点温度:2380
ZrO_2	2677	$MgO-ZrO_2$	低共熔点温度:2150
$MgO·Al_2O_3$（MA）	2135		
$MgO·Cr_2O_3$（MK）	2365		

从表 2-4 中可以看出，在所有常用的耐火氧化物中，MgO 的熔点最高，而且 MgO 可以与许多

氧化物或熔渣中成分形成高熔点的化合物或固溶体,MgO 与一些氧化物形成的二元系的低共熔点温度也很高。因此,炼钢的首选耐火材料应是含 MgO 的镁质耐火材料。

镁炭砖中的石墨具有以下特点:

(1) 能将 Fe_2O_3 还原为 FeO 甚至 Fe,避免了与砖中 CaO 形成低熔点的铁酸钙;

(2) 砖内碳的存在可避免高价铁向低价铁变化导致方镁石固溶体较大的体积变化,影响体积的稳定性;

(3) 石墨的热膨胀系数低,导热性好,石墨基底能滑移以及石墨有很好的挠曲性与可塑性变形,裂纹能在石墨中分岔,因此,含碳耐火材料具有抗热震性好等优点。

随着钢铁冶炼的发展,使用的镁质耐火材料多为镁质复合材料,如镁炭砖、镁钙炭砖、镁钙砖、镁铝尖晶石砖、镁铬砖等。

镁质耐火材料的应用历史很长,但镁砖的热膨胀系数大,使用过程中容易剥落。镁炭砖是在镁砖的基础上添加石墨而发展起来的。由于石墨的热膨胀系数较小且不易被熔渣润湿,因此可以提高镁炭砖的抗剥落性能,并且能够减缓熔渣向砖内部渗透,提高其抗侵蚀性。目前,镁炭砖已被广泛地用于炼钢炉和钢包中。有人将碳阻止熔渣渗透的作用归结为以下几个方面的原因:(1)碳与熔渣之间的润湿角很大,不能被熔渣浸润;(2)熔渣中氧化铁被还原成金属使熔渣黏度增大。我国和日本,除特殊情况外,一般都使用碳含量为 12% ~20% 的以树脂结合的镁炭砖。在欧洲多采用沥青结合的镁炭砖,碳含量一般在 10% 左右。低碳镁炭砖一般是指总碳含量不超过8% 的由镁砂与石墨通过有机结合剂结合而成的一类材料。反之亦然。

2.3.11 镁铝砖

镁铝砖是采用含钙较少的煅烧镁砂为原料,加入 8% 左右的工业氧化铝粉,以亚硫酸纸浆废液做结合剂,在 1580℃ 的高温下烧成的制品,其主晶相为方镁石。

2.3.12 叶蜡石砖

叶蜡石是指组成矿物以叶蜡石(pyrophyllite)为主的矿石,因为该矿石结构致密,有滑腻感,具有蜡状光泽,所以称作蜡石,也称为叶蜡石,其化学式为 $Al_2[Si_4O_{10}](OH)_2$,也可以写成 $Al_2O_3 \cdot 4SiO_2 \cdot H_2O$,理论化学组成为:$Al_2O_3$28.3%,$SiO_2$66.7%,$H_2O$5.0%。我国浙江青田产的叶蜡石称作青田石,福建寿山产的叶蜡石叫寿山石,是传统的工艺雕刻、印章雕刻使用的石材,所以也叫做印章石。

使用叶蜡石做原料制成的耐火材料砖称作叶蜡石砖。有些砖是不经过煅烧直接使用的。使用高硅性蜡石制砖的时候,一般选用石英结晶较大、碱性溶剂含量较低的原料。某厂生产的钢包用蜡石砖的理化指标为:$SiO_2$78.95%,$Al_2O_3$18.85% ~ 19.51%,$Fe_2O_3$0.44% ~ 0.52%,显气孔率 14% ~18%,常温耐压强度 32.9 ~62.9MPa。该砖属于硅酸铝质耐火材料。

2.3.13 镁铬砖

镁铬砖是以烧结镁砂和铬铁矿为原料,氧化镁和三氧化二铬为主要成分,烧结制成的烧成砖,还有直接结合的直接结合砖。

2.3.14 莫来石质耐火材料

莫来石是矿物的名称,其得名缘于其天然的矿物最早发现于苏格兰西海岸的莫尔岛(Mull)。天然的莫来石矿物稀少,我国的河北省武安县和河南省林县有部分矿床发现。到目前为止,世界上还没有发现有工业价值的矿床。工业化使用的莫来石是通过烧结法或者电熔法人工合成制得的,其化学式为 $3Al_2O_3 \cdot 2SiO_2$,各个成分的理论组成为 Al_2O_3 71.8%,SiO_2 28.2%,理论密度为 $3.2g/cm^3$。

合成莫来石是一种优质的耐火材料,具有热膨胀均匀、热震稳定性极好、荷重软化点高、高温蠕变值小、硬度大的优点。

根据 X 射线的研究,发现莫来石的晶胞结构有三种形式,即 α-莫来石、β-莫来石、γ-莫来石。按照原料的成分不同,合成莫来石分为低铝莫来石、中铝莫来石、高铝莫来石以及锆莫来石。按照生产方法可以分为烧结莫来石和电熔莫来石。

2.3.15 锆基耐火材料

锆基耐火材料是指含有 ZrO_2 的天然矿物原料,或者人工提取合成的含锆的氧化物,复合氧化物的耐火材料,常见的有锆刚玉、锆莫来石等。

锆基耐火材料具有较高的耐火度,热震稳定性良好,化学性质稳定,抗钢水和炉渣的侵蚀性能优良,常用于钢包内衬工作层的锆英石砖、锆质滑板、锆刚玉质透气砖、钢包座砖、连铸的锆质定径水口等。

钢包使用的锆英石质的钢包砖的一般性质见表 2-5。

表 2-5 钢包使用的锆英石质的钢包砖的一般性质

物 理 性 能		化 学 成 分/%	
耐火度/℃	>1790	ZrO_2	66.02
荷重软化点(0.2MPa)/℃	T_1:1620	Al_2O_3	0.6
	T_2>1700	SiO_2	32.96
真密度/g·cm^{-3}	4.63	TiO_2	0.25
体积密度/g·cm^{-3}	3.51~3.67	Fe_2O_3	0.23
显气孔率/%	20.4~24.0	CaO	微量
耐压强度/MPa	116~118.8	MgO	微量
热膨胀率/%	0.42	其余碱类	微量

2.3.16 不定形耐火材料

不定形耐火材料是指由粒状料(骨料)、粉状料(掺和料)、结合剂(胶结剂)共同组成的,没有经过烧成成型,而直接供使用的耐火材料,也称为散状耐火材料,或整体耐火材料。

不定形耐火材料根据施工的方法和材料的性质,可以分为捣打料(电炉的炉底)、可塑料、耐火浇注料、喷涂料、投射料等。最常见的是用于钢包喷补的喷补料、热补料、RH 喷补料和各类耐火泥等。

其中,骨料对不定形耐火材料的高温物理力学性能起到重要的作用,其粒度有一定的限制。凡是能够做耐火材料制品的原料,都可以做不定形耐火材料的骨料。

根据结合剂的品种和特性,不定形耐火材料的结合剂分为无机结合剂和有机结合剂两类。根据其硬化的特点,又分为气硬性结合剂、水硬性结合剂、热硬性结合剂以及陶瓷结合剂。气硬性结合剂是指在大气中和常温下就可以逐渐硬化,并且强度可以达到较高的水平的结合剂。常见的水玻璃即属于此类;热硬性结合剂是指在常温下硬化很慢,强度很低,但是在高于常温,低于烧结温度下就可以较快地达到硬化目的的结合剂,如磷酸铝结合剂。

镁钙(MgO-CaO)质干式捣打料常用的烧结剂是氧化铁,氧化铁及铁酸钙熔点低,并会逐渐被方镁石吸收形成固溶体,即镁浮氏体[(Mg·Fe)O]。镁质与镁钙质干式捣打料的杂质分别为SiO_2与Al_2O_3,其含量应越低越好,以不超过1%为宜。若MgO-CaO干式捣打料采用低熔点的硅酸钙或硅酸镁作烧结剂,此时氧化铁就成为有害杂质,而应受到限制。

对MgO-$MgO·Al_2O_3$干式料,可采用氧化铁或硅酸镁作烧结剂;而Al_2O_3-$MgO·Al_2O_3$干式料可采用氧化铁或低熔点铝酸钙作烧结剂。

由于铝酸钙水泥能与Al_2O_3形成高熔点的$CaO·6Al_2O_3$(CA_6),所以钢包采用镁质浇注料的时候广泛采用了铝酸钙水泥结合的铝镁浇注料(Al_2O_3-MA)。如能改用由水合氧化铝结合的MgO-MA碱性浇注料,由于无CaO杂质,使用中水合氧化铝与MgO形成镁铝尖晶石自结合,其荷重软化温度与抗渣性都会比铝酸钙水泥结合的Al_2O_3-MA浇注料要好,还对提高钢的质量有好处。

镁质浇注料发展的另一个方向是由SiO_2微粉与MgO细粉及水形成凝聚结合。这种结合的镁质浇注料的优点是:由于加入了SiO_2微粉,浇注料流动性好;凝胶含结构水少,加热过程中脱水是逐渐进行的,不会对结构造成破坏,使用中则形成镁橄榄石结合的镁质浇注料。这种浇注料中加入少量ZrO_2或锆英石还能提高浇注料的抗热震性。此外,正在研究开发的还有由TiO_2微粉与Al_2O_3微粉及镁砂细粉形成M_2T-MA固溶体结合的镁质浇注料,为了提高镁质浇注料的抗渣性,现在也采用加入AlN,AlON或MgAlON的办法。

不定形耐火材料在生产效率、劳动生产率、节能、施工效率、使用的安全性能、材料使用消耗量的优势,远大于定型耐火材料,而得到了迅速的发展和推广。其在耐火材料中所占的比例,已经成为衡量耐火材料行业技术发展水平的重要标志。

不定形耐火材料的施工方式主要取决于其结合方式。不定形耐火材料的结合方式可以分为水结合、化学结合、陶瓷结合、黏着结合和凝聚结合等几种方式。

2.3.17　隔热耐火材料

隔热耐火材料主要是为了降低钢水通过耐火材料的传导损失,按照热学传导特点制造的耐火材料制品。钢水炉外精炼过程中使用的隔热耐火材料主要有:

(1)颗粒型。常见的有轻质高铝砖、轻质黏土砖。轻质黏土砖的生产工艺是在成型的砖体里添加锯末、木炭等,然后通过燃烧这些可燃物,得到制品;轻质高铝砖的生产工艺是利用泡沫法生产制得。

(2)纤维型。常见的有硅酸铝纤维、高铝纤维等。

由于隔热耐火材料表面疏松,气孔较多,所以隔热耐火材料的抗渣性差,抵抗钢水的侵蚀能力也较差,所以一般不直接与钢水和钢渣接触。

2.4　耐火材料对炼钢以及钢水洁净度的影响

物质之间能够相互影响和相互作用,这是一个常识。钢水精炼过程中,使用的耐火材料对钢水的精炼也会产生一定的影响,主要表现在耐火材料能够对钢水精炼过程中的脱氧、脱磷、脱硫、脱碳、脱气(氢、氮)产生影响。如钢水的氧含量和硫含量与耐火材料密切相关,选择碱性耐火材料有助于洁净钢的获得;选择碱性耐火材料不仅可促进脱磷,还可有效降低回磷量;使用无碳耐火材料或同一耐火材料制品的反复使用,可以减少耐火材料对钢水的增碳;耐火材料的烘烤或高温预热可防止钢液吸氢等。

2.4.1 镁钙耐火材料对钢水洁净度的影响

每一次钢铁冶炼工艺的进步,都会有耐火材料的更新换代,镁钙耐火材料就是一个典型的代表。镁钙耐火材料对钢液纯净度的改善有显著的作用,主要表现为对钢液的脱硫、脱磷、脱氧等方面的影响。

2.4.1.1 镁钙耐火材料对钢水产生的脱硫作用

在 Al_2O_3 为耐火材料主成分的情况下,钢包的耐火材料不和钢水中的硫发生脱硫反应,在使用含钙的耐火材料做钢包或者中间包耐火材料的情况下,生产铝镇静钢时,耐火材料对钢水具有脱硫的作用;对用硅脱氧的钢水来说,脱硫效果将会明显地下降,甚至脱硫的反应没有明显地进行,主要原因如下:

$$4CaO + 2S + [Si] \longrightarrow 2CaS + 2CaO \cdot SiO_2$$

上述的反应首先是生成高熔点的硫化钙和硅酸二钙,消耗一部分氧化钙,然后硅酸二钙还会附着在氧化钙粒子的表面,阻碍了脱硫反应的进一步进行。对氧化钙在脱硫过程中有不利的影响。

镁钙耐火材料与钢水中硫的作用属于液-固反应。我国的冶金工作者匡加才等人从热力学角度分析了 MgO 和 CaO 的脱硫能力,认为在炼钢的条件下,MgO 的脱硫能力远低于 CaO 的脱硫能力,因此镁钙耐火材料在钢水炉外精炼过程中只是考虑 CaO 的脱硫作用。

假设钢水的成分始终是均匀的,整个系统处于准稳态,镁钙耐火材料中只有氧化钙参与以下反应:

$$[S] + (CaO) = (CaS) + [O]$$

如果定义:某一种物质在单位时间内单位面积上的传输量为传质流,那么以上的反应是通过以下几个步骤来完成的:

(1) 钢水中的硫通过对流作用到达耐火材料表面,其传质流为:

$$J_{[S]} = D_S(C_{[S]} - C_{[S]}^s)$$

式中,$J_{[S]}$ 为钢水中的硫到达耐火材料表面的传质流,$mol/(m^2 \cdot s)$;D_S 为对流传质系数,m/s;$C_{[S]}$ 为硫在钢水中的浓度,mol/m^3;$C_{[S]}^s$ 为硫在耐火材料表面的浓度,mol/m^3。

(2) 硫通过反应界面层扩散到耐火材料表面的传质流 $J_{D[S]}$ 为:

$$J_{D[S]} = \frac{D_{eff}(C_{[S]}^s - C_{[S]}^i)}{X}$$

式中,D_{eff} 为扩散系数,m^2/s,在含钙 22.02% 的镁钙砖中试验数据为 $1.33 \times 10^{-8} m^2/s$;$C_{[S]}^i$ 为反应界面的浓度,mol/m^3;X 为反应产物层的厚度,m。

(3) 硫与氧化钙反应生成硫化钙的传质流 $J_{r[S]}$ 为:

$$J_{r[S]} = k_r C_{[S]}^i$$

式中,k_r 为界面化学反应速度常数,在含钙 22.02% 的镁钙砖中试验得的数据为 $5.5 \times 10^{-4} m/s$。

假设钢液中的脱硫过程达到稳态进行时,上述三个步骤的传质流应相等,即 $J_{[S]} = J_{D[S]} = J_{r[S]} = J$,整理得:

$$J = \frac{C_{[S]}}{\dfrac{X}{D_{eff}} + \dfrac{1}{D_S} + \dfrac{1}{k_r}}$$

考虑到钢液中硫的浓度比较高,耐火材料表面硫的浓度低,硫从钢液对流到耐火材料试样表面传质较快,从而传质系数 $D_S \ll D_{eff}$,上式可转化为:

$$J = \frac{C_{[S]}}{\dfrac{X}{D_{eff}} + \dfrac{1}{k_r}}$$

镁钙耐火材料对钢液的脱硫速率方程可表示为:

$$V = A_0 J = \frac{A_0 C_{[S]}}{\dfrac{X}{D_{eff}} + \dfrac{1}{k_r}}$$

式中,A_0 为反应界面的面积,m^2。

上式是镁钙耐火材料对钢液脱硫的总反应速率方程,它包括化学反应和扩散两个过程。实际的固液反应过程中往往会出现某一个步骤较慢,这时只需考虑这个最慢步骤的速率,就可以代表整个过程的反应速率。图2-5是实验室试验镁钙耐火材料对脱硫试验结果,耐火材料反应层中硫的成分变化的关系。

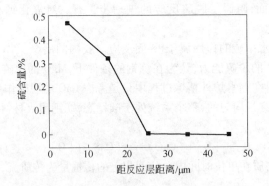

图 2-5　耐火材料反应层中硫的成分变化

表2-6和图2-6是某著名文献给出的耐火材料脱硫试验用耐火材料的化学组成和试验结果。

表 2-6　耐火材料脱硫试验用耐火材料的化学组成　　　　　　　　　　（%）

编　号	1	2	3	4	5	6	7	8	9	10
CaO	99.9		2.5	2.5		53.2				
MgO		0.1	31.0	94.0	84.5	38.2			63.2	
Al_2O_3		99.5	65.2		3.3	0.3	86.7	81.0	5.1	6.7
ZrO_2										49.5
SiO_2	0.4	0.2	0.8	1.8	3.7	1.8	8.8	12.0	2.3	38.6
Cr_2O_3			1.7		1.2				17.3	
Fe_2O_3		0.3	0.5	0.5	0.3	0.4	1.4	1.5	9.3	1.5
TiO_2						2.4	2.4	3.5		3.5
C					8.0	3.9	3.0			

在碱性顶渣情况下,对 3 个不同包衬的钢包内喷吹 CaSi 粉的结果表明:当每吨钢水喷吹 2kg CaSi,脱硫反应趋于平衡之后,在硅质钢包中可获得 50% ~ 60% 的脱硫率,在黏土质钢包中可达 60% ~ 70%,而在白云石钢包中可达 80% 或更高。试验结果见图 2-7。

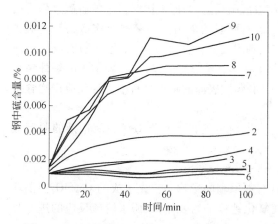

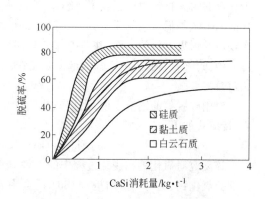

图 2-6 不同材质的耐火材料对钢液中硫含量
　　　　　影响的试验结果

图 2-7 钢包衬材料对脱硫的影响

使用具有最高氧势和最高再氧化能力的钢包衬时,脱硫效果最差。对黏土质钢包和白云石质钢包的脱硫效果的比较,再次证实了上述观点。为了获得有效的钢包脱硫效果,使用白云石质碱性钢包衬是很关键的一个环节。这样,一方面可以尽可能降低包衬的再氧化能力,另一方面可以避免强还原条件下钢包顶渣导致耐火材料的过度消耗。

试验结果和生产过程中使用过的镁钙耐火材料断面的解剖分析证明,镁钙耐火材料脱硫反应后,出现了明显的层带结构:反应层和过渡层。在反应层基本看不到氧化钙,有铁珠出现在反应层,新生成的硫化钙多数存在于氧化镁颗粒的晶间。反应层结构较致密,晶间硅酸盐相少;而反应层的致密化,能阻止钢液对耐火材料的继续渗透,能够起到延长耐火材料的使用寿命的作用。

从实验结果来看,镁钙耐火材料的脱硫反应和炉渣的脱硫反应过程有相同之处,只不过反应产物通过扩散进入了耐火材料。不同的是在反应层中铁离子的浓度增加以后,会出现以下的反应:

$$Fe^{2+} + S^{2-} \rightleftharpoons [S] + [Fe]$$

即所说的回硫现象。实验结果表明,镁钙耐火材料的脱硫反应在 1600℃ 的情况下,最佳脱硫时间为 45min,超过此时间,钢液出现耐火材料向钢液回硫的现象。

2.4.1.2　镁钙耐火材料脱硫反应不同阶段的特点

镁钙耐火材料脱硫的过程有几个不同的反应阶段:在化学反应受传质影响时,钢液与耐火材料表面的氧化钙直接接触,生成的脱硫产物层较薄。硫化钙是一个多孔体,扩散阻力较小,扩散的阻力可忽略,所以硫在产物层中的扩散速度较快;随着脱硫反应的进行,耐火材料表面的氧化钙逐渐与钢液中的硫和硅反应生成硫化钙和高熔点的硅酸二钙,同时氧化镁颗粒不断长大,这都促使材料表面出现致密化现象;在反应进行 40min 左右,随产物层的逐渐加厚,扩散路径增长,扩散阻力增大,由界面化学反应向扩散过程转变。

在脱硫反应后期,由于反应层加厚,扩散阻力增大,伴随着硫化钙的生成而生成的大量高熔点、黏度较大的硅酸二钙,在耐火材料和新形成的硫化钙的表面形成了致密的反应壳层,它隔离了耐火材料与钢液在空间上的接触,从而提高耐火材料的抗侵蚀性,延长了耐火材料的使用寿命。

从炼钢的实际角度来讲,钢液的脱氧反应伴随着脱硫反应,与脱氧同时发生的脱硫过程是由于含钙的耐火材料内壁吸收了 Al_2O_3,以及形成了具有强脱硫能力的高碱性反应产物和生成了 $3CaO \cdot Al_2O_3$ 等低熔点物质所致。当钢中的元素扩散到耐火材料表面的时候,化学反应开始,反应产物留在耐火材料的表面,并向内部扩散,但是扩散是一个复杂的过程,在转炉钢水的炉外精炼过程中,耐火材料脱硫的产物大部分是留在包壁表面,包壁表面的耐火材料中各种反应产物含量相对较多。

对用硅脱氧的钢液来说,采用氧化钙质的耐火砖,就可能得不到类似铝脱氧钢液的脱硫效果,反应式如下:

$$[Si] + 4CaO + 2[S] \longrightarrow 2CaS + Ca_2SiO_4$$

该反应对氧化钙在脱硫过程中的有效利用具有很不利的影响。首先生成的 Ca_2SiO_4 会消耗一部分氧化钙,更为严重的是 Ca_2SiO_4 还会附着在氧化钙粒子的表面,阻碍了脱硫反应的进一步进行。

2.4.2　耐火材料与钢水中氧含量的关系

目前转炉流程冶炼的使用要求较高的钢种,钢中总氧含量的多少对优质钢质量的好坏起到了决定性的作用。耐火材料对钢水的二次氧化作用已经被证实是影响冶炼优质钢质量的重要因素之一。

2.4.2.1　耐火材料中简单氧化物对钢水氧含量的影响关系

耐火材料在钢水的炉外精炼过程中会发生一定的分解反应,造成耐火氧化物的溶解或分解,使得钢水增氧,可以写成以下通式:

$$\frac{1}{y}M_xO_y(s) = \frac{x}{y}[M] + [O]$$

式中,[M]与[O]分别表示溶于钢水中的金属与氧。其逆反应:

$$\frac{x}{y}[M] + [O] = \frac{1}{y}M_xO_y(s)$$

则表示溶解在钢水中的脱氧剂 M 与溶于钢水中的氧反应生成脱氧产物 M_xO_y。如果 M_xO_y 没有上浮,将会成为钢中夹杂物。

Al、Si、Cr、Zr 在铁液中的溶解度都很大,而 Mg 与 Ca 由于在高温下以气态存在,在铁液中的溶解度很低。当元素在钢水中的溶解量很小时,一般说来其活度系数接近于 1,因此,可用浓度代替活度,即 $a_{[M]} = [\%M]$。

下面讨论氧化物或复合氧化物在钢液中溶解平衡时的情况。假设体系中只有铁及所讨论的氧化物或复合氧化物的元素,不存在其他元素。

使用刚玉质耐火材料时:

$$Al_2O_3(s) = 2[Al] + 3[O] \qquad \Delta G = 1205090 - 387.73T$$

当 T 为 1873K 时,其吉布斯自由能为 478872J/mol,

$$\Delta G_{1873} = -RT\ln K \longrightarrow a_{[Al]}^2 a_{[O]}^3 = 4.41 \times 10^{-14}$$

使用 MgO 作耐火材料时:

$$MgO(s) \Longrightarrow [Mg] + [O]$$

$T = 1873K$ 时：

$$a_{[Mg]}a_{[O]} = 1.52 \times 10^{-6}$$

使用 Cr_2O_3 作耐火材料时：

$$Cr_2O_3(s) \Longrightarrow 2[Cr] + 3[O]$$

$T = 1873K$ 时：

$$a_{[Cr]}^2 a_{[O]}^3 = 1.5 \times 10^{-4}$$

使用 SiO_2 作耐火材料时：

$$SiO_2(s) \Longrightarrow [Si] + 2[O]$$

$$a_{[Si]}a_{[O]}^2 = 2.16 \times 10^{-5}$$

使用 ZrO_2 作耐火材料时：

$$ZrO_2(s) \Longrightarrow [Zr] + 2[O]$$

$T = 1873K$ 时：

$$a_{[Zr]}a_{[O]}^2 = 9.74 \times 10^{-11}$$

使用氧化钙作耐火材料时：

$$CaO(s) \Longrightarrow [Ca] + [O]$$

$T = 1873K$ 时：

$$a_{[Ca]}a_{[O]} = 7.53 \times 10^{-11}$$

根据前面的各项数据,得到1600℃时,耐火氧化物中的金属元素在钢液中的含量与钢液中平衡氧的活度 $\lg(p_{O_2}/p^{\ominus})$ 的关系,如图2-8所示。

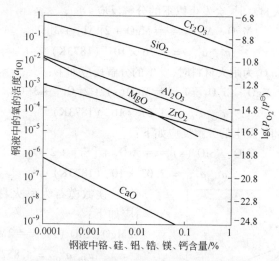

图2-8　耐火氧化物中的金属元素在钢液中的含量与钢液中平衡氧的

活度 $a_{[O]}$ 与 $\lg(p_{O_2}/p^{\ominus})$ 的关系(1600℃)

一些耐火氧化物在1600℃钢液中溶解平衡时 $a_{[O]}$ 及 $\lg(p_{O_2}/p^{\ominus})$ 值($a_{[M]} = 10^{-2}$)见表2-7。

表2-7　一些耐火氧化物在1600℃钢液中溶解平衡时的 $a_{[O]}$ 及 $\lg(p_{O_2}/p^{\ominus})$ 值($a_{[M]} = 10^{-2}$)

耐火氧化物	$\Delta G_{1873}^{\ominus}/J \cdot mol^{-1}$	$a_{[M]} = 10^{-2}$ 时的 $a_{[O]}$ 值	$a_{[O]}$ 值对应的 $\lg(p_{O_2}/p^{\ominus})$
$Cr_2O_3(s) = 2[Cr]_{1\%} + 3[O]_{1\%}$	-137138	1.14	-6.69
$SiO_2(s) = [Si]_{1\%} + 2[O]_{1\%}$	-167253	4.65×10^{-2}	-9.46
$Al_2O_3(s) = 2[Al]_{1\%} + 3[O]_{1\%}$	-478872	7.61×10^{-4}	-13.04
$MgO(s) = [Mg]_{1\%} + [O]_{1\%}$	-208621	1.52×10^{-4}	-14.43
$ZrO_2(s) = [Zr]_{1\%} + 2[O]_{1\%}$	-358996	9.87×10^{-5}	-14.81
$CaO(s) = [Ca]_{1\%} + [O]_{1\%}$	-362979	7.53×10^{-9}	-23.05

2.4.2.2　耐火材料中复合氧化物与钢液中氧含量的关系

本小节所说的复合氧化物主要是指莫来石($3Al_2O_3 \cdot 2SiO_2$)、锆英石($ZrO_2 \cdot SiO_2$)、镁橄榄石($2MgO \cdot SiO_2$)、镁铬尖晶石($MgO \cdot Cr_2O_3$)、镁铝尖晶石($MgO \cdot Al_2O_3$)、硅酸二钙($2CaO \cdot SiO_2$)和铝酸钙($CaO \cdot Al_2O_3$)等。

一般来说,复合氧化物在铁液中的溶解主要是其中较不稳定的氧化物分解溶解。例如$3Al_2O_3 \cdot 2SiO_2$、$ZrO_2 \cdot SiO_2$或$2MgO \cdot SiO_2$在铁液中的溶解主要是SiO_2分解或溶解;$MgO \cdot Cr_2O_3$是Cr_2O_3分解溶解;但$MgO \cdot Al_2O_3$尖晶石的溶解,MgO与Al_2O_3在低浓度时彼此靠近,因此在[%Mg]与[%Al]很低时,MgO和Al_2O_3的分解溶解需要同时考虑。哈尔基(Harkki)等人的研究表明:在1600℃,对$MgO \cdot Al_2O_3$的分解溶解,当平衡氧含量为0.0162%时,铁液中铝含量为13.7×10^{-3}%,而镁含量为0.00617%,铝的溶解量比镁大一倍;由于铝在铁液中的溶解度远大于镁,当平衡氧含量不是太高时,一般可不考虑镁在铁液中的溶解。因此,对这些复合氧化物在铁液中的分解溶解,其平衡时金属溶液中氧的活度是以元素硅、铬、铝在铁液中的浓度的函数来表示的。

莫来石为耐火材料时,发生的分解反应如下:

$$3Al_2O_3 \cdot 2SiO_2(s) = 3[Al_2O_3](s) + 4[O] + 2[Si]$$
$$a_{[Si]} a_{[O]}^2 = 1.0 \times 10^{-5}(1873K)$$

$MgO \cdot Al_2O_3$尖晶石为耐火材料时,会发生以下的分解反应:

$$MgO \cdot Al_2O_3 = MgO + 2[Al] + 3[O]$$
$$a_{[Al]}^2 a_{[O]}^3 = 4.76 \times 10^{-15}(1873K)$$

镁铬尖晶石$MgO \cdot Cr_2O_3$为耐火材料时,发生的分解反应如下:

$$MgO \cdot Cr_2O_3(s) = MgO(s) + 2[Cr] + 3[O]$$
$$a_{[Cr]}^2 a_{[O]}^3 = 1.57 \times 10^{-5}(1873K)$$

锆英石为耐火材料时,发生的分解反应如下:

$$ZrO_2 \cdot SiO_2(s) = ZrO_2 + [Si] + 2[O]$$
$$a_{[Si]} a_{[O]}^2 = 2.03 \times 10^{-5}(1873K)$$

镁橄榄石为耐火材料时,发生的分解反应如下:

$$2MgO \cdot SiO_2(s) = 2MgO(s) + [Si] + 2[O]$$
$$a_{[Si]} a_{[O]}^2 = 4.857 \times 10^{-3}(1873K)$$

硅酸二钙为耐火材料时,发生的分解反应如下:

$$2CaO \cdot SiO_2(s) = 2CaO + [Si] + 2[O]$$
$$a_{[Si]} a_{[O]}^2 = 2.7 \times 10^{-9}(1873K)$$

耐火铝酸钙水泥为耐火材料时,发生的分解反应如下:

$$CaO \cdot Al_2O_3(s) = CaO + 2[Al] + 3[O]$$
$$a_{[Al]}^2 a_{[O]}^3 = 1.44 \times 10^{-15}(1873K)$$

综上所述,根据1600℃时,复合氧化物中元素硅、铝或铬在钢液中的含量与钢液中平衡氧的活度及$\lg(p_{O_2}/p^\ominus)$的关系见图2-9。

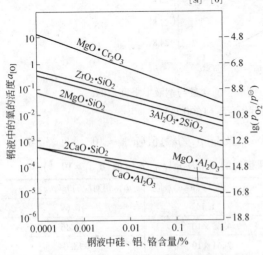

图2-9　复合氧化物中元素硅、铝或铬在钢液中的含量与钢液中平衡氧的活度及$\lg(p_{O_2}/p^\ominus)$的关系(1600℃)

从前面的分析可知,要冶炼氧含量很低的钢,使用的耐火材料应该不易分解,这也从另外一个方面说明了使用氧化物耐火材料时,钢水脱氧会存在一个极限的问题。国内外的试验已经证明,在同样铝含量的条件下,使用碱性钢包衬时,钢水中的氧含量明显低于使用酸性钢包时。这意味着使用碱性钢包衬可以获得较低的溶解氧或较低的二次氧化率,而使用酸性钢包衬则产生较高的氧含量和较大的二次氧化率。

钢包包衬材质对脱氧初次产物的排除有一定的影响。实验室使用不同材质的耐火材料坩埚的试验证明,使用硅脱氧时,脱氧产物的排除速度随坩埚材质的变化而变化,按下列顺序加快:SiO_2、MgO、Al_2O_3、$CaO + CaF_2$。也就是说,随着坩埚材料对SiO_2的亲和力的提高而加快。这说明,针对不同脱氧剂精炼的钢水,为了提高夹杂物的去除速度,使用与脱氧产物亲和力较强的材料作包衬,效果会更好一些。

2.4.3 炉衬耐火材料成分影响钢液真空条件下脱氧的动力学

真空下炉衬热分解向钢液的供氧决定于钢液中实际溶解氧含量和钢液与耐火材料的接触面积。当钢液中含有强脱氧合金元素时,钢液溶解氧含量受强脱氧合金元素控制,实际溶解氧含量远低于$[O]_{炉衬}$,根据平衡移动的原则可知,这时炉衬向钢液供氧就会进行,炉衬向钢液供氧速率可表达为:

$$\frac{d_{[O]}}{dt} = \frac{F_1}{V} k$$

$$[O]_{炉衬} - [O] = \frac{F_1}{V} k_{炉衬} [O]_{炉衬}$$

若钢液溶解氧含量受钢液中酸溶铝控制,则铝的烧损随熔炼时间的变化可按下式计算:

$$\Delta_{[Al]} = 1.125 \times \frac{F_1}{V} k_{炉衬} [O]_{炉衬} t$$

式中　V, F_1——钢液体积和钢液与耐火材料的接触面积;

　　　$k_{炉衬}$——炉衬分解出的氧向钢液的传质系数;

　　　t——精炼时间。

显然使用铝脱氧时,$[O]_{炉衬}$越大,熔炼时间越长,合金元素烧损量越大,钢液中产生的Al_2O_3夹杂也越多。若钢液中不含强脱氧元素,钢中溶解氧含量受真空碳脱氧反应控制,则实际碳脱氧速率方程为:

$$-\frac{d_{[O]}}{dt} = \frac{F}{V} k_0 ([O] - [O]_c) \approx \frac{F}{V} k_0 [O]$$

式中　F——钢液自由表面积;

　　　k_0——钢液中氧向$[C]$-$[O]$反应界面的传质系数;

　　　$[O]_c$——$[C]$-$[O]$反应平衡时钢液平衡氧含量,在真空下$[O]_c$可达到极低的水平。

当碳脱氧反应使钢液溶解氧$[O] < [O]_{炉衬}$,考虑到炉衬向钢液供氧的存在,钢液中实际氧含量变化为:

$$[O] = \left(\frac{k_1}{k_1 + k_2}\right)[O]_{炉衬} + \left([O]_0 - \frac{k_1}{k_1 + k_2}[O]_{炉衬}\right) e^{-(k_1 + k_2)t}$$

其中,$k_1 = \frac{F_1}{V} k_{炉衬}$;$k_2 = \frac{F}{V} k_0$。

随真空碳脱氧时间无限延长,钢液所能达到的最低氧含量为:

$$[O]_{最低} = \left(\frac{k_1}{k_1 + k_2}\right)[O]_{炉衬}$$

加强熔池搅拌使 k_1 增加,提高了炉衬供氧的传质速度,因而不利于钢液的深脱氧,这也是钢水精炼过程中钙处理以后需要弱搅拌的一个原因。

饱和溶解氧 $[O]_{炉衬}$ 代表炉衬热分解向熔池供氧时,熔池所能达到的最高溶解氧含量。当熔池实际溶解氧含量 $[O]_{实际} > [O]_{炉衬}$ 时,炉衬不向钢液供氧;反之,当熔池实际溶解氧含量 $[O]_{实际} > [O]_{炉衬}$ 时,炉衬热分解向熔池供氧,造成合金元素烧损和氧化物夹杂含量升高。

通过对比 MgO 和 CaO 的 $[O]_{炉衬}$ 与真空度和温度的关系,可以发现,在较高的真空度下,CaO 远比 MgO 稳定,并且 CaO 分解的温度敏感性远比 MgO 小。因此,在真空下熔炼含活泼合金元素的钢时,为避免熔炼过程中合金元素烧损和脆性氧化物夹杂含量升高,一方面应选择热稳定性更高的 CaO 质耐火材料做炉衬;另一方面,避免高真空、长时间地进行钢水精炼,因为在真空度小于 2～5Pa 时,CaO 质炉衬也会向熔池供氧。

2.4.4　耐火材料与钢中氢含量的关系

氢会使钢中出现白点,引起氢脆(hydrogen embrittlement)。钢液增氢的主要来源有:(1) 熔渣中溶解的氢(不属耐火材料范围);(2)钢包或中间包耐火材料中残存的水分;(3)生产耐火材料时使用的树脂或沥青等有机结合剂。

空气中的氢进入钢液的反应为:

$$\frac{1}{2}H_2(s) =\!=\!= [H] \qquad \Delta G = 36480 + 30.46T$$

$T = 1873K$ 时,$\Delta G = 93532J/mol$,由 $\Delta G = -RT\ln K$ 可得:

$$[\%H] = 2.46 \times 10^{-3}\sqrt{\frac{p_{H_2}}{p}}$$

由于空气中的 H_2 体积分数为 0.01%,所以空气中造成钢液氢含量增加的量为 2.46×10^{-5},说明空气中的氢是不会使钢液大量增氢的。

空气中的水蒸气进入钢液,会发生以下的反应:

$$H_2O(g) =\!=\!= 2[H] + [O] \qquad \Delta G = 203310 + 2.17T$$

$T = 1873K$ 时,$\Delta G_{1873} = 207374J/mol$。

由 $\Delta G = -RT\ln K$ 可得:

$$[\%H] = 1.28 \times 10^{-3}\sqrt{\frac{p_{H_2O}}{p[\%O]}}$$

将 $p = 101325Pa$ 代入其中得:

$$[\%H] = 4.03 \times 10^{-6}\sqrt{\frac{p_{H_2O}}{[\%O]}}$$

从上式看出,空气中的水蒸气分压越大,钢液中的氧含量越低,钢中的氢含量就会越高。由于钢液是经过炉外精炼与充分脱氧的,其中的氧含量很低。钢液从水蒸气或者潮湿原料吸收氢的含量将会达到 0.005%,实践表明,即使将钢包、RH 浸渍管、下部槽等耐火材料的表面加热至 1100℃,也不能保证完全将水分排出。因此,浇铸洁净钢时,对钢包包衬、中间包衬、塞棒、水口等,应采取在1200℃较长时间烘烤的措施,以充分排除耐火材料中的水分,减少钢液的增氢。

当钢包、中间包、水口及塞棒采用有机物如树脂或沥青等作结合剂时,由于树脂、沥青中大约含有6%~8%的氢,即使经过300℃甚至600℃的热处理,在使用期间还会裂解释放出氧气、氢气、CH_4等气体,使得钢液增氢。

在精炼的高温条件下,新砌的钢包中耐火材料残存的水分与氢,主要是在浇铸前两炉钢液时进入到钢液中的。文献介绍,如果残存的结合剂中的氢全部进入到前100t钢包钢液中,将会使得钢液增氢为0.0043%,对质量要求很高的管线钢等高端钢来讲,这是一个致命的问题,这也是目前绝大多数的钢厂规定新钢包前三炉不得用于冶炼优质钢的主要原因之一。

2.4.5 炉衬耐火材料对钢液脱氮的影响

耐火材料对钢液真空条件下脱氮的影响主要体现在生产超低氧、低碳、低氮钢的生产过程中。

对一些特殊的超低碳优质钢来讲,其中的[H]+[N]+[P]+[S]+[O]<0.01%,典型的深冲和超深冲IF钢一般要求的氮含量小于0.0015%,而在工业生产中,真空钢液脱氮很难达到0.002%以下,其主要原因就是氧和硫对钢液在真空条件下的脱氮影响很大,而钢液中的氧含量的影响尤为严重。这主要是因为氧是表面活性元素,随着氧含量的增加,氧就占据了表面形成氮分子的氮原子所占据的空位,阻碍了氮分子的形成,影响钢液的脱氮。

炉衬产生的氧对钢液脱氮的影响,体现在炉衬耐火材料的分解对钢液氧含量的增加而影响钢液的脱氮。由前面的章节中已经说明,在真空条件下,当钢液中的氧含量很低时,炉衬耐火材料中的氧化物分解会向钢中增加氧。上海大学的孙铭山、丁伟中和鲁雄刚的试验研究结果证明,采用镁砂材料在500Pa的真空条件下:当钢液中氧含量在0.012%时,脱氮的限制性环节是界面化学反应;随炉衬中氧的逸出,当钢液中氧含量在0.051%时,真空钢液脱氮处于界面化学反应和液相边界层扩散控制的边缘区域,脱氮速率降低。这也说明了超低碳深冲钢的脱氮既要从转炉工位开始控制,也要在精炼炉工位从原材料上控制,减少向钢水加入原料的增氮,在工艺上做优化,降低钢液在还原气氛下和大气接触造成的吸氮;同时也说明了电炉由于原料和工艺特点的限制,短流程生产线不适合大规模生产超低碳深冲钢的主要原因。

2.4.6 耐火材料及结合剂对钢中磷含量的影响和相互关系

磷会增大钢的低温脆性。对一般钢,要求磷含量低于0.035%;对低温韧性要求特别高的钢,磷含量则要求在0.005%,甚至0.003%以下。

耐火氧化物原料本身的含磷量是很低的,一些耐火材料是使用磷酸盐作结合剂的,如采用磷酸或磷酸盐作结合剂来生产钢包或中间包用耐火材料内衬,会造成内衬中的磷进入钢液而导致钢液增磷。

例如,目前的中间包涂料无论是镁铬质、镁质或镁钙质,一般都采用磷酸盐作结合剂,磷酸盐加入量为涂料质量的2.5%~4%。根据三聚磷酸钠($Na_5P_3O_{10}$)或六偏磷酸钠($Na_6P_6O_{18}$)的分子式计算,其磷含量为25.3%或30.6%。若5t中间包用了800kg耐火涂料,能连续浇铸500t钢,浇铸后中间包蚀损2/3,则每吨钢可能吸收的磷量为0.01~0.03kg,这样可使钢液中磷含量增加0.001%~0.003%。因此,浇铸磷含量低的一些低温韧性钢应采用非磷酸盐结合的耐火制品。

钢液脱磷或增磷反应为:

$$2[P] + 5[O] + 3(O^{2-}) \Longleftrightarrow 2(PO_4^{3-})$$

$$2[P] + 5[O] + 3(CaO) \Longrightarrow Ca_3(PO_4)_2$$

$$2[P] + 5[O] + 3(MgO) \longrightarrow Mg_3(PO_4)_2$$

$$3CaO(s) + P_2(g) + \frac{5}{2}O_2(g) \longrightarrow 3CaO \cdot P_2O_5(s)$$

$$\Delta G = -2313800 + 556.5T$$

$$\frac{5}{2}O_2(g) \longrightarrow 5[O]$$

$$\Delta G = -585750 - 14.45T$$

$$P_2(g) \longrightarrow 2[P]$$

$$\Delta G = -244346 - 38.5T$$

$$3CaO(s) + 2[P] + 5[O] \longrightarrow 3CaO \cdot P_2O_5(s) \quad \Delta G = -1483704 + 609.45T$$

得到：
$$\lg \frac{1}{a_{[P]}^2 a_{[O]}^5} = -\frac{77489}{T} - 31.83T$$

脱磷反应为放热反应。钢包和中间包内钢液温度在 1550～1650℃。这种温度条件不利于钢液脱磷,反而有利于钢液增磷。同样在精炼后期,钢中氧含量很低。从脱磷的化学反应式可知,钢中氧含量低不利于钢液的氧化脱磷,而有利于增磷。

但是,在强还原气氛下,耐火材料内衬的氧化钙含量增加有助于脱磷的进行,其脱磷过程一般按照以下三个步骤进行:

(1) 钢液中的磷扩散到边界层;

(2) 边界层中的磷被气孔中溶解到边界层的氧所氧化;

(3) 边界层中的氧化磷通过界面反应生成磷酸盐。

以上反应过程的示意图如图 2-10 所示。

图 2-11 是相关文献给出氧化钙含量和钢液脱磷的关系。

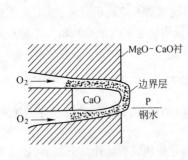
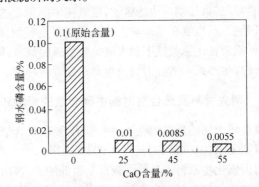

图 2-10　耐火材料脱磷的示意图　　图 2-11　MgO-CaO 耐火材料中氧化钙含量和脱磷的关系

2.4.7　含碳耐火材料对钢液的增碳作用分析

2.4.7.1　含碳耐火材料对钢液增碳的机理分析

含碳复合材料是 20 世纪 80 年代开始发展起来的新型耐火材料,广泛应用于转炉、电炉、钢包以及连铸等方面。与不含碳的耐火材料相比,由于石墨低的热膨胀性以及与渣的不润湿性,使得含碳复合耐火材料的热震稳定性与抗渣性大为改善。20 世纪后期,含碳复合耐火材料在提高其使用寿命中,石墨碳起到了至关重要的作用。随着洁净钢和超低碳钢生产的发展,人们的观念从单纯追求耐火材料的长寿命转移到同时考虑其对钢质的影响。图 2-12 是试验不同耐火材料对冶炼 IF 钢时,耐火材料对钢液增碳作用大小的试验结果。

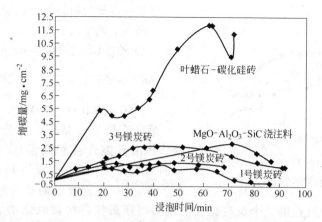

图2-12 不同含碳耐火材料对 IF 钢的增碳量与钢水浸泡时间的关系
1 号镁炭砖碳含量为 8.3%;2 号镁炭砖碳含量为 15.5%;3 号镁炭砖碳含量为 17.9%

从图 2-12 中可以看出,不论何种耐火材料,只要其中有碳的存在,首先是使钢液增碳,这种增碳的机理基于以下两种:

(1) 钢液的"渗透-溶解"造成的钢液增碳。任何一种耐火材料的制品都含有一定数量的气孔,相当于很多的毛细管,炉外精炼过程中钢液沿着这些气孔渗透,会有一部分和耐火材料中的碳直接接触发生直接溶解,造成钢液的增碳。反应式如下:

$$C(s) \rightleftharpoons [C] \qquad \Delta G = 22590 - 42.67T \text{ J/mol}$$

式中,ΔG 是以石墨为原始碳以及 1% 浓度溶液为标准态的吉布斯自由能。

(2) 含碳的耐火材料内部发生分解反应,生成的一氧化碳进入钢液发生分解反应,造成钢液增碳,或者含碳耐火材料在工作层直接与钢液中的氧反应,生成一氧化碳进入钢液造成钢液的增碳,其反应的方程式如下:

$$M_xO_y(s) + yC \rightleftharpoons xM + yCO$$

$$CO \rightleftharpoons [C] + [O] \qquad \Delta G = -19840 - 40.62T \text{ J/mol}$$

常见的含碳耐火材料主要有镁炭砖、铝炭砖、MgO-Al$_2$O$_3$-SiC 浇注料、ZrO$_2$-C 材料等,它们对钢液的增碳是精炼过程中值得重点关注的问题,了解它们的增碳原理,对合理控制成分,根据不同的冶炼钢种选择不同材质的钢包,减少成品钢水质量异议有重要的作用,以下做简要的介绍。

2.4.7.2 MgO-C 材料对钢水的增碳

A 不同碳含量的镁炭质耐火材料对钢液增碳的不同特点

MgO-C 质耐火材料是重要的碳复合耐火材料之一,由于其具有良好的抗渣性而广泛应用于转炉炉衬、电炉炉衬以及钢包精炼炉渣线部位以及 AOD、VOD 的炉衬。

石墨作为镁炭质复合耐火材料的重要碳源,在耐火材料与钢液作用时对钢液的增碳起主要作用。在镁炭材料中镁炭耐火材料向钢液中的增碳主要受"渗透—溶解"所控制,即增碳作用主要是受钢液向耐火材料中的渗透以及碳向钢液中溶解的影响。当石墨含量高时,钢液与耐火材料之间的接触面积增大,耐火材料中的碳向钢液的溶解量也随之增加。

图 2-13 是研究人员研究 3 种不同碳含量的 MgO-C 材料对钢液增碳的试验结果,其中 1 号、2 号、3 号的碳含量分别为 8.3%、15.5% 和 17.9%。试验测试结果证明,碳含量高的 3 号 MgO-C 材

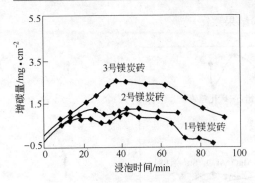

图 2-13　Mg-C 材料对 IF 钢的增碳量
与钢液浸泡时间的关系

料的增碳量和趋于稳定的时间都是最高的。

镁炭质耐火材料与钢液接触一定时间以后,镁炭砖内部还会发生以下的反应:

$$MgO(s) + C(s) = Mg(g) + CO(g)$$

$$\Delta G = -153177 + 72.25T - 2RT\ln\frac{2}{p_{Mg}p_{CO}}$$

$$Mg(g) + R_nO_m \longrightarrow MgOR_nO_{(m-1)}(s)$$

第一个反应主要是生成的镁蒸气和一氧化碳气体沿孔隙迁移到高温区,影响上述反应的控制因素为反应产物 Mg(g)、CO(g) 向工作面的扩散。CO 在钢液中的热分解反应,成为钢液增碳的另外一个原因。第二个反应是在炉壁表层镁蒸气再次被氧化物氧化成氧化镁,并且与镁炭砖中的其他微量化合物组成高熔点的岩相化合物,即接触区域会出现一脱碳致密层。

镁蒸气的二次氧化是耐火材料与钢液界面上氧化镁致密层形成的基础,研究人员研究镁炭砖与钢液作用时发现,只要有不同厚度的氧化镁致密层存在,便无金属渗透层存在,钢液的增碳量较少且在较短时间内趋于稳定。可看出镁炭砖材料中的氧化镁致密层可有效阻止碳向钢液中溶解和钢液向材料的渗透。

　　B　真空条件下镁炭质耐火材料对钢液增碳的特点

在常压的条件下,镁炭质耐火材料和钢液接触以后,表面生成一脱碳层将碳与钢液隔离,钢液只有通过脱碳层中的气孔渗透到耐火材料内部才能与碳接触;当扩散层达到一定厚度后,通过脱碳层的渗透成为增碳过程的主要限制环节,镁炭质耐火材料中原始碳的含量对耐火材料向钢液的增碳过程的影响明显减弱。但在真空条件下,温度超过 1700℃,镁炭砖内镁蒸气分压增高,破坏了 MgO-C 材料的组织结构,耐火材料对钢液的增碳作用又会加强。故镁炭砖在真空条件下和常压条件下对钢液的增碳现象也有较大差别,真空时的增碳量大于常压下的增碳量。

实践和研究都已经证实,镁炭质耐火材料和其他含碳的耐火材料对钢液精炼过程中的大量增碳作用发生在前 100min,100min 后镁炭砖对钢液的增碳作用几乎停止,钢液中的碳趋于稳定。这也是钢厂冶炼优质钢和一般低碳钢的时候,新钢包前三炉不许使用的原因所在。

此外需要说明的是,不同的镁炭质耐火材料和冶炼钢种的关系比较密切,一般的规律来讲,脱氧情况不同的钢增碳的情况各不相同,脱氧钢和不脱氧的钢在同一种镁炭质耐火材料的工作期间,前 5min 两种钢液增碳迅速,差别不大;5min 后,非脱氧钢增碳基本保持不变,而铝镇静钢增碳量随接触时间的延长而逐渐增加。试验的结果见图 2-14。

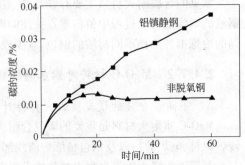

图 2-14　镁炭质耐火材料与不同钢液的
接触时间同钢液增碳的关系(1600℃)

任何镁炭质耐火材料都会对钢液发生增碳作用,随着处理温度的升高,增碳量逐渐降低;添加抗氧化剂金属的镁炭质耐火材料在钢液处于低温处理阶段时,对钢液的增碳量达到最大,而高温处理后对钢液的增碳量则很低。

　　研究人员还发现,MgO-C 材料与铝镇静钢之间作用时,当耐火材料中有 MgO·Al₂O₃ 尖晶石存在时,不管是耐火材料生产时预先加入的,还是镁炭砖在高温下原位生成的,也不管其颗粒大小,都可使钢液的增碳量减少。加入金属铝和三氧化二铝,镁炭砖的温度超过 1500℃ 都有尖晶石存在,此时对钢液中的增碳作用也是最少的,这种现象学术界的一些专家称为尖晶石的阻挡渗透(blocking impreg nation)机理,钢液达到平衡时,钢液中的碳比没有尖晶石的要低。相关文献给出的试验结果如图 2-15 所示。

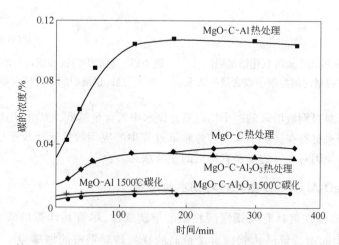

图 2-15　不同镁炭砖与铝镇静钢的接触时间同钢液增碳的关系(1600℃)

2.4.7.3　Al₂O₃-C 材料对钢液的增碳作用

　　Al₂O₃-C 材料主要应用于连铸的生产工艺中。广泛应用于浸入式水口、长水口、滑板和整体塞棒等连铸产品。相对 MgO-C 材料的研究,Al₂O₃-C 材料对钢的增碳研究较少。Al₂O₃-C 耐火材料向钢液中的增碳过程主要是"渗透—溶解—扩散"来实现的。Al₂O₃-C 耐火材料对钢液的增碳机理和 MgO-C 质耐火材料的增碳机理区别不大。

　　由于铝炭质耐火材料中添加部分的防氧化剂,如铝粉、金属硅粉等,不同的防氧化添加剂起到了不同的作用,所以增碳的量也各不相同。

　　加入铝粉的 Al₂O₃-C 材料在 1530℃ 以下有 Al₃C₄ 存在,它可与耐火材料非工作面的一氧化碳反应生成碳,所生成的碳为非石墨化碳,活性较高,容易溶于钢液中,所以添加铝粉的 Al₂O₃-C 材料增碳作用高于不添加铝粉的 Al₂O₃-C 材料。

　　加入金属硅粉的铝炭质耐火材料可与其中的碳反应生成碳化硅,当碳化硅与钢液接触时可增加钢液中的硅,提高钢液的黏度,抑制了碳在钢液中的扩散,所以添加金属硅粉的铝炭质耐火材料对钢液的增碳作用较弱。

　　在钢液和 Al₂O₃-C 耐火材料接触的最初几分钟,钢液中的碳急剧增加,添加防氧化剂和不添加防氧化剂之间的区别不大,由于钢液和耐火材料最初接触的一段时间里,钢液沿着耐火材料的气孔向含碳耐火材料渗透,发生碳的溶解,碳的直接溶解机制导致钢液中碳迅速增加,随保温时间的增加,渗透—溶解机制对钢液增碳起主导作用。同时,耐火材料与钢液接触部位生成反应脱碳层,隔离了钢液与耐火材料的直接接触,进而减缓甚至停止耐火材料对钢液的增碳作用。实验室测得的钢水和铝炭质耐火材料接触以后的试验结果如图 2-16 和图 2-17 所示。

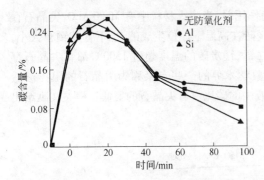
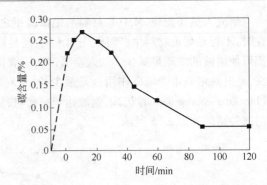

图 2-16　加 Al、Si 粉和不加防氧化添加剂的
Al、Al_2O_3-C 砖的钢水接触时间与钢中碳含量的关系

图 2-17　钢水中的碳和钢水与耐火材料接触时间的
关系(钢液中的原始碳含量为 0.002%)

铝炭质耐火材料对钢液增碳的一个特点就是钢水中氧含量越低,增碳作用越明显。

目前铝炭质耐火材料在转炉钢水的炉外精炼过程中的应用数量远远少于镁炭质耐火材料,但是了解其增碳的原因对今后的发展有积极的参考意义。

2.4.7.4　MgO-Al_2O_3-SiC 浇注料对钢水的增碳

MgO-Al_2O_3-SiC 浇注料具有与镁炭砖相似的增碳规律,尽管其计算的碳含量并没有镁炭砖高,但其对 IF 钢的增碳量已达到碳含量最高的镁炭砖对钢液的增碳量。浇注料中 SiC 对钢水增碳的机理与蜡石—碳化硅砖中 SiC 对钢水增碳的机理相同。但在 MgO-Al_2O_3-SiC 浇注料中,通过对浇注料中 MgO、Al_2O_3 组成点的控制,使得 SiC 与钢水中的氧发生氧化后产生的 SiO_2 与浇注料中的 MgO、Al_2O_3 反应形成低熔相,起到堵塞浇注料气孔的作用,使浇注料中 SiC 分解层致密化,阻止其内部的 SiC 继续与钢水中的氧反应。因此,在冶炼试验后期钢水中增碳量降低。

2.4.7.5　镁铬质耐火材料对钢液的增碳作用

含碳的镁铬质耐火材料对钢液的增碳机理和前面其他耐火材料增碳的原理基本一致,即耐火材料发生脱碳,脱碳产生的 CO 进入钢液,钢液脱氧情况良好的情况下,对钢液造成增碳;或者钢液沿着耐火材料的气孔进入耐火材料内部,或者直接和耐火材料工作层中的碳接触,耐火材料中的碳溶解在钢水中,造成钢液增碳。

对于冶炼超低碳不锈钢的真空处理设备,最适宜的耐火衬应是镁铬耐火材料。这是因为镁铬耐火材料在高温真空处理时,镁铬砖会与钢液发生下列反应:

$$MgO \cdot Cr_2O_3(s) + 4[C] \Longrightarrow 2[Cr] + Mg(g) + 4CO(g)$$

该反应不仅会有利于真空条件下的脱碳反应,还可增加钢中铬的含量,降低合金消耗的成本。

2.4.7.6　ZrO_2-C 材料对钢液的增碳作用

ZrO_2-C 材料因为昂贵的价格成本,不单独使用,主要是作为复合部分用在长水口或浸入式水口的渣线部位,对和钢液的接触增碳的量相对较少。

目前,研究 ZrO_2-C 材料对钢液增碳的机理的文献很少。研究人员在研究 ZrO_2-C 材料脱碳行为时发现,ZrO_2-C 材料与钢液作用过程中有碳化锆生成,且沿工作面有几百微米的脱碳层存在。外国的耐火材料专家在正使用的浸入式水口中证实了 ZrO_2-C 材料中有碳化锆生成。我国的林

炜等人也研究了碳化锆形成机理及其对钢液的润湿性,他们的研究认为:碳化锆在 ZrO_2-C 材料中形成机理为:

氧化锆(ZrO_2)颗粒与石墨接触时发生反应,即:

$$ZrO_2(s) + 2C(s) \Longrightarrow ZrC(s) + CO_2(g)$$

如果颗粒没有接触,则碳还原二氧化碳的反应将是主要的反应,因为在 1000℃ 以上碳存在的条件下主要的气体为一氧化碳。

$$ZrO_2(s) + 4CO(g) \Longrightarrow ZrC(s) + 3CO_2$$

产生的二氧化碳与石墨反应生成一氧化碳,即:

$$CO_2(g) + C(s) \Longrightarrow 2CO(g)$$

结合上式可得碳化锆形成的主要反应过程,即:

$$ZrO_2(s) + 3C(s) \Longrightarrow ZrC(s) + 2CO(g)$$

通过比较耐火材料中使用的 SiO_2、SiC、Al_2O_3、Al_4C_3 在一氧化碳气氛下的热力学稳定范围,得知 ZrC 比 Al_4C_3 更加容易形成,在低于 1350℃ 甚至比碳化硅更易生成。当一氧化碳分压小于 0.035MPa,在 1560℃ 可生成碳化锆。

通过比较 ZrO_2 和 ZrC 对钢液的润湿性,前者的润湿性很差,润湿角为 15°;而后者具有良好的润湿性。

从他们的研究得出,ZrO_2-C 质耐火材料对钢液的增碳,主要是由钢液的渗透和碳在钢液的溶解来控制。在 ZrO_2-C 材料与钢液作用过程中,当 ZrO_2-C 材料中没有形成 ZrC 层时,由于 ZrO_2 对钢液的润湿性很差,钢液渗入耐火材料的量很少,只是表面的炭素材料溶解到钢中,所以增碳量此时较少;随时间的延长或温度的升高,ZrC 层形成。由于钢液润湿 ZrC,通过毛细管作用钢液沿 ZrC 表面进入到 ZrO_2-C 材料中,渗入的钢液就会溶解碳,增大了碳与钢液的接触面积,造成了碳向钢液中的溶解。这一阶段也是 ZrO_2-C 材料对钢液的增碳作用最为明显的时候。

2.5 耐火材料对钢液脱氧的影响

2.5.1 耐火材料脱氧净化钢水的作用原理

钢水脱氧就是将钢水中的自由氧转化为氧化物,然后从钢液中排出的过程。耐火材料能够吸收脱氧或者脱硫产物的功能已经被证实,这种功能从另外的一个角度上讲,也就是对钢液具有净化作用,这种作用不仅在纯粹的实验室里得到证实,而且也被生产实践所证明。

将高 CaO 含量的涂料应用于宝钢中间包上,在洁净钢水的作用上取得了实效。结果表明:运用这种高 CaO 含量的涂料后,钢液中 5%～7% 的 Al_2O_3 和 2%～12% 的 SiO_2 被耐火材料吸收;同时,这种高 CaO 含量的涂料能够有效地去除钢液中的硫,约有 0.1%～0.12% 的硫被耐火材料所吸收(铝脱氧钢水)。相关反应如下:

$$n\mathrm{Al_2O_3} + m\mathrm{CaO} \longrightarrow m\mathrm{CaO} \cdot n\mathrm{Al_2O_3}$$

$$x\mathrm{SiO_2} + y\mathrm{CaO} \longrightarrow y\mathrm{CaO} \cdot x\mathrm{SiO_2}$$

$$[\mathrm{S}] + 2/3[\mathrm{Al}] + (\mathrm{CaO}) \longrightarrow 1/3(\mathrm{Al_2O_3}) + (\mathrm{CaS})$$

表2-8 是中间包涂料在某钢厂中间包使用后各层成分的变化。由表可见,侵蚀层与渗透层中的 Al_2O_3 及硫的含量均高于原砖层。耐火材料吸收了钢中的某些有害物质或者夹杂物,降低了钢中的总氧含量和硫含量,起到了净化钢水作用。

表 2-8　高 CaO 中间包涂料使用后各层成分的变化

成　　分	侵蚀层/%	渗透层/%	原砖层/%
MgO	29.86	32.51	37.34
CaO	44.53	55.15	57.51
Al_2O_3	5.76	5.31	0.29
SiO_2	14.03	5.24	3.68
Fe_2O_3	4.78	0.49	0.48
S	0.12	0.15	0.02

2.5.2　耐火材料对钢中夹杂物含量的影响

对铝镇静钢而言,钢包用耐火材料材质如果含有二氧化硅,将会生成 Al_2O_3 系杂质,主要原因是由于耐火材料中的 SiO_2 在钢水中铝的作用下发生以下反应,SiO_2 被还原,造成钢液增硅,钢液中的强还原剂铝被氧化成为 Al_2O_3 造成的,即:

$$3SiO_2 + 4Al \Longrightarrow 3Si + 2Al_2O_3$$

所以冶炼氧含量较低的优质钢种,尤其是冶炼低碳低硅铝镇静钢时,钢包应选用低 SiO_2 的耐火材料来减少钢液中的杂质物数量和解决钢水增硅的现象。

2.5.3　钢包釉面的形成机理和钢包使用次数对钢液夹杂物数量的影响

钢水精炼使用的钢包在浇铸过程中,甚至在浇铸结束以后,耐火材料在高温下会与黏附的钢渣发生反应。从热力学观点来讲,含碳的耐火材料,如镁炭砖、铝镁炭砖等,与钢渣和反应会产生多层结构,即:工作层、(炉渣)渗透层、耐火材料脱碳层、原砖层。

研究表明,在钢包精炼或者浇铸过程中,当顶渣接触到包衬时,形成了薄渣层。该熔渣层黏附并渗入到耐火材料间隙内,形成钢包"渗透的渣层"。浇铸期间,顶渣随着钢水在钢包内液位向下移动,渣膜伴随着钢水的液位降低,会附着在钢包壁上,黏附并渗入耐火材料间隙内,钢包冷却时,熔渣凝固,形成钢包釉面。图 2-18 是钢水精炼过程中釉面的形成和再次被钢水侵蚀的示意图。

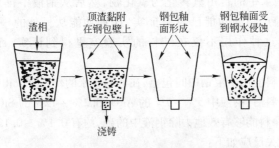

图 2-18　钢包壁形成釉面增加夹杂物的机理

研究已经证实,在钢水精炼-浇铸过程中,镁炭砖质的钢包内衬中的 $3CaO \cdot Al_2O_3$ 伴随 MgO 出现在钢包釉面的渣渗透层内。新一炉钢水注入钢包时会冲刷掉外层的部分釉面结构,黏附的釉面层就会脱落或部分脱落,黏附在釉面上的固态渣将再次熔化,这部分再次熔化的渣及釉面内原有的非金属颗粒就残留在钢水内成为夹杂物。

此外,并非所有的渣渗透层都从包壁上被钢包接钢(接收转炉出钢)的钢水注流冲刷下来,许多细小的固态颗粒层残留在包衬上,成为潜在的夹杂,较为剧烈的氩气气体搅拌,促使钢液的快速流动,也可能将这些残留在包衬上的小颗粒冲刷进钢水中,成为夹杂物。图 2-19 是钢包釉面的显微照片。来源于釉面层的夹杂物数量将取决于釉层的变化,因为随着钢包使用次数的增多,浸入耐火砖内的渣量增加。钢包越老化,釉面层就会产生越来越多的夹杂。因此,渣渗入速度的加快将导致夹杂物数量的急剧增多。

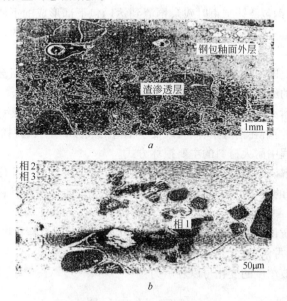

图 2-19 钢包釉面的显微照片

a—钢包釉面的外层和渣渗透层;b—较高的放大倍数

目前的研究结果已经证明,钢包处理过程中,工具钢内非金属夹杂物主要来源于钢包釉面,所以目前工艺规程中,规定冶炼优质钢的时候,超过一定包龄的钢包不许使用,很大程度上也是基于这一考虑。

2.6 炉外精炼过程钢渣对耐火材料的侵蚀

耐火材料在钢水的炉外精炼过程中的损耗主要来源于钢水和钢渣的侵蚀、温度变化引起的损坏、人工损坏以及各类机械原因引起的损坏。本节主要简单介绍耐火材料的抗渣性的基本机理以及钢水和钢渣对耐火材料的侵蚀机理。

2.6.1 耐火材料的抗渣性

2.6.1.1 耐火材料抗渣性的基础知识

耐火材料在高温下抵抗炉渣侵蚀的能力称为抗渣性。钢水精炼过程中,耐火材料的气孔率和矿物组成,对耐火材料的抗渣性影响明显。从广义上来讲,熔渣是指以下几个方面的内容:

(1)高温下与耐火材料相接触的炼钢炉渣,包括氧化渣和还原渣。

(2)炼钢产生的烟尘和各类接触的物质,如合金、渣料、脱氧剂等。它们也会与耐火材料发生化学反应,形成低熔点液相。

(3)气态的物质,主要指炉气。

在以上物质中,炉渣以液态方式和耐火材料接触,与耐火材料形成液相,然后从耐火材料表面剥离;或者从耐火材料气孔浸入耐火材料内部,在温度变化的过程中,造成体积膨胀变化,导致耐火材料疏松损坏;或者浸入耐火材料内部,形成新的高熔点尖晶石相,造成钢包耐火材料不能够正常使用而损坏。炉气和各类与钢包耐火材料接触的物质,都有可能发生以上几种的损坏形式,所以在转炉钢水的炉外精炼过程中耐火材料的损坏有 50% 以上是由于炉渣的侵蚀形成的。在钢包中,最明显的有两个渣线,即钢水开始精炼时,钢渣处于钢包的上部,形成一圈和渣层厚度相接近的上渣线,以及钢包浇铸结束时残余钢渣到达钢包下部形成的下渣线。并且钢包最容易出问题损坏的部位也是渣线部位。从溶解的角度讲,耐火材料向炉渣的溶解过程可以分为以下三种形式:

(1) 单纯的溶解。即耐火材料不与熔渣发生化学反应,耐火材料组分溶解于炉渣中。此类溶解取决于耐火材料的组织结构和致密度。

(2) 反应溶解。耐火材料与钢渣在接触面发生化学反应,导致耐火材料的工作面部分转变为低熔点的反应产物,溶解在钢渣中,同时改变了钢渣的成分和耐火材料的化学组分。这一种方式是钢水炉外精炼过程中耐火材料的主要损坏方式。

(3) 侵入变质溶解。高温的钢渣、炉气和渣层通过耐火材料的气孔侵入耐火材料的内部深处,或者通过耐火材料的液相扩散,向耐火材料的固相扩散,使得耐火材料制品的组织结构发生改变而溶解。

当耐火材料的基质部分由于熔化扩散造成流失以后,残存的粗颗粒将会孤立,在物理冲刷的作用下也会流失,正如古语"皮之不存,毛将焉附"。

溶解速度通过溶液浓度的变化可以表示为:

$$\frac{\mathrm{d}C}{\mathrm{d}t} = \frac{D}{\delta}(C_0 - C_r)S$$

式中,$\frac{\mathrm{d}C}{\mathrm{d}t}$ 为溶解速度;δ 为扩散层厚度;D 为耐火材料通过扩散层的扩散系数;C_0 为一定温度下溶解于钢渣中的耐火材料某一组分的饱和浓度;C_r 为耐火材料的某一组分在钢渣中的实际浓度;S 为钢渣与耐火材料的接触面积。

上式表明,耐火材料在使用过程中通过扩散层的扩散系数、扩散层厚度和耐火材料组分在钢渣中的溶解度,决定了耐火材料向熔渣中的扩散速度。在炼钢条件下,随着温度的升高,炉渣的黏度降低,耐火材料组分在钢渣中的溶解度一般情况下会明显增加,扩散层的扩散速度增加,耐火材料的溶解速度增加。这是高温下耐火材料蚀损速度较快的主要原因之一。

在一定的温度和耐火材料的组成条件下,扩散系数 D 和浓度差$(C_0 - C_r)$ 基本上为一定值,此时扩散层的厚度将会随着炉渣的流动速度发生变化,炉渣高速流动时,扩散层厚度变薄,耐火材料的溶解速度增加。

许多学者对耐火材料的熔化损失做了大量的研究分析。耐火材料的熔损,即熔损量(耐火材料的熔损厚度)可以表示为:

$$\Delta d = A\left(\frac{T}{\mu}\right)^{0.5} t^{0.5}$$

式中,Δd 为耐火材料的熔化损失厚度;μ 为炉渣的黏度;T 为炉渣的温度;A 为常数;t 为反应时间。

如果耐火材料的矿物组成中低熔点相的组分较少,那么,在一定的温度范围内,耐火材料就有良好的抗渣性。需要说明的是耐火材料在钢渣中的溶解以及熔渣向耐火材料中的侵入是以耐火材料和炉渣相互接触为前提的,钢渣对耐火材料的湿润作用也是决定侵蚀的重要因素,钢渣不湿润耐火材料,耐火材料就很难被钢渣溶解或者侵蚀。如钢渣对氧化锆的湿润能力较弱,这是连铸选用氧化锆作水口耐火材料的主要原因之一;钢渣对石墨的湿润作用很小,选用炭砖或者使用焦油浸渍一些耐火材料,会减少耐火材料的侵蚀速度,焦油白云石砖就是典型的例子。

需要强调的是,钢渣对耐火材料的表面湿润性取决于湿润角,只有在湿润角小于90°的情况下,钢渣向耐火材料气孔内侵入才有可能。

2.6.1.2 耐火材料的矿物组成对耐火材料抗渣性的影响

耐火材料的矿物组成对其抗渣性的影响主要表现为:如果矿物组成中存在耐火度较低的组分,它们和精炼顶渣的组分能够形成混合物,那么,耐火材料中的组分就会在温度的作用下生成大量的反应产物,在系统温度上升、黏度下降以后从耐火材料上流失。流失大量反应产物的耐火材料表面将会覆盖新的一层岩相物质。造成耐火材料被炉渣严重的冲刷和蚀损。典型的实例是不同情况的镁钙炭砖被渣侵蚀前后的结果比较。结果表明,镁钙炭砖抗渣侵蚀性能除了与镁钙砂的致密度有关外,还与砖中 CaO 的分布有关。以下试验和生产实践的结果证明了以上的论述:

(1)镁钙砂抗 $CaO-SiO_2$ 渣侵蚀的性能与其致密度成正比。致密度越差,渣沿镁钙砂渗透的程度越大,导致镁钙砂周边的石墨就越容易被渣中的氧化物氧化而脱碳。脱碳后镁钙砂周边出现裂纹,渣会沿着裂纹向镁钙砂内部渗透,从而加速了渣对镁钙砂的侵蚀。

(2)镁钙砂中的 CaO 能与渣中的 SiO_2 优先反应生成高熔点的硅酸二钙 $C_2S(2CaO \cdot SiO_2)$ 高熔相,从而阻止了渣的进一步渗透,但是镁钙砂中的 MgO 却与 $CaO-SiO_2$ 系为主的顶渣反应,生成低熔点的钙镁橄榄石 $CaO \cdot MgO \cdot SiO_2$,导致耐火材料组分被化学侵蚀剥落。因此,对 $CaO-SiO_2$ 渣系来说,镁钙砂中的 MgO 是薄弱环节,CaO 的分布直接影响镁钙砂的抗侵蚀性能。

(3)质量分数接近、矿物组成不同的耐火材料,抗同一种顶渣的效果也不同。电熔镁钙砂中 CaO 包裹着 MgO,将 MgO 与渣隔离开来起到了保护 MgO 的作用,而烧结镁钙砂中的 CaO 却是弥散分布,MgO 直接与渣接触就会形成低熔点相,所以抗渣性也不同。

2.6.1.3 耐火材料的气孔率对耐火材料抗渣性的影响

熔渣对耐火材料的侵蚀除了表面的溶解以外,熔渣还能够侵入或者渗透到耐火材料内部,扩大炉渣和耐火材料的反应面积和深度,造成在耐火材料表面附近的组成和结构发生质变,形成能够容易溶解到炉渣的变质层,缩短了耐火材料的使用寿命。这种蚀损方式主要和耐火材料的气孔率有关。不同的耐火材料,组分相同,如果组织结构不同,蚀损速度也是不一样的。而炉渣侵入或者渗透到耐火材料内部主要有通过气孔侵入和通过耐火材料中的液相侵入两种方式,前者的研究论证已经很成功,后者在炼钢过程中的应用研究还在发展。

耐火材料中的开口气孔,可以认为是一个个毛细管,是钢渣侵入耐火材料的通道。根据镁砖和 $CaO-Al_2O_3-SiO_2$ 系钢渣的相互作用确定钢渣通过开口气孔侵入耐火材料的速度可以表示为:

$$v_t = A \left(\frac{\varepsilon^2 r}{2} \right)^{0.5} \left(\frac{\sigma \cos\theta}{\mu} \right)^{0.5} t^{0.5}$$

式中,v_t 为钢渣侵入耐火材料的量;μ 为炉渣的黏度;σ 为钢渣的表面张力;ε 为开口气孔率;r 为气孔半径;θ 为钢渣在耐火材料上的接触角;t 为作用时间。

从上式看出,钢渣侵入耐火材料的速度和耐火材料的开口气孔率关系密切,成正比关系。需要说明的是,耐火材料的气孔率相同,但是气孔的大小、形状和分布情况不同,钢渣侵蚀速度也不同。钢渣侵入耐火材料的深度 H 可以表示为:

$$H = \left(\frac{r\sigma t \cos\theta}{2\eta} \right)^{0.5}$$

式中,η 为炉渣的动力黏度,Pa·s。

对转炉钢水的精炼渣系来讲,碱性渣的黏度在$(400\sim550)\times10^{-5}$N/cm 之间,炉渣的碱度越高,黏度越大。图 2-20 是炉渣的碱度和耐火材料侵蚀速度之间的关系。

2.6.1.4　低碳镁炭砖的抗渣性介绍

根据低碳镁炭砖的使用和试验情况证明,镁炭质耐火材料的抗渣性和耐火材料的碳含量关系密切。低碳镁炭砖的抗渣性表现为:镁炭砖的抗渣侵蚀性是随着熔体温度的上升、渣碱度的降低和渣中 FeO 与 MnO 含量的增加而降低的。在低碱性渣中,在 FeO 含量较多(不小于 20%)的情况下,镁炭砖的碳含量在 5%~10% 时熔损量最小。通常,砖的熔损都是先从基质部分开始的。在 FeO 含量多的渣中,碳含量越多,铁在钢液和砖的界面析出得越多,基质由于液相氧化而受到破坏,氧化镁颗粒流出显著,损毁严重;而碳含量少时,即使发生液相氧化,但由于形成了氧化镁颗粒堆积较多的反应层而抑制了砖的进一步损毁。炉渣碱度与耐火材料的侵蚀速度的关系见图 2-20。

当石墨含量不高于 6% 时,镁炭砖在两种碱度(分别为 3.0 和 1.0)不同的钢渣中的侵蚀深度都随石墨含量的增加而减小;而当石墨含量达到 12% 时,其侵蚀深度又都增加。碱度($\sum CaO/\sum SiO_2$)为 1.0 的渣对石墨含量不高于 6% 的镁炭质耐火材料的侵蚀严重;而碱度($\sum CaO/\sum SiO_2$)为 3.0 的渣对石墨含量为 12% 的镁炭质材料的侵蚀严重;低碱度渣中硅、铁对 MgO 致密层的熔损比高碱度渣中严重。耐火材料抗渣侵蚀深度和耐火材料石墨含量之间的关系见图 2-21。

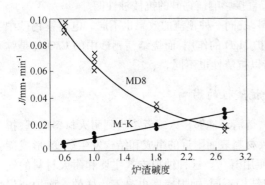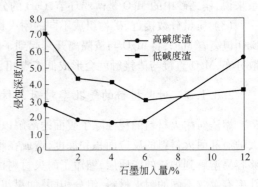

图 2-20　炉渣碱度与耐火材料的侵蚀速度的关系　　　图 2-21　渣侵蚀深度与石墨含量的关系

此外,镁炭砖的生产质量对耐火材料的抗渣性影响也比较明显。试验结果显示:材料的抗渣侵蚀性能与材料的组织结构以及渣蚀后材料表面的致密程度相关。如果材料结构致密,并且不易为渣所渗透,其抗渣性好。或者,材料本身的结构致密程度虽不高,但是与熔渣接触后,容易与熔渣反应形成致密的反应层(见图 2-22),其抗渣侵蚀性能也会提高。材料的抗渣侵蚀性能与其抗氧化性能也是相关的。如果材料抗氧化性差,使用后组织结构必然疏松,熔渣便会侵入材料内部,损坏原砖层,使材料彻底损坏。

2.6.1.5　MgO-CaO 材料抗不同熔渣的侵蚀情况

A　MgO-CaO 材料抗氧化物钢渣侵蚀的机理和特点

镁钙砖具有体积密度高、结构致密、耐侵蚀、耐冲刷、耐剥落,适于平砌且不渗钢的优点,它能够抵抗还原气氛下低碱度炉外精炼渣的侵蚀,常用于 LF—VD、VOD 和 AOD 钢包。几种常见镁钙砖的理化指标成分见表 2-9。

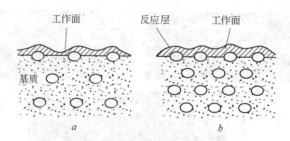

图 2-22 高碳镁炭砖与低碳镁炭砖的保护工作面示意图

a—高碳镁炭砖；b—低碳镁炭砖

表 2-9 几种常见镁钙砖的理化指标成分

指标 \ 牌号	QMG 15A	QMG 15B	QMG 20A	QMG 20B	QMG 25A	QMG 25B	QMG 30A	QMG 30B	QMG 40A	QMG 40B
CaO/%	13~17	13~17	18~22	18~22	23~27	23~27	28~32	28~32	38~42	38~42
显气孔率/%	8	8	8	8	8	8	8	8	8	8
常温耐压强度/MPa	55	50	55	50	55	50	55	50	55	50
荷重软化点/℃	1700	1680	1700	1680	1700	1680	1700	1680	1700	1680

武汉科技大学的黄波博士的研究结果表明：

（1）通过镁钙砖的抗 CaO-SiO$_2$ 渣系侵蚀的研究（见图 2-23、图 2-24），发现经 CaO-SiO$_2$ 渣侵蚀部分结构松散，并出现较大的孔洞。扫描电镜发现，在该砖工作面一侧生成较多低熔点的钙镁橄榄石（CaO·MgO·SiO$_2$）和钙铝黄长石（C$_2$AS）；对镁钙砖，发现在砖的工作面一侧生成大量高熔点的硅酸钙（C$_3$S），这些 C$_3$S 包围了氧化镁，形成"桥状结构"。这种高温结合相能够阻止熔渣的侵蚀。所以，镁钙砖的抗渣蚀性随着 CaO 含量的增加而提高。

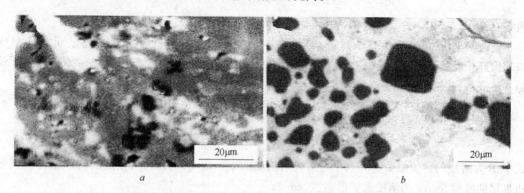

图 2-23 镁钙砖经 CaO-SiO$_2$ 渣侵蚀后蚀变层的显微照片

（2）通过镁钙砖抗 CaO-Al$_2$O$_3$ 渣系侵蚀的研究（见图 2-25、图 2-26），发现镁钙颗粒与熔渣反应熔解，CaO-MgO 连续网络被严重肢解。电子探针分析发现，在砖的工作面一侧生成了大量的铝酸钙（C$_{12}$A$_7$）。这样因为 CaO 被熔蚀，浑圆状的方镁石（MgO）孤立地分散在铝酸钙中，CaO-MgO 之间的连续网络遭到完全破坏，因此，其抗渣蚀性能较差。而在镁钙砖中，因为仅生成少量的钙镁

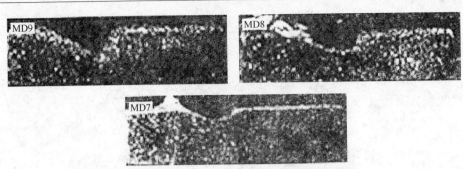

图 2-24 镁钙砖经 CaO-SiO$_2$ 渣侵蚀后的纵截面照片

图 2-25 镁钙砖经 CaO-Al$_2$O$_3$ 渣侵蚀后蚀变层的显微照片(氢氟酸腐蚀)

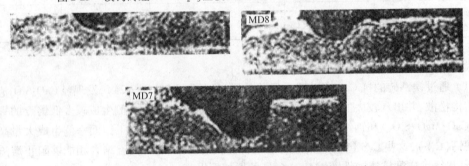

图 2-26 镁钙砖经 CaO-Al$_2$O$_3$ 渣侵蚀后的纵截面照片

橄榄石,因此,氧化钙含量高的镁钙砖抗渣蚀性优于氧化钙含量低的镁钙砖。

黄波博士认为,对 CaO-SiO$_2$ 渣,随着砖中 CaO 含量的增加,砖的抗渣蚀能力增强,而 CaO-Al$_2$O$_3$ 渣却恰好相反;无论对哪一种渣,熔渣的渗透深度都随着砖中 CaO 含量的增加而减小,可见无论哪一种渣系,镁钙砖的炉渣渗透深度都随着砖中 CaO 含量的增加而减小(见图 2-27)。

耐火材料在熔体中的蚀损过程受控于扩散速度,所以镁钙砖的熔损速度 v 为:

$$v = \beta(C_s - C_o) = d\frac{C_s - C_o}{\delta}$$

式中,β 为溶质的传质系数,cm/s;C_s 为边界层溶质的饱和浓度;C_o 为炉渣中溶质的浓度;δ 为扩散边界层的厚度,cm;d 为溶质的扩散系数,cm^2/s。

当浓度以质量分数表示时,可以表示为:

$$v = \beta\rho_o\frac{w_s - w_o}{100\rho}$$

式中,w_s 为边界层溶质的饱和浓度,%;w_o 为熔渣中溶质的浓度,%;ρ,ρ_o 为砖和熔渣的密度,g/cm^3。

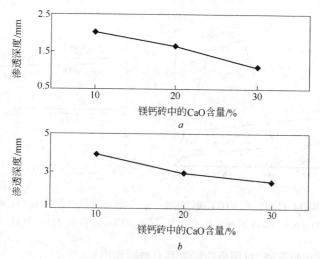

图 2-27　CaO 含量对炉渣渗透深度的影响

a—CaO-SiO$_2$ 渣；b—CaO-Al$_2$O$_3$ 渣

从以上两公式可以看出，增加炉渣中和耐火材料组分相同的渣料，会减轻炉衬的侵蚀速度。

概括来讲，对氧化性较强的顶渣，镁钙质耐火材料的抗渣性特点主要有：

（1）MgO 含量在 60% 以上的 MgO-CaO 材料在 1600℃ 吸收 20% FeO 也不产生液相，即 MgO 含量高于 60% 的 MgO-CaO 材料抗 FeO 侵蚀性能好。

（2）随着 MgO-CaO 材料中 MgO 含量的增加，吸收 Fe$_2$O$_3$ 后产生的液相量减少。因此，MgO 含量越高，抗 Fe$_2$O$_3$ 的侵蚀能力越强。

（3）无论哪种组成的 MgO-CaO 材料，吸收 10% MnO 以后都不会出现液相。因此，MgO-CaO 材料抗 MnO 侵蚀的能力较好。

B　MgO-CaO 质耐火材料抗低碱度渣侵蚀的特点

镁钙质耐火材料抗低碱度顶渣侵蚀的特点主要表现为以下几点：

（1）CaO 含量在 40% 以上的 MgO-CaO 质耐火材料，在 1600℃ 的温度条件下，和以 CaO-SiO$_2$ 为主的渣系作用，吸收一定量的 SiO$_2$ 后，生成高熔点的硅酸钙，并且能够阻止 SiO$_2$ 的进一步侵蚀，也不会出现液相。这也说明镁钙质耐火材料能抵抗该低碱度渣系顶渣中 SiO$_2$ 的侵蚀，CaO 含量越高，抗侵蚀性能越好。

（2）MgO 含量在 92% 以上的 MgO-CaO 耐火材料才能较好地抵抗以 CaO-Al$_2$O$_3$ 为主的渣系中 Al$_2$O$_3$ 的侵蚀。

（3）CaO 含量在 20% 以上的 MgO-CaO 材料，在 1600℃ 吸收 10% P$_2$O$_5$ 后也不出现液相，具有较好的抵抗 P$_2$O$_5$ 的性能，并且这种性能随着耐火材料中 CaO 的增加而增强。

（4）不论 MgO-CaO 材料组成如何，抗 CaF$_2$ 侵蚀均不理想。

图 2-28 和图 2-29 是不同组成的 MgO-CaO 材料在 1600℃ 吸收熔渣中一定量的 SiO$_2$、FeO、Fe$_2$O$_3$、MnO 和 Al$_2$O$_3$、P$_2$O$_5$、CaF$_2$ 后产生的液相量。

C　MgO-CaO 材料抗弱还原渣的侵蚀特点

氧化性较弱的钢渣（(FeO)% <1% 的钢渣）对镁钙耐火材料的侵蚀机理主要是钢渣沿着镁钙耐火材料的气孔和缝隙渗透，或者直接与耐火材料工作面的基质起反应，生成低熔点的镁钙橄榄石或者其他的低熔点矿物相，在钢渣的冲刷作用下从镁钙耐火材料剥离进入钢渣，造成镁钙耐火材料的侵蚀。

低钙耐火材料中的氧化钙和钢渣反应以后，氧化钙进入反应产物从耐火材料剥离以后，形成

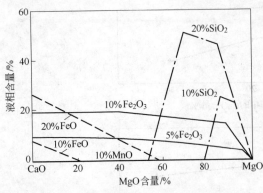
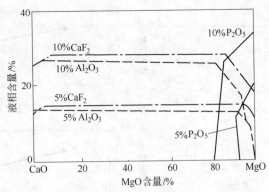

图 2-28　不同组成的 MgO-CaO 材料在 1600℃吸收熔渣　　　图 2-29　不同组成的 MgO-CaO 材料在 1600℃吸收
中一定量的 SiO_2、FeO、Fe_2O_3、MnO 后产生的液相量　　　熔渣中一定量的 Al_2O_3、P_2O_5、CaF_2 后产生的液相量

富镁层,富镁层结构比较致密,对钢渣的渗透具有减缓作用。

　　以 $CaO-SiO_2$ 渣系为主的低碱度炉渣对高钙和低钙耐火材料都有较强的侵蚀作用,在碱度为 1.1 的时候,熔渣的黏度与反应产物的双层作用,镁钙耐火材料的侵蚀速度下降,随着炉渣碱度的增加,其黏度降低,对耐火材料的侵蚀速度加快,真空条件下,炉渣对耐火材料的渗透冲刷作用增强,在炉渣碱度相同的情况下,低钙耐火材料的抗侵蚀性能优于高钙耐火材料。

　　不论是高钙耐火材料还是低钙耐火材料,抗 $CaO-Al_2O_3$ 的能力都较差,不适合于以 $CaO-Al_2O_3$ 为主渣系的钢水炉外精炼,也就是说,含钙耐火材料的钢包不适合于低碳低硅铝镇静钢的渣线部位。

　　D　镁钙质耐火材料的选用和提高抗渣性的理论基础

　　氧化钙的热力学稳定性好,并且具有良好的脱硫脱磷的功能,所以含有游离氧化钙的镁钙耐火材料成为精炼钢包的首选耐火材料。镁钙耐火材料根据氧化钙含量的不同,可以分为氧化钙含量高的白云石砖和氧化钙含量低的镁白云石砖。高钙耐火材料以氧化钙为骨架,为了防止水化,骨料的颗粒较大,所以气孔较多,钢渣对耐火材料的渗透作用增强,渗透深度增加;低钙耐火材料以氧化镁为骨架。以上两种耐火材料制品之间,选用哪一种做钢水炉外精炼的钢包,需要从使用的情况和成本做分析,根据不同的精炼配置和冶炼钢水的质量要求,做出选择。图 2-30 是

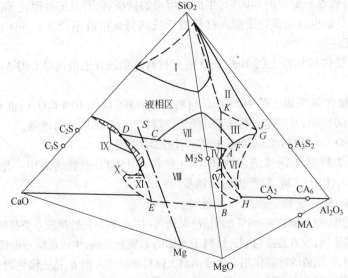

图 2-30　$CaO-SiO_2-Al_2O_3-MgO$ 系的液相区和饱和面(1600℃)

CaO-SiO_2-Al_2O_3-MgO 四元系在 1600℃ 时的液相区和饱和面。从图 2-30 可以估算各种组成 MgO-CaO 材料在不同 CaO-SiO_2-Al_2O_3-MgO 精炼渣中其熔渣与 MgO-CaO 材料边界处的饱和浓度,根据边界处 MgO 与 CaO 的饱和浓度可以调整精炼渣组成,减轻对 MgO-CaO 材料的侵蚀。

Al_2O_3 含量不同的 MgO-CaO-CaF_2-Al_2O_3 系在 1600℃ 的液相区如图 2-31 所示。从图 2-31 可以看出,MgO-CaO 材料抗 CaO-CaF_2-Al_2O_3 精炼渣的熔蚀能力不好,因为它在 1600℃ 的温度条件下的液相区区域较大,而 CaO-CaF_2-Al_2O_3 精炼渣是深度脱硫与渣洗精炼中用得较广泛的精炼渣系,因此,采用何种耐火材料来对付这种精炼渣应是今后研究的方向。

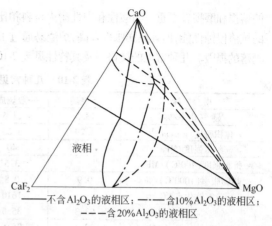

图 2-31 Al_2O_3 含量不同的 MgO-CaO-CaF_2-Al_2O_3 系在 1600℃ 的液相区

—— 不含 Al_2O_3 的液相区; —·—·— 含10% Al_2O_3 的液相区; ——— 含20% Al_2O_3 的液相区

针对以上的问题,现在越来越多的钢厂已经不再提倡在炉外精炼过程中大量使用萤石造渣。

2.6.1.6 镁铬砖的抗渣性

A 镁铬砖抗渣性基础知识

氧化镁和氧化铬组成的耐火材料二元系中,$MgCr_2O_4$ 熔点为 2400℃,其与氧化镁的共熔温度为 2350℃,与氧化铬的共熔温度为 2090℃。$CaMgSiO_4$ 和 $3CaO \cdot MgO \cdot 2SiO_2$ 是炉渣冷却过程中最常见的析出相(炉渣的主要组分)。$MgCr_2O_4$-$CaMgSiO_4$ 和 $MgCr_2O_4$-$3CaO \cdot MgO \cdot 2SiO_2$ 二元系的相平衡状态见图 2-32。

从图 2-32 可知,在 1600℃ 时 $MgCr_2O_4$ 在 $CaMgSiO_4$ 和 $3CaO \cdot MgO \cdot 2SiO_2$ 相中的最大溶解量只有 2% 和 9%,即使温度升高至 1800℃,也只分别增至 9% 和 22%,所以目前在冶金领域中应用的含铬耐火材料主要是镁铬砖,其以铬矿和镁砂为原料,经破碎、配料、混炼和高压成形后烧成。根据成形后的烧成制度,一般分为不烧砖和烧成砖;根据结合方式又分为硅酸盐结合、直接结合和再结合。镁铬砖在冶金领域中主要应用于 RH、AOD 和 VOD 等炉外精炼。镁铬砖对低碱度和高碱度炉渣均有较好的抗侵蚀性。但是,不烧砖的高温结合强度较低,通常是硅酸盐相结合,工作面

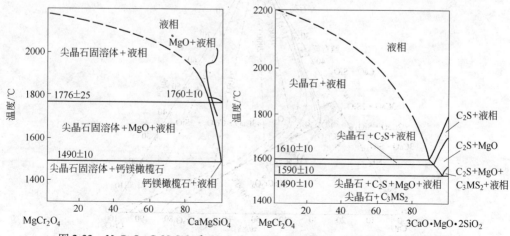

图 2-32 $MgCr_2O_4$-$CaMgSiO_4$ 和 $MgCr_2O_4$-$3CaO \cdot MgO \cdot 2SiO_2$ 二元系的相平衡状态图

的熔损和磨损较严重。与酸性和中性耐火材料相比,高温烧成的直接结合和再结合镁铬砖虽具有优良的抗渣侵蚀性能,但其热膨胀率较高,炉渣易通过工作面渗透进入耐火材料内部,造成热剥落和结构性剥落的损毁。几种常见的镁铬砖及其特性见表 2-10。从表中看出,镁铬砖中 Cr_2O_3 为 11.2% ~31.3%。

表 2-10　几种常见的镁铬砖及其特性

指　标		不烧砖	一般烧成砖	直接结合		再 结 合	
显 气孔率/%		13.5	21.5	15.5	15.5	13.0	12.3
体积密度/g·cm^{-3}		3.29	3.00	3.10	3.21	3.38	3.42
耐压强度/MPa		87	40	49	55	86	91
抗折强度(400℃)/MPa			3.5	12.0	13.0	14.5	18.0
热膨胀率(1000℃)/%		0.9	0.8	1.1	1.0	1.0	0.9
荷重软化点/℃			1610	>1700	>1700	>1700	>1700
成分/%	MgO	63.3	35.5	77.6	65.0	60.2	59.6
	Cr_2O_3	22.4	26.6	11.2	23.5	25.4	31.3
	SiO_2	0.80	4.5	1.3	1.8	0.9	0.4
	Fe_2O_3	7.20	11.6	3.5	5.5	8.1	5.4
	Al_2O_3	5.50	20.9	5.8	3.3	5.1	3.1

图 2-33 是采用旋转圆柱体法研究炉外精炼 CaO-SiO_2-Al_2O_3 渣系对 MgO-CaO 材料与镁铬材料的侵蚀结果。随着炉外精炼渣中碱度的增加,含 80% MgO 的 MgO-CaO 材料的溶解速度显著降低。而镁铬材料更抗酸性渣侵蚀。

B　氧化铬的添加对含铬砖的抗渣性影响

由于氧化铬在炉渣中的溶解度较低,少量的溶解即可使炉渣达到饱和,可以有效抑制炉渣对耐火材料的侵蚀。图 2-34 是 Cr_2O_3-CaO-SiO_2 系平衡相图,图 2-35 是 Al_2O_3-CaO-SiO_2 和 MgO-CaO-SiO_2 三元系相图。

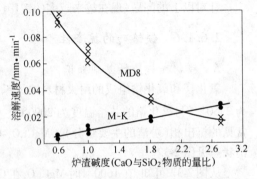

图 2-33　炉渣碱度对镁钙(MD8,20% CaO)、镁铬(M-K,20% Cr_2O_3)试样溶解速度的影响

(1650℃,200r/min)

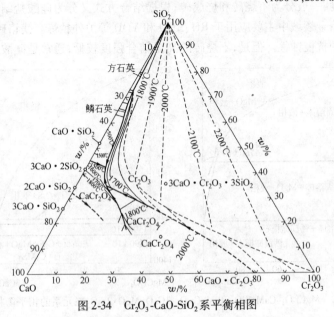

图 2-34　Cr_2O_3-CaO-SiO_2 系平衡相图

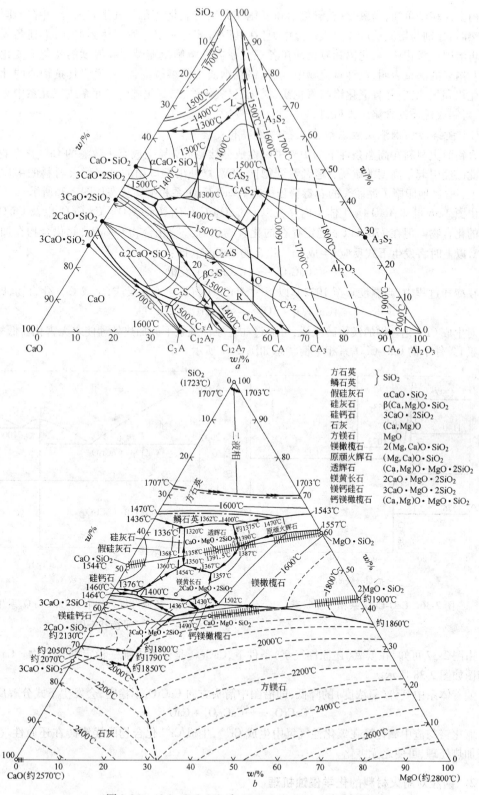

图 2-35　Al₂O₃-CaO-SiO₂ 和 MgO-CaO-SiO₂ 三元系相图

a—Al₂O₃-CaO-SiO₂ 三元系相图；b—MgO-CaO-SiO₂ 三元系相图

由上述相图可知,当氧化铬、氧化铝和氧化镁分别与氧化钙和二氧化硅混合,并在不同温度下加热时,分别与熔渣反应并溶入炉渣中,且在其溶解超过一定量后即达到饱和,上述各氧化物便不再溶解。氧化铬、氧化铝和氧化镁在各三元系内的溶解量随碱度和温度的变化而变化。其中试验结果的测试表明,三种氧化物中,氧化铬在钢渣中的溶解度最小,说明其抗钢渣的性能优于氧化铝和氧化镁;并且氧化铬与氧化镁、氧化铝、氧化锆、二氧化硅的二元系或三元系中无低熔点相,可制成优质的含铬耐火材料。

C　镁铬砖和钢渣反应以后生成物的公害和处理

含铬耐火材料在高温条件下与炉渣中碱性成分接触时,易生成有害致癌的 Cr^{6+} 化合物。国外对此已经引起了高度的重视,笔者看到德国 BSW 修补出钢口用的含铬耐火材料的牛皮纸包装袋上,醒目地印刷了骷髅头的有毒警告标志。$CaO\text{-}Cr_2O_3$ 系相平衡状态如图 2-36 所示。

由图 2-36 可知,$CaO\text{-}Cr_2O_3$ 体系内存在以 $CaCr_2O_4$、$CaCrO_4$、$Ca_5Cr_3O_{12}$、$Ca_3Cr_2O_8$ 以及 $Ca_5Cr_3O_{13}$ 为主的化合物。但在 776℃ 以下稳定存在的化合物仅有 Cr^{6+} 化合物 $CaCrO_4$,此化合物在加热至 1073℃ 以上时将发生下式反应,生成 Cr^{3+} 化合物 $CaCr_2O_4$,即:

$$CaCrO_4 \longrightarrow CaCr_2O_4 + 液相$$

在冷却过程中,当温度降至 1022℃ 以下时,$CaCr_2O_4$ 将发生下式反应,生成 Cr^{6+} 化合物,即:

$$4CaCr_2O_4 + 3O_2 \Longrightarrow 4CaCrO_4 + 2Cr_2O_3$$

对生成 Cr^{6+} 化合物的镁铬砖来说,可通过在还原性气氛下的加热处理使之无害化。低氧(还原气氛)条件下的 $CaO\text{-}Cr_2O_3$ 系相平衡状态如图 2-37 所示。

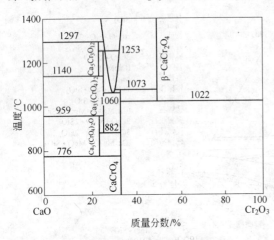

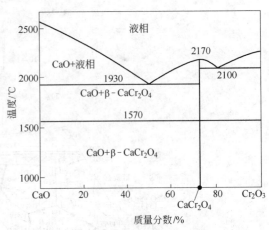

图 2-36　$CaO\text{-}Cr_2O_3$ 系相平衡状态　　　　图 2-37　还原气氛条件下的 $CaO\text{-}Cr_2O_3$ 系相平衡状态图

由图 2-37 可知,在低氧(还原性气氛)条件下,$CaCr_2O_4$ 是体系内唯一稳定的化合物。Ca-Cr-O 系相图如图 2-38 所示。

随着体系中氧势(氧浓度)的降低,即沿图中箭头方向 $CaCrO_4$ 不稳定,会发生下式分解反应:

$$CaCrO_4 \longrightarrow CaCr_2O_4 + CaO$$

氧化铬与渣中氧化钙在氧化性气氛中生成 Cr^{6+},生成 Cr^{6+} 化合物的镁铬砖在还原性气氛下进行加热处理,可使之无害化。

2.6.2　钢液对耐火材料的化学侵蚀机理

钢液成分对耐火材料的损耗影响主要表现为钢液成分和耐火材料中的化学组分发生反应,

造成了耐火材料工作层的损坏。钢液对耐火材料的化学侵蚀机理分为三种：

（1）钢液中的化学成分和耐火材料中的氧化物起反应形成化学侵蚀，造成耐火材料的组分溶解析出，在钢液中溶解或者在钢液的流动冲刷作用下从耐火材料表面剥离。耐火材料组分反应析出示意图如图 2-39 所示。

钢液成分和耐火材料组分发生反应引起耐火材料损耗的典型的情况有：

1）石英质耐火材料和铝镇静钢中的铝发生反应，造成钢液氧化物夹杂增加，耐火材料中的二氧化硅被还原，钢液增硅。反应方程式如下：

$$4[Al] + 3(SiO_2) = 3[Si] + 2[Al_2O_3]$$

2）钢液中有酸溶铝且[Al] > 0.01%时，酸溶铝会和镁质耐火材料中的氧化镁发生如下反应：

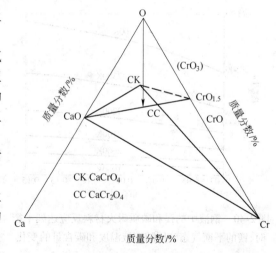

图 2-38 Ca-Cr-O 系相图

图 2-39 耐火材料组分反应析出示意图

$$3(MgO) + 2[Al] = Al_2O_3 + 3[Mg]$$

3）有钙处理要求的钢液喂线钙处理以后，钢液中的氧化钙或钙会和铝质耐火材料中的氧化铝、锆质耐火材料中的二氧化锆以及含有二氧化硅的耐火材料中的二氧化硅反应，生成多数为低熔点的生成物，造成耐火材料的侵蚀。反应方程式前面或者后面钢包滑板耐火材料已有介绍，在此不再赘述。

4）镁质耐火材料与钢水中的碳发生反应：

$$MgO(s) + [C] = Mg(g) + CO \quad \Delta G = 577430 - 237.23T \; J/mol$$

从上式可以推出：

$$\frac{-69453}{T} + 28.53 = \ln \frac{p_{Mg}^2}{(p^\ominus)^2 \times [C]}$$

由上式计算得到不同温度和碳含量的条件下，钢液中的碳和镁质耐火材料发生以上化学反应达到平衡时，镁的平衡气态分压随钢液温度和碳含量的变化关系见图 2-40。

5）高铝质、刚玉质耐火材料与钢水中的碳发生反应：

$$2[C] + Al_2O_3(s) = Al_2O(g) + 2CO(g) \quad \Delta G = 1238220 - 459.63T \; J/mol$$

从上式可以推出：

$$55.28 + \frac{-148932}{T} = \ln \frac{4p_{Al_2O}^3}{(p^\ominus)^3 \times [C]^2}$$

由上式计算得到不同温度和碳含量的条件下，钢液中的碳和含 Al_2O_3 耐火材料发生以上化学反应达到平衡时，$Al_2O(g)$ 的平衡气态分压随钢液温度和碳含量的变化关系见图 2-41。

从图 2-40 和图 2-41 中可以看出，钢液的温度越高，与之平衡的 $Al_2O(g)$、$Mg(g)$ 值越大，也说明了高温条件下钢液对耐火材料侵蚀较快的原因之一。

钢液中的碳含量对耐火材料侵蚀指数的特点表现为：[C] < 0.12%时，耐火材料的侵蚀指数较大，并且变化不大；[C] > 0.12%，耐火材料的侵蚀指数随着钢液碳含量的增加而减小，具体的关系见图 2-42。

（2）钢液向耐火材料内部沿着气孔或者缝隙渗透，渗透到耐火材料内部的钢液和耐火材料

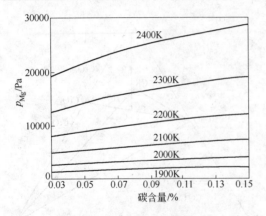

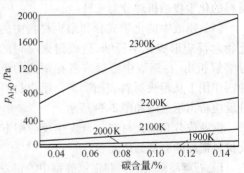

图 2-40　钢液中的镁和碳质耐火材料反应达到平衡　　　图 2-41　钢液中的碳和含 Al_2O_3 耐火材料
　　时,镁的平衡气态分压随钢液温度和碳含量的变化　　　　反应达到平衡时,$Al_2O(g)$ 的平衡分压
　　　　　　　　　　　　　　　　　　　　　　　　　　　随钢液温度和碳含量的变化

起反应,生成低熔点的物相在耐火材料颗粒的晶界析出,降低了耐火材料颗粒之间的结合力,造成耐火材料的性能降低。

(3)耐火材料内部在钢液精炼温度条件下,发生化学反应,生成新的生成物,造成耐火材料结构的改变。温度和耐火材料侵蚀指数之间的关系见图 2-43。

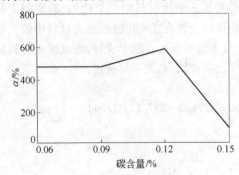

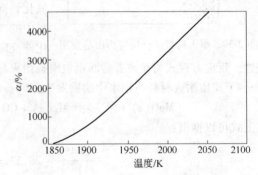

图 2-42　钢液中初始碳含量和耐火材料　　　　　　图 2-43　钢液温度和耐火材料侵蚀指数 α
　侵蚀指数 α(耐火材料被侵蚀前后耐火　　　　　　之间的关系(初始碳含量为 0.15%)
　材料含量的变化)之间的关系(1630℃)

2.6.3　钢液对耐火材料的物理侵蚀过程

钢液对耐火材料的物理侵蚀过程,主要分为钢液的冲刷和钢液温度过高对耐火材料造成的不利影响。

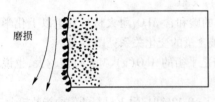

钢液流动造成的物理冲刷,会引起耐火材料的摩擦损耗。在接钢或吹氩精炼过程中,钢液的流动造成耐火材料的工作面磨损,耐火材料平滑的工作面逐渐消失,变得不再平滑,钢液在精炼过程中的流动会造成对耐火材料表面的摩擦阻力增加,使耐火材料冲刷流失的几率增加,如图 2-44 所示。

图 2-44　钢液磨损耐火材料表面示意图

此外,钢液的温度太高,接近或者高出耐火材料的荷重软化温度,也会造成耐火材料的软化,被冲刷或者溶解进入钢液与钢渣。

2.6.4 钢渣对耐火材料的侵蚀

钢渣对耐火材料的侵蚀是多方面的,作用的机理和特点各不相同。不同的精炼条件,侵蚀的行为也各有不同。

2.6.4.1 熔损

熔损主要指耐火材料中的氧化物组元和钢渣中的组元发生反应,从耐火材料上溶解到渣中,造成耐火材料被侵蚀的现象。如耐火材料中的氧化物组元、含碳耐火材料中的碳等与钢渣成分(CaO、SiO_2、FeO、MnO 等)发生化学反应,造成耐火材料组分溶解析出。其化学反应有:

(1) 镁炭砖和顶渣中的氧化铁的反应:
$$(Fe_2O_3) + C = 2(FeO) + \{CO\}$$
$$(FeO) + C = [Fe] + \{CO\}$$

(2) 碱度(CaO/SiO_2)较高的钢渣和高铝质(或者刚玉质)耐火材料主成分反应,生成低熔点的化合物:
$$n(CaO) + m(Al_2O_3) = nCaO \cdot mAl_2O_3$$

(3) 含 CaO、MgO 成分的炉渣和含石英质成分的耐火材料起反应,形成低熔点的含镁的矿物组成,如形成钙镁橄榄石的反应如下:
$$MgO + 2CaO + SiO_2 = 2CaO \cdot MgO \cdot SiO_2$$

(4) 含 CaO、SiO_2 的炉渣和镁炭砖中的主成分起反应,生成含镁的低熔点矿物组成。目前,为了减少钢渣对耐火材料的侵蚀,在钢渣中添加部分氧化镁成分,以起到减缓钢渣对耐火材料侵蚀速度的作用。

2.6.4.2 钢渣进入耐火材料内部造成的耐火材料的使用性能下降

钢渣沿着耐火材料的气孔进入耐火材料内部,当温度变化时,和耐火材料中的氧化物组分反应,形成低熔点的液相,降低了耐火材料内部结构的强度,或者造成耐火材料内部的体积变化,形成内部裂纹,降低耐火材料的使用寿命。此类反应较多,前面已有介绍。

2.6.4.3 钢渣进入耐火材料造成耐火材料的剥落损坏

钢渣沿着耐火材料的气孔进入耐火材料的内部,钢渣凝固以后,体积膨胀,造成耐火材料的剥落。典型的有还原白渣进入钢包或者 RH 耐火材料,温度降低以后体积膨胀引起的耐火材料侵蚀速度加快。研究结果已经证明:LF 炉白渣粉化的主要原因是白渣是否发生了多晶转变,即精炼炉白渣在400℃以下,渣中主要成分 α-C_2S(硅酸二钙的 α 晶型)向低温型的 γ-C_2S 转变,并且伴随有12%的体积膨胀。此类白渣进入耐火材料内部以后,体积的变化导致了耐火材料侵蚀速度加快。硅酸二钙($2CaO \cdot SiO_2$)的晶型转变的相图如图 2-45 所示。

某厂的 RH 开工不足,在白渣状态下处理经 LF 脱氧充分的钢种时,下部槽使用 35 炉以后,白渣的侵入造成耐火材料剥落侵蚀严重。表 2-11 是该厂

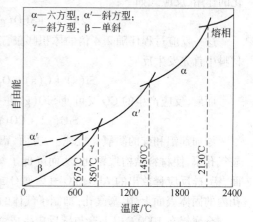

图 2-45　$2CaO \cdot SiO_2$ 的多晶型转变示意图

白渣的典型成分。

表 2-11　某厂 LF 白渣渣样的成分分析

组元 试样号	SiO_2/%	Al_2O_3/%	CaO/%	MgO/%	FeO/%	P_2O_5/%	碱度 CaO/ ($SiO_2 + Al_2O_3$)
1	7.39	19.35	53.11		0.75	0.009	1.99
2	7.6	16.15	56.78		0.3	0.007	2.39
3	7.98	15.03	62.57	0.95	0.4	0.008	2.72

2.6.5　低碳镁炭质耐火材料的抗氧化性

2.6.5.1　耐火材料抗氧化性的概念

　　碳是一种化学稳定性极好的物质,在常温和普通环境下使用,几乎呈化学惰性。炭素材料具有很低的热膨胀系数和较高的热导率,在高温下长期使用不会软化,几乎不受酸、碱、盐类及有机物的侵蚀,是一种优质的耐火材料;另外,碳对熔渣具有难润湿性,在使用过程中具有优良的抗渣侵蚀性能,所以得到了广泛的应用。但是,在高温下,含碳的耐火材料所含有的氧化物会和其中的碳发生反应,反应产物成为气体从耐火材料制品中排出,一是会降低耐火材料的使用性能,二是对钢液的精炼产生负面影响。采用添加特殊的金属粉末、氮化物粉末、合金粉末、非金属粉末等添加剂,阻止或者减少含碳耐火材料制品中氧化物和碳之间的反应的方法称为耐火材料的抗氧化性方法。

2.6.5.2　耐火材料抗氧化性处理的工艺方法

　　含碳耐火材料的传统防氧化方法大致有两大类:添加剂法与表面浸渍抑制氧化法。

　　添加剂法的作用原理大致可以分为两个方面:一方面,从热力学角度出发,即在工作温度下,添加剂与碳反应的生成物与氧的亲和力比碳与氧的亲和力大,优先被氧化,从而起到保护碳的作用;另一方面,从动力学的角度来考虑,添加剂与 O_2、CO 或碳反应生成的化合物能改变材料的显微结构,如增加致密度、堵塞气孔、阻碍氧及反应产物的扩散等。目前,常见的添加剂主要有两类:金属或合金细粉、非金属细粉。

　　A　金属或合金细粉

　　含碳材料中添加的金属细粉主要有铝、硅、镁、钙等,其中铝、硅为最常见的防氧化剂。在热处理过程中,铝和硅在材料中会发生反应。其中,铝将 CO 还原成碳,并生成 Al_2O_3,起到抑制碳氧化的作用,反应式如下:

$$2Al(l) + 3CO(g) = Al_2O_3(s) + 3C(s)$$

这一反应过程伴随 2.4 倍的体积膨胀,造成材料组织的致密化,因此会抑制碳的氧化。硅在材料中首先发生反应:

$$Si(s) + C(s) + O_2(s) = SiO(g) + CO(g)$$

而后,反应产生的 CO 又可使 $SiO(g)$ 进一步氧化成 SiO_2:

$$SiO(g) + CO(g) = SiO_2(s) + C(s)$$

　　添加剂铝和硅的防氧化机理:一方面,铝、硅在热处理过程中发生的物相变化降低了材料的显气孔率,使材料结构致密化,从而降低了氧化性气体(如 O_2)与材料的有效接触面积;另一方面,铝、硅反应释放出的 Al_2O、SiO 气体遇 O_2 或 CO_2 气体会反应生成固态的 Al_2O_3 和 SiO_2,沉积在气孔内的固体表面上,阻塞气孔,抑制了气体的扩散,从而起到防氧化作用。

　　金属铝在 1000℃ 以上会与碳反应生成 Al_4C_3,而 Al_4C_3 会与来自环境中的水蒸气发生反应:

$$Al_4C_3 + 12H_2O \Longrightarrow 3CH_4 + 4Al(OH)_3$$

该反应过程伴随较大的体积膨胀,从而对材料产生潜在的破坏作用。

含碳材料中添加的合金细粉主要有 Al-Si、Al-Mg、Al-Mg-Ca 合金,常用的主要有 Al-Si、Al-Mg 合金。合金细粉的主要特点是共熔点比较低(低于金属粉的),而且具有比金属粉更高的活性,因此,可在低温下先于碳氧化,从而使含碳材料达到防氧化的目的,是一种极为有效的添加剂。

B　非金属细粉

含碳材料中添加的非金属细粉主要有碳化硅、含硼添加剂和氮化物。

(1)碳化硅。碳化硅(SiC)具有化学稳定性好、耐磨、热导率大、高温强度高、热膨胀系数小等优点。SiC 在含碳材料内氧化时产生 SiO 气体,而 SiO 再与 CO 反应生成 SiO$_2$,并把 CO 还原成碳。基质中 SiO$_2$ 的析出起到了抑制材料中碳氧化的作用,同时反应生成的碳又补充了部分损耗的 SiC。其反应式如下:

$$SiC(s) + CO(g) \Longrightarrow SiO(g) + 2C(s)$$
$$SiO(g) + CO(g) \Longrightarrow SiO_2(s) + C(s)$$

(2)含硼添加剂。近年来,国内外对含硼防氧化剂研究得比较多,主要集中在 MgO-C 和 Al$_2$O$_3$-C材料上。这一类的添加剂主要有 B$_4$C、CaB$_6$、ZrB$_2$、TiB$_2$ 及 Mg-B 系原料和硼酸盐玻璃。其中 Mg-B 系原料是由硼和硼化镁构成的原料,按元素的质量分数计,硼约为83%,镁约为12%。

含硼化合物作为含碳耐火材料防氧化剂,其防氧化作用主要来自于硼,硼首先与 O$_2$ 或 CO 反应生成低熔点的 B$_2$O$_3$(其熔点为550℃),而后 B$_2$O$_3$ 再与材料中的耐火氧化物反应生成高黏度、低熔点的硼酸盐,在材料表面形成液相保护层,从而阻止了氧与碳接触,达到保护碳的作用。例如,在铝碳耐火材料中,B$_2$O$_3$ 与 Al$_2$O$_3$ 在较低温度下就生成了液相,见图2-46。

(3)氮化物。含碳材料中的氮化物添加剂主要有 AlN 和 Si$_3$N$_4$。其中,AlN 具有罕见的物理化学性质:分解温度高(2673K),在气体、盐及金属介质中的化学稳定性高。AlN 在含碳材料

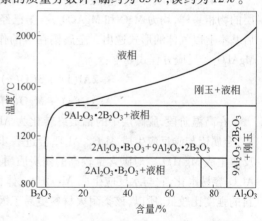

图 2-46　B$_2$O$_3$-Al$_2$O$_3$二元相图

中氧化时,反应生成 Al$_2$O$_3$ 并还原出碳,起到防氧化的作用。反应式如下:

$$2AlN(s) + 2CO(g) \Longrightarrow Al_2O_3(s) + 3C(s) + N_2(g)$$

β-Si$_3$N$_4$具有化学稳定性和抗热冲击性好、高温强度和耐磨损性强等优异性能。它在含碳材料中氧化时,可以发生如下反应,最终生成 SiO$_2$ 并还原出碳:

$$Si_3N_4 + 6CO \Longrightarrow 3SiO_2(s) + 2N_2(g) + 6C(s)$$

研究表明:添加 Si$_3$N$_4$ 的含碳材料在埋炭烧成时,Si$_3$N$_4$ 表面或边缘与 Al 粉、石墨粉反应生成 Al$_4$C$_3$、AlN、SiC 或其他复合物及类似赛隆组成的固溶体;加入的 Si$_3$N$_4$ 均匀分布在基质中,其加入量适宜时,材料的氧化速度较慢,防氧化性能显著提高。可见,适当加入 Si$_3$N$_4$ 可以提高含碳材料的抗侵蚀和防氧化性能。这已经在研究烧成铝碳材料及混铁车用 Al$_2$O$_3$-SiC-C 砖方面取得了良好效果。

2.6.5.3　低碳镁炭质耐火材料的抗氧化性简介

镁炭质耐火材料具有优良的抗热震性和抗熔渣侵蚀性,广泛应用于各种炼钢炉。但随着钢铁工业的发展,耐火材料的使用条件日渐苛刻。例如:洁净钢工艺要求严格控制耐火材料中碳的

含量;在溅渣护炉过程中,高碳镁炭材料由于石墨与熔渣润湿性差而不容易与渣黏接在一起,若采用低碳镁炭材料,就可以有效提高熔渣的溅射附着率。在含碳耐火材料中,为了提高材料的抗氧化性及热态强度,通常添加金属铝、碳化物和硼化物作为抗氧化剂。

不同石墨含量的镁炭材料在空气气氛下 1400℃保温 2h 进行氧化试验后,试验结果显示,镁炭材料的氧化质量损失率随石墨含量增加而增大,因为材料的氧化主要是其中的碳被氧化成气态氧化物,导致材料质量损失,因此可以认为镁炭材料的质量损失率与碳的含量直接相关。在高温下,镁炭材料中石墨的氧化反应方程式为:

$$2C(s) + O_2(g) = 2CO(g)$$

$$MgO(s) + C(s) = Mg(g) + CO(g)$$

从上述反应可以看出,MgO-C 砖中的碳在高温下和 O_2 或者和材料中的 MgO 反应生成气态的 CO,CO 再通过脱碳层扩散,从而导致材料质量损失。

降低碳含量,可以起到抑制镁炭材料氧化的作用。与高碳材料相比,碳含量低的材料 MgO 颗粒之间的间距较小,在材料工作面上容易形成富 MgO 的反应层(保护层),使氧化后的组织更加致密,进一步阻碍氧的传输,从而抑制材料中碳的氧化,即低碳材料是通过缩小氧化反应面积和改善氧化后组织来减少材料的损毁。

对两种不同碳含量的镁炭质耐火材料的脱碳层进行技术检测,检测结果发现,两种试样脱碳层的物相一样,均为 MgO 和 $MgAl_2O_4$,石墨已经完全被氧化,也未见含碳的化合物,认为石墨氧化后基本上以气体的形式逸出。金属铝在氧的作用下转化为 Al_2O_3,并进一步与 MgO 反应生成了 $MgAl_2O_4$。反应方程式如下:

$$2Al(l) + 3CO(g) = Al_2O_3(s) + 3C(s)$$

$$Al_2O_3(s) + MgO(s) = MgAl_2O_4(s)$$

在高温阶段,脱碳层中的铝最终转化为 Al_2O_3,并进一步与 MgO 反应生成 $MgAl_2O_4$。在原砖层,金属铝与碳反应生成 Al_4C_3,Al_4C_3 会进一步与 N_2 及 CO 反应生成 AlN 和 Al_4C_3,Al_4C_3 与 MgO 反应生成 $MgAl_2O_4$。对碳含量较高的镁炭质耐火材料的观察发现:在反应过程中生成了 Al_4C_3,而 Al_4C_3 容易水化,它与水反应生成 $Al(OH)_3$,体积膨胀达 2.11 倍;另外,含碳较高的镁炭质耐火材料的强度比较低,所以,该类耐火材料更易于因体积膨胀而开裂。

2.6.6　耐火材料的抗真空性能

2.6.6.1　耐火材料在真空条件下使用的基本特点

在常压情况下,大多数耐火材料的蒸气压很低,可以认为是极其稳定且不易挥发的,但是在高温真空条件下,这些耐火材料将会具有挥发性,因为挥发而造成耐火材料的侵蚀速度加剧。所以,在常压下和接近真空条件下,使用的耐火材料的种类是不一样的,耐真空性是耐火材料必备的重要条件之一。耐火材料的真空挥发速度和耐火材料的蒸气压成正比,其气相的相对分子质量越大,挥发量也越大。耐火材料的挥发速度可以表示为:

$$\Delta w = 44.4p \times \left(\frac{M}{T} \right)^{0.5}$$

式中,Δw 为挥发速度,$g/(cm^2 \cdot s)$;p 为蒸气压;M 为相对分子质量;T 为绝对温度,K。

图 2-47 是不同氧化物在不同温度下的蒸气压。

在高温真空下,从挥发角度来讲,MgO-CaO、MgO-Al_2O_3、MgO-ZrO_2 比纯 MgO 好;MgO·Al_2O_3 材料比 MgO·Cr_2O_3、MgO·Fe_2O_3 材质好。

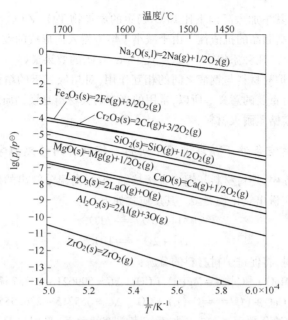

图 2-47 各种氧化物在不同温度下的蒸气压

关于耐火材料的挥发现象,特别是挥发成分等,目前的研究还没有统一的结论,除了实测以外,还没有切实可靠的办法。各类耐火材料制品的真空试验(试验温度为 1873K,真空度为 266.6Pa)结果表明,耐火材料因真空加热而变质,其质量、体积密度、气孔率、强度和化学矿物组成将会发生变化。虽然耐火材料制品各不相同,但是在真空条件下,都会因为挥发造成制品多孔化、强度和荷重软化温度下降。

在真空条件下,耐火材料制品的化学变化趋向是:含 SiO_2、Cr_2O_3 等氧化物的耐火材料制品质量损耗较大,含 Al_2O_3、CaO、ZrO_2 等氧化物的耐火材料制品比较稳定。对含有酸性 SiO_2 的复合氧化物的耐火材料制品耐真空性的试验结果(1873K,真空度 266.6Pa,10h)如下:

$$\left.\begin{array}{l} 3CaO \cdot SiO_2 \\ 2CaO \cdot SiO_2 \end{array}\right\} > 2MgO \cdot SiO_2 > ZrO_2 \cdot SiO_2 > 3Al_2O_3 \cdot SiO_2$$

这也说明了在真空条件下,碱性氧化物比酸性氧化物更加稳定。研究表明,镁钙耐火材料制品中,只要 MgO 材料含有 10% ~ 20% 的 CaO(摩尔分数),就可使 MgO 相对挥发量大大下降,见图 2-48 和图 2-49。

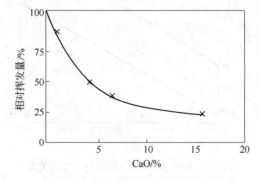

图 2-48 镁钙制品中氧化钙含量对
氧化镁挥发性的影响

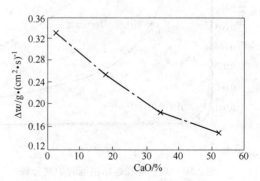

图 2-49 MgO-CaO-C 砖在真空 66.6Pa 情况下的
质量损失和砖中的氧化钙含量的关系

　　对镁铬砖来讲,在其中加入高温下比 Cr_2O_3 稳定的添加物 TiO_2、ZiO_2、Al_2O_3,可以有效地抑制镁铬砖的高温挥发,提高制品的抗渣性。由于减小了熔渣侵入而形成的致密层厚度,使其结构剥落造成的损毁明显减小。几种添加物中,以加入3% α-Al_2O_3 的效果最好。

　　真空熔炼条件下,炉衬材料与钢液之间的相互作用,对超低氧钢的精炼工艺条件的制定,以及钢材质量的控制具有重要的意义。所以,常用的真空耐火材料是镁钙质耐火材料、镁铬质耐火材料以及今后发展的镁锆质耐火材料。

2.6.6.2　钢液真空条件下精炼过程中炉衬与钢液作用的热力学

　　在钢液的精炼过程中,炉衬材料与钢液直接接触,炉衬高温分解出的氧直接溶入钢液,并与钢液中的合金元素反应析出氧化物夹杂。其反应式如下:

$$2[Al] + 3O \Longrightarrow Al_2O_3$$
$$[Ti] + 2O \Longrightarrow TiO_2$$

　　当钢液中存在碳时,将促进炉衬材料的分解:

$$MgO + [C] \Longrightarrow Mg(g) + CO \quad \Delta G = 599621 - 247.75T$$
$$CaO + [C] \Longrightarrow Ca(g) + CO \quad \Delta G = 655215 - 236.55T$$

　　根据 MgO 与 CaO 的分解压 p_{Mg} 和 p_{Ca} 与系统真空度的关系,采用等温方程,可以计算出一定碳含量的钢液在某一真空度和熔炼温度下,炉衬热分解达到平衡时钢液中的饱和溶解氧($O_{炉衬}$)含量。图 2-50 所示为碳含量为 0.03% 的钢液在熔炼温度为 1600℃ 和 1650℃ 时,$O_{炉衬}$ 与真空度的关系。

2.6.6.3　镁钙质耐火材料真空高温下的相对稳定性

　　钢水的炉外精炼过程中,VD、VOD 的耐火材料主要采用镁钙质耐火材料。在钢液的真空精炼过程中,MgO、CaO 质炉衬在高温下按下式分解:

$$MgO \Longrightarrow Mg(g) + O \quad \Delta G = 621984 - 208.12T$$
$$CaO \Longrightarrow Ca(g) + O \quad \Delta G = 677578 - 196.92T$$

　　MgO、CaO 的分解压与温度的关系见图 2-51。

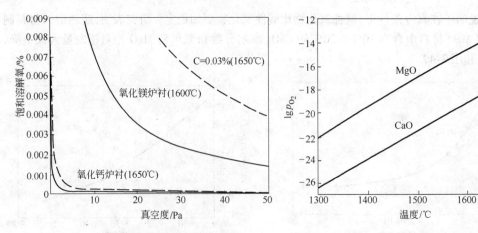

图 2-50　真空度和熔炼温度对炉衬分解　　　　图 2-51　MgO、CaO 的分解压与温度的关系
　　　　钢液饱和溶解氧的影响

　　由图 2-51 可知,在高温真空条件下,MgO 的分解趋势高于 CaO,其分解压比 CaO 高 4～5 个

数量级。

2.6.7 真空条件下熔渣对镁铬砖的侵蚀机理

镁铬质耐火材料主要应用于 RH 真空条件下的钢水精炼以及 VOD 条件下的钢水精炼。镁铬砖的典型显微特征是二次尖晶石化和直接结合，Al_2O_3、Cr_2O_3、Fe_2O_3 在 MgO 中固溶度大小为 $Fe_2O_3 > Cr_2O_3 \gg Al_2O_3$。在镁铬材料中，二次尖晶石的分布特点为：晶间富含 $MgO \cdot Fe_2O_3$ 和 $MgO \cdot Al_2O_3$，晶内富含 $MgO \cdot Cr_2O_3$ 和 $MgO \cdot Fe_2O_3$。在真空条件下，镁铬砖在不同渣系中的侵蚀原理各不相同，主要分为以下两种：

（1）在渣系成分以 $CaO\text{-}SiO_2$ 为主的熔渣中。研究结果表明，材料损毁的共同特点是熔渣中的硅酸盐熔体沿气孔迁移至砖内部，与砖中的方镁石和尖晶石相互作用生成低熔点的硅酸盐。在酸性渣的条件下，由于熔渣中氧化钙含量相对较少，熔渣对二次尖晶石的侵蚀作用较弱。随着熔渣碱度的升高，熔渣对尖晶石的破坏作用增强，分布在晶间的二次尖晶石 $MgO \cdot Fe_2O_3$ 和 $MgO \cdot Al_2O_3$ 首先被熔渣侵蚀，尖晶石中的 Al_2O_3 在渣中 CaO、SiO_2 的作用下形成低熔点的化合物被熔渣侵蚀以后进入渣中。晶间的二次尖晶石被侵蚀后，熔渣进一步侵蚀铬矿，复合尖晶石被分解，分解出来的 Fe_2O_3、Cr_2O_3 在钢水中碳与 CO 的作用下被还原为金属，镁铬耐火材料的结构变得疏松，易于剥落和损坏。此外熔渣随着碱度的升高，黏度降低，不能附着在耐火材料表面，也加快了耐火材料的侵蚀。图 2-52 是 1700℃ 时，MgO、Cr_2O_3、Al_2O_3、$MgO \cdot Cr_2O_3$、$MgO \cdot Al_2O_3$ 在 $CaO\text{-}SiO_2$ 渣系中的溶解度。

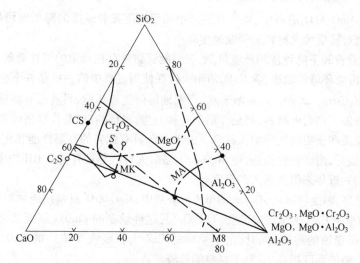

图 2-52　MgO、Cr_2O_3、Al_2O_3、$MgO \cdot Cr_2O_3$、$MgO \cdot Al_2O_3$ 在
$CaO\text{-}SiO_2$ 渣系中的溶解度比较（1700℃）

（2）在以 $CaO\text{-}Al_2O_3$ 为主的渣系处理过程中，钢渣与镁铬材料作用后能在耐火材料的边界层生成致密的 MA 尖晶石，阻挡了熔渣的进一步渗透，也抑制了 Fe_2O_3、Cr_2O_3 的还原反应，提高了耐火材料抗钢渣的侵蚀能力，因此，镁铬耐火材料抵抗这种钢渣的侵蚀性较好。由于 RH 真空精炼的钢种以低碳、低硅铝镇静钢为主，RH 采用镁铬质耐火材料，不失为一种选择。

真空条件下，在 Al_2O_3 含量较高，碱度（CaO/SiO_2）较大的 RH 钢渣中，对镁铬砖侵蚀的主要物质除了低熔点的硅酸盐以外，渣中的 Al_2O_3、Fe_2O_3 等正三价的金属阳离子与镁铬砖中的 Cr^{3+} 发生置换，造成耐火材料的性质改变，生成的 $MgFe_2O_4$ 和 $MgAl_2O_4$ 等尖晶石在高温下的不稳定和体积膨胀,造成镁铬耐火材料的膨胀和开裂。

熔渣在耐火材料中的渗入深度主要受到熔渣黏度的影响,熔渣的黏度越大,渗入深度就越小。随着熔渣碱度的增加,在 $CaO\text{-}SiO_2\text{-}MgO\text{-}Al_2O_3$ 渣系中,熔渣成分逐渐由黄长石液相区向 $2CaO \cdot SiO_2(C_2S)$ 和 $3CaO \cdot SiO_2(C_3S)$ 转变。渣相中首先出现 C_2S,然后 C_3S 逐渐增加,剩余的 CaO 与 FeO、MnO、MgO 等形成"RO"相。"RO"相是一种固溶体,随着剩余 CaO 的增多及砖内 MgO 向渣-砖反应界面的富集,"RO"相熔点升高,炉渣的黏度增大,黏附在渣-砖反应界面上。

渣中 Cr_2O_3 增加量和 MgO 增加量与炉渣碱度的关系分别见图 2-53 和图 2-54。

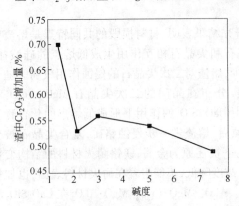

图 2-53　渣中 Cr_2O_3 增加量和炉渣碱度的关系

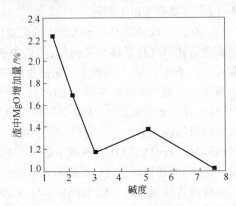

图 2-54　渣中 MgO 增加量和炉渣碱度的关系

在 $CaO\text{-}SiO_2\text{-}MgO\text{-}Al_2O_3$ 渣系中,MgO 在钢渣中的溶解度随着碱度的降低而增加,即随着炉渣碱度的增加,钢渣对镁质耐火材料的侵蚀速度减小。

总之,RH 上升管和下降管使用环境苛刻,应用的镁铬砖存在严重的渣蚀剥落和开裂等现象,另外镁铬砖存在污染环境的隐患,含 Cr_2O_3 的耐火砖在使用过程中的一些条件下会生成剧毒的含有 Cr^{6+} 的盐,如 K_2CrO_4、$CaCrO_4$ 等,易溶于水,严重地污染生态环境,目前已有多国禁止使用镁铬耐火材料,所以开发无铬耐火材料,将是今后的一种趋势。目前有望替代镁铬砖的材料主要有镁尖晶石锆质、镁锆质和镁铝钛质等耐火材料。由于 ZrO_2 具有优异的高温性能和化学惰性,且在高温下饱和蒸气压极低,耐磨损性能强,使 $MgO\text{-}ZrO_2$ 系耐火材料是最有望在 RH 炉中替代镁铬砖使用的新型环保材料,近年来得到深入的研究。

在 Al_2O_3 含量高、碱度(CaO/SiO_2)大的 RH 钢渣系中,$MgO\text{-}ZrO_2$ 材料抗渣蚀机理是:在方镁石晶界间的 ZrO_2 和渣中 CaO 迅速反应,生成 $CaZrO_3$ 层,这种致密的 $CaZrO_3$ 层既强化了材料又堵塞了渣向材料进一步侵蚀的通道,同时,由于生成的 $CaZrO_3$ 相吸收了渣中的 CaO,从而使渣中的 CaO/SiO_2 比降低,渣的黏度提高,有利于材料的抗渣渗透。

(3) 对 SiO_2 含量很高、CaO/SiO_2 小的取向硅钢渣,镁锆砖中抗渣侵蚀的机理是:在镁锆砖中形成由 $CaZrO_3$ 和 $2CaO \cdot SiO_2$ 组成的高熔点的致密层,堵塞气孔和渣液沿晶界渗透的途径;同时,细小、弥散的 $CaZrO_3$ 和 $2CaO \cdot SiO_2$ 能提高渣液的黏度,降低渣液的扩散动力学。

3 转炉钢水炉外精炼过程中耐火材料的使用和维护

3.1 钢包壳体钢结构材料和内衬耐火材料的发展

钢包是冶金工业的重要设备,其服役状态的好坏和寿命长短取决于结构的优化设计、材质的合理选择等各个方面。钢包外壳主要由如图 3-1 所示的部分组成,耐火材料修砌和砌筑在钢包的罐体内。

3.1.1 钢包壳体钢结构材料的介绍

钢包的壳体钢结构随着材料科学的进步也经历了不同的发展阶段,新型带圆弧折边钢包与老式平底钢包相比,结构上有了很大的改进,桶体与包底连接处焊缝的受力状态得到了明显的改善。

钢包包壳材料的发展经历了三个阶段:SM41A(日本钢种,与 Q235 性能相当)、20g、SM490B(日本钢种,与 16Mn 性能相当),分别简述如下:

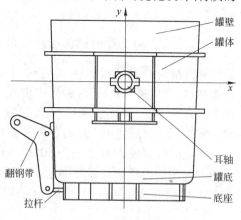

图 3-1 钢包外壳结构示意图

(1) SM490B 钢的常规力学性能与抗断裂性能均明显优于钢包包壳常用材料 SM41A(Q235C),20g,可大大减少钢包包壳开裂的可能性。

(2) SM490B 钢在 350℃下的低周疲劳寿命高于我国压力容器常用钢材 16MnR 钢在 300℃下的疲劳寿命。

(3) 新型钢包材料 SM490B 的综合性能明显优于钢包包壳曾用材料,可以提高钢包的承载能力和使用安全性,延长钢包的使用寿命。

三种钢包包壳材料的性能见表 3-1。

表 3-1 三种钢包包壳材料的性能

钢 种	温度/℃	产品形式	板厚/mm	屈服强度/MPa	抗拉强度/MPa	伸长率/%	断面收缩率/%
	室温	钢板	40	4109.9	545.3	32.7	69.9
SM490B	室温	钢板	16~40	>315	490.0~610.0	≥21	
	350	钢板	40	284.7	527.9	34.2	70.9
20g	室温	钢板	38~60	≥225	400~540	≥23.0	
SM41A	室温	钢板	16~40	≥235	400~510	≥22.0	

3.1.2 我国钢包内衬耐火材料的发展情况和回顾

转炉钢水的炉外精炼炉使用的耐火材料中,钢包用耐火材料占据了钢铁生产中耐火材料的 30% 以上,是冶金耐火材料消耗的大户。目前各个厂家使用耐火材料的情况是各不相同的,这是由不同厂家的冶炼的钢种、工艺装备水平、质量要求、原料供给情况等环节决定的。

纵观我国转炉炼钢的发展过程,经历了由平炉 + 模铸→转炉 + 模铸→转炉 + 连铸→转炉 + 炉外精炼 + 连铸的过程。在炼钢的过程中,钢包(盛钢桶)担负着载运钢水和进行炉外精炼的双重任务,随着炼钢技术的发展,我国的钢包用耐火材料也得到了很好的发展。在这个演变的过程中,钢包的功能也一直在变化,中国钢铁业的发展过程也是钢包耐火材料发展的一个过程。钟香崇院士的总结认为,我国的耐火材料每隔 15 ~ 20 年就会有一次新产品的更新换代,了解钢包耐火材料的发展过程,能够更好地理解钢包耐火材料的选择和其他的基础知识,我国的钢包耐火材料主要经历了以下的演变过程。

3.1.2.1　黏土质的钢包砖的应用和淡出

建国初期的 20 世纪 50 ~ 60 年代,我国的炼钢模式受影响于苏联,炼钢的主要方式是采用平炉炼钢,然后进行模铸,这种生产模式下的钢种简单,冶炼周期长,产能规模小。加上我国的黏土资源丰富,遍及全国各地,所以这一阶段钢包用的耐火材料,主要是黏土质的耐火材料。此类耐火材料使用天然的各种黏土做原料,将一部分黏土预先煅烧成熟料,并且与部分的生黏土配合制成 Al_2O_3 含量为 30% ~ 55% 的耐火制品,是我国产量最大的耐火材料,应用于钢包的黏土砖的理化指标为:Al_2O_3 = 35% ~ 46%,SiO_2 = 44% ~ 55%,Fe_2O_3 < 2.0%,其他的碱类物质含量在 2% 左右,耐火度为 1650℃,显气孔率为 16% ~ 18%,常温耐压强度为 54 ~ 98MPa,使用寿命为 5 ~ 25 次。由于使用费用低,直到 80 年代还有一些钢厂的钢包仍使用黏土砖。尽管现在我国的钢包已经不再使用黏土砖,黏土砖主要应用于其他行业的高温窑炉上,但黏土砖对我国炼钢工业的起步、发展以及壮大作出了重大贡献。目前部分钢厂使用的黏土砖主要用于钢包永久层和钢包底。影响黏土砖性能的主要因素是主成分所占的比例。黏土砖中 Al_2O_3/SiO_2 与耐火材料的变形率的关系见图 3-2。

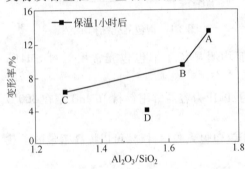

图 3-2　Al_2O_3/SiO_2 对耐火材料变形率的影响

3.1.2.2　高铝砖的发展和应用

黏土砖由于荷重软化点较低,砖中的 SiO_2 是铝镇静钢钢水质量下降的主要影响因素,使用寿命低,修包拆包作业的劳动强度较大,已经无法满足一些大型钢厂的发展需求。20 世纪 60 年代末,我国个别钢厂的钢包开始使用各种高铝质衬砖,使得钢包寿命大幅度提高。武钢平炉用 270t 钢包从 1968 年开始使用二等高铝砖,到 1970 年包龄达到 25.7 次,是黏土质衬砖的 2.5 倍,1974 年包龄达到 31.5 次。武钢二炼钢厂转炉用 70t 钢包从 1980 年开始使用 Al_2O_3 含量大于 72% 的高铝砖,包龄为 34 次,最高达到 50 次。自此,炼钢用钢包耐火材料转入了向高铝砖发展的阶段。随后,随着连铸机在我国的一些大型钢厂的应用,连铸对钢水质量和温度的要求均比模铸工艺严格,一些大的钢厂开始使用更高一级的高铝砖。如宝钢的 300t 钢包使用一级微膨胀高铝砖,寿命最高达到 120 次以上。一些高铝砖的理化指标见表 3-2。

表 3-2 一些高铝砖的理化指标

序号	化学成分/%				显气孔率/%	常温耐压强度/MPa	体积密度/g·cm⁻³
	Al_2O_3	SiO_2	Fe_2O_3	TiO_2			
1	74	17.45	1.89			78.8	
2	80.33	12.42	1.7	3.2	25	54	2.64
3	82.64	10.88	1.9	3.7	20	110	

3.1.2.3 高铝质的捣打料的绚丽绽放

高铝捣打料是以优质高铝矾土熟料为原料(骨料和细粉),以工业磷酸做结合剂,经过配料、混料而配制成的一种可塑性良好的不定形耐火材料。采用整体捣打技术,制成整体式包衬,20世纪70年代末,在我国的一些炼钢企业的钢包内衬使用以后,取得了良好的使用效果,使用寿命在 65~220 次之间。高铝矾土的骨料和粉料的理化指标见表 3-3。

表 3-3 高铝矾土骨料和粉料的理化指标

牌号	化学成分/%			吸水率/%
	Al_2O_3	CaO	Fe_2O_3	
LG-85	>85	<0.8	≤2.7	
LG-80	>80	<0.8	≤3.2	25
LG-50	>50	<0.8	≤2.7	20

3.1.2.4 蜡石砖的昙花一现

蜡石砖是以叶蜡石为主要原料生产的一种烧成制品。20世纪70年代初,国内沿海的福建某耐火材料厂生产的蜡石钢包砖在马钢、鞍钢、上钢三厂、三明钢厂等钢铁企业不同类型的钢包上进行了试用。试用结果表明,使用寿命 10~40 次,使用性能略优于当时使用的黏土砖和三等高铝砖。蜡石耐火材料的理化指标为:$Al_2O_3 = 17.5\% \sim 25\%$、$SiO_2 = 68\% \sim 77\%$、$Fe_2O_3 < 0.5\%$、$K_2O + Na_2O < 0.5\%$、显气孔率为 14%~18%、常温耐压强度为 32.9~62.9MPa。由于蜡石砖的使用性能不稳定,对钢水的质量影响较大,并且产生的生产事故较多,所以蜡石砖在我国的钢包包衬上没有推广应用。

3.1.2.5 铝镁(炭)质钢包耐火材料崭露头角

从20世纪80年代起,我国的炼钢工业步入了快速发展阶段,连铸和炉外精炼等现代炼钢技术的推广应用以及洁净钢产量的增加,使钢包耐火材料的使用条件更加恶劣。典型的耐火材料使用环境的变化主要体现在承受钢水的温度提高,钢水在钢包内停留时间的延长,钢水和熔渣对钢包耐火材料的冲刷以及熔渣对钢包耐火材料的化学侵蚀等更加严重,以往的钢包耐火材料已不能满足现代炼钢生产的需要。为此,我国陆续开发了多种铝镁(炭)质钢包用耐火材料。其中,铝镁(炭)质耐火材料在使用过程中,由于 Al_2O_3 和 MgO 在高温下反应生成镁铝尖晶石这种高温性能优异的矿物,使耐火材料的耐侵蚀性能和抗剥落性能显著提高。因而,铝镁(炭)质钢包耐火材料开始在我国的现代炼钢企业的使用中崭露头角。

3.1.2.6　铝镁整体捣打料的昨日辉煌

20 世纪 80 年代初,洛耐院、鞍山焦耐院和鞍钢等单位合作,共同开发出了铝镁质钢包整体捣打料。该捣打料是以特级高铝矾土熟料做骨料、以特级高铝矾土熟料粉和烧结镁砂粉的混合粉做基质、以液体水玻璃做结合剂配制成的一种可塑性良好的不定形耐火材料。在鞍钢三炼钢厂 200t 钢包上使用,寿命比黏土砖提高 5 ~ 7 倍,平均寿命 85 次,最高达到 108 次,吨钢耐火材料消耗 2.7kg。1982 年 6 月,该捣打料通过了原冶金部鉴定。之后,全国许多炼钢厂的钢包相继使用这种铝镁质钢包整体捣打料,均取得了良好的使用效果。但是由于整体钢包烘烤要求严格,以及我国的大部分地区的气候特点,使得该工艺的进一步发展受到了限制。

3.1.2.7　铝镁浇注料的大显身手

继铝镁捣打料之后,我国又开发了以优质高铝矾土熟料和烧结镁砂为原料,以液体水玻璃做结合剂的铝镁浇注料。该浇注料"六五"期间首先在小型钢包上推广应用,取得了良好的使用效果。如河北某钢厂 10t 和 14t 钢包使用水玻璃结合的铝镁浇注料,平均包龄为 109.7 次,是黏土砖包衬的 8 倍多。

"七五"期间,钢包整体浇注内衬技术被列为原冶金部重点新技术推广项目在全国推广。到 1987 年第三季度,我国 30t 以下转炉用中、小型钢包(45t 以下容量),大多数采用了整体浇注包衬,整体浇注包衬寿命多在 40 ~ 60 次。耐火材料消耗和包衬成本大幅度下降,取得了明显的经济效益。一种钢包用水玻璃结合铝镁浇注料的理化指标为:$Al_2O_3 = 75.20\%$,$MgO = 9.47\%$,$SiO_2 = 10.25\%$,体积密度(110℃ × 24h)为 2.67 ~ 2.73g/cm³,常温抗折强度(110℃ × 24h)为 14.9MPa。

3.1.2.8　铝镁不烧砖的应用

除铝镁捣打料、铝镁浇注料之外,我国还开发了水玻璃结合的铝镁不烧砖,在钢包上使用,寿命比传统的硅酸铝质钢包砖长。本钢 160t 钢包使用铝镁不烧砖,平均寿命 40.56 次,比使用三等高铝砖(寿命 18.5 次)提高一倍多。某厂生产的水玻璃结合铝镁不烧砖的理化指标为:$Al_2O_3 = 68.46\%$ ~ 74.07%,$MgO = 7.65\%$ ~ 12.32%,$SiO_2 = 9.02\%$ ~ 13.37%,$Fe_2O_3 < 2.0\%$,体积密度为 2.48 ~ 2.86 g/cm³,显气孔率为 16% ~ 23%,常温耐压强度为 55.6 ~ 123MPa。

3.1.2.9　铝镁尖晶石浇注料的特色应用

20 世纪 90 年代初,随着我国矾土基合成铝镁尖晶石耐火原料投入工业化生产,我国的多家耐火材料科研机构和生产企业相继开发出了多种使用性能不同的钢包用矾土基铝镁尖晶石浇注料。由于这类浇注料中配入了一定比例的预合成镁铝尖晶石,使浇注料的抗侵蚀性能和抗剥落性能大大提高,其使用性能优于水玻璃结合的铝镁浇注料,在各类钢包上使用取得了良好的使用效果,钢包使用以后的寿命比铝镁浇注料提高了 1.5 倍以上。虽然整体浇注钢包使用寿命明显优于砖砌钢包包衬,但由 3.1.2.6 所述的条件限制,使用整体浇注钢包的工艺推广遭遇挫折。

3.1.2.10　铝镁炭砖初现连铸用钢包

20 世纪 90 年代是我国连铸技术发展的黄金时期之一,高效连铸技术成为其发展的重心。为了适应高效连铸技术发展的需要,我国又开发了钢包用铝镁炭砖,用于各类连铸钢包,使钢包使用寿命大幅度提高。洛耐院、宝钢和焦作某耐火材料厂合作开发的铝镁炭钢包砖在宝钢 300t 连铸钢包上使用,使包龄从使用一等高铝砖的 20 多次提高到 80 次以上,最高达到 126 次。鞍钢三炼钢厂 200t 全连铸并进行炉外精炼的钢包,使用铝镁炭砖后,平均寿命为 64 次,最高达到 73 次。1993 年,钢包用优质铝镁炭砖的推广使用在我国全面展开,全国许多炼钢厂,根据本企业的实际情况,陆续使用铝镁炭钢包衬砖,使钢包的寿命显著提高,如攀钢 160t 钢包使用铝镁炭衬砖后,平均寿命提高到 90 次,最高达到 115 次。铝镁炭砖是以特级高铝矾土熟料、电熔镁砂或烧结镁砂和石墨为原料,以液体酚醛树脂做结合剂制成的不烧制品。我国部分厂家生产的钢包用铝镁炭砖理化指标见表 3-4。

表 3-4 一种钢包用铝镁炭砖的理化指标

序 号	化学成分/%			体积密度 /g·cm^{-3}	显气孔率/%	常温耐压 强度/MPa
	Al$_2$O$_3$	MgO	C			
1	63.72	12.46	7.5	2.89	5.5	43.4
2	62.5	16.1	8.5	2.95	6.7	49.6
3	68.18	11.4	9.07	2.92	5.3	72.0
4	70.5	12.5	8.0	3.01	7.0	60.0

3.1.2.11 铝镁尖晶石炭砖后来居上

在开发出铝镁炭砖的基础上,我国又开发了钢包用铝镁尖晶石炭砖。铝镁尖晶石炭砖是在砖料中加入了一定比例的预合成铝镁尖晶石,其使用性能优于同档次的铝镁炭砖。铝镁尖晶石炭砖的开发和使用,使我国连铸钢包的使用寿命又得到了进一步的提高。我国部分厂家生产的铝镁尖晶石炭砖的理化指标见表 3-5。

表 3-5 一种铝镁尖晶石炭砖的理化指标

序 号	化学成分/%			体积密度 /g·cm^{-3}	显气孔率/%	常温耐压 强度/MPa
	Al$_2$O$_3$	MgO	C			
1	59.97	16.57	6.67	2.69	1.24	46.8
2	66.3	11.7	8.5	2.93	9.3	35.8
3	69.8	9.78	9.12	3.00	7.6	46.2

3.1.2.12 高档铝镁不烧砖的发展和进步

含碳钢包衬砖在使用过程中会造成钢水增碳,对冶炼洁净钢、低碳钢和超低碳钢非常不利。为了满足洁净钢、低碳钢和超低碳钢冶炼的需要,开发了高档铝镁不烧砖(无碳不烧砖)。高档铝镁不烧砖与 20 世纪 80 年代初开发的水玻璃结合的铝镁不烧砖相比,是一次质的飞跃。除采用高纯度原料(刚玉、高纯电熔镁砂和高纯铝镁尖晶石等)外,也采用了高性能的复合结合剂。高档铝镁不烧砖在钢包上使用取得了良好的效果,使用寿命达到甚至超过了含碳钢包衬砖,同时减少了钢水增碳。如河南某耐火材料公司开发的铝镁不烧砖,在某钢厂 100t 钢包和 LF 精炼钢包上使用,其寿命是铝镁炭砖的 1.5 倍。目前,大多数的钢厂开始停止使用铝镁炭砖,开始使用高档铝镁不烧砖。

3.1.2.13　高档铝镁(尖晶石)浇注料在大、中型钢包上的应用

20 世纪 90 年代中期,我国开发了高档铝镁浇注料,用于大、中型钢包。宝钢 300t 钢包从 1996 年 12 月开始试用我国多家耐火材料厂开发的高档铝镁浇注料,到 2000 年,平均使用寿命为 258 次。鞍钢三炼钢厂 200t 连铸钢包使用高档铝镁(尖晶石)浇注料,使用寿命为 150 次。还有的钢厂使用浇注料预制块,也取得了很好的效果。如本钢钢包使用铝镁炭砖的寿命为 65 次,改用高档铝镁尖晶预制块后,平均使用寿命提高到 118 次,最高达到 126 次。某钢厂大型钢包用高档铝镁(尖晶石)浇注料理化指标见表 3-6。

表 3-6　钢包用高档铝镁(尖晶石)浇注料理化指标

序号	化学成分/%			体积密度/g·cm⁻³		显气孔率/%		常温耐压强度/MPa		常温抗折强度/MPa	
	Al_2O_3	MgO	SiO_2	(1)	(2)	(1)	(2)	(1)	(2)	(1)	(2)
1	94.35	2.61	0.16	3.05	2.97	17	21	42.8	39.2	8.7	7.2
2	93.21	4.51	0.55	3.18	3.15	14	18	58.8	62.5	5.9	6.8

注:(1)的测试条件为 110℃ ×24h;(2)的测试条件为 1000℃ ×3h。

3.1.2.14　镁炭质钢包耐火材料在 LF 工艺中的应用

镁炭砖具有优异的耐侵蚀性能和抗剥落性能。高碳镁炭砖在钢包上主要用于渣线部位,而非渣线部位使用其他耐火材料,如低碳镁炭砖、铝镁炭砖、刚玉砖、浇注料、不烧砖等,这样既可获得较高的使用寿命,又可降低耐火材料费用。

1981 年 9 月,武钢二炼钢厂率先在 70t 钢包渣线使用镁炭砖,使用寿命为 50 次,因非渣线部位高铝砖损坏严重而停用。宝钢 300t 钢包渣线从 1989 年 7 月开始使用 MT-14A 镁炭砖,渣线寿命保持在 100 次以上。某钢厂 90tLF 精炼钢包渣线使用碳含量为 16% 左右的镁炭砖,渣线寿命为 95 次。也有的钢厂的钢包采用全镁炭砖包衬,如某钢厂电炉用 60tLF—VD 精炼钢包,全镁炭砖包衬,平均寿命 47 次,最高寿命达到 57 次。

3.1.2.15　低碳镁炭砖的发展特点

钢包渣线使用镁炭砖存在着钢水增碳问题,近几年来,有些钢厂和耐火材料生产厂家合作,开发了低碳钢包渣线镁炭砖。宝钢 300t 钢包渣线试用碳含量小于 7% 和小于 5% 的低碳镁炭砖,使用寿命可达 110 次左右,与普通镁炭砖相当,可基本满足 300t 钢包的使用要求。鞍钢钢包的渣线也使用了碳含量在 5% 以下的低碳钢包衬砖,使用效果良好。

3.1.2.16　镁钙(炭)质钢包用耐火材料

镁钙(炭)质耐火材料在冶金工业中发展的历史很早,但是应用是在连铸和炉外精炼大规模应用以后得到迅速发展的。20 世纪 70 年代,洛耐院与山东镁矿合作,在国内率先完成了两步法制取镁白云石砂的研究。随后,首钢、山东二耐等单位相继建成了镁白云石质和白云石质耐火制品生产线。从 20 世纪 80 年代后期开始,镁钙系耐火材料逐渐取代普通镁砖、镁铬砖和焦油白云石砖,极大地降低了吨钢耐火材料消耗。在镁钙系耐火原料方面,由过去单一的焦炭竖窑一步煅烧白云石熟料,逐步发展出电熔镁白云石熟料和二步煅烧白云石熟料。随着窑炉技术的发展,出

现了烧油竖窑、隧道窑及回转窑等煅烧设备,镁钙系耐火原料的质量也不断提高。制品种类也越来越丰富,从单一的沥青结合白云石砖,到轻烧油浸白云石砖、烧成镁白云石砖、沥青结合镁白云石砖、不烧镁钙砖、无水树脂结合镁白云石炭砖等。我国"八五"期间就把合成 MgO-CaO 系优质耐火材料的研究列为重点科技攻关项目,并取得了一些成果。"九五"期间,国家再一次将其列为攻关项目,重点进行工业化应用研究。镁钙质耐火材料具有良好的高温稳定性和抗高碱度渣的性能,特别是其中的游离 CaO 具有净化钢水的作用,因此,镁钙质耐火材料是理想的钢包用耐火材料之一。随着洁净钢产量的不断增加,镁钙质耐火材料的应用在不断地扩大。

3.1.2.17 白云石捣打料的应用发展

20 世纪 80 年代初,太钢以普通烧结白云石为原料、以中温沥青做结合剂制成的白云石捣打料,在 70t 钢包上使用,取得了良好的使用效果,平均寿命 76 次,最高达到 112 次。

3.1.2.18 不烧镁钙砖的发展

20 世纪 90 年代初,洛耐院以合成镁钙砂和电熔镁砂为原料,以固体无机盐和无机盐溶液为结合剂,开发出了钢包用不烧镁钙砖,在某钢厂 40tLF—VD 精炼钢包上使用,寿命在 40 次以上,并且钢中的氧含量从 0.00122% 下降到 0.00113%。1992 年该产品通过了原冶金部鉴定,之后在长城特钢厂等钢厂的精炼钢包上使用。近几年,某耐火材料公司开发出了无水树脂结合的不烧镁钙砖,在某钢铁公司 100tLF 精炼钢包上使用,寿命为 80 ~ 85 次,侵蚀速率为 1.28 ~ 1.37mm/次。

3.1.2.19 不烧镁钙炭砖的初现

瘦身是钢包发展的一个追求。20 世纪初,首钢二炼钢厂与某耐火材料公司合作,以合成镁钙砂、电熔镁砂和高纯石墨为原料,以无水树脂做结合剂,开发出了不烧镁钙炭砖,用于首钢二炼钢厂 225t 钢包非渣线部位(渣线用镁炭砖),平均使用寿命为 116.8 次,与原用铝镁炭砖相比,在包壁减薄 20mm 的情况下,平均寿命提高了 37.57 次。且钢中的氧含量和非金属夹杂物都有所降低。我国还有一些钢厂在 SKF 和 LF—VD 等多种精炼钢包的渣线部位使用镁钙炭砖,也取得了很好的效果。某些耐火材料厂生产的钢包用不烧镁钙炭砖的理化指标见表 3-7。

表 3-7 钢包用不烧镁钙炭砖的理化指标

序 号	化学成分/%			体积密度 /g·cm⁻³	显气孔率/%	常温耐压 强度/MPa
	Al_2O_3	MgO	C			
1	75 ~ 85	10 ~ 15		2.92	8.72	78.8
2	55.96	30.18	7.02	2.96	2.92	52
3	58.64	33.13	2.55	3.05	6	82

3.1.2.20 锆质砖的发展和使用

从 1985 年 9 月至 1989 年间,宝钢 300t 钢包使用过日本进口的锆质钢包衬砖,平均使用寿命 90 次。在此期间,无锡某耐火材料厂用国产原料也研制出了锆质钢包衬砖,在宝钢 300t 钢包上试用,寿命达到 88 次。国产锆质钢包砖的理化指标为:ZrO_2 = 60.80%,Al_2O_3 = 1.76%,FeO = 0.60%,体积密度为 3.53g/cm³,显气孔率为 19%,常温耐压强度为 62.9MPa。目前部分钢厂将该砖主要用于钢包渣线部位,砖中 ZrO_2 含量一般在 60% ~65% 之间。其特点是耐侵蚀性好,但价格较高,钢包耐火材料除了滑板以外,一般不常使用。

3.2 钢包内衬耐火材料的选择

3.2.1 钢包内衬耐火材料的选择原则

钢包内衬的材质对钢包的使用安全非常重要。钢包的使用安全是指在钢包内衬的设计使用寿命期间,确保不会发生钢包烧穿、钢包外壳软化,造成钢包掉落等生产安全事故。为了选用合适的钢包内衬的耐火材料,许多文献的总结已经比较全面,简而言之,钢包耐火材料的选用条件可以概括为以下几点:

(1)安全的角度考虑。钢包的工作条件包括出钢温度、钢水停留时间、浇铸钢种、是否进行精炼处理或者真空处理等。在考虑钢包的使用安全时,首先应考虑其使用寿命,即保证在内衬的使用寿命内,包壳的表面温度小于包壳材质的蠕变温度,一般应小于 300 ~350℃(碳钢的蠕变温度为 300 ~350℃,合金钢的蠕变温度 350 ~400℃)。理论上,应根据钢液温度、钢液在钢包内的存放时间、耐火材料的理化性能、预期的使用寿命来确定内衬的材质和砌筑厚度;但在实际生产上,通常根据各种耐火材料的蚀损速度来选择耐火材料种类和厚度。

(2)钢包耐火材料在钢包中的部位。通常钢包内衬由永久层、工作层、渣线层、隔热层组成。钢包隔热层要求热导率低,隔热性能好;永久层除要求热导率低,隔热性能好,还要求它能够在 1300 ~1400℃下长期使用,并具有足够的常温和高温强度,能够短时间抵抗钢水的冲击,防止穿包事故的发生;包壁和包底工作层要求抗侵蚀、抗剥落、热稳定性能要好、不粘渣、拆包容易。渣线层宜选用耐侵蚀、耐渣蚀、热稳定性能好、高温结构性能稳定的镁炭砖和镁铬砖,它可以克服因钢水及炉渣渗透引起的塌落的结构剥落现象;座砖宜采用耐热震性能好的高铝质座砖,水口可采用耐侵蚀、抗冲刷的刚玉质水口砖。

对生产节奏和钢质的要求不太高的模铸工艺,为了节约成本,钢包可采用黏土砖或三等高铝砖作内衬,也能保证安全可靠地使用;对连铸用钢包,由于钢水的温度高且停留时间长,通常采用高档的高铝砖、锆英石砖、白云石砖、镁铬砖、镁炭砖、铝镁炭砖,铝镁尖晶石炭砖等砌筑,也可以采用锆英石浇注料、镁铝尖晶石浇注料、高铝尖晶石浇注料等进行浇注。表 3-8 是一种精炼钢包渣线下部用铝镁炭砖理化性能;表 3-9 是精炼钢包渣线用镁钙炭砖的理化性能。

表 3-8 精炼钢包渣线下部用铝镁炭砖理化性能

名　称	化学成分		物 理 性 能			
	MgO/%	C/%	体积密度 /g·cm^{-3}	显气孔率/%	常压耐压 强度/MPa	荷重软化 温度/℃
铝镁炭砖	80	18	2.95	≤17	≥40	≥1600

表 3-9 精炼钢包渣线用镁钙炭砖理化性能

名　称	化学成分		物 理 性 能				
	MgO/%	CaO/%	灼烧/%	显气孔 率/%	体积密度 /g·cm^{-3}	抗折强度 /MPa	耐压强度 /MPa	荷重软化 温度/℃
镁钙炭砖	80.56	5.12	12.35	1.68	3.02	16.6	34.2	≥1700

(3)冶炼钢种工艺要求熔渣的碱度和渣量。冶炼钢种的不同,工艺路线的不同,钢包炉的渣系和渣量是各不相同的。为了保证钢包炉的经济性包龄,要求钢包炉在不同的精炼炉工艺下,钢

包炉炉衬砖也不一样。如 LF 冶炼 HRB335～500 系列和硬线钢、弹簧钢系列。采用 CaO-SiO$_2$ 渣系，钢包工作层就可以采用镁炭砖；冶炼齿轮钢、轴承钢和其他的石油管钢，必须经过 VD 炉处理，钢包的工作层砖就要选择在较高真空度条件下，不易分解的镁钙耐火砖。在此方面，国内的专家学者的研究比较一致。如 Cr$_2$O$_3$ 含量对耐火材料抗渣性的分析；CaO 含量对耐火材料抗渣侵蚀性能的影响分析，国内学者的观点是基本一致的，见图 3-3 和图 3-4。

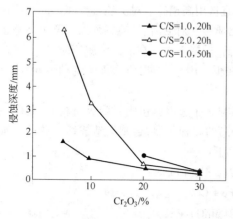
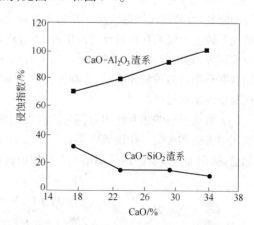

图 3-3　Cr$_2$O$_3$ 含量对耐火材料抗渣性能的影响　　图 3-4　CaO 含量对耐火材料抗渣侵蚀性能的影响

　（4）钢包内衬选用对冶炼钢种的影响。大量的研究和生产实践证明，钢包耐火材料的选用对钢包内衬的寿命，冶金过程中的反应进行速度，钢液夹杂物的控制有重要的影响。前面的章节已经介绍，在此不再赘述。

　耐火材料对钢中氧含量也有影响，主要可以从两个方面来考虑：一是不利的方面，即高温下耐火材料中的氧化物会部分溶解于金属熔体中，其中分解出来的氧会引起钢水的再氧化；二是有利的方面，即通过选择合适的耐火材料钢包衬，最大限度地将脱氧产物不可逆地吸附到耐火材料上并使之固定于耐火材料中，从而加速钢液的脱氧进程，降低钢的氧含量。

　包衬材质对脱氧初次产物的排除有影响，用硅脱氧时，脱氧产物的排除速度随包衬材质的变化而变化（按下列顺序而加快）：SiO$_2$、MgO、Al$_2$O$_3$、CaO + CaF$_2$。也就是说，随着包衬材料对 SiO$_2$ 亲和力的提高而加快；这就是说，针对不同的脱氧剂，应使用与脱氧产物亲和力较强的材料做包衬。研究和宝钢的实践表明，含有氧化钙做钢包衬的钢包，对脱硫也有积极的意义。主要原因是使用铝脱氧以后，脱氧产物氧化铝粘于含有氧化钙质包壁上，形成了熔点较低但脱硫能力很强的强碱性脱氧产物 CaO·Al$_2$O$_3$，所以，脱氧的同时，有相当大的脱硫效果。

　钢包内使用大的耐火材料对钢液脱氧的过程可以分为三个阶段：

　1）搅拌使脱氧产物向钢包内钢液向上循环的方向和包壁方向迁移；

　2）脱氧产物与包壁耐火材料发生化学反应；

　3）脱氧产物固定于包壁上。

　脱氧产物随着包壁氧化产物与脱氧产物反应能力的提高，就越容易被包衬内表面吸附，并参与反应。脱氧过程中脱氧产物与包壁形成的化合物的熔点越低，则脱氧产物就越容易被包壁所吸收。就钢包用耐火材料材质对 Al$_2$O$_3$ 系杂质的影响而言，如果使用含 SiO$_2$ 含量较高的耐火材料，认为是由于下式分离的耐火材料中的 SiO$_2$ 引起钢中 Al 的氧化所致：

$$3SiO_2 + 4Al \stackrel{}{=\!=\!=} 3Si + 2Al_2O_3$$

这就是在脱氧的过程中用含 SiO$_2$ 低或者含 SiO$_2$ 高的钢包衬砖吹氩搅拌时，钢液中硅含量随搅拌时间的增加而增加。其中用高 Al_2O_3 衬砖时,钢液中硅含量稳定在原始水平,用低 Al_2O_3 衬砖时钢液中硅含量随吹氩时间的增长而增加的原因。所以,钢包用耐火材料应采用低二氧化硅的耐火材料来减少杂质的对策。

此外,冶炼的钢种不同,对耐火材料的要求也不同。如冶炼超低碳钢、IF 钢、铝镇静钢宜采用高铝尖晶石浇注料或高铝砖,不宜采用含碳的镁炭砖、铝镁炭砖和镁铝炭砖。而冶炼含锰量和氧较高的钢种,宜用抗侵蚀的镁炭砖和铝镁炭砖,而不宜选用高铝砖。对浇注含钛和铝的不锈钢宜用锆英石砖。对要求含铬量极低的钢种,不宜用镁铬质砖。对低磷、低硫钢种以及要求夹杂物少的特殊钢种,宜用白云石质类的碱性砖,不宜用黏土砖、叶蜡石砖。在浇注沸腾钢时,应尽量避免选用含有石墨的砖种和浇注料,否则内衬使用寿命较低。因此,根据所冶炼的钢种不同,应选用不同材质的耐火材料。

(5)耐火材料的相互作用对钢包内衬选用的影响。在选用钢包内衬耐火材料时,还应注意配砌的耐火砖的种类。如镁炭砖不宜与含二氧化硅高的砖种相混,否则会造成镁炭砖的脱碳反应加速,从而加大镁炭砖的局部熔损。其熔损机理如下:

$$2Fe + (SiO_2) \longrightarrow 2(FeO) + Si$$
$$(FeO) + (C) \longrightarrow Fe + CO \uparrow$$
$$2Mn + (SiO_2) \longrightarrow 2(MnO) + Si$$
$$(MnO) + (C) \longrightarrow Mn + CO \uparrow$$

锆英石砖不宜与碱性砖配砌,因为锆英石($ZrO_2 \cdot SiO_2$)在高温下(1450~2430℃)会发生以下的分解反应:

$$ZrO_2 \cdot SiO_2 =\!=\!= ZrO_2 + SiO_2$$

在高温钢水作用下,锆英石分解出的二氧化硅会使碱性砖严重熔损,有时甚至产生熔塌现象。表 3-10 列出了不同种类耐火材料制品间的反应。

表 3-10　不同耐火材料之间的反应

耐火制品的名称	黏土砖			高铝砖($Al_2O_3$70%)			高铝砖($Al_2O_3$90%)			硅砖			烧结镁砖		
	1500℃	1600℃	1650℃	1500℃	1600℃	1650℃	1500℃	1600℃	1650℃	1500℃	1600℃	1650℃	1500℃	1600℃	1650℃
黏土砖				不	不	不	不	不	不	中	严	严	严	整	整
高铝砖($Al_2O_3$70%)	不	不	不						不	不	不	中	中	中	中
高铝砖($Al_2O_3$90%)	不	不	不	不	不	不				不	不	中	不	中	严
硅砖	中	严	严	不	中	中	不	中	中				中	严	整
烧结镁砖	严	整	整	中	中	中	不	中	严	严	严	整			

注:不—不发生反应;中—中等反应;严—严重反应;整—整个破坏性反应。

(6)行车吨位对钢包内衬选用影响。在一些老厂改造过程中,选用钢包耐火材料还需考虑生产车间的行车吊运的能力。如某钢厂行车为二手设备,起吊能力为 230t,如果钢包永久层选用黏土砖(密度 1~2.2t/m³),则钢包自重加上钢水重量超过了吊车能力,因此钢包永久层只有选用密度较小(密度 1.5~1.7 t/m³)的轻质浇注料。

(7)从成本的合理性出发。绝大多数的钢铁制造都是建立在以盈利为目的的基础上的,选

用耐火材料的经济性通常用吨钢成本来衡量,它可以用下式计算:

$$E = \sum \sigma_i \times \Pi_i$$

式中,E 为吨钢成本,元/t;σ 为耐火材料单耗,kg/t;Π 为耐火材料单价,元/t。

通常,吨钢单耗黏土砖为 8~20kg/t;高铝砖为 5~10 kg/t,铝镁炭砖和镁炭砖为 3~5 kg/t。

不同的钢厂选用耐火材料的时候,应选用适合自己钢厂的耐火材料,这是降低耐火材料吨钢消耗成本的关键。

3.2.2 LF 钢包耐火材料的侵蚀损坏机理和选用原则

3.2.2.1 LF 钢包耐火材料侵蚀损坏的主要原因

钢包的内衬因为不同的精炼方式而要求不同,LF 炉使用的钢包在钢水精炼时,侵蚀包衬,导致包衬损坏的原因主要有以下几个方面:

(1)转炉下渣或带渣对钢包产生侵蚀。LF 精炼过程中的一个突出特点就是采用钢渣精炼脱氧和脱硫,精炼过程中钢渣的碱度变化范围较大,钢渣对渣线耐火材料的侵蚀取决于炉渣的碱度、作用时间等因素。实践证明,转炉钢渣加入 LF 炉以后,对钢包耐火材料的侵蚀最为严重,如果进入 LF 炉内转炉终点的氧化渣越多,就会导致精炼钢水的时间越长才能满足要求,精炼时间越长,对炉衬的侵蚀越快,因而使用寿命就越低。因此,转炉出钢时,要求炼钢渣尽可能少地进入钢包。目前转炉减少钢渣进入钢包的方法主要有转炉挡渣塞、挡渣棒和滑板出钢技术。

(2)LF 精炼过程中吹氩造成钢包耐火材料的冲刷侵蚀严重。LF 电弧加热过程中,吹氩产生的液面隆起现象,决定了吹氩透气砖不能够安装在钢包中心,只能够安装在精炼搅拌效果最明显、最便于操作工操作、靠近 LF 操作平台的区域。吹氩使钢水在钢包内翻腾,减薄了扩散层,因此,加快了扩散溶解。陈肇友高工的研究结果表明,镁钙材料和镁铬材料在精炼渣中的侵蚀速度,与耐火材料试样在渣中转速的 0.7 成正比。所以,LF 全程吹氩精炼的耐火材料侵蚀速度比普通钢包快。

(3)LF 电弧加热过程中热辐射造成耐火材料熔化损失。LF 钢包炉在送电冶炼的时候,传热原理和电炉的传热原理类似,其中一部分是电弧直接传递给钢液,另一部分通过电弧或者炉渣反射给炉墙,炉墙向熔池再形成二次反射。热传递过程中造成局部耐火材料过热软熔,在钢渣的冲刷作用下,从耐火材料上剥落,造成耐火材料损坏。

(4)LF 冶炼过程中钢液存在局部过热现象。LF 炉电弧加热使得钢液的温度在原有温度基础上提高 10~120℃,电弧下局部钢液的温度就会高于其他部位的钢液,即局部钢液出现"过热"现象,这会使局部过热的炉衬侵蚀速度增加 40% 以上,并且电弧热点导致了更严重的局部侵蚀。图 3-5 是各种耐火材料在不同温度下的侵蚀深度。

(5)喂丝过程中造成钢包的侵蚀加剧。LF 的脱氧和脱硫工艺,向钢水内加含钙的脱氧剂、或者向钢液进行喂丝。这些含钙的合金或者丝线,在钢水中溶解以后,会和耐火材料中的氧化物起反应,产生低熔点的化合物,导致它们从耐火材料上面剥落,造成钢包的

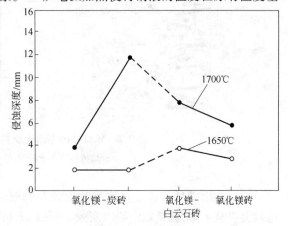

图 3-5 各种耐火材料在不同温度下的侵蚀深度

侵蚀。不同材质的炉衬影响程度是不一样的。一般碱性炉衬对侵蚀影响较小,而对中性特别是酸性炉衬影响较大。它们与合金或者丝线里的合金反应,一方面使衬侵蚀加快,另一方面使合金利用率降低。

（6）精炼过程中钢水和炉渣的液面波动造成耐火材料侵蚀。钢渣对耐火材料的侵蚀能力大于钢液。LF精炼过程中,钢水处于公称容量范围内,在钢包钢水上部的炉渣,随泡沫化程度、渣料加入量、钢渣物理化学性能等因素的影响而不断变化,其在钢液面之上的位置,称为上渣线;钢水浇铸结束以后,精炼钢渣随钢水液面的下降而下降到接近包底的位置,钢渣在这一位置停留的时间相对较长,这一位置称为钢包的下渣线。钢包的上渣线和下渣线是一个相对固定的位置,但是在钢包的使用次数增加,钢水量减少的情况下,渣线的位置会出现变化,对炉衬的寿命是不利的。

LF精炼过程中熔渣成分和碱度变化范围大(碱度从0.5会增加到4左右)。一般来说,熔渣的碱度升高,CaO达到过饱和状态,熔渣的流动性较低,渣中SiO_2活度较低,反应进行较慢,CaO与FeO结合成复杂化合物$CaO \cdot 2FeO$反应受到抑制。所以,炉渣碱度高,对炉衬是有利的;如果造渣剂CaF_2用量较多,渣较稀,对炉衬的直接侵蚀、冲刷严重。另外,弧光部分裸露,弧光对包壁的辐射加强,也改善了镁炭砖中石墨与熔渣中氧化物反应的动力学条件,对炉衬的寿命是不利的。

另外,冶炼过程中,LF内钢渣的体积是动态变化的。钢水在不同温度下的密度不同,导致钢液面的波动。钢水的温度和密度之间的关系见图3-6。

在炉渣碱度较低的时候,冶炼操作需要加入渣料来提高碱度,为了满足成分要求,添加合金、吹氩搅拌以及温度的增加等,都会使得钢包内钢渣的位置发生变化,对耐火材料造成影响。MgO-C砖系耐火材料的局部熔化损失示意图见图3-7。

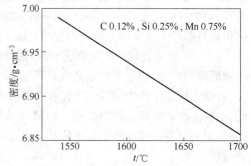

图 3-6　钢水的温度和密度之间的关系

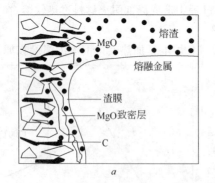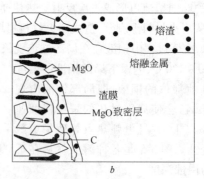

图 3-7　MgO-C砖系耐火材料的局部熔化损失示意图

a—熔渣和钢水下降期;*b*—熔渣和钢水增加期

对一些出钢量不稳定且偏差波动较大的钢包来讲,由于渣线位置的不稳定,炉衬的寿命也就会明显下降,就是以上原因所致。所以LF精炼工艺过程中,需要选用抗渣性较好的耐火材料。

（7）急冷急热温度变化较大。采用电弧加热时，距电弧最近处的包衬将会出现局部过热的现象，冶炼结束以后，钢包的温度会下降，钢水浇铸结束以后，钢包的温度又会急剧地下降到1000℃以下，耐火材料的急冷急热造成耐火材料的剥落，这种情况下造成耐火材料侵蚀剥落的示意图见图3-8。

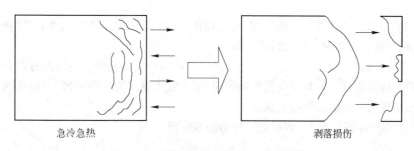

急冷急热　　　　　　　　　　　　　　　　剥落损伤

图3-8　耐火材料受热冲击产生剥落的模型图

（8）精炼时间较长造成的钢包侵蚀加剧。LF的功能之一就是起到转炉和连铸之间缓冲器的作用。在生产不正常的时候，LF炉精炼的时间可长达3h以上。还有些时候，如连铸开机的第一炉，连铸出现故障不能够开机，钢水在LF炉持续处理，有时候会超过8h。钢液、熔渣、气流的强烈冲刷以及电弧辐射对钢包耐火材料的冲击加大，严重的热震和间歇式工作的温度剧变等，对耐火材料造成的热负荷强度都比较大。

钢水在钢包内精炼时，在高温下连续吹氩搅拌，使气体、金属、熔渣在钢包内产生涡流，对包衬产生激烈的机械冲刷，随着精炼时间的延长，熔渣对钢包包衬的侵蚀加重。下面是某钢厂精炼钢包一个包龄周期内精炼时间超过100min的次数与对应包龄的关系（见图3-9）。从图3-9可以看出，精炼时间越长，精炼包侵蚀越严重，包龄越低。

所以，当出现生产流程的中断事故，如连铸事故停机、行车故障等，造成一包钢水在精炼炉连续间歇式冶炼超过4h时，就要根据包龄和包况做出应对措施，对于包况一般的钢包，在LF炉

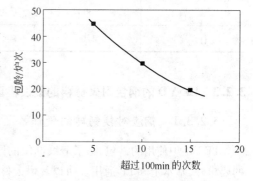

图3-9　冶炼时间超过100min的次数和包龄的关系

冶炼超过4h，如果还不能上连铸浇铸，就要倒包处理，即将此包钢水倒入另外的一个钢包内进行冶炼。国内外大多数的厂家还规定，冶炼优钢作业，包龄超过40～50炉次的钢包不能够作为开机第一炉的钢包，也是从第一炉冶炼时间长，出钢温度高，钢包容易出事故的角度考虑的。

以上原因造成了LF炉操作条件与普通钢包的不同，这些操作因素造成LF炉的钢包使用寿命只有普通钢包寿命的50%，对LF炉的冲击区、渣线和熔池的损耗速度比为4:4:1。

3.2.2.2　LF钢包选择使用耐火材料的原则

LF钢包的耐火材料选用特点除了按照前面所说的原则选择以外，还需要注意以下问题：

（1）根据用户具体条件，选择合适的优质耐火材料。一般来讲，含碳耐火材料好于陶瓷结合的耐火材料，碱性耐火材料好于中性或酸性耐火材料，高致密度的耐火材料好于低

致密度的耐火材料。但是也必须根据钢包的运转情况而考虑耐火材料的抗热震性,确保其不剥落;

（2）LF 精炼的时间和钢包使用周转的周期较长,隔热层选用优质的隔热耐火材料,会减少热损失,降低 LF 精炼过程中的环境温度,对设备、炼钢工的操作、延长钢包寿命都有益处。

（3）从 LF 电弧加热的这个角度来讲,除了操作工造好埋弧精炼钢渣以外,LF 钢包渣线部位使用的耐火材料耐火度和荷重软化温度要高。

（4）钢包有砖砌的也有整体浇注的,而整体浇注内衬呈发展趋势。整体内衬没有砖缝、整体性好,因此使用效果较好。但是对周转慢的钢包,就不宜用整体浇注钢包衬,否则可能出现裂纹、剥落而报废,出现漏钢事故的风险也加大。

表 3-11 为部分国外厂家 LF 炉耐火材料的砌筑情况。

表 3-11　部分国外厂家 LF 炉耐火材料砌筑情况

国　别	容量/t	内衬结构		
		包　底	包　壁	渣　线
德　国	110	碳结合白云石砖	碳结合白云石砖	镁炭砖（C10% ~12%）
	60	直接结合白云石砖	碳结合白云石砖	碳结合镁砖
瑞　典	60	碳结合白云石砖	碳结合白云石砖	碳结合白云石砖
丹　麦	120	碳结合白云石砖	碳结合白云石砖	碳结合白云石砖

3.2.3　LF-VD 的钢包耐火材料的侵蚀机理和选用原则

3.2.3.1　钢渣对镁钙砖的侵蚀

LF-VD 炉使用的钢包,除了渣线部位的区别以外,其余部位的耐火材料,在满足真空条件下的要求外,基本上和 LF 通用。所以其耐火材料的侵蚀,除了和 LF 炉有相同的原因以外,还受到高温下抽真空带来耐火材料分解导致的侵蚀。因此,LF-VD 使用镁钙砖或者镁铬砖,从成本和环保的角度出发,LF-VD 常使用镁钙砖。

不同的 LF-VD 炉的 VD 使用比例的不同,钢包的寿命也各不相同。VD 比例越高,寿命越低。在不修补的情况下,某厂钢包内衬的使用寿命(S)与 VD 比例(R)的定量关系为 $S = 60 - 30R$,即使用寿命随 VD 比例的增加而直线性下降。在经过 VD 工艺的钢包,其炉衬寿命为 LF 炉衬的 50% 左右。

3.2.3.2　LF-VD 的耐火材料选择

为了克服 VD 带来的不利影响,尤其是渣线。必须要考虑在真空下适用的耐火材料,选择含碳或者不含碳的耐火材料。含碳的耐火材料,必须设计好其组成和结构,使之具有较强的抗真空性能。如 CaO 的高温真空稳定性优于 MgO。因此,CaO-C 砖比 MgO-C 砖更抗 VD 条件。实践结果表明,MgO-C 砖的蚀损主要是由于结构疏松而造成的剥落,MgO-CaO-C 砖的蚀损主要由于渣侵蚀而造成的溶解。某厂 LF-VD 过程中钢渣的成分变化见表 3-12。

表 3-12　精炼不同阶段精炼渣成分 （%）

取样时间	FeO	SiO$_2$	Al$_2$O$_3$	CaO	MgO	MnO	P$_2$O$_5$	S
LF－1	2.67	11.11	8.88	69.49	3.92	0.46	0.059	0.33
LF－2	2.27	11.74	9.97	68.23	3.94	0.45	0.052	0.3
LF-结束	0.68	14.09	12.41	64.6	5.31	0.18	0.011	0.35
VD-结束	0.73	14.23	13.53	63.55	5.55	0.1	0.01	0.56

降低 LF 炉衬耐火材料单耗的基本方法同样适用于 LF-VD。某厂一种 LF-VD 使用钢包渣线部位砌筑的 MgO-CaO-C 砖和 MgO-C 砖的理化指标见表3-13。

表 3-13　钢包渣线部位砌筑 MgO-CaO-C 砖和 MgO-C 砖的理化指标

耐火材料类型	MgO/%	C/%	CaO/%	显气孔率/%	常温耐压强度/MPa	体积密度/g·cm^{-3}	高温抗折强度/MPa
MgO-C	76	14		2	39.1	2.97	14.37
MgO-CaO-C	79.5	10	3.45	2.6	34.5	3.04	5.65

砌于精炼钢包渣线处的 MgO-CaO-C 砖和 MgO-C 砖在试验条件下的侵蚀速率见表3-14。

表 3-14　MgO-CaO-C 砖和 MgO-C 砖的侵蚀速率

试验钢包号	耐火材料类型	使用寿命/次	残砖厚度/mm	侵蚀速率/mm·次$^{-1}$	平均侵蚀速率/mm·次$^{-1}$
1	MgO-C	10	20	6.5	5.32
2	MgO-C	14	30	3.14	
3	MgO-CaO-C	13	20	5	5.23
4	MgO-CaO-C	11	30	5.45	

3.2.4　RH 钢包材质的选用原则

3.2.4.1　RH 耐火材料的选用特点

RH 的工艺过程是建立在钢包的基础上实现的。首先钢包被吊运到 RH 工位,RH 液压顶升设备将钢包车连同钢包顶升到一定的位置,能够满足 RH 下部槽浸渍管插入钢水一定的距离,然后抽真空,钢水在 RH 下部槽进行循环处理,钢包内的钢水到达 RH 下部槽的区域是真空条件下的,钢包则没有在真空条件下进行工作,所以 RH 使用的钢包,选择的原则主要有以下几个方面:

（1）RH 使用的钢包,安全性能最为重要,钢包如果发生钢包底或者钢包壁穿钢,对钢包车顶升的液压设备是一种灾难性的事故。

（2）转炉生产线 RH 处理的钢种,大多数是属于低碳钢或者超低碳钢,钢包使用的含碳耐火材料对钢水的增碳范围,要控制在一个合理的水平,使用低碳耐火材料或者无碳耐火材料,或者选用综合砌筑很重要。处理高碳钢时,此条件将会宽松许多。

（3）RH 使用的钢包内衬和使用次数,必须满足钢包内的钢水高度合适,避免钢水高度不够,造成 RH 浸渍管插不到位,造成抽真空时产生吸渣现象和其他事故。

（4）RH 处理的钢水多数情况下是脱氧不充分的钢水，所以钢包耐火材料的烘烤，使用次数必须控制好，防止由于耐火材料成分和使用条件造成钢水剧烈沸腾，引起事故。

（5）RH 处理的钢水为铝镇静钢时，钢包耐火材料中的 SiO_2 要低。

（6）除了 RH 的钢包耐火材料，其他耐火材料的选用主要有以下几点：

1）钢的质量是第一位的，选用的材质不能对钢的质量产生负面影响。

2）安全性能。耐火材料在合理的使用期限内具有安全可靠性能。

3）经济性。耐火材料成本的构成对吨钢制造成本的影响。

4）施工的可操作性。

5）其他因素。

3.2.4.2 实例：一座 RH 处理低碳钢的钢包砌筑情况

冶炼低碳钢的时候，钢水需要经过 RH 处理，钢包内的钢水是处于常压状态的，钢包的材质选择一般选择一般的耐火材料使用，只是耐火材料选用低碳耐火材料或者无碳耐火材料。使用无碳耐火材料，可以杜绝耐火材料带来的钢水增碳问题，但是使用寿命和成本都是钢厂生产经营的一个难题，使用低碳耐火材料在冶炼一些低碳钢的时候，根据不同的钢包位置，选择不同的耐火材料进行综合砌筑，合理地使用，可以减少耐火材料对钢水的增碳风险，使得冶炼的质量和成本控制处于一个合理的状态，如新钢包增碳作用最强的时候，用于冶炼一些对碳的控制范围较宽的钢种，耐火材料对钢水增碳作用较弱的时候，用于冶炼低碳钢，会起到改善成本的作用。如实际应用中采用铝镁炭砖和镁铝炭砖为工作衬砖，冶炼碳含量小于 0.001% 的低碳钢。

本钢使用的一种低碳钢包工作衬采用以上的方案，工作层的砖采用高铝刚玉、电熔镁砂、电熔镁铝尖晶石、氧化铝微粉和鳞片石墨等为主要原料，以酚醛树脂为结合剂，经过配料、混炼、机压成型的方法制造而成。施工时采用综合砌筑的方法，渣线砖采用镁炭砖砌筑，砌筑厚度为160mm，过渡层砖砌筑厚度为180～190mm，自由面砖砌筑厚度为150mm。在钢包的使用过程中，渣线砖按照使用的侵蚀情况更换一次。

由于镁炭砖和高铝砖直接接触砌筑，使用过程中会发生耐火材料之间的自耗反应，所以铝镁炭砖用于钢包工作衬自由面，镁铝炭砖用于渣线（镁炭砖）与自由面（铝镁炭砖）之间，作为过渡层砖。作为过渡层的镁铝炭砖有两方面的作用：一方面，实现了从材质上由以 MgO 为基的镁炭砖到以 Al_2O_3 为基的铝镁炭砖的过渡；另一方面，从渣线砖的更换角度考虑，在钢包使用中期，由于过渡层镁铝炭砖的残余厚度较厚，可以满足砌筑第二套渣线砖的需要。这种砌筑方式的优点主要是可以通过在渣线和包壁自由面之间增加过渡层砖，很好地解决由于镁炭砖和铝镁炭砖线膨胀率差别较大而产生的环缝问题和换渣线砖时由于包壁砖侵蚀变薄而无法砌筑的问题。同时，在对钢包渣的抗侵蚀和渗透方面，镁铝炭砖的性能优于铝镁炭砖，有效地解决了镁炭砖下两环受钢包熔渣侵蚀严重的问题，钢包的使用寿命平均达到 120 次，最高可达 140 次，提高了钢包的周转速度，吨钢成本大幅度下降。镁铝炭砖和铝镁炭砖的理化性能见表 3-15。

表 3-15 镁铝炭砖和铝镁炭砖的理化性能

名　称	化学成分/%			物理性能		
	MgO	Al_2O_3	C	体积密度/g·cm⁻³	常温耐压强度/MPa	线变化率/%
铝镁炭砖	>10	>75	<5	>3.10	>30	0～1.0
镁铝炭砖	>70	>12	>6	>3.05	>30	0～1.5

在钢包使用的过程中,对耐火材料造成钢中增碳情况进行了检测分析,具体结果见表3-16。从对钢中碳含量的检测结果表明,采用低碳钢包工作衬砖后,在钢包使用的早期和中期,钢中碳含量有较明显的增加,在使用后期这种作用不太明显。

表3-16　经过 RH 处理后钢中碳含量的数据统计

取样点钢包使用次数	精炼后[C]/%	成品[C]/%	[C]%增加率/%
2	0.0038	0.0058	52.6
7	0.0021	0.0028	33.3
13	0.004	0.006	50
15	0.0021	0.0038	80.1

3.2.4.3　RH 作业过程中造成真空室下部槽接触钢渣部位的侵蚀机理

RH 精炼温度一般在 1560 ~ 1650℃,真空度最高可达 66Pa(0.5Torr),每炉的真空处理时间在 8 ~ 40min。钢包钢液上部渣层厚度一般在 50 ~ 100mm,顶渣的碱度 $m(CaO)/m(SiO_2)$ 在 2 以上,主要是从转炉出钢的下渣和带渣,以及出钢以后的顶渣改质增加的渣量。RH 耐火材料的侵蚀因素主要有以下几个方面:

(1)高速循环流动钢液的冲刷侵蚀。RH 精炼过程中,由于真空室抽真空,浸渍管的上升管吹氩,使钢液产生速度很大的循环流动。例如 250t 的 RH,其循环流动的钢液(环流量)高达 180t/min。高速流动的钢液会使与其接触的真空室下部、底部、喉口与浸渍管等通道的耐火材料衬受到很大的冲刷,不断地产生新的表面而使侵蚀加剧。

(2)温度波动造成的结构剥落。RH 精炼为间歇式生产,炉次之间的间歇时间长,会造成 RH 炉内温度有很大的波动。熔渣与耐火材料都是氧化物体系,它们之间的润湿性较好,熔渣易渗入耐火材料气孔中,并与耐火材料相互作用,形成一层很厚的与原砖(即未变层)化学、物理性质不同的致密变质层。变质层与未变层之间热膨胀性不同,当温度发生大的波动时,变质层与未变层的边界处会产生很大的应力,这些应力就导致一些平行于热面(工作面)的裂纹产生,从而使材料开裂、剥落,这种剥落称为结构剥落。结构剥落对耐火材料衬造成的危害要比高温下熔体的熔蚀大得多。根据对各钢厂 RH 精炼炉使用后的镁铬砖的观察、测量,发现的结果证明了存在结构剥落这一事实。

(3)真空、吹氧对镁铬砖的损害。由前面的章节可知,大多数的耐火材料在常压和真空条件下,其蒸气压是不一样的。也就是说,有些氧化物耐火材料在真空精炼条件下会发生分解反应。如镁铬砖中的主要组元 MgO、Cr_2O_3 与 FeO,在精炼温度下,属于易挥发性氧化物。

Cr_2O_3 与 $MgO \cdot Cr_2O_3$ 在低氧压与高氧压下,其高温蒸发反应是不同的。

在高温、低氧压或真空条件下:

$$MgO(s) \Longrightarrow Mg(g) + \frac{1}{2}O_2(g)$$

$$Cr_2O_3(s) \Longrightarrow 2Cr(g) + \frac{3}{2}O_2(g)$$

$$MgO \cdot Cr_2O_3(s) = Mg(g) + 2Cr(g) + 2O_2(g)$$

在高温、高氧压(如吹氧)条件下：

$$MgO(s) = MgO(g)$$

$$Cr_2O_3(s) + \frac{3}{2}O_2(g) = 2CrO_3(g)$$

$$MgO \cdot Cr_2O_3(s) + \frac{3}{2}O_2(g) = MgO(s) + 2CrO_3(g)$$

在 RH 精炼过程中,既有吹氧,又有抽真空。在抽真空时,氧压很低,镁铬砖中的 MgO、MgO·Cr$_2$O$_3$ 会按上述高温、低氧压条件下的反应以气体形式从砖中逸出。吹氧时,氧压较高,镁铬砖中的 MgO、MgO·Cr$_2$O$_3$ 会按上述高温、高氧压条件下的反应以气体形式逸出。在真空与吹氧条件下,镁铬砖中的一些成分的气化逸出,会导致镁铬砖中晶粒或颗粒之间的结合减弱、松弛,导致结构恶化,在高速钢流的冲击下,很容易被冲蚀掉。Quon 等学者在研究真空精炼 VOD 炉渣线镁铬砖的损毁时,证实了这一点。

目前,日本、韩国、美国和欧洲一些国家等,其 RH 炉内所砌筑的耐火材料主要是镁铬砖。当 RH-OB 与 RH-OTB(RH-KTB)在真空室上部砌普通镁铬砖,真空室下部与浸渍管内砌直接结合镁铬砖时,其使用后的侵蚀情况如图 3-10 与图 3-11 所示。从图中可以看出,不论是 RH-OB 还是 RH-OTB(RH-KTB),其使用后蚀损严重的部位基本相似,主要是真空室下部、真空室底部、喉口与浸渍管。不同之处是:RH-OB 在真空室下部吹氧孔附近与吹氧孔对面炉壁显得侵蚀严重;而 RH-OTB(RH-KTB)则是在距真空室底部向上约 500 mm 处炉壁侵蚀严重(见图 3-11)。

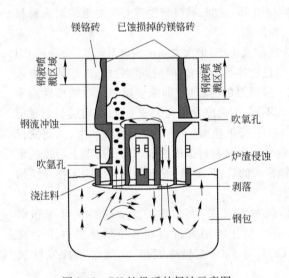

图 3-10　RH 炉役后的侵蚀示意图

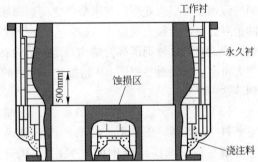

图 3-11　RH-OTB 使用以后真空室下部的侵蚀情况

(4)钢渣对 RH 耐火材料的侵蚀。钢渣对 RH 耐火材料的侵蚀除了耐火材料在钢渣中的溶解损失外,不同的钢渣对 RH 的侵蚀机理也各不相同。RH 冶炼过程中的钢渣侵蚀分为氧化渣、白渣、铁硅酸性渣和脱硫粉剂形成渣的侵蚀,具体说明如下:

1)转炉出钢带入的钢渣和出钢过程中加入的渣料脱氧剂形成的钢渣。此类钢渣的特点是渣中氧化铁含量较高,二元碱度在 2.5 以上,转炉终点的钢渣试样成分见表 3-17。

表 3-17 转炉终点的钢渣试样成分 （%）

CaO	SiO$_2$	FeO	MgO	MnO
49.1062	11.7449	17.5723	8.7105	1.6296
47.2415	14.8365	15.5169	9.6136	2.2527
42.3967	13.2541	18.6302	9.6602	1.4691
46.3314	15.9939	15.804	8.8802	2.1476
51.9607	15.5982	12.8461	8.3562	2.071
46.9766	14.9773	14.6733	9.7654	2.2017

RH 冶炼低碳钢和超低碳钢时,转炉出钢的脱氧以保证钢包内钢液不沸腾即可,RH 利用钢液和钢渣中的氧进行自然脱碳,所以,此类钢渣是浸渍管外侧和内侧被侵蚀的主要原因。

在 CaO-SiO$_2$ 渣系中,镁铬砖对酸性渣的抗侵蚀性较好,随着熔渣碱度的增大,镁铬砖的侵蚀量也逐渐增加。镁铬砖中尖晶石易受到 CaO-SiO$_2$ 渣的侵蚀,尖晶石中的 MgO、Al$_2$O$_3$ 与渣中的 CaO 和 SiO$_2$ 反应生成低熔点化合物而溶解于渣中,并且在真空条件下,从尖晶石中分解出来的 Cr$_2$O$_3$ 和 Fe$_2$O$_3$ 能够被钢水中的 C 与 CO 还原为金属,造成耐火材料的侵蚀。

目前的研究发现,镁铬砖与 CaO-Al$_2$O$_3$ 渣相互作用后,在边界层生成致密的镁铝尖晶石,阻挡了熔渣的进一步渗透,并抑制了 Cr$_2$O$_3$ 和 Fe$_2$O$_3$ 被钢水中的 C 与 CO 还原为金属,所以镁铬砖对这种渣的抗侵蚀性较好。因此,转炉出钢以后,钢渣的改质,包括加入铝渣球、合成渣等,对 RH 耐火材料的寿命有积极的意义。

2) LF 炉的精炼白渣的侵蚀。LF + RH 的工艺过程中,转炉钢水首先经过 LF 进行脱硫、脱氧,对钢液 RH 过程中温度的损失进行升温补偿,这种白渣的碱度在 1.5 以上,钢渣沿着耐火材料的气孔进入耐火材料内部,这种钢渣在温度降低以后,进行的晶型转变,伴随着体积膨胀,这种膨胀造成耐火材料剥落,前面章节有所介绍。这种工艺的白渣对耐火材料的侵蚀速度超过了氧化渣对耐火材料的侵蚀。

3) 铁硅酸性渣对真空室下部炉衬的侵蚀。RH-OB 是在真空室下部炉壁吹氧孔进行吹氧,RH-KTB、RH-MFB 是从炉顶插入的氧枪吹氧。吹氧会使钢液中的脱碳反应([C] + [O] = CO↑)加速;同时,造成钢液中 Fe、Si、Mn 等元素的氧化,即:

$$2Fe(l) + O_2 \longrightarrow 2(FeO)$$

$$[Si] + 2[O] \longrightarrow (SiO_2)$$

$$[Mn] + [O] \longrightarrow (MnO)$$

$$2[Al] + 3[O] \longrightarrow (Al_2O_3)$$

这些反应使钢液升温,并形成 FeO-SiO$_2$-MnO-Al$_2$O$_3$ 氧化铁含量高的酸性渣系。这种氧化铁含量高的酸性渣流动性很好,易渗入耐火材料内。镁铬砖在抗高氧化铁含量的酸性渣的渗透与侵蚀性上表现优异。因此,在 RH 精炼炉真空室下部砌筑直接结合镁铬砖是大多数钢厂的一种选择。图 3-12 是 RH-OTB 钢液流动和形成的低(CaO)/(SiO$_2$)渣对真空室下部炉衬的蚀损的示意图。

4) 脱硫粉剂形成的钢渣的侵蚀。钢的精炼过程中都要脱硫。脱硫粉剂主要由萤石与石灰构成,属 CaF$_2$-CaO-Al$_2$O$_3$ 渣系。脱硫粉剂无论由钢包向上升管喷入,还是由顶部插入的氧枪喷入,

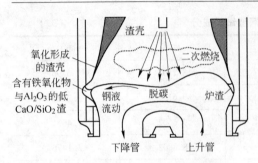

图 3-12　RH-OTB 钢液流动和形成的低
$(CaO)/(SiO_2)$ 渣对真空室下部炉衬的蚀损

一般都会在循环流动的钢液中停留一定时间,以达到好的脱硫效果。这种随着循环钢液流动的 CaF_2-CaO-Al_2O_3 渣系熔点较低、黏度低、流动性好、对耐火材料的侵蚀与渗透严重。渗入耐火材料内的熔渣会溶解耐火材料颗粒之间的一些结合物或基质,减弱结合,降低高温强度,从而更易被高速流动的钢液冲刷带走。

试验已经证明,脱硫渣对 RH 侵蚀的特点主要有:

① 加入 CaF_2 使镁铬试样的侵蚀速度增大,侵蚀后的镁铬砖中,尖晶石的蚀洞显著增多、增大。

② 在抗脱硫渣与铁硅酸性渣侵蚀方面,熔粒再结合镁铬砖比直接结合镁铬砖好。熔粒再结合镁铬砖抗侵蚀好的原因是由于熔粒镁铬料的化学成分分布均匀、结构致密。

③ 直接结合镁铬砖经脱硫渣侵蚀后,热面基质明显地被渣优先侵蚀,表面不平,铬矿有解体与虫蛀状的外观;而直接结合镁铬砖经铁硅酸性渣侵蚀后,整个表面平滑,铬矿颗粒显露。

④ 脱硫渣在向镁铬砖中渗透的过程中,渣中的 Al_2O_3 不断与砖内 MgO 反应,生成高熔点的 $MgO \cdot Al_2O_3$,剩余渣在渗透过程中不断溶解砖中的 SiO_2,生成 C_2S($2CaO \cdot SiO_2$)或 C_3MS_2($3CaO \cdot MgO \cdot 2SiO_2$),最后,在相当于 CMS($CaO \cdot MgO \cdot SiO_2$)熔点的温度下冷凝,终止了渗透。因此,熔渣在渗透过程中,剩余渣的 Al_2O_3 与 CaO 不断减少,而 SiO_2 则不断增多,使砖中的 SiO_2 发生了迁移。

⑤ 烘烤不当造成的损坏。烘烤过程中产生的龟裂,使得作业过程中钢渣沿着裂纹进入耐火材料内部,造成体积变化,引起耐火材料损坏剥落。尤其以白渣最为明显。

3.2.4.4　RH 浸渍管耐火材料衬蚀损的其他原因

浸渍管耐火材料衬是 RH 炉精炼过程中蚀损最快的部位。目前,由于浸渍管的内壁衬砖大都采用优质镁铬砖,浸渍管掉砖的现象比较少见,从现场使用的情况来看,基本上都是浇注料的损失造成了浸渍管的受伤影响了使用寿命。如浸渍管浇注料的开裂、浸渍管渣线部位浇注料的侵蚀以及浸渍管浇注料的分离和剥落等因素。造成浸渍管耐火材料易蚀损的原因有以下几点:

(1) 热应力。RH 精炼炉为间歇操作,精炼钢水温度一般为 $1600 \sim 1650℃$,每次精炼时间为 $28 \sim 35min$,待机时浸渍管的温度又会骤降至 $1100℃$ 以下,所以使用时的温差较大,而且冷热更迭次数多。RH 浸渍管频繁冷热更迭,承受着大温差的冲击,由于浇注料、钢结构和衬砖的热膨胀系数不匹配,致使材料内部存在较大热应力,容易使浇注料产生平行于工作面的内部裂纹,加之反复使用及渗入钢水的凝固产生不连续的应力,造成裂纹越扩越大,材料强度下降,导致浸渍管浇注料开裂或分离剥落。

(2) 熔渣侵蚀及合金成分的化学作用。镁铬砖在抗碱性渣的侵蚀方面不是很好。由于抽真空与从浸渍管吹氩产生的抽力,会使钢包中的碱性渣(从转炉带来的)、吹氧升温产生的铁硅酸性渣与含 CaF_2 脱硫渣卷入浸渍管内,造成浸渍管的侵蚀。熔渣侵蚀过程主要是浇注料在熔渣中的溶解过程和熔渣向浇注料内部的渗透过程。一方面,渣中的 SiO_2 在 $1200 \sim 1300℃$ 时,就会与基质反应产生低熔物;另一方面,浇注料本身所含的 SiO_2(原料中)和 CaO(纯铝酸钙水泥中)等杂质,在高温下也会形成低熔物,这就造成了浇注料在熔渣中的溶解。而熔渣对浇注料的渗透能使其表面附近的组织和结构发生质变,形成溶解程度较高的变质层,加速浇注料的损毁。生产现场实测了浸渍管用后镁铬砖渗透层的$(CaO)/(SiO_2)$为 2~3,证实了这一点。这两个过程分别受熔渣与浇注料间的化学反应及熔渣向浇注料内部的扩散所控制。此外,合金化过程中发生的化学反应对镁铬砖的侵蚀也是不可忽视的一个重要原因。

（3）机械力的作用。RH 工作时,钢水经上升管高速进入真空室,再经下降管流回钢包,钢水流动时对衬砖和浇注料都会产生强烈的冲刷力。在 RH-TB 精炼炉工作一段时间后,为解决浸渍管挂渣严重的问题,往往会对浸渍管采取清渣操作,清渣过程的机械力也是浸渍管浇注料损毁的原因之一。

（4）钢构件受热变形造成的耐火材料组织松动。浸渍管浸入钢液中,浸渍管内外的耐火材料同时处于高温状态下,加剧了其侵蚀与损害。浸渍管外壁一般用的是 Al_2O_3 含量较高的刚玉-尖晶石质整体浇注料,它直接与钢包中的碱性渣接触,如果抗碱性渣的侵蚀性不好,渣线部位的耐火材料衬厚度会变薄,就起不到保护浸渍管钢壳的作用,钢壳的温度就会升高,导致钢壳的过度膨胀与变形。钢壳的膨胀会引起浇注的整体衬出现裂纹,当温度波动时,这些裂纹就会扩展,钢液就会渗入钢壳,从而会导致浇注料衬脱落。而浸渍管钢壳支撑着浸渍管内砌的镁铬砖。钢壳的膨胀与变形,又会使浸渍管内砌的镁铬砖衬受力松动,使砖缝侵蚀加速。

3.2.4.5　RH 维修用喷补料的简介和实际使用要点

在 RH 炉精炼的两炉次之间的停歇期间,可对 RH 炉浸渍管内外耐火材料衬进行维修喷补;或在更换浸渍管时可对真空室下部、底部与喉口进行喷补维修,可以修补短板,获得较好的成本效益,有助于生产的组织。

RH 喷补料对喷补效果有决定性的影响,喷补过程中的喷补料多为镁铬质或刚玉尖晶石质。为了获得致密的喷补料层,要求喷补料中的含水量要低,流动性要好。如国外学者 Yamashita 等人对 MgO 为 64%~79%、Cr_2O_3 为 12%、Al_2O_3 为 5%~18% 的镁铬喷补料的结合剂进行了研究,发现用铝酸钙水泥结合的镁铬喷补料在 1500℃保温 3h 的烧后线收缩率很大,为 2.6%~2.9%,而不用铝酸钙水泥结合的仅收缩 0.13%。Iida 等人研究了 RH 炉用铝镁质喷补料的粒度分布（其最大粒度为 3mm）,并采用一种磺酸（sulfonic acid）做分散剂,研制出了加水量低、流动性好的铝镁质喷补料,其主要化学组成为:MgO10%、CaO2%、$Al_2O_3$80%。

专家们在研究喷补料的粒度分布时发现:随着大于 1mm 的粗颗粒量的增多,喷补体的透气度增大;而粗颗粒的量过大,超过 22%（质量分数）时,粗颗粒会偏析,导致管道堵塞。所以,RH喷补料采用粗颗粒含量为 19%（质量分数）的喷补料,可获得组织结构好的铝镁质喷补层。专家的试验还证明,随着温度升高,喷补料的流动性变差,喷补体内气孔增多。高温喷补试验结果表明:喷补料加水量越少,喷补层的结构中气孔越少;当喷补料中加水量固定时,喷补层结构与所处位置有关,处于下部位置的结构总是比处于中部与上部位置的好,注意喷补料不要导致原砌筑的砖发生水化。现在国内常用的一种喷补料的理化性能见表 3-18。

表 3-18　一种镁质喷补料的理化指标

项　　目		指　　标
MgO/%		≥87
SiO₂/%		≤6
粒度组成/%	0~0.088mm	≥30
	1~4mm	≥50

一种镁铬质喷涂料具体施工说明如下：

（1）产品在运输、储存、施工过程中要确保防雨、防潮。运到现场后要搭防雨、雪棚，并盖油布或置于非露天处。

（2）施工环境温度宜在 $10 \sim 30℃$，最低不能低于 $5℃$，否则应采取措施进行控制。因为温度过低，硬化速度慢且易产生冻结，影响喷涂料的施工质量和使用寿命；温度过高时喷涂层容易出现表面过早硬化结壳。

（3）施工前应将施工面清理干净，搅拌用水应用洁净自来水，水温宜在 $5 \sim 30℃$。

（4）喷枪口与受喷面的距离一般控制在 $0.8 \sim 1.2m$ 之间。实际操作时，喷枪口与受喷面应保持垂直方向，即喷涂料直射喷涂面；在喷枪口与受喷面之间距离一定时，喷枪应按圆周轨迹移动，其作用直径在 $200 \sim 600mm$ 之间。喷涂层应一次喷到设计厚度，喷涂面积不宜过大，一般控制在 $1.0 \sim 1.5m^2$。喷好后，再向四周扩展。

（5）喷涂料搅拌时，先掺加 2% ~4% 的水，以防止粉料运送过程的飞扬，其余水是在喷枪口加入的，水的加入量为 15% ~19%，喷涂料的用水量应稳定。在保证喷涂层质量的前提下，应尽量少加水，以获得性能良好的喷涂层。

（6）在喷涂过程中，反弹回落料不能再继续使用，应及时清理。

3.2.4.6　RH 炉精炼硅钢使用的耐火材料

硅钢是发展电力、电讯和军事工业的必需材料。广泛应用于电力方面的有各种发电机、电动机、变压器等；用于电讯方面的有音频变压器、高频变压器、脉冲变压器、磁放大器等。电动机、发电机和变压器的铁芯都由硅钢片制成。硅钢片铁芯在交变磁场作用下所消耗的无效功率都转变为热量而损失掉，这种损失简称铁损。提高硅钢中的硅含量，降低杂质含量，除去夹杂物可以降低铁损；而对磁性影响最大的杂质元素是碳。

硅钢是在工业纯铁基础上发展起来的。硅钢按组织结构可分为晶粒取向硅钢片和无取向硅钢片两种。取向硅钢具有各向异性，通过冷轧钢的结晶结构沿轧向有序排列，其磁性优越，适于用作 $400Hz$ 以上频率的中高频变压器、脉冲变压器、大功率磁放大器、储存和记忆元件；无取向硅钢具有各向同性，可以由热轧或冷轧制成硅钢片，其性价比不错。因此，无取向硅钢片的产量约占硅钢片总产量的 70% ~80%。硅钢可认为是 Fe-Si 二元系合金，是硅在 α-Fe 中的固溶体。从Fe-Si 二元相图看，在无碳时，只有当钢中 Si >2.5% 时才可能形成单一的 α-Fe 相。含硅 6.5% 的硅钢片，可以制造高速电动机和高效低噪声高频变压器。

从以上所述可以大致得出：RH 炉炼硅钢的过程其实就是炼超低碳钢，加铝脱氧、脱硫，加硅合金化的精炼过程。根据这一精炼过程，炼硅钢的 RH 炉主要部位建议采用以下耐火材质做炉衬：

（1）真空室下部。主要是要求抗铁硅酸性渣的侵蚀与高速钢液流动的冲蚀。适宜采用熔粒再结合镁铬砖，或基质中 Cr_2O_3 较高的直接结合镁铬砖，或气孔微细化的镁铬砖；不宜采用MgO-CaO 砖或 MgO-C 砖。

（2）浸渍管内衬。主要是要求抗热震性好，能抗 $(CaO)/(SiO_2)$ 在 2 左右的熔渣渗透与抗高速钢液的流动冲刷。可采用 Al_2O_3 含量高、Fe_2O_3 含量低的镁铬砖，或基质中加 Cr_2O 的镁铝尖晶石砖。

（3）浸渍管外壁。主要是要求抗钢包内碱性渣侵蚀与渗透的材质，以采用加钢纤维的铝镁尖晶石浇注料为宜。

3.2.4.7 提高 RH 炉下部槽、环流管衬寿命的途径

提高 RH 炉炉衬寿命的途径可归纳为以下几点：

（1）不同钢种如超低碳钢与低碳钢，其精炼过程与条件不同，对炉衬耐火材质的要求也不一样。故不同的钢厂将不同钢种分别集中在不同炉役，以便根据精炼钢种选择相应的耐火材质。

（2）改进烘烤的效果，减少烘烤过程中耐火材料表面产生的裂纹。

（3）根据不同部位在精炼时的具体条件来选择合适的耐火材质，进行综合砌炉。RH 炉不同部位的蚀损机理不同，因此选用优质耐火材料，尤其是容易损毁的部位，选用气孔率较低，气孔直径较小的耐火材料。试验表明镁铬砖的抗侵蚀与冲蚀性最好，其次是镁铬浇注料。

（4）控制精炼温度在 1650℃以下，可以有效地减缓耐火材料的侵蚀速度。同时，减少温度变化的幅度，减少因为温度变化引起的耐火材料损伤和剥落，提高耐火材料的热稳定性能。

（5）提高 RH 精炼炉的使用效率，生产组织进行紧凑安排，缩短间歇时间，特别是 LF + RH 的工艺路线，作业的间歇时间不宜太长，并在间歇期间采取保温措施，以减少炉内温度波动。

（6）监控浸渍管的侵蚀情况，在两炉次之间的停歇期间进行喷补维修。提高浸渍管寿命，减少浸渍管更换次数，可减少真空室下部炉衬由于温度波动造成的结构剥落。

（7）更换浸渍管时，可对真空室下部、炉底、喉口等部位即时进行喷补维修，也可在喉口采用套砖填入捣打料进行维修。

（8）根据 RH 炉精炼装置不断改进的新工艺、精炼的新钢种，开发和使用符合环保要求的耐火材料新材质。对转炉出钢以后的钢渣进行改质，随着精炼渣中 Al_2O_3 增加，镁铬材料的熔蚀速率下降，特别是 Al_2O_3 含量高的试样下降尤为显著，即增加渣中 Al_2O_3，可起到保护镁铬砖的作用。控制炉渣化学成分，精炼过程中加入的造渣剂种类、加入量、加入时机，以及精炼温度等也十分重要。

3.2.4.8 提高浸渍管寿命的措施

提高浸渍管寿命的途径可以分为以下几个方面：

（1）烘烤制度的优化。为尽量减少 RH 浸渍管待机和处理阶段的温度波动造成的热应力作用，新上线的浸渍管必须经过充分烘烤。

（2）维护方式的改善。这主要包括以下几个内容：

1）优化喷补效果，提高热状态维护效果。对 RH 浸渍管广泛采用的维护技术就是热态喷补。RH 浸渍管涂层的喷补质量很大程度上取决于喷补料喷射到浸渍管上的黏附力，此黏附力又与喷枪相对浸渍管的角度、距离有关。喷射距离过大，会使喷射到浸渍管表面的喷补料因黏附力不够而掉下；喷射距离过小，则可能使喷补料因喷射冲击力过大而回弹溅落。因此，喷射距离宜保持在一定的范围内。还有一个重要的影响因素就是喷射的角度，喷射的角度过大，同样存在着喷补料因黏附力不够而掉下的情况；喷射角度过小，则浸渍管某些损毁严重的部位（如浸渍管接触钢水的端面）就喷补不到。因此，改进喷枪喷头的角度，充分发挥喷枪的有效作用，是保证浸渍管的喷补质量的关键环节。

2）采用打结修补方式。在维护浸渍管内壁镁铬砖方面，采用高铝质修补料打结修补的方式，在浸渍管内形成致密的抗侵蚀层，对浸渍管的这种修补层，在使用效果上明显优于密度较小的喷补层。在实际生产过程中，为了配合生产组织，适当采用打结修补的方式，采用打结修补和喷补料喷补二者间歇交替使用的模式是有效的。

3）注重维护的合理性。随着喷补质量的提高和表面挂渣的增多，浸渍管在使用的过程中会

不断地增粗,甚至会影响到浸渍管在钢包中的浸深。为解决浸渍管挂渣严重的问题,往往会对浸渍管采取清渣操作,这时就会对浸渍管浇注料造成机械应力的损毁。为改善这种状况,规定当浸渍管使用超过40炉后,只对内壁镁铬砖加以维护,对浸渍管浇注料部分适当地加以维护即可。

(3) 生产工艺优化。生产工艺优化主要包括以下几个方面:

1) 优化生产工艺,缩短处理时间。一方面,通过操作工艺的调整,适当降低氧枪实际枪位,提高氧气的利用率,减少升温吹氧量,缩短吹氧时间;另一方面,通过对真空泵系统工艺参数优化,使真空度数值控制精确,在抽真空操作后能迅速达到100Pa,改善了脱碳的效果,缩短了处理时间。

2) 顶渣改质,减少侵蚀。炉渣的碱度不同,侵蚀后生产的产物不同,侵蚀的程度也不同。由 $CaO-SiO_2-MgO-Al_2O_3$ 相图可知,高碱度炉渣中 C_2S 和 C_3S 含量高,炉渣黏度大,对浸渍管浇注料的侵蚀减小。因此,采用在处理前向钢包中加入一定量的石灰和铝造渣球的方法对钢包顶渣进行改质,改质前后钢包顶渣的化学成分对比情况见表3-19。改质后的钢包顶渣碱度提高、黏度增大,减少了对浸渍管浇注料和内壁镁铬砖的侵蚀作用。

表 3-19　改质前后钢包顶渣的化学成分　　　　　　　　　　　　(%)

成　分	CaO	SiO$_2$	MgO	Al$_2$O$_3$	FeO
改质前	37.89	15.67	7.38	11.61	17.2
改质后	45.06	10.65	8.85	16.03	14.01

3.2.4.9　RH 使用耐火材料今后的发展方向

含 Cr_2O_3 耐火材料在氧化气氛与强碱性氧化物如 Na_2O、K_2O 或 CaO 存在下,三价铬能转变为六价铬。六价铬化合物易溶于水,而 CrO_3 可以以气相存在,对人体有害,污染环境。因此,近年来,不少研究者从事了无铬耐火材料的研究,希望取代含 Cr_2O_3 耐火材料。在 RH 精炼炉真空室下部进行了实际试验的主要有以下两种材质。

A　$MgO-Y_2O_3$ 砖

国外学者研究开发了 $MgO-Y_2O_3$ 砖,并将其砌在 RH 炉真空室下部,包括底部与喉口,进行了一个炉役的完整使用试验,结果表明,在炼超低碳钢时间总和所占百分比相同条件下,其使用寿命与常用的镁铬砖相当,认为可以取代镁铬砖。但是 Y_2O_3 是稀有元素的氧化物,资源有限,价格高,若用量大,推广上会遇到问题。由于 $MgO-ZrO_2$ 和 $MgO-Y_2O_3$ 砖在性能结构上相近,所以 $MgO-ZrO_2$ 材质也是 RH 耐火材料的一个选择。

目前,已有生产厂商以镁砂、镁锆合成砂、铝镁尖晶石和 TiO_2 为原料,制作了镁锆质、镁尖晶石质、镁尖晶石钛质和镁尖晶石锆质四种无铬耐火砖,在高温下烧结而成。应用于 RH 下部槽,效果良好。其中,以镁锆合成砂为原料的镁锆质耐火材料中,ZrO_2 呈孤立态均匀分布在 MgO 晶粒间,基本上堵塞了炉渣组分通过晶界和晶界快速扩散的通道,而 ZrO_2 与渗入渣中的 CaO 反应生成 $CaO \cdot ZrO_2$,进一步堵塞了炉渣渗透的通道。而镁锆砖中(ZrO_2 含量高达10.24%),锆酸钙本身是高熔点相,即使当其 $n(CaO):n(ZrO_2)$ 随 CaO 的不断渗入而增大至0.7时,该材料的耐火性能表现依然优越,并且镁锆砖被渣渗透后的变质层与镁铬砖相同,仍能保持致密均匀的结构。

B　低碳镁炭砖

国外学者介绍了由电熔镁砂、比表面积为 $5m^2/g$ 的精细石墨粉和金属硅粉制作的含3%石墨的 MgO-C 砖。由于采用了表面积很大的精细石墨,提高了 MgO-C 砖的抗热剥落与炉渣的渗透性;加硅粉改善了 MgO-C 砖的抗氧化性;而且 MgO-C 砖中含碳少,即使热面碳氧化,砖的热面脱碳层仍较致密,不会被钢流冲刷掉。将所开发的 MgO-C 砖砌于 300tRH 炉真空室下部,获得了比普通镁铬砖寿命高 15% 的效果。镁炭砖由于砖中含碳,而碳在钢液中的溶解度大,极易溶于钢液,不利于炼超低碳钢。炼超低碳钢时,由于抽真空、吹氧、处理时间较长、温度高,碳易被氧化,也会促进砖的自耗反应:$MgO(s) + C(s) \Longleftrightarrow Mg(g) + CO(g)$ 向右进行,对镁炭砖是不利的。但低碳 MgO-C 砖用于冶炼中高碳钢时,对成本和冶炼的效果都是能够满足的。

此外,今后开展用 MgAlON(MgO 含量较高)代替石墨制作的电熔或烧结镁质制品,可以适应超低碳钢种迅速增长的需求。

3.2.5 CAS-OB 钢包用耐火材料的选用原则

3.2.5.1 CAS-OB 用耐火材料的侵蚀特点

引起 CAS-OB 钢包内衬蚀损率较高的内部因素有以下几点:

(1) CAS-OB 钢包的热循环量很大,主要源于该工艺使用的钢包主要用于钢液的化学加热,解决低温钢液问题,升温幅度在 40℃ 左右,比普通钢包的高温伤害要大;

(2) 钢包底部有氩气的强制搅拌,气体搅拌对内衬的高温物理冲刷非常显著;

(3) 钢包急冷急热频繁,影响耐火材料的稳定性。

(4) 钢渣的侵蚀。一般 CAS 的顶渣碱度在 1.0~4.0 的范围变化,内衬材料受到高温下浸透性强的酸性渣和碱性渣两者的侵蚀,损毁速度较快;非铝发热剂与铝系发热剂相比,对钢包的侵蚀有其自身的特点,非铝发热剂发热后,氧化产物对顶渣性能的改变将影响渣线部位耐火材料侵蚀,尤其是酸性硅酸盐类,降低了渣线部位渣的碱度,使得耐火材料中的 MgO 易与硅酸盐反应,导致渣线部位的耐火材料更易侵蚀剥落。

(5) 浸渍罩下降和提升前后,钢液的位置发生变化,钢包的渣线范围较宽,钢包被渣侵蚀的几率更大。

3.2.5.2 CAS-OB 钢包使用耐火材料的选用原则

CAS-OB 使用的钢包和 LF 使用的钢包要求差别不大,主要差别有:

(1) CAS-OB 精炼过程中有钢渣参与精炼的过程,使用的钢包渣线部位需具有良好的抗渣性。CAS-OB 的钢渣基本上还原程度不高,渣中氧化铁和氧化锰含量在 1.0% 以上,要求渣线砖抵抗氧化渣的能力要好,故钢包渣线部位的耐火材料目前通常使用镁炭砖,精炼钢包渣线以外的工作衬(低侵蚀区)的使用条件要比渣线好得多,所以低蚀区的侧墙用 Al_2O_3 为 70% ~75% 的高铝砖或刚玉-莫来石砖砌筑,底部用 Al_2O_3 为 60% 左右的高铝砖砌筑。

(2) CAS-OB 吹氧升温,钢液的局部温度较高,主要在钢包上部,所以要求 CAS-OB 的钢包的耐火度和热稳定性良好。

(3) CAS-OB 的底吹氩透气砖是安装在钢包中心的,以满足工艺要求的,这是和 LF 钢包最大的差别。

(4) LF 和 CAS-OB 的钢包,在许多厂家是通用的,底吹氩透气砖安装有 2~3 个,靠近包壁偏心位置安装 1~2 个,钢包中心安装 1 个,钢液采用哪一种工艺冶炼,就使用哪一种工艺的底吹氩工艺。如 LF 处理时,使用偏心位置的透气砖,不使用中心位置的透气砖;反之亦然。

3.3　钢包的砌筑与装配

3.3.1　钢包的砌筑

钢包的砌筑主要分为永久层和工作层两个部分。其中永久层采用浇筑打结的方式,一般的耐火材料配置要求如下:

(1) 包底永久层采用轻质砖(高铝砖)+半重质浇注料,包壁永久层采用纤维毡+轻质砖+半重质浇注料。

(2) 一般包底出钢时出钢口钢水最先冲击到的区域称为冲击区,此区域受到的机械冲刷的侵蚀最为严重,采用长度较长的砖砌筑,以提高整体钢包的寿命。

一种钢包永久层浇注料搅拌作业操作的步骤如下:

(1) 按照图纸要求将涂好润滑脂的座砖胎模安放好,检查中心距尺寸偏差不大于5mm,固定平稳。

(2) 将浇注料倒入搅拌机料斗,启动搅拌机,按浇注料:水=10:1(重量比)人工计量加水,加料量大于0.5t的,搅拌时间不少于5min。

(3) 搅拌机出料后用导流槽流向包底,启动棒式振动器,振到自然流平,用钢丝检查浇注料的厚度是否符合图纸要求。

(4) 常温养护8h后,将座砖模提出。

包壁永久层的浇筑过程如下:

(1) 先在包壁钢壳上贴一层10mm厚的硅酸铝纤维毡;

(2) 放入涂好润滑脂的包胎,调整四周间隙及水平;

(3) 注意加料要均匀,每加一次料用棒式振动绕包胎一周,避免永久层每一层的密度不一致,保证永久层的整体性、平滑性;

(4) 养护8h后将胎模松动,但不提出,直到永久层料自然凝固,脱模准备烘烤。永久层的烘烤曲线见图3-13。

钢包工作层的砌筑主要操作要点如下:

(1) 铺平膨胀砂,找平包底基准面;

(2) 砌包底时,先将座砖安放到位,将下座砖与包底永久层之间用刚玉自流料灌实(凝固),然后依座砖方向排列包底砖,按图3-14所示位置砌冲击区砖;

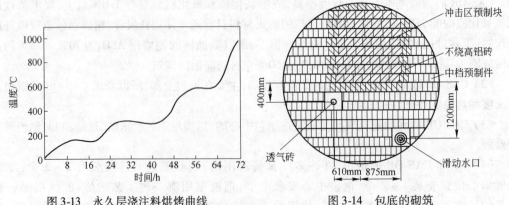

图 3-13　永久层浇注料烘烤曲线　　　　图 3-14　包底的砌筑

(3) 包底砌筑,保证层层挤紧。座砖周围砌砖围好(新砌钢包),包底工作层与包壁砖间三角

缝先砌砖填充,然后用刚玉自流料灌实;

(4) 准备火泥,按水∶火泥料 =1∶2.5 的比例配备。几种镁质火泥的理化指标见表 3-20。

表 3-20 几种镁质火泥的理化指标

理化指标	QN1	QN2	QN3	QN5	QN6
MgO/%	>80	>83	>86	>50	>75
Cr_2O_3/%				8~14	
Al_2O_3/%					4~8
耐火度 SK	>36	>37	>37	>37	>37
黏结时间/min	2	2	2	2	2
粒度(+0.5mm)/%	2	2	2	2	2
粒度 (-0.175μm)/%	>65	>65	>65	>65	>65
加水/%	28~33	28~33	28~33	28~33	28~33
黏结强度 (110℃×24h)/MPa	5~20	5~20	5~20	5~20	5~20
黏结强度 (1400℃×3h)/MPa	25~40	25~40	25~40	25~40	25~40

(5) 包身砌筑,保证内口、外口一样紧。合门砖现场加工,上、下环至少错开 3 块砖。

(6) 渣线区砌筑渣线砖,要求包内平滑,上、下环接口不起台,泥缝不大于 1mm。

修砌钢包常用的工具有:搅拌机、浇注永久衬用胎模、振动棒、泥浆搅拌机、砌包升降平台、钢丝绳、胶水管、风镐、切割机、皮桶、瓦刀、手锤、铁锹等。

3.3.2 钢包的装配

钢包的装配关系着钢包是否能够安全使用和使用过程中的可靠性、是否易于控制等方面,故十分重要。钢包装配过程中的一般性程序如下:

(1) 现场使用钢包在装配前,首先检查机构完整性,如机构不全、部分损坏、不配套,严禁使用。底座松动的钢包,必须紧固底脚螺栓,无法处理的严禁使用。

(2) 钢包平稳放在装包位,打开保险锁片,将两边整体弹簧锁扣打开,取出两副弹簧,自然冷却备用。

(3) 打开机构门,用氧气将上水口内残钢、残渣吹扫和清理干净。清理上水口子母口内的残渣、残钢。

(4) 检查上水口破损情况,保证上水口子母口完好无损及上水口无裂缝。上水口孔径扩径不超标,如超标,应及时更换;上水口出现裂缝,应及时更换。

(5) 上水口原则上可使用 15~25 次,但使用中途如遇水口口径超标、子母口损坏严重、上水口出现裂缝,都必须及时更换。

(6) 检查机构的各部位螺丝是否牢固,焊缝是否有脱焊,机构上各部位小零件是否完好无损,如有问题及时通知钳工处理、修复。

(7) 滑动机构使用过程滑条、滑道损坏严重,应及时通知装包区域负责人更换。

(8) 将胶泥饼放在滑板上,可根据上水口破损情况,确定放胶泥饼个数,灵活掌握。保证上水口子母口和滑板之间缝隙胶泥饼填充饱满、紧密。

（9）装包工相互协作下放好弹簧（左、右各 5 个）、下滑板及关好机构。关好机构后，将保险锁片锁住，确保机构安全使用。

（10）维护透气芯工作完成后，装包工负责检查透气芯透气状况及吹氩管路是否脱焊，要保证透气芯透气良好及钢包吹氩管路正常。

（11）挂液压缸、试滑板，认真检查滑板及下水口是否安装到位，同时清理滑板至下水口内的夹杂物，保证水口畅通。

3.3.3　钢包耐火材料各个组成部分的简要分析

3.3.3.1　钢包的透气芯

透气芯是精炼耐火材料中的重要组成部分，在大多数炉外精炼设备中，都采用透气砖吹入惰性气体，以强化熔池搅拌，纯净钢液，并使温度、成分均匀。在 LF、VD、CAS-OB、VOD 等工艺过程中，没有底吹气透气芯的正常工作，以上工艺就不可能进行，因此，透气芯在炉外精炼中所起的作用是很重要的。

严格来讲，透气砖分为透气芯和透气芯安装座砖两部分。透气芯是圆锥体，座砖是矩形带孔的砖，修砌钢包时砌在包底透气芯的安装位置。透气芯安装在透气座砖里面。目前所说的透气芯即透气砖。

3.3.3.2　透气芯的类型和发展

炉外精炼用的透气芯经过多年的发展，目前常见的有三种类型，即弥散型、缝隙型、定向型：

（1）弥散型。弥散型透气芯只限于用在精炼钢包，圆锥弥散型透气芯使用较为普遍，其缺点是强度低，使用寿命不高，一个包役期需要更换几次。因此，在透气芯和座砖之间应加设套砖；

（2）缝隙型。这种透气芯通过致密材料和所包的铁皮形成环缝，或将致密材料切成片状，中间放隔片，再用铁皮包紧，片与片间形成狭缝。缝隙型透气芯的主要缺点是吹入气体的可控性较差。

以上两类透气芯都属非定向型，由于气孔率高，使用期间抗侵蚀和耐渗透性差，使用寿命低，所以其使用受到了一定的限制。后来发展的狭缝型定向透气芯是在原来不规则狭缝型透气芯基础上改进而成，由耐火材料外壳和埋入其中的若干薄片构成，薄片之间形成平均尺寸为 0.12 ~ 0.4mm 的狭缝，为了保证钢水搅拌强度，要求增加透气芯狭缝条数（达到 40 ~ 65 条），满足透气需要。狭缝型比原有形式的透气芯寿命长、供气量恒定。

（3）定向型。由数量不等的细钢管埋入砖中而制成定向透气芯，也有采用特殊成孔技术而不带细钢管的定向透气芯。其造型一般为圆锥形或矩形。定向透气芯中气体的流动和分布均优于非定向型，气体流量取决于气孔的数量和孔径的大小，孔径一般在 0.6 ~ 1.0mm 之间。定向透气芯的使用寿命一般比非定向型高 2 ~ 3 倍。

狭缝型透气芯的气体通道为条形缝，其狭缝数量和长度可以调节的范围较大，所以透气性比较可靠，但是由于狭缝数量多，砖芯强度低，容易断裂和蚀损，所以寿命短。将环形缝透气芯做改革，制成的环形缝透气芯（由 2 ~ 4 个同心圆的透气缝组成），其根据透气量的要求和砖芯的大小调整环形缝的大小和数量，具有透气量调节范围大、砖芯强度高、制造工艺简单的优点，在近期得到了青睐和发展应用，其气体通道也是由环形狭缝组成的。

迷宫式狭缝透气芯的结构示意图见图 3-15 ~ 图 3-17。这种结构供气砖使用效果良好。其主要特点是:采用双环180个交叉网络孔作为气体通道,"Z"型孔可增加渗钢阻力,加长渗钢路径,对提高吹成率有明显优势。

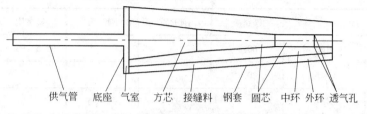

供气管　底座　气室　方芯　接缝料　钢套　圆芯　中环　外环　透气孔

图 3-15　迷宫式狭缝透气芯结构示意图

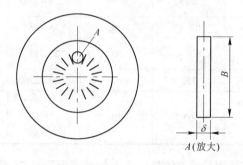

图 3-16　迷宫式狭缝透气芯剖面图

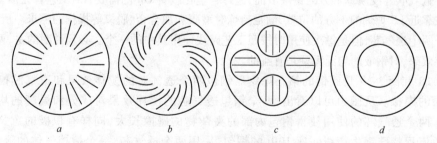

图 3-17　迷宫式狭缝透气芯狭缝布置形式
a—星形狭缝;b—螺旋狭缝;c—管状狭缝;d—环形狭缝

3.3.3.3　透气芯的材质和性能

透气芯的材质主要有烧结镁质、镁铬质、高铝质和刚玉质等。其中,大型钢包精炼使用的透气芯的制备采用以板状刚玉为颗粒料,以电熔白刚玉、纯铝酸钙水泥、尖晶石、活性 $\alpha\text{-}Al_2O_3$ 微粉、减水剂、氧化铬等为细粉,经过冷成型以后烧成。其化学成分与性能见表3-21。

表 3-21   几种定向透气芯的材质和性能

项　目		镁铬质	刚玉质	刚玉质	镁　质	刚玉质
成分/%	MgO	60.8			95.5 ~ 96.3	
	Cr_2O_3	20.0				
	Al_2O_3		97	93 ~ 95		97
性　能	体积密度 /g·cm^{-3}	2.23	2.95	2.50 ~ 2.65	2.57 ~ 2.65	2.85
	显气孔率/%	17.4	18	33 ~ 35	26 ~ 29	
	常温耐压 强度/MPa	91.4	50	25 ~ 35	17 ~ 20	30
	透气度/npm	150		1520 ~ 2200	800 ~ 1000	
	压力 0.3MPa 时供气量 /m³·h^{-1}	60	30			500

近年来,在精炼钢包中使用最普遍的是包铁皮的圆锥形透气芯,并与座砖配合,装在包底的砌砖内。为便于更换,还在透气芯和座砖之间加设套砖。随着定向透气芯质量的提高,其使用寿命可达到与包底寿命相同,这样就有条件使用矩形透气芯,以提高透气芯安装砌筑的质量。

3.3.3.4　透气芯的数量确定

透气芯的设置是根据钢包的钢水量的大小、搅拌功对冶炼钢种的质量要求和工艺路线来确定的。这主要基于透气芯越多,小气泡产生的数量越多,小气泡黏附夹杂物去除的效果越明显,钢水的质量越好这一点考虑的。一般来讲,冶炼普钢,钢包容量在70t以下,采用一个透气芯即可;冶炼优钢,超过70t的钢包就需要两个透气芯。透气芯的安装和工艺要求是紧密相关的。如120t转炉生产线的120t钢包,精炼工艺CAS-OB钢包的透气芯,需要安装在钢包的底部中心,该工艺需要氩气吹开浸渍罩下方的钢液渣面,进行合金化或者OB的需要;LF工艺首先需要将透气芯安装在靠近LF炉炉门下方的位置,满足冶炼时增碳和加合金、脱氧等操作的需求。所以,该钢包安装了两个透气芯,但是每次使用时按照工艺路线使用其中的一个。必须说明的是,两个透气芯的搅拌效果,对钢液的均混无疑是有益的。

图3-18和图3-19是武钢的第三炼钢厂钢包两个透气芯的搅拌效果和透气芯搅拌钢液流场效果的模拟。从图中可以看出,两个钢包透气芯的搅拌效果对成分和温度的均匀化意义重大。两个透气芯的使用使得钢包内部的夹杂物的碰撞长大,同样有积极的意义。如某钢厂的短流程特殊钢生产线一座100t的钢包,采用两个透气芯,一个搅拌气体的流量较大,另外一个偏小,进行弱搅拌。而国外BSW厂的90t钢包炉,用来生产建筑钢的透气芯就采用了一个透气芯。两个透气芯的底吹气的成功率远远大于一个的,但是相应的风险也相应地增加了。

3.3.3.5　透气芯的安装

钢包的透气芯最初是采用内装式,钢包底部内装式透气芯用氩气对钢水搅拌的缺点是安全

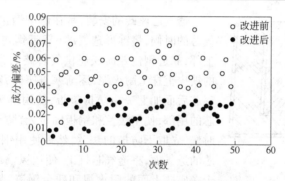

图 3-18 单个改两个透气芯后钢水成分均匀度的变化

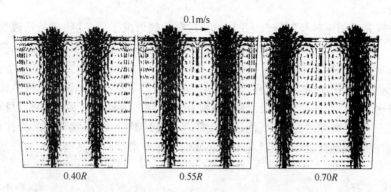

图 3-19 双透气芯喷嘴模式下液体流动特征(R 为钢包中心半径)

性较低、可靠性较差、更换麻烦。目前，几乎所有钢包都采用了外装式的透气芯。外装式透气芯由上下座砖、透气芯及固定锁紧装置组成。下座砖控制上座砖的定位，上座砖对透气芯进行上定位，固定锁紧装置对透气芯进行下定位。对外装式透气芯来说，使用安全性主要应集中在：

（1）防止钢水从缝隙处漏钢；

（2）防止开始吹氩时透气芯上浮漏钢；

（3）防止透气芯下沉漏钢；

（4）防止钢水穿洞漏钢；

（5）防止透气芯使用以后长度不够，造成透气芯穿漏钢。

所以透气芯的安装应该按照以上环节采取措施。

一座 250t 钢包的透气座砖的安装见图 3-20 和图 3-21。

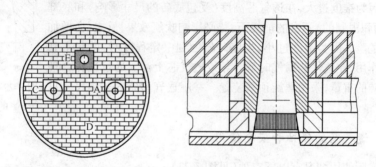

图 3-20 典型的双透气芯的布置平面

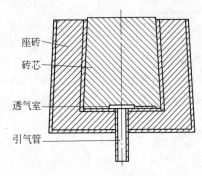

座砖
砖芯
透气室
引气管

图 3-21　外装式透气芯示意图

透气芯座砖的安装,是在修砌钢包的时候完成的。装透气芯的时候,将锥形透气芯(靠近钢包内衬底的为圆锥体的上部,靠近钢包外面联通供气管路的为圆锥体的底面)外面的铁皮上抹上耐火泥,逐渐塞进座砖,塞不进去的时候,在透气芯后面加上一个防护垫板,使用榔头打进去,然后在透气芯的尾部,使用法兰和钢板固定死,防止透气芯脱落;更换的时候,先取下防护的法兰,然后使用钢管从钢包口打击透气芯的透气面,将透气芯打出,使用风镐或者撬棒、钢丝刷清理干净座砖上面的耐火泥和残余钢渣,装上新的透气芯即可,操作较为简单。大型钢包还有的配备拆包机,采用拆包机顶出透气芯。

外装式透气芯采用座砖控制透气芯的方法,这在包底形成了两条缝,一条是透气芯与上座砖之间的缝隙,一条是座砖与底砖之间的缝隙。为了保证这两条缝隙不漏钢,主要从缝隙的形状及选择填充物几个方面进行考虑:

(1) 将座砖分为两块,使座砖与底砖之间的缝隙由直通形变为弯折形,降低了该处漏钢的危险。

(2) 用铬钢玉质自流料填充该处缝隙,该种自流浇注料流动性好,可借助自身重力作用,不经振动而脱气流平,使缝隙填充致密,能适应座砖与底砖缝隙狭小、形状特别的操作环境,同时该材质强度高、耐浸蚀冲刷性也好,能适应钢包底部的工作要求。一种高铬刚玉的产品理化指标见表 3-22。

表 3-22　一种高铬刚玉的产品理化指标

理化指标	化学成分/%								耐火度 /℃	体积密度 /g·cm^{-3}	莫氏硬度
	Cr_2O_3	Al_2O_3	Fe_2O_3	K_2O	Na_2O	SiO_2	CaO	MgO			
高铬刚玉	≥12	≥80	≤0.45	≤0.7	≤0.6	≤0.3	≤0.5	≤0.6	≥1800	≥3.3	≥9

(3) 用铬刚玉质火泥填塞座砖与透气芯之间缝隙,由于该料黏性较好,易与透气芯不锈钢外壳粘接在一起,便于安装施工,保证了不锈钢外壳与座砖之间的缝隙被此种泥料填充满。同时防止了添缝料与透气芯相粘烧结导致透气芯拆除困难或拆除损坏座砖。该材料在高温下具有微膨胀性能,且耐浸蚀冲刷性能较好,保证了座砖与透气芯之间的缝隙的安全。

(4) 为避免透气芯上浮,主要通过设计合理的透气芯锥度及上座砖的重量来保证。因为锥度过大,在透气芯高度(受包底砖的尺寸影响)和底部直径(受包底面积限制的)不变的前提下,势必影响吹氩效果,反之,会增加透气芯上浮的危险。因为锥度过小,当座砖侵蚀到一定程度时,就起不到上定位透气的作用,在透气芯漏气时就会导致透气芯上浮。通过选择合理的锥度和上座砖的重量,采用螺旋顶紧装置。一座透气座砖的实体尺寸见图 3-22。

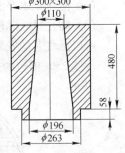

图 3-22　一座透气座砖的实体尺寸

3.3.3.6　透气芯的侵蚀和安全使用

透气芯的实际使用情况有以下三种(见图 3-23):

（1）新透气芯与老座砖配合使用（见图3-23a）。透气芯高出座砖使之直接受到钢流强大剪切及冲刷作用，所以这种情况下，一是修补座砖的厚度，二是减少透气芯的使用寿命。如一个钢包，在换上第二个透气芯以后，座砖变薄，没有了座砖的保护，第二个透气芯的使用次数18次就可能存在危险了，换上第三个透气芯，使用寿命只有12次就必须更换透气芯，同时更换座砖。

（2）新透气芯与新座砖配合使用（见图3-23b）。透气芯受到座砖良好保护，受热应力及反向冲击力影响。

（3）老透气芯与新座砖配合使用（见图3-23c）。由于透气芯低于座砖上部受直接冲刷。

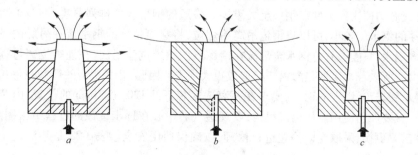

图3-23　透气芯的三种使用情况

因为反冲击作用透气芯的浸蚀比座砖快，为了保证较高透气芯寿命，一般厂家将透气芯设计成比座砖高20mm。

透气芯安装在钢包底部，精炼过程中向钢液吹入氩气，搅拌钢水，损毁原因如下：

（1）正常的钢包，使用前烘烤温度为800～1100℃，转炉出钢温度高达1640～1700℃，浇钢后钢包内温度又下降到800℃左右。透气芯工作面尤其是出气口周围的耐火材料，受到高温钢水及不断流出的冷气流的影响，巨大的温差使透气芯内产生热应力，导致透气芯裂纹剥落。

（2）通过透气芯喷吹气体时，气流回击对裸露的透气芯四周产生一定的冲击力，高速流动的钢水和气流相互作用形成卷流，透气芯高于透气座砖时，其突出部位受到卷流的冲刷和剪切，形成环状带沟，见图3-24。

（3）烧氧清吹损毁。浇铸结束倾倒完钢渣后，需要对透气芯表面的残渣进行烧氧清吹。高温火焰直接喷烧透气芯表面，钢渣在高温作用下与耐火材料反应生成低熔点相，熔融形成凹陷，见图3-25。

图3-24　冲刷形成环沟的透气芯残余部分

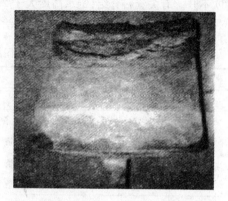

图3-25　烧氧形成凹坑的透气芯残余部分

（4）受到钢渣的化学侵蚀而损坏。在不同的精炼条件下，透气芯的狭缝和工作面出现不同的侵蚀和渗透。LF + VD 工艺中,真空过程中钢液和耐火材料起反应,堵塞狭缝,加上真空条件下气泡的形成和脱落更加的容易和迅速,钢液也更有机会向透气芯渗透,故此工艺下透气砖的侵蚀以渗入钢液为主;在 LF、CAS-OB 以及 RH 工艺过程中,钢包浇铸结束或者烘烤等过程中,由于狭缝处是耐火材料成型时的界面,基质部分相对较多,故钢渣容易沿着基质渗透,和基质中的耐火材料氧化物起反应,形成低熔点的化合物,在钢液高温的情况下,吹氩的受力,会使得这些低熔点的化合物从透气芯上脱落,造成侵蚀,故非 VD 工艺条件下,透气砖的侵蚀是以渣的渗透侵蚀为主。

钢包透气芯的使用安全性在钢厂至关重要。一般的钢厂设备排列紧凑,钢包炉冶炼发生透气芯穿钢,穿的钢水量较小,可以将钢包吊离冶炼位,将穿出位置的钢水流在另外的备用钢包里面,穿出较多钢水,只能够看着钢水全部流在冶炼位的轨道坑池里面,在连铸浇铸过程中发生穿钢,危害更大。所以若发生钢包漏钢势必造成重大损失。因此,几乎所有的厂家在钢包透气芯内设定安全警示线。70t 以上的钢包,要求在距离透气芯下部 120 ~ 150mm 的位置,内芯结构由圆形变成方形,就要停止使用。从包口观察,发现透气芯中心在逐步侵蚀的过程中由圆形变方形,表明透气芯需要更换,采取立即停包进行修理,以确保使用安全。表 3-23 是某厂使用透气芯的控制方案。

表 3-23　某厂使用透气芯的控制方案

| 透气芯使用寿命/炉 | 25 ~ 30 | 第一次安装使用的最大次数(外装式透气芯) |
| | 12 ~ 20 | 第二次使用炉数控制在 18 ~ 20 炉,第三次控制在 12 次以下,防止包底薄,引起透气芯短穿包 |

3.3.3.7　狭缝宽度变化对透气性的影响和选择

狭缝宽度是透气芯稳定使用的基础。狭缝宽度的选择主要考虑钢水高度与透气芯渗钢的关系。

钢水的搅拌强度与吹氩量成正比。从狭缝中吹出的气泡越多,搅拌强度越大,对钢水脱气越有力,因此透气芯狭缝宽度选择极为重要。狭缝过窄时,使用过程中会由于透气量小而吹不开;狭缝过宽,气泡大,搅拌不容易控制,去除夹杂物的效果不好,容易产生渗钢,导致透气芯二次使用时吹不开。有关资料介绍,钢水高度大于 2m 时,狭缝宽度应小于 0.15mm 才能够防止钢水渗透。表 3-24 是鞍钢高级工程师张刚的文献给出的 3 个不同的透气砖使用的情况统计。

表 3-24　3 个不同的透气砖使用的情况统计

项　　目	1 号透气砖	2 号透气砖	3 号透气砖
狭缝总条数	36 条	36 条	36 条
透气砖的狭缝宽度和条数	0.08mm 宽的狭缝 18 条 0.10mm 宽的狭缝 8 条 0.12mm 宽的狭缝 8 条 0.20mm 宽的狭缝 2 条	0.12mm 宽的狭缝 9 条 0.20mm 宽的狭缝 12 条 0.25mm 宽的狭缝 10 条 0.45mm 宽的狭缝 5 条	0.10mm 宽的狭缝 2 条 0.12mm 宽的狭缝 15 条 0.20mm 宽的狭缝 13 条 0.25mm 宽的狭缝 6 条
透气情况	吹不开	渗　钢	正常使用

统计表明,用后透气芯的狭缝宽度合理范围为 0.12 ~ 0.25mm。

3.3.3.8 透气芯座砖的修补

透气芯的寿命和透气芯座砖的寿命可以说是唇齿相依,座砖侵蚀以后,透气芯将难以独善其身,反之亦然。钢包透气芯在使用过程中受到各种侵蚀以后,透气芯及其座砖很容易形成凹坑而使钢包停用。为了解决这个问题,除了采用透气芯座砖的分体外装,在砖芯使用过程中产生凹陷深时,更换一个新砖芯。但更新后如不对座砖进行修补,砖芯高出座砖的部分使用 1~5 次即被冲掉,起不到好的效果。在更换透气芯的同时,对透气芯座砖进行修补,则可起到保护透气芯的作用。因此,修补透气芯座砖的操作成为一种节约成本的选择。常见的修补料由白刚玉为主要原料,其临界粒度为 8mm,细粉中添加一定量的水泥和氧化铝微粉,在更换透气芯以后,在修补料中添加水和硫酸钠等黏结剂和分散剂,使修补料呈自流状态,此时开通透气芯的气体(采用氮气等气体),并且保持一定的压力,以防止透气芯被堵塞,然后将修补料投入到透气芯座砖的表面,使得座砖和透气芯持平,完成修补。这种操作可以提高座砖的寿命,也就提高了透气芯的使用寿命。一种修补料的化学组成见表 3-25。

表 3-25 一种修补料的化学组成　　　　　　　　　　　　　　　　　（%）

项　目	Al_2O_3	Fe_2O_3	$K_2O + Na_2O$	CaO	SiO_2
电熔白刚玉	99.21	0.12	0.3		0.13
水　泥	73.50	0.25		25.32	0.30
Al_2O_3 微粉	99.15	0.17	0.5	0.03	0.10

3.3.3.9 透气芯的渗钢的基础知识

透气芯工作过程中承载着高温钢水,在狭缝的毛细管张力作用下,狭缝对钢液产生附加压力 p_1,和钢液的静压力方向相反。要使得钢水不渗入透气砖的狭缝,钢水的静压力必须和透气砖狭缝的毛细管张力(透气砖狭缝对钢液的附加压力)处于平衡,钢水渗入透气砖狭缝的示意图见图 3-26。

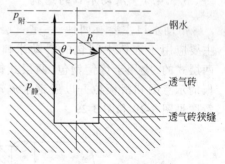

图 3-26　钢水渗入透气砖狭缝的示意图

其中,狭缝的毛细管张力 p_1 可以表示为:
$$p_1 = 2\sigma/R$$
透气砖狭缝气孔半径(透气砖狭缝的宽度)r 和液相弯月面的曲率半径的关系为:
$$r = R\cos(180° - \theta)$$
故可以推导出:
$$p_1 = -2\sigma\cos\theta/r$$
钢水的静压力:
$$p_2 = \rho g h$$
式中,r 为透气砖狭缝气孔的半径,m;R 为液相弯月面的曲率半径,m;θ 为钢液对透气芯耐火材料的湿润角,(°);σ 为钢液的表面张力,N/m;g 为重力加速度,$9.8m/s^2$;h 为钢液的高度,m。

当 $p_1 > p_2$,存在一个最大的狭缝半径,只要狭缝的气孔半径小于最大的气孔半径,钢水就不会渗入透气芯气孔内,即钢液渗入透气芯的现象,反之亦然。防止钢液渗入的最大气孔半径表示为:
$$r = -2\sigma\cos\theta/(\rho g h)$$
由此可见,钢包的钢水高度和透气芯的气孔半径成反比关系,钢水的高度越高,为了不渗入钢液,透气芯的气孔半径就越小。实际生产中,透气砖狭缝的宽度既能够保证一定的透气量,也要能够防止钢液的渗入。

3.3.3.10　透气芯穿钢水的事故案例

2009 年 4 月 11 日,丙班六点班冶炼低碳冷轧类钢种,用三个钢包进行周转,20:35 分25 号钢包经过连铸浇完钢后下至装包平台,将两个透气芯分别烧开后,随即将钢包上至 2 号炉钢车,准备出钢,21:20 分 2 号转炉出钢,出钢后钢包车行至吹氩站过程中,有人发现 25 号钢包下部有钢水漏出迹象,吹氩站人员立即将钢包车开出,进行倒包处理,避免了事故扩大。

25 号钢包倒包后,经检查发现漏钢部位处于 25 号钢包下透气芯与座砖之间 11 点方向,将透气芯换下后,经检测长度为 240mm,但未发现有异常情况。

原因分析:经分析,原因是在安装透气芯时,装配火泥料搅拌不匀造成事故的发生,与此同时,装包组长未进行有效的监管。

预防措施:安装透气芯的时候,务必检查使用的火泥的搅拌情况,冬季防止冻结,夏季防止返干出现夹砂现象。

3.3.4　钢包滑动水口

钢包滑动水口是钢水的流量控制系统,起到将钢水安全、稳定、可靠地注入中间包的作用。其结构示意图见图 3-27。

3.3.4.1　滑动水口的结构

滑动水口主要有两种,一是三层式的,主要应用于连铸中间包的滑动水口;二是两层式的,应用于炼钢钢包,两层式钢包滑板的示意图和滑板拉开以后钢水流动的示意图见图 3-28 和图 3-29。

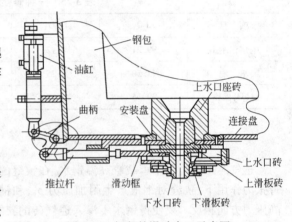

图 3-27　钢包的滑动水口示意图

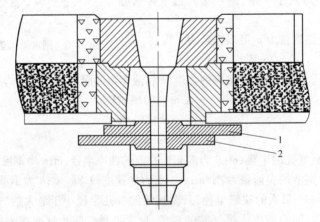

图 3-28　两层式钢包滑板的示意图

1—上滑板;2—下滑板

滑动水口的结构,主要由下列三个部分组成:(1) 滑动水口的机械装置部分;(2) 驱动装

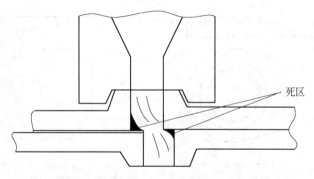

图 3-29　钢包滑板水口钢水流动的示意图

置;(3)耐火材料部分。

　　钢包滑动水口的结构和要求如图 3-29 所示。给滑动框作用一个拉力,带动下水口腔一起在弹簧座内滑动,此时上滑板与下滑板形成相对摩擦运动;当上滑板与下滑板两孔对中时,钢水从钢包经上、下水口和滑板流出,进行浇铸。其中,上滑板与上水口和下滑板之间接触面压紧由摇臂通过弹簧的作用力压紧,进而压紧下滑板,控制接触面,滑动时,摇臂与滑轨之间也形成相对摩擦滑动。同时,需要说明的是,由于滑动水口产品的整体结构性,机构的点检、维护维修工作在线时都无法进行。图 3-30 和图 3-31 分别是两种滑板机构的示意图。

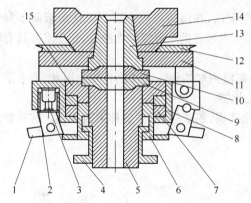

图 3-30　YHK-2 滑动水口示意图
1—轴接标;2—弹簧管;3—气体弹簧;4—顶紧器;5—下水口;
6—顶紧套;7—滑条;8—门框;9—下滑板;10—上滑板;
11—安装板;12—连接板;13—上水口;14—下座砖;
15—滑动块

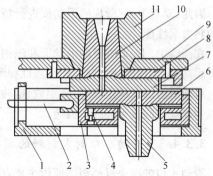

图 3-31　FHK-3 滑板装配示意图
1—门框;2—连杆;3—滑动框;4—气体弹簧;
5—下水口;6—下滑板;7—上滑板;
8—安装板;9—连接板;10—上水口;
11—下座砖

3.3.4.2　滑板的材质和使用

　　二层式滑动水口的耐火材料部分的组成主要有:(1)上水口;(2)上滑板(固定板);(3)下滑板(滑动板);(4)下水口(与下滑板相连接)。

　　滑动水口主要安装在钢包底部,滑板部分是关键部件,它的好坏直接影响到滑动水口的使用寿命。滑动水口的上水口和下水口,只起一个流钢水的作用,但要求上水口材质耐高温、耐钢水侵蚀和耐冲刷,与钢包座砖寿命接近同步。下水口一般只是一次性使用,与上水口相比,对其要求相对低一些。但是滑板的连用是一种趋势,据最新的资料显示,滑板砖的最好连用记录为 5 炉。滑板和水口的剖面示意图见图 3-32 和图 3-33,一种滑板和复合质下水口理化性能见表 3-26。

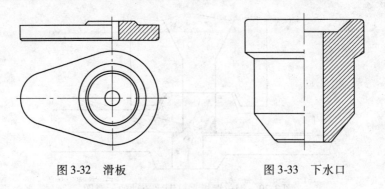

图 3-32　滑板　　　　　　　　　　图 3-33　下水口

表 3-26　一种滑板和复合质下水口理化性能

项　目	烧成铝碳滑板砖	不烧高铝-铝碳复合水口砖	
		基　体	复合层
Al_2O_3/%	>75	>55	>75
C/%	>7		>6
体积密度/g·cm^{-3}	>2.8	>2.4	>2.4
常温耐压强度/MPa	>70		

　　上、下滑板在工作中,承受紧固压力,而且还能滑动,在浇铸过程中还要保证滑板间不漏钢水。因此,要对上、下滑板的滑动面进行精加工,保证有极高的平行度和光滑度,还要求其具有较高的热力学性能。

　　在浇铸中,上、下滑板的滑动面和流钢孔承受高温钢水的侵蚀和冲刷作用。因此,要求滑板具有耐高温、耐侵蚀、耐剥落、耐热震性和耐磨性的性能。

　　目前滑板的选材主要有:高铝质、镁质、铝碳化硅质、铝铬质、铝碳质和铝锆碳质。这些材质可以制成烧成的或不烧的滑板砖。

3.3.4.3　滑动水口耐火材料的损坏机理

　　滑动水口的耐火材料损坏原因主要有:

　　(1) 热化学侵蚀-钢水和熔渣的侵蚀和冲刷。热化学侵蚀是滑动水口损毁的另一主要原因,滑动水口用耐火材料在使用过程中接触高温钢水和炉渣,发生一系列化学反应,造成化学侵蚀。Al_2O_3-C 质滑板化学损毁的主要化学反应有:

　　1) 碳和石墨的氧化:

$$2C(s) + O_2(g) = 2CO(g)$$
$$C(s) + O_2(g) = CO_2(g)$$
$$FeO(s) + C(s) = CO(g) + Fe$$
$$Fe_2O_3 + 3C(s) = 3CO(g) + 2Fe$$

　　2) 莫来石的分解:

$$3Al_2O_3 \cdot 2SiO_2(s) + SiO_2(s) + 9C(s) \longrightarrow 3Al_2O_3(s) + 3SiC(s) + 6CO(g)$$
$$3Al_2O_3 \cdot 2SiO_2(s) + 2C(s) \longrightarrow 3Al_2O_3(s) + 2SiO(s) + 2CO(g)$$
$$3Al_2O_3 \cdot 2SiO_2(s) + 2CO(s) \longrightarrow 3Al_2O_3(s) + 2SiO(s) + 2CO_2(g)$$

　　3) SiO_2 与钢和渣中的 FeO、MnO 反应形成低熔点的矿物相 $2FeO \cdot SiO_2$(1327℃)和 $MnO \cdot SiO_2$

（1291℃）。

4）Al_2O_3、SiO_2 与钢和熔渣中的氧化钙反应形成低熔点的 $2CaO \cdot Al_2O_3 \cdot SiO_2$（1327℃）和 $12CaO \cdot 7Al_2O_3$（1455℃）。

尤其需要说明的是，冶炼钙处理钢，或者加入大量含铝的脱氧合金的钢种，为了抑制 Al_2O_3 在中间包浸入式水口处黏附、结瘤而堵塞水口，在精炼末期需进行钙处理操作，一般添加钙合金，如 Ca-Fe 线、Ca-Si 线，使其与钢中夹杂物 Al_2O_3 发生反应生成低熔物，从而改变铝氧化物夹杂的形态，随着底吹氢气气泡的上升而排出钢液。但加入的钙合金过量时，即其添加量超过了与钢水中 Al_2O_3 反应所需的量，则过剩的钙会加速滑板的侵蚀。其侵蚀过程如下：滑板中的 Al_2O_3 首先被 [Ca] 还原生成 CaO 和 Al，然后生成的 CaO 再与滑板中的 Al_2O_3 反应，形成 Al_2O_3-CaO 系低熔点化合物而被钢液冲刷掉。

通过对钙含量与滑板侵蚀程度的跟踪发现：当钙含量（质量分数，下同）小于 0.003% 时，主要生成高熔点的 $CaO \cdot 3Al_2O_3$（熔点1850℃）和 $CaO \cdot 2Al_2O_3$（熔点1750℃），对滑板的侵蚀作用较微弱；当钙含量为 0.003% ~ 0.005% 时，生成部分高熔点的 $CaO \cdot 3Al_2O_3$、$CaO \cdot 2Al_2O_3$ 及部分低熔点的 $CaO \cdot Al_2O_3$（熔点1600℃）和 $12CaO \cdot 7Al_2O_3$，对滑板的侵蚀加重；当钙含量大于 0.005% 时，生成大量的 $12CaO \cdot 7Al_2O_3$ 低熔物及部分 $CaO \cdot Al_2O_3$，对滑板的侵蚀非常严重，可能导致滑板在短时间内漏钢。

（2）滑板受钢水冲击产生的开裂。

（3）滑板多次滑动造成的磨损。

（4）滑板截流造成的冲蚀。这种情况大多数出现在采用方坯连铸机浇铸一般的钢种时。当多流连铸机由于漏钢或者其他原因停止其中的某一流的时候，由正常的多流浇钢改为单流或少流浇钢时，使下滑板面与钢水的接触面比正常浇钢时增加（见图3-34），而滑板面与钢水的接触面越大，钢水对滑板的侵蚀越快。当滑板面出现侵蚀沟时，滑板间会产生较厚的夹钢层；同时，单流浇钢又导致滑板控流频繁，短时间内全行程滑动次数比正常浇钢时的大大增加，使滑板面的拉毛加剧，滑板面损坏加剧，从而导致钢水漏出。

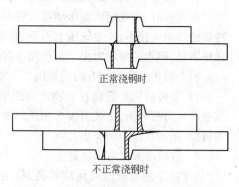

正常浇钢时

不正常浇钢时

图 3-34 浇钢时上、下滑板的相对位置

（5）安装、拆卸不良造成的机械损伤。

（6）由于滑板滑动面不平整，夹冷钢造成的损坏。

（7）热机械损蚀。

滑板在使用过程中首先产生的是热机械损蚀。滑板工作前的温度低（约350℃），浇钢进铸孔突然与高温钢水（约1500℃）接触而受到强烈"热震"。因此，在铸孔外部产生了超过滑板强度的张应力，导致形成以铸孔为中心的辐射状的微裂纹（裂纹严重时贯穿整个滑板）。裂纹的出现又加速了化学侵蚀。同时化学侵蚀反应又促进裂纹的形成与扩展，严重时裂缝会渗钢、漏钢。如此循环使滑板铸孔逐步扩大、损毁。而且高温钢水的冲刷会损伤铸流通道的耐火材料，使其剥落、缺损。

根据 Ringery 热弹性理论得出初期抗热应力断裂系数 R 为：

$$R = S(1 - \mu)/E\alpha$$

龟裂一旦产生就不断扩展，这种龟裂应力的阻力系数 R_{st} 按照 Hasslman 断裂力学理论：

$$R_{st} = \left[\gamma(1 - \mu)/E_0\alpha^2 \right]^{\frac{1}{2}}$$

式中,S 为抗拉强度;μ 为泊松比;E 为弹性模量;α 为热膨胀系数;E_0 为无龟裂时的弹性模量;γ 为断裂能。

上述两式表明:材料热膨胀系数和弹性模量越小,R 和 R_{st} 越大,龟裂就越难产生或扩展。材料的热震稳定性就越好,这样的滑板适合连用。所以滑板的选用上首先要求考虑滑板的质量。

3.3.4.4　滑板耐火材料的选用

滑板耐火材料选用原则有以下几点:

(1) 根据冶炼的不同钢种,选用不同的耐火材料。选用高耐侵蚀的材质制成滑板,如镁质、铝锆碳质滑板等。

(2) 提高滑板的抗热震性,用钢带打箍,防止滑板开裂。

(3) 滑板间应涂润滑剂,减少摩擦损伤。目前常用的是在滑板面上涂抹一层机油,机油受热裂解以后产生的鳞片状石墨,是干润滑较好的材料。有的厂家选用专业的润滑剂。

3.3.4.5　常见滑板间漏钢的原因分析

滑板漏钢事故是指钢包在浇铸过程中,钢水从上、下滑板缝隙穿出或者从上滑板和座砖之间穿出的事故,此类事故轻则报废一套机构,损失数万元,重则损失一包钢水,甚至危及操作人员的生命安全,是一类重大的事故。此类事故的常见原因主要有以下几个方面:

(1) 滑动水口机械方面的原因。当机构活动模框、固定模框变形或加载面压部分的磨损量超过规定值时,在规定的面压加载行程内,弹簧的压缩量减少,不能产生足够的滑板面压;而空气冷却的管路连接不好、空气压力不足、管路闭塞等造成冷却不足,使弹簧性能降低甚至失效,导致面压不足;钢水的静压力大于滑板面压时,滑板间出现缝隙,导致浇钢过程中滑板间漏钢。

(2) 滑板操作安装方面的原因。主要包括以下内容:

1) 滑板机构安装面有杂物未清理干净,或安装上水口时使用了太多的耐火泥浆,多余的泥浆被挤入滑板背面,出现滑板在加压时加压不均或产生面压被加足的假象,浇钢过程中滑板间出现缝隙,钢水从缝隙间穿出。

2) 滑板面的压力未加足。

3) 对连用滑板没有认准扩孔、拉毛、夹钢等熔损情况,加以修补或者更换,导致滑板过度使用。

(3) 滑板自身质量方面的原因。主要包括:

1) 滑板材质不能满足钢种的浇钢要求,滑板中有害成分超标,导致滑板的热化学侵蚀加剧。

2) 滑板在使用过程中有裂纹产生,且异常扩大,钢水沿裂纹对滑板产生"V"字形熔损,滑板外缘的铁箍发生偏移或断裂,导致滑板在使用过程中开裂。

(4) 钢包浇钢操作方面的原因。主要包括:

1) 滑板半流浇铸。

2) 钢包不自流,烧氧引流操作不规范,造成氧气将滑板烧穿或者烧出一个漏钢点。

3) 钢包浇铸完毕烧氧清理水口时,滑板没有拉到位,误操作造成滑板烧损。连用时产生漏钢。

3.3.4.6　钢包滑板间漏钢事故的预防措施

钢包滑板间漏钢事故的预防措施包括以下几个方面:

(1) 根据冶炼的钢种选择与之工艺匹配的滑板,同时严格控制钢水的终点钙含量。

（2）加强对滑动水口机构的维护。检查机构模框是否产生变形；弹簧加载给滑板的面压是否合适；及时更换易损部位；需润滑部位经常加油。

（3）根据所炼钢种要求判定滑板是否能够继续连用。观察滑板面有无深度拉毛、裂纹及异常熔损等；判断滑板的有效残行程是否满足再次使用的要求。

（4）严格按照操作要点进行滑板的安装。将模框、滑板工作面及背面的杂物清理干净；烧氧时使滑板处于全开状态。

（5）浇铸时精心操作。浇钢过程中，尽量减少滑板的拉动次数，以降低磨损的可能性；对多流浇钢的中间包，如果有 1/2 以上的铸流不能浇出，连铸机应停浇；应满足正常控流时尽量缩小滑板的拉动距离，以保护滑板的有效残行程；在浇铸末期防止水口下渣，以防止造成滑板不必要的侵蚀。

3.3.5 滑动水口的开浇引流

3.3.5.1 钢包上水口填料的原理

钢包上水口内如果不采用任何措施，将会发生以下的情况：一是钢液直接和滑板接触，滑板的工作条件迅速恶化；二是传热使得机构的使用条件出现安全隐患；三是钢水在水口内有可能冷却凝固，阻止钢水流出，故在出钢前，需要在钢包上水口座砖窝子内放入填料，阻止钢水进入。在浇铸时再将填料放出，达到自动开浇的目的。这就是所说的引流砂的添加。

添加引流砂时，将引流砂灌入上水口内部和座砖顶部，形成一个小馒头状砂丘。填料的种类有海砂、河砂、废耐火砖粒和铬矿砂等。转炉出钢时，钢水注入钢包的初期，填入水口上表面的引流材料迅速烧结，成为高黏度的液相层，阻碍了熔融钢水向引流砂内部的渗透。高黏度液相层下面是烧结层，烧结层下面是松散的引流砂。在下部物料的支撑下能够承受钢水的静压力而不被破坏；由于引流砂材料的特点，传热相对较慢，引流砂的烧结速度也会变慢，烧结层保持在一定厚度。而开浇时下部的未烧结物料因自重作用下落，烧结层失去支撑，致使烧结层在钢水的重力作用下而破碎，实现开浇。填料示意图见图 3-35。

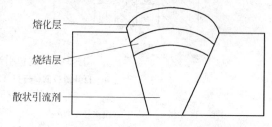

图 3-35 钢包引流砂三层分布示意图

接收钢水时，钢水到达包底，引流砂上面首先出现烧结层，随后变为高黏度液相层，下面实时出现烧结层。还有一种可能是钢水在包底引流砂上面形成冷钢层，这种情况下，冷钢层下面即烧结层，高黏度液相层不会出现。这种结构和电炉 EBT 填料的原理接近。

钢水滑动水口在开浇时，其水口（有的厂家叫铸孔）能否自动流出钢水至关重要。滑动水口的开浇方法大致如下：在上述情况下不能自动开浇者，为了保证顺利开浇，可使用氧气管子将水口烧开，达到开浇的目的。这种方法对耐火材料损毁严重，在浇铸过程中易使钢流发散，加深钢水的二次氧化，影响钢水质量。

3.3.5.2 钢包自开率和质量的关系

钢包自开是指滑动水口打开后钢包的钢水能从上水口、上滑板流钢孔、下滑板流钢孔、下水口自动流出，经长水口流入中间包。如不能自动开浇而采用烧氧的办法，将导致相当数量的钢水敞开浇铸，造成二次氧化，影响钢水质量，增加成本，而且还威胁设备和操作人员的安全，所以钢包自动开浇也就备受人们的关注。当然,在一些建筑用普钢生产过程中,这也不是什么主要矛盾,烧氧敞开浇铸也很普遍。

打开钢包的滑动水口时,钢能能否自开是使用滑动水口的关键。尤其是对质量要求较高的钢种来讲,钢包能否自流,是影响钢种成本的基本保证。宝钢集团八钢公司的实践证明,冶炼齿轮钢、硬线钢、轴承钢等优钢,采用70t的钢包生产引流一次,相当于3t钢坯存在质量级别下降的风险。

3.3.5.3　钢包水口实现自流的基本原理分析

钢包水口是否能够自流,主要取决于烧结层的厚度和松散层是否能够顺利地流出,这些又和引流砂的受力情况息息相关。

钢包水口填充引流砂以后的受力分析见图3-36,水口座砖腔体中引流砂的流失高度、钢水冻结层厚度、钢水向引流砂渗透层的厚度和引流砂烧结层厚度的结构受力分析见图3-37。

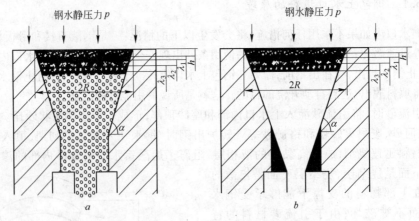

图 3-36　钢包引流砂的受力变化图

a—打开滑板前;b—打开滑板引流材料流出的瞬间

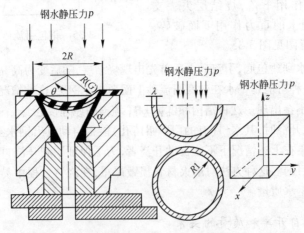

图 3-37　引流砂在钢包水口打开以后的受力分析

引流砂"薄壳"由3层复合组成,即烧结层、钢水朝引流砂空隙间的渗透层和引流砂的烧结层,3层结合产生抗钢水静压力破坏的强度 p 经过处理后近似表示为:

$$p = p_1 + p_2 + p_3 = \frac{2\lambda_1\delta_1}{R_1} + \frac{2\lambda_2\delta_2}{R_2} + \frac{2\lambda_3\delta_3}{R_3} = \frac{2(\lambda_1\delta_1 + \lambda_2\delta_2 + 0.17\lambda_3\delta_3)}{R - h\cot\alpha}$$

式中,λ_1,λ_2,λ_3 和 p_1,p_2,p_3 分别为烧结层、渗透层和引流砂烧结层的厚度,mm 及抗钢水静压力强度,Pa;R_1,R_2,R_3 和 δ_1,δ_2,δ_3 分别为钢水的冻结层、渗透层和引流砂烧结层的极限曲率半径,mm 及抗拉强度,Pa;R 为滑板孔径,mm;h 为引流砂流失高度,mm。随着 h 增大,越靠近包底,同等时间内钢水的散热加快,烧结层厚度 λ_1 增加,抗拉强度 δ_1 增大;λ_2、λ_3 的值与 h 的关系较小,与材料本身如渗透性、烧结温度、镇静时间等相关,λ_2、λ_3 与钢水镇静时间相关,随其增加而增大。

提高钢包自开率必须设法降低烧结层或冻结层的极限强度,减小"薄壳"的厚度。在同等低温条件下,烧结层破碎的临界厚度远大于冻结层和渗透层,因此阻止钢水低温冻结层和渗透层的产生以及防止引流砂在盛钢过程中上浮是关键因素。具体采取的有效措施为:钢水冲击点应远离引流砂填充部位的中心距离;根据使用条件相应调整引流砂的组成,促使表层快速烧结、防止引流砂上浮的同时又要避免过度烧结。

目前的许多厂家已采取了很多措施,来提高钢包的自流率。而影响钢包自流率的因素主要包括引流材料、浇钢条件、钢包耐火材料及工人操作水平等。

3.3.5.4 引流材料的种类及使用效果

根据上面引流砂的作用机理和实际受力分析,对引流砂原料的选择应满足以下四点要求:

(1)由于引流砂在钢包水口中长时间处于高温状态,要求烧结层的耐火度高;

(2)由于引流砂填入水口后直接与钢水接触,起始烧结温度不宜过高;

(3)引流砂在使用过程中承受较大的钢水静压力,为防止糊料,要求原料具有非常好的流动性,引流砂颗粒之间的摩擦力要尽量低;

(4)在高温作用下,控制合适的引流砂原料的体积效应,防止在使用过程中产生引流砂不能自动下落或者不能有效支撑上部材料。

生产实际中使用的引流砂有镁橄榄石质、硅质、锆质和铬质引流砂,它们的特点分别如下:

(1)镁橄榄石质的引流砂,因为烧结层出现的温度低,LF 精炼炉长时间精炼,烧结层加厚,钢水上连铸浇铸时,自动开浇率低。现在在全连铸的钢厂,已经很少使用;但是其基本性能可以满足模铸引流砂的要求,是一种廉价的引流砂,模铸实际使用时的自动开浇率可达 95%。

(2)石英砂的熔点大约 1680~1700℃,应用多,但石英质砂在 1200℃ 以上因为相变引起较大的体积膨胀,导致填砂与水口内壁的附着力增加,不利于开浇时填砂的自由下落,甚至出现"架桥"现象。另外,天然石英砂的自开率明显高于人工破碎的石英砂,其原因是天然石英砂的 SiO_2 含量高,低熔点物质比破碎加工的石英砂少;同时由于人工加工石英砂表面棱角多、不规则,因此自然流动性差,而且不规则的形状致使引流砂在水口内分布不均匀,影响自开率。硅质引流砂是目前使用最多的一种引流砂,约占 50%~60%。在出钢温度为 1640~1710℃,出钢至开浇在 45min 以内,水口自开率可达 96% 以上。

(3)锆砂一般 $ZrSiO_4 \geqslant 97\%$,游离 $SiO_2 \leqslant 2\%$,其他杂质不大于 1%,熔点高于 1800℃。锆英石由于具有热膨胀率低、导热性低、体积密度大、稳定性好、不易被钢液润湿等优良性能,同时呈圆形颗粒形状,一直作为铸造用砂和连铸引流砂材料。锆砂比硅砂更不易烧结,故在出钢温度高和出钢至开浇时间长的钢厂受到重视。由于价格高,部分钢厂用于中间包引流。

(4)铬铁矿中 $Cr_2O_3 = 32\%~35\%$,$FeO = 14\%~17\%$,$MgO = 12\%~18\%$,$Al_2O_3 = 16\%~25\%$,$SiO_2 = 2\%~12\%$,熔点为 1730~1750℃。铬质引流砂以铬铁矿和添加剂制成。它具有密度大、流动性好、熔点高、不过度烧结等优点。在铬质引流砂中,随着铬铁矿加入量的变化,铬铁矿在试样中呈现不同分布,当加入量大于60%时,铬铁矿呈连续分布。铬铁矿的连续分布有助于形成连续的烧结层,防止钢水向下渗透和引流砂上浮。因此,铬铁矿的加入量必须适当。在高温使用条件下,铬铁矿中FeO反应脱溶并形成二次尖晶石,使烧结层体积发生变化而产生裂纹,当滑板打开时,水口下部未烧结的引流砂迅速流出,烧结层裂纹迅速扩展,在钢水的静压力作用下烧结层完全被破坏,从而达到自动开浇的目的。由于铬质引流砂的特点,它被大多数大型钢厂所使用,占整个钢包引流砂的30%左右,特别是精炼钢包。在正常生产条件下,钢包自动开浇率可以达到98%以上,部分厂家达到99.5%。

3.3.5.5　引流砂中的添加剂

为了提高引流砂的自流率,在引流砂中通常会使用一些添加剂,以提高自流率,主要包括低熔点烧结剂、还原剂和润滑剂等。

(1) 低熔点烧结剂。石英的烧结性能和膨胀率与砂中SiO_2含量有关,当SiO_2含量高时,其热膨胀率大而烧结程度较低,反之则热膨胀率低而烧结程度较大。因此,单纯调节SiO_2含量并不能兼顾填砂的烧结和膨胀性能,只有通过添加低熔点物质才能抑制石英砂的过量膨胀和钢液的渗入,这些物质包括Na_2O、K_2O等。随着低熔点物质添加量的增加,填砂整体熔点降低以及低熔点物质的软化和熔化,引流砂热膨胀率逐渐降低。

目前,硅质引流砂一般加长石作低熔点烧结剂。在较低的温度下,长石粉在引流砂中能快速形成大量的液相,促使表层引流砂快速烧结,防止因钢水搅动引起引流砂上浮。但加入量过大时,引流砂中会产生过量的液相,促进了深层的引流砂烧结,烧结层的强度和厚度增加,反而降低自开率。

(2) 还原剂和润滑剂。通过对铬质引流砂的研究发现,高温下铬铁矿脱溶后能在还原剂的作用下形成二次尖晶石而产生体积膨胀,有利于提高自开率,因此在铬质引流砂中加入还原剂,一般采用石墨作还原剂。当石墨的外加量达到2%~4%时,钢包自开率高。石墨与钢水或熔渣不润湿,能有效阻止钢水及渣的渗透,降低渗透层的厚度与强度。同时石墨能减少引流砂中液相与骨料的接触,减缓引流砂的烧结速度,降低烧结层的强度。另外适量加入石墨,能改善引流砂的流动性,降低引流砂的安息角,减少引流砂与水口腔壁的黏附,有利于钢包引流。随石墨加入量增大,引流砂的堆积密度减小,当填入水口座砖腔中时,会产生明显的分层,表层的石墨增多,石墨被引流砂内气体中的氧及钢水中的氧氧化后产生的大量孔隙易渗入钢水,反而增加了渗透层的厚度与强度。另外,石墨的导热性好,加入过多,增大了引流砂的散热速率,能快速降低冻结层、渗透层、烧结层的温度,会增加三者的整体强度,不利于自流。

润滑剂多采用炭黑,利用其流动性能好和高温还原剂的作用,增加引流砂的流动性。

常见的一种镁硅质引流砂的材料性能见表3-27。

表3-27　一种钢包引流砂的一些指标

牌　号	MgO/%	SiO_2/%	极限粒度/mm	用　途
GCT-1	≥40	≥30	≥2	大小钢包
GCT-2	≥40	≥40	≥2	100t以下钢包

3.3.5.6　引流砂的工艺性能对自流率的影响

引流砂的工艺性能对自流率的影响主要分为以下几个方面:

（1）粒度及其分布。临界粒度与粒度组成尤为重要，颗粒太粗易造成颗粒偏析，混料不匀，颗粒太细易造成过度烧结，合适粒度为 0.7～1.4mm。由于钢液向耐火材料渗透的最小孔径是 0.47mm 或 0.7mm（由实验测得），所以粒度下限定为 0.5mm 或 0.7mm。尽管再降低粒度下限对防止钢液渗入砂体更有效，但将提高砂体的烧结性能，反而使砂体的自流性下降。一般要求引流砂中 0.5mm 以下的颗粒少于 0.5%。美国内陆公司原来所用锆质砂的粒度组成为：0.5～1mm 占 0.3%，0.15～0.5mm 占 12.5%，0.15mm 以下占 87.2%，该砂很细，但其自开率仅为 86.5%。而该公司使用的铬砂粒度组成为：0.5～1mm 占 28%，0.15～0.5mm 占 67%，0.15mm 以下占 5%，这种引流砂曾在该公司创造了自开率 99.7% 的记录。

（2）安息角。安息角的大小直接反映引流材料的流动性，安息角越小，材料的流动性能越好。一般粒子越接近圆形，其安息角越小。对大多数物料，松散填充时安息角与空隙率有关，空隙率越大，安息角越大。另外，不同材质的引流砂即使是颗粒大小相同、生产工艺相同，但是随材质的不同其流动性也会有较大的差别。

3.3.5.7　炼钢操作条件对自流率的影响

炼钢工艺条件对引流砂的影响主要有以下几点：

（1）出钢温度。确保钢包盛钢前温度在 800℃ 以上，即红包出钢可提高自开率。使用钢包在线烘烤，要求出钢前钢包在线烘烤时间在 10min 以上。

（2）钢包水口清洁程度。钢包热修作业中，在安装滑板、水口时，多余的耐火泥接缝料残留在水口通道内，或者上水口内的残留钢渣未清理干净，引流砂容易与这些残钢渣、耐火泥料等黏结在一起，形成强度较大的固态块状混合物，堵塞水口，易导致钢包水口自开失败。

（3）钢渣回流。在实际生产中，浇完钢后部分钢包翻渣不干净，有余渣残留在包底。随着散热冷却，残渣逐渐形成硬渣壳，当钢包上烘烤台加热时，硬渣壳不断吸热形成液态熔渣；包底水口部位一般低于包底其他部位，这些液态熔渣在重力作用下会流入水口孔内，与随后灌入水口的引流砂黏结成块状，堵塞水口，不利于钢包水口自开。

（4）炼钢生产节奏。生产中有时出现生产节奏不正常，会导致钢水传搁时间过长；有时在事故状态下，钢水在钢包炉处理时间最长达 4h 之久。钢水停留时间越长，自开率越低。这是因为引流砂受钢液高温作用时间越长，引流砂的烧结层越厚，不利于钢水冲破烧结层，影响钢包水口自开。

（5）引流砂加热及装入方式。引流砂在使用之前要经 100～400℃ 加热除去水分，有利于提高自开率。用人工投掷的方法装入钢包引流砂有三个弊端：投掷不准确；上水口内引流砂装不满；连包装袋一起加入上水口内，混入了异物。因钢包壁较高，从钢包上部投掷引流砂，惯性重力使引流砂聚集更紧密，增大了引流砂颗粒间的摩擦力，也对自动开浇不利。为此，用导管灌装，操作规范化，将引流砂装满，可提高自开率。使用潮湿的引流砂，潮气排除时，钢水进入到引流砂内部，在水口里面形成冷钢层和烧结层，不利于自流。各钢厂的实际生产条件和管理水平，选择和控制硅质或者铬质引流砂品质，有利于提高钢包的自开率。

（6）转炉出钢过程中加入的一些物料，如合成渣等，如果加入的方法不恰当，会加在出钢口填料的上面，造成烧结，引起出钢口的不自流。

（7）填料不合格，出钢口的填料没有填满，造成钢水在水口形成较厚的冷钢，烧结层较厚，引起不自流。

（8）钢包座砖表面的不合理，有可能使得上口烧结层过厚，下口过窄，导致钢包在实际使用过程中，由于钢水静压力不足使烧结层破碎，这是钢包不自流的一个原因。增大引流砂的烧结层及烧结层受力面积,使水口上堆成圆锥形的引流砂更容易破碎。

(9) 水口烧洗操作烧洗不干净,会导致钢水渗入引流砂,使引流砂漂浮于渣层,烧结层增厚,最终导致不自动开浇。

3.3.6　钢包滑动水口系统的装配

3.3.6.1　钢包滑动水口的损坏原因和应对措施

钢包滑动水口系统的上水口损坏原因有:

(1) 钢水和熔渣的化学侵蚀和冲刷作用。一般说来,只有在操作不当时才会发生熔渣侵蚀现象,如下渣以后的烧氧操作。

(2) 安装时造成的机械损伤,造成了钢包上水口损坏。

(3) 滑板打开不自流时烧氧操作造成的损坏。

防止钢包滑动水口系统的上水口损坏的措施为:

(1) 选用耐侵蚀、耐冲刷的材质制作上水口,如刚玉质上水口。

(2) 选用机械强度大的制品。

(3) 注意钢包浇铸操作,避免下渣。

下渣以后,水口被冷钢渣堵死,水口的冷钢渣不容易清理,清理时容易将水口损坏,不仅加剧了工人的劳动强度,还有可能导致水口因为清理损坏而不可用。

滑动水口的下水口的损坏原因和应对的措施:

滑动水口的下水口的损坏原因有:

(1) 钢水和熔渣的侵蚀和冲刷作用。

(2) 由于温度急变引起的开裂或断裂。

(3) 烧氧开浇造成的熔损。

防止滑动水口的下水口损坏的措施为:

(1) 选用耐侵蚀性好的材质制作下水口,如浇铸普碳钢,可选用高铝质、熔融石英质下水口;浇铸含锰较高的钢种时,可选用铝碳质、镁质等下水口。

(2) 提高下水口的抗热震性,或将下水口安装在铁套内,防止下水口开裂。

(3) 尽量避免烧氧开浇。

3.3.6.2　滑动水口是否连用的因素

滑板砖是具有重要功能的耐火材料,是滑动水口的核心组成部分,是直接控制钢水、决定滑动水口功能的部件。其物理、化学性能是决定滑动水口能否连续使用的关键因素。目前使用的普通 Al_2O_3-C 质滑板,主要存在以下一些问题而不能实现连续使用:

(1) 滑动水口砖耐高温钢水(特别是高锰钢)的侵蚀性不好,铸孔扩径较快或滑动工作面被钢水侵蚀(再用时易造成铸流失控或滑动面漏钢)而不能连用(见图 3-38a)。

(2) 上、下滑板砖高温强度低或抗热震性差,使用一次后即开裂(再用时易发生裂缝漏钢而使水口失控)而不能连用(见图 3-38b)。

(3) 上、下滑板工作面高温耐磨性差(滑板耐火材料抗氧化性差或上下滑板吻合性差、缝隙偏大,浇漏钢时吸入空气使滑动面被氧化造成强度降低),滑动面易"拉毛"。其间渗入钢水后再推拉时"拉毛"现象加剧,使滑板摩擦阻力增大,严重时会发生滑动面之间漏钢(见图 3-38c)。

(4) 下水口的下滑板和下水口的接缝处穿漏钢事故,这种事故的根本原因是滑动水口在经过长时间的浇铸后耐火材料温度升高,最高达到600℃以上,这使得封装组合下水口的冷冲压成形的外铁壳变形,从而造成下滑板和下水口砖在接缝处产生缝隙而导致穿钢。

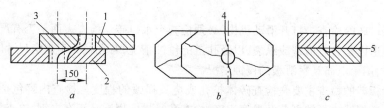

图 3-38 滑板性能对连续使用的影响

1—上滑板砖;2—下滑板砖;3—铸孔扩径严重造成水口失控;
4—钢水从上滑板砖的裂缝处漏出;5—工作面被蚀损"拉毛"而漏钢

(5)上滑板和钢包底部的装配不合理,钢水从滑板和钢包底部的结合部位穿钢。

从上述滑板损坏过程的因素分析来看,机构的因素是影响滑板连用的主要原因。滑动水口的驱动装置主要有手动和液压驱动两种。其运动方式是直线往复式。即滑板作直线往复运动,调节滑动板与固定板之间的流钢孔大小来控制钢流。这是目前最常使用的一种方式。

滑动水口机构在高温环境下的刚性及弹簧压力的稳定是滑板能否连续使用的重要因素。而滑动水口机构刚性差,在高温环境中易变形,使机构的可靠性降低,易发生漏钢事故而不能连用,同时在高温环境中,若弹簧提供的滑板面压不稳,易发生滑板漏钢或机构失控也不能连用。

滑板的常见事故是浇铸过程中滑板接缝处漏钢事故,主要原因是水口处于截流浇铸状态,钢水长时间冲击下滑板和下水口接缝而导致事故。

另外的一种事故是滑板使用过程中关闭,上滑板和下滑板接缝处渗透入冷钢,导致滑板的再次打开失败。所以在钢包滑板使用过程中半开浇铸,即滑板拉开一半浇铸,是引起滑板事故的主要原因。

为了提高滑板的连浇次数,某个厂家 SN 系列耐火材料制作的滑板(见表3-28),其特点是高温下抗氧化性好(滑板面上有一层 0.3mm 左右的涂料,具有防氧化和提高上下滑板滑动吻合性的作用)、耐压强度高,使得其抗侵蚀和耐磨性好。在一个厂家使用,能保证连续四次的安全使用。

表 3-28 一种 SN 系列耐火材料制作的滑板

质量分数/%			体积密度 /g·cm⁻³	显气孔率/%	耐压强度/MPa
Al₂O₃	SiC	FC			
≥90	≥4.5	≥4.0	3.08	≤7.5	≥100

3.3.6.3 钢包滑板机构的装配过程

钢包滑动机构的装配及配套耐火材料的安装,在钢包的预装区(又称装包区)完成。安装前,清理干净上水口砖表面的泥料,并注意不得损毁砖体的表面。用钢丝刷清理机构框架内的泥料及杂物,并用压缩空气吹扫干净。为避免耐火材料出现热震裂纹,不要将压缩空气吹到热的上水口表面。滑板安装完毕后,用手按压四周,保证拖板平稳地安放在机构内,然后安装下滑板砖。若检查下滑板砖有晃动现象时,要重新安装。同时注意安装好的下滑板砖表面要保持清洁。将滑板砖放入机构内先试装,检查滑板砖与机构的配合情况,测量上水口砖与上滑板砖间的缝隙保持在 2~3mm 内。然后取出砖,涂抹专用泥料约 4~5mm,并在泥料表面涂抹防黏结的石墨乳,转动夹持器偏心轮,固定上滑板砖。最后快速关闭机构的滑板门。

由于滑板砖连续使用,所以每浇铸完一炉后,都要对滑板砖进行检查,以确保安全。主要有以下几点:

(1) 上水口砖的检查。打开滑动机构,必须检查上水口砖。检查表面是否有严重的损伤;检查水口流钢通道内是否有横裂或纵裂,以及孔道的侵蚀情况,若孔径大于规定尺寸时,必须更换。检查流钢孔时,用手电筒观察滑板的侵蚀情况。

(2) 上滑板砖的检查主要是检查砖体扩孔或烧氧损毁的程度。检查内容包括:检查滑板砖控流方向的滑道侵蚀或颗粒剥落及滑痕程度、检查孔径横向周围是否有夹钢、检查滑板砖滑道表面是否有明显的裂纹或钢渣进入等。

(3) 下滑板的检查。孔径大于规定的尺寸时,不可使用;检查非滑动面孔径周围是否有较大裂纹或裂纹内有夹钢或氧化现象。

(4) 检查滑板砖之间。将专用工具伸到两滑板砖之间,若伸进的长度超出标准,属侵蚀严重,必须更换。

3.3.7　不定形耐火材料整体浇注钢包

3.3.7.1　不定形耐火材料整体浇注钢包的介绍

钢包长期以来采用钢包砖修砌工作层,隔热层也是采用钢包砖修砌,只是永久层有的采用了很薄的打结层。耐火砖修砌的钢包,砖与砖之间的砖缝、钢包渣线部分,容易产生钢水腐蚀以后留下的薄弱部位,需要重点防护。此外钢包砖使用到一定的时间,需要将钢包砖拆除,修砌新的工作层。钢包砖的浪费较大,而且重新修砌,费时费力。国外和国内的个别厂家采用了钢包的整体修砌技术,该技术的发展,成为了目前钢包修砌技术的一种发展趋势。

钢包的整体修砌技术是首先将钢包包底采用浇注料浇注成型,然后在钢包内放入胎具,然后在胎具和钢包壁之间浇入浇注料,有的是通过放置在胎具中的振动器完成,有的是采用专用的振动工具完成的。钢包浇注料是通过专用的机械装置搅拌均匀通过专用的设施实现的。钢包最容易受侵蚀的部位渣线,仍然采用镁炭砖修砌。浇注结束以后,自燃养护一段时间(一般在28h左右),然后按照烘烤曲线烘烤以后,投入使用。采用整体修砌技术的钢包,养护和烘烤很重要,其中烘烤时包衬开裂的机理(见图3-39)。包衬加热干燥时如果加热温度突然升高,所产生的水汽压力大于包衬内能够容纳的水汽压力和包衬材质强度时,包衬开裂。适宜的控制温度的方法一般为:开始的1~5h,加热速度小于90℃/h,随后的3~8h,加热速度小于200℃/h,加热耐火材料面的温度达到800~900℃,6h以后,包壳温度大于60℃,将加热面温度,即烘烤温度提高到1040~1300℃。北方的冬季,钢包整体修砌以后,首先对包衬进行低温预热干燥,尤其重要。

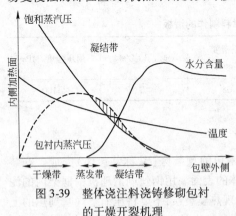

图3-39　整体浇注料浇铸修砌包衬
的干燥开裂机理

和钢包砖修砌的钢包相比,砖缝之间的缝隙和坑洞的缺陷明显的减少了,而且产生的薄弱部位,使用喷补机喷补,效果明显。在安全性能上得到了提高。基本工艺如图3-40所示。

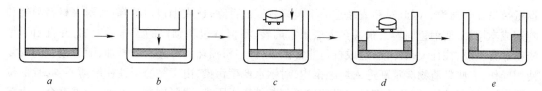

图 3-40 整体钢包的修砌技术

a—打结包底成型;*b*—放入内胎具定位;*c*—浇注不定形耐火材料;*d*—振动处理;*e*—脱除胎具养护

整体浇注的钢包,浇注料的不同,效果也各不相同,主要表现在:

(1)采用氧化镁系浇注料浇注的钢包,能够应用于冶炼洁净度较高的钢种,但是抗炉渣渗透性和抗挂渣性差,并且导热性较好,使得钢包的热损失增加。

(2)使用高铝质浇注料浇注的整体钢包,抗蚀性能比不上氧化镁系的浇注料,但是抗炉渣的渗透性和抗挂渣性远比氧化镁系浇注料浇注的钢包好。使用高铝质浇注料浇注的整体钢包,导热系数小,热损失减少。

(3)为了解决氧化镁系浇注料的缺陷,主要指炉渣的易渗透性和易于剥落性的缺点,使用三氧化二铝系浇注料时,在高三氧化二铝浇注料中添加尖晶石,能够降低侵蚀指数。有文献介绍,大型连铸使用的钢包,采用 Al_2O_3-MgO 质浇注料,尖晶石含量为 10% ~ 30% 时,炉渣的渗透指数最低。为了改善抗炉渣渗透性和膨胀性,添加的尖晶石中三氧化二铝的含量要高。有文献介绍,采用 Al_2O_3-MgO 质浇注料,氧化镁含量在 5% ~ 12% 时,浇注料有较好的抗渣性。

(4)锆石系浇注料具有极好的抗炉渣渗透性和抗挂渣性,以及导热率低热损失少的优点,适用于钢包的渣线和包底部位。锆石系浇注料浇注整体钢包,二氧化锆含量越高,侵蚀指数越低。

3.3.7.2 整体浇注的钢包的侵蚀机理

整体砌筑的钢包,侵蚀机理见前面章节的内容。像大多数砖砌钢包一样,除了渣线部位,整体钢包的包底也是容易受侵蚀的部位,侵蚀的原因和过程可以分为以下几种:

(1)形成垂直的裂纹。这和出钢时钢流的冲击时间,出钢口到包底的距离,钢流角度和包内形成熔池的时间有关,这要求包底浇注料的膨胀系数低、抗断裂强度高。

(2)炉渣沿着裂纹渗透入包底。渗透程度与浇注料的岩相结构、炉渣的化学成分有关。

(3)形成水平裂纹。这主要是已经渗透入包底的炉渣和没有渗透入包底的炉渣,经过温度的变化引起晶型的变化引起的热应力。

(4)包底浇注料呈现出片状脱落,这主要是垂直裂纹和水平裂纹相交,相交区内的浇注料成为"孤岛"状态,从而从包底呈片状剥落。包底在侵蚀过程中,垂直裂纹的形成和炉渣沿着垂直裂纹渗透入包底是整体修砌的钢包受到侵蚀的主要原因。

笔者在德国的 BSW 厂参观时,看到该厂钢包整体浇注修砌的厂房,工作人员不超过 10 人,该厂年产钢超过 200 万吨,就足以说明了该厂整体修砌钢包在节约劳动力资源和减轻劳动强度方面的优越性。

3.4 钢包粘渣现象

连铸钢包在使用过程中包壁会产生粘渣或结瘤现象,并且随着钢包使用次数的增加粘渣层会越积越厚。钢包包壁粘渣后,包壁粘渣严重,钢包容积减小,受钢量下降,造成有效容积减少,制约了转炉的生产能力,并且空包重量增加,很容易达到或超过行车的最大起吊重量,给行车的运行带来安全隐患。因此对粘渣超重的钢包只好提前拆除,造成钢包包龄降低,耐火材料消耗和吨钢成本增加,使钢包周转紧张甚至无法正常周转,不但拆包和砌包的工作量增加,并且由于粘渣物非常坚硬,往往夹杂冷钢,造成拆包非常困难,拆包机损坏和修理次数增加,随着钢包的反复使用操作,有些粘渣物会重新进入熔融钢中,对钢水产生污染,由于粘渣层往往厚薄不均,且部位不同,粘渣情况不同,因此给钢包包衬的残厚判断带来了困难,残厚判断不准确,严重时会发生漏钢事故。

钢包包壁粘渣的状况,一般新包并不粘渣,到50炉左右以后才开始粘渣,到80~90炉粘渣超重,达到顶峰,超重的钢包不仅粘渣层厚,包口也严重结渣。粘渣层往往夹杂冷钢,含冷钢较多的部位,坚硬如铁,由于下渣线部位熔损较快,因此较多的情况是在上渣线以下至下渣线以上部位形成厚厚的粘渣层。分析表明:炉渣渗透进入了耐火材料的内部,和耐火材料组元成分发生反应,生成了一些高熔点的尖晶石相,冷钢对粘渣层起了锚固作用,冷钢的存在使含有高熔点相的粘渣物更加坚固。因此,铝镁炭砖虽然具有整体性和耐侵蚀性好的特点,但由于含有高导热的石墨,钢包散热快,使钢水温度下降,反而造成粘渣;无碳尖晶石砖热导率较低,钢包散热较少,且耐侵蚀性好,所以粘渣较少。整体包反复使用后,由于开裂导致熔钢和渣渗入,较多形成浇注料-冷钢-浇注料-冷钢的夹心结构。常见耐火材料的相关特点见表3-29和表3-30。

表3-29　钢包砖衬的特点

材质	蜡石砖	高铝砖	镁炭砖	铝镁炭砖	尖晶石砖	镁钙砖
抗侵蚀性	差	好	极好	好	好	好
抗渣渗透性	极好	差	极好	极好	中等/好	好
抗粘渣性	极好	差	好	好	中等	极好
钢包寿命	短	长	长	长	长	中等
热损失	小	中等	大	大	中等	中等
耐火材料价格	低	低	高	高	低	中等
钢包综合成本	高	低	低	低	低	高

表3-30　钢包浇注料的特点

浇注料材质	镁质	高铝质	锆英石质	尖晶石质
耐磨性	极好	好	中等	极好
抗渣渗透性	差	中等	极好	中等/好
抗粘渣性	差	中等	极好	中等
钢包寿命	较长	较长	中等	长
热导率(800℃)/W·(m·K)$^{-1}$	4.40	1.70	1.20	2.90
比热容(800℃)/J·(kg·K)$^{-1}$	1.21	1.09	0.67	1.13
热损失	大	中等	小	中等
需要量/kg·m^{-3}	2800	2850	3050	3100
耐火材料成本	低	低	低	中等
钢包综合成本	高	中等	中等	低

根据国内外钢包的粘渣情况,总结粘渣的原因有炼钢工艺、钢种、钢包的周转快慢、钢包的保温、耐火材料材质和质量等因素。主要特点如下:

(1)炉外精炼处理钢水,LF 处理时,粘渣情况较轻,RH 和 CAS-OB 处理粘渣严重。

(2)钢包在连铸工序,连铸浇铸钢包的时间越长,钢包的温降越大,钢渣黏度增加,容易粘渣。

(3)钢包的砌筑形式上来讲,砖砌包的抗侵蚀性比整体浇注料的差,更加容易粘渣。

(4)钢种的影响表现为:冶炼铝镇静钢的时候,渣系和脱氧中的 Al_2O_3 浓度较高,容易引起粘渣。

(5)钢包周转越慢,没有保温层的钢包,不使用钢包盖,都会引起钢包温降过快,容易粘渣。

(6)耐火材料高温收缩大、开裂多,容易粘渣。故蜡石砖、镁炭砖和铝镁炭砖粘渣较轻,高铝砖、不烧铝镁砖、铝镁(或者尖晶石)浇注料粘渣较为严重。

(7)RH 浸渍管镁质喷补料、镁铬砖和钢包镁质喷补料进入钢包渣,造成钢渣黏度增加,容易粘渣。

(8)钢包口结渣不及时清理,倒渣不彻底,也会加剧粘渣的现象。

为了解决粘渣,国内外除了改善工艺条件以外,还在耐火材料的使用上做文章,防止粘渣,耐火材料防粘渣的作用机理主要有:

(1)镁炭砖、铝镁炭砖是利用了与钢渣不浸润的原理。

(2)蜡石砖、锆英石浇注料是利用了高温下工作面形成高黏度液相。

(3)低热导率的铝尖晶石浇注料是利用了此类耐火材料密度低、热导率低、保温性能好的特点。

(4)铝尖晶石浇注料铝镁浇注料是具有抗熔损、抗渣渗透性好的特点。

(5)刚玉—锆英石浇注料、刚玉—锆莫来石浇注料利用了其抗热震性及抗剥落性好的特点。

在炼钢工艺上,需要管控的要点如下:

(1)提高转炉出钢挡渣操作水平,减少转炉渣进入钢包。

(2)减少精炼处理时间,控制好钢渣的改质,尽量采用低熔点的渣系。

(3)控制使用中的钢包数量。

(4)及时清理包口结渣,对包壁明显熔损和剥落部位及时进行修补,以免渣和熔钢渗入而加剧粘渣超重。

(5)加快钢包的周转,减少钢包等待时间,包括等待出钢、等待倒渣、等待装配、等待浇铸等因素的时间。

(6)转炉出钢采用烘烤充分或者红热状态的钢包。

(7)连铸浇铸使用中采用钢包加盖。

(8)采用有效的钢包保温剂。

耐火材料管控方面的控制要点如下:

(1)永久衬采用隔热层,包壁采用低导热浇注料。

(2)耐火材料提高砌筑质量,控制砖缝尺寸,减小包衬的热应力,提高抗热震能力,减少开裂。

(3)提高 RH 浸渍管镁质喷补料、镁铬砖、钢包镁质喷补料和镁炭砖的耐侵蚀性,减小其熔损。

(4)提高包底和座砖的寿命,减少小修次数。

文献介绍武钢的连铸钢包也存在严重的粘渣现象,通过采用在包壁喷涂高硅质材料,取得了明显的减轻粘渣的效果。使用中这种高硅质涂料表面形成高黏度的玻璃状物质,使渣难以附着。但是此种方法会产生钢水增硅的负面影响。武钢的连铸钢包衬砖近年来为了解决 Al_2O_3-MgO-C 包衬在钢水精炼过程中的增碳问题,进行了无碳尖晶石砖的试用,试用表明,该砖使用时表面挂渣少、耐侵蚀较好,在第三炼钢厂使用寿命达到了原有砖衬的水平。

陕西略阳钢铁厂使用超微粉凝聚结合的高铝尖晶石浇注料,与 Al_2O_3-MgO 浇注料相比,该浇注料具有密度高、蚀损小、不易挂渣的特点,使钢水在纯净度和保温性能方面均有较好改善。武汉科技大学研制的高性能铝镁浇注料,由于基质组成无变点、温度高,并且 CA_6 成针状结晶,可抑制颗粒、晶粒的滑移,在宝钢 300t 钢包上试用,粘渣较少。

3.5 降低钢包耐火材料消耗的途径

3.5.1 降低钢包在炉外精炼使用过程中耐火材料消耗的途径

专家的统计结果表明:钢包用耐火材料占据了钢铁冶金耐火材料的30%以上,是冶金耐火材料消耗的核心和焦点。降低钢包用耐火材料的消耗对转炉生产线降低制造成本有重要的影响。降低钢包耐火材料消耗的方法主要有以下几个:

(1)钢包采用整体浇注式的钢包,对降低钢包的耐火材料有积极的意义。钢包耐火材料的不定形化是世界性的大势所趋。钢包的不定形化具有便于机械化和自动化施工、减少劳动力和劳动强度、便于修补的优点。整体浇注的钢包,常见的浇注料有铝镁浇注料和高铝质浇注料等。目前采用以高铝料为主要原料的铝镁质浇注料浇注的小型钢包,使用寿命达到了 65～180 次,可以使耐火材料的单耗降低到 2～3kg/t,是一个切实可行的好方法。

(2)选用优质耐火材料。优质耐火材料对提高钢包的使用寿命是极其重要的。从钢包耐火材料的发展历史介绍可知,由于耐火材料质量的提高,小钢包的使用寿命由黏土砖的 15 次左右逐步提高到 150 次以上,耐火材料单耗大幅度下降。因此,提高包衬耐火材料的质量是非常重要的,以后应该进一步提高耐火材料的质量,优质耐火材料不但单耗减少,而且也减少了对钢水的污染,提高了钢的质量。

(3)综合砌包,使侵蚀均衡。无论是使用砖砌钢包或是浇注钢包,在不同的部位使用不同的耐火材料,能够均衡包衬,充分发挥包衬的最大作用,使耐火材料单耗最低化。一般来讲,一个钢包冲击区、渣线和熔池的损耗速度比为 4:2:1。一般情况下,在冲击区浇注热态强度更高的浇注料或预制件或高耐冲刷和侵蚀的砖,以提高抗钢水的冲刷性;在渣线砌筑或浇注具有优良抗渣性的耐火材料。在没有修补的情况下,如果用一种材料,当渣线或冲击区的侵蚀比其他地方快一倍时,因为钢包使用寿命由损耗最快处决定,这样就会比强化薄弱环节的包衬的使用寿命低 50%,因此也就导致了耐火材料单耗几乎差一倍。因此,综合砌包对降低钢包耐火材料的单耗非常重要。

(4)建立良好的监控手段和科学的监控技术。为了保证钢包在高温工作状态下的安全,又要发挥炉衬的最大作用,这要对炉衬适时修补或更换。依靠人工的经验判断炉衬的工作状态的安全性,可能炉衬很早就被更换掉,这造成了耐火材料很大的浪费。采用激光测厚仪等设备在线测厚,可以对炉衬任何部位随时进行测厚和了解炉衬的厚度和安全。因此,对炉衬的监控技术是非常重要的。这有利于发挥炉衬的最大潜能,显著提高炉衬的使用寿命,从而降低了耐火材料的单耗和提高了炉衬的安全性。

(5)提高耐火材料的使用寿命。降低钢包耐火材料消耗的最有效的途径是提高其使用寿命,钢包耐火材料的使用寿命也是和木桶原理一样的,钢包使用的耐火材料不能够有明显的短板,否则,提高钢包使用寿命将无从谈起。

(6) 改进钢包的使用条件。钢包的使用条件对包衬的使用寿命和单耗产生重要的影响,有时是成倍的关系。因此,在钢包运转过程中,应该尽可能地改善钢包的操作条件。

3.5.2 提高炉外精炼过程中钢包使用寿命的常见方法

提高炉外精炼钢包使用寿命的常见方法不外乎三种:加强修补和维护技术的实施、建立一个良好的维修模式、改善钢包的使用条件。以下做详细的说明。

(1) 加强修补和维护技术的实施。加强修补和维护技术的实施,是提高耐火材料使用寿命最有效的方法。国内很多中小型钢包采用了浇注料,用一个炉役后,清除内衬渣层和剥皮后,再套浇,经过这样的多次冷修补,使用寿命可以达到一年以上。废弃的耐火材料量很少,耐火材料单耗能够降低到 2~3kg/t 钢。十多年前,奥钢联的大钢包就采用了反复套浇的模式来提高使用寿命,其报道的使用寿命达到 800 余次,耐火材料消耗低到 0.92kg/t 钢。

(2) 建立一个良好的维修模式。这些模式包括:

1) 采用整体浇注钢包浇注料的套浇和喷射修补模式。整体浇注钢包,使用到一定寿命后,就停下来冷却,在钢包冷的状态下,清理包衬粘渣(目前我国小钢包连烧结层一起被清除)后,放上胎模,进行套浇(实际上我国大高炉出铁沟就是采用的这种冷修补模式);或者不用胎模,而用湿式喷射浇注技术,用喷射浇注料对衬实施喷射造衬复原。前者效率较低,后者效率高,机械化和自动化程度高。

2) 采用砖砌内衬的钢包进行挖修模式。采用砖衬挖修模式(有的厂家称为小修和中修)。这种模式是原始钢包一般是砖砌钢包,至少渣线是砖砌的钢包。当用到一定程度时,某一个部位侵蚀严重,到了不能再用下去的地步,就必须修补,否则就废弃了,造成整个钢包的耐火材料全部换新的耐火材料。在钢包包龄中后期,进行渣线和包底的挖补和修补。当挖修透气座砖完毕时,钢包包底清扫后,在整个包底用修补料进行修补(厚度约 50mm),烘烤后投入使用。修补料寿命为 6~20 炉,对包底起到了保护作用,增加了钢包使用的安全性。一种典型的包底修补料的理化指标为:$Al_2O_3 \geqslant 85\%$,$MgO \leqslant 8\%$,$CaO < 2.5\%$,体积密度 $2.6g/cm^3$,常温耐压强度 45MPa,耐火度 1790℃,这样耐火材料单耗会大大降低。

(3) 改善钢包的使用条件。钢包的使用条件包括:温度条件、钢渣的侵蚀条件。

1) 钢包的温度条件对钢包寿命的影响和管控。一般出钢温度越高,使用寿命越低。钢水温度在 1600℃ 左右,钢水温度在此基础上每增加 50℃,侵蚀速度增加一倍,即耐火材料的消耗或单耗增加一倍。钢包温度急剧变化,对耐火材料的稳定性也是一个破坏性的因素,因此降低钢包内钢水的温度,减小钢包耐火材料温度变化的范围,对降低耐火材料的侵蚀速度非常明显。降低温度条件对钢包耐火材料影响的方法有:

① 快速周转,合理地投入使用的钢包数量,减少钢包的热散失,这样可以降低转炉出钢的温度。

② 钢包加盖。这种措施可以减少钢包的散热,减少钢包因为温度的变化引起的体积不稳定,造成耐火材料的损耗增加。

③ 钢包液面添加好的保温剂和采用良好的保温材料,使钢包保温,这样可以减少钢包温降。

④ 转炉出钢温度控制不合理,造成出钢钢包内钢水温度较高的时候,及时地加入冷材进行温度的调整。

2) 钢渣的侵蚀条件的影响和管控。减少钢渣对钢包侵蚀条件的因素主要有:

① 转炉减少带渣的量。转炉出钢挡渣不好,造成转炉的氧化渣进入钢包,为了脱氧和脱硫,转炉出钢需要添加合成渣和脱氧剂、石灰、萤石、电石等渣料,这些因素对钢包耐火材料的侵蚀是很明显的,并且精炼的时间也延长了。采用无渣或少渣出钢,可以减少钢包的炼钢渣,从而减少了包衬的侵蚀速度和耐火材料的单耗。

② 减少钢包包沿粘渣,防止粘渣过多,清理这些粘渣,对钢包的损耗有积极的意义。

③ 稳定钢包内钢水的装入量和液面高度的位置,防止渣线的移动给钢包的寿命带来负面的影响。

④ 对经过 LF 处理的钢包,优化 LF 的造渣操作。

埋弧操作和不连续性长时间送电。防止渣线部位局部温度过高,能显著降低渣线的侵蚀速度和局部过快侵蚀。生产实践和文献都表明,在精炼炉中,耐火材料的损毁较大部分是辐射侵蚀造成的。炉壁受到的辐射流密度与炉壁侵蚀系数近似成正比:一部分辐射通过炉壁导热向外排出,而另一部分消耗于砖衬的熔化。如果用炉渣覆盖电弧的一部分或全部,则可以减少辐射负荷及由此而产生的侵蚀。辐射造成的损毁速率可以由下式表示:

$$\frac{dx}{dt} = \frac{K}{L}(1 - f_s)RE_W - \frac{\lambda}{L} \times \frac{T_W - T_A}{d}$$

式中,$\frac{dx}{dt}$ 为损毁速率;K 为比例常数;L 为砖衬的熔化热;λ 为砖衬的热导热;T_W,T_A 为壁内、外表面温度;d 为壁厚;f_s 为炉渣保护系数;RE_W 为炉壁侵蚀系数。

由上式可见,在钢包精炼情况下,减少侵蚀最好的办法是有较大的 f_s,即尽可能地用炉渣覆盖电弧。根据炉渣厚度与弧电压关系经验公式:

$$L_{slag} = U_{arc} - (25 \sim 20)$$

式中,L_{slag} 为渣厚,mm;U_{arc} 为电弧电压,V。

为了保证炉渣埋弧,要求炉渣厚度能够较好覆盖电弧,确定合适渣量对减轻炉衬侵蚀非常有利。相关的文献给出了炉渣厚度和电压关系的经验公式如下:

$$h_{slag} = U_{arc} - (20 \sim 30)$$

式中,h_{slag} 为炉渣厚度,mm;U_{arc} 为电弧电压,V。

冶炼过程中的渣量估算可以简单地由以下公式计算:

$$M_{炉渣} = 3.14h\rho R^2$$

式中,ρ 为选择渣系的密度,kg/mm³;R 为钢包渣线位置的包口半径,mm。

在操作因素中,渣溶解和热辐射是造成耐火材料侵蚀的主要原因,为减少溶解侵蚀,可预先在渣中配入一定量的 MgO,配入量以 8% 左右为宜。为减轻热辐射侵蚀,必须控制好渣量,尽可能覆盖电弧。田守信高工等人的统计结果表明,LF 渣线侵蚀速度为 2.3mm/次,熔池为 0.3mm/次。

3.5.3　钢包的喷补

钢包包衬喷补的方法一般有以下三种模式:

(1) 湿式浇注料的喷补方法和其他喷补方法。典型的有使用水为结合剂的可塑料进行包衬的喷补,以及以含碳质的干式料进行喷补。采用喷补方法修补的钢包质量,除了提高喷补料的质量外,喷补效果也很重要。笔者在国外看到喷补 90t 钢包的喷枪,其功能和电炉、转炉喷补炉衬的喷枪基本上是一样的。如果修补料的质量和原始衬耐火材料的质量相同,那么修补料质量的提高会显著降低修补料的单耗。不同修补料性能的比较见表 3-31。

表 3-31 不同修补料性能比较

方　法	材　料	施工速度/t·h⁻¹	材料显气孔率/%	抗侵蚀性
可塑喷涂	可塑料	3~6	>20	差
半干法喷涂	干式料	3~6	>18	较差
湿式浇注喷涂	浇注料	6~14	<18	好
火焰喷涂	可燃的干料	<1	<10	很好

（2）采用专用的高温快补料在钢包热态的情况下热补钢包。这些快补料的成分和镁炭砖的成分极为接近。袋装以后,人工投补在目标位置。现在,此类快补料采用废弃的镁炭砖简单加工处理以后就可以获得。

（3）采用其他修补料,如火泥、浇注料,从包口处采用铁锹或者大铲,将待修补的耐火材料放在大铲上面,大铲通过包口前面的防热辐射铁板的操作孔将修补料伸入钢包的修补位置,翻转大铲,将修补料补在目标位置上。常见的几种镁质喷补料的理化性能见表 3-32。

表 3-32 常见的几种镁质喷补料的理化性能

种　类	镁 质 喷 补 料			
	QB-1	QB-2	QB-5	QB-6
MgO/%	>80	>74	>83	>80
CaO/%	>7	>10		
SiO₂/%	<3	<3	<7	<9
粒度/mm	0.3	0.3	0.3	0.3
用　途	适用于转炉喷补		适用于钢包喷补	

3.6 炉外精炼用耐火材料的发展动向

炉外精炼用耐火材料的发展动向主要有以下几个方面。

3.6.1 直接结合镁铬砖的发展动向

直接结合镁铬砖在一些炼不锈钢的炉外精炼炉如 VOD、AOD 以及 RH 真空室下部、底部、浸渍管使用效果甚好。为了进一步提高其使用寿命,一些研究者开展了镁铬砖气孔微细化研究。气孔微细化不仅能提高耐火材料抗熔体的渗透性,还可以改善其抗热震性。镁铬砖气孔微细化,除加 Fe-Cr 粉外,估计在镁铬砖制砖中加入 Cr 粉或 Mg 粉以及 Cr_2O_3 微粉或 Al_2O_3 微粉,也能在烧成时,由于金属氧化、生成尖晶石及固溶体时的体积效应,使镁铬砖透气度降低,气孔微细化。从 Cr-Cr_2O_3 二元相图（见图 3-41）看出,同时加入 Cr 与 Cr_2O_3 微粉,由于能形成 1645℃ 的低共熔物,因此还可以降低镁铬砖的烧成温度。

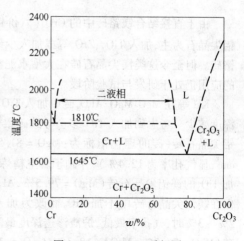

图 3-41 Cr-Cr_2O_3 系相图

镁铬砖的主要问题是六价铬对环境的污染。因此在生产镁铬砖时,要防止对环境的污染,使用后,要对用后残砖进行管理与处理,例如在还原气氛下,将高价铬转化为低价铬等。

3.6.2　镁钙砖的发展动向

精炼渣中氧化铁含量少,不会导致氧化铁与 MgO-CaO 砖中 CaO 生成较多的低熔点铁酸钙,因此,烧成镁钙砖宜用于炉外精炼的钢包耐火材料。镁钙砖用于钢水的炉外精炼,无有害元素进入钢中,益于洁净钢的冶炼,也无污染环境之忧。

推广镁钙砖的使用主要问题是 CaO 水化。加入 ZrO_2 使 MgO-CaO 材料中的 CaO 与 ZrO_2 形成熔点为 2340℃ 的高熔点化合物 $CaO \cdot ZrO_2$,能够防止 MgO-CaO 材料中 CaO 的水化问题,只是 ZrO_2 昂贵,MgO-CaO 材料中 CaO 含量多时,成本增加很多,不易大量使用;加入稀土氧化物也可以抑制 MgO-CaO 材料的水化问题,但纯稀土氧化物贵,且均匀化存在问题。加入添加剂虽可提高 MgO-CaO 材料的抗水化性,但一般都会明显地降低 MgO-CaO 材料的使用性能,如抗侵蚀性;此外,有的添加剂如磷酸或磷酸盐,会产生污染钢液的问题。目前欧洲生产 MgO-CaO 砖的方法较为前卫,即由超高温竖窑煅烧生产镁钙砂,然后就近制砖,再用金属箔塑料抽真空包装,用集装箱运输到使用厂家。

避免烧制好的 MgO-CaO 砖水化,除用金属箔塑料抽真空包装外,也可在适当温度下通入 CO_2 并浸渍草酸溶液,使显露出的游离 CaO 转变为 $CaCO_3$ 与草酸钙 CaC_2O_4。

3.6.3　镁炭砖与镁钙炭砖发展动向

含碳耐火材料与熔渣之间的润湿性差,具有抗熔渣渗透、抗热剥落与结构剥落等优点。因此,镁炭砖与镁钙炭砖适用在优质碳素合金钢与低碳钢的一些炉外精炼钢设备如 LF 炉等作炉衬。

对一些要求高的低碳钢,为避免镁炭砖或镁钙炭砖中碳过量进入钢液,现在开展了碳含量在 5% 以下的低碳镁质材料的研究开发。Ishii 等得出:石墨的比表面积大约在 $5m^2/g$ 以上时,就可提高 MgO-C 砖的抗热震性。值得注意的是,日本九州耐火材料公司采用团聚体型纳米炭黑并加有少量的树脂为结合剂,研制出含碳量只有 3% 的低碳镁炭砖,但其优良性能与含石墨 18% 的镁炭砖相近,而热导率却很低。因此,降低纳米原料成本是推广这类技术的关键。

3.6.4　炉外精炼用无铬或低铬尖晶石砖发展情况

由于直接结合镁铬砖中的 CrO_3(六价铬)会污染环境,因此,近年来不少研究者开展了以镁铝尖晶石为主,加入 TiO_2、ZrO_2 等或加入少量 Cr_2O_3 的方镁石-尖晶石砖的研究,以取代直接结合镁铬砖。但至今这类镁尖晶石砖在大型水泥窑的烧成带以及 VOD、AOD、RH 的一些蚀损严重部位的应用仍处于研发与试验阶段。

Kai 等在 $MgO-MgO \cdot Al_2O_3$ 砖中加入 TiO_2,发现随着 TiO_2 加入量的增加,气孔率降低,炉渣渗透深度减少。考虑到加入 TiO_2 多会导致砖致密化,抗热震性降低,只制作了添加 1% TiO_2 的烧成镁铝尖晶石砖(砖的理化指标为:$MgO = 81.5\%$,$Al_2O_3 = 17.5\%$,$TiO_2 = 1\%$,体积密度为 3.09 g/cm^3,显气孔率为 12.4%),并砌于真空精炼钢包渣线部位进行试验。试验结果是其寿命只比不加 TiO_2 的镁铝尖晶石砖($MgO = 79.5\%$,$Al_2O_3 = 19\%$)提高 10%(即由 20 炉次提高到 22 炉次)。但在镁铝尖晶石砖中不加 TiO_2 而改为加入 Cr_2O_3,由于 Cr_2O_3 能抑制炉渣渗透 Cr_2O_3 加入量在 2%～3% 时,气孔率最低,炉渣渗透深度最浅,如图 3-42 和图 3-43 所示。将这种低铬镁铝尖晶石砖($MgO = 74.0\%$,$Al_2O_3 = 18.3\%$,$Cr_2O_3 = 3.0\%$)砌在真空精炼钢包渣线部位进行试验,其寿命提高 25%（为 25 炉次）。

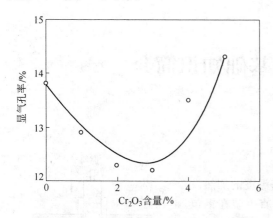

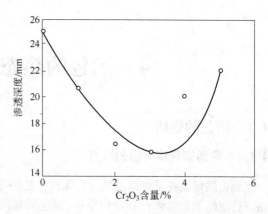

　　图 3-42　Cr_2O_3 含量与显气孔率之间的关系　　　图 3-43　Cr_2O_3 含量与钢渣渗透深度之间的关系

　　除镁铝尖晶石无铬砖的开发外，还开发了 $MgO\text{-}ZrO_2$ 砖与 $MgO\text{-}Y_2O_3$ 砖。K. Shimizu 等报道了他们开发的 $MgO\text{-}Y_2O_3$ 砖，并将其用于 RH 真空室下部，使用寿命与镁铬砖相当，认为 $MgO\text{-}Y_2O_3$ 砖完全可以取代镁铬砖。$MgO\text{-}Y_2O_3$ 砖用后的炉渣渗透层很薄，是由于 Y_2O_3 与渣中 CaO、SiO_2 反应生成高熔点化合物 $Ca_4Y_6O(SiO_4)_6$，从而抑制了炉渣的渗透。他们还认为，在 $MgO\text{-}Y_2O_3$ 砖中加入 $MgO\cdot Al_2O_3$ 尖晶石可提高 $MgO\text{-}Y_2O_3$ 砖的抗热震性。

3.6.5　关于镁阿隆（MgAlON）结合镁质耐火材料在炉外精炼炉上应用的展望

　　炉外精炼用耐火材料还存在一些问题，开发新材质是十分必要的。MgAlON 结合的碱性耐火材料是指 MgAlON 结合电熔镁砂、烧结镁砂与镁铝尖晶石等。MgAlON 结合的碱性耐火材料能够适合于精炼炉用的原因如下：

　　（1）不污染环境。

　　（2）在炼超低碳钢特别是不含铬的超低碳钢以及含氮高的钢时，不会污染钢液。

　　（3）MgAlON 是 AlON 尖晶石与 $MgO\cdot Al_2O_3$ 尖晶石的固溶体。AlON 的主要缺点是在低于 1650℃ 不稳定，会分解，而且在氧压高的气氛下会氧化。而炉外精炼温度一般都在 1600～1750℃ 之间，且精炼渣中 FeO 含量低，气氛中氧压很低，一般在 $10^{-12}\sim10^{-9}$ Pa。因此在炉外精炼条件下，AlON 是稳定的，MgAlON 也是稳定的。

　　（4）一般来说，耐火非氧化物与熔渣或金属熔体的润湿性较差，因此 MgAlON 结合的镁质耐火材料抗熔渣与金属熔体的渗透性会好。

　　（5）MgAlON 即使发生分解，由于产生的 N_2 在耐火材料表面可能形成气膜，也能阻挡熔体的渗透与侵蚀。

4 钢包的热态基础知识简介

4.1 钢包的烘烤

4.1.1 普通钢包烘烤器的特点

钢包烘烤设备是将钢包烘烤到炼钢工艺所需温度的加热设备。传统的钢包烘烤设备由钢结构、钢包盖和垂直安装在钢包盖上的烧嘴构成。普通钢包的烘烤器的烘烤示意图见图4-1。

普通钢包烘烤器有立式和卧式两种,主要使用燃气和燃油。常见的燃气有混合煤气(高炉煤气和焦炉煤气混合而成)、天然气、焦炉煤气、水煤气等。笔者采用手持的红外线测温枪实测的此类烘烤器燃气燃烧过程中的外焰最高温度可达1150℃,由于结构简单,热交换过程中的损失较多,此类烘烤器存在燃气消耗多、废气排放温度高、对现场的污染大、烘烤时间较长等缺陷,目前已处于急需改革的风口浪尖。

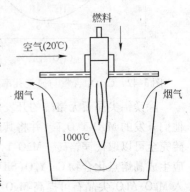

图 4-1　使用燃料的普通空气烘烤器示意图

4.1.2 蓄热式钢包烘烤器的原理和特点

蓄热式钢包烘烤器的原理见图4-2。

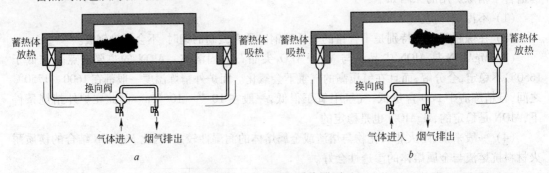

图 4-2　蓄热式钢包烘烤器原理

蓄热式钢包烘烤器是钢包烘烤器的一项节能型的技术发展的产物,目前典型的有单蓄热式钢包烘烤器。HRC(高效陶瓷蓄热式烤包器)系统采用封闭式烘烤方式,利用高频率换向阀,使得高温废气与助燃空气以及煤气在陶瓷蓄热体内交替通过,相互间进行充分的热交换,将助燃空气和煤气预热到1000℃左右,增加了二者的热焓,实现了稳定、高效、节能燃烧。该系统中将烧嘴与蜂窝蓄热体制成一体,成对布置在钢包盖上,并且把烧嘴的高温段嵌入包盖内,以降低热损失,提高了热效率。两个烧嘴中,当一个处于燃烧状态时,另一个处于蓄热状态,这时高温烟气经处于蓄热状态的烧嘴喷口流过蓄热体,将蓄热体加热后以100~150℃的温度经换向阀及排烟系统排入大气,达到设定时间或设定温度后,两组烧嘴交换其工作状态。空气(煤气)流过被加热了的蓄热体,被蓄热体加热至接近钢包内燃烧产物温度后,经燃烧的烧嘴喷口喷入包内完成燃烧过程,实现对钢包的加热。HRC 高效蓄热燃烧技术采用了新型陶瓷蜂窝体作为蓄热元件。陶瓷蜂窝体有比传统蓄热耐火砖高得多的比热表面积,热惯性极低,并采用高频率切换,换向周期为 20~30s,使热利用率几乎达到最佳状态。其工作示意图见图 4-3。

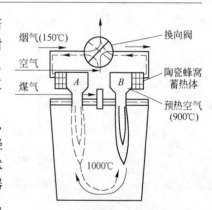

图 4-3　蓄热式钢包烘烤器的工作示意图

考虑到钢包烘烤的特殊性,由于燃烧器都设置在钢包盖上,地方较小,质量要求较轻,所使用的蓄热式燃烧器是小型化和轻质量的,为此目的,选择比表面积为 $1000~1500m^2/m^3$ 的蜂窝状陶瓷蓄热体作为蓄热元件,以求最大限度地减小蓄热式燃烧器的质量与体积。蓄热体材质主要理化指标为: $Al_2O_3 = 35\%$, $SiO_2 = 52\%$,体积密度为 $0.8g/cm^3$;蓄热体的热膨胀系数为 $1.8 \times 10^{-6}/℃$,热导率为 $1.0W/(m·K)$;比热容为 $0.84J/(g·K)$ 。

4.1.3　蓄热式钢包烘烤器的优点简介

传统烘烤器和蓄热式烘烤器之间的优缺点比较如下:

(1)传统的烘烤器无余热回收设施,从而造成了烘烤效率低、加热时间长。用红外测温仪测量传统烘烤器烘烤钢包,钢包内表面温度从室温烘烤至 900℃ 需要时间约 5h。空气单蓄热式钢包烘烤设备烘烤钢包,红外测温仪测量钢包内表面温度从室温烘烤至 900℃ 需要时间约 2.5h。

(2)传统的烘烤器存在烘烤温度低、火焰刚性不足等缺点。并且高温阶段煤气瞬时流量较高时,钢包外表面升温快;蓄热式烘烤器高温阶段煤气瞬时流量较低时,钢包外表面升温慢,烘烤温度均匀,有利于延长钢包使用寿命。

(3)用传统的钢包烘烤设备加热钢包,热量难以到达钢包底部,包内加热不均匀,包盖与包沿之间必须留一定的空隙。大量的高温烟气从包沿排放到车间内,造成车间的热污染,易发生事故。蓄热式烘烤器用于钢包烘烤,由于是交替燃烧,故钢包加热均匀,能缩短烘包时间,减少排烟污染,可节约 60% 的煤气。

唐山建龙钢厂的顾兴钧工程师的研究表明,蓄热式钢包烘烤器和普通的烘烤器之间的性能差别如表 4-1 所示。

表 4-1　蓄热式钢包烘烤器和普通的烘烤器之间的性能差别

分　类	普通烘烤器	蓄热式烘烤器(HRC)
燃气种类	高炉煤气(纯氧条件下)3349kJ/m³	高炉煤气(纯氧条件下)3349kJ/m³
钢包初始温度/℃	600	600
钢包烘烤温度/℃	500~800	1000~1100
燃气消耗/m³·h⁻¹	1500	800
烤包时间/min	>30	10~15
预热空气温度/℃	100	≥1000
预热煤气温度/℃	不预热	≥1100
排烟温度/℃	500~850	<150

使用普通烘烤器煤气流量在 $1500m^3/h$,使用蓄热式烘烤器煤气流量在 $800m^3/h$ 的条件下,二者的烘烤时间与烘烤钢包的温度关系如图 4-4 所示。

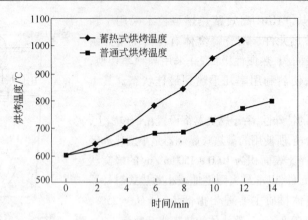

图 4-4　烘烤温度和时间的关系

4.1.4　蓄热式钢包烘烤器的系统组成和设备简介

目前,文献介绍的蓄热式钢包烘烤设备主要由空气换向阀、空气蓄热室、鼓风机、引风机、调节阀、快速切断阀、排烟管、控制系统组成。已经应用于钢厂的一种 HRC 高效陶瓷蓄热式烤包器的系统组成如图 4-5 所示。该系统由空气、煤气双蓄热的系统组成,对不同的燃料条件可以分别采用单预热和双预热系统。在燃烧气体燃料时,如果燃气的热值较高,如焦炉煤气和天然气等,燃气在整个入炉气体总量中占有的比例较小,就可以采用单预热空气的单预热方式;如果燃气的热值很低,燃气在整个入炉气体总量中占有的比例较大,例如使用高炉煤气的场合,高炉煤气占入炉气体总量的一半左右,就必须采用和煤气同时预热的双预热方式,这样更有利于提高系统的热效率。如果采用单预热方式,则采用系统中一半的设备即可。在系统中空气、煤气流量可调,包盖和烧嘴均采用高质量的耐火材料制造,它们寿命可达 2 年左右,且换向阀寿命可以达到 100 万次。因此,整个系统结构稳定、安全可靠、灵活耐用、有极高的实用性。

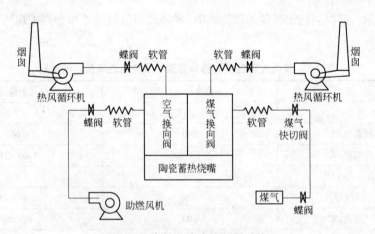

图 4-5　高效蓄热式烤包器系统

相应的钢包烘烤器全自动控制系统采用灵活多变的 PLC 控制方式,可实现钢包烘烤温度的自动控制,实现空气、煤气按比例调节,实现空气预热、煤气预热和排烟温度的自动控制等。

韶钢使用的蓄热式卧式钢包烘烤装置示意图如图 4-6 所示。

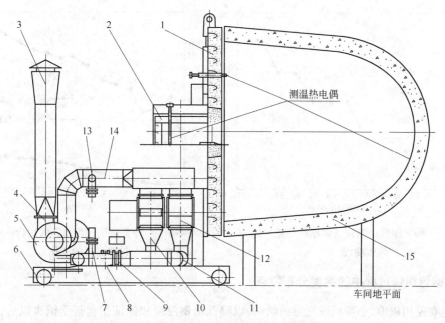

测温热电偶

车间地平面

图 4-6 韶钢蓄热式卧式钢包烘烤装置

1—钢包盖;2—蓄热室;3—烟囱;4—引风机;5—鼓风机;6—移动平台;7—放散阀;8—空气调节阀;9—煤气调节阀;
10—空气管道;11—煤气管道;12—换向阀;13—冷风吸入口;14—烟气管道;15—钢包(铁水包)

4.1.5 常见钢包的养护性烘烤特点

钢包的烘烤分为养护性烘烤和正常使用的烘烤。养护性烘烤的烘烤特点主要是根据所用耐火材料的特点、结合剂的种类等因素加以考虑。养护烘烤时间根据钢包大小、永久层厚度调整,一般为 60～80h。普通的钢包烘烤器,在没有温控装置时,采用调整煤气量控制温度的方法,一般为小火、中火、大火烘烤。其中,防止耐火材料在烘烤过程中水分排出不合理出现的爆裂,耐火材料之间出现的裂纹、裂缝等缺陷是主要的考虑因素。通常三种烘烤的时间分别为 24h、24～32h、12～16h。一种采用普通钢包烘烤器烘烤钢包的烘烤程序如下:

(1)做好烘烤前的准备工作,查看煤气阀、煤气压力、鼓风机、卷扬机等设备是否正常,将钢包吊至预定的烤包位,砌好钢包吊向烤包位必须放正,如有偏心将导致钢包烘烤过程中内壁受热不均匀。

(2)打开煤气阀点火,启动风机。烘烤钢包的烘烤器卷扬机下降,使包盖距包沿 200～300mm 高,切忌一次性地将烘烤器的盖子盖住钢包,以防止爆裂现象的发生。

(3)调整合适的风量,参考烘烤曲线进行操作。先用小火(100～300℃)烘烤 10h,然后逐步升温,300～600℃要保持 8h 以上,保证水分从钢包排气孔排净,排气孔彻底不冒气时才能继续升温,新砌钢包 600℃升到 1000℃要持续 10h 以上。一种采用普通烘烤器烘烤钢包的烘烤曲线见图 4-7。

(4)钢包烘烤过程中要求升温全过程、风量调节、煤气量调节由专人操作,保证稳步升温,防止煤气压力不稳定,急速升温。

(5)每次烘包完毕,必须将煤气阀关紧,防止再次点火包内积有煤气,发生事故。

烘烤过程中包壁的温度变化见图 4-8。

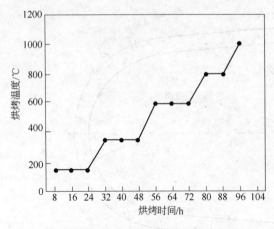

图 4-7　一种采用普通钢包烘烤器烘烤钢包的
烘烤曲线

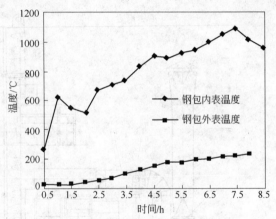

图 4-8　一种普通钢包烘烤器的烘烤曲线和
包壁温度的变化

4.1.6　钢包烘烤过程中的温度分布特点

钢包在使用以前,必须经过充分的烘烤,以降低出钢温度和保证钢包接受钢水以后,钢包的耐火材料受钢水的高温热冲击时,耐火材料处于稳定的安全使用状态,避免钢包出现各类事故。这些事故包括以下几类:

(1) 耐火材料烘烤不充分,造成的降温过大,导致钢水精炼时间增加,精炼过程的控制难度增加,破坏生产线各个工序中的时间流,造成生产混乱,甚至造成钢水无法精炼或者无法浇铸;

(2) 钢包烘烤不充分造成的耐火材料受钢水的热冲击以后,体积发生膨胀,造成耐火材料的损坏,导致钢包使用寿命降低甚至发生钢水在精炼过程中的穿包事故;

(3) 钢包烘烤不充分,在出钢过程中,包衬材料中的水分、耐火材料本身或者黏结剂受热产生的气体急剧排出,引起的钢水沸腾事故,轻则增加操作控制的难度,重则造成烧坏设备,造成人员伤亡。

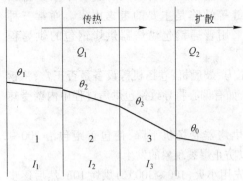

图 4-9　钢包热量散失过程的示意图
1—工作层;2—永久层;3—绝热保温层

热传导特点之一就是绝大多数的材料的传热都是由高温向低温方向进行传热。钢包的烘烤过程中,这些传热的行为过程包括:火焰烘烤器燃烧的火焰产生的热量,一部分随排出的烟气带走,一部分加热耐火材料的工作层以后,工作层通过热传导,向永久层进行传热,永久层温度高于绝热保温层以后,向包壁表面的钢板传热,钢板的温度高于环境温度以后,包壁向周围的空气进行对流传热和辐射传热,钢包烘烤过程中和钢水精炼过程中的传热示意图见图 4-9。

钢包在烘烤过程中,工作层、永久层、绝热保温层在升温以后都会进行热传导或者辐射,散失部分的热量。其中,工作层传热给永久层,永久层传热给绝热层,绝热层散热给包壁。包壁外表面温度与散失热量的关系见图 4-10。

钢包的烘烤过程是耐火材料内衬及包壳不断蓄热的一个过程,是包壳外表面通过辐射和对流与外界环境同时也进行着热交换,直到达到动态平衡状态的过程。相关的文献介绍,一个 250～350t 的新型钢包,需要经过 30h 的烘烤,才能够达到传热稳定,投入运行的状态。钢包烘烤的温度越高,散热的量也越多,相关的研究表明,钢包烘烤的温度,在工作层耐火材料表面可以达到1200℃以后,包壳的外表温度可达310℃,向空气中散失的热量就会增加。为了减少热量损失,钢包烘烤充分以后,应该尽快地投入使用。钢包烘烤过程中散失热量和包壁外表面温度与内衬升温温度三者之间的关系见图4-11。

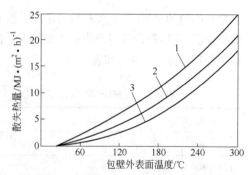

图 4-10 包壁外表面温度与散热热量的关系
1—工作层散失的热量;2—永久层散失的热量;
3—绝热保温层散失的热量

从经济和烘烤时间的角度来讲,当然希望耐火材料的散热能力越小越好;从传热的角度讲,钢包壁外表面的温度越低,从包壁外表面散失的热量损失也就越小。所以,减少包壁表面散失的热量也就

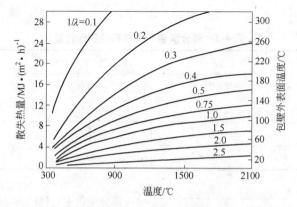

图 4-11 钢包烘烤过程中散失热量和包壁外表面温度与内衬升温温度三者之间的关系

是节约了能源,优化了精炼工艺的控制。降低钢包包壁热损失的基本途径主要有以下三种:

(1) 选用隔热保温耐火材料。对一些小钢包来讲,如果转炉出钢以后,钢水能够较快处理以后就浇铸,热量的散失不多,可以选用一般的隔热耐火材料。笔者在调查中发现,有的小厂家甚至没有使用隔热耐火材料,但是对工人装配滑板,修补钢包的作业环境来讲,因为没有绝热层,钢包包壁的钢板温度高,辐射造成的工作环境温度高,对工人的影响比较大;对一些较大的钢包,使用优质的绝热保温耐火材料的钢包,最明显的一点是可以将转炉的出钢温度降低5~7.2℃,并且对于与钢包使用有关联的工作环境和设备,如钢包车、钢包回转台等,能够降低它们的热负荷冲击强度。

(2) 对包壁的外表面温度,在钢包内部温度一定的情况下,主要取决于包壁的厚度和包衬材料的导热系数,所以选用合适的包衬结构也不失为减少热损失的一种方法。不同厚度的钢包耐火材料对内壁温度的影响见图4-12。

增加耐火材料的厚度会影响到钢包的

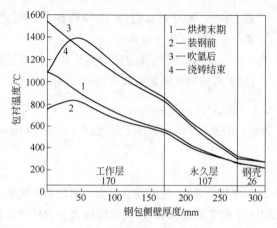

图 4-12 不同厚度的耐火材料对钢包内壁温度的影响

容量和钢包的总量,而耐火材料的传热系数和其使用寿命也有一定的关系,所以要综合考虑各方面的情况,使得钢包的使用状态达到一个最佳的结合点,以减少热散失。部分耐火材料的导热系数和物理性能见表 4-2 和表 4-3。

表 4-2　镁炭砖(MgO 含量为 73% ~ 85%,密度为 2850 ~ 2950kg/m³)的导热系数

温度/℃	导热系数/W·(m·℃)⁻¹				
400	13.7	14.4	15.5	13.7	15.5
600	11.9	12.5	13.7	11.9	13.7
800	11.0	11.6	11.9	11.0	12.5
1000	10.6	11	11.8	10.6	11.8

表 4-3　部分钢包耐火材料的物理性能

耐火材料种类	密度/kg·m⁻³	导热系数/W·(m·℃)⁻¹	比热容/J·(kg·℃)⁻¹
重质高铝砖	2500	$1.52 - 0.186 \times 10^{-3} t$	$836 + 0.234 \times 10^{-3} t$
轻质高铝砖	2190	$1.52 - 0.186 \times 10^{-3} t$	$836 + 0.234 \times 10^{-3} t$
石棉板	1150	0.157	815
钢板	7700	43.2	470

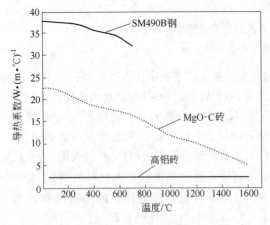

图 4-13　部分钢包材料导热系数曲线

部分钢包主要材料的导热系数曲线见图 4-13。

不同温度下耐火材料和钢板的导热系数各不相同,各种材料的比热容也各不相同。一般情况下空气与包壳的自然换热系数为 5 ~ 10W/(m²·K),在计算过程中,包壳表面与空气的平均换热系数的确定,大多数人采用下式进行计算:

$$\bar{\alpha} = \frac{Nu_{m}\lambda_{m}}{h}$$

式中,Nu_{m} 为努塞尔数;λ_{m} 为空气的导热系数,W/(m·℃);h 为钢包高度,m。

包壳与周围环境的辐射换热转化为对流换热时,等价对流换热系数可用下式表示:

$$h_{r} = \varepsilon B(t_{s}^{2} + t_{a}^{2})(t_{s} + t_{a})$$

式中,h_{r} 为等价的对流换热系数,W/(m·℃);t_{s} 为包壳的温度,℃;t_{a} 为环境温度,℃;B 为 Boltzmann 常数;ε 为辐射系数,取辐射系数为 0.8。

部分钢包材料的比热曲线见图 4-14。

(3) 由于空气的导热能力较低,利用钢包的一些辅助结构,可以改变包壳表面热散失流场结构,降低热量的散失。图 4-15 所示的钢包外壳中,下箍带附近区域,包底与桶体连接的环焊缝附近区域,由于空气的流动受这些钢结构的影响,散失的热量也较少。

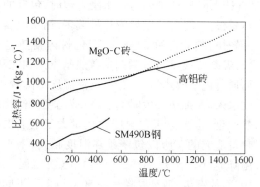

图 4-14 部分钢包材料的比热曲线

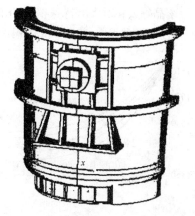

图 4-15 一种钢包的三维局部实体模型

4.1.7 钢包烘烤过程中的特点

在钢包的烘烤阶段,钢包包壳一直处于空气中,与周围的环境不断地进行热交换,热交换的方式有两种,一种为包壳与空气的自然对流换热,另一种为包壳与外界环境的辐射换热。由普朗克定律可知,高温条件下,物体的温度大于 800℃ 以上时,热交换主要以热辐射为主;物体的温度低于 800℃ 时,以对流散热为主。由于在烘烤时,钢包包底的空气基本不流动,因此包底散失的热量较少,包衬侧壁的温度高于包底的温度。从提高钢包烘烤效果的角度讲,如果烘烤的火焰到达钢包底部,对提高钢包的烘烤效果有益。

在钢包烘烤过程的不同时间段,包壳表面温度的整体分布规律大致相同,均为在包口处温度最高,这主要是由于烘包时,包口受火焰烧灼所致,钢包的其余部位温度相差不大。钢包达到最后的传热平衡状态时,包壳外表面的上渣线处温度最高可以达到 310℃,下渣线处的温度也高于其他部位,原因是由于镁炭砖的导热系数较高造成的。

4.2 钢包的热态变化

4.2.1 出钢过程中钢包热态变化的过程

钢包在使用前烘烤以后,钢包的热状况不同,包衬的蓄热和钢壳的散热也不同。对内衬烘烤良好的钢包(钢包包壁温度较高),在烘烤的温度条件下,包衬的蓄热量相对达到一个烘烤状态下的动态平衡,在钢包接受钢水的时候,钢液的温度远远高于钢包内衬的烘烤温度,耐火材料在此温度下的温度也将相应地升高,此时新的传热开始,即高温钢水对工作层传热,工作层对永久层传热,永久层对钢包外壳的钢板传热,直到钢包外壳达到一定的温度,传热又会达到一个相对平衡,在这一过程中,耐火材料之间的传热系数和耐火材料的比热容对钢水温降产生不同的影响。

图 4-16 为某厂实测的钢包侧壁温度分区曲线。从图形的分布可以看出,钢包烘烤的温度越高,钢包包衬的蓄热量越大,对减少钢水温度损失越有利。

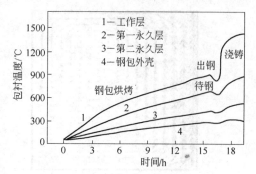

图 4-16 一座钢包侧壁温度的分布曲线

李晶等人在对大冶特殊钢股份有限公司的 60t 钢包的跟踪研究中发现,60t 钢包在电炉出钢,钢包接钢过程中,前 20min 内钢液温度几乎呈直线下降。这是因为钢水刚入包时,包壁的蓄热量极大,损失于包衬的热量较多,钢水温度下降较快;随着时间的推移,钢包衬内蓄热量加大,温降变缓,30min 后包壁蓄热基本达到饱和,而通过包壁散热量又较少,钢液温度下降较小。钢水入 LF 加热一段时间后,钢液温度仍然比加热前低,也是由于包衬吸蓄热量大于电能供给热量造成的。所以包壁预热温度越高,钢水的温降越小。预热温度为 900℃ 与预热温度为 500℃ 的钢包,钢水温降相差 50℃ 以上。不同包壁烘烤温度对钢水的温降影响见图 4-17。

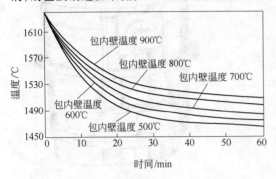

图 4-17　钢包烘烤温度对钢水温度的影响

所以相对"烘烤良好的热态钢包"而言,"冷钢包"要提高出钢温度 10~40℃,以减少各类事故,降低操作难度。

4.2.2　钢包吹氩过程中热能变化的基本过程

转炉或者电炉的钢水出钢后注入钢包,经测定发现,钢包内中部与底部钢水温度差 30℃ 以上。在一些厂家,转炉出钢温度过高以后,在吹氩站或者 CAS-OB 工位加入废钢,如本厂返回的同类相同成分的废钢进行降温处理。如不吹氩搅拌,钢包钢水在浇铸过程中,底部的低温钢水首先进入中间包,将引起中间包开浇困难,甚至因钢温低而影响浇钢正常进行。采用吹氩工艺是均匀钢水温度的最佳方法,在钢包吹氩过程中,钢包内的钢水出现以下几种流动状态:

(1) 循环流。在采用中心底吹氩的钢包内,当中心气液两相区形成的上升流到达熔池液面后,气体溢出熔池,而钢水则在动力的作用下由中心流向包壁,并在靠近包壁处向下流动,最后又被中心上升流抽引,从而形成一种对称于中心轴的二维循环流。

(2) 表面水平流。在钢包液面,由两相区流出的钢水形成流向包壁的流层,其流层厚度在一定范围内波动。

(3) 钢包下部流层流动。在钢包的底部,由包壁回流的钢水流向气液两相区,与表面水平流相似。

不同吹氩流量时,钢包钢水流场见图 4-18 和图 4-19。

在这种流场内,钢液的流动,减少了钢水温度之间的差别,有利于精炼过程中的温度控制。钢包吹氩过程中,对钢水的温度降低的影响主要由以下几个方面实现:

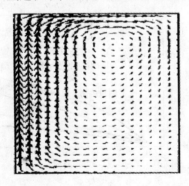

图 4-18　吹氩流量为 410L/min 时钢包钢水流场

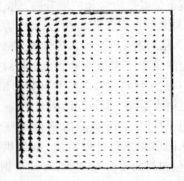

图 4-19　吹氩流量为 100L/min 时钢包钢水流场

（1）吹氩过程中，吹氩造成了钢液面的裸露，增加了钢液表面向炉气或者大气辐射传热的能力，这是导致吹氩过程中温度散失的主要原因。

（2）氩气在标准状态下吹入钢水中，被加热排出以后，带走部分的热量。

（3）吹氩过程中，加速和促进了钢渣之间的化学反应，几乎大多数的还原反应都属于吸热反应，这也是促使钢水有部分温降的原因。

在实际吹氩过程中，将低温区钢水带入高温区钢水，进行热交换以后，造成高温区钢水温度下降，是吹氩的手段实现了钢包温度的均匀化，并非吹氩作用带走的热损失造成的。一些情况下，减少吹氩量，保持软吹，可以降低钢包内钢水温度散失过快的速度；而在另外的一些情况下，采用较大的氩气流量，较长时间地吹氩，对高温钢水进行降温，也是一种无奈之举。相关文献给出了一座钢包吹氩流量的大小和钢水温降之间的关系（见图4-20）。

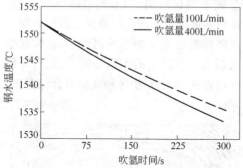

图4-20　不同的吹氩量下钢包温降曲线

4.2.3　钢水在钢包内传热的基本形式

钢水在钢包内，不论处于何种状态，都会不断地进行热交换行为，造成钢水的温度降低。钢水在钢包内损失的传热机理如图4-21所示，分为两部分：第一部分是紧密接触包壁的钢水，其热量通过热传导进入包壁，其中部分热量蓄存在包壁内，部分热量通过包外壳以辐射和对流的方式发散到周围环境中；第二部分是经钢水上表面的辐射和对流传热散失掉的热量，它同时包括了传导、辐射和对流三种传热的基本方式。

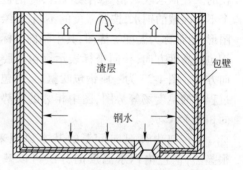

图4-21　钢水在钢包内传热示意图

钢包内钢水的对流热 Q_1 可以表示如下：

$$Q_1 = C\left(\frac{g\beta L^3 (T_1 - T_2)}{\nu^2} \times Pr\right)^n \frac{\lambda}{L} F(T_1 - T_2)$$

式中，Pr 为普朗特数，可从定性温度表中查取，定性温度一般取钢水表面温度与空气温度的平均值；L 为定性尺寸，m；g 为重力加速度，m/s^2；F 为钢包上表面面积，m^2；λ 为空气的导热系数，W/(m·℃)；C，n 为试验系数和指数，可以通过 Pr，C_r 的值查得；β 为体积膨胀系数，可从定性温度表中查取；ν 为运动黏度，m^2/s；T_1 为钢包内上部表面温度，K；T_2 为钢包上部空气的温度，K。

辐射热损失 Q_2 可以表示如下：

$$Q_2 = 5.67 F \varphi \varepsilon_1 \varepsilon_2 \left(\frac{T_1}{100}\right)^4$$

式中，ε_1，ε_2 为钢包上表面和空气的黑度；φ 为角度修正系数，可以通过查表求出。

相关专家的水模型试验发现，钢水在钢包内部，不管表面覆盖的渣层是厚是薄，钢水内部发生明显的对流现象，对浇铸温度有不同的影响。薄渣层时，钢水和钢渣层交界面处的温度损失大于钢包内部的温度差，表面处的钢水因密度增加而下降，与钢包中心区域的钢水混合均匀，钢包

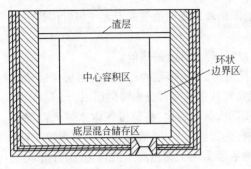

图 4-22　钢包内钢水温度分层示意图

内无温度分层;钢水表面覆盖的渣层较厚时,厚渣层能起到良好的绝热作用,钢水和渣层交界面处的热损失较小,而此时因侧壁的传导散热,使紧邻它的钢水温度降低、密度增大而下降,形成侧壁钢水对流。此钢流流至钢包底层,引起钢包内温度分层,直接影响浇铸温度。为了能定量地描述钢包内钢水温度分层对浇铸温度变化的影响,目前大多数的学者将钢包内钢水按照温度的不同分为三部分,分别定义为环状边界区、中心容积区和底层混合储存区,如图 4-22 所示。

从图 4-22 可以看出,处于三个不同区域的钢水的温度是不同的。即靠近包壁的钢液由于向包衬传热,温度较低,包底的温度也较低,只有钢包中心的温度是最高的。在有吹氩条件的时候,钢水之间的温差相对地小一点,但却是存在的。在钢水吹氩精炼结束以后,将钢包内三个不同区域的钢水,按照温度的不同,描绘成为图形,通常称为温度等势图,其中轴向坐标表示钢包的高度方向,径向坐标表示钢包内腔的横向方向。图 4-23 为一座钢包吹氩后,钢包运送过程中的温度场等势图,图中相邻的等势线之间相差 15℃。

从传热由高温向低温的基本原理来看,很显然,钢包内钢水温度的分层可以减少通

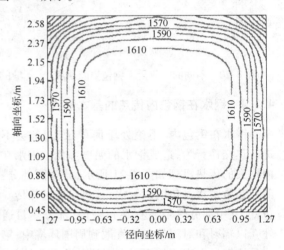

图 4-23　吹氩后钢包运送过程中的温度场等势图

过包衬散热所带来的热损失,是有益的,从操作的角度来讲,钢水到达连铸平台测温时,选择在钢包内的测温点不同,温度的偏差可以达到 1.5 ~ 5℃。

4.2.4　钢水在钢包静置状态的温度特点

钢水经过精炼,或者不经过精炼,到达连铸机平台,等待浇铸的这一阶段,称为钢水的静置状态。钢水在钢包处于静置状态的时候,钢包内不同区域的钢水温度各不相同,导致钢包内的钢水也发生流动,具体的流动特点有一定的规律性,主要是因为靠近包壁的环状边界区的钢水温度低于中心容积区钢水的温度,所以环状边界区的钢水密度高于中心容积区的钢水密度,导致中心的钢水向上流动,四周的钢水沿着钢包壁向下流动。所以钢水因为温度降低,在钢包内凝固,包壁黏结冷钢的厚度也是沿着钢包上沿向下依次增加的,呈现"V"形的特点。钢液静置的时间越久,钢包内钢水温度分层的现象将加剧。

4.2.5　钢包在浇铸状态下的流场特点

钢包在浇铸时,钢包水口打开,钢包内的钢水形成两部分的循环流,水口上部的钢水可以直接流出,在钢包底部一定高度上的钢水不会直接流出水口,这说明一个钢包在浇铸到一定的液面高度时,钢包内的顶渣会先于钢水流入水口。研究结果发现,钢包有顶渣的时候,钢包浇铸钢水的前面一段时间,顶渣会发生微弱的逆时针旋转,速度逐渐变小;在钢包内钢水液面浇铸到一定

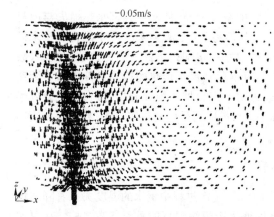

图4-24 钢包浇铸过程中间包内钢液的流场图

的位置时,顶渣会发生顺时针旋转,速度逐渐变大,最后在接近水口的位置形成一个小漩涡,小漩涡的旋转速度会越来越大,会造成部分的钢渣卷入钢水,即所说的钢包开始下渣,当钢水继续浇铸到一定的程度,钢液不再流出,钢包内的钢渣将会大量地从水口流出,这对钢水的质量和钢包的清理装配而言是不利的。钢包内钢水在浇铸状态下的流场如图4-24所示。

钢渣开始从水口流出时,钢包内钢液的高度称为钢包下渣的临界高度。钢包在连铸浇铸过程中,下渣的危害是多方面的,体现在以下几点:

(1)钢渣在钢包水口中凝固以后,增加了清理钢包水口的难度,清理过程中时间延长,劳动强度增加。

(2)清理过程中损坏水口的可能性较大,水口损坏以后,需要更换,增加了耐火材料的消耗成本和工作强度。

(3)钢包下渣以后,钢渣进入中间包,影响了钢水的质量,增加了中间包和水口等耐火材料的侵蚀速度。

从这些综合因素看,连铸在浇铸钢水的时候,钢包内剩余钢水是难免的,要减少钢包在连铸的铸余钢水的量,合理地减少钢渣的厚度是很必要的,即控制精炼处理过程中钢渣的量。

4.2.6 钢包浇铸以后包衬的温度变化

钢包在浇铸以后,因为没有了钢水的传热,钢包表面首先由红热的状态向外界辐射传热和对流传热,并且迅速地降温,钢包的温度特点表现为包底温度高于包壁的温度,具体的温度分布如图4-25所示。

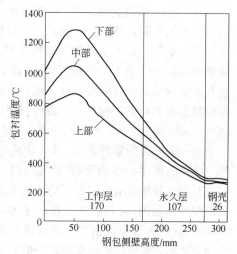

图4-25 浇铸结束钢包侧壁不同高度上的温度分布

4.3 炼钢厂钢包温降规律的简介和减少钢包降温的手段

钢包,也称钢水罐,是炼钢生产过程中不可缺少的设备,是联系电炉、转炉炼钢过程和钢水精炼、连铸或者模铸之间的中介容器,它的重要性体现在钢水从出炉后至精炼,然后到浇铸结束,钢水都盛装在钢包内。而钢包在生产周转过程中的传热,直接影响着出钢和盛钢过程中钢水的温度变化,对钢水炉外精炼和浇铸过程产生至关重要的影响。对钢水的炉外精炼过程来讲,温度是钢水精炼效果能否实现的保证,并最终影响产品的质量。而对连铸来讲,低过热度浇铸是保证钢坯综合质量的前提。所以,了解钢包的热态特点,对提高精炼过程中的操作水平,能够起到促进作用,能够获得理想的浇铸温度,实现优质、高产、低耗的生产目的。

关于钢包传热过程的研究主要集中在钢包内钢水与钢包内衬的传热以及钢水、包衬的温度分布。从研究方法上来讲,有实测法、物理模拟法、数值模拟法和综合研究法。实测法是借助于各种实验手段来实际测量钢包及钢水在不同循环时间的温度分布,从而得到钢水热损失与内衬散热的温度关系;物理模拟方法则是根据相似原理,用其他易于做试验且易于测定的物理量来模拟温度场或流场;数值模拟是一种离线研究方法,通过建立一定工艺条件下的传热数学模型,数值求解后得到钢包内部的温度分布;综合研究方法是对钢包及钢水传热的边界条件进行实际测量,或进行实验室模拟测试,或结合某些边界条件通过对生产数据的统计分析,拟合出经验或半经验关系式,进而用计算机进行传热计算的一种方法。目前应用最广的是实测法、数值模拟法以及两者结合的综合研究法。

4.3.1 炼钢厂钢包温度管控的重要性和关键环节

目前,大多数的钢厂都是以全连铸为中心组织生产的,生产过程中钢水的温度关系着降本增效和钢坯质量的关键环节,合理的钢水温度制度是保证生产组织顺行的重要参数之一。在可比条件下,连铸坯质量的优劣及操作的顺行,在很大程度上取决于连铸中间包钢水的温度,也就是钢水浇铸的过热度控制。而中间包钢水过热度的大小,又与转炉出钢的终点温度或者钢水的精炼处理工序的温度控制有关。

对所有的炼钢企业来讲,温度的确定是采用从连铸到炉外精炼,从炉外精炼到转炉出钢的倒推法来控制计算的。后面的工序温度是制定前面一道工序温度的基础,即一道工序的温度必须满足下一道工序的所需温度要求。也就是说,一个工序如果有钢水温度的控制能力,就必须根据下一道工序的温度需要,进行温度调整或者补偿。一条炼钢生产线的温度控制,就是由钢种的液相线温度计算开始,逐步向前推进而得到各个工序点的温度值,从而进行不同阶段温度调整的控制方法。温度制度制定的好坏,是衡量一个炼钢厂管控水平的重要指标之一。

对一个特定的钢种而言,其化学成分是由用户要求的使用标准确定的,液相线温度可通过其目标成分计算出来。为了清楚各个工序点的温度控制范围,就必须知道各工序之间的过程温降,从而为整个炼钢工序的温度制度的建立奠定基础。炼钢厂的温度测定一般分为几个点,如图4-26所示。

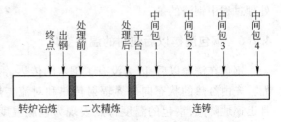

图4-26 全连铸钢厂工序测温点设置

4.3.2 钢包降低热能散失的途径

从某一种意义上讲,热传导和对流传热都必须通过中间介质才能够进行,热能的辐射不需要任何的介质,在真空中一样进行。所以,在生产实践中,采用以下方法减少钢包的温度散失和钢水的温度散失:

(1)钢包在连铸浇铸过程中使用加盖保温,即在钢包回转台上加升降式或者旋转式的保温盖保温,直至钢包浇铸完毕。实践证实,连铸使用钢包保温盖以后,钢包钢水到中间包的温降平均值,同比条件下,比没有使用钢包加盖,钢包钢水到达中间包的温降平均值增加了3~5℃,这也说明了钢包加盖以后,对减少钢包内钢水的散热效果显著。此外,钢包浇铸结束以后,剩余钢渣的流动性和钢包是否加盖也关系密切。

(2)在钢包等待转炉出钢的这一阶段,设置离线或者在线加盖、烘烤措施。采用这种措施会明显地减少钢包的热损失。钢包保温盖材料采用耐火水泥或者高铝料等材料浇注,在一定程度上能够减少热辐射损失。图4-27是钢包在浇铸结束以后,钢包有盖和无盖条件下钢包耐火材料的温度变化。

（3）钢水精炼结束以后加覆盖剂。钢包内加入覆盖剂以后，钢液的热能传递通过与覆盖剂传导传热，再通过覆盖剂上表面与空气进行热交换，可以减少钢液上表面的辐射热损失和对流热散失。

多家钢厂的文献介绍，钢包加盖可使包衬热损失减少20%～35%，钢水温降约减少3～7℃，提高钢包浇铸结束以后返回钢包的包壁温度20～50℃。某钢厂采用钢包内钢水表面加覆盖剂保温，浇铸过程中钢包加盖，采用这两项措施以后，钢水热损失

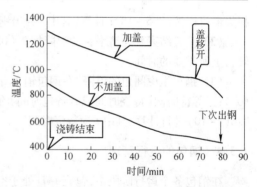

图4-27　有盖和无盖条件下钢包耐火材料的
温度变化

减少了35%～40%，比仅采用有钢渣覆盖的热损失减少13.3%，对钢水终点的温降减少约11～12℃，可以降低转炉出钢温度20℃。

4.3.3　钢包到中间包的温降

钢水进入中间包以后，和转炉钢水进入钢包的钢水温降的环节基本相似，第一包钢水到达中间包以后，首先钢水的一部分热量是用于中间包耐火材料内衬蓄热，内衬蓄热达到一定的温度以后，内衬向中间包的包壁钢材传热，包壁的钢结构受热以后，向周围的空气进行对流或者辐射传热。当钢结构的温度上升到一定的温度以后，包衬的吸热和传热，中间包包壁钢结构向周围的空气对流、辐射传热达到一种动态的平衡；其次在中间包的钢水，会向中间包上部的空气进行辐射和对流散热，这两部分是钢包钢水进入中间包以后温度降低的主要原因。掌握转炉炼钢各工序过程的温降规律，可以保证中间包温度的稳定性，对生产的综合效益和钢材的质量大有裨益。

连铸中间包的准备条件不同，即其材质的比热容和材质的预热程度不同，都会在一定程度上对钢包温降造成影响，特别是对连浇的第一炉来说，尤为明显。中间包开浇的第一炉和非第一炉之间，钢包钢水到达中间包的温差在3.5～10℃。其中铝镇静钢温降为5～10℃，非铝镇静钢温降为3.5～7℃，铝镇静钢和非铝镇静钢的钢包到中间包的温降稍有区别，前者的钢包温降略低于后者的钢包温降，差值在2℃之内。西北、东北地区的冬季温差和中原、南方地区的温差不同，钢水的温降也会有明显的不同。武钢曹同友高工对一座250t转炉、250tRH精炼炉和60t中间包进行了调研，得到钢包钢水到中间包以后的温度统计，具体结果见表4-4。

表4-4　钢包到中间包的温降调查结果

钢　种	炉数/次	第一炉平均温降/℃	非第一炉平均温降/℃	平均温降/℃	第一炉和非第一炉之间的温降差值/℃
铝镇静钢	486	30.1	24.9	25.9	5.2
非铝镇静钢	272	30.7	26.8	27.4	3.9

结合曹同友高工的研究结果，笔者认为，对一座现代化的转炉生产线来讲，各个工序中的温降特点主要有：

（1）转炉出钢过程的温降，主要和钢包的烘烤情况和使用情况有关以外，还和出钢口的大小，合金加入量、出钢口距离钢包的高度等因素关系密切。在钢包连续使用的红热状态下，温降

损失值可以按 $(7.5\sim18)t$ 计算,其中 t 为出钢时间。

(2)精炼结束到连铸平台的温降按 $2+0.5t$ 确定,其中 t 为钢包钢水从精炼炉吊运到连铸回转台上所需要的时间。

(3)钢包至中间包的温降,在钢包钢水等待开浇的时间小于10min 的条件下,温降值为 $20\sim40℃$;当等待时间(待浇时间或者备包时间)在 10min 以上时,需要精炼炉额外补偿的温度可以用 $0.6(t-10)$ 进行计算,其中 t 为待浇时间。

4.3.4　钢包的运行管理

在钢包各个运行阶段中,包壳一直处于空气中,与周围的环境进行热交换。尽可能缩短钢包循环使用过程中的等待时间,对减少热损失效果明显,而且对提高钢包耐火材料的使用寿命有积极的意义。某厂周转时间小于 200min 钢包比例与钢包寿命的关系见图4-28。

常见的优化钢包管理采用的方法主要有:

(1)优化钢包的烘烤。钢包烘烤应加盖用燃烧完全的烘烤喷嘴将火焰射到包底,出钢前内衬温度应在 1000℃ 以上。

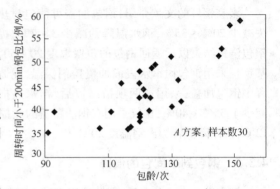

图 4-28　某厂周转时间小于 200min 钢包比例与钢包寿命的关系

(2)加快浇铸结束以后的钢包的清理装配工作。没有了钢水的传热,钢包本身的散热损失急剧增大,钢包温降十分明显,这时从节能的角度出发,钢包应该立即进行热修或处理,如果没有必要进行热修,则可直接运送到烘烤站保温,这样可以缩短钢包用于烘烤的时间,节约能源,并增加钢包的利用率。

(3)减少钢包等待的柔性时间。所谓钢包转运过程的柔性时间,是指在炼钢厂系统运行过程中,钢包在不同工位之间传搁当中等待作业所用的时间之和,如钢包浇铸结束以后,等待倒铸余钢渣,等待清理装配的时间,装配好以后等待出钢的时间,以及等待行车吊运等环节的时间和。钢包运转过程中的柔性时间是必须存在的。关键是通过加强生产过程的管控能力,使其处于一个合理的范围内,以优化或者缩短钢包转运过程的柔性时间。钢包的热循环过程流程如图4-29所示。

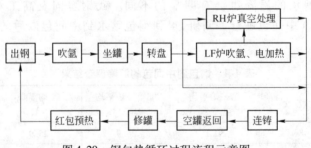

图 4-29　钢包热循环过程流程示意图

从测定空包内衬温度的变化情况跟踪表明,钢包装配好滑板机构,做好投入使用的前期工作以后,等待使用时间应控制在 $10\sim40$min 之内为宜。等待时间超过 20min 以上的,如果生产的节奏允许,行车的能力足够,应该将钢包加盖保温或者加盖烘烤保温,否则等待时间过长会造成包衬温度下降,转炉出钢,钢包接钢后包内钢水降温幅度大。

（4）采取相应的保温措施,加强钢水表面的覆盖。精炼过程中控制合适的顶渣量,优化渣系的结构,添加覆盖剂,进行钢包表面的覆盖,能有效阻止钢液表面的热辐射,大量节省热量,降低钢水降温速度。

（5）浇铸过程钢包及中间包加盖。钢包加盖可使包衬吸热的蓄热损失减少,减少钢水的降温;中间包加盖也有利于减少钢水的热散失。

（6）组织多炉连浇,有利于减少钢水热损失,并可降低出钢温度。

（7）采用高效连铸技术,提高拉速、缩短浇铸时间,也有利于减少钢水热损失。

（8）合理地控制生产线中间钢包的使用数量。

4.3.5 钢厂使用钢包数量的合理控制

合理的钢包数量是实现炼钢厂炉机对应原则能耗最小的基础,钢包使用个数的计算方法有:

（1）时间计算法。设炼钢厂每个生产作业班为 8h 工作制,8h 最多冶炼 n 炉钢水,钢包运行周期为 τ,则钢包使用个数 m 可由下式计算:

$$m = (n \times \tau)/(60 \times 8)$$

其中,钢包的运行周期是指一个钢包投入使用以后,到下一次投入使用之间的时间。理想的钢包运行周期可以通过下式确定:

$$\tau = t_1 + t_2 + t_3 + t_4 + t_5 + t_6 + t_7$$

式中,t_1 为钢包在连铸浇铸结束以后的倒渣时间,min;t_2 为钢包的清理装配时间,min;t_3 为钢包接钢时间,min;t_4 为钢水的精炼时间,min;t_5 为钢水的浇铸时间,min;t_6 为行车吊运钢包到达各个工序运行的时间总和,min;t_7 为 $t_1 \sim t_6$ 环节之间的合理柔性时间,min。

（2）周期匹配法。在炼钢生产过程中,投入钢包使用个数与炼钢炉的冶炼周期和钢包转运过程的时间有关,可用炼钢炉冶炼周期与钢包转运时间来计算转炉炼钢过程的钢包使用个数,见下式:

$$m = \tau/\sigma$$

式中,σ 为炼钢炉冶炼周期,min。

由上式可以计算出钢包运行个数与转炉冶炼周期之间的定量关系。如一座 120t 的转炉,冶炼周期为 40min 时,钢包转运周期为 150min,则相应需要的钢包数是 3.75 个,两座转炉共需 7.5 个,即 8 个钢包,这与实际生产中钢包使用的情况基本一致。

4.3.6 冷钢包的控制

冷钢包是炼钢过程中常见的一种情况。产生这种情况的原因主要有以下几种:

（1）钢水低温,连铸没有浇铸完毕,待行车吊下没有浇铸完毕的钢包以后,钢包内的钢水已经凝固在钢包内。

（2）连铸出现事故,浇铸的少量钢水退回精炼炉,钢水量太少,无法在 LF 或者在 CAS - OB 加热,也没有办法兑加在其他有钢水的钢水包内,也无法倒在一个合适的地方。

（3）其他各类事故产生的冷钢,如出钢吹氩不通或者倒包、行车故障造成的等。

这种情况的处理一般分为两种,一种是冷钢量过大,需要将钢包冷却到合适的温度以后,人工切割,然后倒出（或拉出）冷钢;另外一种方法是转炉提高出钢温度,将冷钢包烘烤以后直接接受转炉的高温钢水,以熔化冷钢。此外,少数的钢厂将冷钢包作为兑铁水的铁包使用,利用连续兑加铁水的条件,达到熔化钢包冷钢的目的,也不失为一种选择,但是具有不可知的风险。

在有 LF 炉的生产线,钢包浇铸以后包内有冷钢,处理的方法一般是转炉出钢以后,保证钢包吹氩正常,温度满足 LF 处理的需要,钢水在 LF 通过电能加热进行温度调整。在这一过程中冷钢量的多少,直接影响处理的效果和引发其他的事故。考虑时需要权衡以下几点:

(1) 权衡转炉出钢温度提高到多少度,符合成本效益的最大化的原则。利用转炉出钢熔化冷钢包,主要是要提高转炉的出钢温度,这个温度提高到多少,比较合理。因为转炉出钢的温度过高,对转炉的炉衬、出钢口、终点成分等方面的负面影响较多。

(2) 权衡考虑出钢量的多少,防止钢包出钢过满造成事故。

(3) 权衡冷钢数量给安全带来的影响。钢包内冷钢较多,转炉出钢过程中,温度的降低,使钢液中的碳氧平衡条件迅速改变,会产生大量的气体,加上吹氩,有可能造成钢水沸腾剧烈,翻出钢包,造成生产安全事故。这种事故笔者深有感触。

(4) 权衡成分的控制。钢包内冷钢的成分,是否和出钢冶炼的钢水成分接近或者一致,是否对成分的控制带来影响,也是不可忽略的考虑因素。

单纯从提高转炉的温度来分析,主要是依据出钢的钢水熔化冷钢,然后再升温达到预期的温度目标值所需要的热量来确定的。如一个 120t 钢包,正常情况下,转炉出钢温度 1620℃,即可满足钢水后续处理工序的温度需要。现在钢包内有 10t 的冷钢,转炉的额外出钢补偿温度在什么范围。考虑简化计算的步骤如下:

1) 转炉考虑装入量,确保出钢量在 110t 以内;

2) 考虑钢包接钢以后的合理温度范围。一般来讲,钢包接钢以后,进入 LF 处理的合理温度,在冶炼钢种的液相线温度的基础上增加 40℃为宜;

3) 计算出包内冷钢熔化,然后再升温达到预期的温度目标值所需要的热量。计算的公式如下:

$$Q_{\text{total}} = G[c_{p固态}(T_1 - T_2) + Q_1 + c_{p液态}(T_3 - T_1)]$$

式中,Q_{total} 为冷钢转化为预期温度合格钢水的物理热,J;G 为冷钢量,kg;$c_{p固态}$ 为冷钢的固态平均比热容,J/(kg·K);T_1 为冷钢的液相线温度,K;T_2 为包内冷钢的温度,K;Q_1 为冷钢的熔化潜热,J;T_3 为钢包内预期的目标温度,K;$c_{p液态}$ 为液态钢水的平均比热容,J/(kg·K)。

4) 这些热量需要转炉出钢温度在 1620℃ 的基础上,额外升温多少度能够达到目标,计算方法如下:

$$X = \frac{kQ_{\text{total}}}{Wc_{p液态}}$$

式中,X 为额外补偿温度的量,K;k 为修正系数,一般取 0.8~1.5;W 为出钢量,kg。

计算和实践结果表明,钢包的冷钢量每增加 1%,转炉的出钢温度需要额外提高 9.5~18.5℃(和冷钢的预热温度、厚度有关),钢包内的冷钢量超过 6% 以后,利用转炉出钢消除冷钢包的风险最大,处于不可取的范围。

冷钢包在转炉出钢以后,吹氩正常的情况下,如果温度偏低,可立即在 LF 炉利用最大功率加热 5~15min,然后进行测温,进入下一步的操作。

4.4　钢包覆盖剂

4.4.1　钢包覆盖剂简介

在没有钢水炉外精炼设备的时候,转炉钢水的钢渣很少,甚至没有钢渣,这种情况下转炉钢水表面裸露以后,一是温降大,二是钢水的二次氧化现象比较严重,前者的矛盾远远大于后者。为了防止钢水温降过快,最初的炭化稻壳为主的钢水覆盖剂应运而生。钢水保温剂的最初功能只是保温,以防止钢水在传输过程或浇铸过程中温降过大。

炭化稻壳是采用稻米加工过程中产生的稻壳为原料,经过充分炭化处理以后的产物。一种炭化稻壳的成分见表4-5。

表 4-5　一种炭化稻壳的主要成分

组　分	SiO_2	水　分	固定碳	灰　分
质量分数/%	30 ~ 50	<6	38 ~ 55	35 ~ 65

炭化稻壳体积密度小(松散体积密度 $0.07 ~ 0.09g/cm^3$,密实体积密度 $0.13 ~ 0.15g/cm^3$)、热容小、熔点高,其中耐火度在1600℃以上,对耐火材料的侵蚀作用较小,具有优良的保温绝热性能,且成本低廉。在光学显微镜下,没有焚烧炭化的稻壳表面存在规则的、纵横交错的网格。在这些网格中,每一个网格中都有一个近似圆锥体的凸起。稻壳炭化处理以后,这些圆锥体的凸起一部分破碎,一部分保持炭化稻壳的原型。国内的学者研究结果表明:炭化稻壳的内外表面由致密的 SiO_2 组成,内表面层薄,外表面层稍厚,内外表面之间是一个夹层,夹层由纵横交错的板片构成,含有大量呈现疏松蜂窝状的孔洞,这些孔洞中,存在有静止状态的空气,形成孔洞之间的空气阻隔。由于空气的导热性较差,所以炭化稻壳的这种结构具有相对良好的绝热保温性能。随着钢种质量的要求越来越高,炭化稻壳作为钢水覆盖剂表现出以下的缺点:

(1)炭化稻壳的铺展性差。炭化稻壳加入钢包后,往往出现堆状,不能迅速地铺展开,因此导致钢水表面经常有局部裸露在空气中,钢水散热比较快,使炭化稻壳的保温作用未能得到很好的发挥。为了弥补这种状况,需要额外加入较多的炭化稻壳,使得钢坯的制造成本增加。

(2)隔热保温作用不理想。炭化稻壳是将稻壳炭化后作为发热剂,但由于其发热值相对较低,化学反应的时间相对较短,而且炭化稻壳的覆盖层未能形成有效的隔热保温层,因此钢水热量的损失仍很大。

(3)炭化稻壳加入以后对作业环境的污染严重,不利于操作。

(4)炭化稻壳对钢水具有增碳作用。

(5)炭化稻壳对钢液有二次氧化的作用,尤其是铝镇静钢尤为明显。

随着钢质量要求的提高,要求覆盖剂具有的主要功能有保温、防止大气对钢水的二次氧化、吸附钢水中上浮的夹杂物、不与钢水反应避免污染钢水等。所以,不同的厂家都在致力于开发不同的钢水覆盖剂,以满足不同的钢种对钢水覆盖剂的功能要求。

针对炭化稻壳性能上存在的主要缺陷,通过改进覆盖剂使用的材料和优化成分的设计来提高覆盖剂的保温性能,在成分设计上,主要考虑以下几方面:

(1)提高覆盖剂的铺展性。方法是添加一定数量的膨胀材料,如膨胀蛭石和膨胀石墨。膨胀蛭石和膨胀石墨都具有较高的膨胀能力,能够使覆盖剂在投入钢包后迅速地铺展开,使覆盖剂有效地覆盖住钢水表面。同时这种膨胀作用还能使钢水表面的渣层中形成一个隔离层,可有效地降低钢水向外的热传导速度,起到隔热保温的作用。

(2)提高覆盖剂的发热值。方法是在覆盖剂中配加适量的发热剂,利用发热剂化学反应产生的热量来弥补钢包内钢水的热损失。发热剂主要选择焦炭粉和煤粉。

(3)确保覆盖剂具有适宜的成渣性能。覆盖剂的成渣性能包括适宜的成渣速度和成渣温度。

(4)覆盖剂加入钢包后,能够形成较为理想的三层结构,即原始层、烧结层、液态层。这就要求覆盖剂加入钢包后要具有一定的成渣速度,使部分渣料接触高温钢水后能够形成一定的熔渣层,在钢液表面扩散并覆盖住钢水表面。适宜的成渣温度主要取决于覆盖剂的熔点。覆盖剂熔点过高,则加入钢包不易熔化,成渣后的粒度大,使覆盖剂不能很好地覆盖住钢水表面,对非金属夹杂物的捕集能力较差;熔点过低,则成渣速度过快,反应时间短,无法在钢液表面形成适宜的三层结构,起不到应有的保温作用。

4.4.2　新型钢包覆盖剂的成分和性能

目前使用的覆盖剂中,一般成分为 $CaO-SiO_2-Al_2O_3$,同时添加部分的氧化铁。选择氧化铁作为氧化剂是因为在 $CaO-SiO_2-Al_2O_3$ 渣系中, Fe_2O_3 具有降低渣的熔点的作用,可以促进成渣。同时, Fe_2O_3 反应较慢,可以控制发热剂的反应速度,延长反应时间,提高后期的保温效果。

目前已开发出了不同的钢水覆盖剂,新开发的钢水覆盖剂按照功能区分,一般分为以下两种:

(1) 酸性类:典型的仍然有以炭化稻壳为主原料的钢水覆盖剂和以 Al_2O_3-SiO_2 基含碳或低碳保温剂,其最大的特点是成本低廉和钢水增碳较少。缺点是对脱氧良好的钢液具有二次氧化的作用,对钢包的渣线也有不利的影响。此类覆盖剂主要用于钢种质量要求不高的钢种,除了保温以外,同时起到防止钢液二次氧化,还原钢渣中氧化物的作用。

此类钢包覆盖剂的铺展性好,使外界空气与钢液表面基本上隔离开。液态的熔渣层是酸性渣,它的透气性很小,使空气特别是氧气很难通过石墨渣保护层。同时上部的原始层、过渡层和炭粉层都含有一定量的碳,高温下的碳很活泼,极易与氧进行反应:

$$C(s) + \{O_2\} =\!=\!= CO_2 + Q$$
$$2C(s) + \{O_2\} =\!=\!= 2CO - Q$$
$$2CO(g) + \{O_2\} =\!=\!= 2CO_2 + Q$$

反应的结果将氧气消耗掉,使氧气不能到达钢水表面,从而起到保护作用。同时钢中易氧化元素被氧化后,进入表面熔渣,与炭粉层进行反应,将铁还原:

$$(FeO) + C(s) =\!=\!= [Fe] + \{CO\} \uparrow$$
$$(MnO) + C(s) =\!=\!= [Mn] + \{CO\} \uparrow$$

实践表明,钢包覆盖剂确有保护钢水表面不发生二次氧化的作用。

新型覆盖剂的主要成分和理化指标见表4-6和表4-7。

表 4-6　新型覆盖剂的主要成分

项　目	CaO	SiO_2	Al_2O_3	C	MgO	Fe_2O_3	其他
成分/%	15 ~ 25	20 ~ 35	10 ~ 20	15 ~ 25	2 ~ 5	2 ~ 4.8	0 ~ 3

表 4-7　新型覆盖剂的理化指标

熔点/℃	熔速/s	堆角/(°)	膨胀系数	导热系数/W·(m·K)$^{-1}$
1280 ~ 1350	60 ~ 100	≥90	2 ~ 3 倍	0.0698 ~ 0.1396

(2) 碱性类:该类保温剂是以 MgO 或白云石为基的材料,也有含碳与低碳之分,该类保温覆盖剂一般熔点较低,单独使用时容易结壳,但能较好地吸附钢水中上浮的夹杂物。

新型的微碳碱性钢水保温覆盖剂应具有以下性能:

(1) 保温覆盖剂的使用不会对钢水增碳;能适应高、中、低碳或超低碳钢水生产的保温要求。

(2) 保温覆盖剂应属碱性材料,其碱度应和钢渣的碱度相当;在保温覆盖剂的使用过程中不会降低钢渣的碱度,从而避免了钢水的回磷和回硫。

（3）保温覆盖剂应具有良好的保温性能；从材料内部的传热过程来看，要使保温覆盖剂具有良好的保温性能，就必须使材料中含有大量的气孔率以阻隔传导通路，为此，保温覆盖剂应具有较低的容重。

（4）保温覆盖剂应具有较高的熔点；较高的熔点能使保温剂在使用过程中不易熔化，能较长时间保持良好的保温性能。

（5）保温覆盖剂应价廉质优；为了适应市场和钢铁生产降低成本的需要，保温覆盖剂的原材料应价格低廉、来源广阔，且生产工艺简单。一种微碳碱性钢包覆盖剂生产使用的原料成分见表4-8。

表4-8 生产新型覆盖剂使用的主要原料成分 （%）

项 目	CaO	SiO$_2$	Al$_2$O$_3$	MgO	烧 失
膨胀珍珠岩	1.0~2.5	68~75	8~15	0.4~1.0	
轻烧镁粉	<2.5	<3.0		>85	<11

一种新型微碳碱性钢包覆盖剂的主要成分和理化指标见表4-9和表4-10。

表4-9 新型微碳碱性钢包覆盖剂的主要成分

项 目	CaO + MgO	SiO$_2$	Al$_2$O$_3$	Na$_2$O/K$_2$O	C
指标/%	40~60	<30	<5	<5	<1

表4-10 新型微碳碱性钢包覆盖剂的理化指标

项 目	熔点/℃	水分/%	容重/g·cm^{-3}
指 标	>1600	<1.0	<0.5

4.4.3 新型钢包覆盖剂的作用机理

新型钢包覆盖剂加入钢包后迅速地铺展开覆盖住钢水的表面，并很快地形成了三种不同的层次结构。

4.4.3.1 熔融层

覆盖剂的下层在钢水液面上（约1550~1600℃），靠钢液提供热量，渣中低熔点的组成在高温作用下熔化，并逐渐向四周扩散，在钢水液面上形成了一定厚度的液渣覆盖层，即熔融层。同时，钢水中的夹杂物在镇静时不断上浮进入熔融层，被熔渣所捕集、熔化，使熔融层逐渐增厚。将新型覆盖剂使用前后的化学成分进行检验对比（见表4-11），发现使用钢包覆盖剂能净化钢水、吸附钢中的夹杂物、提高钢水的内在质量。

表4-11 钢水覆盖剂对钢水夹杂物的吸附性的统计

项 目	CaO	SiO$_2$	Al$_2$O$_3$	Fe$_2$O$_3$	FeO
覆盖剂原始成分/%	23.7	33.86	12.06	6.48	
浇铸以后成分/%	34.67	23.11	21.03	11.55	0.55
差 值	+10.97	-10.75	+8.97	+5.07	+0.55

4.4.3.2　熔化层

熔融层的形成使钢水的传热速度减慢,同时在热作用下,膨胀剂的膨胀作用更加明显,逐渐在熔融层的上面形成一个隔离层,该层温度在 600 ~ 900℃之间。部分高熔点的渣料尚未熔化,但在高温作用下,渣料之间互相烧结在一起,形成一个多孔的过渡烧结层,即熔化层。

该层渣黏度较大,起到了骨架支撑作用。熔化层的形成使钢水向外的传热速度明显降低,正是由于融化隔离带的形成,使覆盖剂的保温效果明显提高。经过实践测算,一种新型钢包覆盖剂的保温效果明显优于炭化稻壳覆盖剂,其温降速率比炭化稻壳低 0.4℃/min(镇静 15min 后钢水降温速度由原炭化稻壳覆盖剂 1.33℃/min 降低到 0.93℃/min)。

4.4.3.3　原始层

熔化层的上面由于温度较低,覆盖剂的成分和状态基本未发生变化,即原始层。

随着浇铸时间的推移,覆盖剂中的发热物质逐渐开始反应,并放出热量,熔融层不断增加,原始层逐渐缩小。但是由于发热物质与 Fe_2O_3 进行反应,反应的速度较慢,反应持续的时间较长,而且熔化隔离层在相当长的时间里比较稳定。使导热系数仍保持相对较低的数值。至最初的原始层基本熔化掉(覆盖剂表面出现发红现象)大约需要 60min 左右,因此覆盖剂起保温作用的时间明显比炭化稻壳延长。

5 炉外精炼原理与手段

5.1 真空精炼原理

5.1.1 钢液脱气的基础常识

钢中气体可来自于与钢液相接触的气相,故它与气相的组成有关。氮气在空气中约占79%,而在炉气中,由于 CO 等反应产物逸出,氮的分压力稍低于正常空气,约在 $0.77 \times 10^5 \sim 0.79 \times 10^5$ Pa 之间。氢的含量和使用的材料是否干燥、空气的湿度等因素有关。如白点的问题,在新疆的半干燥性气候的生产条件下,远远没有内地钢厂反映得那样突出。

氢和氮在各种状态的铁中都有一定的溶解度,溶解过程吸热(氮在 γ-Fe 中的溶解例外),故溶解度随温度的升高而增加。气态的氢和氮在纯铁液或钢液中溶解时,气体分子首先被吸附在气-钢界面上,并分解成两个原子,然后这些原子被钢液吸收。因此,其溶解过程可写成下列化学反应式

$$\frac{1}{2}H_2 \longrightarrow [H] \qquad \lg K_H = -\frac{1670}{T} - 1.68 \qquad (5-1)$$

$$\frac{1}{2}N_2 \longrightarrow [N] \qquad \lg K_N = -\frac{564}{T} - 1.095 \qquad (5-2)$$

在小于 10^5 Pa 的压力范围内,氢和氮在铁液(或钢液)中的溶解度都符合平方根定律:

$$a_H = f_H[H\%] = K_H \sqrt{p_{H_2}} \qquad (5-3)$$

$$a_N = f_N[N\%] = K_N \sqrt{p_{N_2}} \qquad (5-4)$$

式中, a_H , a_N 分别为氢、氮在铁液中的活度; f_H , f_N 分别为氢、氮的活度系数; $[H\%]$, $[N\%]$ 为氢、氮气体在铁液中的质量百分浓度; K_H , K_N 为氢、氮在铁液中溶解的平衡常数,其数值可按式(5-1)、(5-2)计算; p_{H_2} , p_{N_2} 为气相中氢、氮的分压力,以大气压为单位。

在固态的纯铁中,气体的溶解度除与温度有关外,还取决于铁的相结构。也就是说在不同的相结构中,气体溶解反应的热力学数据不同(见表5-1),溶解度不同,溶解度随温度变化的速率不同。由此可计算出在不同温度下,气体在铁中的溶解度(见表5-2)。

表 5-1　不同状态下气体在铁中溶解反应的热力学数据

铁的状态	$\frac{1}{2}H_2 \longrightarrow [H]$		$\frac{1}{2}N_2 \longrightarrow [N]$	
	$\lg K_H = \lg \dfrac{[H\%]}{\sqrt{p_{H_2}}}$	$\Delta G^\ominus$	$\lg K_N = \lg \dfrac{[N\%]}{\sqrt{p_{N_2}}}$	$\Delta G^\ominus$
α-Fe 和 δ-Fe	$-\dfrac{1575}{T} - 2.156$	$7206 + 9.86T$	$-\dfrac{1575}{T} - 1.01$	$7206 + 4.62T$
γ-Fe	$-\dfrac{1580}{T} - 2.037$	$7229 + 9.32T$	$\dfrac{450}{T} - 1.925$	$-2059 + 8.81T$
液态	$-\dfrac{1670}{T} - 1.68$	$7640 + 7.69T$	$-\dfrac{564}{T} - 1.095$	$2580 + 5.01T$

表 5-2　不同温度下气体在铁中的溶解度

状态	液　态			δ-Fe			γ-Fe			α-Fe		
温度/℃	1650	1590	1534	1534	1470	1390	1390	1250	910	910	620	410
[H]/%	0.00282	0.00265	0.00249	0.00938	0.00872	0.00789	0.001030	0.00843	0.00424	0.00326	0.00120	0.00034
[N]/%	0.0409	0.0400	0.03916	0.01313	0.01280	0.01104	0.02068	0.0219	0.02663	0.0456	0.0168	0.048

由表 5-2 可见,当铁液凝固时,在相同的温度下(1534℃),溶解度急剧地减小。例如,氢的溶解度就减小一半,而从 1650℃ 降到 410℃ 时,溶解度降到原来的 1/83,这是因为气体原子在铁中的溶解是形成间隙式固溶体。凝固后,固体铁中原子间的间距要比液态时紧密得多,造成了溶解度的急剧下降。α-Fe、δ-Fe 与 γ-Fe 之间,因点阵结构不同,溶解度也不一样。α-Fe 和 δ-Fe 是体心立方,点阵常数为 0.286nm,而 γ-Fe 是面心立方,点阵常数较大,达到 0.356nm,所以气体溶解度较高。由一般的气体溶解度与温度的关系曲线中可见,都是随温度的降低溶解度减小。只有氮在 γ-Fe 中的溶解度是例外,它随温度的降低而升高。这是因为此时有氮化物(Fe_4N)的析出,所以增加了氮的溶解度,而且,该反应是放热的,所以随温度降低溶解度增大。

以上讨论的是气体在纯铁中的溶解情况。如果在铁内除溶解有氢(或氮)之外,还溶解有其他元素 j,那么 j 元素必然会影响气体的溶解。这种影响通常用气体的活度系数来描述,也就是当有 j 存在时,气体的活度系数不能再被认为等于 1。此时气体的溶解度可能增加,也可能降低。为了定量地描述第三组元对气体溶解度的影响,常用相互作用系数 e_H^j 或 e_N^j,其表达式为:

$$e_i^j = \frac{\partial \lg f_i}{\partial [j\%]} \tag{5-5}$$

e_i^j 不是常数,但是在一定的 j 含量范围内,特别是当 j 含量范围不太大时,可以把它当作常数。这样由式(5-5)积分得:

$$\lg f_i = e_i^j [j\%] \tag{5-6}$$

由式(5-6)可计算在 $[j\%]$ 含量下,i 的活度系数 f_i。在 1600℃ 下,第三组元对气体在铁中溶解的相互作用系数见表 5-3。

表 5-3　j 组元对氢(或氮)在铁中溶解的相互作用系数

j	C	S	P	Mn	Si	Al	Cr	Ni	Co	V	Ti	O
e_H^j	0.06	0.008	0.011	-0.0014	0.027	0.013	-0.0022	0	0.0018	-0.0074	-0.019	-0.19
e_N^j	0.13	0.007	0.045	-0.02	0.047	-0.028	-0.047	0.011	0.011	-0.093	-0.53	0.05

当钢中存在多种组元时,认为每种组元对活度系数的影响有叠加性,即:

$$\lg f_i = \lg f_i^j + \lg f_i^k + \lg f_i^l + \cdots$$

所以

$$\lg f_i = e_i^j [j\%] + e_i^k [k\%] + e_i^l [l\%] + \cdots \tag{5-7}$$

邱依科提出 1600℃ 下,氢和氮活度系数的计算公式:

$$\lg f_H = 0.06[C\%] + 0.03[Si\%] - 0.0023[Cr\%] - 0.001[Mn\%] -$$
$$0.002[Ni\%] + 0.003[Mo\%] + 2.5[O\%] + \cdots \tag{5-8}$$

$$\lg f_N = 0.13[C\%] + 0.048[Si\%] - 0.045[Cr\%] - 0.02[Mn\%] +$$
$$0.01[Ni\%] - 0.011[Mo\%] + \cdots \tag{5-9}$$

由式(5-8)、式(5-9)可计算不同成分的钢在 1600℃ 时氢或氮的溶解度:

$$[H\%] = 24.7 - 2.35[C\%] - 0.85[Si\%] - 0.75[Al\%] - 0.17[Co\%] - 0.14[Nb\%] -$$

$$0.0[Ni\%] + 0.12[Cr\%] + 0.65[Ti\%] + 0.05[Mn\%] \tag{5-10}$$

$$[N\%] = 0.044 + 0.1[Ti\%] + 0.013[V\%] + 0.0102[Nb\%] + 0.0069[Cr\%] +$$
$$0.0025[Mn\%] - 0.019[Al\%] - 0.01[C\%] - 0.003[Si\%] -$$
$$0.0043[P\%] - 0.001[Ni\%] - 0.001[S\%] - 0.0004[Cu\%] \tag{5-11}$$

由不同来源的公式和表可见,不同学者所得的相互作用系数还不完全一致。

有关气体溶解度的热力学讨论可以估算各种钢气体溶解度的数值,但是它并不等于钢中气体实际溶解的数量。在实际炼钢过程中,钢中气体远未达到饱值。但是钢中气体溶解度的估算结果,可用于比较气体在钢中溶解的趋势,以及估计各种脱气方法脱气的最大限度。

溶解于钢液中的气体向气相的迁移过程,由以下步骤所组成:

(1)通过对流或扩散(或两者的综合),溶解在钢液中的气体原子迁移到钢液—气相界面;

(2)气体原子由溶解状态转变为表面吸附状态;

(3)表面吸附的气体原子彼此相互作用,生成气体分子;

(4)气体分子从钢液表面脱附;

(5)气体分子扩散进入气相,并被真空泵抽出。

目前的研究一般认为,在炼钢的高温下,上述(2)、(3)、(4)等步骤速率是相当快的。气体分子在气相中,特别是气相压力远小于0.1MPa的真空中,它的扩散速率也是相当迅速的,因此步骤(5)也不会成为真空脱气速率的限制性环节。所以,真空脱气的速率必然取决于步骤(1)的速率,即溶解在钢中的气体原子向钢—气相界面的迁移。在当前的各种真空脱气的方法中,被脱气的钢液都存在着不同形式的搅拌,其搅拌的强度足以假定钢液本体中气体的含量是均匀的,也就是由于搅动的存在,在钢液的本体中,气体原子的传递是极其迅速的。控制速率的环节只是气体原子穿过钢液扩散边界层时的扩散速率。

5.1.2 真空脱气的原理

氢、氮、氧是钢材中的有害杂质,在炼钢过程中除去这些杂质,真空脱气(vacuum degassing)是最为有效的方法。

真空脱气的原理之一是:在低气压下使钢液中的碳氧反应$[C] + [O] \rightarrow CO(g)$进行得更快和更完全,通过CO气体造成的钢液沸腾现象,使溶解于钢液中的氢和氮随同CO气泡排出,从而达到同时脱氧、脱氢、脱氮的目的。因此,CO气泡的产生及其在钢液中的行为在真空脱气中具有重要的作用。

如前所述,当气泡在钢液中上浮时,气泡内的压力为:

$$p = p_g + \rho g h + \frac{4\sigma}{d} \tag{5-12}$$

式中,d为气泡直径;ρ为钢液密度;g为重力加速度;h为气泡最低点至钢液表面的距离;σ为钢液的表面张力。

在真空脱气条件下,炉气压力p_g接近于零。气泡所受的压力为钢液静压力$\rho g h$与表面张力产生的附加压力之和。只有当钢液中气体组分的平衡压力$p_e > p$时,气泡才能长大;如果$p_e < p$,则气泡就不能长大。由于气泡内的压力与钢液深度成正比,因此在钢液内部较难产生气泡,而在钢液表面内部附近较易产生气泡。设在钢液表面有一气泡(即$h = d$),则气泡内压力为:

$$p = \rho g h + \frac{4\sigma}{d} \tag{5-13}$$

由此可计算出气泡的直径为:

$$d = \frac{p \pm \sqrt{p^2 - 16\rho g \sigma}}{2\rho g} \tag{5-14}$$

式(5-14)表明,当 $p_e \geqslant p > 4\sqrt{\rho g \sigma}$ 时,方程(5-12)有两个实根,它们分别为气泡浮出钢液表面时气泡直径的上限和下限;当 $p_e \leqslant p < 4\sqrt{\rho g \sigma}$ 时,方程(5-12)无实根,其物理意义是在此条件下钢液没有气泡产生。所以, $p_e = p = 4\sqrt{\rho g \sigma}$ 是钢液产生气泡时需要的最小压力。已知钢液的表面张力 $\sigma = 1500 \mathrm{dyn/cm}$,密度 $\rho = 7.2 \mathrm{g/cm^3}$,重力加速度 $g = 980 \mathrm{cm/s^2}$,由这些数据可以计算出 $p_e = 1.32 \mathrm{kPa}$,进一步可以求出真空脱气时钢液中各元素的最小浓度:氢0.0003%、氮0.004%、氧0.001%([C]=0.03%),0.0001%([C]=0.3%)。当钢液中元素的含量低于这些数值时,钢液中不会产生气泡,即使在高真空下也没有沸腾作用。要使钢液产生沸腾作用,氢、氮或氧的含量必须大于上述浓度。

此外,真空条件下的吹氩精炼,氩气泡也能够起到 CO 气泡类似的作用,能够实现钢液的脱气。

5.1.3　真空脱气的热力学

气体和金属间的相互作用与化学反应相似,例如氢气与金属间的反应为:

$$\frac{1}{2}\{\mathrm{H_2}\} \Longrightarrow [\mathrm{H}] \tag{5-15}$$

该反应也有气体参与,而且反应前后的气体摩尔数不等,根据平衡移动原理,在一定温度下,如果减小气相中氢的分压,反应将向左即向钢液脱气的方向进行。真空脱气便是根据这一原理进行的。

例如,对熔铁来说,温度为1600℃,与含氢0.002%的金属-相平衡的气相中氢的分压为:

$$p_{\mathrm{H_2}} = \left\{\frac{[\mathrm{H}]_\%}{K_\mathrm{H}}\right\}^2 \times p^\ominus = \left(\frac{0.0002}{0.0027}\right)^2 \times 10^5 = 500(\mathrm{Pa})$$

要使熔铁中的氢含量降低到较低的数值,并不需要在熔池上方保持很高的真空度。目前转炉钢水的 VD 和 RH 处理工艺,其真空度都可以达到 20～60Pa 以下,如果按照上述热力学的理论计算,真空处理后的钢液氢含量应该能够降低到极低的水平。

实际上处理的并非纯铁熔体,而是含有各种元素的钢液,它们会对钢液中氢的溶解度产生一定的影响。例如,在相同的 $p_{\mathrm{H_2}}$ 下,碳、硼、铝会使钢液中的氢含量减少,而锰、铬会使钢液中氢含量增加。

此外,钢液进行真空处理的动力学条件、钢中的原始氢含量、炼钢方法和真空处理方法的不同都会影响处理后的氢含量。一般说来,真空条件下的脱氢反应并未达到平衡,处理后的氢含量在 0.00004%～0.0004% 波动,不过这一脱氢程度对抑制氢在钢液中的危害作用已经足够了。

真空处理也会去除一部分氮,但被去除的数量不大。其原因是氮在熔铁中的溶解度高而且扩散速度很慢。例如在1600℃的熔铁中 $D_\mathrm{H} = (0.8 \sim 8) \times 10^{-3} \mathrm{cm^2/s}$,而 $D_\mathrm{N} = 3.8 \times 10^{-5} \mathrm{cm^2/s}$ 。另外,氮在钢中可以和许多元素相互作用生成很稳定的氮化物,要想依靠真空脱气法除氮,气相中氮的分压必须低于这些氮化物的分解压才有可能。例如1600℃,氮化铝的分解压数值约为10Pa,欲使氮化铝分解然后去除氮,必须是设备真空度高于上述值,这显然比较困难。

5.1.4　真空脱气动力学

氢原子的半径很小,因此在金属中的活动性很强,而且扩散能力较大,所以氢有可能通过熔池表面挥发去除一大部分。而真空脱氮具有间接性质。当金属中不存在稳定的氮化物时,主要通过低压下 C-O 反应产生沸腾或利用吹氩搅拌熔池,以增进金属的脱氮。

同真空脱氧一样,脱气反应的控制环节也是气体原子通过边界层的扩散,若以字母 G 代表气体,则脱气的动力学公式也可以写为:

$$\frac{-\mathrm{d}[G]_\%}{\mathrm{d}t} = \frac{AD_G}{V_m \delta_G}\{[G]_\% - [G]_\%^*\} \tag{5-16}$$

式中,A 为气体原子的扩散面积(钢沸腾时 A 值可能很大),cm^2;δ_G 为边界层的厚度,cm;D_G 为气体的扩散系数,cm^3/s;V_m 为金属的体积,cm^3;A/V_m 为金属的比表面积;$[G]_\%$ 为钢液内部气体的质量分数,%;$[G]_\%^*$ 为钢液表面与气相相平衡的气体质量分数,%。

采用与真空脱氧同样的步骤,对上式积分并忽略$[G]_\%^*$,上式可变为:

$$\lg \frac{[G]_\%}{[G]_\%^*} = -\frac{A}{2.303V_m}\frac{D_G}{\delta_G}t = -\frac{A}{2.303V_m}\beta_G t \tag{5-17}$$

式中,β_G 为气体的传质系数。

当金属中含有与氮亲和力较强的元素时,由于生成的氮化物上浮,也可以降低钢液含氮量,收到脱氮的效果,这与脱氧产物的上浮类似。从金属中析出 CO 气泡或向金属中吹氩,对氮化物也能起浮选作用,促进上浮过程。

同真空脱氧一样,增加钢液的搅拌能力,可以改善真空脱气的动力学条件,从而能有效地提高脱气效果。

5.1.5　炉气和原材料中的水分对钢液氢含量的影响

炉气中的 H_2O 可与钢液进行如下反应:

$$H_2O \longrightarrow 2[H] + [O] \qquad \Delta G^\ominus = 48290 + 0.75T$$

$$\lg K'_{H_2O} = \lg\frac{[H\%]^2[O\%]}{p_{H_2O}} = -\frac{10557}{T} - 0.164 \tag{5-18}$$

式(5-18)改写成:

$$[H] = K_{H_2O}\sqrt{\frac{p_{H_2O}}{[O\%]}} \tag{5-19}$$

由式(5-18)可算出,1600℃时,$K_{H_2O} = 1.26 \times 10^{-3}$。若设氧化性钢液中,$[O\%]_氧 = 0.05$,已脱氧钢液中,$[O\%]_成 = 0.002$,则上述炉气含水蒸气的情况下,氢在钢液中的溶解度分别为:氧化性钢液,$[H] = 0.00113\%$;已脱氧钢液,$[H] = 0.00564\%$。由此可见,钢液中的氢含量主要取决于炉气中水蒸气的分压,并且已脱氧钢液比未脱氧钢液更容易吸收氢。所以在炼钢的还原期,出钢和浇铸过程中,因钢中氧已很低,如使用未经烘烤的铁合金或未经充分干燥的钢包、流钢砖等,对氢的增加就成为不可避免的了。

真空脱气时,因降低了气相分压,而使溶解在钢液中的气体排出。从热力学的角度,气相中氢或氮的分压为 $100 \sim 200Pa$ 时,就能将气体含量降到较低水平。

5.1.6　VD、RH 精炼原理与冶金功能的特点

VD 和 RH 的开发都是为了能够冶炼较低气体含量的优质钢种。两种方法是目前最为常见的真空精炼手段。其冶金原理就是利用了在真空条件下较好的冶金动力学和热力学条件,实现钢液的精炼。典型的是吹氩的作用,在常规的精炼手段下,吹氩脱气是很少的。

据介绍,吹氩的计算流量必须大于 600L/(h·t) 以后,LF 和 CAS 工艺才能够脱气,这在正常的操作过程中是不可能实现的。图 5-1 是相关文献给出的氩气脱除氢、氮的吨钢氩气最低消耗。

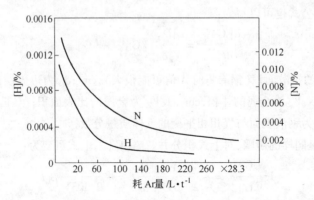

图 5-1　脱除钢中气体氢、氮所需要的最小氩气消耗

但是在真空条件下,就成为了可能。二者原理基本一致,只是冶金功能和效果各有不同,差别如下:

(1) VD 处理钢液量能力低于 RH,所以 RH 更加能够适应大量或者全量钢水真空处理的需要。

(2) VD 的真空度能够比 RH 更加低,故脱气效果等方面,包括夹杂物的控制更加优于 RH。

(3) RH 的脱碳能力强于 VD,RH 适宜于冶炼低碳、超低碳的铝镇静钢。

5.2　氩气(氮气)在炉外精炼过程中的作用

5.2.1　氩气的性质和钢包吹氩的基础知识

氩气是一种惰性气体,密度为 1.37kg/m³,热容为 0.5234J/(kg·K),是氮气的二分之一。氩气的典型特点是不溶于钢中,吹氩原理是将具有一定压力的氩气通过吹氩枪或吹氩透气砖输送到钢液中,形成气泡,气泡上浮过程中又因浮力作用,将钢液抽引并使之在气液区内产生由下向上的流动;当运动的钢液到达顶部时就转入水平方向并流向包壁;之后在包壁附近向下回流,再次在钢包中、下部被抽引至气液区内,如此循环流动形成环流。钢液在吹氩条件下的运动示意简图见图 5-2。

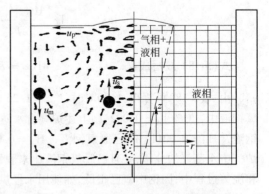

图 5-2　钢包底吹氩时钢液的流动状况

我国冶金工作者萧泽强等人提出的全浮力模型,是至今最接近实际的模型。根据钢包内钢液的循环流动情况,基本上可以分为 A、B、C、D 四个区,见图 5-3。

A 区:为气液混合区,是气泡推动钢液循环的启动区。在此区内气泡、钢液,若喷粉时还有粉料,相互之间进行着充分的混合和复杂的冶金反应。由于钢包喷粉或吹气搅拌的供气强度较小(远小于底吹转炉或 AOD),因此可以认为,在喷口处气体的原始动量可忽略不计。当气体流量较小时(<10L/s),气泡在喷口直接形成,以较稳定的频率(10 个/s)脱离喷口而上浮;当气体流

量较大时(约100L/s),在喷口前形成较大的气泡或气袋。实验观察指出,这些体积较大的气泡或气袋,在流体力学上是不稳定的。在金属中,必定在喷口上方不远处破裂而形成大片气泡。Sano等人测量了氩气喷入水银中气泡上升时的尺寸分布,指出气泡在喷口上方12cm范围内形成。在液体中能稳定存在的、理论上的最大尺寸与液体的表面张力 σ 和密度 ρ 存在如下的比例关系:

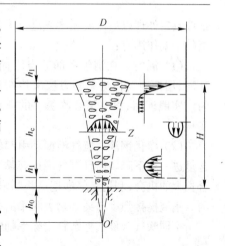

$$d_{max} \propto \left(\frac{\sigma}{\rho}\right)^{\frac{1}{2}} \qquad (5-20)$$

图 5-3　吹氩过程中钢包内钢液的
循环流动情况

因此可以认为,在喷口附近形成的气泡很快变成大小不等的蘑菇状气泡以一定的速度上浮,同时带动了该区钢液的向上流动。该区的气相分率是不大的。有人通过钢包吹氩的直接观察,作了如下估算:设氩气通过透气砖以 $0.4m^3/min$ 的流量进入150t钢包,可观察到 A 区在钢包表面的直径约为1m,以该区的平均直径为0.66m计算,钢液深度为2.8m,喷口处因钢液产生的静压为0.2933MPa,假设气泡上浮速度为1.3m/s,则可算出在 A 区的气体体积。由于气泡上浮过程中体积在长大,现按平均体积估算为:

$$A 区中气体的体积 = \frac{0.4}{60} \times \frac{2 \times 0.1013}{0.2933 + 0.1013} \times \frac{1873}{298} \times \frac{2.8}{1.3} = 0.0463m^3$$

所以:
$$A 区的气相分率 = \frac{0.0463}{\pi \times 0.33^2 \times 2.8} = 4.83\%$$

在该区内尺寸不同的气泡大致按直线方向上浮。大气泡产生的紊流将小气泡推向一侧,且上浮过程中气泡体积不断增大。这样,流股尺寸不断加大,气泡的作用向外缘扩大,所以 A 区呈上大下小的喇叭形。每一个气泡依浮力的大小有个力作用于钢液上,使得该区的钢液随气泡而向上流动,从而推动了整个钢包内钢液的运动。

B 区:在 A 区的气液流股上升至顶面以后,气体溢出而钢液在重力的作用下形成水平流,向四周散开。成放射形流散向四周的钢液与钢包中顶面的浮渣形成互不相溶的两相液层,渣层与钢液层之间以一定的相对速度滑动。由于渣钢界面的不断更新,使所有渣钢间的冶金反应得到加速。该区流散向四周的钢液,在钢包高度方向的速度是不同的,图5-3所示为该区速度的分布状况,与渣相接触的表面层钢液速度最大,向下径向速度逐渐减小,直到径向速度为零。

C 区:水平径向流动的钢液在钢包壁附近,转向下方流动。由于钢液是向四周散开,且在向下流动过程中又不断受到轴向 A 区的力的作用,所以该区的厚度与钢包半径相比是相当小的。图5-3显示出该区速度的径向分布。在包壁不远处,向下流速达到最大值后,随着距钢包中心线的距离的减小而急剧减小。

D 区:沿钢包壁返回到钢包下部的钢液,以及钢包中下部在 A 区附近的钢液,在 A 区抽引力的作用下,由四周向中心运动。并再次进入 A 区,从而完成液流的循环。

在环流过程中,大颗粒夹杂物、脱氧产物在流经顶渣渣液下部区域时,传递进入炉渣,同时吹氩形成的气泡在钢液中形成相对真空,起到了对钢中气体的捕集和排除作用。钢包吹氩的作用正是利用其循流场的特点来清洁钢液,均匀温度、成分。

作为应用最广泛的几种炉外精炼方法,LF炉进行底吹氩,VD炉也是底吹氩,RH工艺也是在

钢液真空处理以后需要底吹氩进行喂丝钙处理,AOD、VOD 也是需要底吹氩进行搅拌,钢包底吹氩的主要作用有:

(1) 混匀。在钢包底部适当位置安装透气砖吹氩(或者吹氮气),可使钢包中的钢液产生环流,用控制气体流量的方法来控制钢液的搅拌强度,促使钢液的成分和温度迅速地趋于均匀。实践证明,没有了底吹氩气的搅拌作用,LF、VD、CAS – OB 等精炼手段的成分调整就不会实现。

(2) 净化钢液。氩气泡搅动引起的钢液运动,不仅能使钢中氢气、氮气含量降低,使钢中氧含量进一步下降。而且氩气泡还会黏附悬浮于钢液中的夹杂物,增加钢中非金属夹杂物碰撞聚合长大的机会,利用氩气泡把这些黏附的夹杂物带至钢液表面被渣层所吸收,达到净化钢液的目的。钢液搅拌强度与夹杂物去除率的关系见图 5-4。

不同吹气条件下夹杂物去除率随时间的变化曲线见图 5-5。

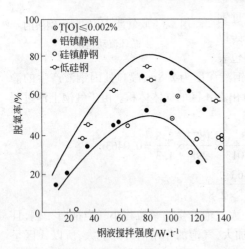

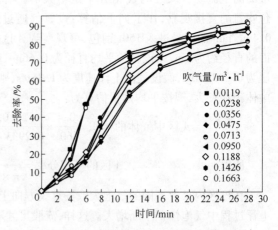

图 5-4　钢液搅拌强度与夹杂物去除率的关系　　　　图 5-5　不同吹气条件下夹杂物去除率随
　　　　　　　　　　　　　　　　　　　　　　　　　　　　　时间的变化曲线

(3) 利用氩气的保护作用,即氩气充满炉膛,可以减少大气中的氧和氮气与钢液的接触几率,可进一步避免或减少钢液的二次氧化。

(4) 底吹氩气使得钢包内的钢液处于搅拌状态,可以加快高温钢液向低温区的传热,使得钢液的温度更加均匀,减少局部钢液过热对炉衬的温度冲击。对开浇温度和质量有比较严格要求的特殊钢种或浇铸方法,都可以用吹氩的方法将钢液温度降低到规定的要求,实现钢水精炼的温度控制。

5.2.1.1　氩气泡形成过程的分析

吹气精炼过程中,透气芯上部气泡的生成过程可以分为:膨胀过程、脱落过程、脱落时的状况三个阶段,如图 5-6 所示。

当采用多孔透气砖向钢液吹氩时,根据吹气流量的大小存在三种不同的气泡状态:当吹氩流量较小时呈均匀细小分散的稳定气泡流,在这种情况下气泡尺寸在上升过程中基本不变;随吹氩流量增加,气泡流开始脉动,气泡脱离透气砖后因气泡之间相互碰撞合并成大气泡;当吹氩流量继续增加,气体在透气砖表面连成一片,形成气袋后脱离透气砖。后两种气泡流状态均会引起强烈的表面紊流,造成钢液卷渣吸气。不同氩气流量下的气泡行为如图 5-7 所示。

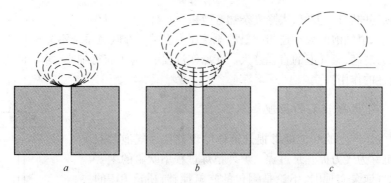

图 5-6 透气芯气体通道上端气泡的形成

a—膨胀过程;*b*—脱落过程;*c*—脱落时的状况

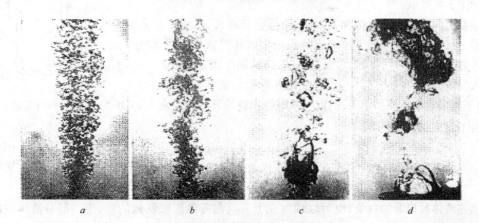

图 5-7 不同氩气流量下的气泡行为

a—小气泡群;*b*—气泡聚集;*c*—形成气泡袋

在分散的小气泡流状态下,气泡脱离尺寸 d_b(m)可按下式计算:

$$d_b = K_1 d_n^{1-1.5n} \left(\frac{Q_{Ar}}{A} \right)^n$$

$$K_1 = K \left(\frac{695.17}{\Psi p_h} \right)^n \left(\frac{\sigma}{\rho_m} \right)^{1+0.5n} g^{-(1+n)} \tag{5-21}$$

式中,K,n 为与气泡有关的常数,$n < 2/3$;K_1 为常数;Ψ 为透气砖表面的孔隙率,%;σ 为吹氩气氛下钢液的表面张力,N/m(纯铁 1550℃时的表面张力 1.865N/m);p_h 为钢包底部的静压力,kPa;ρ_m 为钢液的密度,kg/m³;g 为重力加速度,9.8m/s²;Q_{Ar} 为氩气流量,m³/s。

式(5-21)表明,气泡脱离尺寸随吹氩气流量的增加而增大,这一计算结果与水模拟试验测定的结果是一致的。水模拟试验还表明,气泡脱离尺寸随吹嘴孔径增加而增大。

在吹氩装置正常的情况下,当氩气流量、压力一定时,氩气泡越细小、均匀及在钢液中上升的路程和滞留的时间越长,它与钢液接触的面积也就越大,吹氩精炼钢效果也就越好。氩气泡是氩气通过多孔透气砖获得的,透气砖内的气孔越大,原始氩气泡就越大,因此希望透气砖的孔隙要适当的细小。如钢包吹氩用透气砖平均孔径为 2~4mm,在常规的吹氩流量范围内产生的氩气泡直径为 10~20mm。据资料介绍孔隙直径在 0.1~0.26mm 范围时为最佳,如孔隙再减小,透气性变差,阻力变大。在实际生产中往往出现透气砖组合系统漏气现象,这时氩气有可能不通过透气砖而由缝隙直接进入钢中。在这种情况下,钢包里的钢液就要翻冒大气泡,后果是精炼作用下降,而得不到预期的脱氧、去气、去除夹杂物等效果。

　　试验还证明,氩气泡的大小还与吹氩的原始压力有关。在吹氩系统不漏气的情况下,一般是吹氩的原始压力越高,氩气泡的直径越大。在操作过程中,为了获得细小、均匀的氩气泡,吹氩的压力起着决定性的作用。

5.2.1.2　气力提升泵的原理

　　使用喷吹气体产生的气泡能够提升液体的现象称为气泡泵起现象,此过程也称为气力提升泵过程。炉外精炼过程中吹氩的主要作用就是通过气泡泵实现的,不论是钢包的吹氩搅拌,还是 RH 的吹氩促进钢液在真空室的循环,都是气泡泵的作用。气力提升泵的原理如图 5-8 所示。

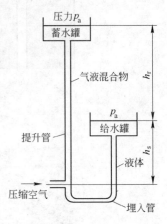

图 5-8　气力提升泵的示意图

　　设在不同高度的给水罐和蓄水罐,由连通管连接,组成一 U 形连通器。在蓄水罐下方低于给水罐处设有一气体喷入口。当无气体喷入时,U 形连通器的两侧水面是平的,即两侧液面差 $h_r = 0$。一旦喷入气体,气泡在提升管中上浮,使提升管中形成气液两相混合物,由于其密度小于液相密度,所以气液混合物被提升一定高度 h_r,并保持下式成立:

$$\rho'(h_s + h_r) = \rho h_s \tag{5-22}$$

式中,ρ' 为气液两相混合物的密度;ρ 为液相的密度;h_s 为给水罐液面与气体喷入口之间的高度差。

　　上述液体被提升的现象,也可以理解成上升气泡等温膨胀所做的功,使一部分液体位能增加。若设喷入气体的质量为 m,使质量为 M 的液体提升了 h_r 的高度,则液体位能的增加为 Mgh_r。如喷入气体的压力为 p,则它等温膨胀到大气压力 p_a 所做的净功为:

$$W = mp_a v_a \ln \frac{p}{p_a} \tag{5-23}$$

式中,v_a 为喷入气体在大气压下的比容。

　　那么,这个气力提升泵的效率为:

$$\eta = \frac{Mgh_r}{mp_a v_a \ln \dfrac{p}{p_a}} \tag{5-24}$$

　　则泵送单位液体所需的气体质量为:

$$\frac{m}{M} = \frac{gh_r}{\eta p_a v_a \ln \dfrac{p}{p_a}} \tag{5-25}$$

　　如提升泵工作时的阻力可忽略,则喷入气体的压力 p 可写成:

$$p = (h_a + h_s)\rho g \tag{5-26}$$

式中,h_a 为 p_a 压力时所对应的液柱高度,即 $p_a = \rho g h_a$。这样式(5-25)就可改写成:

$$\frac{m}{M} = \frac{h_r}{h_a \rho v_a \ln \dfrac{h_a + h_s}{h_a}} \tag{5-27}$$

这也是不计损失时,最小的喷入气体消耗量。若增大埋入深度h_s,也就是降低气体的喷入口,则$\frac{m}{M}$减小,即在相同的气体用量下,可提升更多的液体;相反,如$h_s=0$,则$\frac{m}{M}$成无限大,即提升的液体量$M=0$,泵不工作。

目前炉外精炼中常用的钢包吹氩搅拌,实际上是变形的气力提升泵,它在喷口上方造成了一低密度的气液混合物的提升区,它推动了钢包中钢液的循环流动。

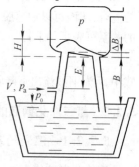

图 5-9　RH 循环原理

RH 的循环流动,也是应用了气力提升泵的原理。图 5-9 所示为 RH 循环原理。当真空室的插入管插入钢液,真空室内的压力由p_0降到p时,处于大气压p_0下的钢液将沿两支插入管上升。钢液上升的高度取决于真空室内外的压差。若以一定的压力p_a和流量V向一支插入管(习惯上称上升管)吹入惰性气体,因为吹入气体的温度由室温迅速上升到钢液温度,体积急剧膨胀上浮,从而对上升管内的钢液产生向上的推力,使钢液以一定的速度向上运动并喷入真空室内。若认为气体由室温升至钢液温度所做的膨胀功不消耗于提升钢液,再假定钢液在提升过程中的摩擦阻力可以忽略不计,则按式(5-23)可得:

$$MgH = p_a v_a \ln \frac{p_a}{p} \tag{5-28}$$

式中,M 为被提升钢液的质量,当吹入气体使用体积流量时,M 为 RH 的循环流量;H 为钢液被提升的高度;p_a 为吹入气体的压力;v_a 为在 p_a 压力下,吹入气体的体积;p 为真空室内的工作压力。

若 M 规定为循环流量,Q_a 为 p_a 压力下吹入气体的体积流量,则式(5-27)可改写为:

$$M = \frac{p_a}{gH} Q_a \ln \frac{p_a}{p} \tag{5-29}$$

因为

$$p_a = p + \rho g E$$

式中,ρ 为钢液的密度;E 为吹入气体的吹入深度(见图 5-9)。由于 $p \ll \rho g E$,所以可得:

$$M = \frac{E}{H} \rho Q_a \ln \frac{p_a}{p} \tag{5-30}$$

Pickert 用水力学模型研究了不同 E/H 条件下,提升的水量与吹入气体量之间的关系,结果如图 5-10 所示。由图可见,在一定的 E/H 条件下,随吹入气量增加而增加的提升水量有一极限

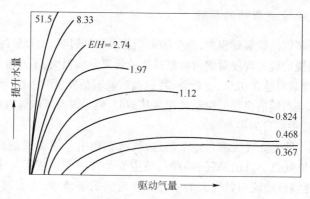

图 5-10　气力提升泵的特性曲线

值。达到此极限值后,再增大吹入气量,提升水量基本维持不变。但是,如果提高 E/H 比值,相同的吹入气体量所提升的水量将随之增大。气力提升泵的这种特性表明,为了用较少的吹入气体量获得足够大的提升钢水量,应该提高 E/H 比值。实际上通过降低吹入气体进气管的位置来获得这种效果。

钢液在进入真空室后,钢液内的气体迅速逸出而脱气,钢液则沉积在真空室底部形成一定深度 ΔB 的熔池。Δh 的大小决定了钢液流出下降管的速度。较大的流出速度有利于钢包中钢液的混合,从而可以加速脱气过程。钢液流出速度不是很大时,流出速度与真空室底部钢液的深度的关系可表示如下:

$$u = \sqrt{2g\Delta h} \tag{5-31}$$

式中,u 为钢液流出下降管时的线速度。

5.2.2　氩气净化钢液的原理

5.2.2.1　湿润的基础概念

固体或者液体表面对其他的液体介质的吸着现象称为吸附作用,吸附作用又称湿润。由于附着层分子受液体分子和固体分子吸引力的不同,表现为四种湿润情况,见表5-4。

表 5-4　湿润情况

表　现	完全润湿	完全不润湿	部分润湿	部分不润湿
液滴形状				
附着层分子受力分析				
接触角	$\theta = 0°$	$\theta = 180°$	$0° < \theta < 90°$	$90° < \theta < 180°$

固体与液体之间界面张力越小,接触角越小,润湿越好,越不易分离;二者界面张力越大,接触角越大,润湿越差,越容易分离。这是钢液夹杂物从钢液分离去除的关键。

5.2.2.2　氩气去除夹杂物的原理

钢液的脱氧就是将钢液脱氧过程中,产生的夹杂物去除的过程,而颗粒的碰撞聚合是夹杂物去除的重要形式。钢液的脱氧程度对钢包吹氩精炼的效果影响很大,不经脱氧,只靠包中吹氩来脱氧去气,钢中的残存氧可达0.02%,也就是说,钢液吹氩不是脱氧的手段,而是提高脱氧效果的方法。钢包吹氩精炼是以钢液良好的脱氧处理为基础的,但是没有了吹氩,也就没有了钢液的精炼,也不可能去除钢液中大量的夹杂物。

理想的吹氩操作,是使氩气流遍布整个钢包,气泡在包中呈涡流式的回流,不仅可增加反应的接触面积,延长氩气流上升的路程和时间,更主要是在中心造成了一个负压,使钢液中的有害气体及夹杂物能够自动流向氩气流的中心。在流动的钢液中,夹杂物颗粒容易碰撞而聚合成大颗粒夹杂物。液态的夹杂物聚合后成为较大液滴;固态的 Al_2O_3 夹杂物和钢液间的润湿角大于90°,碰撞后,能够相互黏附,在钢液静压力和高温作用下,很快烧结成珊瑚状的群落,尺寸达100μm以上,甚至还要大得多,并在氩气流的作用下被气泡黏附(小气泡黏附理论)或者被(大气泡尾流)卷升到渣面上去。夹杂物上浮到熔池表面,由于其界面张力的不同,从钢液析出的倾向也不同。对钢液润湿的夹杂物,在浮到表面后,有可能重新被流动的钢液带回其中。那些对钢液不润湿的夹杂物称为疏铁性夹杂物,能自动从钢液中分离出来。Al_2O_3属于疏铁性夹杂物,容易从钢液中分离。夹杂物从钢中去除的示意图见图5-11。

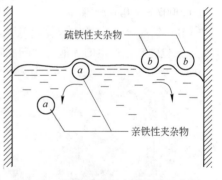

图 5-11　夹杂物从钢中去除的示意图

　　这些流动钢液的动力来源于底吹气体的搅拌作用,并且已经证实较大的吹气量和较小的吹气量都有较好的去除夹杂物的效果,建立的相应的理论是小气泡黏附去除理论和大气泡尾流去除理论。实验室的水模拟试验和实际生产也已证明了这些结论。

　　A　小气泡黏附去除夹杂物的理论

　　小气泡黏附去除理论认为,钢包吹氩气条件下,钢液中固相夹杂物的去除主要依靠气泡的浮选作用,即夹杂物与气泡碰撞并黏附在气泡壁上,然后随气泡上浮而去除。氩气泡对夹杂物的黏附夹杂物的自由能 ΔW 可以表示为:

$$\Delta W = \sigma(1 - \cos\alpha) \tag{5-32}$$

式中,α 为湿润角;σ 为钢液的表面张力。

　　设 α 为90°和180°时,由式5-31可以看出:钢液的表面张力越大,湿润角越大,气泡对夹杂物的黏附功越大,强化了气泡对夹杂物的黏附作用,有利于夹杂物的去除和上浮。一个夹杂物颗粒被气泡俘获的过程可分解为几个单元过程:

　　(1) 夹杂物向气泡靠近并发生碰撞;

　　(2) 夹杂物与气泡间形成钢液膜;

　　(3) 夹杂物在气泡表面上滑移;

　　(4) 形成动态三相接触使液膜排除和破裂;

　　(5) 夹杂物与气泡团的稳定化和上浮。

　　该理论认为:底吹氩去除钢中夹杂物的效率主要取决于氩气泡和夹杂物的尺寸以及吹入钢液的气体量。大颗粒夹杂物比小颗粒夹杂物更容易被气泡捕获而去除。小直径的气泡捕获夹杂物颗粒的概率比大直径气泡高。增加底吹透气砖的面积和透气砖数量(或在有限的吹氩时间内成倍地增加吹入钢液的气泡数量)可以降低透气砖出口处氩气表观流速,从而减小透气砖出口处氩气泡的脱离尺寸。其示意图如图5-12所示。

　　从实践过程中的结果出发,小气泡黏附去除夹杂物最典型的应用是日本钢管公司的加压减压技术(NK-PERM),其工艺过程是钢水在带有加热功能的 NK-AP 钢包炉中用超高碱度合成渣(5% ~15%CaF₂)精炼的同时,用顶吹喷枪和包底透气砖吹氮,使钢中氮达到 0.01% ~0.04%,然后在 RH 真空循环脱气装置中脱气去除夹杂物。钢液中过饱和的氮在迅速减压过程中析出,并在固体 Al_2O_3 夹杂物表面形成细小气泡,夹杂物随小气泡上浮而排除,可使 T[O] 含量降低

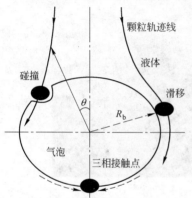

图 5-12　夹杂物颗粒与气泡碰撞并
黏附于气泡的示意图

到 0.0007% ~ 0.0009%。

B　氩气大气泡尾流捕捉去除夹杂物的理论

钢包内吹氩产生的气泡行为随底吹气量的变化而不同,如图 5-13 ~ 图 5-15 所示。

a　　　　　　　　　　　　　*b*

图 5-13　较小吹气量时典型的气泡行为

a—$1.19 \times 10^{-2} \mathrm{m}^3/\mathrm{h}$;$b$—$3.56 \times 10^{-2} \mathrm{m}^3/\mathrm{h}$,气泡直径小于 2mm

a　　　　　　　　　　　　　*b*

图 5-14　吹气量中等时典型的气泡行为

a—$4.75 \times 10^{-2} \mathrm{m}^3/\mathrm{h}$;$b$—$7.13 \times 10^{-2} \mathrm{m}^3/\mathrm{h}$

a　　　　　　　　　　　　　　*b*

图 5-15　吹气量较大时气泡的行为

$a—14.26 \times 10^{-2} m^3/h; b—16.63 \times 10^{-2} m^3/h$

由以上各图可以看出,气泡行为分为三种状态:当吹气量较小(见图 5-13*a*、图 5-13*b*)时,气泡呈分散的气泡群且多数气泡直径小于 2mm;当吹气量中等大小(见图 5-14*a*、图 5-14*b*)时,透气砖产生的仍为相对较小的气泡,但一些气泡长大成大气泡;当吹气量比较大(见图 5-15*a*、图 5-15*b*)时,透气砖产生的是布袋型的大气泡,气泡群里基本上没有小气泡。郑淑国和朱苗勇等人认为,第三种状态产生的气泡直径比较大,根据黏附去除理论,此气量范围去除夹杂物的效果应该比较差,但实验结果表明大气量同样具有比较好的去除夹杂物

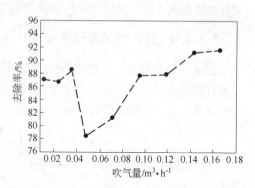

图 5-16　夹杂物的最终去除率随
吹气量的变化曲线

效果且其效果比小气量的还要好(见图 5-16),这说明黏附去除理论已不适合解释大气量条件下气泡去除夹杂物机理。

他们认为:大气量产生的气泡比较大,气泡后面存在尾流区,在较大吹气量的情况下,夹杂物的去除是依靠氩气大气泡尾流捕捉去除的理论,如图 5-17 所示。

大气量产生的气泡比较大(见图 5-15),气泡后面存在尾流区,如图 5-17 所示。熔池中的夹杂物一方面随钢液流动,另一方面由于自身密度与钢液密度差而做斯托克斯上浮,当夹杂物靠近快速上浮的大气泡尾流区时,由于此区压力比较低,夹杂物很容易被卷入尾流区,而

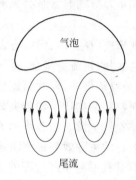

图 5-17　气泡尾流示意图

且由于尾流区的湍流强度比较大,夹杂物做循环流动并同时随气泡一起上浮。可见,单个夹杂物颗粒被单个气泡尾流捕捉去除的过程可分为三个微过程,即夹杂靠近气泡尾流区、夹杂进入气泡尾流区、夹杂在气泡尾流区做循环流动并随气泡一起上浮。此项理论能够较好地解释吹氩量较大情况下的夹杂物去除现象。

5.2.2.3　去除夹杂物理想吹氩量的试验模拟结果

实验室的水模拟结果表明:较大吹气量($14.26 \times 10^{-2} \sim 16.63 \times 10^{-2} \mathrm{m^3/h}$)的去除夹杂物效果好于小气量($1.19 \times 10^{-2} \sim 3.56 \times 10^{-2} \mathrm{m^3/h}$)的效果。主要有以下两方面的原因:

(1)大气量相对小气量增加了钢包内流体的湍动能从而增加了夹杂物碰撞长大的机会,促使更多的夹杂物易于去除;

(2)颗粒直径较大的夹杂物容易卷入大气泡尾流去除,而不易被气泡黏附去除。

较小气量和较大气量均有较好的去夹杂效果。大、小气量条件下气泡去夹杂机理不同,较小气量范围内,夹杂物主要通过大量弥散的小气泡黏附去除;较大气量范围内,夹杂物主要通过大气泡的尾流捕捉去除,大气泡的尾流捕捉是去除夹杂物的重要方式。

吹气量从小到大增加变化时,随着吹气量的进一步增大,由于产生的气泡直径比较大,夹杂物已不再通过气泡黏附去除,而主要是通过卷入到气泡的尾流中去除。随着吹气量的增大,气泡的直径、速度不断增大,这均有利于气泡尾流卷入夹杂物,所以随着吹气量的增加去除夹杂物效果越来越好;当气量增大到一定程度时,气泡的直径、速度随气量的增加变化不大,因此随气量的增加去除夹杂物效果相差不大。

需要说明的是,过大的气量可能会导致钢包表面卷渣,从而污染钢液。因此,选择吹气量时要综合考虑其去除夹杂物效果和钢-渣界面卷渣行为。

5.2.2.4　透气砖的数量和吹氩气去夹杂物效率之间的关系

假设:(1)钢液中气泡尺寸相同,且在钢液中分布均匀;(2)夹杂物颗粒均匀分布于钢液中,且具有相同的尺寸;(3)忽略夹杂物自由上浮以及相互碰撞后结合聚团对去除夹杂物的影响。

钢包吹氩气去除夹杂物的效率 η_N 方程可表达为:

$$\eta_N = 1 - \exp\left(- \frac{K_2 K_3}{K_1^3} \frac{d_p^2}{d_n^{3(1-1.5n)}} \left(\frac{Q_{Ar}}{A}\right)^{-3n} Q_{Ar} t \right) \tag{5-33}$$

其中
$$\frac{1}{3} < n < \frac{2}{3}$$

式中,K_1, K_2, K_3 为常数;d_p 为夹杂物直径,m;d_n 为透气砖平均孔径,mm;n 为与气泡流态有关的常数;Q_{Ar} 为吹氩流量,$\mathrm{m^3/s}$;A 为透气砖出口的表面积,$\mathrm{m^2}$;t 为吹氩时间。

式(5-33)表明:夹杂物去除效率一方面决定于透气砖出口氩气表观流速(Q_{Ar}/A),另一方面决定于吹入钢液的氩气气泡总量($Q_{Ar}t$),后者也代表吹入钢液的气泡总数,吹氩流量增加,透气砖出口表观流速增加,导致气泡脱离尺寸增大,从而降低了气泡俘获夹杂物的概率,但吹氩流量的增加也意味着单位时间内吹入钢液的气泡数量在增加。所以说,大颗粒夹杂物比小颗粒夹杂物更容易去除;小的透气砖孔径有利于减小气泡脱离尺寸,从而有利于夹杂物去除。以较小的流量吹氩有利于减小气泡尺寸,从而提高气泡碰撞夹杂物的概率。但夹杂物的去除效率最终决定于吹入钢液的总的气泡数量,降低吹氩流量意味着必须延长吹氩时间,这往往受到生产过程的限制。增加透气砖的面积或增加透气砖个数对提高夹杂物去除效率十分有效,因为这样可以在有限的精炼时间内,成倍地增加吹入钢液中的氩气气泡数量,从而大大提高夹杂物的去除效率。这也是双透气砖(或者更多透气砖)的精炼炉的精炼效果优于单透气砖精炼效果的原因。

5.2.2.5 气泡去除钢液夹杂物的效率和实际生产中采用的方法

在吹氩量较小的情况下,小气泡去除夹杂物的理论更加和实践接近,能够解释软吹现象,所以一般来讲,吹氩量较小的情况下,气泡黏附夹杂物去除夹杂物占主要部分,吹气量较大的情况下,气泡尾流捕捉去除夹杂物占主要部分。

在小气泡去除夹杂物的过程中,夹杂物颗粒与气泡的碰撞和黏附起核心作用。一个夹杂物颗粒被气泡碰撞的概率定义为碰撞概率 P_C,夹杂物颗粒与气泡碰撞后黏附于气泡上的概率定义为黏附概率 P_A,黏附于气泡上的夹杂物重新脱离气泡的概率为 P_D,则夹杂物颗粒被气泡俘获的总概率 P 为:

$$P = P_C P_A (1 - P_D) \tag{5-34}$$

水模拟研究表明:当固体颗粒与液体的接触角大于90°时,几乎所有到达气泡表面的固相颗粒都能被气泡俘获,而且与接触角的大小无关。钢液中常见的脱氧产物 Al_2O_3 和 SiO_2 与钢液的接触角分别是144°和115°,因此,对 Al_2O_3 和 SiO_2 这样的夹杂物是很容易黏附在气泡上,它们的去除效率仅决定于夹杂物与气泡的碰撞概率 P_C:

$$P \approx P_C \approx K_2 \left(\frac{d_p}{d_b} \right)^2$$

式中,K_2 为常数;d_p 为夹杂物直径,m;d_b 为氩气气泡的平均直径,m。

$$K_2 = \frac{3}{2} + \frac{4Re_b^{0.72}}{15}$$

式中,Re_b 为气泡的雷诺数,$0 < Re_b \leqslant 400$。

由以上的分析可以看出,大颗粒夹杂更容易被气泡俘获,小气泡比大气泡更有利于俘获夹杂物。

大量的模拟试验结果和实践证明:实际生产过程中,在转炉出钢合金化过程中,是脱氧产物产生量最大的时候,也是大颗粒夹杂物产生量最多的时候。不论透气砖的安装位置如何,较小的吹氩流量去除夹杂物的行为主要发生在前8min,这也是冶炼优钢时,喂丝以后软吹的时间规定在8min 的主要原因之一。

对透气砖安装在中心的 CAS-OB 工艺来讲,以较大吹氩量去除大颗粒夹杂物的行为主要发生在吹氩的前20min;对 LF 炉的偏心底透气砖的喷吹,吹氩流量较大的时候,去除大部分夹杂物的行为主要发生在前16min。

不论哪一种底吹方式和精炼方式,较短的时间以内,较大吹氩量搅拌去除夹杂物的效果差;较长精炼处理过程中,较小的搅拌量去除夹杂物的效果较差,去除夹杂物的效果随着吹氩流量的增加首先增加,然后减小,并且存在一个最佳去除夹杂物的吹氩量。

对弱搅拌去除夹杂物的效果而言,偏心底方式布置透气砖的搅拌方式优于中心位置布置的透气砖的搅拌方式;较大吹氩量强搅拌的范围内,中心位置布置的透气砖的去夹杂物的效果优于偏心底透气砖。

以上的原则也是制定工艺过程中,加入合金以后需要强搅拌3～5min 以后,再转为中等强度搅拌的原因之一。

5.2.2.6 氩气对防止钢液精炼过程中的吸氮和二次氧化的基础知识

在精炼过程中,利用氩气的保护作用,即氩气充满炉膛,可以减少大气中的氧和氮气和钢液的接触几率,可进一步避免或减少钢液的二次氧化。研究证明底吹气量和钢包的净空高度对 LF 炉炉膛内的气体流动有以下的特点:

(1) 如图 5-18 所示,当底吹氩气量较小(3m³/h)时,氩气离开液面进入炉盖空间后不能弥散在液面上部,在抽力的作用下稍作停留便被抽进烟道中被排出。当底吹氩气量增大到 20m³/h 时,氩气就可以弥散并在液面上部回旋,然后被抽吸进入烟道排出,有利于保护暴露的钢液,防止钢液增氮或增氧,且底吹氩气量 15~50m³/h 范围内,液面附近氩气的流动迹线分布状态相似,变化不明显。

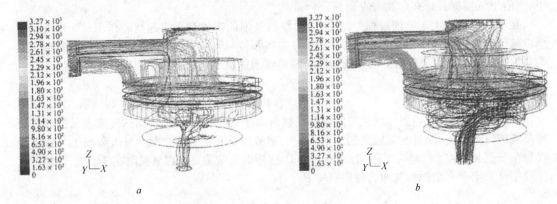

图 5-18 不同底吹氩气量炉盖内气体流动迹线

a—底吹氩气量为 3m³/h;b—底吹氩气量为 20m³/h

(2) 如图 5-19 所示,在底吹氩气流量为 20m³/h,液面位置分别为 570mm 和 1160mm 时盖内气体的流动迹线分布状态,随着液面距钢包上边缘的距离(570~1160mm)增大,氩气在钢包上部净空高度上的回旋区域扩大,抽吸进入炉盖空间的空气均不能到达液面,可有效防止钢液增氮或氧。

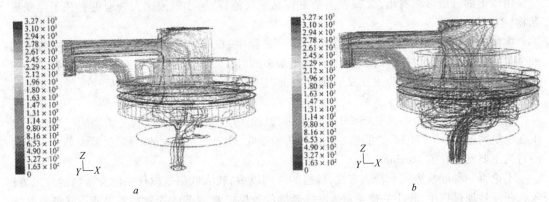

图 5-19 不同液面炉盖内气体流动迹线

a—液面高度为 570mm;b—液面高度为 1160mm

5.2.3 氩气在精炼过程中对钢液流场特征的影响因素

5.2.3.1 吹氩搅拌与产生的搅拌功率的定量关系

吹气搅拌的比搅拌功率用单位时间内吹入 1t(或 1m³)钢液的气泡所做的功的总和来表示。气体进入钢液后所做的功可分为:

(1) 喷孔附近气体由原来的温度 T_1 急剧上升钢液温度 T_1 所做的膨胀功 E_1。假定吹入的气

体是理想气体,则膨胀功为:

$$E_1 = nR(T_l - T_1) \tag{5-35}$$

式中,n 为吹入气体的摩尔数;R 为气体常数。

(2)气体上浮过程中,由于钢液的静压力随气泡上升高度不断减少,使气体膨胀做的功 E_2:

$$E_2 = \int_{V_2}^{V_1} p\mathrm{d}V = nRT_l\ln\frac{V_2}{V_1} = nRT_l\ln\frac{p_1}{p_2} \tag{5-36}$$

式中,V_1,p_1 为喷口处气体的体积和压力;V_2,p_2 为钢液面处气体的体积和压力。

(3)浮力所做的功 E_3:

$$E_3 = \int_0^h V\rho_l g\mathrm{d}h = -\int_{p_1}^{p_2}\frac{nRT_l}{p}\mathrm{d}p = nRT_l\ln\frac{p_1}{p_2} \tag{5-37}$$

式中,h 为气泡上浮的距离。

(4)喷出气体的动能 E_4:

$$E_4 = \frac{1}{2}\rho_g u_1^2 V_1 = \frac{nRT_l}{p_1}\times\left(\frac{1}{2}\rho_g u_1^2\right) \tag{5-38}$$

式中,ρ_g 为气体的密度;u_1 为喷口处气体的线速度。

(5)气体在喷出口前后,由于压力的变化而做的等温膨胀功 E_5:

$$E_5 = \int_{V_1'}^{V_1} p\mathrm{d}V = \int_{p_1'}^{p_1} p\mathrm{d}\left(\frac{nRT_l}{p}\right) = nRT_l\ln\frac{p_1'}{p_1} \tag{5-39}$$

式中,V_1',p_1' 为气体在喷出口内的体积和压力,$p_1' > p_1$,$V_1' < V_1$。

此外,气体吹入钢液后,将形成新界面需消耗能量,气体重力所做的负功,喷口附近钢液的湍动也要消耗部分的能量,所以上述各部分的能量不可能全部用于搅拌钢包中的主体钢液。哪些部分的能量起到搅拌作用正是不同研究者的分歧所在。较多的研究者认为,在喷口附近气体所做的等温膨胀功 E_5 和等压膨胀功 E_1 也大都在喷口附近被消耗。因此,在计算气体对钢液搅拌所做的这几项功时,应乘一系数 η。

综上所述,气体对钢液搅拌所做的功可用下式表示:

$$E = E_2 + E_3 + \eta(E_1 + E_4 + E_5) \tag{5-40}$$

将以上各式整理,并以 nRT_l 除以式(5-40),再用以下具体数值代入:喷吹深度(气体上浮的距离)$h_0 = 2.5\mathrm{m}$,$p_1 = 0.27\mathrm{MPa}$,$p_2 = 0.1\mathrm{MPa}$,$p_1' = 0.298\mathrm{MPa}$,$T_1 = 1873\mathrm{K}$,$T_1 = 300\mathrm{K}$;$u_1 = 232\mathrm{m/s}$,$\rho_g = 1.1\mathrm{kg/m^3}$。此时可得出下式:

$$\frac{E}{nRT_l} = 0.99 + 0.99 + \eta(0.84 + 0.11 + 0.10) \tag{5-41}$$

式(5-41)右边各项对应于式(5-40)右边各项。由式(5-41)可见,若 η 很小,则起主导作用的是 $E_2 + E_3$;若 η 较大并趋于 1,则起主导作用的将是 $E_1 + E_2 + E_3$。

如果认为起搅拌作用的是 $E_2 + E_3$,则吹氩搅拌的比搅拌功率为:

$$\dot{\varepsilon} = (0.0285QT_l/G)\lg(1 + h_0/1.48) \quad \mathrm{W/t} \tag{5-42}$$

式中,0.0285 为包括单位换算在内的系数;Q 为氩气流量,L/min;h_0 为喷吹深度,m。

5.2.3.2 混匀的概念和混匀的方式

混匀时间 τ 是另一个较常用的描述搅拌特征和质量的指标。实践中,掌握好混匀时间,能够了解加入合金以后,多长时间以内,可以取样分析精炼钢水的化学成分,而所取的试样成分是具有代表性的。混匀时间 τ 具体定义为:在被搅拌的熔体中,从加入示踪剂到它在熔体中均匀分布所需的时间。如设 C 为某一特定的测量点所测得的示踪剂浓度,按测量点与示踪剂加入点相对位置的不同,当示踪剂加入后,C 逐渐增大或减小。设 C_∞ 为完全混合后示踪剂的浓度,则当 $C/C_\infty = 1$ 时,就达到了完全混合。实测发现当 C 接近 C_∞ 时,变化相当缓慢,为保证所测混匀时间的精确,规定 $0.95 < \dfrac{C}{C_\infty} < 1.05$ 为完全混合,即允许有 $\pm 5\%$ 以内的不均匀性。

图 5-20 ~ 图 5-23 是一座 130t 钢包在应用相似原理建立模型和进行试验以后的结果。结果显示,熔体被搅拌得越剧烈,混匀时间就越短。由于大多数冶金反应速率的限制性环节都是传质,所以混匀时间将与冶金反应的速率会有一定的联系。把描述搅拌程度的比搅拌功率与混匀时间定量地联系起来,可以明确地分析搅拌与冶金反应之间的关系。

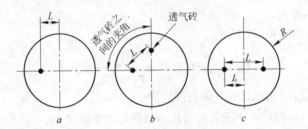

图 5-20　透气砖的布置方式(R 为钢包底部圆半径)

a—单透气砖;b,c—双透气砖

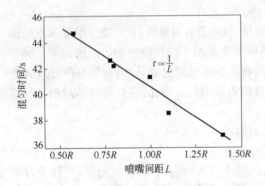

图 5-21　双透气砖的间距对钢水混匀时间的影响

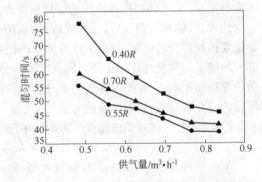

图 5-22　单透气砖位置和供气量对钢水
混匀时间的影响

钢包内加入的物料在吹氩钢包内的传输和混匀主要以三种方式进行:即被循环流股输送(图 5-23 中①)、湍流扩散传输(图 5-23 中②)和加入物浓度差引起的扩散传质(图 5-23 中③)。

钢包底吹在偏心的条件下能获得更短的混匀时间,但在实际生产中不能仅以此作为优化底吹位置的判断标准,而应该综合考虑熔池的混匀时间和渣钢间的传质速率。对以均匀钢水成分和温度为目的的操作,偏心底吹能达到更好的效果,但对脱硫过程,中心底吹能更有效地提高精炼效率。

5.2.3.3　影响钢液混匀的因素

影响混匀的主要因素有以下的几点:

（1）钢包上不论是单透气砖还是双透气砖,增加吹气量有利于快速混匀。这主要是由于吹气量的增加,钢液的循环速度增大,循环量提高实现的。吹气量在实际生产中有一个临界喷吹量,以实现较快达到合金化以后的混匀目的。当吹气量超过一个临界值以后,气体喷吹量的增加会造成钢液剧烈运动,甚至沸腾现象,易发生卷渣及喷溅事故。临界喷吹氩气量主要取决于钢液深度、钢渣厚度、冶炼钢种的成分和温度等。

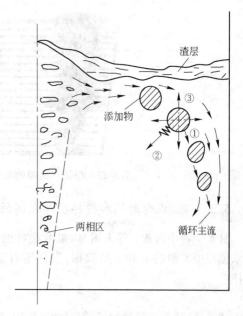

（2）双透气砖喷吹氩气的条件下,无论是垂直布置还是在同一直径上对称布置,随着两个透气砖之间间距的逐渐增大,混匀时间均逐渐减少。主要因为在搅拌过程中两气柱相邻流股的干扰和抵消作用小,流动能量损失越少;相反,双透气砖相距越近,流股的干扰和抵消作用大,流动能量损失越多,越不利于混匀。同时研

图 5-23　钢包添加合金等物料的混匀过程示意图

究和实践的结果表明,双透气砖对称分布在同一直径上的搅拌效果优于双透气砖垂直分布的搅拌效果。双透气砖间距由 $0.40R$ 增至 $0.70R$,两个强流股间距最大、对撞最小,回流区介于两透气砖之间,有利于缩短钢水混匀时间和提高搅拌效果。双透气砖喷吹模式下钢液流动特征见图 5-24。

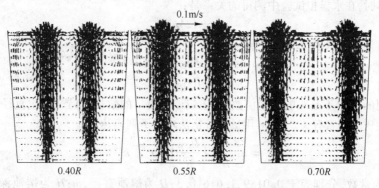

图 5-24　双透气砖喷吹模式下钢液液体流动的特征

（3）在偏心底吹钢包中,钢液在吹氩的作用下,形成了一个三维流动体系,纵向形成了沿着气液均相区、钢液表面、包壁、包底为循环轨迹的回流区;横向形成了以透气砖所在直径为轴的对称循环流场,透气砖越远离钢包的底部中心点的位置,混匀和去除夹杂物的效果越好,只是对钢包的侵蚀作用就特别明显了。

（4）在相同的吹气量下,双透气砖喷吹搅拌效果较单透气砖好,混匀时间短。

（5）单透气砖喷吹搅拌时,透气砖布置的位置在 $0.55R$ 时,搅拌效果最好,时间最短。单透气砖喷吹气体过程中,钢液流动特征见图 5-25。

（6）LF 加热过程中,电弧的冲击能够影响吹氩过程中钢液的运动状态,延长钢液的混匀时间。

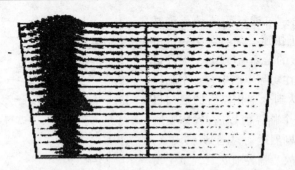

图 5-25　单透气砖喷吹条件下钢包内钢液流动的特征图

5.2.3.4　混匀时间和搅拌功率之间的关系

日本学者中西恭二等人用 50t 吹氩搅拌的钢包、50tSKF 钢包精炼炉、200tRH、65kg 吹氩搅拌的水模型中实测的 $\dot{\varepsilon}$ 和 τ 的数据,发现所有这些点都分布在一条直线的周围,由此提出统计规律:

$$\tau = 800\dot{\varepsilon}^{-0.4} \tag{5-43}$$

由上式可知,随着 $\dot{\varepsilon}$ 的增加,混匀时间 τ 缩短,加快了熔池中的传质过程。可以推论,所有以传质为限制性环节的冶金反应,都可以借助增加 $\dot{\varepsilon}$ 的措施而得到改善。

式(5-43)中的系数会因 $\dot{\varepsilon}$ 的不同计算方法和实验条件的改变而有所变化。例如,在钢包吹氩搅拌中,若搅拌动力只考虑气泡上浮所做的膨胀功,则:

$$\tau = 606\dot{\varepsilon}_2^{-0.4} \tag{5-44}$$

$\dot{\varepsilon}$ 的下标"2"表示搅拌动力来自膨胀功;下标"4"表示气流动能所做的功。当用单孔透气砖向下喷吹搅拌气体时,在水模拟试验中测得的关系是:

$$\tau = 124\dot{\varepsilon}_{2+4}^{-0.23} \tag{5-45}$$

日本学者拜田等人在水模拟试验中测得:

无渣时

$$\tau = 58\dot{\varepsilon}_2^{-0.31} \tag{5-46}$$

有炉渣覆盖时

$$\tau = 100\dot{\varepsilon}_2^{-0.42} \tag{5-47}$$

需要说明的是,τ 不是 $\dot{\varepsilon}$ 的单值函数,它还应该与喷口的数目、位置、钢包直径、吹入深度、被搅拌液体的性质等因素有关。Helle 用量纲分析法求得下列表达式:

$$\tau = a\left(\frac{D}{H}\right)^b \left(\frac{H\sigma\rho}{\eta^2}\right)^c H\mu^{-0.25}\dot{\varepsilon}^{-0.25} \tag{5-48}$$

式中,a,b,c 为常数,分别等于 0.0189、1.616、0.3;D 为熔池直径,m;H 为熔池深度,m;σ 为表面张力,N/m;ρ 为密度,kg/m³;η 为黏度,kg/(m·s);$\dot{\varepsilon}$ 为比搅拌功率,$\dot{\varepsilon} = (0.014QT/G)\lg\left(1+\frac{H_0}{1.48}\right)$ (T 为温度,H_0 为吹入深度,m),W/t。

对 20min 左右的精炼时间来说,在合适的搅拌功率条件下,一般 1~2min 内钢液即可混匀,混匀时间所占的精炼时间是很短的一段。

从另外的一个角度来讲,混匀时间实质上取决于钢液的循环速度。循环流动使钢包内钢液经过多次循环达到均匀。循环流动钢液达到某种程度的均匀所需要的时间为:

$$\tau_i = \tau_c\ln\left(\frac{1}{i}\right) \tag{5-49}$$

式中,τ_c 为钢液在钢包内循环一周的时间;i 为混合的不均匀程度。

当浓度的波动范围为 ±0.05 时：

$$\tau_{0.05} = 3\tau_c \tag{5-50}$$

即经过三次循环就可以达到均匀混合。

τ_c 可用下式计算：

$$\tau_c = V_m/V_Z \tag{5-51}$$

式中，V_m 为钢液体积，m^3；V_Z 为钢液的环流量，m^3/s。

在非真空条件下：

$$V_Z = 1.9(Z + 0.8)\left[\ln\left(1 + \frac{Z}{1.46}\right)\right]^{0.5} Q^{0.381} \quad m^3/s \tag{5-52}$$

式中，Z 为钢液深度，m；Q 为气体流量，m^3/min。

在全浮力模型中，有学者给出另一个量，是由吹入气体与抽引的钢水量之比(抽引比)m_s：

$$m_s = \frac{V_Z}{Q} = 1.9(Z + 0.8)\left[\ln\left(1 + \frac{Z}{1.48}\right)\right]^{0.5} Q^{-0.619} \tag{5-53}$$

此值在 50～200 之间。

所以当向 100t 的钢包吹入 $0.2m^3/min$ 氩气，就有 $10～40m^3$ 的钢液(密度 $7kg/m^3$)被氩气从钢包底部抽引到钢包顶部，即 20～90s 钢包的钢水就会循环一次。

佐野等人得到下式：

$$\tau = 100\left[\frac{\left(\frac{D^2}{H}\right)^2}{\dot{\varepsilon}}\right]^{0.337} \tag{5-54}$$

式中，D 为熔池半径，m；H 为透气元件距钢液表面的距离，m。

从以上的函数关系可以看出，熔池直径太大是不利于较快达到混匀的，也就是说，精炼炉的钢包不宜直径太大。

5.2.3.5 吹氩对钢液温降的影响

许多的时候，炼钢工经常采用较大的吹氩量搅拌钢液进行降温，就此吹氩对钢液降温的影响以下做计算说明。

例 假设一个钢包的温度 1600℃，钢液 120t，管道氩气的温度 20℃，吹氩的流量为 250L/min，钢液的比热容 A 取 $0.879J/(kg \cdot ℃)$，氩气的比热容 B 取 $1.465J/(kg \cdot ℃)$，每分钟吹氩气的降温为：

$$\Delta T = \frac{250 \times 10^{-3} \times B \times (1600 - 20)}{A \times 120 \times 1000} = 0.005(℃/min)$$

需要说明的是，吹氩强度较大情况下，钢液裸露降温，使钢液向环境辐射的热量增加了，而不是氩气带走的热量增加了，氩气带走的热占的比例较小。

5.2.4 冶炼过程中不同吹氩量对渣面的影响分析

5.2.4.1 冶炼过程中吹氩量对渣面隆起的影响

在氩气喷吹过程中，气泡在钢液逐渐上升并达到渣层的顶部，上升的气泡带动钢液流动，流动的钢液不断地冲击渣面，增加了渣层和钢液之间的接触面积。吹氩作用对钢包液面的影响对炼钢过程来讲是一个非常重要的考虑因素，主要表现在以下的几个方面：

（1）采用电加热的精炼过程中,需要考虑透气砖的吹氩位置,防止吹氩送电加热过程中,电弧的冲击阻碍了钢液的循环运动,以及钢包内吹氩位置在吹氩的作用下,钢液隆起区钢液面的波动还可能接触石墨电极造成电极消耗增加、电弧不稳定、钢液增碳等现象。钢液隆起现象对 LF 的影响见图 5-26。这也是 LF 炉透气砖布置的位置必须考虑偏心底位置的主要原因之一。

（2）如果吹氩量过大,流量超过临界卷渣流量,则可能使顶渣被卷入到钢液中形成夹杂物,同时也带来了卷渣、氧化、氮化等问题,这些现象对钢坯的质量都是有害的;在以脱硫为主要目的进行操作时,由于卷渣的发生能成倍地增加钢渣之间的反应速率,提高脱硫的效率,为了计算脱硫速度,需要估算氩气喷吹时钢液面隆起最高点。从化学反应的角度,钢液面隆起峰值也是钢包冶炼过程中很重要的参数. 钢液面隆起高度需要大于渣层厚度,以形成足够大的渣眼。所以临界卷渣流量是一个很重要的操作参数,对提高精炼效率和钢液质量有重要的意义。

（3）LF 精炼炉、CAS-OB 精炼炉以及 VD 的操作过程中,增碳操作和添加部分密度较小的贵重合金时,应控制底吹流量,将钢渣面吹开一个钢水裸露的区域(许多文献和厂家叫渣眼),以便于增碳和合金化操作。在 CAS-OB 作业的时候,降下浸渍罩时的底吹气体流量,应该根据钢包中的钢液量以及顶渣量做好调整,使钢包顶部的"渣眼"直径与浸渍罩的直径近似,尽量减少存留在浸渍罩内的钢包渣量,提高合金回收率和便于化学热升温的操作。

5.2.4.2 吹氩过程中吹氩量对渣面波动的影响

当氩气被喷进钢包时,在钢液内部形成气泡,上升的气泡和流动的钢液间歇地冲击渣层,在吹气流量较大的时候,气泡将会冲破渣层形成渣眼。气泡冲破渣层是一个很复杂的多相流动过程,冲破渣层后形成了"渣眼",同时导致了钢液/渣层界面的波动,如图 5-27 所示。

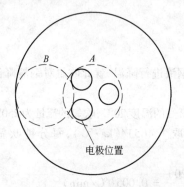
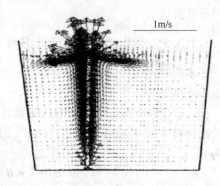

图 5-26 液面隆起区与电极的位置示意图   图 5-27 底吹氩钢包主截面的流场速度分布
（A 为中心底吹的液面隆起区域;B 为偏心底吹的液面隆起区域）

要在钢包中产生渣眼,钢液的隆起高度必须大于渣层的厚度,才能够产生渣眼,而钢液的隆起高度取决于钢包的底吹氩气的流量大小。实际生产中,保证有一个合适的渣眼和平稳的渣面,对 LF 的加热操作特别重要,所以在 LF 炉送电升温的过程中,在吹氩流量控制不合适的时候,如果电弧不稳定、声音刺耳,就说明氩气量太大了,需要减少吹氩的流量。当吹氩量降低到一个合适的范围,电弧的声音就趋于平稳。这也是许多钢厂规定在增碳过程中,氩气流量较大,钢渣面起伏大的情况下,不许送电的原因。吹氩流量对钢渣界面隆起峰值高度的影响如图 5-28 所示。

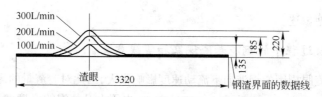

图 5-28 在界面处氩气喷吹流量对界面隆起峰值高度的影响

由于吹气量越大,产生的气泡也相应地越多,吹气流量和渣面波动的频率如图 5-29 所示。在钢包炉(LF)进行吹氩操作时,渣层将在吹氩的作用下发生显著的变形:在渣眼周围,渣层变薄;在钢包壁面处,渣层变厚,渣层附近流场呈现多个复杂漩涡结构,主要是由氩气、渣层和钢液的物化性能的差别造成的。渣层运动行为包括渣层变形、渣眼的尺寸变化及其周围钢液的流速变化和渣层波动等。

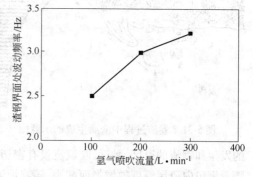

图 5-29 氩气喷吹流量对渣钢界面处波动频率的影响

试验研究表明,氩气喷吹流量对界面处速度的影响是很大的。氩气流量为 300L/min 时,钢液的向下速度是 100L/min 流量时的 3 倍;氩气喷吹流量从 100L/min 增加到 300L/min 时,相应的渣眼直径从 0.43m 增加到 0.81m。

5.2.4.3 渣眼的大小和吹氩的关系

渣眼即吹氩过程中,透气砖上方的顶渣被高速流动的钢液冲击,在湍流作用下钢渣被吹开,形成钢液裸露的区域,称为渣眼。氩气喷吹流量对渣眼尺寸大小起着决定性的作用。对 100mm 厚的渣层,氩气流量为 200L/min 时,可以产生一个直径为 660mm 的渣眼,即产生周长为 2.1m 的渣眼;而当氩气流量为 100L/min 时,只能产生一个直径为 430mm 的渣眼,周长仅为 1.35m。氩气喷吹流量对渣眼面积的影响见图 5-30。

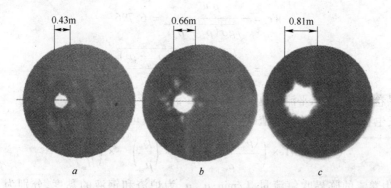

图 5-30 氩气喷吹流量对渣眼面积的影响
a—100L/min;b—200 L/min;c—300L/min

渣眼在 LF 精炼炉冶炼过程中,一是增碳时,需要较大的渣眼,将炭粉、合金等加在渣眼处,提高回收率,正常冶炼的时候,需要有一个合适的较小的渣眼,作为判断吹氩搅拌情况的重要依据;在 CAS-OB 过程中,可以说没有一个合理的渣眼,也就没有 CAS-OB 稳定可靠的操作。这一点将在后面的章节详细地叙述。

5.2.4.4　吹氩过程中的钢液卷渣现象和实践意义

氩气喷吹量对渣眼周围的钢液向下流动速度影响很大,因此对卷渣量的影响也很大。

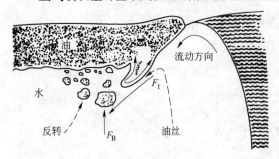

图 5-31　卷渣过程中渣滴生成的示意图

由于上升气泡的碰撞增加了钢液与渣层的接触面积,并形成了复杂的渣钢界面,由于在渣眼处钢液的流速很大,产生了很大的剪切力,渣层在渣钢界面处被向下流动的钢水加速,当渣层速度超过一个临界值时,就会在渣层下缘生成渣滴,因而熔渣能被卷吸入钢液中。图 5-31 是实验室利用油-水模型模拟的钢液卷渣过程中渣滴形成示意图。

冶炼过程中,钢液吹氩条件下的卷渣情况的发生和钢渣的厚度、黏度、吹氩流量有密切的关系。一般情况下,钢包中的临界卷渣吹氩流量随着钢包内渣层厚度的增加而减小,随着炉渣黏度的增加而增大。判断吹氩操作是否会导致卷渣现象的发生,需要从钢液流动的速度、炉渣的运动速度等因素综合考虑。

从仅考虑钢渣界面的能量平衡的角度来看,浅井滋生等人认为当渣滴的动能大于或等于表面功和浮力功之和时才能够发生卷渣现象。从这一角度出发,得到了临界卷渣时渣液的速度:

$$V = \left(\frac{48g\sigma(\rho_m - \rho_s)}{\rho_s^2} \right)^{0.25}$$

式中,V 为渣液的临界速度,m/s;ρ_s,ρ_m 为渣和钢液的密度,kg/m³,分别为 3400 ~ 4000kg/m³ 和 7000kg/m³;σ 为渣-钢间界面张力 0.1 ~ 1.5N/m,计算时取 1.22N/m;g 为重力加速度,9.8m²/s。

韦伯数是作为描述卷渣过程的决定性准数。当吹氩量过大、钢包表面的水平流速过大时。会发生钢渣界面卷渣的现象,钢液卷渣的临界韦伯数 $We = 6.796$。钢液卷渣时钢液的临界运动速度 u_m 可以通过下式确定:

$$We = \frac{\rho_s u_m^2}{\sqrt{g\sigma(\rho_m - \rho_s)}} = 6.796$$

即

$$u_m = \sqrt{6.796 \times \frac{g\sigma(\rho_m - \rho_s)}{\rho_s}}$$

得到钢液临界卷渣的运动水平流动速度为 0.644m/s。

钢包中发生卷渣现象的临界卷渣吹气流量的计算公式可以表示为:

$$Q = 54.41 \times \left(\frac{(\rho_m - \rho_s)\sigma}{\rho_s^2} \right)^{0.35} \times \left(\frac{\mu_s}{\mu_m} \right)^{0.3} \times \left(\frac{H_s}{H_m} \right)^{-0.42}$$

式中,Q 为发生卷渣的临界吹氩流量,L/min;μ_s,μ_m 为炉渣和钢液的黏度,分别为 3 ~ 15Pa·s,0.05Pa·s;H_s,H_m 分别为渣层厚度和钢包内钢液的高度,m。

通过对某厂 70t 钢包炉和 110t 钢包炉的计算发现:70t 的钢包,白渣条件下发生卷渣的氩气临界流量在 180L/min;110t 钢包炉在黑渣条件下的卷渣临界流量为 220L/min,白渣条件下为 240L/min。

实际生产中,判断钢液是否会发生卷渣的可能性,可以通过以下几个特征判断:

（1）渣眼周围的钢液流速。钢液的流动速度越大，卷渣的几率就会增加。

（2）渣眼的尺寸。渣眼的尺寸越大，钢液卷渣的可能性越大。

（3）渣面的波动频率和隆起的高度。波动频率越大，隆起高度越高，卷渣的可能性越大。

（4）炉渣碱度。炉渣碱度越高，同等吹气流量的条件下，卷渣的几率将会增加。

不同的底吹形式，卷渣的情况各不相同，如图5-32所示。

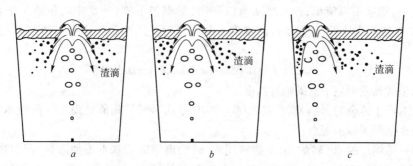

图 5-32　不同底吹位置卷渣情况比较

a—中心底吹；b—偏心 $1/3R$ 底吹；c—偏心 $2/3R$ 底吹

5.3　造渣

5.3.1　钢渣的作用

电炉冶炼的钢种和转炉冶炼的钢种，精度控制是有很大的区别的。而这一点在钢渣的控制上尤其明显。LF 炉的炉渣在很多厂家俗称顶渣，它对钢液脱氧的影响比较明显。在常见的转炉钢水的精炼手段中，除了需要在 RH 进行自然脱碳和强制吹氧脱碳的钢种外，其他的精炼方法，都希望钢水的顶渣有良好的还原性能，有适合于冶炼该钢种的理化性能。而钢渣的性能又和钢渣的组成关系密切。

钢渣的性质就像金属一样，也有液相线和固相线温度。精炼渣根据其功能由基础渣、脱硫剂、还原剂、发泡剂和助熔剂等部分组成。基础渣最重要的作用是控制渣的碱度，实际精炼渣的熔点一般控制在 1300～1500℃，炉渣的黏度一般控制在 0.25～0.6Pa·s（1500℃）。精炼渣的基础渣一般多选 $CaO\text{-}SiO_2\text{-}Al_2O_3$ 系三元相图的低熔点位置的渣系。精炼渣的基本功能为：

（1）深脱硫。转炉生产线的大部分脱硫控制在铁水脱硫和转炉出钢过程中的脱硫这两个关键点，也有一部分在 LF 完成。

（2）深脱氧。

（3）起泡埋弧。

（4）防止钢液二次氧化和保温作用。

（5）可去除钢中非金属夹杂物，净化钢液，改变夹杂物的形态。这些特点主要可以概括如下：

1）二元碱度（CaO/SiO_2）在 2.0～4.5 的范围内，随着精炼渣碱度的提高，精炼终点钢中全氧含量显著降低，夹杂物的数量、尺寸也明显减小。

2）在二元碱度基本相同的条件下，适当提高 Al_2O_3 含量或添加 CaF_2，减少 MgO 含量，可以降低精炼渣的熔化温度，提高炉渣的流动性，从而显著提高炉渣吸附夹杂物的速度和能力。

3）低碱度渣精炼的钢中夹杂物含 $SiO_2 \geqslant 20\%$，具有一定的塑性，但是尺寸相对较大，在 15～20μm 之间。高碱度渣精炼的钢液中典型的夹杂物是氧化铝和铝镁尖晶石等脆性夹杂物，但是尺寸很小，一般不超过 5μm，对钢的性能危害很小。

5.3.2　渣量的控制

精炼炉的渣量不能够过大,否则,钢包的铸余量将会增加,这主要和钢包浇铸时钢液的流场有关。在钢包的热态分析一节已有描述。钢包在浇铸的过程中,钢液将形成一大一小的两个循环流,在距离钢包底 0.8m 左右的距离,形成一个速度的转折点;顶层的钢液要先于底层流出,在一定的高度上,钢液不再流出,钢渣将从水口流出,即钢包下渣,一是中间包渣量增加,二是钢包水口被钢渣充满,增加了清理水口的难度。某厂浇钢下渣的临界高度与渣层厚度的直线关系为:

$$y = 0.1 + x(0.05\text{m} < x < 0.2\text{m}, y < 0.3\text{m})$$

可用以上的公式预测钢包下渣的临界高度。

钢渣量对产生铸余的影响,笔者在 2008～2010 年从事转炉钢渣处理车间的技术管理工作,下面的现象也证明了以上观点:

(1) 第一炼钢厂的 40t 转炉,冶炼建筑用钢,转炉出钢以后基本不加渣料,钢包在连铸浇铸以后,铸余钢渣共计 400kg 左右,有时候基本上没有大于 300kg 的铸余。

(2) 第二炼钢厂 120t 转炉冶炼一般的钢种,铸余量为每炉 300～600kg 左右,冶炼铝镇静钢 SPHC,渣量每炉增加 1000～1500kg,铸余量多达 1.5t/炉,笔者对此进行了 3 个月的统计,结果显示和前面的分析是一致的。

5.3.3　炉渣成分的选择和控制

精炼炉的炉渣要有合适的熔化温度和较强的吸附夹杂物的能力,这是钢水炉外精炼对钢渣的基本要求。

精炼炉的脱氧操作就是将钢水中的含氧量变成氧的化合物,将它们从钢液中排出的过程。LF 炉渣对脱氧(包括吸附夹杂物)有着重要的影响。研究表明:在没有渣的情况下,脱氧剂脱氧是不能把钢中的氧降得很低的。所以,从脱氧角度来说,在确定了脱氧剂后,选取合适的渣料组成是非常重要的。通过理论模型计算出 LF 炉白渣在温度 1500～1650℃情况下,密度为 2.58～3.2g/cm^3。

制定一个合理的造渣制度是钢液脱氧的关键所在,确定能快速脱氧的渣成分的原则主要考虑以下几个方面。

5.3.3.1　炉渣的熔化温度和吸附夹杂物的能力

精炼渣吸收钢液中的夹杂物的原理主要有三种:一是钢渣界面上的氧化物夹杂与熔渣间的组元发生化学反应使得钢中的夹杂物进入渣相;二是钢中氧化物夹杂停留在钢渣界面上,并且在条件(热力学条件和动力学条件)满足的时候,溶解于渣中;三是由于界面能的作用,渣钢界面上的氧化物夹杂自发的转入了渣相。过程自发进行的热力学条件为:

$$2\pi rh(\sigma_{s-i} - \sigma_{m-i}) - \pi r^2 \sigma_{s-m} \leq 0$$

式中,σ_{m-i},σ_{s-i},σ_{s-m} 分别为金属－夹杂物、炉渣-夹杂物、炉渣-金属之间的界面张力。

从上式可以看出:(1)金属和夹杂物之间的界面张力越小,炉渣和夹杂物之间的界面张力越大,夹杂物尺寸越大,夹杂物越容易去除。(2)炉渣和钢液之间的界面张力越小,对熔渣吸附夹杂物越有利。Al_2O_3 可以增大炉渣的界面张力。熔渣与夹杂物之间的表面张力小,有利于熔渣对夹杂物的润湿,减少熔渣与 Al_2O_3 夹杂物之间的界面张力,有利于改善熔渣吸收 Al_2O_3 夹杂物的能力,所以减少炉渣中 Al_2O_3 的含量有利于 Al_2O_3 夹杂物的吸附。

　　铝镇静钢和一些硅镇静钢中存在的有害夹杂物主要是 Al_2O_3 型的,因此,需要将渣成分控制在易于去除 Al_2O_3 夹杂物的范围,炉渣对 Al_2O_3 的吸附能力可以通过降低 Al_2O_3 活度和降低渣熔点以改进 Al_2O_3 的传质系数来实现。降低 Al_2O_3 活度被认为更加重要。渣成分应接近 CaO 饱和区域。如果渣成分在 CaO 饱和区, Al_2O_3 的活度变小,可以获得较好的热力学条件,但由于熔点较高,吸附夹杂物效果并不好,在渣处于低熔点区域时,吸附夹杂物能力增加,但热力学平衡条件恶化,其解决办法是渣成分控制在 CaO 饱和区,但向低熔点区靠拢具体的做法是控制渣中 Al_2O_3 含量,使 CaO/Al_2O_3 控制在 $1.5 \sim 1.7$ 之间,即冶炼铝镇静钢时,平常所说的还原期初期保持一定时间的稀渣操作,对夹杂物上浮至关重要。$CaO-Al_2O_3$ 的平衡相图见图 5-33。

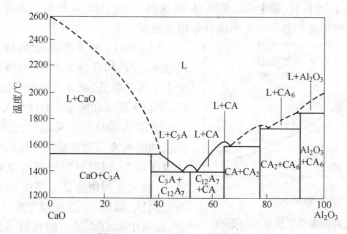

图 5-33　$CaO-Al_2O_3$ 的平衡相图

　　对以 $CaO-SiO_2-Al_2O_3$ 为主的渣系(见图 5-34),试验表明,精炼炉渣的碱度主要取决于 CaO/SiO_2 的量,在 $2.5 \sim 3.0$ 之间,精炼渣中不稳定氧化物(FeO + MnO)的量在 $1.0\% \sim 5.0\%$ 之间,对夹杂物的吸附有一定的效果。

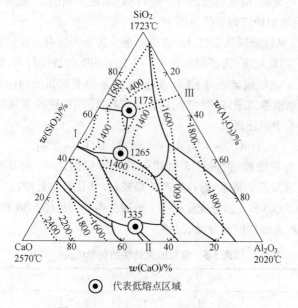

⊙　代表低熔点区域

图 5-34　$CaO-SiO_2-Al_2O_3$ 渣系熔点图

对以 $CaO\text{-}SiO_2\text{-}Al_2O_3\text{-}MgO$ 为主的渣系,碱度越高,炉渣的熔点越高,保持合理的炉渣碱度 $(1.5\sim4.0)$ 很重要。其中造渣的碱度是随着冶炼的进程逐渐增加的。先期造稀薄渣吸附夹杂物,后期造高碱度渣脱氧。

5.3.3.2　对炉渣的成分要求

精炼炉的炉渣要求有合理的成分组成,以满足冶炼过程中的物理化学反应的需要。精炼渣中各组元的成分及作用为:CaO 调整渣碱度及脱硫;SiO_2 调整渣碱度及黏度;Al_2O_3 调整三元渣系处于低熔点位置;$CaCO_3$ 作为脱硫剂、发泡剂;$MgCO_3$、$BaCO_3$、Na_2CO_3 脱硫剂、发泡剂、助熔剂;Al粒强脱氧剂;Si-Fe 粉脱氧剂;稀土 RE 脱氧剂、脱硫剂;CaC_2、SiC、C 脱氧剂及发泡剂;CaF_2 助熔、调黏度。所以,一般炉渣中各个组元的成分作用和要求如下:

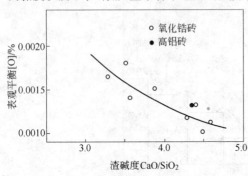

图 5-35　渣碱度对钢表观平衡氧量的影响

(1) CaO。保证渣的碱度,渣的碱度对精炼过程脱氧、脱硫均有较大的影响,提高渣的碱度可使钢中平衡氧降低,而且可提高硫在渣钢之间的分配比,即利于脱氧和脱硫。具体的关系见图 5-35。

渣中的 CaO 应尽可能大,使熔渣具有较高的脱硫和吸附夹杂物的能力,但 CaO 过高将导致熔化温度较高,同时导致渣对熔池的热传导能力下降,不能充分利用电能。渣中 CaO 含量是以炉渣的流动性、碱度、熔点统筹考虑,确定加入的上线值,即渣中 CaO 含量的饱和值,超过这一数值,加入的石灰一是长时间溶解不了,起不到作用;二是吸热,影响升温控制;三是引起炉渣黏度增加,钢液容易卷渣,降低精炼的质量;四是炉渣发干以后,钢液裸露吸气,或者二次氧化现象严重。

生产过程中,石灰的加入依据是:保持碱度合适,能够较快地形成白渣,白渣的流动性合适,能够满足脱硫和吸附夹杂物,覆盖钢液即可。对特钢,如轴承钢的冶炼,合理的操作也是陆续分批加入石灰,最后达到增加炉渣碱度的目的。

(2) SiO_2。为造高碱性渣脱硫需要,LF 渣中尽量少含 SiO_2。有时候炉渣碱度过高的时候,为了调整炉渣的流动性,降低碱度,需要刻意加入一些含有 SiO_2 的造渣材料,如石英砂和火砖块、黏土砖等。SiO_2 的增加,炉渣的脱硫能力下降。并且真空条件下和强烈的还原条件下,SiO_2 是钢水二次氧化的氧源。对铝镇静钢来讲,钢-渣间的强烈搅拌,使用铝铁或者纯铝脱氧合金化后,钢包顶渣中的 SiO_2 可被钢水中铝还原。

$$(SiO_2) + 4/3[Al] = 2/3(Al_2O_3) + [Si]$$

这是钢液夹杂物含量增加,钢液硅含量超标的主要原因之一,所以目前炼钢厂普遍使用 $CaO\text{-}Al_2O_3$ 渣系代替氟含量高的渣系,而且生产效果较好。RH 真空处理以后(SiO_2)和钢中 $T[O]$ 的关系,LF 结束以后(SiO_2)和硫的分配比$(S)/[S]$的关系分别见图 5-36 和图 5-37。

生产中用到的一种火砖块的成分见表 5-5。

表 5-5　常见的火砖块的化学成分　　　　　　　　　　　　　　(%)

Al_2O_3	SiO_2	Fe_2O_3	其他
20~35	45~70	0.5~2.7	5

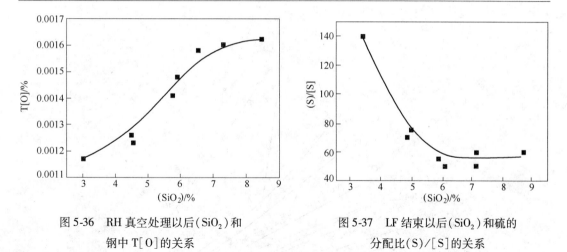

图 5-36 RH 真空处理以后 (SiO_2) 和
钢中 T[O] 的关系

图 5-37 LF 结束以后 (SiO_2) 和硫的
分配比 $(S)/[S]$ 的关系

SiO_2 对 $CaO-Al_2O_3-MgO$ 系炉渣 1600℃ 液态区域的影响见图 5-38。

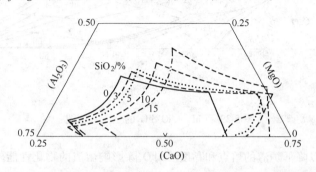

图 5-38 SiO_2 对 $CaO-Al_2O_3-MgO$ 系炉渣 1600℃ 液态区域的影响

（3）CaF_2。长期以来,国内外采用的精炼渣系主要为 $CaO-CaF_2$、$CaO-Al_2O_3$,尤其在我国,钢包精炼炉所用精炼渣一直使用萤石造渣。一般来说,$CaO-CaF_2$、$CaO-Al_2O_3$ 这两种渣系都能满足精炼生产的需要,但传统的 $CaO-CaF_2$ 渣系存在一些缺点。首先,CaF_2 的大量存在对钢包渣线耐火材料工作层的侵蚀严重,而耐火材料的消耗在工艺成本中占了相当大的比重,减少炉渣中 CaF_2 的用量,提高钢包渣线的使用寿命是降低成本的重要途径;其次,萤石中伴有一定量的 SiO_2 成分,在生产硅镇静钢的时候,加入萤石的作用是为了迅速化渣。萤石的主要成分为 CaF_2 并含有少量的 SiO_2、Fe_2O_3、Al_2O_3、$CaCO_3$ 和少量 P、S 等杂质。萤石的熔点约 930℃。萤石加入炉内在高温下即爆裂成碎块并迅速熔化,它的主要作用是与 CaO 作用形成熔点为 1362℃ 的共晶体,直接促使石灰的熔化。萤石能显著降低 $2CaO \cdot SiO_2$ 的熔点,使炉渣在高碱度下有较低的熔化温度。CaF_2 不仅可以降低碱性炉渣的黏度,还由于 CaF_2 在熔渣中生成氟离子能切断硅酸盐的链状结构,也为 FeO 进入石灰块内部创造了条件。$CaF_2-CaO-SiO_2$ 的三元系相图见图 5-39。

实际上,通过在精炼炉的统计发现,盲目地加入过量的石灰,然后加萤石化渣,是不合理的。萤石加入以后,送电化渣,电一停,炉渣又会返干。优秀的炼钢工的操作是保持合理的炉渣碱度和成分组成,优化操作的。

现在转炉冶炼铝镇静钢出钢,如不含硅的冷轧板钢,采用出钢添加以预熔渣为主的渣料,减少甚至不使用萤石化渣,以减少脱氧以后钢液中的夹杂物生成量。

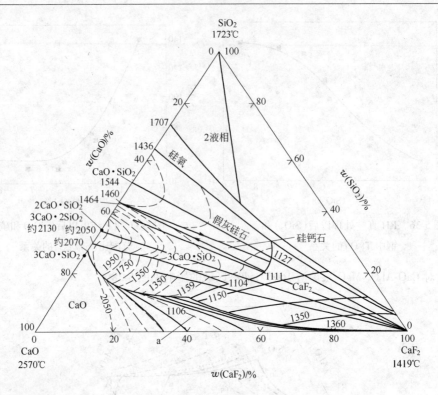

图 5-39 CaF_2-CaO-SiO_2 的三元系相图

（4）Al_2O_3。可以降低炉渣的熔点和黏度。Al_2O_3 除影响熔渣的物化性能外，主要的作用是成渣时形成铝酸盐，可增加炉渣硫容量，提高脱硫效率。此外渣中 Al_2O_3 含量增加，从渣中向钢液回 Al_2O_3 的量增加，渣中 Al_2O_3 越高，渣的流动性越好，有利于降低渣中不稳定氧化物，但是含量过高，会影响脱氧脱硫的效果。有关文献认为，从强化脱硫的效果来讲，精炼脱硫渣中 Al_2O_3 的最佳范围是 20% ~25%；从去除夹杂物的角度来讲，渣中 Al_2O_3 的含量在 13% ~20% 为最佳。渣中 Al_2O_3 对冶炼过程的影响见图 5-40 ~ 图 5-43。

实际生产中，添加含 Al_2O_3 的材料主要有铝灰（铝厂的原料主要成分为 Al_2O_3）、铝渣球，合成

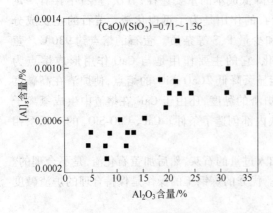

图 5-40   精炼渣中 Al_2O_3 含量与钢液中酸溶铝
$[Al]_s$ 含量的关系

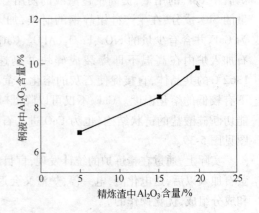

图 5-41   精炼渣中 Al_2O_3 含量对钢液中
Al_2O_3 含量的影响

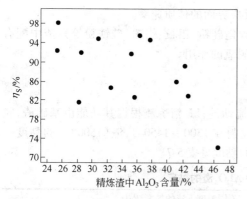 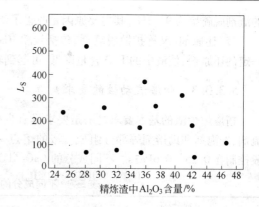

图 5-42　精炼渣中 Al_2O_3 含量对脱硫率的影响　　图 5-43　精炼渣中 Al_2O_3 含量对硫的分配系数的影响

渣等。某厂铝渣球的主要成分见表 5-6。

表 5-6　一种铝渣球的化学成分　　　　　　　　（%）

SiO_2	Al_2O_3	CaO	MgO	Al
5.44	39.23	36.68	2.47	14 ~ 16

（5）MgO。钢包渣线部位采用 Mg-C 砖砌筑，只有当炉衬耐火材料中的 MgO 与钢包渣中的达到平衡时，炉衬才不会被侵蚀掉，所以从延长炉衬寿命角度来讲，渣料中应保证一定的 MgO 含量。实际生产中有的厂家使用的是镁钙石灰，有的是合成渣中添加白云石，有的是造渣过程中使用轻烧镁球等。

（6）添加剂 Li_2O、Na_2O、K_2O、BaO。作为添加剂替代 CaO 基钢包渣系中的 CaO 后，都能降低相应渣系的熔点和黏度，加快化渣并改善渣系的流动性，钢渣间反应的动力学条件得到改善。它们影响渣系熔点和黏度的强弱顺序为：Li_2O > BaO > Na_2O > K_2O。

添加剂等质量地替代 CaO 基钢包渣系中的 CaO 后，能大幅度提高渣系的脱磷能力，在低碱度、低氧化性条件下，改善了脱磷的热力学条件。当添加剂质量分数低于 6.5% 时，影响脱磷能力的强弱顺序为：K_2O > Na_2O > Li_2O > BaO；当添加剂质量分数高于 6.5% 后，影响脱磷能力的强弱顺序为：Li_2O > Na_2O > K_2O > BaO。

目前研究的结果认为，Li_2O 作为 CaO 基钢包渣系的添加剂，渣系中，其质量分数在 15% 左右，对渣系有积极的意义：

（1）选择 CaO-B_2O_3-SiO_2-Al_2O_3 作为基础渣系，将 B_2O_3 或 CaF_2 作为助熔剂，发现添加量小于 10%（质量分数）时，B_2O_3 和 CaF_2 在精炼渣中的助熔效果相当，见图 5-44。因此，可用 B_2O_3 替代 CaF_2 作环保型助熔剂。

（2）将 CaO-B_2O_3-SiO_2-Al_2O_3 作为基础渣系，B_2O_3 作为酸性氧化物，在碱度为 2.5 和 2.8 时研究 B_2O_3 替代 SiO_2 后精炼渣的熔化性能，结果表明

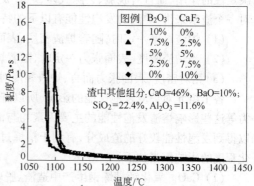

图 5-44　Ba_2O_3 和 CaF_2 助熔效果比较图

B_2O_3 替代 1/4 的 SiO_2 后就可大幅降低黏度，降幅分别为 91.25% 和 86.67%。

（3）富硼精炼渣的高温熔化性稳定，当熔渣温度高于熔化温度后，黏度稳定在 0.3 ~ 0.5Pa·s。

（4）碱度为 2.8 时，SiO_2 = 20.6% 的 SiO_2 渣系脱硫率为 80%，而 SiO_2 = 10.3%，B_2O_3 = 10.3%

的渣剂脱硫率为 91.3%,其主要原因是改善了渣金反应界面的传质速率。

(5) 还原剂(又称扩散脱氧剂,包括炭粉、CaC₂、碳化硅粉、铝粒、铝粉、硅铁粉等):渣中配有一定的还原剂,使渣中的 FeO 含量降低,可起到辅助脱氧的作用。

5.3.3.3　炉渣流动性的要求

精炼炉炉渣的基本要求之一是要求具有良好的流动性;LF 精炼渣根据其功能由基础渣、脱硫剂、发泡剂和助熔剂等部分组成。渣的熔点一般控制在 1300~1450℃,渣(1500℃)的黏度一般控制在 0.25~0.6Pa·s。不同成分的 CaO-Al₂O₃ 渣的黏度见表 5-7。

表 5-7　不同成分的 CaO-Al₂O₃ 渣的黏度

成分/%			不同温度下渣的黏度/Pa·s					
SiO₂	Al₂O₃	CaO	1500℃	1550℃	1600℃	1650℃	1700℃	1750℃
	40	60				0.11	0.08	0.07
	50	50	0.57	0.35	0.23	0.16	0.12	0.11
	54	46	0.60	0.40	0.27	0.20	0.15	0.12
10	30	60	0.22	0.13	0.10	0.08	0.07	
10	40	50	0.50	0.33	0.23	0.17	0.15	0.12
10	50	40	0.52	0.34	0.23	0.17	0.14	
20	30	50			0.24	0.18	0.14	0.12
20	40	40	0.63	0.40	0.27	0.20	0.15	
30	30	40	0.92	0.61	0.44	0.38	0.24	0.19

LF 精炼渣的基础渣一般多选用 CaO-SiO₂-Al₂O₃ 系三元相图的低熔点位置的渣系。基础渣最重要的作用是控制渣碱度,而渣的碱度对精炼过程脱氧、脱硫均有较大的影响。Al₂O₃ 的量在 10% 左右,对钢液的流动性有益。

5.3.3.4　LF 工艺中对炉渣泡沫化的要求

精炼炉的一个重要功能就是升温,这就要求炉渣的性能要有利于炉渣的泡沫化。在前面的理论部分,对 LF 炉渣的泡沫化已经做了一些初步的介绍,但是精炼炉的泡沫渣不仅对热效率有决定性的作用,而且对脱硫、去除气体、炉渣吸附夹杂物、钢包渣线的寿命等方面,影响作用巨大。对一个渣系来讲,炉渣的发泡性能有以下的特点:

(1) 炉渣黏度一定时,随着炉渣密度、表面张力的增大,顶渣起泡性能减弱。

(2) 当炉渣密度、表面张力一定时,随着炉渣黏度的增大,炉渣起泡性能增强。

(3) 相对密度、表面张力而言,炉渣黏度对炉渣起泡性能的影响最为明显。

各个组元对炉渣发泡性能的影响,所以有必要详细地分解说明。熔渣的密度、黏度及表面张力等这些影响熔渣发泡性能的主要因素均与渣的成分密切相关。控制渣中各种成分的含量,可以得到发泡性能较好的渣成分,有利于精炼过程中泡沫渣的形成。顶渣中各个组元对顶渣泡沫化程度的影响因素如下:

(1) CaO。氧化钙是炼钢生产中造渣、脱磷和脱硫等必不可少的成分,是精炼渣系的主要组元。氧化钙是形成炉渣发泡质点的重要因素。实践证明,炉渣中氧化钙含量低,二元碱度(CaO/SiO₂)低于 1.5,炉渣的发泡指数很低,精炼炉的炉渣会出现玻璃体相,发泡能力很弱,几乎没有良好的埋弧作用。实践证明,低温条件下分批次补加渣料提高碱度,有利于泡沫渣的形成。

(2) SiO₂。二氧化硅主要来源于原料和脱氧产物。含量在 5%~10% 范围内时,熔渣发泡指数的上升趋势较为明显。二氧化硅属于表面活性物质,其含量的增加有利于熔渣表面张力下降,提高吸附膜的弹性和强度,促进熔渣发泡。

（3）CaF_2。萤石可显著降低精炼渣的黏度,改善炉渣流动性,增加传质。但其量过大时对炉衬侵蚀严重。萤石对发泡效果的影响是两方面的:一方面,萤石含量增加使炉渣表面张力降低,有利于熔渣发泡;另一方面,其量增加又使熔渣黏度降低,这不利于发泡。萤石含量对熔渣发泡指数的影响显著。适当的萤石含量可以明显改善渣的发泡性能。实验结果表明,造渣时渣中萤石含量应小于5%。

（4）Al_2O_3。氧化铝主要来源于原料和脱氧产物。可以降低炉渣的熔点。氧化铝含量的变化对熔渣表面张力的影响较小,因而对熔渣发泡指数的影响不明显。

（5）MgO。精炼渣中加入氧化镁仅仅是为了减小熔渣对炉衬的侵蚀,所以渣中的氧化镁含量并不高。实验结果表明,在渣系内加大氧化镁含量,超过8%以后,会降低渣的发泡性能。主要是由于氧化镁含量的增加,使炉渣的黏度增加,流动性变差造成的。另外,合适的氧化镁含量,在炉渣中可以形成低熔点的钙镁橄榄石,降低炉渣的熔点,有利于精炼炉白渣发泡。

（6）FeO。为使精炼炉内保持还原性气氛,钢水进入精炼炉时已经进行了脱氧操作,所以无论是钢水还是精炼渣的氧化性都比较弱。而且,为了保证精炼的最终效果,精炼渣中的氧化铁含量要求很低。从实验结果证明,在渣中氧化铁含量较低的情况下,熔渣发泡指数随氧化铁含量的升高而降低。其原因是加大氧化铁含量,导致熔渣密度提高、黏度下降、渣的表面张力变大,这都不利于延长熔渣泡沫的持续时间。因此,从钢包精炼和炉渣泡沫化两方面来说,都应该降低炉渣的氧化性。

此外,精炼炉造渣要求原材料来源广泛、容易获得、价格合理。炉渣的成分和性能,对钢包的耐侵蚀要少,这就要求精炼炉炉渣的碱度合理,炉渣中含有和钢包内衬耐火材料组分相同的渣料,流动性适中,减少炉渣对炉衬耐火材料的物理和化学的侵蚀。

3.3.3.5　转炉钢水精炼的几种精炼渣系

除前面所述的几种渣系外,常见精炼渣系有以下几种:$CaO\text{-}CaF_2$渣系、$CaO\text{-}Al_2O_3$渣系、$CaO\text{-}Al_2O_3\text{-}CaF_2$渣系等。对铝镇静钢和硅铝镇静钢而言,渣系的选择和硅镇静钢的各有不同。严格意义上讲,各种精炼渣的要求不一样,但是实际操作中,每一种渣系或多或少地含有不需要的成分。如铝镇静钢的$CaO\text{-}Al_2O_3$渣系,为了化渣脱硫,加入萤石,我国产的萤石中大多数含有大量的二氧化硅（典型萤石成分见表5-8）,需要控制的是这些有害组元在渣系中的活度,减少它们的负面效应,是最终的目的。

表 5-8　典型萤石成分　　　　　　　　　　　　　　　　（%）

产　地	SiO_2	CaF_2	$CaCO_3$
恒　振	21.76	72.52	0.8
恒　振	26.47	66.8	1.13
内蒙古	26.15	66.84	1.1
恒　振	19.95	76.51	0.37

5.3.4　白渣的基础知识

5.3.4.1　白渣的概念和基础特征

白渣是指炉渣二元碱度（CaO/SiO_2）大于1.5,渣中$w(FeO)+(WMnO)<1.0\%$,炉渣在粘渣棒上呈现白色的炉渣。

转炉出来的钢水氧、硫及杂质含量较高或波动较大的情况下,顶渣碱度和渣中氧含量不同,渣的颜色和理化性能也各不相同。为了稳定地调整钢水的化学成分,减少误差,如化学成分的波动为:[C] < 0.01%、[Mn] < 0.01%、[S] < 0.01%,[O] < 0.00005%,其中关键是要有良好的造渣工艺,即必须有良好的吸附介质——白渣。对钢水成分要求特殊的一些钢种,如低 Si(低碳深冲钢、冷轧 SPHC、汽车板),低 Al 的钢种(硬线钢 30 ~ 65 号钢、弹簧钢等),发生在白渣和钢液界面之间的脱氧反应,氧以 FeO 形式被渣吸收,并在渣中被还原,使钢渣中的氧含量达到一定的平衡值。形成白渣是冶炼此类钢种脱硫、去除夹杂物的前提。

用白渣和惰性气氛保护搅拌,氧、硫及夹杂物会很容易地被除去。在实际生产应用中,通常用细铁棒或者钢管插入熔渣后,取出观察黏附在铁管上熔渣的表征来了解熔渣有关性能。理想白渣的组分见表 5-9。其中,渣中的氧化铁含量对白渣的形成有决定性的作用,精炼渣中氧化铁在精炼过程中的传氧作用在前面的章节已有介绍,不同的渣中的氧化铁含量范围以及对脱硫的影响(硫分配系数)见表 5-10。

表 5-9　理想白渣的组分　　　　　　　　(%)

CaO	Al$_2$O$_3$	MgO	SiO$_2$	FeO + MnO
50 ~ 60	30 ~ 35	8 ~ 12	3 ~ 6	< 1.0

表 5-10　各类渣的组成及 a_{FeO} 和硫分配系数　　　　(%)

组　分	S	TFe	P$_2$O$_5$	CaO	Al$_2$O$_3$	MgO	SiO$_2$	FeO + MnO	a_{FeO}	L_S
黑　渣	0.198	5.27	0.047	45	33	7.08	5.6	5.1	0.0904	10.2
玻璃渣	0.399	1.25	0.021	47	38.5	8.43	7.2	1.2	0.0226	82
灰白渣	0.52	0.71	0.015	55	21.05	7.32	4.81	0.6	0.00877	274

5.3.4.2　白渣要求的碱度

通常精炼渣分为高碱度渣和低碱度渣,一般碱度(CaO/SiO$_2$)大于 2 为高碱度渣,高碱度渣适用于一般铝镇静钢炉外精炼,在钢水脱硫等方面具有较好的效果。对具有特殊要求的钢种,如帘线钢、钢丝绳钢、轴承钢等,特殊的需求条件下,需采用低碱度渣,例如碱度在 1 左右的中性渣。在这些钢中,为了避免在脱氧过程中生成过多氧化铝夹杂物,大多采用 Si-Mn 脱氧,采用中性精炼渣,甚至于酸性渣,精炼后形成较低熔点的圆形或椭圆形复合夹杂物,在加工时可以变形,危害较小。现在常见的白渣碱度表示方法较为统一的表达式如下:

$$R = \frac{\sum (CaO + MgO)}{\sum (SiO_2 + Al_2O_3)}$$

通常 R 在 1.4 ~ 1.8 之间时精炼效果是较好的。其中碱度在 1.5 左右的钢渣呈现黄白色,并且冷却以后伴有玻璃体析出,此类钢渣主要特点是熔点较低,以全程吸附钢液中的夹杂物为主要目的;碱度在 1.5 以上的钢渣,主要是以为脱氧和脱硫为目的。调整碱度的主要物质是石灰、合成渣及铝脱氧产物 Al$_2$O$_3$。需要说明的是,渣中碱度不够,炉渣很难转变成为白渣。在一些以吸附夹杂物为主的渣系中,钢渣的碱度保持在 1.5 ± 0.3,渣中始终存在玻璃体,渣的颜色也以黄白色为主,很难在低碱度条件下转变为白渣。要形成色泽鲜明的白渣,碱度 R 在 1.5 以上。

5.3.4.3　白渣的氧化性确定

熔渣碱度和氧化性是熔渣的重要指标。熔渣的碱度表示它去除钢液中硫、磷的能力,同时保证炉渣对钢包炉衬的化学侵蚀性最低。熔渣的氧化性高低取决于渣中最不稳定的氧化物——氧化铁活度(a_{FeO})的高低。熔渣的碱度对 a_{FeO} 数值的影响起着重要的调整作用。渣中(FeO + MnO)的含量越低,氧化性就越弱。当(FeO + MnO) < 1.0% 时,还原很充分,很利于反应进行。

由于钢渣之间的扩散关系,氧在钢渣间存在着如下平衡分配关系:

$$a_{FeO} = \frac{100(FeO)}{[1.3(CaO) + (FeO) + (MnO) - 1.8(SiO_2 + P_2O_5 - MgO) - 0.3(Fe_2O_3 + Al_2O_3)]}$$

但在初炼时期两者并没有立即平衡,需要搅拌和反应时间。在1600℃时,钢液中的氧含量和渣中氧化铁含量之间存在以下的关系:

$$[O] = 0.23 \times a_{FeO}$$

通过钢渣接触、氩气搅拌,钢中铝能直接同渣中的(FeO + MnO)起反应。也可以脱氧剂加入渣面,如铝粒、铝粉、硅铁粉、碳化硅粉等,直接降低(FeO + MnO)的含量。

5.3.4.4　LF白渣的操作

如转炉出钢挡渣未成功,造成钢包渣层过厚,可采用倒渣处理,然后钢水进入LF工位处理。

LF钢包到站以后。观察初期形成的顶渣情况,根据顶渣的颜色和流动性,以及顶渣的碱度,然后决定是否需要补加石灰调整碱度,再向钢包内炉渣表面上添加还原剂(如SiC、硅铁粉、铝粉、各类改质剂、电石等)进行炉渣脱氧,使渣中FeO含量降至0.8% ~ 1%以下并且颜色由黄色变为白色。还原剂的加入原则是少量多批次,操作期间应注意观察,白渣形成并稳定之后就可以关闭炉门并适当降低送电功率以保持白渣,对成品T[O]≤0.004%的钢种,要求渣子转为白色(即0.5% < [FeO]≤1%)。

5.3.4.5　白渣的维持

精炼炉白渣的主要成分为硅酸二钙和铝酸钙等,其中硅酸二钙在温度低于400℃左右,发生晶型转变伴有体积变化,即所说的粉化现象。

精炼炉冶炼白渣的基本判断特征是:电极孔和炉盖缝隙处冒出的烟气呈现明显浓重的白色烟气,炉渣发泡性能良好,粘渣棒粘渣以后,粘渣棒上面裹有均匀的一层白渣,冷却以后先是碎裂,搁置一段时间以后会粉化。

精炼炉冶炼过程中,白渣形成以后,随着时间的变化,扩散脱氧的进行,钢液中的氧化物会导致白渣发生变化,白渣会变成黄色或者淡黄色,甚至变黑渣。所以白渣形成以后,需要根据脱氧的进程,添加扩散脱氧剂,保持白渣。

5.3.5　钢渣的改质

转炉钢水要进行精炼处理,不论哪一种精炼工艺,转炉出钢以后,顶渣的改质是必须的,这是因为转炉出钢的过程中,带渣和下渣是一种最为常见的事故。转炉出钢过程中的带渣或者带渣的钢渣成分见表5-11。

表5-11　转炉出钢过程中的带渣或者带渣的钢渣成分　　　　　　　　(%)

CaO	SiO_2	P_2O_5	TFe	Al_2O_3	MgO	MnO
45.1785	13.8306	1.3046	15.0992	1.4665	8.6268	3.0475
45.2195	14.8014	1.2763	14.9858	1.2658	7.9088	2.0995
43.8082	13.7578	1.6168	15.8209	1.2344	9.1438	2.4246
46.9991	13.3324	1.4313	15.5701	1.342	7.8766	2.1976
41.6241	12.1123	1.4002	20.2183	1.5731	7.3737	2.3934
41.5966	12.6738	1.1482	21.8425	2.1091	5.087	2.6275
46.315	11.9188	1.0244	18.1531	1.8496	5.3666	1.9071

加上转炉出钢过程中的脱氧合金化过程的化学反应,转炉出钢过程中产生的钢渣对钢液的脱氧、脱硫、夹杂物的吸附去除都是不利的。为了达到不同的精炼工位的精炼目的,发挥钢渣的脱氧、脱硫、或者吸附夹杂物的功能,需要对转炉出钢过程中产生的钢渣成分进行调整,使之能够实现预期的精炼功能,这个工艺过程称为钢渣的改质。

不同的精炼工序,钢渣的改质要求不同。CAS 工序(吹氩站),钢渣的改质除了脱氧外,还要促使钢渣能够满足吸收夹杂物的要求,同时调整钢渣的黏度,保证喂丝能够成功,否则钢渣黏度较大,会影响喂丝的操作;LF 炉的改质兼顾的内容较多,不同的冶炼钢种,顶渣改质的的工艺也各不相同。

5.3.5.1　精炼顶渣改质的重要性

钢包顶渣改质的重要性可以概括为以下几点:

(1) 钢包顶渣改质剂对钢液脱氧的影响。钢包顶渣改质剂对钢液脱氧的影响主要是通过改质剂中的铝的强还原性将钢包渣中的 SiO_2、MnO、FeO、Cr_2O_3 等不稳定氧化物还原,根据钢渣氧的分配原理,渣中 MnO、FeO 等不稳定氧化物降低,钢液中氧的含量也会随着降低。

(2) 钢包顶渣改质剂对钢液中铝的影响。渣流动性良好的情况下,在喂铝线和 LF 精炼过程中。铝线及钢液中酸溶铝主要被渣中 SiO_2、MnO、FeO、Cr_2O_3 以及大气氧化烧损,铝的加入量与氧含量、铝回收率以及残铝规格的关系如图 5-45 所示。通过钢包顶渣改质剂的脱氧作用可知,钢包顶渣和钢液中的氧含量都会得到降低,这为减少喂铝线过程中铝的损失和 LF 精炼过程中酸溶铝的损失创造了有利条件。

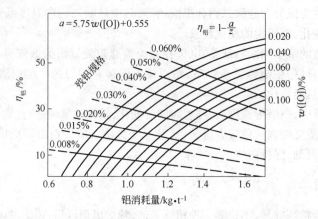

图 5-45　铝的加入量与氧含量、$\eta_{铝}$ 以及残铝的关系

(3) 钢包顶渣改质剂对钢液深脱硫的影响。从脱硫的热力学角度考虑,高温、高碱度、低氧化性气氛有利于脱硫,因此凡在精炼过程中影响炉渣及钢水温度、炉渣碱度及渣钢氧化性的因素都会对脱硫反应热力学产生影响。顶渣的氧化性由渣中不稳定氧化物($FeO + MnO$)的活度决定的,要使渣钢间获得较高的硫分配比,渣中最佳 FeO 含量应小于 1%。故对钢包顶渣进行了改质操作,使得钢包渣在精炼过程中的还原性得到增强,同时扩散脱氧能力也得到加强,能够促进钢包精炼炉发挥脱硫的能力。图 5-46 所示为根据热力学分析计算和实测所得的 LF 冶炼过程渣钢氧化性对渣钢间硫分配比的影响。

5.3.5.2　钢渣改质的关键环节

钢渣的改质分为两种:

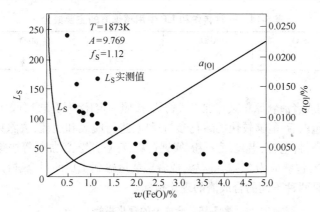

图 5-46　LF 炉冶炼过程渣中 FeO 含量对硫分配比的影响

（1）在转炉出钢过程中加入改质剂,经钢水混冲,完成钢渣改质和钢液脱硫的冶金反应,此法称为渣稀释法。改质剂由石灰、萤石或铝矾土等材料组成。

（2）在转炉出钢过程中进行初步的改质,到达了不同的精炼工位以后,根据钢渣的具体情况再进行第二次的改质。

从笔者的实践结果和文献的介绍的综合情况来看,第一种改质的效果、效率、成本均是较好的,第二种次之,第三种是特殊场合下使用的改质方法。除此之外,此法不宜使用。

钢渣的改质主要是通过改质剂来实现的,改质剂包括脱氧剂,脱硫剂,合成渣,预熔渣等。这些改质剂主要有以下的特点：

（1）主要以脱氧剂为主,对转炉的钢液进行脱氧,对钢包内的转炉渣进行脱氧,通过脱氧产物和脱氧剂的辅助作用,调整炉渣的理化性能。

（2）以吸附夹杂物为主要目的。加入的改质剂以吸附出钢过程中产生的大颗粒的夹杂物上浮为主要目的,兼顾促进熔化出钢过程中加入的渣料,调整炉渣的碱度和黏度,兼顾脱硫。

在改质过程中加入的一种脱氧剂的理化指标见表 5-12。

表 5-12　在改质过程中加入的一种脱氧剂的成分

项　目	CaO/%	(SiC + Si)/%	C/%	挥发分/%	粒度/mm
指　标	35 ~ 45	10 ~ 20	10 ~ 20	1 ~ 2	0 ~ 8

一种脱氧铝渣球的成分见表 5-13。

表 5-13　一种铝渣球的化学成分

成　分	SiO_2	Al_2O_3	CaO	MgO	Al
含量/%	5.44	39.23	36.68	2.47	14 ~ 16

5.3.5.3　常见改质剂的介绍

常见的改质剂除了常见的渣料石灰、萤石、铝灰外,还有烧结精炼渣、合成渣、预熔渣、脱氧剂、复合脱氧剂等。

A　烧结精炼渣的改质

将要求成分的粉料添加黏结剂混匀后烧结成块状,破碎成颗粒状后使用。一种转炉和 LF 使用精炼渣的主要成分见表 5-14。

表 5-14　　一种转炉和 LF 使用精炼渣的主要成分

成　分	SiO$_2$	Al$_2$O$_3$	CaO	MgO	添加剂
含量/%	<10	<30	>45	<3	<12

B　合成渣的改质

将不同的脱氧剂或者渣料原料破碎加工成粉状,按照一定比例的质量分数进行混合,配成粉料使用,以达到加入钢包以后,能够较快的熔化参与反应,进行脱氧和脱硫,去除夹杂物,此类脱氧剂称为合成渣。典型的有将电石、铝灰、萤石粉、镁钙石灰、石墨炭粉、添加剂等按照 4:2:1:2:0.5:0.5 的比例进行机械混合,包装成为 5 ~ 20kg/袋,或者罐装运输到工厂的料仓进行使用的一种多功能的脱氧剂。表 5-15 是两种不同的合成渣的理化指标。

表 5-15　　合成渣的理化指标

项　目	CaO/%	Al$_2$O$_3$/%	SiO$_2$/%	S + P/%	CaF$_2$/%	粒度/mm
指　标	65 ~ 75	≥20	<8	≤0.07	<5	3 ~ 20

在钢包内用合成渣精炼钢水时,渣的熔点应当低于被渣洗钢液的熔点。合成渣的熔点,可根据渣的成分利用相应的相图来确定。

在 CaO-Al$_2$O$_3$ 渣系中,当 Al$_2$O$_3$ 为 48% ~ 56% 和 CaO 为 52% ~ 44% 时,其熔点最低(1450 ~ 1500℃)。这种渣当存在少量 SiO$_2$ 和 MgO 时,其熔点还会进一步下降。SiO$_2$ 含量对 CaO-Al$_2$O$_3$ 渣系熔点的影响不如 MgO 明显。该渣系不同成分合成渣的熔点见表 5-16。当 CaO/Al$_2$O$_3$ = 1.0 ~ 1.15 时,渣的精炼能力最好。

表 5-16　　不同成分的 CaO-Al$_2$O$_3$ 渣系合成渣的熔点

成分/%				熔点/℃
CaO	Al$_2$O$_3$	SiO$_2$	MgO	
46	47.7		6.3	1345
48.5	41.5	5	5	1295
49	49.5	6.5	5	1315
49.5	43.7	6.8		1335
50	50			1395
52	41.2	6.8		1335
56 ~ 57	43 ~ 44			1525 ~ 1535

当 CaO-Al$_2$O$_3$-SiO$_2$ 三元渣系中加入 6% ~ 12% 的 MgO 时,就可以使其熔点降到 1500℃ 甚至更低一些。加入 CaF$_2$、Na$_3$AlF$_6$、Na$_2$O、K$_2$O 等,也能降低熔点。

CaO-SiO$_2$-Al$_2$O$_3$-MgO 渣系具有较强的脱氧、脱硫和吸附夹杂物的能力。当黏度一定时,这种渣的熔点随渣中 CaO + MgO 总量的增加而提高(见表 5-17)。

表 5-17　　不同成分的 CaO-SiO$_2$-Al$_2$O$_3$-MgO 渣系合成渣的熔点

成分/%						熔点/℃
CaO	MgO	CaO + MgO	SiO$_2$	Al$_2$O$_3$	CaF$_2$	
58	10	68.0	20	5.0	7.0	1617
55.3	9.5	65.8	19.0	9.5	6.7	1540
52.7	9.1	61.8	18.2	13.7	6.4	1465
50.4	8.7	59.1	17.4	17.4	6.1	1448

合成渣在生产和使用的过程中烟尘产生量大,原料损失和环境污染严重,并且由于渣料成分不均匀,使用时钢水产生较大温降,降低了精炼生产效率,目前已经在逐渐淡出。

C 精炼剂改质

精炼剂也是合成渣的一种,不同钢种使用的精炼剂的功能是各不相同的,有的精炼剂是在LF 起脱氧作用的,兼顾起发泡剂的作用,在 LF 炉起到埋弧加热的作用,有的是调整碱度,促使炉渣向吸附夹杂物的渣组分的方向转变。一种精炼剂的成分见表 5-18。

表 5-18　一种精炼剂的成分

成　分	SiO_2	Al_2O_3	CaO
含量/%	11.49	51.58	17.95

D 脱硫剂的改质

脱硫剂也是脱氧剂的一种,主要有脱氧单质元素或者复合脱氧剂组成,其配方组成各个厂家的各不相同。表 5-19 是某厂家使用的脱硫剂的一种理化指标。

表 5-19　一种出钢使用的脱硫剂的理化指标

项　目	CaO/%	SiC + Si/%	C/%	Al/%	粒度/mm
指　标	35~45	10~20	10~20	1~2	0~8

E 预熔渣改质

LF 精炼采用的石灰基固体合成渣,是一种机械合成的混合渣料,它在转炉出钢过程中加入后不易成渣,精炼过程中补加石灰后也需要较长时间才能形成流动性较好的渣,这种合成渣产在南方湿度较大的地区。由于渣中活性石灰的存在使它的运输和储存变得很困难,容易吸收水分变质,变质后的精炼渣对冶金效果影响很大。而预熔精炼渣是按照理想渣系组元的成分范围,配料以后在化渣炉将要求成分的原料熔化成液态渣,倒出凝固后机械破碎成颗粒状后使用。熔化后形成的块状稳定化合物,按照粒度的要求进行破碎,然后包装使用。预熔渣解决了合成渣不易储运的问题,同时经过成分的优化,解决了造渣工艺中所存在的问题,成为了目前转炉出钢过程中钢渣改质的首选改质剂。工厂的使用结果表明,预熔渣缩短了成渣时间,提高了精炼效果和钢包的使用寿命。

F 铝灰改质

铝灰是电解铝或铸造铝生产工艺中产生的熔渣经冷却加工后的产物。其含金属铝为 15%~20%,其余为 Al_2O_3 和 SiO_2。20 世纪 70 年代后期,日本最早将铝渣灰用于电炉冶炼。我国使用铝灰对炉渣进行改质,目前应用得较为普及,是一种较为理想的顶渣改质剂。

5.3.5.4 转炉出钢的改质操作

转炉出钢过程中的改质就是根据吹炼的不同钢种,出钢过程中,在加入石灰、萤石等渣料的同时,添加不同的改质剂即可,铝镇静钢添加预熔渣或者铝渣球,促使顶渣的成分以吸附夹杂物和脱氧为主,兼顾脱硫,对酸溶铝要求严格的硅镇静钢,以添加无铝或者铝含量较少的脱氧剂、合成渣、预熔渣等,其加入量可以通过计算得出,前面章节有介绍。

转炉出钢过程中的顶渣改质,控制良好的情况下,转炉出钢过程中顶渣就能够形成白渣,脱氧、脱硫的综合冶金效果很理想,能够起到最大效率的作用,其中的关键在于添加的渣料(石灰等)和合成渣等改质剂,要求添加量不能够过大,所加的物料在出钢过程中能够熔化充分,参与反应,避免渣料加入过多,石灰化不掉,影响综合冶金效果。为了保证出钢过程中石灰渣料的充分熔解,在出钢过程中转炉要求保证出钢温度,出钢过程中渣料的熔化需要大量的热能,此时氩气搅拌的强度要大,保证渣料和钢液之间的热交换充分,促进改质剂的熔化。在以上工艺过程中,转炉的挡渣是影响改质成败的关键控制点。转炉出钢过程中下渣或者带渣量过大,转炉高碱度、高氧化性的钢渣进入钢包,钢包的改质基本上就失败了。

5.3.5.5　硅镇静钢渣系和铝镇静钢渣系的差别比较

钢水、氧化渣和石灰类等造渣材料充分脱氧是造白渣的前提,钢液通常用硅或铝脱氧,生成 SiO_2、Al_2O_3 等酸性氧化物能消耗氧,铝的脱氧能力比硅强,但 SiO_2 消耗的氧比 Al_2O_3 多,所以 Al_2O_3 比 SiO_2 更有利于脱硫。根据渣系相图可知,该体系生成的三元化合物和二元化合物中,钙斜长石 $CaO \cdot Al_2O_3 \cdot 2SiO_2$ 和 $2CaO \cdot Al_2O_3 \cdot SiO_2(C_2AS)$ 都是稳定化合物。其生成产物 CAS_2 熔点 1553℃,C_2AS 熔点 1593℃,C_2S 熔点 2130℃,CS 熔点 1544℃,C_3A 熔点 1535℃,$C_{12}A_7$ 熔点 1455℃。故控制其生成 CAS_2、C_2AS 等稳定产物是最佳选择。在通常的条件下,硅、铝是两种较常用的脱氧剂,硅、铝脱氧钢用渣成分见表 5-20。

表 5-20　一种精炼渣的成分组成

铝镇静钢		硅镇静钢	
组　元	含量/%	组　元	含量/%
CaO	50～60	CaO	50～60
SiO_2	6～10	SiO_2	15～25
Al_2O_3	20～25	Al_2O_3	<12
$FeO + MnO + Cr_2O_3$	<1	$FeO + MnO + Cr_2O_3$	<1
MgO	6～8	MgO	6～8

一种硅铝镇静钢的白渣成分见表 5-21。

表 5-21　一种硅铝镇静钢的白渣成分

成　分	CaO	SiO_2	P_2O_5	TFe	Al_2O_3	MgO
质量分数/%	50～56.51	12～15	～0.03	0.3～1.5	13～25	0.5～5

5.3.5.6　顶渣的颜色和造渣的操作

渣子的颜色可能是黑色、褐色、灰色、绿色、黄色或白色,它们之间有许多细微差别,渣子颜色的变化随着渣子的还原程度从黑色到白色:

(1) 黑色。$(FeO + MnO) > 2\%$,渣的氧化性很强,不具备还原功能,需要进行强烈的还原脱氧。

(2) 灰色到褐色。$(FeO + MnO) = 1\% \sim 2\%$,渣的氧化性较弱,但还需要进一步地还原。

(3) 白色到黄色。这种渣子还原得较好,黄色表明发生了脱硫,这种渣冷却下来后会碎裂成粉状。

(4) 绿色。渣中有氧化铬。

熔渣形状分为:

(1) 玻璃状落片。表明 SiO_2、Al_2O_3 或 CaF_2 含量太高,在这种情况下应加入石灰,每次加入量不超过 2 ~ 4kg/t,熔化后再试验。

（2）渣面平滑、厚。这种渣子冷却后应会碎裂,渣况是理想的。如果不碎裂,那么铝酸盐可能偏高,可少量加石灰。

（3）渣面粗糙不平。石灰量过大;可以发现未熔化颗粒,可以加入 SiO_2 或 Al_2O_3 系合成渣,每次加入量在 1 ~ 2kg/t,熔化后再试验。

5.4 喂丝

5.4.1 喂丝的作用和钢液(铁液)喂丝处理的特点

炼钢过程中使用喂丝的工艺,主要是用于钢水的脱氧,进行合金化成分的调整,夹杂物的变性、钙处理,也有用于铁水脱硫、钢水脱硫等用途。喂丝是一种经济有效的工艺方法。其优点如下:

（1）能够将用于钢液成分调整或脱氧、钙处理的合金粉剂或者其他原料以较快的速度输入钢液内部,具有减少这些原料损失,提高收得率。冶炼调质易切削钢和含硫易切削钢时,采用向钢包中加入硫铁合金的工艺,硫的回收率为30% ~ 50%,且不稳定。采用喂硫线工艺后,硫回收率达85%,而且稳定。目前冶炼的 20CrMnTiH 等,就是采用喂入硫线的方法调整钢液的硫的成分;冶炼一些碳含量范围较窄的钢种,在终点成分控制上,使用向钢液喂入碳线的方法,回收率稳定,准确率明显高于传统的增碳方法。

（2）冶金反应速度快,降低操作难度。典型的是钙的回收率较高。传统使用的向钢液加钙,是将钙元素或钙合金采用向钢包中随钢流加入的方法,钙的回收率为1% ~ 3%,喷粉方法钙的回收率为5% 左右,采用喂丝工艺钙元素在钢液中的回收率为10% ~ 20%。

（3）喂丝的量通过计数器等手段,能够准确地喂入需要的丝线长度,有利于精度要求很高钢种的工艺控制。

（4）喂丝的工艺效率和故障率远远好于喷粉工艺,这也是目前有的钢厂采用喂丝对铁水进行脱硫处理的原因之一。

一种铁水喂入丝线脱硫的工艺见图5-47。

5.4.2 炼钢常用包芯线的工艺要求

合金中含碱土、稀土等元素对氧、硫等有极强的亲和力且能有效去除钢中夹杂物,决定了炼钢过程中使用的丝线主要以含有碱土、稀土等元素,以及各类合金粉末为主。

炼钢使用的包芯线是使用 0.25 ~ 0.4mm,宽 45 ~ 55mm 的低碳冷轧带钢,通过包线机将合金粉剂、非合

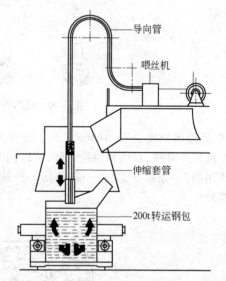

图 5-47 一种铁水喂丝脱硫的工艺示意图

金粉剂等原料包覆压实,最后将芯线卷取成为线卷,重量为 500 ~ 1000kg,长度为 1000 ~ 3000m。线卷使用时分为内抽式和外抽式两种,丝线的生产工艺如图 5-48 所示。

生产丝线的包线机的工艺结构示意图如图 5-49 所示。

包芯线成型过程中的断面变化如图 5-50 所示。

包芯线分为圆形和矩形两种,其结构示意如图 5-51 所示。其中,圆形的直径在 10 ~ 16mm 之

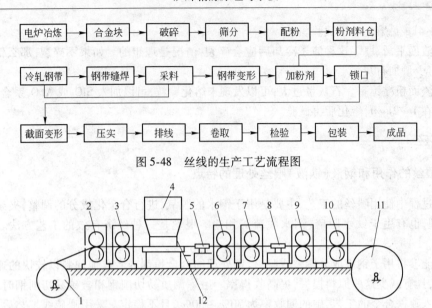

图 5-48　丝线的生产工艺流程图

图 5-49　生产丝线的包线机的工艺结构示意图
1—钢带展开部分；2,3,5—成型对辊；4—上料料斗；6,7,8—合拢封口部分；
9,10—成形后压实对辊；11—卷筒；12—下料调节装置

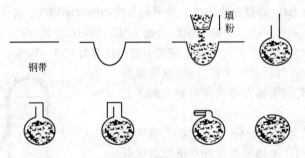

图 5-50　包芯线成型过程中的断面变化示意图

间,矩形的宽度在 7～16mm 之间。线卷在炼钢过程中通过专用的喂丝机喂入钢液。常见的喂丝机分为单线、双线和四线三种,可以同时喂入 2～4 条相同或不相同的芯线,也有的是作为备用的,一条喂丝,另外一条备用。外抽式喂丝机的线卷需要放置在专用的放线架上进行喂丝。

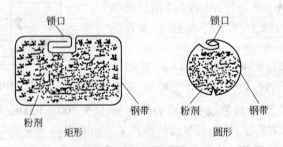

图 5-51　不同断面形状的包芯线的结构示意图

国家发改委 2007 年制定的丝线的工艺技术标准见表 5-22,其中 a 为参考值。

表 5-22 国家发改委 2007 年制定的丝线的工艺技术标准

序号	名称及相应芯粉标准号	直径/mm		钢带厚度/mm	芯粉质量(不小于)/g·m⁻¹	每千米接头数(不大于)/个
		公称尺寸	偏差 a			
1	硅铁包芯线 GB/T 2272	13	+0.8 0	0.3~0.45	235(FeSi75)	2
2	沥青焦包芯线 YB/T 5299				135	
3	硫黄包芯线 GB/T 2449	10			110	
		13		190		
4	钛铁包芯线 GB/T 3282	13			370(FeTi70)	
5	锰铁包芯线 GB/T 3795				550	
6	稀土镁硅铁合金包芯线 GB/T4138				240	
7	混合稀土金属包芯线 GB/T 4153				RE125SiCa160	
8	硼铁包芯线 GB/T 5682				520(FeB18C0.5)	
9	硅钡合金包芯线 YB/T 5358				280	
10	硅钙合金包芯线 YB/T 5051 (Ca31Si60 和 Ca28Si60)	10	+0.8 0		125	
		12	+0.80 0		200	
		13	+0.80 0		220	
		16	+0.80 0		320	
11	钙铁 30 包芯线 GB/T 4864,YB/T 5308	13	+0.8 0		250w(Ca)=30%	
12	钙铁 40 包芯线 GB/T 4864,YB/T 5308	13			220w(Ca)=40%	
		16			330w(Ca)=40%	
13	钙铝铁包芯线 GB/T 4864, GB/T 2082.1,YB/T 5308	13			158w(Ca)=30% w(Al)=155%	
14	硅钙钡铝合金包芯线 YB/T 067				220	

5.4.3 不同组分钙线的使用特点

5.4.3.1 钙的溶解

相关的文献的研究表明,钙的蒸气压与温度的关系如下:

$$\lg p_{Ca} = 4.55 - \frac{8026}{T}$$

钙在铁液中的溶解度较小,在 1600℃ 时,钙的蒸气压 p_{Ca} 接近于 0.185MPa,饱和溶解度为 0.032%,但是在含有硅、碳、铝等条件下,可以增加钙在钢液中的溶解度。1600℃温度下第三元素含量对钙溶解度的影响见图 5-52。

一些含钙化合物的钙蒸气压和温度的关系见图 5-53。

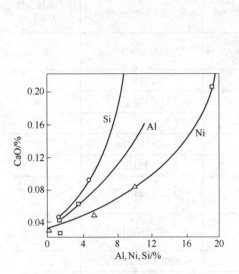

图 5-52　1600℃下第三元素含量对
钙溶解度的影响

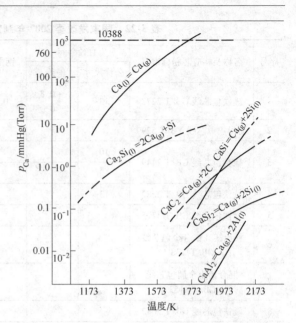

图 5-53　一些含钙化合物的钙蒸气压和温度的关系
（Si,Al,C 的活度为 1 时）（1mmHg = 133.3224Pa）

　　所以,钙处理使用的是硅钙类或者其他含钙的合金或者合金粉的丝线,常见的有硅钙线、钙铁线、钙铝线、硅铝钡钙线等。其中,钙铁线用于无硅、或者硅含量有严格限制的铝镇静钢的生产,此类钢的硅含量要求在0.06%以下,在一些特殊情况下,如钙处理前,钢液的硅含量已经接近上限,为了防止硅的成分超标,也使用钙铁线。硅钙线和含硅的合金线用于硅镇静钢或者硅铝镇静钢的钙处理。

5.4.3.2　不同粉剂添加量的范围确定和计算

　　钙属于碱土金属,性质活泼,容易和大多数常见的非金属元素和卤族元素反应,表 5-23 是镁、碱土金属及铝、铁各元素的物理化学性质,这些元素常用于钢液的夹杂物的控制和处理。

表 5-23　镁、碱土金属及铝、铁各元素的物理化学性质

元素	原子半径 r_0,r_m/nm	熔点 T_m/K	沸点 T_b/K	熔化热 H_b/kJ·kg^{-1}	蒸气压 p_{1873K}/MPa	铁液中的溶解度(1873K)/%	铁液中溶解的 $\Delta G^{\ominus}$
Mg	0.162	923	1380	357	1.952	0.106	$18649 + 13.87T$
Ca	0.197	1125	1125	216	0.185	0.032	$-22982 + 42.13T$
Sr	0.215	1043	1043	960	0.367	0.026	$5955 + 38.03T$
Ba	0.220	983	1913	129	0.034	0.020	$14555 + 15.78T$
Al	0.214	933	2773		0.026	完全溶解	$-63178 - 27.91T$
Fe	0.124	1809	3132		0.00001		

　　为有效地降低钙、钡的蒸气压,应满足复合脱氧剂中各元素生成稳定硅化物（CaSi$_2$,BaSi$_2$,MnSi,SrSi$_2$,FeSi$_2$）所需硅的总和,可按下式计算:

$$Si\% = 1.4Ca + 0.4077Ba + 0.509Mn + 0.6391Sr + Fe$$

式中系数为生成稳定硅化物时元素的质量换算系数,各元素为百分含量。

设计算铁的组成为20%时,添加粉剂需要的硅含量为:

$$Si\% = 1.4 \times 13.24\% + 0.4077 \times 6.11\% + 1 \times 20\% = 41.027\%$$

实际粉剂中的硅含量为40.66%,基本上满足降低钙、钡蒸气压的需要。添加铝粉的丝线,当铝含量为15.32%就起到了降低钙。钡蒸气压的作用,但加铝的目的主要是要和钙搭配,以生成$C_{12}A_7$类液态夹杂物。

5.4.3.3 钙铝线的使用特点

由于复合脱氧剂中恰当的 Ca、Al 含量配比是保证生成液态夹杂物的关键。故 Ca、Al 搭配比 Mn、Si、Al、Ca、Si 等搭配好,一是两种元素的脱氧能力都很大,易产生脱氧生成物;相互溶解成 $C_{12}A_7$ 后,使 Al、Ca 的脱氧能力增大;二是脱氧产物是液态的,比其他元素组合形成的脱氧生成物的熔点都低。在 1600℃脱氧产物中的 a_{CaO},$a_{Al_2O_3}$ 都降低了,a_{CaO} 为 0.371,$a_{Al_2O_3}$ 为 0.0525,综合脱氧能力提高了约 15 倍(Ca 为 2.69,Al 为 19,综合为 51)。为生成液态夹杂 $C_{12}A_7$,复合脱氧剂中的 Ca/Al 应和 $C_{12}A_7$ 中的 Ca/Al 比值相应,其比值大小为 $12M_{Ca}/14M_{Al} \approx 1.27$。在复合脱氧剂溶解时熔体中 Ca、Al 和氧原子同时接触,很易碰撞、反应,促使生成低熔点的夹杂物,克服了喂 Al 线和 CaSi 线早期生成的脱氧产物不易上浮去除的缺点。

5.4.3.4 钙处理过程中含钙丝线的种类和特点

含钙的常见丝线主要分为硅钙线和钙铁线、硅钙钡线等,其中两种丝线的成分见表 5-24 和表 5-25。

表 5-24 金属钙-铁包芯线成分要求

化学成分/%	
Ca	Fe
28~45.0	≤55.0

表 5-25 CaSi 包芯线成分要求 （%）

Ca	Si	C	Al	P	S	水分
≥25.5	≥50.0	≤0.8	≤2.4	≤0.04	≤0.06	≤0.5

5.4.4 喂丝过程对丝线的主要要求和操作要点

喂丝过程中对丝线的主要要求有:

(1)用合金包芯线排线方式为内抽式或者外抽式排线。

(2)合金包芯线应干燥、清洁、包覆牢固、不漏粉、不开缝、表面光洁、无油污,断线率小于 0.2%。

(3)圆形截面合金包芯线外径最小 ϕ8mm,最大 ϕ18mm。

(4)矩形截面合金包芯线最大外形尺寸为 18mm×16mm。

(5)碳线或铝线等金属线最大外径为 ϕ13mm。

喂丝过程的操作要点有:

(1)喂线以前,炉渣和钢水必须脱氧良好,炉渣在白渣状态下。

(2)喂丝时炉渣的黏度要合适,以便于丝线能够穿透渣层加入钢水。

(3)钢包中喂入钙,需保证喂入的钙线能够抵达底部钢水位置。

（4）在采用喂丝加入钙的方式时,线的直径和喂入的速度必须满足线被熔化释放出钙蒸气之前,已达到了钢包底部。

5.4.5　喂丝过程中常见的故障和处理

喂丝过程中常见的故障和处理可以基本概括如下:

（1）漏粉。即芯线锁扣处钢带的咬合不紧密,或者没有咬合。粉剂从开口处泄漏,芯线断面变形严重,喂丝过程中甚至会出现扭麻花、断线。处理方法是停止喂丝操作,将漏粉部分剪切去除,然后重新喂丝。

（2）断线。断线的现象较为普遍,原因较多,除了以上所述的原因外,喂丝速度过快,钢带的质量不合格、线卷的抽取不畅、有卡阻现象、线卷的位置和喂丝机之间的布置不合理,都会造成断线,处理方法是清理喂丝机内部的断线,包括导管内的残丝,然后重新喂丝即可。

5.4.6　喂丝点位置的确定

生产实践中,丝线在钢包内喂入走向,接近垂直地进入钢液是较为理想的。为减少丝线在导管中的阻力,导管的曲率半径应大一些,竖直段适当延长,导管端部离钢水液面约 400～500mm 为宜。

喂丝点与吹氩点的位置密切相关,应选择丝线与钢水混匀时间最短的点作为喂丝的最佳点。如图 5-54 中 C 点所示,即钢包底部的两个透气砖间连线中点,是丝线与钢液混匀时间最短的位置。

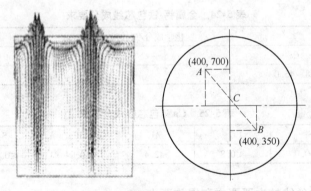

图 5-54　钢包喂丝位置示意图

A,B—透气砖位置；C—喂丝位置

如图 5-55 所示,对单透气砖的钢包来讲,喂丝的位置沿着钢液的下降流区域,喂向抽引流的位置,便于以最短的均混时间最快参与反应。

5.4.7　喂丝深度和速度的计算

文献推荐的喂丝最大深度 H 的计算方法可以表示为:

$$H = L - 0.15$$

式中,L 为钢包内钢液的高度,m。

实际生产中,钙的反应区域(剧烈沸腾冒白烟)并没有集中在喂丝的喂入位置,说明含钙线在喂入钢液的时候,发生了偏转。试验证实,在 1873K 的温度下,钢渣黏度合适,喂丝的速度达到 4.0m/s 的时候,丝线没有发生喂入钢液以后,又穿出钢液面的现象,所以最佳的喂线速度为:

$$V = \gamma(L - 0.15)/t$$

式中,V 为喂线速度,m/s;γ 为修正系数,1.5 ~ 2.5;t 为铁皮的熔化时间,s。

　　包芯线专用铁皮为冷轧钢带,使用的常见材质有 08F、0B2F、08Al 等钢,由于退火等质量问题,包芯线会出现折断、喂丝过程中的断线等质量事故。对厚度为 0.4mm,直径为 $\phi13$mm 的钙铁线,其熔化时间在 1 ~ 1.5s 之间,平均值为 1.25s。

　　钙处理过程中,有些钢种也喂入铝线,目的是保持钢液有一定量的酸溶铝含量,稳定钙铝比,减少塞棒等耐火材料的侵蚀速度,减少钢液因为脱氧不充分引起的皮下气泡、针孔等缺陷。铝线的熔化时间是铝线在钢壳内的熔化时间与包围铝线钢壳熔化时间的和,一般在 0.9 ~ 1s 之间。图 5-56 所示为某厂钢液温度和铝线熔化时间之间的关系。

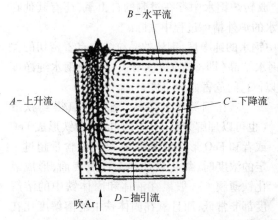

图 5-55　LF 底吹氩气在钢包内形成的循环流示意图

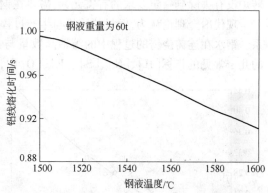

图 5-56　钢液温度和铝线熔化时间之间的关系

6 炉外精炼过程的脱氧

6.1 氧在钢液中的溶解及其危害

转炉炼钢的基本原理就是利用氧气吹炼过程中的动力学条件和热力学条件,尽可能地去除钢中的有害元素氢、氮、硫、磷,但是不可避免地造成转炉钢水中存在过剩的自由氧,还有其他在转炉没有去除到一定要求的有害元素,需要在钢水的炉外精炼过程中去除。

现代冶金理论认为,钢材的质量与生产过程中钢水的纯净度、钢坯的晶粒结构有着密切的关系。钢水在连铸浇铸的过程中的等轴晶数量与钢水结晶(即冷却)速度有关。表征钢水纯净度的几个常见的指标[H]、[N]、[S]、[P]、[O]中,以[O]的危害尤为明显。

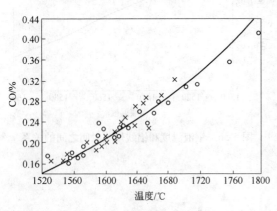

图 6-1　氧在铁液中的溶解度

氧在钢液中的溶解,是钢中氧得到铁液(也可以理解为钢液)中的电子,和铁形成 FeO 或者和 FeO 形成离子团,在氧化铁含量超过一定的浓度时,氧化铁迁移至铁液表面,形成氧化铁薄膜。一般氧在液体和固体铁中的溶解度都非常低,而且氧在固体铁中的溶解度比在液体铁中更低。

不同的铁液温度,铁液中氧化铁存在的浓度各不相同。在相同的条件下,随着钢液温度的升高而增大,随着温度的降低而减小,如图 6-1 所示。

当钢液中大量的金属或者非金属元素,特别是碳被氧化到较低的浓度,钢液内就存在着较高量的氧([O]=0.02% ~ 0.08%)。这种没有脱氧的钢液在冷却凝固时,不仅在晶界析出 FeO 及 FeO-FeS,使钢的塑性降低及发生热脆;随着温度的进一步降低,氧在冷却的钢液中溶解度减小,溶解氧析出,和钢液中的碳继续反应,甚至是强烈反应。所以,在毗连于凝固层的母体钢液的含氧量增高,超过了 $w[C]w[O]$ 平衡值,于是 CO 气泡形成,使钢锭包含气泡、组织疏松、质量下降。因此,只有在控制沸腾(沸腾钢)或不出现沸腾(镇静钢)时,才可能获得成分及组织合格的优质钢锭或钢坯。为此,对沸腾钢,$w[O]$ 需降到 0.025% ~ 0.030%;对镇静钢,$w[O]$ 应小于 0.005%。当钢液中的[C]达到钢的标准要求后,便应降低钢中氧含量,保证温度下降时,不产生 CO 气体而降低钢材质量。因此,钢液在连铸之前必须采取有效方法,以降低钢液中氧含量。

6.2 钢液脱氧原理

钢液的脱氧原理是选用和氧的亲和力大于铁的元素,加入铁液内部,或者和铁液接触以后,这些脱氧元素和铁液中的氧化铁发生还原反应,和氧结合,形成氧化物排出铁液的过程,部分的脱氧产物没有及时排出钢液,成为夹杂物留在钢中,影响钢材的性能。

向钢液中加入与氧亲和力比铁大的元素,使溶解于钢液的氧转化成不溶解的氧化物,自钢液中排出,这称为脱氧(deoxidization)。按氧除去方式的不同,有三种脱氧方法:第一种称为沉淀脱氧法,也是应用最广的方法。它是向钢液中加入能与氧形成稳定氧化物的元素(称脱氧剂),而形成的氧化物(脱氧产物)能借自身的浮力或钢液的对流运动而排除;第二种方法称为扩散脱氧法,是利用氧化铁含量很低的熔渣处理钢液,使钢液中的氧经扩散进入熔渣中,而不断降低;第三种方法称为真空脱氧法。利用真空的作用降低与钢液平衡的 p_{CO},从而降低钢液的 $w[O]$ 及 $w[C]$ 量。

脱氧元素的脱氧反应可表示为:

$$\frac{x}{y}[M] + [O] = \frac{1}{y}(M_xO_y)$$

$$K^{\ominus} = \frac{a_{M_xO_y}^{1/y}}{a_{[O]}a_{[M]}^{x/y}} = \frac{a_{M_xO_y}^{1/y}}{(w[O])(w[M])^{x/y}} \times \frac{1}{f_M^{x/y}} \tag{6-1}$$

在形成纯氧化物时, $a_{M_xO_y}^{1/y} = 1$, $K' = 1/K^{\ominus} = a_{[O]}a_{[M]}^{x/y} \approx (w[O])(w[M])^{x/y}$, K' 称为脱氧常数,它是脱氧反应平衡常数的倒数,等于脱氧反应达平衡时,脱氧元素浓度的指数方与氧浓度的乘积。其值越小,则与一定量的该脱氧元素平衡的氧浓度就越小,而该元素的脱氧能力就越强。另一方面,由 $\Delta_r G_m^{\ominus} = -RT\ln K'$ 可知,元素与氧的亲和力越强, $\Delta_r G_m^{\ominus}$ 也越小,脱氧反应就进行得越完全。故 K' 能够衡量元素的脱氧能力。不同脱氧元素的脱氧常数见表6-1。

表6-1　不同脱氧元素的脱氧常数 K'

脱氧反应的方程式	$\lg K'$	1873K 时的 K'
$2[Al] + 3[O] = Al_2O_3(s)$	$-64000/T + 20.57$	2.51×10^{-14}
$[Ca] + [O] = CaO(s)$		8.32×10^{-10}
$[Mg] + [O] = MgO(s)$	$-38100/T + 12.47$	1.34×10^{-8}
$[Mn] + [O] = MnO(s)$	$-12950/T + 5.53$	0.0413
$[Si] + 2[O] = SiO_2(s)$	$-30110/T + 11.40$	2.11×10^{-5}

元素的脱氧常数可由下面两种方法得出:

(1) 直接取样测定脱氧反应达到平衡时,钢液中脱氧元素与氧的浓度;

(2) 用由 $H_2 - H_2O(g)$ 混合气体与钢液中脱氧元素的平衡实验测定,即可由下列反应的 $\Delta_r G_m^{\ominus}$ 组合求得:

$$\frac{x}{y}[M] + H_2O(g) = \frac{1}{y}(M_xO_y) + H_2 \quad \Delta_r G_m^{\ominus} = -RT\ln K_1 \quad J/mol \tag{6-2}$$

$$H_2 + [O] = H_2O(g) \quad \Delta_r G_m^{\ominus} = -130282 + 59.24T \quad J/mol$$

$$\frac{x}{y}[M] + [O] = \frac{1}{y}(M_xO_y) \quad \Delta_r G_m^{\ominus} = -130282 + 59.24T - RT\ln K_1 \quad J/mol \tag{6-3}$$

利用上述脱氧反应的平衡常数作出脱氧反应的平衡图,用来比较各元素的脱氧能力,并依据不同的冶炼工艺选择脱氧剂。

式(6-2)中的 $f_O = f_O^O f_O^M \approx f_O^M$, $f_M = f_M^M f_M^O \approx f_M^M$,因为 $w[O]$ 很低,故 $f_O^O = f_M^O \approx 1$。

因而式(6-1)可写成:

$$K' = (w[O])(w[M])^{x/y} f_O^M [f_M^M]^{x/y} \tag{6-4}$$

而

$$w[O] = K'/\{f_O^M [f_M^M]^{x/y} (w[M])^{x/y}\} \tag{6-5}$$

或
$$\lg w[\mathrm{O}] = \lg K' - e_{\mathrm{O}}^{\mathrm{M}} w[\mathrm{M}] - \frac{x}{y} e_{\mathrm{M}}^{\mathrm{M}} w[\mathrm{M}] - \frac{x}{y} \lg w[\mathrm{M}] \tag{6-6}$$

由式(6-6)可绘出一定温度下脱氧元素的脱氧平衡曲线。各脱氧元素的平衡$w[\mathrm{O}]$随着其平衡$w[\mathrm{M}]$的增加而减少,并在某一$w[\mathrm{M}]$浓度时,$w[\mathrm{O}]$出现了极小值。这可由以下的数学转换处理来说明。

将式(6-6)对$w[\mathrm{M}]$求导,并令结果等于零,可得出$w[\mathrm{M}]$及$w[\mathrm{O}]$的极值:

$$\frac{\mathrm{d}\lg w[\mathrm{O}]}{\mathrm{d}w[\mathrm{M}]} = -\frac{x}{2.3y} \times \frac{1}{w[\mathrm{M}]} - e_{\mathrm{O}}^{\mathrm{M}} - \frac{x}{y} e_{\mathrm{M}}^{\mathrm{M}} = 0 \tag{6-7}$$

故
$$w[\mathrm{M}]_{\min} = -\frac{x}{2.3y\left(e_{\mathrm{O}}^{\mathrm{M}} + \dfrac{x}{y} e_{\mathrm{M}}^{\mathrm{M}}\right)} \tag{6-8}$$

又
$$\frac{\partial^2 \lg w[\mathrm{O}]}{\partial (w[\mathrm{M}])^2} = \frac{x}{2.3y(w[\mathrm{M}])^2} > 0 \tag{6-9}$$

即$\lg w[\mathrm{O}] = f(w[\mathrm{M}])$曲线在$(w[\mathrm{M}])_{\min}$的值处有极小值,如$|e_{\mathrm{M}}^{\mathrm{M}}| < |e_{\mathrm{O}}^{\mathrm{M}}|$,则:

$$w[\mathrm{M}]_{\min} = -\frac{x}{2.3y e_{\mathrm{O}}^{\mathrm{M}}} \tag{6-10}$$

再将$w[\mathrm{M}]_{\min}$代入式(6-6)可求得其对应的$w[\mathrm{O}]$。$w[\mathrm{M}]_{\min}$称为脱氧元素加入的最佳量。

$w[\mathrm{M}]_{\min}$还能用以比较各脱氧元素的脱氧能力的大小。因为脱氧能力最强的元素,其$w[\mathrm{M}]_{\min}$也最低。但它不是钢液脱氧的实际要求值。因为钢液脱氧时加入脱氧元素的量,是受钢成分规格要求限制的,另外,由于某些脱氧元素也是钢的合金元素,还应满足这方面的要求。

对同一脱氧元素,随着它的平衡浓度不同,可能有不同的脱氧产物生成。浓度低时,脱氧产物是含有FeO的复杂化合物或固溶体及液熔体。不能形成熔体的脱氧产物,其活度为1,不会影响脱氧曲线的形状及斜率,但形成熔体的产物则使曲线的形状变复杂。

例如,对铝的脱氧,随着$w[\mathrm{Al}]$的不同,可生成$\mathrm{FeO \cdot Al_2O_3}$(铁铝尖晶石)及$\mathrm{Al_2O_3}$,其反应如下:

$$2[\mathrm{Al}] + 4[\mathrm{O}] + [\mathrm{Fe}] =\!=\!= \mathrm{FeO \cdot Al_2O_3(s)} \quad \Delta_{\mathrm{r}}G_{\mathrm{m}}^{\ominus} = -1373063 + 445.01T \quad \mathrm{J/mol}$$

$$\lg K^{\ominus} = -\lg a_{\mathrm{Al}}^2 a_{\mathrm{O}}^4 = \frac{71712}{T} - 23.24 \quad \text{或} \quad \lg a_{\mathrm{Al}}^2 a_{\mathrm{O}}^4 = -\frac{71712}{T} + 23.24 \tag{6-11}$$

这是由于加入的铝量低,钢液中有较高量的$[\mathrm{O}]$,能以FeO形式和生成的$\mathrm{Al_2O_3}$结合成$\mathrm{FeO \cdot Al_2O_3(s)}$。

又
$$2[\mathrm{Al}] + 3[\mathrm{O}] =\!=\!= \mathrm{Al_2O_3(s)} \quad \Delta_{\mathrm{r}}G_{\mathrm{m}}^{\ominus} = -1218799 + 394.13T \quad \mathrm{J/mol}$$

$$\lg a_{\mathrm{Al}}^2 a_{\mathrm{O}}^3 = -\frac{63655}{T} + 20.58 \tag{6-12}$$

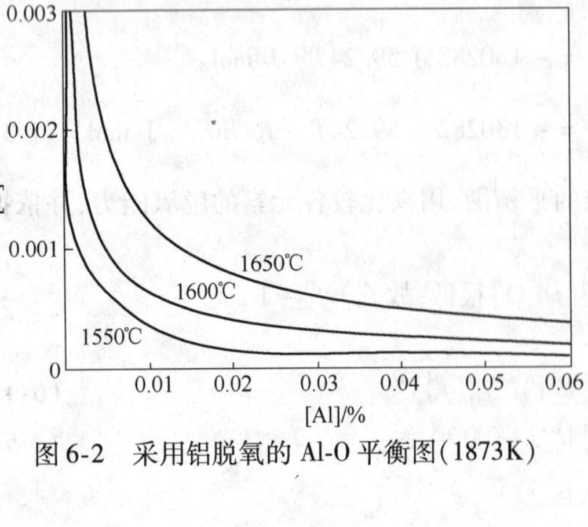

根据式(6-1)及式(6-2)可以分别做出脱氧直线:$\lg a_{\mathrm{O}} - \lg a_{\mathrm{Al}}$(由活度作出的脱氧平衡曲线是直线)。可由两直线的交点得出两种脱氧产物生成的临界平衡浓度或它们存在的优势区。所做的铝脱氧的平衡直线图是以活度值表示的,但能等价于浓度值表示的图。这是炼钢生产中的采用的常见工艺方法。采用铝脱氧的Al-O平衡状态图见图6-2。

图6-2　采用铝脱氧的 Al-O 平衡图(1873K)

6.3 脱氧反应的热力学和动力学

6.3.1 脱氧反应的热力学条件

脱氧反应的热力学条件主要有:

(1) 脱氧元素与氧的结合能力越强,脱氧产物越稳定,而该元素的脱氧能力越强,与相同量的各元素平衡的氧浓度就越低,或为了达到同样的氧浓度,强脱氧元素的平衡浓度就越低。各元素脱氧能力的大小是 Al > Ti > Si > Cr > Mn。但生产中多采用比较便宜的 Mn、Si、Al 做脱氧剂。前两者是以其铁合金的形式使用的。

(2) 脱氧产物的组成与温度及脱氧元素的平衡浓度有关。$w[M]$ 低及 $w[O]$ 高时,则形成 FeM_xO_y 复杂化合物;$w[M]$ 高及 $w[O]$ 低时,则生成纯氧化物 M_xO_y,如其熔点高过钢液的温度,则成固相存在。

(3) 脱氧反应是强放热的,随着温度的降低,脱氧元素的脱氧能力增强,所以,在钢液冷却及凝固过程中,就不断有脱氧反应继续进行。此外,脱氧元素形成的偏析及富集,也促进脱氧反应再度发生。这样形成的脱氧产物是难以排除的,在钢中称为夹杂物。因此,应在需要完全脱氧时,加入足够量的强脱氧剂,降低钢液中的残氧量,以减少脱氧反应再次发生。例如镇静钢的生产。

6.3.2 脱氧反应的动力学

脱氧剂加入到钢液中后,直到脱氧反应达到平衡时,$w[O]$ 迅速下降,而由脱氧产物形成的夹杂物数量则迅速上升,达到最大值,总氧量这时仍保持恒定,但随着脱氧产物的不断排除,从而总氧量也迅速下降,最后达到稳定值。

脱氧环节由脱氧剂的溶解,脱氧产物的形核、长大、聚合及脱氧产物的排除并为熔渣所吸收等环节组成:

(1) 脱氧剂的溶解及均匀分布。脱氧剂在钢中溶解主要与加入物,如铁合金的熔化温度、钢液的温度及溶解过程的热效应有关。低熔点的脱氧剂,如 Al、Si、Mn 等是由熔化转入钢液中,而高熔点的合金物,如钨、钼、硼的铁合金则以溶解方式转入钢液中,而溶解过程比熔化过程慢得多。它们的溶解时间范围较宽,在不利条件下是 20 ~ 40min,强烈地搅拌熔池,如吹氩,可大大缩短溶解时间,约 2 ~ 3min。脱氧元素一旦溶解,即与钢液中氧瞬时发生反应。

(2) 脱氧产物的形核、长大和聚合。脱氧产物的形核决定于 $w[M]$ 及 $w[O]$ 的过饱和度及晶核与钢液的界面张力。仅当过饱和度 ($a = c/c_平$) 为 10^2 ~ 10^8,才能均相形核。强脱氧剂 (Al、Ti) 的脱氧常数较小,虽能达到这种程度的过饱和度(10^6),但其形成的氧化物与钢液界面张力则较大($1.5N/m$),难于发生均相形核,而较弱的脱氧剂,如 Mn、Si 等,则更不可能发生均相形核。但是由于铁合金中常含有还原过程的夹杂物,而铝表面有难溶的 Al_2O_3,它们在钢液中能提供异相形核的现成界面,所以钢液中脱氧产物能在过饱和度不高的条件下异相形核。

核在形成的过程中不断长大,其周围的 [O] 及 [M] 的浓度很快贫化,而核表面呈现平衡浓度,这种浓度差就促进了 [O] 及 [M] 向核的表面扩散,而使核进一步长大。据测定,核生长过程的时间是 10^0 ~ 10^1s 数量级。

成长的核在相互碰撞中,合并而发生聚集,使粒子变大。聚合的驱动力是体系界面能的降低。由于钢液-产物质点间的界面张力远大于产物粒子间的界面张力,即钢液对产物质点的润湿性较差,因而产物质点易于聚合。液体质点比固体质点更易聚合,能达到很大的尺寸(30~100μm)。因为液体质点多呈球形,碰撞上浮时,阻力较小,而且聚合后体系的界面能降低较多。固体质点,特别是 Al_2O_3,尺寸小(3~8μm),形状又极不规则,不易聚合,只能凝结(烧结),而且凝结速度较慢,还可为熔体的运动出现再分裂。但是,当这种固相微粒和钢液的界面张力很大时,不易为钢液所润湿,则可借钢液的强大对流运动而排除。

(3)脱氧产物的排除及为熔渣所吸收。聚合后的脱氧产物质点,达到一定尺寸后(100~200μm),能借自身的浮力,从钢液中迅速排除。其上浮速度可由下述的斯托克斯公式估算。

由黏滞介质中固体球形质点所受的浮力($F_f = \dfrac{4}{3}\pi r^3 g\Delta\rho$)与阻力($F_z = 6\pi r\eta u$)相等,可得:

$$\frac{4}{3}\pi r^3 g\Delta\rho = 6\pi r\eta u$$

故
$$u = \frac{2}{9}gr^2\frac{\Delta\rho}{\eta} \tag{6-13}$$

式中,r 为新相球形质点的半径,m;$\Delta\rho$ 为钢液与脱氧产物的密度之差,kg/m^3;η 为钢液的动力黏度,Pa·s;g 为重力加速度,$9.81m/s^2$。

斯托克斯公式严格来说仅适用于尺寸小于 0.1mm 的固体质点,对液体质点,可用考虑液体质点黏度的影响的公式:

$$u = \frac{2}{3}gr^2\frac{\Delta\rho}{\eta} \times \frac{\eta + \eta_{(1)}}{2\eta + 3\eta_{(1)}} \tag{6-14}$$

式中,$\eta_{(1)}$ 为脱氧产物的黏度,Pa·s。

此外,熔池中出现的对流运动,不仅能提高质点的聚合速度,也能使质点排至表面的概率增加。一般认为,质点尺寸大于 10μm 的,主要依靠上浮力排除,而较小质点则需依靠对流运动排除,如 Al_2O_3 质点的排除。

熔池内产生的或吹入的惰性气体形成的气泡,不仅对熔体产生强烈的搅拌运动,而且也可使某些脱氧产物的质点(质点的表面张力较小时)黏附在气泡上,而被带出。

从钢液浮出的脱氧产物,易于向钢液面上的熔渣层内转移。它们转移时单位面积的吉布斯自由能的变化为:

$$\left(\frac{\partial G}{\partial A}\right)_{p,T} = \sigma_{s-产物} - \sigma_{m-产物} \tag{6-15}$$

式中,$\sigma_{s-产物}$,$\sigma_{m-产物}$ 分别为脱氧产物与熔渣及钢液的界面能,J/m^2;A 为相界面面积,m^2。

大多数氧化物和硫化物与熔渣间的界面张力均比钢液间的界面张力小得多,所以,$(\partial G/\partial A)_{p,T} < 0$,即脱氧产物能自发地进入熔渣内,而被其同化。

此外,脱氧产物如能与炉衬耐火材料发生反应,形成低熔点的化合物,则也能为炉衬所吸收。但是某些脱氧能力很强的脱氧剂,也能使炉衬的氧化物脱氧,形成新的氧化物,而使钢液中夹杂物增多。

目前,关于脱氧过程的动力学限制环节的研究,国内发展得较快,有人认为,脱氧剂转入钢液达到均匀分配是最慢的环节。但是,人们最关心的是脱氧产物尽快排除,而不使其在钢液中残存,成为夹杂物的量最少这一环节。

因此,首先,应根据钢中对脱氧程度的要求(沸腾钢及半镇静钢仅需部分脱氧,而镇静钢则需全脱氧),选择脱氧强度适宜的脱氧剂;其次,要求良好地组织脱氧,尽可能使脱氧产物从钢液中排除,降低钢液中残存的夹杂物量。为此,要求能形成熔点低而易聚合的液相脱氧产物,脱氧产物与钢液有较大的界面张力或不易为钢液所润湿,并提高钢液的搅拌强度。

6.4 单一元素的脱氧反应

单一元素脱氧的反应可表示为:

$$x[M] + y[O] \rightleftharpoons M_xO_y \qquad K = \frac{a_{M_xO_y}}{a_{[M]}^x a_{[O]}^y} \qquad (6-16)$$

如以脱氧产物在铁水中的溶解来表示,则有:

$$M_xO_y \rightleftharpoons x[M] + y[O] \qquad K = \frac{a_{[M]}^x a_{[O]}^y}{a_{M_xO_y}} = \frac{[\%M]^x[\%O]^y f_M^x f_O^y}{a_{M_xO_y}} \qquad (6-17)$$

当钢水中脱氧元素含量不高时,可以认为 $a_{[M]} = [\%M]$,$a_{[O]} = [\%O]$,并令 $a_{M_xO_y} = 1$,那么,式(6-17)可以写作:

$$K = [\%M]^x[\%O]^y f_M^x f_O^y \qquad (6-18)$$

式中,当[%M]趋近于零时,$f_M = f_O \rightarrow 1$。

全氧量中既包括溶解氧量 $a_{[O]}$,又包括未上浮的脱氧产物 M_xO_y。脱氧产物也会因温度和脱氧剂含量增加而改变,如1600℃下,当 Cr < 3% 时脱氧产物为 $FeCr_2O_4$;Cr > 3% 时脱氧产物为 Cr_2O_3。类似的情况还有 V_2O_4、V_2O_3、Ti_2O_5、Ti_2O_3 等。

6.4.1 锰的脱氧反应

锰是脱氧能力比较弱的脱氧剂。而它的脱氧产物是由 MnO + FeO 组成的液溶体或固溶体,与温度及[Mn]的平衡浓度有关。$w[Mn]$增大,脱氧产物中的 $w(MnO)/w(FeO)$ 增大,其熔点提高,倾向于形成固溶体。

锰的脱氧反应为:

$$[Mn] + [O] \rightleftharpoons (MnO) \qquad \lg K_{Mn}^\ominus = \lg \frac{a_{MnO}}{w[Mn]w[O]} = \frac{12760}{T} - 5.58 \qquad (6-19)$$

它的脱氧产物是由 MnO + FeO 所组成,近似理想溶液,$r_{MnO} = r_{FeO} = 1$,$a_{FeO} = w(FeO)$,而 $a_{MnO} = w(MnO) = 100 - w(FeO)$。此外,Fe-Mn 系也是理想溶液,$f_{Mn} = 1$,$f_O = 1$。钢液中的氧在钢液和脱氧产物中会出现再分配:$w[O]/w(FeO) = L_O$。

上述关系式代入锰脱氧反应的平衡常数中,可得出锰脱氧的氧平衡浓度计算式:

$$w[O] = \frac{100L_O}{1 + K_{Mn}^\ominus L_O w[Mn]} \qquad (6-20)$$

式中,$\lg L_O = -6320/T + 0.734$。式(6-20)仅适用于形成液溶体的脱氧产物。当 $w[Mn]$ 很高或温度很低时,可形成固溶体的脱氧产物,需在式(6-20)中计入反应中 FeO、MnO 凝固的吉布斯自由能变化。因此,随着 $w[Mn]$ 的提高及温度的降低,$K_{Mn}^\ominus$ 增大,平衡氧浓度减小,即锰的脱氧能力增强,而脱氧产物的熔点也相应提高,因为其中 MnO 的含量增加。

由于锰的脱氧能力在温度下降时增强,所以当钢液冷却到结晶温度附近时,锰能有较强的脱氧能力,在生产沸腾钢锭时,它就能控制钢锭模内钢液的沸腾强度。因为在低温下,它对氧的亲和力大于碳对氧亲和力,减弱碳在后期的氧化,而使钢液的沸腾减弱或停止。此外,在生产镇静钢(全脱氧钢)时,锰和其他强脱氧剂同时加入进行脱氧,可形成含有 MnO 的液体产物,并能提高其他强脱氧剂的脱氧能力,故炼钢有一句谚语,即无锰不成钢。使用锰脱氧的状态图见图 6-3。

6.4.2 硅的脱氧反应

硅是比锰强的脱氧剂,常用于生产镇静钢。仅当 $w[Si]$ 在 0.002% ~ 0.007% 及 $w[O]$ 在 0.018% ~ 0.13% 的范围内,脱氧产物才是液相硅酸铁($2FeO \cdot SiO_2$),而在一般钢种的含硅量($w[Si] = 0.17\%$ ~ 0.32%)范围内,脱氧产物是 SiO_2。硅的脱氧反应为:

$$[Si] + 2[O] \rightleftharpoons (SiO_2)$$

$$\lg K_{Si}^{\ominus} = \lg \frac{1}{w[Si](w[O])^2} = \frac{31038}{T} - 12.0 \qquad (6-21)$$

式中,$a_{SiO_2} = 1$,而 $f_{Si}f_O^2 = 1$,故有 $w[Si](w[O])^2 = 1/K_{Si}^{\ominus} = K'_{Si}$。

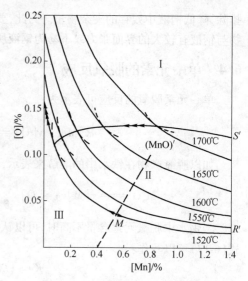

图 6-3 使用锰脱氧的状态图

这是因为随着 $w[Si]$ 的增加,f_{Si} 也增加,但 f_O 却减小,互为补偿,使 $f_{Si}f_O^2 \approx 1$。因此,可用上式来估计与一定的 $w[Si]$ 平衡的 $w[O]$。使用硅脱氧的状态图如图 6-4 所示。

一般钢种的含硅量可较大地降低钢液中的 $w[O]$,但是当钢液中 $w[C]$ 由于选分结晶,发生偏析时,其浓度增高,和硅的脱氧能力相近或高于硅时,则碳和氧将再度强烈反应,析出 CO 气泡。因此,仅用硅脱氧是不能抑制低温下发生的碳脱氧的反应,不能使钢液完全镇静,获得优质的镇静钢锭或钢坯。为此,需加入比硅脱氧能力更强的脱氧剂,如 SiO_2-Al_2O_3 系统状态图见图 6-5。

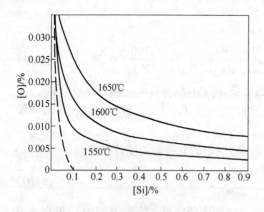

图 6-4 使用硅脱氧的状态图

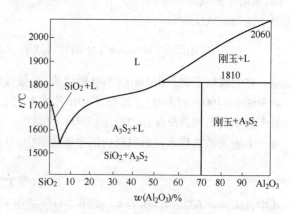

图 6-5 SiO_2-Al_2O_3 系统状态图

6.4.3 铝的脱氧反应

铝是很强的脱氧剂,主要用于生产镇静钢,它的脱氧能力比锰大两个数量级,比硅及碳大一个数量级。加入的铝量不大时,也能使钢液中碳的氧化停止,并能减少凝固钢中再次脱氧生成的夹杂物。

仅当铝浓度很低($[Al] < 0.001\%$)时,才能形成熔点高达 1800 ~ 1810℃ 的铁铝尖晶石($FeO \cdot Al_2O_3$),一般是形成纯 Al_2O_3,其脱氧反应是:

$$2[Al] + 3[O] = Al_2O_3(s) \tag{6-22}$$

$$\lg K_{Al}^{\ominus} = \lg \frac{1}{(w[Al])^2 (w[O])^3} = \frac{63655}{T} - 20.58$$

式中，$a_{Al_2O_3} = 1$ 而 $f_{Al}^2 f_O^3 \approx 1$，故有 $(w[Al])^2 (w[O])^3 = 1/K_{Al} = K'_{Al}$。

由式(6-22)可计算得，1600℃，$K'_{Al} = 4.0 \times 10^{-14}$，因此，当 $w[Al] = 0.01\%$ 时，$w[O] = 0.0007\%$，在这样低的 $w[O]$ 下，钢液中的[C]不可能再参与脱氧反应了，所以用铝脱氧，才能使钢液完全达到镇静。

铝脱氧生成的 Al_2O_3 是熔点很高的细小不规则形状质点，难以聚合成大质点，但钢液对 Al_2O_3 的黏附功小，不易为钢液所润湿，故能在钢液处于搅拌运动状态下去除大部分，目前成为钢液脱氧的首选脱氧剂。

除上述三种常用脱氧剂外，在特殊情况下，还应用了一些特殊脱氧剂，它们不仅具有较强的脱氧作用，还有合金化或脱硫的作用。它们的脱氧反应及其脱氧常数与温度的关系式如表6-2所示。

表6-2 特殊脱氧元素的脱氧反应及脱氧常数

脱氧反应	$\lg K^{\ominus} = f(1/T)$	1600℃的 K'
$2[Ce] + 3[O] = Ce_2O_3(s)$	$-81090/T + 20.19$	8.0×10^{-24}
$[Zr] + 2[O] = ZrO_2(s)$	$-44160/T + 13.9$	2.0×10^{-10}
$[Ti] + 2[O] = TiO_2(s)$	$-36600/T + 13.32$	6.0×10^{-7}
$2[B] + 3[O] = B_2O_3(s)$	$-46510/T + 16.38$	3.5×10^{-9}
$2[V] + 3[O] = V_2O_3(s)$	$-42810/T + 17.1$	1.8×10^{-6}
$2[Cr] + 3[O] = Cr_2O_3(s)$	$-78930/T + 39.21$	1.2×10^{-3}

6.4.3.1 金属铝脱氧的特点

由于金属铝的脱氧速度快，能力强，普遍应用于炉外精炼过程中。但是，使用金属铝脱氧也存在着一些问题，即残留在钢水和钢材中的脱氧产物 Al_2O_3 夹杂物，对生产的顺利进行和钢材性能的影响比较大，主要表现在：

(1)Al_2O_3 颗粒在炼钢温度范围内时，是边缘较锋利的、有棱角的固体物质。这种物质很容易在中间包水口处聚集，堵塞水口，造成连铸停浇，生产中断。图6-6是呈现串链条状的 Al_2O_3 夹杂物的光学显微照片。

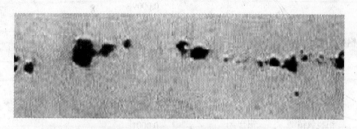

图6-6 呈现串链条状的 Al_2O_3 夹杂物的光学显微照片

(2)Al_2O_3 夹杂对弹簧钢和硬线钢的加工性能有着致命的影响，是精加工过程中影响钢材拉拔性能的主要原因。目前生产硬线钢丝的技术关键是解决钢丝拉拔断裂的技术问题，其核心技术是控制钢中夹杂物,严格避免出现富 Al_2O_3 的脆性夹杂物。LF 炉内可采取渣洗精炼工艺和无铝脱氧工艺,控制钢中 T[O]≤0.003%,同时采取夹杂物变性技术与保护浇铸技术。

(3)铝脱氧的反应产物及残留在钢中的铝会引起耐热钢的蠕变脆性,降低钢的高温强度。

(4)氧化铝还是结构钢中疲劳裂纹的形核核心,尤其会降低轴承钢、重轨钢和车轮钢的疲劳抗力。

(5)铝脱氧的反应产物和残留在钢中的铝会引起耐热钢的蠕变脆性,致使钢的高温强度降低,并导致轴承钢、钢轨钢和车轮钢疲劳性能的恶化。

由于 Al_2O_3 颗粒通过和 CaO 反应后会形成液态的球状的钙-铝氧化物颗粒,这种物质易于流动,经过水口时不会堵塞。钙处理就是在金属熔池中加入含钙的合金进行精炼。加入钙的形式有几种:如喂 Si-Ca 线、加入含钙合金或者弹射加入硅钙弹丸。采取这种措施的目的就是为了提高可浇性或者钢的力学性能,例如提高钢材的各向异性和抗疲劳强度、拉拔性能等。

钢液中加铝块或喂铝丝后,在氩气搅拌下,钢液中形成大型簇状 Al_2O_3 夹杂物,有些是树枝状的,有些是针状的。同时,通过钢液裸露面而产生的再氧化,也可使树枝状 Al_2O_3 长大。这些夹杂物在铝加入钢中 4min 内,有 75% ~ 85% 从钢液中浮出。比尼奥塞克(Thomas H. Bieniosek)等研究表明,出钢时铝脱氧,出钢后氩气搅拌 6min,分析全铝和溶解铝,两者差别不大,说明出钢时的脱氧产物完全排除。钢包加入铝后,对钢包内钢液不同位置、不同时间取样,在上部 1.5m 以上,钢液中的 Al_2O_3 在 3min 内,即可达到均匀分布。钢包站处理完后,从距钢渣界面 3.7m 以上处取样分析钢液中的全氧及 Al_2O_3 在晶相结构都没有区别,也表明 Al_2O_3 夹杂物在钢液中几分钟内,即可达到均匀分布。由于铝加入量的不同,铝回收率浮动很大,如图 6-7 所示。非镇静钢和半镇静钢加入的少量铝由于氧化,回收率几乎为零。铝含量为 0.03% ~ 0.08% 的镇静钢、低碳钢的铝回收率约为 25%,而中碳钢和高碳钢的铝回收率稍高一些。使用铝脱氧时,钢中酸溶铝的含量与溶解氧之间的关系如图 6-8 所示;酸溶铝的控制和钢中夹杂物总量之间的关系如图 6-9 所示。

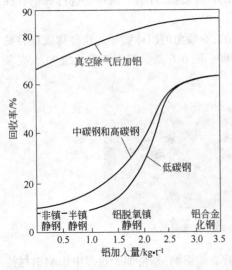

图 6-7　铝加入量对其回收率的影响

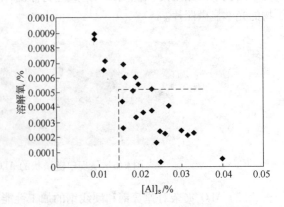

图 6-8　钢中酸溶铝的含量和溶解氧之间的关系

6.4.3.2　酸溶铝的概念

加入钢中的铝部分形成 Al_2O_3 或含有 Al_2O_3 的各种夹杂物，部分则溶入固态铁中，以后随加热和冷却条件的不同，或者在固态下形成弥散的 AlN，或者继续保留在固溶体（奥氏体、铁素体）中，通常将固溶体中的铝（包括随后析出的 AlN）称作酸溶铝，而氧化铝则以大小不等的颗粒状夹杂形态存在于钢中，称作酸不溶铝。

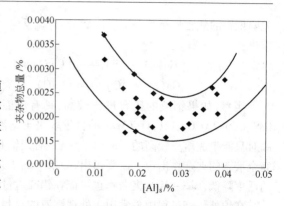

图 6-9　钢中酸溶铝含量的控制和钢中夹杂物
总量之间的关系

6.4.4　碱金属的脱氧

一些常用脱氧剂与碱土金属钙、钡、镁的物理性能见表 6-3。

表 6-3　常用脱氧剂及碱土金属的物理性能

元　素	相对原子质量	原子半径/nm	质量浓度/g·cm^{-3}	熔点/℃	沸点/℃	溶解度/%	平衡 $W(O)$	备　注
Mg	24.13	0.160	1.74	650	1057~1157	0.100	2.14×10^{-5}	
Ca	40.08	0.196	1.55	838	1440~1511	0.023	3.24×10^{-7}	
Sr	87.62	0.213	2.60	770	1280	0.026	9.51×10^{-7}	
Ba	137.3	0.225	3.50	729	1849~1898	0.020	1.54×10^{-6}	
Al	26.98	0.143	2.70	760	2327	互溶	1.96×10^{-4}	$w[Al] = 0.03\%$
Si	28.05	0.134	2.33	1440	2630	互溶	1.22×10^{-2}	$w[Si] = 0.2\%$
Mn	54.94	0.129	7.46	1244	2150	互溶	5×10^{-2}	$w[Mn] = 0.5\%$

从表 6-3 中可以看出，钡的沸点比钙、镁高，而蒸气压和溶解度比钙、镁低。在一般情况下，含钡合金的密度大于含钙、铝的合金，这有利于提高其收得率。但是，由于钡的原子量较大，在加入量相同的情况下，参加反应的钡原子数要少于钙和铝。从常用的脱氧元素的热力学数据可知，钡的脱氧能力仅次于钙，而远大于铝。因而，当采用含有相同摩尔数的钡和铝的含钡合金和铝基合金进行脱氧时，使用含钡合金脱氧能够获得更低的氧含量。

6.4.4.1　钙及含钙合金脱氧

钙是很强的脱氧剂，加入钢液后很快转为蒸气，在上浮过程中脱氧，反应如下：

$$Ca(g) + [O] \Longrightarrow (CaO) \qquad \lg \frac{p_{Ca}[O]f_O f_{Ca}}{a_{CaO}} = -\frac{34680}{T} + 10.035 \qquad (6-23)$$

在 1600℃ 时的脱氧常数 $K_{Ca} = 3.3 \times 10^{-9}$。另外，溶解进入钢液的钙也与氧发生直接反应：

$$[Ca] + [O] \Longrightarrow (CaO) \qquad \lg \frac{[Ca][O]f_O f_{Ca}}{a_{CaO}} = -\frac{33865}{T} + 7.620 \qquad (6-24)$$

在 1600℃ 时的脱氧常数 $\lg K_{[Ca]} = -10.46$。当 $[Ca] = 8.25 \times 10^{-7}\%$ 时，则 $[O] = 1.16 \times 10^{-7}\%$，脱氧效果很好。钙也是很强的脱硫剂，生成 CaS。根据反应自由能变化，钙加入钢液后首

先降低钢的氧含量至某一浓度以后,再与硫反应。这一平衡的氧硫浓度可由式(6-25)、式(6-26)求出:

$$Ca(g) + [S] \Longrightarrow (CaS)(s) \qquad \Delta G_{Ca\text{-}S}^{\ominus} = -136380 + 40.94T \qquad (6\text{-}25)$$

$$Ca(g) + [O] \Longrightarrow (CaO)(s) \qquad \Delta G_{Ca\text{-}O}^{\ominus} = -158660 + 45.91T \qquad (6\text{-}26)$$

当然,如果钢液的硫含量比较高,钙有可能同时与氧、硫发生作用,所生成的反应产物中 CaS、$CaO \cdot 2Al_2O_3$、$12CaO \cdot 7Al_2O_3$ 的含量取决于钢液的硫和铝的含量。当钢液的硫和铝含量比较高时只能生成熔点较高的 $CaO \cdot 2Al_2O_3$,只有当铝和硫含量都低于 $12CaO \cdot 7Al_2O_3$ 平衡线时才会有完全液态的夹杂物出现。需要指出,如果 CaS 不是以纯物质存在,而是在 MnS 中产生时,则 CaS 的活度降低,CaS – MnS 夹杂物也可能在铝硫含量特定的条件下产生。

在炉外精炼过程中最常用于处理钢液的材料是硅钙合金、硅钙钡合金、硅铝钡合金等,此外预熔的铝酸钙熔剂、Mg – CaO、CaC_2 以及上述各种合成渣材料也用于不同要求和不同条件的钢水处理。

6.4.4.2　镁的脱氧反应

A　镁的蒸气压

镁在高温下的蒸气压是镁与钢液中非金属元素发生反应十分重要的数据,镁在钢液精炼温度范围内的蒸气压可以表示为:

$$\lg p_{Mg} = 6.99 - \frac{6818}{T} \qquad \lg p_{Al} = 5.887 - \frac{6818}{T} \qquad (6\text{-}27)$$

式中,p_{Mg} 为镁的蒸气压,kPa;p_{Al} 为铝的蒸气压,10^5 kPa;T 为温度,K。

通过式(6-27)可以计算得到,1600℃时,镁的蒸气压为 2.038MPa,随炼钢温度的升高而增加;铝的蒸气压为 0.293MPa,随温度的变化不大,所以单纯的镁不论是以哪一种方式加入到钢水的炉外精炼过程中进行脱氧,都会发生较为激烈的喷溅。

B　镁的溶解度

镁加入到钢液中,由于镁蒸气压高,镁将以蒸气形式上浮,在上浮的过程中发生反应。镁在钢液中的溶解反应如下:

$$Mg(g) \Longrightarrow [Mg]_{(1\%)} \qquad \Delta G^{\ominus} = 18649 + 13.86T \quad J/mol$$

结果计算得到,在 1873K 时,镁在低碳钢的钢液中的溶解度为 0.0532%,并且在精炼温度范围内变化时,镁的溶解度为 0.044% ~ 0.057%。精炼温度升高,镁溶解度的增大对脱氧、脱硫是有利的,但随着温度的升高,镁的蒸气压也增大,过高的蒸气压使镁的收得率较低,也就是说,高温条件下,是不利于镁脱氧的处理效果。在 1600℃ 温度以下,钢液中采用镁脱氧,钢液中含有很低浓度的镁,就能够将钢液的氧含量降低到很低。当钢液中的镁含量为 0.001% 时,钢液中与之平衡的氧含量为 0.0001%。并且钢液中的镁含量超过 0.001% 时,钢液中的镁含量变化不大,即镁脱氧存在一个临界值,超过此值,随着镁含量的增加,对钢液的脱氧影响减弱,对炼钢的制造成本无益。

在实际生产中除了选择合适的精炼温度区间加入镁以外,将镁制成合适的复合材料进行脱氧,效果突出,比较典型的有铝镁铁等。钢液中的镁蒸气与钢液中的氧反应时,$p_{[Mg]}$ 和 $a_{[O]}$ 之间的关系见图6-10。

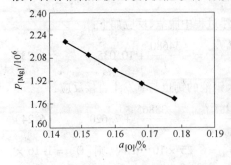

图 6-10　$p_{[Mg]}$ 和 $a_{[O]}$ 之间的关系(1873K)

C　镁的脱氧反应

金属镁的熔点为615℃,沸点为1110℃。钢水炉外精炼温度一般在1560~1620℃左右,金属镁在此温度范围内会气化。镁加入钢液中形成镁气泡上浮过程中发生脱氧、脱硫及溶解反应,有的溶解于钢液中,有的烧损,其余的镁都将以气态形式挥发离开钢液。Mg(g)和[Mg]都与钢液中的溶解[O]、[S]反应,其过程如下:

$$Mg(s) \longrightarrow Mg(l) \longrightarrow Mg(g) \longrightarrow [Mg](g)$$

$$Mg(l) + 0.5O_2 \Longrightarrow MgO(s)$$

$$Mg(g) + [O] \Longrightarrow MgO(s)$$

$$[Mg] + [O] \Longrightarrow MgO(s) \qquad \Delta G^{\ominus} = -732952 + 240.28T \quad J/mol$$

$$Mg(g) + [S] \Longrightarrow MgS(s)$$

$$[Mg](l) + [S] \Longrightarrow MgS(s)$$

与常用Si、Mn、Al脱氧元素相比,Mg密度小、沸点低、溶解度较小、蒸气压高,这正是镁较少用于炼钢脱氧的主要原因。但是镁在钢液中的蒸气压和溶解度对脱氧、脱硫有积极的意义。[Mg]与[O]达到平衡时,溶解镁含量应为0.0089%时,钢中的溶解氧就可以降到0.001%,所以通过提高钢液中的溶解镁含量就可以将钢液中的氧降低到较低的水平。[Mg]与[O]的关系见图6-11和图6-12。

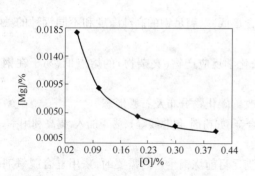

图6-11　[Mg]和[O]之间的关系(1873K)

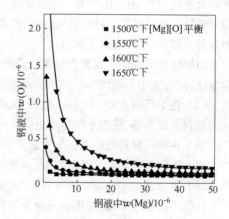

图6-12　不同温度下,[Mg]和[O]之间的平衡关系

镁与铝的脱氧能力比较见图6-13。通过吉布斯自由能的比较,可以得知镁的脱氧能力在一定的温度范围内优于铝的脱氧效果。

6.4.4.3　钡的脱氧

钡属于碱土金属,钡的沸点比钙、镁高,而蒸气压和溶解度比钙、镁低。其原子易失去最外层的两个电子,表现出活泼的金属性,以及与氧、硫具有很强的反应结合能力,在1600℃炼钢温度下,钡的蒸气压为0.0303MPa,沸点大于1600℃,密度为3.51g/cm³,故钡加入钢液后不易产生气化和喷溅,在钢液中能保持更长

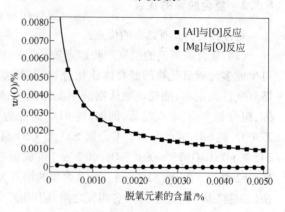

图6-13　钢液中[Mg]和[Al]的脱氧能力的比较(1873K)

的处理时间,可以作为钢液的终脱氧剂。

6.5　复合脱氧

6.5.1　复合脱氧的发展过程

利用两种或两种以上的脱氧元素组成的脱氧剂使钢液脱氧,称为复合脱氧(complex deoxidization)。复合脱氧剂对钢中氧含量的影响见图 6-14。

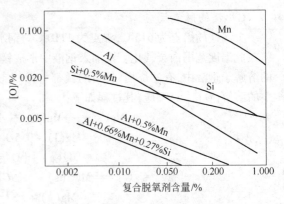

图 6-14　复合脱氧剂脱氧对氧含量的影响

炼钢脱氧的工艺进步和脱氧材料的生产使用选择,也经历了一个漫长的历史过程。19世纪 20～30 年代以前,廉价的电解铝产生以

前,钢水的脱氧是采用单一合金进行的。由于铝是强脱氧元素,能够细化钢的晶粒组织,阻止低碳钢的时效,提高钢的低温韧性等。所以,早在二战之前和二战期间,炼钢主要用单一元素铝进行脱氧。加入的方法是将块状的金属铝加入炼钢炉内或钢包中。19 世纪末和 20 世纪初,铁合金工业逐年发展,只含有一种主要元素的铁合金,如硅铁、锰铁、铬铁等相继被开发,并在炼钢的脱氧和合金化中得到应用,但单一元素的脱氧效果较差,并且其脱氧产物从钢中的排除比较缓慢。随着钢铁工业的发展,目前转炉流程生产的钢铁制品对脱氧合金化使用的铁合金、脱氧剂的性能要求越来越高,主要有以下几点:

(1) 化学组成的主元素含量波动范围小、杂质含量低,以满足钢的高纯净度和不同钢种的微合金化,控制钢中夹杂物形态等工艺需要。

(2) 化学反应方面,如脱氧、脱硫、脱磷效果好,化学反应产物(夹杂物)的熔点低,易于在钢液中聚合上浮去除,使钢水纯净度更高。

(3) 在钢铁材料的铸态组织中易于形成晶核,改善碳化物分布及石墨形态。

(4) 提供不同块度、不同粒度范围或特殊形状的合金(如粉剂、包芯线等),易于加入,提高利用率。

(5) 复合合金中合金元素分布均匀、偏析少。

从以上的要求来看,使用单一合金脱氧是无法满足目前炼钢生产的需要的,采用复合脱氧剂和复合合金成为二战以后发展的首选。

6.5.2　复合脱氧的优点

复合脱氧剂具有以下的优点:

(1) 复合脱氧剂的脱氧产物熔点较低,易于从钢液中排除。众所周知,复合脱氧剂脱氧后可生成多元素氧化物的混合体或化合物,其熔点比单一氧化物低,且易聚合成较大颗粒的低熔点变性夹杂物,能较快地从钢液中上浮进入渣层,起到纯净钢液的作用。根据多元相图可知,组分越多,其熔点越低,例如,纯 Al_2O_3 熔点为 2150℃,纯 CaO 熔点为 2615℃,纯 MgO 熔点为 2770℃,纯 SiO_2 熔点为 1723℃。而 SiO_2 与 CaO 组成的 $CaO \cdot SiO_2$($CaSiO_3$)熔点为 1540℃;Al_2O_3(15%±)、CaO(25%±)、SiO_2(60%±)组成的三元共熔体的熔点为 1165℃;Al_2O_3(19%±)、MgO(28%±)、SiO_2(53%±)三元共熔体的熔点为 1360℃。在复杂化学成分内,非金属氧化物夹杂(如硅酸盐、铝酸盐等)中各组元之间具有相互结合力,能够降低每个氧化物的活性。因此,同时使用几个元素时,它们中的每个元素的脱氧能力都增大。

前面讲到,单一脱氧合金的脱氧产物排除的速度慢,这与脱氧产物的密度、熔点、夹杂物与金

属接触表面的相间比能量、金属液对夹杂物的黏附性及浸润性等因素有关。为排除钢中的非金属夹杂物,显然,应用复合脱氧剂可在广泛的范围内调节夹杂物的这些物理化学性能,并按需要的方向改变其成分。

生成复杂脱氧生成物的反应自由能如下:

$$\frac{1}{2}Si(1) + [O] \Longrightarrow \frac{1}{2}SiO_2 \qquad\qquad \Delta G_1^{\ominus} = -355975 + 101.71T \quad J/mol[O]$$

$$\frac{6}{13}Al(1) + \frac{2}{13}Si(1) + [O] \Longrightarrow \frac{1}{13}(3Al_2O_3 \cdot 2SiO_2)(s) \quad \Delta G_2^{\ominus} = -418804 + 108.22T \quad J/mol[O]$$

$$\frac{1}{8}Ca(g) + \frac{1}{4}Al(1) + [O] \Longrightarrow \frac{1}{8}(CaO \cdot Al_2O_3 \cdot 2SiO_2)(1) \quad \Delta G_3^{\ominus} = -419334 + 104.681T \quad J/mol[O]$$

$$\frac{2}{3}Al(1) + [O] \Longrightarrow \frac{1}{3}(Al_2O_3)(s) \qquad\qquad \Delta G_4^{\ominus} = -446245 + 112.29T \quad J/mol[O]$$

$$\frac{1}{4}Ca + \frac{1}{2}Al + [O] \Longrightarrow \frac{1}{4}(CaO \cdot Al_2O_3)(1) \qquad \Delta G_5^{\ominus} = -446245 + 112.29T \quad J/mol[O]$$

$$\frac{12}{33}Ca(1) + \frac{14}{33}Al + [O] \Longrightarrow \frac{1}{33}(12CaO \cdot 7Al_2O_3)(1) \quad \Delta G_6^{\ominus} = -425678 + 75.59T \quad J/mol[O]$$

$$Ca(g) + [O] \Longrightarrow CaO(s) \qquad\qquad\qquad \Delta G_7^{\ominus} = -676405 + 198.95T \quad J/mol[O]$$

从比较反应 $\Delta G^{\ominus}$ 负值的大小选择复合脱氧合金。复合脱氧反应的标准自由能和温度的关系见图 6-15。

由图 6-15 可以看出,Ca 显著地提高了 Al 的脱氧能力且生成物的熔点很低,易于排除,所以,Ca-Al 搭配具有强的脱氧效果,并促进了脱硫。Ba、Sr 是近些年来使用的脱氧元素,因摩尔质量大而绝对脱氧量不高,但存在开始化合时,其化合物的形成速度快,易于形核促进脱氧的特点,得到了广泛的应用。

多元复合合金脱氧脱硫后形成的共熔点低的复合物流动性良好,且其组成物的活度降低,因此改善了钢渣界面化学反应的热力学和动力学条件,有利于脱氧、脱硫等反应的进行,有利于钢液纯净度的提高。

(2) 复合合金比单一合金熔点低。图 6-16 是二元合金的相图。从图中可以看出,二元系合

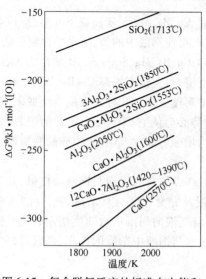

图 6-15　复合脱氧反应的标准自由能和
　　　　　温度的关系

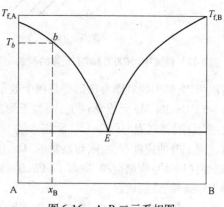

图 6-16　A、B 二元系相图

金的熔点都远远低于每一个纯组元的熔点。根据热分析测定,含 Ba4% ~6% 的硅铁其液相线、固相线分别比硅铁降低 27℃和 9℃,当含 Ba 硅铁中再加入 8.24% Mn 后,液相线及固相线比硅铁分别降低 55℃和 37℃。另外,复合合金在钢液或铸铁水中熔化快,可使脱氧及合金化时间缩短,钢液温度降低少,且可使合金元素在钢液中分布均匀,钢铁质量、性能均匀稳定。

(3) 使用多元复合合金有利于合金元素利用率的提高。复合合金是多组元合金,可根据使用要求,进行不同性能、不同密度的元素搭配,以利于其综合性能的发挥,提高合金元素利用率。如高 Ca、高 Al 及混合稀土合金的密度小,且易于氧化,加入钢液后烧损大、利用率低,若增加 Fe、Ba、Mn、Cr、W、Mo 等密度大的元素在合金中所占的比例,可增大复合合金的密度,减少合金元素的烧损,提高元素的利用率,使钢液成分均匀。如将密度大的 W、Mo 元素配入密度小的 Si、Ca 等复合合金中,调整合金的密度,加入钢液后,可起到提高脱氧效率和合金元素均匀化的双重作用。

复合合金在脱氧过程中,强脱氧元素可提高较低元素的脱氧能力(如 Ca 对 Al),并减少了钢液中的溶解数量,提高了脱氧效率,有的元素对另一些元素起保护作用,提高活性元素在钢中的残留率,易于达到需要的含量。例如,用 Si-Ca-Ba 冶炼含 Ca 易切钢时,Ca 在钢中的残留率比单独使用 Si-Ca 时高,前苏联某厂曾用 Si-Ca-Mn 代替 Si-Ca 对 30 号、40 号钢脱氧,Ca 的利用率提高 2 ~3 倍,Mn 的氧化量降低 10%。

(4) 复合脱氧剂去除夹杂物的效果显著。复合脱氧合金中含碱土、稀土等元素对氧、硫等有极强的亲和力且能有效去除钢中夹杂物。

复合脱氧剂中的相互作用的优势可以体现为:

1) 为提高含 Ca、Mg 合金的脱氧、脱硫能力和对夹杂物变性处理的作用,加入 Ba 元素。Ca、Ba、Mg 高温下互溶,Ba 能降低 Ca、Mg 蒸气压,明显减少 Ca、Mg 的氧化和蒸发,提高 Ca、Mg、Ba 的利用率,延长含 Ca、Mg、Ba 合金反应的时间,提高合金的脱氧、脱硫能力。

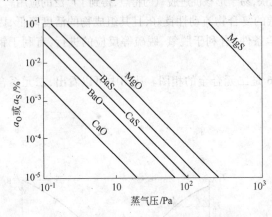

图 6-17　铁液中(1600℃)碱土元素的脱氧和脱硫能力

2) Ca、Ba、Mg、Sr 与[O]、[S]有较强的亲和力,Ca、Ba、Mg 有很强的脱氧、脱硫能力,见图 6-17。当 Ca、Ba、Mg 的分压维持合适时,硫和氧的含量可达极低数值,其中 Ca 最有效。

3) Ca、Ba、Mg 元素高温下互溶,形成合金使用,可使钢液中的氧、硫水平达到更低。

4) Ca、Ba、Mg、Sr 与 Si、Al 结合力大,高温下互溶,可大幅度提高 Ca、Ba、Mg、Sr 在钢中的溶解度。用含几种元素的合金脱氧、脱硫时,势必会使它们中每个元素的脱氧、脱硫能力增强。如含 Ba 合金中硅的脱氧能力与铝相似,钡的脱氧能力比铝要高两个数量级。

5) Ca、Ba、Mg 元素活性大,高温下形成{Ca,Ba,Mg}(g)或各自的气泡与钢液面接触,发生气-液反应,即气泡与[O]、[S]反应。气-液反应速度的快慢及完全程度与{Ca,Ba,Mg}(g)或各自气泡上升的速度有关,或与富集的{Ca,Ba,Mg}(g)或各自气泡向周围扩散速度快慢有关。精炼炉内(LF 炉)吹氩搅拌,提高了{Ca,Ba,Mg}(g)或各自气泡与钢液中杂质的作用,创造较好的动力学条件,效果较好。

(5) 采用含 Si、Al、Ca、Ba、Mg、Sr、RE 等元素的复合合金时,由于 Ca、Ba、Mg、RE 不溶于钢液中,更加有利于夹杂物的上浮去除、夹杂物的变性无害化,其脱氧、脱硫反应分如下三个阶段:

1）将合金加入钢液中,由于 Si、Al 及其他基体元素优先溶解,与[O]发生反应(Si)(s)-[Si] (1),(Al)(s)-(Al)(1),同时,剩余合金中的 Ca、Ba、Mg 含量提高,使 Ca、Ba、Mg 活性和蒸气压增高,发生少量的{Ca,Ba,Mg}与[O]、[S]的均质或[Ca,Ba,Mg]与[O]、[S]的非均质反应。

2）Ca、Ba、Mg 元素在高温下生成{Ca,Ba,Mg}(g)或各自气泡,在上升和扩散过程中与液态金属接触时能积极地与钢中杂质[O]、[S]作用,使金属精炼。本阶段是关键阶段,这种气-液反应速度的快慢及完全程度,与气泡上升和扩散速度有关。

3）脱氧、脱硫后形成的氧硫化物、硅铝酸盐的大型夹杂物,具有好的动力学条件,易于上浮和排除。Ca、Ba、Mg 转变为气相{Ca,Ba,Mg}(g)使金属液沸腾更有利于除气及金属夹杂物的凝聚和排除。

所以,脱氧合金的发展也是随着钢铁工业对产品的要求的提高而不断地优化,表 6-4 是冶炼洁净钢专家推荐使用的高效复合净化剂合金成分。

表 6-4　冶炼洁净钢使用的高效复合净化剂合金成分

产品名称	Si/%	Ca/%	Ba/%	Mg/%	Mn/%	Al/%	Fe/%	其他/%	功　能
Ca-Al	≤0.6	24～28				70～75	余	Ti≤0.7	高温合金脱氧脱硫剂
Ca-Al-Fe		20				25～30	余		
Ba-Al-Fe			20			25～30	余		钢水夹杂物变性净化剂
Ba-Al	≤1.0		24～28			70～75	余		高温合金脱氧脱硫剂
Ca-Ba-Al-Fe		12～16	12～16			25～30	余		钢水脱氧、脱硫剂
Mg-Al				30		70	余		高温合金脱氧、脱硫剂
Mg-Al-Fe				20		30～40	余		
Mg-Mn-Al	≤1.0			5～8	30～35	30～35	余		钢水脱氧、脱硫剂、夹杂物变性剂
Si-Ca-RE	55	10～15				≤1.0	余	RE=25～30	脱氧、脱硫变性剂
Si-Ca-RE	46～54	15～21				≤1.0	余	RE=20	脱氧、脱硫变性剂
Si-Ca-Ba	40～50	22～25	5～10			≤1.0	余	高钙低硅	脱氧、脱硫变性剂
Si-Ca-Ba-Mg	40～50	10～13	10～12	5～8		≤2.0	余		钢水夹杂物变性脱硫净化剂
Si-Ca-Ba-Mg	35～45	10～12	10～12	15～18		≤2.0	余		铁水脱硫剂
Si-Ca-Ba-Mg-Al	40～50	10～15	7～12	5～8		15～25	余		钢水脱氧、脱硫剂
Si-Ca-Ba-Mg-Al	40～50	10～13	9～12	5～8		19～22	余		钢水脱氧、脱硫剂
Si-Ca-Ba-Mg-Sr	40～50						余	Sr=4～6	钢水夹杂物变性、脱硫净化剂
Si-Ca-Ba-Mg-Sr-Al	35～45	10～12	9～11	5～8		19～22	余	Sr=4～6	钢水深脱氧、脱硫、夹杂物变性剂
Si-Ca-Ba-Mg-RE	35～45	9～13	8～12	5±			余	RE=7～10	钢水深脱氧、脱硫、夹杂物变性剂

6.5.3　含钡合金的复合脱氧

6.5.3.1　含钡合金复合脱氧的特点

含钡合金加入到钢液中时,由于钡在钢液中的溶解度极低,只在初期生成极少量的 BaO。脱氧剂中的各脱氧元素均参与脱氧反应,首先生成各自的脱氧产物,再聚集、长大,生成复合脱氧产物。由于钡的原子量大,生成的脱氧产物半径较大,与其他脱氧产物碰撞、长大形成复合脱氧产物的几率较高,同时其复合脱氧产物的半径也较大。由动力学可知,夹杂物上浮速度与夹杂物的半径成正比,因而,含钡合金的脱氧产物上浮速度较快,冶炼终点的夹杂物数量必然减少,这一点实验室的结果已经得到了证实。由于钡的加入能够降低钙的蒸气压,使钙在钢液中的溶解度上升,从而提高了钙的脱氧和球化夹杂物的能力。因此,含钡、钙的合金具有较高的脱氧和夹杂物变质作用。

6.5.3.2 使用含钡合金脱氧的效果

使用复合的含钡合金脱氧,可以收到以下的效果:

(1) 含钡复合合金脱氧剂用于钢液脱氧,可获得较低的氧含量,其脱氧产物易于上浮且速度很快,钢中夹杂物的形态发生改变而呈球形,而且均匀分布于钢中。

(2) 使用含钡合金脱氧时,全氧平衡时间缩短,采用 SiAlBaCa 脱氧时,其夹杂物聚集、长大和上浮的速度要快于用铝脱氧,能够较快地使夹杂物数量达到较低的水平。

从夹杂物形貌、组成来看,在采用 SiAlBaCa 脱氧试验中,夹杂物组成主要是 CaO 和 Al_2O_3 的复合夹杂物,其中含有极少量的硫化物夹杂物,而且在夹杂物中没有发现 BaO 的存在。夹杂物基本接近球形,说明含钡合金脱氧对夹杂物的球化作用比较明显。

6.5.3.3 含钡合金复合脱氧的化学反应

A 使用硅钡合金复合脱氧的反应

硅钡复合脱氧反应可表示为:

$$[Ba] + [Si] + 3[O] \Longrightarrow BaO \cdot SiO_2 \qquad \lg K = 50584/T - 17.665$$

$$2[Ba] + [Si] + 4[O] \Longrightarrow 2BaO \cdot SiO_2 \qquad \lg K = 74962/T - 25.98$$

1873K 时,对硅钡复合脱氧生成上述产物时的氧与脱氧元素的关系分别进行推导,得出如下关系式:

$$\lg N_O = -\frac{1}{3}\lg N_{Si} - \frac{1}{3}\lg N_{Ba} - 5.93$$

$$\lg N_O = -\frac{1}{4}\lg N_{Si} - \frac{1}{2}\lg N_{Ba} - 6.58$$

B 使用铝钡合金复合脱氧的反应

使用铝钡进行复合脱氧,其反应可表示如下:

$$2[Al] + [Ba] + 4[O] \Longrightarrow BaO \cdot Al_2O_3 \qquad \lg K = 82713/T - 25.09$$

$$12[Al] + [Ba] + 19[O] \Longrightarrow BaO \cdot 6Al_2O_3 \qquad \lg K = 390394/T - 120.354$$

$$2[Al] + 3[Ba] + 6[O] \Longrightarrow 3BaO \cdot Al_2O_3 \qquad \lg K = 11529/T - 35.52$$

1873K 时,对铝钡复合脱氧生成上述产物时的氧与脱氧元素的关系进行推导,得出如下关系式:

$$\lg N_O = -\frac{1}{2}\lg N_{Al} - \frac{1}{4}\lg N_{Ba} - 7.43$$

$$\lg N_O = -\frac{12}{19}\lg N_{Al} - \frac{1}{19}\lg N_{Ba} - 7.27$$

$$\lg N_O = -\frac{1}{3}\lg N_{Al} - \frac{1}{2}\lg N_{Ba} - 7.54$$

理论和实践表明,钡含量较高的情况下,钡直接参与脱氧,铝不起作用,只有钡含量降到一个很小的数值时,铝才能起到脱氧作用,而在实际生产中,钡在钢中溶解度很难达到理想的脱氧浓度。

6.5.3.4 含钡合金脱氧脱硫的机理

脱氧剂的脱氧效果既与它的脱氧能力有关,又与其脱氧产物的排除能力有关。脱氧产物的类型越多,就越易复合成较大颗粒的低熔点化合物而排除。钡合金加入钢液中,硅、铝优先溶解,使钢液中钡的溶解度提高,即提高了钡的利用率。反应生成的 BaO、BaS 很容易与 SiO_2、Al_2O_3、$2BaO \cdot SiO$、$BaO \cdot Al_2O_3$、$2BaO \cdot FeO \cdot 2SiO_2$ 等化合物结合生成复合脱氧产物,使原子量较大的钡也能从钢液中排除。钡元素和硅钡铝合金脱氧、脱硫机理示意图见图 6-18 和图 6-19。

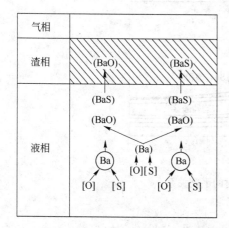

图 6-18 钡元素脱氧脱硫的反应示意图

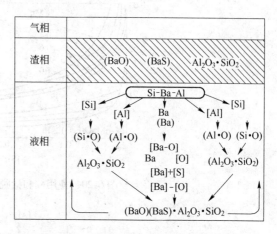

图 6-19 硅铝钡合金脱氧脱硫的示意图

6.5.4 硅锰合金的复合脱氧

用硅锰合金脱氧时,将同时发生下列脱氧反应:

$$[Mn] + [O] = (MnO) \qquad [O] = \frac{(MnO)\gamma_{MnO}}{f_{Mn}[Mn]K_{Mn}^{\ominus}} \qquad (6-28)$$

$$[Si] + 2[O] = (SiO_2) \qquad [O] = \left[\frac{(SiO_2)\gamma_{SiO_2}}{f_{Si}[Si]K_{Si}^{\ominus}} \right]^{1/2} \qquad (6-29)$$

同时,钢液中还出现下列耦合反应:

$$[Si] + 2(MnO) = (SiO_2) + 2[Mn] \qquad (6-30)$$

及 $$2(MnO) + (SiO_2) = (2MnO \cdot SiO_2) \qquad (6-31)$$

即两种脱氧元素同时参加脱氧,耦合形成的产物则结合成复杂的化合物 $2MnO \cdot SiO_2$ 或 $MnO \cdot SiO_2$,与脱氧元素的平衡浓度有关,因而使它们分别脱氧形成的产物的活度及平衡[O]降低。其次,它们的脱氧产物形成了低熔点的复杂化合物,又使脱氧产物易于聚合及排除。由于 Si 的脱氧能力比 Mn 的脱氧能力强,故强脱氧元素又能从弱脱氧元素形成的脱氧产物中夺取氧,而使之分解,出现了反应式(6-30)。钢液中与[O]平衡的弱脱氧元素[Mn]的浓度比与此[O]平衡的强脱氧元素[Si]的浓度高得多。因此,[Mn]仅能控制反应式(6-28)的[O],而[Si]则控制了整个钢液的氧浓度,它比硅单独脱氧时的低(由于 a_{SiO_2} 降低了),所以弱脱氧剂能提高强脱氧剂的脱氧能力。

脱氧达到平衡时,反应式(6-28)、式(6-29)、式(6-30)同时达到平衡,而各反应的平衡[O]是相同的。因此,可由反应式(6-28)来计算复合脱氧时钢液的平衡[O],即:

$$[O] = \frac{(MnO)\gamma_{MnO}}{f_{Mn}[Mn]K_{Mn}^{\ominus}} \qquad (6-32)$$

式中,γ_{MnO}和脱氧产物渣系的组成或性质有关。

当形成的脱氧产物是为SiO_2饱和的酸性渣系($FeO\text{-}MnO\text{-}SiO_{2(饱)}$)时,脱氧产物的状态(固态或液态)与脱氧后钢液中[Mn]/[Si]比有关。保持[Mn]/[Si]≥4,可获得液态的产物。使用硅和锰脱氧时的平衡关系见图6-20,使用硅锰脱氧对钢液中铝氧平衡的关系见图6-21。

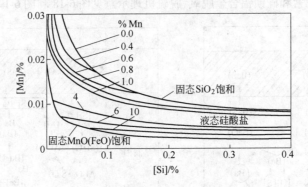

图 6-20   使用硅和锰脱氧时的平衡关系

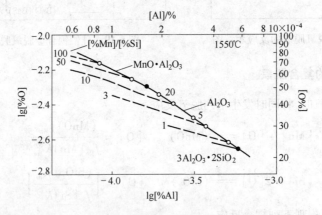

图 6-21   使用硅锰脱氧对钢液中铝氧平衡的关系([%Mn] + [%Si] = 1)

6.5.5   其他常见复合脱氧剂

常见复合脱氧剂除上述的硅锰复合脱氧剂外,还有下列种类:

(1) ASM 合金。它是 Si-Mn-Al 的复合脱氧剂,成分为 Al≈5%、Si≈5%、Mn≈10%,其余为 Fe,它的脱氧产物为液体铝酸盐,如 $3MnO·Al_2O_3·3SiO_2$。1600℃ 时锰对铝脱氧能力的影响见图6-22。

(2) Si-Ca 合金。其成分为 Si = 55% ~ 65%、Ca = 24% ~ 31%、C = 0.8%,它是 $CaSi_2$、FeSi 及自由 Si 的共熔物,熔点为 970 ~ 1000℃,密度为 2500 ~ 2800kg/m³。它的脱氧产物是硅酸钙($2CaO·SiO_2$),

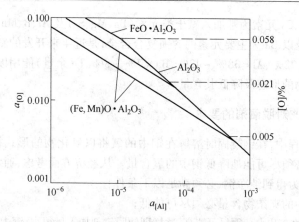

图 6-22　1600℃时锰对铝脱氧能力的影响

但常在铝脱氧后加入,能生成液态的铝酸钙 $C_{12}A_7$,提高 Al 的脱氧能力及改变 Al_2O_3 夹杂物的形态。

脱氧反应可表示为:

$$[Si] + 2[Ca] + 4[O] = (2CaO \cdot SiO_2)$$

$$\lg K^{\ominus} = \lg \frac{1}{[Si]f_{Si}p_{Ca}^2[O]^4} = \frac{34680}{T} - 10.035$$

p_{Ca} 和温度有关:

$$\lg p'_{Ca} = 11.204 - \frac{8.819}{T} - 1.0216\lg T$$

硅不仅能提高钙的脱氧能力,还能降低钙的蒸气压,减小钙的挥发损失。

(3) Si-Al 合金。它的脱氧产物是 $FeO \cdot SiO_2 \cdot Al_2O_3$ 系,在此三元相图中出现了两个熔化温度分别为1205℃及1083℃的共晶体,而在靠近此相图的 FeO 组成角的大部分组成,是低于钢液温度的氧化物熔体。当(Al_2O_3) <55% 时,产物是玻璃态,而高于此,则主要是 Al_2O_3(刚玉),这是由于加入了较多 Si-Al 的合金造成的,会使钢液的流动性变坏,也易使连铸水口堵塞。钢中铝含量对析出物的组成影响见图6-23。

(4) Ca-Al 合金(或 Al + CaO)。它是 $CaAl_2$、$CaAl$、$CaAl_3$ 组成的熔体,脱氧时能形成液态球形 $C_{12}A_7$($12CaO \cdot 7Al_2O_3$)产物,改变残存脱氧产物的形态,并降低其含量。钢中钙含量和铝含量对脱氧析出物的组成影响见图6-24。

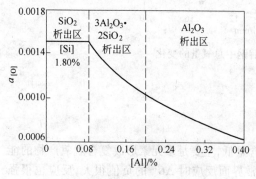

图 6-23　钢中铝含量对析出物的组成影响

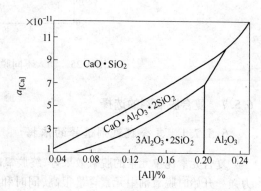

图 6-24　钢中钙含量和铝含量对脱氧
析出物的组成影响

（5）其他。以 Si、Ca 元素为基加入碱土类元素（Ba、Mg、Sr）及 Al、B、Mn、W、RE 等元素的三、四硅系复合合金，以及以 Ba 为主要元素的含钡复合合金，是近年来开发的新脱氧剂。例如，硅铝钡铁合金（Si = 18% ~ 22%、Al = 38% ~ 42%、Ba = 7% ~ 8%、Fe 余量）能用以代替铝硅合金，节约铝的用量，改善夹杂物的形态及降低其含量。

6.5.6　钢液脱氧工艺对脱氧剂的要求

目前转炉炼钢过程中，在钢凝固时溶解在钢中的氧将以氧化物的形式析出。为减少有害夹杂物的数量，浇铸前必须尽可能地降低钢中的氧含量。从经济方面考虑，通常采用与氧亲和力强的脱氧剂进行脱氧。为得到纯净钢，必须满足以下条件：

（1）脱氧时，钢中的夹杂物含量必须尽可能低；

（2）脱氧剂与氧的亲和力必须尽可能高，这样即使脱氧剂加入量很小，钢中的残余氧含量也很少；

（3）脱氧产物必须易于快速从钢水中去除；

（4）脱氧后，必须防止钢水进一步氧化。

当采用锰、硅脱氧剂脱氧时（钢中锰和硅含量约为 0.5% 和 0.3%），1600℃时，钢水中仍残留一部分溶解氧与脱氧产物。在随后的冷却、凝固过程中，形成的氧化物只有一部分能被去除。因此优质钢采用锰、硅脱氧剂脱氧时，即使最初形成的所有氧化物都被彻底去除，到钢水完全凝固时，钢中仍残留有 0.016% 的夹杂物。而加入 0.03% 铝时，夹杂物含量可降至 0.006%。加入不同脱氧剂后钢中总氧量的变化见图 6-25。

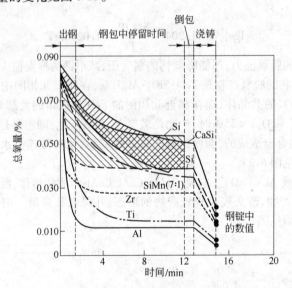

图 6-25　加入不同脱氧剂后钢中总氧量的变化

6.5.7　复合脱氧剂的选择

6.5.7.1　复合脱氧剂选择的依据

复合元素比单元素的脱氧效果好，终脱氧时氧含量低，主要是多元素形成复合脱氧产物的能力强。开始时脱氧剂中元素含量很高，同时和氧正常界面反应时 $\Delta G^{\ominus}$ 的负值很大，反应也很强烈。随着时间的延长，元素逐渐溶解到钢液中均匀为止，此时脱氧元素和氧反应的能力最低，如果再降低氧只能依靠降低外界渣料中的活度调整元素脱氧的效果。脱氧剂和溶解氧接触的界面是最激烈的脱氧界面,可用反应通式:$x/zE_1 + y/zE_2 + [O] = 1/z(xE_1yE_2zO)$ 表述,反应中的 $\Delta G^{\ominus}$ 负值越大,表明复合脱氧的能力越强。

6.5.7.2 复合脱氧元素的最佳组合成分的选择依据

选择复合脱氧剂的原则主要有以下几个方面:

(1) 单位数量脱氧元素脱氧的量要合适。陈家祥教授收集部分的复合氧化物反应的自由能和铁液中溶解氧的反应,将计算的结果分成两组,一组为含 Si 的脱氧剂和氧反应时的标准自由能与温度的关系,一组为含 Al 的脱氧剂和氧反应时的标准自由能与温度的关系。将收集和计算得到的 Al、Si 和溶解氧反应的自由能、熔点及密度列于表 6-5 和表 6-6。表中有些复杂氧化物的熔点是从氧化物相图中查得的,而表中的数据 $\Delta G^{\ominus}$ 和 T 的关系见图 6-26、图 6-27。

表 6-5 含 SiO_2 的复杂脱氧生成物和相关反应的标准自由能与温度的关系

序号	反 应 式	$\Delta G^{\ominus} - T$ 关系式	$\Delta G^{\ominus}/kJ\cdot mol^{-1}([O])$		生成物的熔点/℃	密度(20℃)/g·cm^{-3}
			1800K	2000K		
1	$1/2Mn(1) + 1/4Si(1) + [O] = 1/4(2MnO\cdot SiO_2)$	$-336464 + 100.67T$	-155.26	-135.12	1468	3.91~4.12
2	$1/2Si(1) + [O] = 1/2SiO_2$	$-355975 + 101.71T$	-172.9	152.55	1713	2.32s
3	$6/13Al(1) + 2/13Si(1) + [O] = 1/13(Al_2O_3\cdot 2SiO_2)$	$-418804 + 108.22T$	-224	-202.3	>1850	3.16
4	$1/3Mg(1) + 1/3Si(1) + [O] = 1/3(MgO\cdot SiO_2)$	$-415545.3 + 104.09T$	-228.1	-207	1640	3.21
5	$1/2Mg(1) + 1/4Si(1) + [O] = 1/4(2MgO\cdot SiO_2)$	$-441458 + 111.97T$	-240	-217	1898	3.22
6	$2/3Al(1) + [O] = 1/3Al_2O_3$	$-446245 + 112.29T$	-244.1	-221.9	2050	3.50
7	$Ba(1) + [O] = BaO$	$-445980 + 107.77T$	-252	-230.4	1923	3.72
8	$2/5Al(1) + 1/5Si(1) + [O] = 1/5(Al_2O_3\cdot SiO_2)$	$-449743 + 109.143T$	-253.3	-231.5	1800	3.1~3.25
9	$1/3Sr(1) + 1/3Si(1) + [O] = 1/3(SrO\cdot SiO_2)$	$-439826 + 102.839T$	-254.1	-234.15	1580	
10	$1/3Ca(1) + 1/3Si(1) + [O] = 1/3(CaO\cdot SiO_2)$	$-505368 + 135.15T$	-262.1	-235.1	1548	2.91
11	$3/7Ca(1) + 2/7Si(1) + [O] = 1/7(3CaO\cdot 2SiO_2)$	$-524.887 + 143.47T$	-266.6	-238	1700	3.15~3.224
12	$1/3Ba(1) + 1/3Si(1) + [O] = 1/3(BaO\cdot SiO_2)$	$-435783 + 92.63T$	-269	-250.4	1600	
13	$1/2Ca(1) + 1/4Si(1) + [O] = 1/4(2CaO\cdot SiO_2)$	$-539656 + 143.685T$	-281	-252.3	2130	3.28
14	$1/2Ba(1) + 1/4Si(1) + [O] = 1/4(2BaO\cdot SiO_2)$	$-466028 + 103.27T$	-280.1	-260	1830	
15	$1/2Sr(1) + 1/4Si(1) + [O] = 1/4(2SrO\cdot SiO_2)$	$-469971 + 103.358T$	-284	-262.3	1880	
16	$Mg(1) + [O] = MgO(s)$	$-493109 + 114.466T$	-287.1	-264.2	2730	3.58
17	$Sr(1) + [O] = SrO$	$-476860 + 103.24T$	-291.0	-270.4	2490	4.7
18	$Ca(g) + [O] = CaO$	$-676405 + 198.95T$	-318.3	-278	2570	3.32
19	$Ca(1) + [O] = CaO$	$-525680 + 113.99T$	-320.5	-297.7	2570	3.32

表 6-6　含 Al₂O₃ 的复杂脱氧生成物和相关反应的标准自由能与温度的关系

| 序号 | 反　应　式 | $\Delta G^{\ominus} - T$ 关系式 | $\Delta G^{\ominus}/\text{kJ}\cdot\text{mol}^{-1}([O])$ | | 生成物的熔点/℃ | 密度(20℃)/g·cm⁻³ |
			1800K	2000K		
20	$1/8\text{Ca}(g) + 1/4\text{Al}(1) + 1/4\text{Si}(1)$ $[O] = 1/8(\text{CaO}\cdot\text{Al}_2\text{O}_3\cdot2\text{SiO}_2)$	$-429295 + 117.463T$	-217.9	-194.3	1558	
21	$6/13\text{Al}(1) + 2/13\text{Si}(1) + [O] =$ $1/13(3\text{Al}_2\text{O}_3\cdot2\text{SiO}_2)$	$-418840 + 108.22T$	-224	-202.3	>1850	3.16
22	$2/3\text{Al}(1) + [O] = 1/3\text{Al}_2\text{O}_3$	$-446245 + 112.79T$	-244.1	-221.9	2050	
23	$1/4\text{Ba}(1) + 1/2[\text{Al}](1) + [O] =$ $1/4(\text{BaO}\cdot\text{Al}_2\text{O}_3)$	$-447265 + 109.51T$	-250.1	-228.2	1815	
24	$1/19\text{Ca}(1) + 12/19\text{Al}(1) + [O] =$ $1/19(\text{CaO}\cdot6\text{Al}_2\text{O}_3)$	$-458931 + 114.72T$	-252.4	-229.5	1600	3.38
25	$2/9\text{Ca} + 1/9\text{Ba}(1) + 1/3\text{Si}(1) +$ $[O] = 1/9(2\text{CaO}\cdot\text{BaO}\cdot2\text{SiO}_2)$	$-428173 + 123.98T$	-259	-234.2	1340	
26	$2/5\text{Al}(1) + 1/5\text{Si}(1) + [O] =$ $1/5(\text{Al}_2\text{O}_3\cdot\text{SiO}_2)$	$-449743 + 109.143T$	-253.3	-231.5	1840	3.1~3.2
27	$1/4\text{Mg}(1) + 1/2\text{Al}(1) + [O] =$ $1/4(\text{MgO}\cdot\text{Al}_2\text{O}_3)$	$-466858 + 113.71T$	-262.2	-239.0	<2135	3.58
28	$1/7\text{Ca}(1) + 4/7\text{Al}(1) + [O] =$ $1/7(\text{CaO}\cdot2\text{Al}_2\text{O}_3)$	$-480728 + 120.61T$	-265.6	-239.5	2055	2.91
29	$1/4\text{Ca}(1) + 1/2\text{Al}(1) + [O] =$ $1/4(\text{CaO}\cdot\text{Al}_2\text{O}_3)$	$-507272 + 129.02T$	-275	-249.2	1600	2.98
30	$1/4\text{Sr}(1) + 1/2\text{Al}(1) + [O] =$ $1/4(\text{SrO}\cdot\text{Al}_2\text{O}_3)$	$-471692 + 109T$	-275	-253.7	1790	
31	$1/2\text{Ca}(1) + 1/3\text{Al}(1) + [O] =$ $1/6(3\text{CaO}\cdot\text{Al}_2\text{O}_3)$	$-560667 + 650.01T$	-290.6	-260.647	1539~1660	3.04
32	$1/2\text{Ba}(1) + 1/3\text{Al}(1) + [O] =$ $1/6(3\text{BaO}\cdot\text{Al}_2\text{O}_3)$	$-481491 + 106.89T$	-289.1	-267.7	1625	
33	$12/33\text{Ca}(1) + 14/33\text{Al}(1) +$ $[O] = 1/33(12\text{CaO}\cdot7\text{Al}_2\text{O}_3)$	$-425658 + 75.59T$	-289.6	-274.5	1390~1420	2.83

注:1. Ca(1)可以在大于 1774K(沸点)应用,在压力大于 0.1MPa 的钢液中以液态存在;
　　2. Mg(1)为在炼钢温度下 Mg 在大于 0.1MPa 的钢液中存在时的状态。

从表 6-5、表 6-6 和图 6-26、图 6-27 中可以看出,复合脱氧剂的最佳元素组合为 Ca、Al,它们间的相互作用可使脱氧能力有更大的提高。在炼钢温度范围内,$\Delta G^{\ominus}$ 值达到了 $-289.6 \sim -274.5$ kJ/mol,远比其他元素的组合脱氧能力更强。虽然 Ba、Al 的复合脱氧反应生成了 3BaO·Al₂O₃,接近生成 12CaO·7Al₂O₃ 反应的 $\Delta G^{\ominus}$(见表 6-6),但 Ba 的消耗量远大于 Ca 的消耗量,即 1个 Al₂O₃ 结合 12/7CaO(约 1.714CaO),1 个 Al₂O₃ 结合 3 个 BaO,消耗比为 $(3 \times 137.33)/(1.714 \times 40) \approx 6$ 倍,可见 Ba 的质量消耗为 Ca 的 6 倍才能接近 Ca 的脱氧反应效果时,减少了 Al 在钢液中的溶解量——消耗量。同时,Al 也减少了强脱氧元素 Ca 的脱氧消耗和 Ca 的挥发损失,避免了二次氧化产生 Al₂O₃ 夹杂物而堵水口的现象。因此,脱氧剂中应以 Ca、Al 元素为主。

(2)复合脱氧剂的熔点要低。选择熔点低的脱氧产物组成,发挥易碰撞长大上浮去除的效果,不仅钢中残存的夹杂物少,而且避免了产生固态脱氧生成物(Al₂O₃)高、残存铝含量高的缺点,

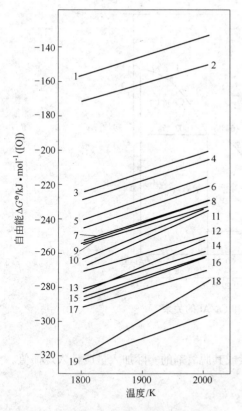

图 6-26　含有 SiO_2 的复杂脱氧生成物与相
关反应之间的标准自由能与温度的关系

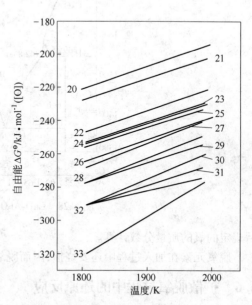

图 6-27　含有 Al_2O_3 的复杂脱氧产物与相关
反应的标准自由能和温度的关系

减少二次氧化产生 Al_2O_3，堵塞水口的现象。从复合脱氧产物的熔点(见表6-5、表6-6)可以看出，$12CaO \cdot 7Al_2O_3$ 产物的熔点最低，脱氧反应的 $\Delta G^{\ominus}$ 负值很大，所以应选择钙、铝为主要组成成分的复合脱氧剂。

(3)采用钙处理的脱氧合金，$mCaO \cdot nAlO$ 中 Ca/Al 的当量比值在 1.10(Al_2O_3 55%，CaO 45%)~1.65(Al_2O_3 45%，CaO 55%)时，其熔点都在 1490℃ 以下。而比值在 1.27 时产生的脱氧产物熔点约为 1360℃(有的相图中数据为 1392~1420℃)，故选择复合脱氧剂中 Ca/Al 以 1.27 为宜。具体数据见图6-28。

6.5.8　脱氧剂用量计算

脱氧时，加入的脱氧剂元素 M 是使钢液中的初始 $[O]^0$ 降低到规定的 $[O]$，及与钢液中规定的 $[O]$ 平衡的 $[M]$，或满足于钢中规定的 $[M]$ 所需的量之和，即：

$$xM_M\left(\frac{[O]^0 - [O]}{16y}\right) + [M]$$

式中，$[O]^0$、$[O]$ 分别为钢液中初始氧及规定的最后氧或与 $[M]$ 平衡的氧的质量分数，%；$([O]^0 - [O])/16$ 为 100kg 钢液中被元素 M 脱除的氧的物质的量，mol；$\dfrac{xM_M}{y}$ 为与 1mol 氧(16kg)形成氧化物 M_xO_y 的脱氧元素(M)的摩尔质量，kg/mol，由脱氧反应式的化学计量关系计算；$[M]$ 为钢中要求的脱氧元素 M 的质量分数，或与钢液中规定的氧平衡的 $[M]$，由脱氧常数及钢液最

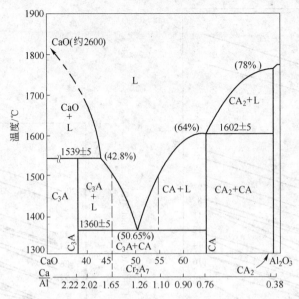

图 6-28　CaO-Al$_2$O$_3$ 相图和 Ca/Al 的关系

后规定的氧的质量分数计算。

脱氧元素在加入过程中还要烧损,因而脱氧元素或其脱氧剂的实际加入量应计入烧损值。

6.6　扩散脱氧过程中的还原反应

扩散脱氧是利用熔渣使钢液脱氧,脱氧反应发生在钢液-熔渣界面上。

如向熔渣内加入强脱氧剂(硅铁粉、炭粉、电石粉或铝粉、CaC$_2$等)使渣中保持很低的(FeO)浓度,而钢液中的[O]高于与熔渣平衡的[O],即[O]$>a_{FeO}L_0$时,钢液的氧经过钢-渣界面向熔渣内扩散,而使[O]不断降低,直至达到[O]$=a_{FeO}L_0$的平衡状态。

扩散脱氧可在能形成还原气氛的转炉内进行,渣中的FeO才易于保持在很低的值。由于脱氧剂加在渣层内,脱氧反应在渣钢界面进行,脱氧产物不进入钢液中,就不会污染钢液,因而在原则上说是冶炼优质钢较好的脱氧方法。同时在利用高碱度及FeO量很低的炉渣时,还能深度脱硫。

但是,在一般转炉内进行扩散脱氧有某些重大缺点:由于钢液-熔渣的比表面小及熔池的搅拌作用弱,钢液中氧的扩散缓慢,脱氧过程的速率很低,而且炉衬受到高温炉渣的侵蚀严重。由于这些原因,扩散脱氧仅在钢包内用(FeO)很低的合成渣处理钢液时,才有较大的效果。

扩散脱氧过程中,随着渣中氧化铁含量的降低,一些金属氧化物会被还原成为单质金属进入钢液,这一点在转炉的成分控制过程中十分的重要,掌握它们的还原反应的特点,可以优化工艺路线和操作方法。

6.6.1　SiO$_2$的还原

从离子理论的角度出发,在弱的还原剂作用下,转炉炼钢的条件下 SiO$_2$ 被还原的可能性不大,只有在被铝或钛等强还原剂的作用下才能被还原进入钢液,最为典型的是冶炼低硅铝镇静钢的时候,渣中的 SiO$_2$ 会被铝还原成为硅进入钢液。反应可以简单地表示为:

$$3(SiO_2)+4Al \Longrightarrow 3[Si]+2Al_2O_3 \tag{6-33}$$

在冶炼含有较高钛元素的成分控制过程中,冶炼中也会有钢液硅含量增加的现象,这种现象

的发生,包含有以下几方面因素:

(1)合金化的钛铁中含有一定的硅,在合金化过程中使得钢液增加硅。

(2)加入钛铁的成分中,含有一定量的铝,发生反应式(6-33)所示的还原反应。

(3)也有部分渣中的 SiO_2 被钛元素还原。实际上,钛的还原性远没有铝的强,被还原的量较少。反应可以表示为:

$$(SiO_2) + Ti \Longrightarrow [Si] + (TiO_2) \tag{6-34}$$

所以,冶炼含钛元素的钢种要充分地考虑各个合金元素的相互影响,给合金的调整留有余地。

一般来说,还原反应都是吸热反应,所以高温条件下进行的可能性比低温条件下更大。此外,被还原金属和非金属氧化物的量还与渣子的组分有关。

6.6.2 MnO 的还原

渣子中的 MnO 在炉渣中氧化铁降低到一定的程度以后,就会被活性顺序在它之前的金属元素和非金属元素还原,MnO 被还原的温度比氧化铁高,反应式可以表示为:

$$2(MnO) + Si \Longrightarrow 2[Mn] + (SiO_2)$$
$$2(MnO) + C \Longrightarrow 2[Mn] + 2\{CO\}$$
$$3(MnO) + 2Al \Longrightarrow 3[Mn] + (Al_2O_3)$$

转炉出钢下渣和带渣也会造成这种现象的发生。

6.6.3 不同脱氧剂对相互之间的还原影响

在冶炼含有多种合金的钢种,一些合金化元素在转炉出钢过程中加入,有一些被氧化进入顶渣,还有一些造渣的渣料中的氧化物,在钢水炉外精炼过程中,会被活性顺序在它之前的金属元素或者非金属元素还原,如钒的氧化物。在一些钢厂,为了降低成本,将钒渣球加入造渣,然后还原顶渣,使钒被还原进入钢液,以减少和替代部分的钒铁。此外,在一定的条件下,一些金属氧化物也能够被活性顺序在它之后的金属元素还原,这也需要引起足够的重视。如顶渣中的氧化铝就是一个典型的例子,这一点在后面有介绍。

6.7 钢液的真空脱氧

6.7.1 钢液真空脱氧的特点

在转炉钢水的炉外精炼过程中,VD 和 RH 属于真空精炼手段,与常规的精炼方法 CAS-OB 和 LF 相比,最大的特点就是真空条件下脱氧的热力学条件不同,脱氧的工艺有着质的不同,并且真空条件下,钢液的脱氢、脱氮动力学条件优于常规精炼方法,能够实现钢液的脱氢、脱氮,这是真空精炼方法和常规精炼方法最明显的区别。

在常规的精炼方法中,脱氧主要是依靠铝、硅、锰等与氧亲和力较铁大的元素来完成。这些元素与氧反应的结合能力比碳元素强,它们与溶解在钢液中的氧作用,生成不溶于钢液的脱氧产物,由于它们的浮出而使钢中氧含量降低。这些脱氧反应几乎全部是放热反应,所以在钢液的冷却和结晶过程中,脱氧反应的平衡向继续生成脱氧产物的方向移动,此时形成的脱氧产物不容易从钢液中排除,而以夹杂物的形式留在钢中。因此,常规脱氧方法不能够获得脱氧较为充分的纯净钢。使用这些常规的脱氧元素进行脱氧,其反应都属于凝聚相的反应,即使降低系统的压力,也不能直接影响脱氧反应平衡的移动。

由化学反应平衡移动的原理可知:在一定温度下,降低气相的压力自然会降低[%C][%O]的浓度积,也就是说,随着真空度的提高,碳的脱氧能力随[%C][%O]的浓度积数值的降低而增加。在1600℃的一氧化碳气氛下[%C][%O]在0.0020~0.0025之间,而在133Pa的真空气氛下,此浓度积的数值在0.00002~0.00008之间,即在真空下碳的脱氧能力几乎增加了100倍。很多研究资料表明:真空条件下,碳的脱氧能力很强。当真空度为10^4Pa时,碳的脱氧能力超过了硅的脱氧能力;当真空度为10^2Pa时,碳的脱氧能力超过了铝的脱氧能力。

真空精炼工艺中的碳脱氧就是利用降低脱氧产物的分压来实现的,其特点是脱氧产物CO不留在钢液中,不污染钢液,而且CO上浮过程中还会把钢中的氢、氮和非金属夹杂物带到炉渣中,使钢的洁净度提高,优越性更明显。

6.7.2　碳脱氧的热力学和动力学

6.7.2.1　碳脱氧的热力学

在真空条件下,碳脱氧的反应可以表示为:

$$K_C = \frac{p_{CO}}{a_C a_O} = \frac{p_{CO}}{f_C[C\%]f_O[O\%]}$$

$$[C] + [O] \longrightarrow CO\uparrow \tag{6-35}$$

计算式(6-35)的平衡常数时,钢液中碳和氧的活度系数,可由表6-7的相关数据,根据钢液的组分计算得出。

表6-7　j 组元对氧和碳活度的相互作用系数

j	C	Si	Mn	P	S	Al	Cr	Ni	V
e_O^j	-0.45	-0.131	-0.021	0.07	-0.133	-3.9	-0.04	0.006	-0.3
e_C^j	0.14	0.08	-0.012	0.051	0.046	0.043	-0.024	0.012	-0.077

j	Mo	W	N	H	O	Ti	Ca	B	
e_O^j	0.0035	-0.0085	0.057	-3.1	-0.20	-0.6	-271	-2.6	
e_C^j	-0.0083	-0.0056	0.11	0.67	-0.34	-0.038	-0.097	0.24	

对于碳脱氧反应的平衡常数 K_C 与温度的关系式,在1600℃附近的较窄的温度范围内,不同的研究者得出的 $\lg K_C$ 的数值较为一致,可以表示为:

$$\lg K_C = \frac{1160}{T} + 2.003 \tag{6-36}$$

对Fe-C-O系,碳氧之间的平衡关系可由体系的温度按式(6-36)计算。例如,取 $\lg K_C = 2.654$,则:

$$\lg\left(\frac{p_{CO}}{[O\%][C\%]}\right) = 2.645 - 0.31[C\%] - 0.54[O\%] \tag{6-37}$$

由式(6-37)可以算出不同压力(p_{CO})下,碳的脱氧能力。例如,在1525℃下,与0.1%碳相平衡的氧含量是:

$$p_{CO} = 1atm(1.01325 \times 10^5 Pa) \qquad [O] = 250 \times 10^{-6}$$

$$p_{CO} = 10^{-6}atm(0.1Pa) \qquad [O] = 0.0251 \times 10^{-6}$$

计算结果表明,铁液中平衡的氧含量与一氧化碳的分压几乎成正比例关系,随着真空度的提高,碳脱氧的能力也随之增加。图6-29是不同压力条件下,碳的脱氧能力和其他脱氧元素脱氧能力的比较。

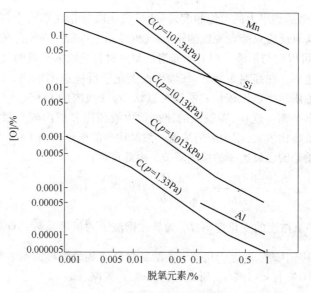

图 6-29　真空下碳的脱氧能力

　　实践过程中,由于实际的碳氧反应不可能达到平衡,加上用碳还原钢中的氧化物夹杂,碳的反应动力学条件较差,炉衬在真空条件下的分解供氧、顶渣向钢液的供氧等原因,生产中碳脱氧的能力远没有达到热力学计算的结果。图 6-30 是铁液中碳的实际脱氧能力与压力的关系。

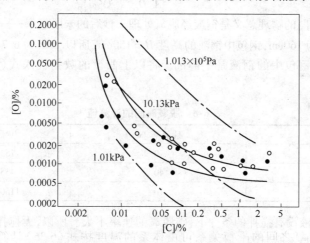

图 6-30　铁液中碳的实际脱氧能力与压力的关系

　　对还含有其他元素的 Fe-C-O 系统,在真空条件下的碳脱氧反应依然能够进行,在计算 f_C 和 f_O 时,需要考虑到其他元素的相互作用系数 e_C^i 和 e_O^i 来计算 f_C 和 f_O。计算结果表明:碳脱氧的能力仍然很强。但是硅、铝、镁、钙、钛等常规脱氧能力较强的元素,将会明显地影响真空条件下碳脱氧反应的进行,这也是真空条件下碳脱氧工艺要求对钢液只进行初步的脱氧,转炉出钢过程中不对钢液进行加铝脱氧等强脱氧剂脱氧的原因。

6.7.2.2　碳脱氧的动力学

碳脱氧的动力学包含以下几方面的内容:

(1) 碳氧反应的步骤。与脱氢和脱氮的条件一样,溶解在钢液中的碳和氧,即使考虑了成分的偏析和起伏,也不会达到很大的过饱和度,而使一氧化碳气相在钢液中自发形核,并长大成气泡从钢液中排出。碳氧反应只能在现成的钢液-气相界面上进行。在实际的炼钢条件下,这种现成的钢液-气相界面可以由与钢液接触的不光滑的耐火材料或吹入钢液的气体来提供。

(2)碳脱氧的速率。在高温条件下,气液界面上化学反应速率很快。同时,CO 气体通过气泡内气体边界层的传质速率也比较快。所以可以认为,气泡内的 CO 气体与气液界面上钢中碳和氧的活度处于化学平衡。这样,碳脱氧的速率就由液相边界层内碳和氧的扩散速率所控制。碳在钢液中的扩散系数比氧大,钢中碳的浓度一般又比氧的浓度高出 $1 \sim 2$ 个数量级,因此,氧在钢液侧界面层的传质是碳脱氧速率的控制环节。由此可得:

$$\frac{d[O\%]}{d\tau} = - \frac{A}{V} \frac{D_0}{\delta}([O\%] - [O\%]_s)$$

式中,$\frac{d[O\%]}{d\tau}$ 为钢中氧浓度的变化速率;D_0 为氧在钢液中的扩散系数;$[O\%]_s$ 为在气液界面上与气相中 CO 分压和钢中碳浓度处于化学平衡的氧含量;δ 为气液界面钢液侧扩散边界层厚度。

由于 $[O\%]_s \ll [O\%]_\tau < [O\%]_0$,所以可将 $[O\%]_s$ 忽略,即:

$$\frac{d[O\%]}{d\tau} = - \frac{A}{V} \frac{D_0}{\delta}[O\%] \tag{6-38}$$

分离变量后积分得:

$$\tau = - 2.303 \frac{V}{A} \frac{\delta}{D_0} \lg \frac{[O\%]_\tau}{[O\%]_0} \tag{6-39}$$

式中,$[O\%]_\tau / [O\%]_0$ 的物理意义是钢液经脱氧处理 τ 秒后的未脱氧率——残氧率。

假设钢包内径为 160cm,钢包中钢液的高度 $H = 150$cm,所以 A/V 为 6.7×10^{-3} cm^{-1},$D_0/\delta = 0.03$cm/s,这相应于钢包中的钢液是平静的。将以上假设的数据代入式(6-39),计算结果列于表6-8。

表 6-8　脱氧时间的计算值

脱氧率/%	残氧率/%	脱氧时间/s
30	70	1550(约26min)
60	40	4550(约76min)
90	10	11500(约200min)

由表可见,在钢液没有搅拌的条件下,碳脱氧的速率不大。所以,无搅拌措施的钢包真空处理中,碳的脱氧作用是不明显的。

在大多数生产条件下,真空下的碳氧反应不会达到平衡,碳的脱氧能力比热力学计算值要低得多,而且脱氧过程为氧的扩散所控制,为了有效地进行真空碳脱氧,在操作中可采取以下措施:

(1)进行真空碳脱氧前尽可能使钢中氧处于容易与碳结合的状态,例如溶解的氧或 Cr_2O_3、MnO 等氧化物。为此,要避免真空处理前用铝、硅等强脱氧剂对钢液脱氧,因为这样将形成难以还原的 Al_2O_3 或 SiO_2 夹杂物,同时还抑制了真空处理时碳氧反应的进行,使真空下碳脱氧的动力学条件变坏。为了充分发挥真空的作用,应使钢液面处于无渣、少渣的状况。当有渣时,还应设法降低炉渣中 FeO、MnO 等易还原氧化物的含量,以避免炉渣向钢液供氧。

(2)为了加速碳脱氧过程,可适当加大吹氩量。

(3)在真空碳脱氧的后期,向钢液中加入适量的铝和硅以控制晶粒、合金化和终脱氧。

(4)为了减少由耐火材料进入钢液中的氧量,耐火材料应选用稳定性较高的材料。

7 炉外精炼过程中钢液的脱硫

钢水的脱硫反应是一个还原反应的过程,可以用以下方程描述:

$$[S] + 2e = S^{2-}$$

生成 S^{2-} 再与适当的金属阳离子结合。Ca^{2+} 与 S^{2-} 的结合最牢固,它可以溶于渣中,也可以钙的化合物形式存在。生成 S^{2-} 的电子多是由 O^{2-} 提供,如果 O^{2-} 是由氧化钙提供,则反应式为:

$$[S] + CaO = CaS + [O]$$

为了使以上反应向右移动,必须把钢液中氧的活度用强氧化剂降下来,反应才会向生成硫化物的方向进行。按照此方式脱硫,必须满足的条件为:必须有还原剂存在,能给出电子;必须有能和硫结合也能生成硫化物的物质,结合后能转入铁以外的新相。如没有脱氧剂将氧从钢水中除去,脱硫反应会被阻碍。所以脱硫操作必须加入脱氧剂,如含有 Si、Mg、Al、C 的合金或者材料。脱硫能力取决于所生成的硫化物的稳定性和所用脱氧剂的还原能力。脱硫实验后的脱硫渣的组成分析表明:氧化钙系、碳化钙系脱硫剂的脱硫渣单独存在的 CaS 较少,CaS 多与 SiO_2 共生;渣中主要矿物为硅酸二钙或硅酸三钙。镁基脱硫剂脱硫产物仍为 CaS,且多 CaO、SiO_2、MgO 共生;Mg 多以 Mn、Fe 的固溶体形式存在;不同组成的镁基脱硫剂脱硫渣中分别存在 $CaO \cdot Al_2O_3$、$2CaO \cdot SiO_2$;这也验证了 Mg、Al 是起脱氧作用的热力学分析结果。热力学分析表明:在氧化钙系、碳化钙系脱硫剂中 Si、C 均参与了脱氧反应,从而促进了脱硫反应的进行。镁基脱硫剂与镁单独脱硫的机理不一样,镁与石灰复合后,Mg 主要起脱氧作用,石灰决定着脱硫反应;热力学上这种反应机理优于镁的单独脱硫反应。Al 与氧化钙复合后的脱硫剂从热力学看对脱硫反应有利,这一过程中 Al 起脱氧作用。

简而言之,转炉钢水炉外精炼过程中的绝大多数的脱硫反应,是通过钢水和钢渣(包括喷粉脱硫过程中形成的渣滴)相互接触反应以后完成的。还有一小部分是通过形成气相硫化物去除的。没有钢渣这一基础,脱硫将很困难。所以,转炉钢水炉外精炼的各种工艺过程中,LF 的工艺能够满足高效率、低成本脱硫的需要。

7.1 脱硫的热力学分析

现已得到公认的,碱性炼钢渣与钢液之间的脱硫反应的离子方程式为:

$$[S] + (O^{2-}) = (S^{2-}) + [O] \qquad \Delta G = 71956 - 38T \quad \text{J/mol} \tag{7-1}$$

$$\lg K = \lg \frac{a_{S^{2-}} \cdot a_{[O]}}{a_{O^{2-}} \cdot a_{[S]}} = \frac{6500}{T} + 2.625 \tag{7-2}$$

式中,$a_{S^{2-}}$,$a_{O^{2-}}$ 分别为渣中硫离子和氧离子的活度;$a_{[S]}$,$a_{[O]}$ 分别为钢液中硫和氧的活度。

由反应式(7-1)看出,炉渣脱硫的条件是渣中存在自由 O^{2-},酸性渣中没有自由 O^{2-},所以酸性渣的脱硫能力很小。减少渣中 FeO 含量可以降低钢中氧含量,有利于脱硫;但同时也减少了渣中自由 O^{2-} 活度,又不利于脱硫。所以,渣中 FeO 是影响脱硫反应平衡移动的关键因素。总体来说,渣中 FeO 是不利于脱硫反应的进行,脱氧过程决定了脱硫的进度。脱氧对脱硫的影响见图 7-1。

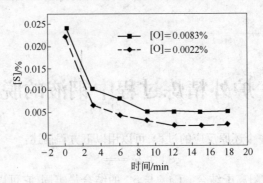

图 7-1　脱氧对脱硫的影响

7.2　脱硫的动力学分析

在炉外精炼操作中,转炉出钢以后钢水硫含量较低,可以认为渣钢间的脱硫反应是影响脱硫操作的限制环节,由此可将脱硫速度表示为:

$$\frac{d[\%S]}{dt} = -k\frac{F}{V}\left([\%S]\right) - \frac{(\%S)}{L_S} \tag{7-3}$$

式中,(%S)为渣中硫含量,%;[%S]为钢中硫含量,%;F为平静时的渣钢界面积,m^2;V为钢水体积,m^3;L_S为t时刻硫在渣钢间的分配系数;k为表观脱硫速度常数,m/s,在气体搅拌的条件下为:

$$k = 500\left(D_S\frac{Q}{F}\right)^{\frac{1}{2}}$$

式中,D_S为钢水中硫的扩散系数,m^2/s;Q为在温度T和压力P下通过界面的实际气体流量,m^3/s。

当反应过程中L_S变化足够小,且忽略进入气相的硫量时,则脱硫率可表示为:

$$\eta_S = \frac{[\%S]_0 - [\%S]_{终}}{[\%S]_0} \tag{7-4}$$

令无因次参数为:

$$\lambda = L_S\frac{w_s}{w} \tag{7-5}$$

λ为渣、钢成分和渣量的函数,它是硫分配系数L_S和吨钢渣量的乘积。并令搅拌条件函数为:

$$B = k\frac{F}{V}t \tag{7-6}$$

由此得:

$$\eta_S = \frac{1 - \exp[-B(1 + 1/\lambda)]}{1 + 1/\lambda} \tag{7-7}$$

由式(7-3)~式(7-7)可以清楚地看出,影响脱硫率的关键因素是炉渣的性质、数量以及搅拌能量(绝大多数情况下可以认为是氩气搅拌钢液的搅拌功)。

在硫含量大于0.010%以上时,脱硫的影响因素是钢液和钢渣的脱氧情况,顶渣和钢液的接触反应面积、温度、顶渣的性质对脱硫的影响较大;而当硫脱除至0.0015%以下后,硫在钢液中传递成为反应的限制性环节,脱硫反应速度显著减慢,这也是采用LF等常规炉外精炼工艺生产极低硫含量钢([S]≤0.007%)的最大困难。因此,为在超低硫域仍能够高效率脱硫,必须对钢液进行足够强的搅拌混合,以促进硫在钢液中传递。在各种炉外精炼工艺中,对钢水搅拌采用最多的是由钢包底部透气砖向钢水吹入氩气进行搅拌的方法。对中厚板钢类进行炉外精炼，如采用常规底吹氩搅拌方法，由于搅拌气体搅拌强度受包底透气元件的限制，加上如对钢水进行强搅拌，底吹气体的气泡泵作用，钢包内钢水上表面炉渣会被吹开，造成钢水"裸露"而被氧化，降低脱硫效率。国外有些钢厂生产极低硫钢，采用在钢包炉钢液上部插入喷枪大流量 Ar 搅拌、VTD 炉真空大流量吹氩搅拌、真空喷粉（V – KIP）等更强的搅拌方法，硫可降低至 0.0002% ~ 0.0006%。

7.3 脱硫反应的一些基础知识

7.3.1 钢渣的硫容量

由于钢包内的脱硫反应存在以下两个重要的反应：

$$\frac{1}{2}S_2(g) + (O^{2-})_{渣} = (S^{2-})_{渣} + \frac{1}{2}O_2 \quad (7-8)$$

$$[S] + (O^{2-})_{渣} = (S^{2-})_{渣} + [O] \quad (7-9)$$

反应式(7-8)的平衡常数为：

$$K_1 = \frac{a_{S^{2-}}}{a_{O^{2-}}} \times \sqrt{\frac{p_{O_2}}{p_{S_2}}} = \frac{f_{S^{2-}}(S)}{a_{O^{2-}}} \times \sqrt{\frac{p_{O_2}}{p_{S_2}}}$$

式中，$a_{S^{2-}}$，$a_{O^{2-}}$ 分别为渣中硫和氧的活度；p_{S_2}，p_{O_2} 分别为气相中 $S_2(g)$、$O_2(g)$ 的平衡分压；$f_{S^{2-}}$ 为渣中硫的活度系数；(S) 为渣中硫的质量分数。

LF 炉钢渣脱除钢液中硫的能力可用钢渣的硫容量 C_S 来表征，其定义为：

$$C_S = \frac{Ka_{O^{2-}}}{f_{S^{2-}}} = (S)\sqrt{\frac{p_{O_2}}{p_{S_2}}}$$

从定义上可看出，硫容量是温度和顶渣成分的函数，它既可以描述熔渣的脱硫特性，又可以比较不同熔渣的脱硫能力。

7.3.2 渣钢间硫的分配系数

除了硫容量之外，炉渣脱除钢液中硫的能力还可用渣钢间硫的分配系数来表征，即渣中硫的质量分数和钢中硫的质量分数之比：

$$L_S = \frac{(S)}{[S]}$$

良好的精炼炉白渣的硫分配系数可以达到250以上。钢中的碳含量和铝含量与渣钢间的硫分配系数的关系见图7-2。

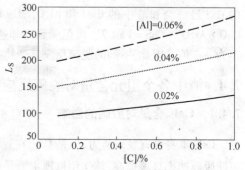

图7-2 L_S 与钢中铝、碳含量的关系

7.3.3 渣指数对硫分配系数的影响

为了表征炉渣的流动性，学术界引入了渣指数的概念描述炉渣的流动性。渣指数也称为 Mannesman 指数，用 MI 表示，它是表征炉渣在保证一定碱度下，使炉渣具有适宜的流动性的一个冶金参数。其定义为：

$$MI = \frac{CaO}{SiO_2} : Al_2O_3$$

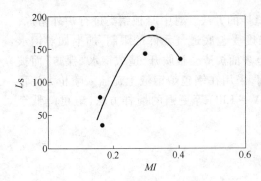

图 7-3　CaO-MgO-Al$_2$O$_3$-SiO$_2$-CaF$_2$渣系
渣指数 MI 对硫分配系数 L_S 的影响

钢渣中,CaO、SiO$_2$、Al$_2$O$_3$之间相互影响、互相配合。碱度高了,渣的流动性不好,影响脱硫;但是加入 Al$_2$O$_3$可以改变其流动性。所以渣指数对脱硫来说很重要。文献中推荐 MI 的值为 0.25 ~ 0.3 时,脱硫效率最高。MI 对脱硫能力的影响见图 7-3。

由图 7-3 可见,渣指数在 0.25 ~ 0.40 之间时,硫分配系数 L_S 处于较高水平,与此对应的 Al$_2$O$_3$含量为 10% ~ 15%。

7.3.4　脱硫反应以后脱硫产物的存在形式

关于硫在钢渣中存在的形式,研究的结果基本上是一致的。何环宇教授等人对精炼炉的钢渣进行 X 射线衍射试验以后,结合计算证实:在含硫相中,静电势较低的 S^{2-} 与 Ca^{2+} 形成 CaS 离子对,并与铝酸钙基体相发生置换反应,最终硫以铝酸钙硫化物的形式赋存于精炼钢渣的低熔点渣相中。高熔点硅酸钙物相首先析出,低熔点的铝酸钙物相以基体相形式析出。根据熔渣碱度不同首先析出高熔点相 C$_3$S(Ca$_3$SiO$_5$)或 C$_2$S(Ca$_2$SiO$_4$),由于这类高碱度相熔点高,质点扩散速度慢,析出呈随机分布,在整个视场下并不均匀。对以 CaO 和 Al$_2$O$_3$为主要成分的渣,低熔点相 C$_{12}$A$_7$(12CaO·7Al$_2$O$_3$)和 C$_3$A$_2$(Ca$_3$Al$_2$O$_6$),由于熔点低、质点扩散快,在渣中均匀析出,成为固渣的基体组织。MgO 等高熔点物质(Tm = 2852K)由于熔点过高,无法在渣中进行有效反应,因此往往以单一物质形式在渣中存在。

X 射线衍射表明渣中存在复杂含硫相 Ca$_{12}$Al$_{14}$O$_{32}$S,为渣中主要存在的铝酸钙物相,其与渣中的 CaS 发生置换反应生成含硫复杂化合物,该置换反应式为:

$$Ca_{12}Al_{14}O_{33} + CaS \Longrightarrow Ca_{12}Al_{14}O_{32}S + CaO \quad \Delta G^{\ominus} = -92050 - 4.72T \quad (7\text{-}10)$$

若生成物和反应物均以纯物质为标准态,则高温冶炼温度下,反应式(7-10)的 $\Delta G^{\ominus}$ 负值很大,使得对应 ΔG 小于零,上述反应是一个可自发进行的过程,因此,在精炼过程中脱硫形成的 CaS 最终会和渣中的 CaO 和 Al$_2$O$_3$形成复杂相 Ca$_{12}$Al$_{14}$O$_{32}$S 而稳定存在,该复杂相的组成为 CaO∶Al$_2$O$_3$∶CaS = 11∶7∶1,但受到冷却速度和扩散的影响,Ca$_{12}$Al$_{14}$O$_{32}$S 在硫赋存区域的量并不为一定值。因此,不同的脱硫反应其产物各有差别。

7.4　渣中各个组元含量对脱硫反应的影响

7.4.1　CaF$_2$含量对脱硫的影响

CaF$_2$本身没有脱硫能力,但是 CaF$_2$在脱硫过程中可以起到类似于催化剂的作用,加入炉渣中可使脱硫速率显著提高,其作用机理主要是:

(1)熔渣中 O^{2-} 的含量取决于连网组元(SiO$_2$、Al$_2$O$_3$等)与破网组元(CaO、MgO 等)的相对含量。CaF$_2$是离子晶体,CaF$_2$的加入,使渣中 F$^-$ 增加,F$^-$ 可以破坏硅酸盐赖以结合的化学键,为钢渣提供少量 O^{2-},促进脱硫。反应式如下:

$$O^- - Si - O - Si - O^- + 2F^- \Longrightarrow O^- - Si - F + F - Si - O^- + O^{2-}$$

此外,萤石中的 Ca^{2+} 能与 S^{2-} 形成弱离子对(Ca^{2+} + S^{2-} $\Longrightarrow$ CaS),有利于提高钢渣间硫的分

配系数 L_s。

(2) 随着脱硫反应的进行,钢渣界面将有 CaS 固体形成,而 CaS 固体的存在,阻止了脱硫产物向渣相扩散,使液相量减少,阻碍反应的进行。渣中加入 CaF_2 能显著降低渣的熔点和黏度,改善动力学条件,使硫容易向 CaO 等破网组元固相扩散,有利于 CaS 固体的破坏,使钢渣的液相量增加,改善了脱硫条件。但当渣中 CaF_2 含量达到足以阻止 CaS 固体形成时,继续增加 CaF_2,过量 CaF_2 的存在,会造成渣中 CaO 被稀释,使有效 CaO 的浓度降低,不利于脱硫。随着 CaF_2 的增加,脱硫速率和脱硫率都大大提高。渣中(CaF_2)<9%时,随着 CaF 含量的增加,L_s 增大;CaF = 9% 时,L_s达到最大值;(CaF_2)>9% 时,L_s 减小。熔渣中的O^{2-} 多,脱硫的反应则向右进行。但当渣中 CaF 过量时,会造成渣中 CaO 被稀释,使有效 CaO 的浓度降低,不利于脱硫。同比条件下,CaF_2 含量与脱硫率的关系见图 7-4。

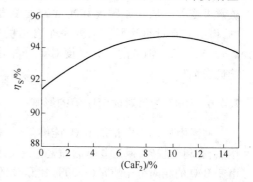

图 7-4　CaF_2含量与脱硫率的关系

7.4.2 Al_2O_3含量对脱硫的影响

渣中 Al_2O_3 除影响熔渣的物化性能外,主要的作用是成渣时形成铝酸盐,可增加炉渣硫容量 C_s,提高脱硫效率。同时 Al_2O_3 是两性氧化物,在碱性渣中呈弱酸性,随着其含量的增加,炉渣碱度降低,脱硫能力下降。LF 精炼渣中 Al_2O_3 的最佳范围是 20% ~ 25%。Al_2O_3 含量与脱硫率的关系见图 7-5。

7.4.3 CaO/Al_2O_3对脱硫的影响

在铝镇静钢的 CaO-Al_2O_3 渣系中,CaO/Al_2O_3 对硫分配系数的影响见图 7-6。当 CaO/Al_2O_3 >3 时,L_s随着 CaO/Al_2O_3 的增大而降低。随着渣中 CaO 含量的增加,熔渣的黏度增加,熔渣脱硫动力学条件变差,使得熔渣的脱硫效果降低,因而熔渣的 L_s 降低。所以,CaO/Al_2O_3 在 2.5~3.0 时可以取得较高的 L_s。

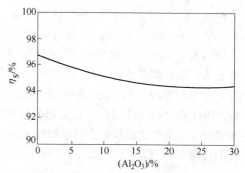

图 7-5　Al_2O_3含量与脱硫率的关系

7.4.4 B_2O_3含量对脱硫的影响

研究发现,B_2O_3 可显著降低炉渣的黏度,改善钢液与炉渣反应的动力学条件,增大钢渣反应界面,故

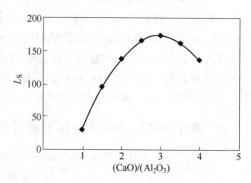

图 7-6　CaO/Al_2O_3对硫分配系数的影响

B_2O_3 对脱硫的影响明显。随着环保条件的苛刻,大量使用 CaF_2 已经成为环境的公害因素之一,同时使用 B_2O_3 和 CaF_2,CaF_2 加入量能够显著降低,但炉渣黏度仍保持较理想的水平。将两者复合使用会得到更理想的效果,在某种程度上讲可以减少萤石的使用量。

7.4.5　二元碱度 $R(CaO/SiO_2)$对渣钢间硫分配系数 L_s 的影响

钙系精炼渣的脱硫反应主要是靠渣中的活性氧化钙提供的氧离子,熔渣的碱度越高,脱硫能力就越强,L_S 随 R 的增加呈递增趋势,但当 $R > 5$ 以后,增幅变小。渣碱度增大,渣中 CaO 含量升高,炉渣黏度增大,渣钢界面硫扩散成为限制性环节,使炉渣脱硫的动力学条件变差,再继续提高炉渣碱度,脱硫效果变差。从二元碱度和光学碱度两方面的影响,得出炉渣对钢液脱硫需要一个合适的碱度,即 $R = 3.5 \sim 5.0$。钢渣的二元碱度对硫分配系数的影响见图 7-7。

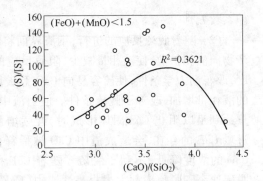

图 7-7　硫的分配系数与碱度的关系

7.4.6　BaO 含量对钢渣脱硫的影响

渣系中添加一定量的 BaO,能够降低预熔渣的熔点,有利于脱硫,但是 BaO 含量超过一定值以后,由于 BaO 的相对分子质量(153)远比 CaO 的相对分子质量(56)大,当渣中 BaO 含量增大,CaO 含量相对减少时,会减少渣中碱性组元的总摩尔数,引起渣碱度下降,加上脱硫产物 BaS 分子中离子之间的静电势小于 CaS 分子,BaS 重新离解成 Ba^{2+} 和 S^{2-} 的倾向大于 CaS 的离解倾向,氧化钡含量的增加,造成渣中自硫离子含量高,不利于脱硫反应的进行。在 CaO-BaO-CaF$_2$ 深脱硫渣中,随着钡钙比 I ($I = $ BaO/CaO)值的增加,硫容量相应地增加;渣钢

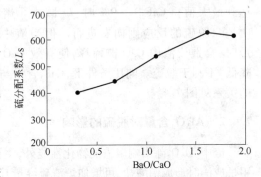

图 7-8　CaO-BaO-CaF$_2$ 渣系中 BaO/CaO 对硫分配系数 L_S 的影响

间的硫分配系数随着钡钙比的增加而上升,当 $I = 5/3$ 时达到最大,而后又逐渐下降。BaO 的最佳配比为 5/3。CaO-BaO-CaF$_2$ 渣系中 BaO/CaO 对硫分配系数 L_S 的影响见图 7-8。

7.4.7　MgO 含量对硫分配系数 L_S 的影响

MgO 为碱性物质,与硫具有一定的结合能力,它能降低渣中的 a_{SiO_2},使得氧离子的活度增大,促进脱硫,在一定的范围内,随着 MgO 含量的增加,L_S 也不断提高;另外一方面,MgO 含量过高会提高渣的熔点,使渣迅速稠化,恶化脱硫的动力学条件。对 CaO-SiO-MgO-Al$_2$O$_3$ 四元渣系,当 Al$_2$O$_3$ 含量为 15% ~ 25%,MgO 含量大于 10% 时,熔渣即进入固液两相区。可以认为渣中 MgO 的合适含量为 6% ~ 8%,超过此值,脱硫效果迅速恶化。

7.5　渣中 FeO + MnO 含量对硫分配系数的影响

钢中[O]和渣中的 FeO、MnO 或 Fe^{2+}、Mn^{2+} 的浓度有紧密的关系,反应式如下:

$$Fe^{2+} + O^{2-} \Longrightarrow [O] + [Fe]$$

$$Mn^{2+} + O^{2-} \Longrightarrow [O] + [Mn]$$

已知钢液中溶解氧活度与渣中 a_{FeO},有以下的关系:

$$\lg a_{[O]} = \lg a_{FeO} - \frac{6150}{T} + 2.60 \tag{7-11}$$

由式(7-11)可知,渣中 a_{FeO} 高时,钢液中溶解氧活度也会增高。(FeO + MnO)与 T[O] 的关系见图 7-9。

由以上可知,随着渣中 Mn^{2+}、Fe^{2+} 浓度的增加,钢液中氧浓度[O]增加,L_S 则降低。如对铝脱氧钢,钢液中的氧浓度受钢液中铝含量控制,1600℃时,当[Al]>0.01%时,[O]<0.001%。但脱硫反应发生在钢渣界面,钢水中溶解氧含量低并不代表脱硫反应发生区域的钢水氧含量低。此时,脱硫反应界面钢水侧的氧含量往往受渣中FeO+MnO的控制。故炉渣中FeO和Mn^{2+}的含量对脱硫效果有较大的影响。图7-10为渣钢氧化性对渣钢间硫分配系数的影响。由图7-10可知,在含铝钢生产中,要使渣钢间获得较高的硫分配系数L_S,渣中最佳(FeO+MnO)含量应小于1%。

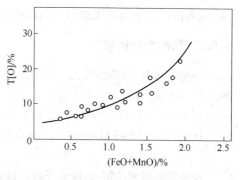

图7-9 (FeO+MnO)与T[O]的关系

以上是发生在钢渣界面的脱硫基本情况。但是对钢包和RH的喷粉脱硫,由于喷粉脱硫的反应直接在粉剂和钢液间反应,顶渣在钢液中的传质速度大幅度降低,因此,在钢包和RH喷粉脱硫的过程中,顶渣中的FeO+MnO对脱硫的影响较小,尤其是RH的顶渣被浸渍管排开。顶渣中的(FeO+MnO)对脱硫的影响关系见图7-11。

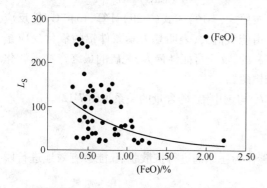

图7-10 炉渣中(FeO)与L_S之间的关系

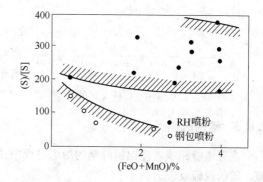

图7-11 顶渣中的(FeO+MnO)对脱硫的影响关系

7.6 钢中脱氧元素对脱硫反应的影响

7.6.1 钢水中硅脱硫的机理

钢水中硅含量较高时,硅在CaO基脱硫剂脱硫时的作用,首先是脱氧,然后才是脱硫,反应如下:

$$[S] + CaO(1) \Longrightarrow CaS(s) + [O] \qquad \Delta G^\ominus = 109916 - 31.03T \quad J/mol \qquad (7-12)$$

$$CaO(s) \Longrightarrow CaO(1) \qquad \Delta G^\ominus = 79500 - 24.69T \quad J/mol \qquad (7-13)$$

$$SiO_2(s) + 2CaO(s) \Longrightarrow 2CaO \cdot SiO_2(s) \qquad \Delta G^\ominus = -118800 + 11.30T \quad J/mol \qquad (7-14)$$

$$2CaO + S + 1/2[Si] \Longrightarrow 1/2(2CaO \cdot SiO_2)$$
$$(s) + CaS(s) \qquad \Delta G^\ominus = -323534 + 37.795T \quad J/mol \qquad (7-15)$$

热力学计算表明:在1340℃左右的处理温度下,脱硫反应的自由能为一较大的负值,反应可以自发进行,生成热力学稳定性高的硅酸二钙,硅成为脱氧剂;由熔体的硅含量来控制氧活度。当硅含量较低时,脱硫能力有所降低。实际上SiO_2与CaO生成$3CaO \cdot SiO_2$或$2CaO \cdot SiO_2$以后,就降低了硅的活度,并使得氧的活度降低;此外,生成的CaS和硅酸盐产物会在粉粒外表生成一层外壳,固相扩散会阻碍硅酸盐的生成并影响脱硫。为了提高脱硫速度,采用萤石化渣,或者使用合成渣脱硫剂,补加石灰或者预熔渣,增加炉渣的硫容量,能够继续提高脱硫率。

7.6.2　铝的脱硫反应

当脱硫剂中含铝时,首先考虑的是铝的脱氧作用。与镁、硅类似,存在的反应为:

$$2Al + 3/2 O_2(g) = Al_2O_3(s) \qquad \Delta G^{\ominus} = -1687200 + 326.81T \quad J/mol \qquad (7-16)$$

$$Al_2O_3(s) + CaO(s) = CaO \cdot Al_2O_3(s) \qquad \Delta G^{\ominus} = -18000 + 18.83T \quad J/mol \qquad (7-17)$$

$$4CaO(s) + 3S + 2Al = CaO \cdot Al_2O_3(s) + 3CaS(s) \qquad \Delta G^{\ominus} = -1136952 + 178.48T \quad J/mol \qquad (7-18)$$

对采用铝脱氧的钢水,脱硫反应可以表示为:

$$3(CaO) + 2[Al] + 3[S] = (Al_2O_3) + 3(CaS)$$

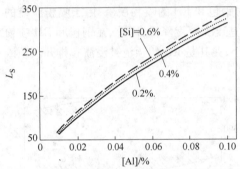

$$\Delta G^{\ominus} = -RT\ln \frac{a^3_{(CaS)} a_{(Al_2O_3)}}{a^3_{(CaO)} a^2_{[Al]} a^3_{[S]}} \qquad (7-19)$$

$$K = \frac{a^3(CaS) a(Al_2O_3)}{a^3(CaO)[Al]^2[S]^3} \qquad (7-20)$$

按照式(7-16)~式(7-20)计算,1340℃时,反应的自由能负值大,表明热力学条件铝的氧化反应是最有利的,反应可能性最大,脱硫的最终产物为硫化钙和铝酸钙。

图 7-12　L_S 与钢中铝、硅含量的关系

L_S 与钢中铝、硅含量的关系见图7-12。

图中标注:[Si]=0.6%,0.4%,0.2%;纵轴 L_S;横轴 [Al]/%

7.6.3　碳的脱硫反应

在硅镇静钢或者硅铝镇静钢的冶炼过程中,碳作为还原剂进行扩散脱氧,能够有效地进行脱硫。碳的脱硫反应为:

$$S + CaO(s) + C = CaS(s) + CO(g) \qquad \Delta G^{\ominus} = 75066 - 141.46T \quad J/mol \qquad (7-21)$$

式(7-21)的反应在1340℃左右的铁水处理温度下,热力学计算的自由能值为 -153109 J,反应可以自发进行,这也表明碳的氧化作用对石灰的脱硫是有益的,碳是起脱氧作用的。一方面,碳在钢中起到降低氧浓度的作用促使了脱硫反应的进行;另一方面,含碳扩散脱氧剂在钢渣中的脱氧作用,使得脱硫的反应成为了可能。碳的脱硫作用主要体现在含碳的还原剂,如电石、加在渣面的炭粉等。

7.6.4　钙系脱硫剂脱硫渣中硅、碳的脱硫产物

7.6.4.1　CaO 系脱硫剂脱硫以后的产物

CaO 系脱硫剂理论上的脱硫产物为 CaS。脱硫渣的显微结构分析表明:单独存在的 CaS 很少,CaS 多和 CaO、SiO_2、FeO、Al_2O_3 共生;如脱硫产物组成(摩尔分数,%)为:O 47.5,Al 2.9,Si 1.4,S 1.3,Ca 26.1,Fe 20.8。脱硫渣中的主要矿物为硅酸二钙($2CaO \cdot SiO_2$),组成(摩尔分数,%)为:Si 4.36,Ca 28.46,O 57.18。

7.6.4.2　CaC_2 系脱硫剂脱硫以后形成的脱硫产物

CaC_2 系脱硫剂含少量 CaO、C 粉,其自身具有还原性。脱硫渣分析主要是 CaS 和 CaO、SiO_2 共生。脱硫产物组成(摩尔分数,%)为:O 45.5,Si 13.3,S 3.4,Ca 37.8;其周围的渣相以硅酸三钙

($3CaO \cdot SiO_2$)为主。CaO脱硫时,铁水中的Si、C将其中的[O]夺取,Ca^{2+}才有可能与硫生成硫化物夹杂物上浮。脱硫产物CaS多和CaO、SiO_2共生,证明硫是发生氧化反应的。碳化钙脱硫剂的利用率高,其中C的夺[O]能力强,Ca^{2+}容易产生,与硫反应生成CaS,CaS与CaO、SiO_2共生物中硫含量高,成渣为C_3S,易于上浮,其脱硫能力强。

7.6.5 镁的脱硫反应和脱硫产物

7.6.5.1 镁脱硫的反应机理

镁作为脱硫剂存在于以氧化钙为基质的合成渣中的时候,镁以蒸气或在钢水中的溶质形式参加反应,反应方程式为:

$$Mg(g) + S + CaO(s) = CaS(s) + MgO(s) \qquad \Delta G_{1340℃} = -214350J \qquad (7-22)$$

$$Mg + S = MgS(s) \qquad \Delta G_{1340℃} = -69060J \qquad (7-23)$$

$$Mg + S + CaO(s) = CaS(s) + MgO(s) \qquad \Delta G_{1340℃} = -148110J \qquad (7-24)$$

按照有关学者的计算,镁脱硫反应无论是以气体形式参加,还是以钢水中的溶质形式参加,在1340℃时,有氧化钙参加的反应(7-22)的自由能比反应(7-23)、(7-24)的自由能的负值大,这表明热力学条件反应(7-23)、(7-24)的可能性大于反应(7-22),石灰掺入了脱硫过程。当镁进入钢水中时,蒸发产生气泡,提供了用某些固体料喷射时不可能得到的动力学条件,既增加了反应剂的面积,又增加了铁液的搅拌。从(7-24)的反应看,镁事实上发生氧化反应:

$$Mg + 1/2O_2(g) = MgO(s) \qquad \Delta G^\ominus = -600900 + 107.57T \quad J/mol \qquad (7-25)$$

$$Mg + 1/2S_2(g) = MgS(s) \qquad \Delta G^\ominus = -539700 + 193.05T \quad J/mol \qquad (7-26)$$

按照式(7-25)、式(7-26)计算,1340℃时反应(7-25)的自由能比反应(7-26)的自由能的负值大,这表明热力学条件反应(7-25)的可能性大于反应(7-26),镁的氧化反应在热力学上优先于脱硫反应,对脱氧反应有利,脱硫的最终产物生成硫化钙和氧化镁;

铁水除了采用喷吹钝化镁粉和钝化石灰进行脱硫以外,现在已有许多厂家,将脱硫剂的配方里面添加了金属镁的成分,一是利用了金属镁的强脱氧作用脱氧,二是金属镁在钢液中的反应会增加钢液的运动,为脱硫提供一定的动力学条件。

7.6.5.2 含镁脱硫剂脱硫以后脱硫渣的组成

实验证明,镁基脱硫剂的脱硫产物仍然为CaS,且主要和CaO、SiO_2、MgO共生;不同组成的镁基脱硫剂的脱硫产物大致相同,但其渣组成有所不同。经能谱分析:Mg基脱硫剂脱硫后的渣中存在有铝酸一钙($CaO \cdot Al_2O_3$)和硅酸二钙($2CaO \cdot SiO_2$),以及接近白色的物质CaS。这也证明镁是参加了脱氧反应的。镁起的脱氧作用很好,反应也完全,但其周围含硫的脱硫产物却不多,说明合成渣中镁含量的增加并不一定能对复合的镁基脱硫剂起到有效的脱硫作用。

笔者在跟踪铁水脱硫渣的过程中,发现红热状态的脱硫渣还有部分铁水在渣场翻罐以后,红热状态的钢渣和没有凝固的铁水会发生剧烈的燃烧现象,有典型的金属火焰出现,火焰高度达到8m高,烧毁了行车的电缆,此现象能否说明铁水脱硫产物为Mg_2S,目前尚无文献确定,争议颇多。

7.7 钢水中初始硫含量对精炼炉脱硫反应的影响

精炼炉冶炼低硫钢,炼钢使用原材料的硫含量将会影响脱硫的具体操作,而且在工艺装备条件一定的情况下,还决定着冶炼时间结束时,钢液硫含量的多少。如果废钢铁料带入的硫含量过高,电炉出钢的硫很高,精炼炉到站以后,硫含量最高的达到 0.090% 以上,这将使精炼炉的脱硫操作难度增加,所以在强化冶炼脱硫的同时,还应该控制废钢铁料带入电炉的硫含量的范围,以优化操作。

当硫在渣钢间的分配系数一定时,钢液的硫含量取决于炉料的硫含量和渣量,它们之间的关系如下:

$$\Sigma S = [S] + (S)Q$$

式中,ΣS 为废钢铁料带入熔池总硫量的质量分数,%;[S] 为钢液内硫的质量分数,%;(S) 为炉渣含硫的质量分数,%;Q 为渣量,kg。

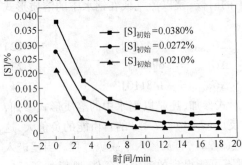

图 7-13　初始硫含量对脱硫的影响

将 $(S) = L_S[S]$ 代入上式可得:

$$[S] = \frac{\Sigma S}{1 + L_S Q}$$

由此可以看出,钢液中的硫含量与炉料中的硫含量成正比,所以降低炉料的硫含量是控制硫含量的有效手段之一。

初始硫含量对脱硫时间的影响见图 7-13。由图可见,初始硫含量增大,终点硫含量升高。因而,要获得超低硫钢,必须严格控制钢液初始硫含量。

7.8　温度对脱硫的影响

随着钢液温度的升高,脱硫率将会增大。这是由于脱硫反应是吸热反应,高温有利于传质反应的进行,并且随着温度的提高,LF 炉的成渣速度加快,改善了炉渣的流动性,对改善钢渣界面硫的传质系数有利。

LF 精炼温度控制在冶炼钢种液相线温度以上 45℃,就能够保证正常的 LF 处理,从优化脱硫的角度出发,LF 精炼站钢液温度大于 1560℃,过程温度控制在 1570 ~ 1590℃,有利于脱硫的操作。脱硫过程中,钢液温度低于 1560℃ 时,脱硫率将会明显降低。图 7-14 是某厂钢液温度与脱硫率的实测结果。

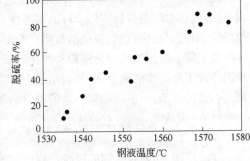

图 7-14　某厂钢液温度与脱硫率的关系

7.9　专用脱硫剂和渣量的控制

根据脱硫的原理,制成的脱硫剂有各种各样,脱硫的操作难度明显降低,它们包括脱硫剂、预熔渣等。

7.9.1　预熔精炼渣的脱硫效果

预熔渣的组成特别有利于加入以后快速熔化。预熔精炼渣的成渣速度比传统精炼渣快,可有效减少 LF 化渣和升温时间,并且预熔渣的组成会使得炉渣的流动性较好,有利于增加钢渣之间的接触面积,促进脱硫反应的进行。并且预熔渣中 CaF_2 含量降低,使 LF 耐火材料侵蚀明显减轻。使用预熔渣还可有效降低 LF 的生产成本。预熔渣加入量对出钢渣洗脱硫的影响见图 7-15。

7.9.2 硅镇静钢的脱硫

硅镇静钢要求严格控制钢中酸溶铝含量,因此在硅镇静钢脱硫过程中应选择不含铝的精炼渣系,以防止发生向钢液回铝的反应,硅镇静钢选择以 CaO-SiO_2-CaF_2 为主要成分的合成渣进行脱硫。

不加铝的固体合成渣脱硫反应过程如下:

$$2(CaO) + [FeS] + FeO + Si \Longrightarrow$$
$$(CaS) + (CaO \cdot SiO_2) + 2[Fe]$$

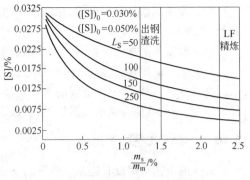

图 7-15　预熔渣加入量对出钢渣洗脱硫的影响

随着精炼过程的进行,渣中的 CaO 减少、SiO_2 增多、CaF_2 减少。其原因是 CaO 是脱硫剂,脱硫过程发生反应生成硫化钙而被消耗;$[Si]$ 和渣中加入的硅被氧化导致渣中二氧化硅增加,硅镇静钢脱硫过程中碱度的控制,对脱硫效果的影响明显。也就是说,硅镇静钢的脱硫,高碱度对脱硫有利。

7.9.3 渣量的控制

从冶金效果讲,加大渣量不仅有利于精炼渣脱氧及吸附夹杂物效果的改善,而且大渣量对脱硫有利,见图 7-16。这是由于当熔渣组成一定时,增加渣量,有利于稀释渣中脱硫产物的浓度,有利于脱硫的化学反应的移动,所以加大渣量有利于脱硫,但是较大的渣量负面影响也很大,合理的渣量应该在 $7 \sim 18$kg/t。

由前面所述的脱硫热力学及动力学分析,具有较高硫容量或高的钢渣间硫分配系数的脱硫剂应该是首选渣系。

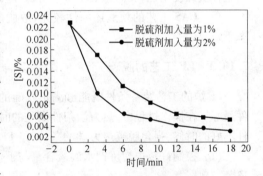

图 7-16　脱硫剂加入量对脱硫的影响

7.10 转炉钢水精炼过程中脱硫的关键控制环节

7.10.1 转炉钢水炉外精炼过程中脱硫关键环节的简述

转炉钢水的脱硫现有的模式是铁水脱硫和转炉出钢过程中的脱硫控制,以及 LF 的脱硫。脱硫的反应取决于钢渣的反应界面大小和钢渣的还原性,故 CAS-OB 工艺的脱硫能力较小;VD 和 RH 工艺过程中的顶渣,通过 LF 进行了改质还原,VD 和 RH 的工艺过程中,动力学条件较好,还能够继续的脱硫,否则脱硫效果不明显。为了解决 RH、VOD 的脱硫问题,一些企业采用喷粉进行脱硫,喷粉脱硫的反应属于瞬时反应,原理也是采用还原性粉剂喷入钢液,利用喷粉以后,还原性粉剂和钢液反应的接触面积较大的特点实现的,在此不做介绍。转炉各种精炼工艺的脱硫关键,可以概括为两句话:动力学条件较好的,充分发挥动力学条件;热力学条件好的,充分利用热力学条件,扬长避短。在转炉钢水的脱硫环节来看,脱硫效率最高的工艺环节在于转炉出钢过程的脱硫,出钢过程中的脱硫主要要点如下:

(1) 转炉出钢的温度合适,保证熔化顶渣和改质剂,为脱硫提供必要的热力学条件。

(2) 出钢口的大小满足出钢时间的需要。出钢口过大,需要及时地更换,否则出钢时间太短,影响顶渣的改质,还容易下渣和带渣。

（3）改质剂添加的量合适，保证改质以后碱度控制在 1.5 ~ 1.8 之间，渣中氧化铁的质量分数低于 2%。

（4）改质剂的加入根据出钢时钢水的钢流加入。

（5）氩气的搅拌要强烈，保证出钢过程中的动力学条件。笔者冶炼 SPHC 钢时，控制钢包氩气搅拌强度，使得钢水就像沸腾的火山一样，脱硫率达到了 50% 以上，前提是这个搅拌强度要求保证安全，不能够使得钢水飞溅出钢包，造成安全事故。

7.10.2　CAS 工艺的脱硫

CAS 的工艺采用没有还原气氛下的加热手段，对顶渣只能够进行小范围的改质，脱硫的能力很有限，在出钢温度较高、硫含量高的情况下，CAS 继续使用以 $CaO + CaF_2$ 为主的顶渣改质剂，合成渣和预熔渣对顶渣改质脱氧，也能够实现脱硫，关键的操作点如下：

（1）加入预熔渣或者改质剂时，氩气的搅拌要求控制在较强的范围，保证改质剂溶解，改质剂加入量分批、适量加入，切忌一次加入量过多。

（2）渣料石灰、萤石根据钢包的温度决定加入量，但是加入量不能过多，防止石灰溶解不了引起顶渣黏度增加，反而影响了喂线等操作。

（3）CAS 工艺的顶渣还原性较差，故脱硫操作期间，氩气的搅拌一直需要保持在较强的状态下。

7.10.3　LF 工艺的脱硫

LF 炉的工艺装备条件既能够满足脱硫的热力学条件，也能够满足动力学条件，故脱硫的条件最好。在操作过程中，热力学条件满足的时候，强化动力学条件，也就是加强搅拌，在热力学条件不好的时候，强化脱硫热力学的条件，是 LF 重要的脱硫操作要点，具体的要点如下：

（1）控制好转炉初炼钢水的氧含量与下渣量，是为精炼快速脱硫创造有利条件的最重要的环节。

（2）钢水到站以后，首先考虑钢水的升温，保证脱硫的热力学条件，在升温的同时，加入扩散脱氧剂，合成渣进行埋弧加热脱氧造白渣，为下一步的操作做好准备。

（3）快速脱硫时炉渣的碱度控制在 1.5 ~ 2.8 之间较为合适，最佳碱度在 1.8 ~ 2.5 之间，碱度大于 2.8 后炉渣流动性的下降会影响脱硫的效率。因此渣料的加入是分批加入，石灰的加入控制在每批次 50 ~ 250kg。

（4）非合金类脱氧剂的加入宜在送电以后加入。加入量每批次控制在 30 ~ 100kg，均匀加入在电极极心圆区域位置，以便于快速地参与反应。

（5）钢水的脱氧条件对脱硫的影响很大，冶炼钢水的沉淀脱氧（合金成分），前期一次性调整到目标值附近，强化扩散脱氧的操作。白渣形成以后，采用较大的吹氩流量进行搅拌，搅拌 5min 左右，顶渣也可能由白变黑，此时继续造渣脱氧，白渣形成后，继续强搅拌脱硫。

（6）LF 炉出钢以后的白渣在连铸浇铸完毕以后，硫容量仍然很大，目前有厂家介绍将白渣倒入下一炉刚出钢的钢包内，在 LF 精炼时，一是节约了渣料，二是节约了化渣的电耗，三是白渣覆盖以后，钢包内的脱硫时间缩短，效果显著，并且可以连续循环 3 炉以后，待炉渣中的硫容量接近饱和时再倒掉。笔者跟踪本厂的试验认为此方法效果很好，不失为提高脱硫效率的好方法之一。

有关试验表明：在炉渣硫容量确定的条件下，钢液的脱硫效果还与钢液中的溶解氧有关。[O] = 0.001% ~ 0.002% 时，才能将硫脱至 0.001%。而当硫脱除至 0.0015% 以下后，硫在钢液中传递成为反应的限制性环节,脱硫反应速度显著减慢,这也是采用 LF 等常规炉外精炼工艺生产极低硫钢([S]≤0.007%)的最大困难。因此,为在超低硫域仍能够高效率脱硫,必须对钢液进行足够强的搅拌混合,以促进硫在钢渣间的传质速度。由钢包底部透气砖向钢水吹入氩气进行搅拌的方法受包底透气元件所能通过气体流量的限制,钢渣间的传质情况还不能够满足超低硫钢的精炼需要,如对钢水进行强搅拌,钢水上表面炉渣会被吹开,造成钢水"裸露"而被氧化,降低脱硫效率。目前,LF 在采用底吹的同时,还采用顶枪浅插在钢渣界面附近配合底吹,能够显著地提高脱硫的速度。

7.10.4 VD 和 RH 工艺的顶渣脱硫

钢水经过 LF 的处理,顶渣被还原以后,在 VD 和 RH 的处理过程中,由于真空条件下,吹氩和钢水的剧烈运动,钢渣间的反应还将继续,故脱硫反应还能够继续,这种钢渣间的脱硫和顶渣的流动性、还原性、钢液中的脱氧情况有关,顶渣的流动性越好,还原性越好,处理时间越长,脱硫率越高。此外,真空条件下还将发生一些气化脱硫的反应。

RH 的喷粉脱硫将不受渣中氧化铁和氧化锰含量的影响,是唯一区别于其他脱硫工艺的独特之处。

8 钢中非金属夹杂物控制

8.1 钢中非金属夹杂物的来源

非金属夹杂物分为内生夹杂物和外来夹杂物两大类。前者包括在熔化和凝固时钢液中各种元素由于温度以及化学、物理条件的变化而发生化学反应形成的夹杂物;后者包括炉渣、耐火材料或其他材料与钢液机械复合所形成的夹杂物。内生夹杂物是由钢中均匀反应的沉淀形成的,它们主要由氧化物和硫化物所组成,而这种形成内生夹杂物的反应是由于钢中的添加物或是钢在冷却和凝固过程中溶解度的变化而产生的。外来夹杂物出现的形式很多,但大多数是容易与内生夹杂物区别的。外来夹杂物的特征是尺寸较大,分散出现,在钢锭或铸坯中有一定的位置,呈不规则形状和复杂结构。这种夹杂物通常是由氧化物组成,这是由外来材料,如渣和耐火材料的成分所组成的。从钢水的可浇性和控制夹杂物的角度来看,控制内生夹杂物的难度较大,也是本书所要重点描述的内容。

8.1.1 钢中的内生非金属夹杂物和外来非金属夹杂物的定义

钢中夹杂物可分为金属夹杂物和非金属夹杂物两大类。钢水脱氧过程中氧化还原反应产生的产物,没有排出钢液,留在钢液中,就形成了钢中的非金属夹杂物,此外在钢液的浇铸过程中产生或混入钢中,经加工或热处理后仍不能消除而且与钢基体基本无任何联系而独立存在的非金属相,通称为非金属夹杂物;除了非金属夹杂物,钢中还有一类夹杂物称为金属夹杂物。金属夹杂物也称为异形金属,是外来未熔金属所造成的夹杂物。钢中金属夹杂物形成的原因是多方面的,例如在冶炼合金钢特别是高合金钢时,加入的铁合金数量较多或铁合金的块度过大特别是那些熔点较高的铁合金,像钨铁和合金镍等,有时由于加入的时间,或加入部位的不恰当而未能全部熔化,就会残留在钢中,形成钢中金属夹杂物;钢液浇铸时产生飞溅,所形成的小颗粒未能熔化而分散于钢中,也会形成钢中金属夹杂物;出钢时由于操作上的疏忽,落入钢包的其他金属,如果不能被钢液全部熔化并均匀成分,也会成为钢中金属夹杂物。金属夹杂物在经浸蚀的低倍切片上很容易与基体金属和钢的其他缺陷相区别,这是由于金属夹杂物与基体金属化学成分不同,酸浸时受腐蚀的程度不同所致。在浸蚀后的低倍切片上,金属夹杂物有的较基体金属明亮,有的较基体金属暗黑。

8.1.2 非金属夹杂物的来源和特点简介

钢中非金属夹杂物是指钢中不具有金属性质的氧化物、硫化物、硅酸盐或氮化物。它们的类型、组成、形态、含量、尺寸、分布等各种状态因素都对钢性能产生影响,常作为衡量钢质量的重要指标,因为夹杂物的产生是同冶炼和浇铸工艺密切结合,所以了解其基础知识对操作有一定的帮助作用。

钢中的非金属夹杂物主要是铁、锰、铬、铝、钛等金属元素与氧、硫、氮等形成的化合物。主要是硫化物(MnS、FeS 等)、氧化物(FeO、MnO、CaO、Al_2O_3 等)、硅酸盐及氮化物(TiN、AlN)等。其中,氧化物主要是脱氧产物,包括未能上浮的一次脱氧产物和钢液凝固过程中再次发生脱氧反应

(二次氧化)形成的脱氧产物;或是由于混入钢中的炉渣、耐火材料等所造成。非金属夹杂物的存在破坏了钢基体的连续性,造成钢组织的不均匀,对钢的各种性能会产生一定影响,如降低钢的强度和韧性等,尤其对弹簧钢、滚珠钢、超高强度钢影响更大。

同任何事物一样,非金属夹杂物也具有两面性,既有有害的一面,也有有利的一面,钢中的非金属夹杂物也能够产生有利的作用,例如控制晶粒的大小、产生沉淀强化、起到晶界的钉扎作用、改善切削性能等,典型的是高强钢生产过程中,利用 V、Ti、Nb、B 等的氧化物析出,来提高钢的晶粒度和强度,也称为氧化物冶金技术。

钢中的非金属夹杂物主要来源于以下几个方面:

(1)原材料带入的杂质。炼钢所用的原材料如钢铁料和铁合金中的杂质、铁矿石中的脉石以及固体料表面的泥沙等,都可能被带入钢液而成为夹杂物。

(2)冶炼和浇铸过程中的反应产物。钢液在炉内冶炼、包内镇静以及浇铸过程中生产而未能排出的反应产物,残留在钢中形成了夹杂物。这是钢中非金属夹杂物的主要来源。

(3)耐火材料的侵蚀物。炼钢用的耐火材料含有镁、钙、铝、铁的氧化物。从冶炼、出钢到浇铸的整个过程中,钢液都要与耐火材料接触,炼钢的高温、炉渣的化学作用以及钢、渣的机械冲刷等或多或少都要将耐火材料侵蚀掉一些进入钢液成为夹杂物。这是钢中 MgO 夹杂物的主要来源,约占夹杂物总量的 5% 以上。

(4)乳化渣滴夹杂物。转炉出钢过程中,钢渣混出的现象是经常发生的,有时为了进一步脱氧、脱硫,也希望钢渣混出。如果镇静时间不够,渣滴来不及分离上浮,就会残留在钢中,成为所谓的乳化渣滴夹杂物。

另外,出钢和浇铸过程中,炉盖、出钢口、钢包和浇铸系统吹扫不干净,各种灰尘微粒的机械混入也将成为钢中大颗粒夹杂物。

8.2 钢中非金属夹杂物的组成

根据研究目的的需要,可以从不同的角度对钢中的非金属夹杂物进行分类。目前最常见的是按照非金属夹杂物的组成、性能、来源和大小不同进行分类。

按照夹杂物的组成分类,又称为化学分类法,在描述和分析夹杂物的组成时常采用这一分类法。根据组成的不同,钢中的非金属夹杂物可以分成氧化物系夹杂物、硫化物系夹杂物和氮化物系夹杂物三类。

通常用放大 100 倍的显微镜观察钢材纵向断面时,所见到的呈断续状的成串黑点,形如链状(脆性夹杂),即为钢的氧化物系夹杂物。氧化物系夹杂物有简单氧化物、复杂氧化物、硅酸盐和固溶体之分。其中,硫化物夹杂和氮化物夹杂严格地按照化学成分的定义来讲,也属于氧化物的范畴。

8.2.1 简单氧化物夹杂物

常见的简单氧化物有 FeO、Fe_2O_3、MnO、SiO_2、Al_2O_3、TiO_2 等。例如,在用硅铁和铝脱氧的镇静钢中,就能见到 SiO_2 和 Al_2O_3 夹杂物,如图 8-1 和图 8-2 所示。图 8-3 是快速淬火的金属表面的显微照片。显微照片中,能够清晰地看到小颗粒的 Al_2O_3 夹杂物。

8.2.2 复杂氧化物夹杂物

复杂氧化物包括尖晶石类夹杂物和钙的铝酸盐两种。

尖晶石类氧化物常用化学式 $MeO \cdot R_2O_3$ 表示。Me 表示二价金属,如铁、锰、镁等,R 为三价金

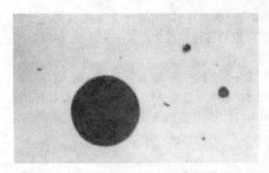

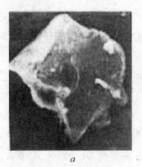

图 8-1　球状的 SiO_2 夹杂物照片　　　　　图 8-2　电解萃取的 Al_2O_3 单个颗粒扫描的电镜照片

图 8-3　快速淬火的金属表面的
显微照片(图中小颗粒为 Al_2O_3)

属,如铁、铝、铬等。这类夹杂物因具有尖晶石 $MgO \cdot Al_2O_3$ 的八面晶体结构而得名。常见的有 $FeO \cdot Al_2O_3$、$MnO \cdot Al_2O_3$ 等铝尖晶石(多出现于镇静钢中);$FeO \cdot Cr_2O_3$、$MnO \cdot Cr_2O_3$ 等铬尖晶石(常出现于含铬的合金钢中)等。这些夹杂物中的二价或三价金属可以被其他二价或三价金属置换,因此实际遇到的尖晶石类夹杂物可能是多相的;又由于 $MeO \cdot R_2O_3$ 内可以溶解相当数量的 MeO 和 R_2O_3,因此其成分可在相当宽的范围内波动,实际成分往往偏离化学式。尖晶石类夹杂物的特点是熔点高,在钢液中呈固态并具有形成外形良好的坚硬八面体晶体的倾向;热轧时,不宜变形;冷轧时,特别是轧制规格较薄产品时易造成表面损伤。MnO-Al_2O_3-SiO_2 夹杂物见图 8-4,此类夹杂物主要分布在距铸坯内弧侧表面深 20 ~ 50mm 处,在光学显微镜明视场下呈暗灰色;偏光下具有各向同性,呈亮黄色球体(见图 8-5)。

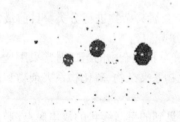

图 8-4　MnO-Al_2O_3-SiO_2 夹杂物　　　　图 8-5　偏光下的 MnO-Al_2O_3-SiO_2 夹杂物的形貌

一种圆环状的硅酸盐夹杂物形貌见图 8-6。

钙(还有钡等)虽然也是二价金属,但因离子半径太大(比铁、锰、镁等离子半径大 20% ~ 30%),所以它的氧化物不是尖晶石结构,而是形成钙的铝酸盐 $CaO \cdot Al_2O_3$。钙的铝酸盐是碱性炼钢中最常见的夹杂物,它是钢中的铝与悬浮在钢液中的碱性炉渣的反应产物,或是用含钙合金和脱氧的产物。不同形貌和尺寸的含钙夹杂物见图 8-7 ~ 图 8-9。

图 8-6　圆环状的硅酸盐夹杂物

8.2.3　固溶体夹杂物

氧化物之间还可形成固溶体,最常见的是 FeO-MnO,常以 $(Fe, Mn)O$ 表示,称为含锰的氧化铁。

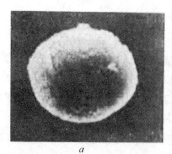
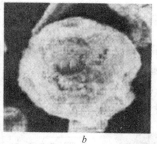

a   *b*

图 8-7 颗粒尺寸为 20～40μm 的铝酸钙和硅铝酸钙的外貌

a   *b*   *c*   *d*

图 8-8 铝硅酸盐的外貌

8.2.4 硅酸盐夹杂物

硅酸盐类夹杂物是由金属氧化物和二氧化硅组成的复杂化合物,所以也属于氧化物系夹杂物。化学通式可写成 $l\mathrm{FeO} \cdot m\mathrm{MnO} \cdot n\mathrm{Al_2O_3} \cdot p\mathrm{SiO_2}$,其成分比较复杂,而且往往是多相的。常见的有 $2\mathrm{FeO} \cdot \mathrm{SiO_2}$、$2\mathrm{MnO} \cdot \mathrm{SiO_2}$、$3\mathrm{MnO} \cdot \mathrm{Al_2O_3} \cdot 2\mathrm{SiO_2}$ 等。这类夹杂物与被侵蚀下来的耐火材料、裹入的炉渣及钢液的二次氧化有关。

硅酸盐类夹杂物一般颗粒较大,其熔点按组成成分中 $\mathrm{SiO_2}$ 所占的比例而定,$\mathrm{SiO_2}$ 占的比例越大,硅酸盐的熔点越高。电解萃取的 $\mathrm{SiO_2}$ 夹杂物颗粒见图 8-10。

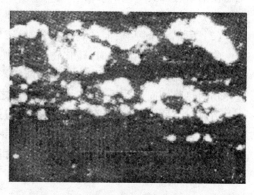

图 8-9 $\mathrm{Al_2O_3} + \mathrm{CaO} \cdot \mathrm{Al_2O_3SiO_2} +$
$\mathrm{FeO} \cdot \mathrm{Al_2O_3}$ 夹杂物外貌

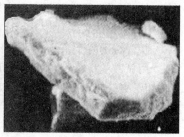

a   *b*   *c*   *d*

图 8-10 电解萃取的 $\mathrm{SiO_2}$ 夹杂物颗粒

8.2.5 硫化物夹杂物

用显微镜观察钢材纵向剖面,见到有较光滑边缘的灰黑色条状夹杂物(塑性夹杂物、沿热加工方向延伸),即为硫化物夹杂物。硫化物主要以硫化铁(FeS)和硫化锰(MnS)以及它们的固溶体(FeS·MnS)的形式存在于钢中。硫含量高时,在铸态钢中以熔点仅为 1190℃ 的 FeS 形式在晶界析出,在热加工过程中,晶粒边界上低熔点的 FeS 及其与 FeO 的共晶体导致钢产生热脆,从而

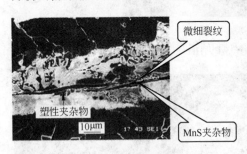

图 8-11　硫化锰夹杂物

影响钢的使用性能。为了消除或减轻这一危害,一般的方法是向钢中加入一定量的锰,以形成熔点较高的 MnS 夹杂物(熔点 1620℃)。因此,一般情况下,钢中的硫化物夹杂物主要是 FeS、MnS 以及它们的固溶体(Fe,Mn)S。二者相对量的大小取决于加锰量的多少,随着 Mn/S 的增大,FeS 的含量越来越少,而且这少量的 FeS 溶解于 MnS 之中,这是由于锰比铁对硫有更大的亲和力。硫化锰夹杂物在钢板中的显微照片见图 8-11。

冶炼中,铝的加入量大时会有 Al_2S_3 形态的夹杂物出现;当向钢中加入稀土元素镧和铈等时,可形成相应的稀土硫化物,如 La_2S_3、Ce_2S_3 等。

在多数钢中,硫化物如硫化钙,是比氧化物更重要的夹杂物。这是因为一般情况下钢的氧含量在 0.004% 以下,而硫含量在 0.03% 左右。根据钢的脱氧程度及残余脱氧元素的含量不同,硫化物在钢中有三类不同的形态:

(1)当仅用硅或铝脱氧,且脱氧不完全时,硫化物或氧硫化物呈球形任意分布在固态钢中。

(2)用铝完全脱氧,但过剩铝不多时,硫化物以链状或薄膜状分布在晶界处。

(3)当用过量铝脱氧时,硫化物呈不规则外形任意分布在固态钢中。

这三类硫化物的形态不同,对钢性能的影响也不同。如它们对钢热脆倾向的影响是,第二类硫化物的热脆倾向最严重;第三类硫化物次之;第一类硫化物的热脆倾向最小。

造成以上原因主要是钢中硫和氧的含量过高所致,所以降低硫化物夹杂物的首要措施是降低钢中硫含量和加强钢的脱氧。另外,控制钢中锰与硫的比值(Mn/S)在一定的水平之上,也可从一定的程度上改善钢的性能。热轧时氧含量、Mn/S 值和硫化物控制元素对硫化物塑性的影响见图 8-12。

8.2.6 氮化物夹杂物

一般情况下,钢液的含氮量不高,因而钢中的氮化物夹杂物也就较少。但是,如果钢液中含有铝、钛、铌、钒、锆等与氮亲和力较大的元素时,在出钢和浇铸过程中钢流会吸收空气中的氮而使钢中的氮化物夹杂数量显著增多。

通常,将不溶于或几乎不溶于奥氏体并存在于钢中的氮化物才视为夹杂物,其中最常见的是 TiN。用显微镜观察(通常放大 500 倍)含钛钢材纵向剖面时,所见到的呈断续状的、金黄色的、方形或矩形夹杂物,即为钢的氮化钛夹杂物。至于 AlN,一般是钢液结晶时才析出的,颗粒细小,在钢中有许多良好的作用,例如,在钢液结晶过程中它可作为异质核心使钢的晶粒细化,因而 AlN 一般不视作夹杂物。

综上所述,一般情况下钢中氮化物不多,主要是氧化物和硫化物,且以复合型夹杂物存在,沸腾钢中主要是(Fe,Mn)O,其中混有一些尖晶石、硅酸盐、MnS 等;而镇静钢中主要是包含有铝尖

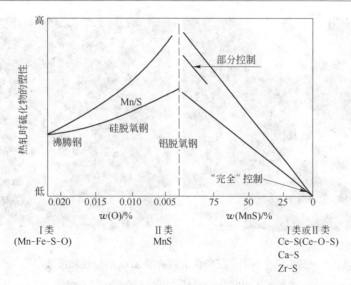

图 8-12 热轧时氧含量、Mn/S 值和硫化物控制元素对硫化物塑性的影响

晶石的硅酸盐或硫化物。

8.3 钢中非金属夹杂物的变形

8.3.1 夹杂物的形貌和变形能力

钢中的氧化物夹杂物通常是复合夹杂物而不是纯氧化物。钢液中氧化物夹杂物的形貌受钢液的成分和脱氧产生的氧化物、冷却速率和脱氧剂的类型等因素的影响。对铝镇静钢来讲,钢液在不同的脱氧条件下,产生的氧化铝夹杂物的形貌和尺寸各不相同。图 8-13 是不同脱氧条件下,钢液中 Al_2O_3 的形貌和尺寸特点。

钛镇静钢中钛的氧化物通常是球形的,但是钛加入量过多,会产生团簇状氧化物。

钢中复合氧化物的形状通常呈现主要成分氧化物的形状,其他的成分对它的形状有改性作用。比较典型的是氧化铝是带有棱角的不规则形状,易于聚合形成团簇状,而含有二氧化硅或者氧化钙的氧化铝夹杂物的形状则随着它们成分的增加由不规则慢慢向球形过渡。图 8-14 是聚集成点簇状 SiO_2 的球形夹杂物的形貌。

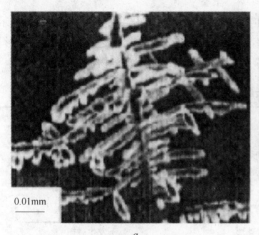

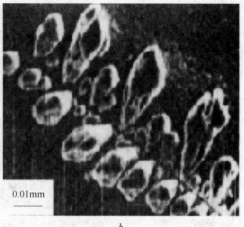

0.01mm

0.01mm

a

b

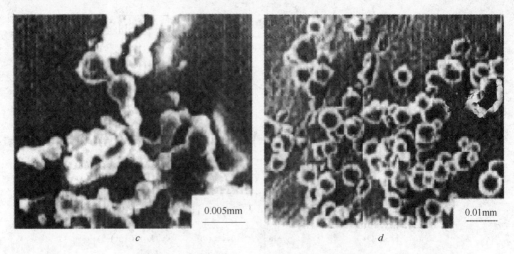

图 8-13　不同脱氧条件下钢液中 Al_2O_3 的形貌和尺寸

a,b—[O] 0.05% ; c—[O] 0.019% ; d—[O] 0.006%

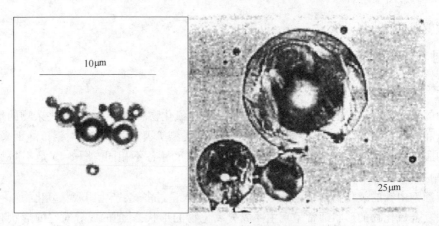

图 8-14　聚集成点簇状 SiO_2 的球形夹杂物的形貌

　　表 8-1 是各种纯氧化物或者几乎纯净的氧化物夹杂物的形貌,不同组分的复合氧化物夹杂物的形状和成分的关系见表 8-2。

　　夹杂物的变形能力一般沿用 T. Malkiewicz 和 S. Rudnik 提出的夹杂物变形性指数 ν 来表示。ν 为钢铁材料热加工状态下夹杂物的真实伸长率与基体材料的真实伸长率之比。夹杂物变形性指数 $\nu=0$ 时,表明夹杂物根本不能变形而只有金属变形,金属变形时夹杂物与基体之间产生滑

表 8-1　纯净氧化物或者接近纯净的氧化物夹杂物的形态

氧 化 物	形 态	碰 撞
Al_2O_3	有棱角的不规则	疏松团簇
SiO_2	有硬表面的近似球形	粗团簇
Ti_2O_3	球形或近似球形	不发生碰撞
MgO	多面体或近似球形	致密团簇
CaO	球形或近似球形	不发生碰撞
ZrO_2	球形或带有小平面的近球形	不发生碰撞

表8-2 不同组分的复合氧化物夹杂物的形状和成分的关系

氧化物和成分/%			形 状	碰 撞
Al_2O_3	SiO_2	CaO		
100	0	0	棱角、不规则	疏松团簇
>80	<20	0	光滑表面、不规则	致密团簇
75~90	10~20	<10	光滑表面、不规则	致密团簇
约60	<10	>30	球形	不发生碰撞
40~60	20~30	20~30	球形	不发生碰撞
>80	0	<20	粗棱角、不规则状	疏松团簇
60~65	0	<20	不规则到球形	致密团簇
40~60	0	40~60	球形	不发生碰撞

动,因而界面结合力下降,并沿金属形变方向产生微裂纹和空洞,成为疲劳裂纹源;$\nu=1$ 时表示夹杂物与金属基体一起形变,因而变形后夹杂物与基体仍然保持良好的结合。刚玉、铝酸钙、尖晶石和方石英等夹杂物在钢材常规热加工温度下为不变形的脆性夹杂物,而硫化锰在 $-80\sim1260℃$ 范围内的变形能力与钢基体相同,即 $\nu=1$。对于 MnO-Al_2O_3-SiO_2 三元系夹杂物,具有良好变形能力的夹杂物组成分布在锰铝榴石($3MnO\cdot Al_2O_3\cdot 3SiO_2$)及其周围的低熔点区,在该区域内 $Al_2O_3/(Al_2O_3+SiO_2+MnO)$ 变化在 15%~30% 之间。而在 CaO-Al_2O_3-SiO_2 三元系夹杂物中,钙斜长石($CaO\cdot Al_2O_3\cdot 2SiO_2$)与鳞石英和假硅灰石($CaO\cdot SiO_2$)相邻的周边低熔点区有良好的变形能力。

在钢材热轧状态下,夹杂物应具有足够大的变形能力参与到钢的塑性变形中去,以防止钢与夹杂物界面上产生微裂纹。国外的研究指出,夹杂物变形性指数 $\nu=0.5\sim1.0$ 时,在钢与夹杂物界面上很少由于变形产生微裂纹;$\nu=0.03\sim0.5$ 时,经常产生带有锥形间隙的鱼尾形裂纹;$\nu=0$ 时锥形间隙与热撕裂是常见的。

8.3.2 钢中夹杂物按照变形能力的分类

钢材制品加工变形时,钢中的各类夹杂物变形性不同,按其变形性可分脆性夹杂物、塑性夹杂物和半塑性夹杂物三类。

8.3.2.1 脆性夹杂物

脆性夹杂物一般指那些不具有塑性变形能力的简单氧化物(如 Al_2O_3、Cr_2O_3、ZrO_2 等)、双氧化物(如 $FeO\cdot Al_2O_3$、$MgO\cdot Al_2O_3$、$CaO\cdot 6Al_2O_3$ 等)、氮化物(如 TiN、$Ti(CN)$、AlN、VN 等)和不变形的球形或点形夹杂物(如球状铝酸钙和含 SiO_2 较高的硅酸盐等)。对于变形率低的脆性夹杂物,在钢变形的加工过程中,夹杂物与钢基体相比变形甚小,由于夹杂物和钢基体之间变形性的显著差异,势必造成在夹杂物与钢基体的交界面处产生应力集中,导致微裂纹产生或夹杂物本身开裂。钢中铝酸钙夹杂物具有较高的熔点和硬度,其硬度随 Al_2O_3 含量的增加而增大,它们几乎不变形,其变形率,当压力加工变形量增大时,铝酸钙被压碎并沿着加工变形方向呈链状分布,严重地破坏了钢基体均匀的连续性。

8.3.2.2 塑性夹杂物

塑性夹杂物在钢材经受加工变形时具有良好的塑性,沿钢的流向延伸呈条带状。属于这类的夹杂物有:含 SiO_2 量较低的铁锰硅酸盐、硫化锰(MnS)、$(Fe,Mn)S$ 等。硫化锰(MnS)是具有高变形率的夹杂物($\nu=1$),即夹杂物与钢材基体的变形相等,它从室温一直到很宽的温度范围内均保持良好的变形性,由于与钢基体的变形特征相似,所以在夹杂物与钢基体之间的交界面处结合很好,毫无产生横裂纹的倾向,并能够沿加工变形的方向成条带分布。

8.3.2.3　半塑性变形的夹杂物

半塑性变形的夹杂物一般指各种复杂的铝酸钙盐夹杂物,其中作为夹杂物的基体在热加工变形过程中产生塑性变形,但分布在基体中的夹杂物(如铝酸钙、尖晶石型的双氧化物等)不变形,基体夹杂物随着钢基体的变形而延伸,而脆性夹杂物不变形,仍保持原来的几何形状,因此将阻碍邻近的塑性夹杂物自由延伸,而远离脆性夹杂物的部分沿着钢基体的变形方向自由延伸。

8.3.3　夹杂物变形能力对钢材制品性能的影响

钢中夹杂物含量是钢的最重要的性能指标,在很大程度上决定着钢的综合性能。从大量的研究结果来看,钢材破断的原因,不在于基体组织,而在于非金属夹杂物的种类和形态。氧化物非金属夹杂物对钢材疲劳断裂的有害影响,其机理基本上已研究清楚,研究表明,所有的疲劳裂纹都发生尺寸大于 $20\mu m$ 的粗大夹杂物周围。尽管夹杂物的类型和形状有变化,但实验表明有夹杂物的地方都会出现疲劳裂纹。夹杂物变形对邻近孔隙之间的影响关系见图 8-15。

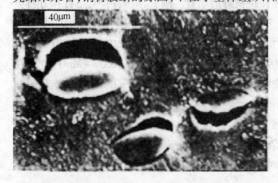

图 8-15　夹杂物变形对邻近孔隙之间的影响关系

疲劳裂纹可分为以下的三类:
(1) 发生在夹杂物周围的疲劳裂纹;
(2) 夹杂物本身断裂导致的裂纹;
(3) 夹杂物与基体边界剥离引起的疲劳裂纹。

钢材在实际使用过程中,上述的第三类疲劳裂纹最为常见。实验室的研究也表明,在疲劳试验的初期,位于主要裂纹前方或附近的这些夹杂物,则可能成为显微裂纹源,并对裂纹的扩展要产生影响。在疲劳实验后期,尺寸小于 20nm 的夹杂物通常也是裂纹源。常见的一些夹杂物的成分组成和特点见表 8-3。

表 8-3　常见的一些夹杂物的成分组成和特点

夹杂物类型	成　分	$\alpha/{}^{\circ}C^{-1}$	泊松比
基　体		12.5×10^{-6}	0.290
硫化物	MnS	18.1×10^{-6}	0.300
	CaS	14.7×10^{-6}	
钙铝酸盐	$CaO \cdot 6Al_2O_3$	8.8×10^{-6}	
	$CaO \cdot 2Al_2O_3$	5.0×10^{-6}	0.234
	$CaO \cdot Al_2O_3$	6.5×10^{-6}	
	$12CaO \cdot 7Al_2O_3$	7.6×10^{-6}	
	$3CaO \cdot Al_2O_3$	10.1×10^{-6}	
尖晶石	$MgO \cdot Al_2O_3$	8.4×10^{-6}	0.260
	$MnO \cdot Al_2O_3$		
	$FeO \cdot Al_2O_3$		

续表 8-3

夹杂物类型	成　分	$\alpha/℃^{-1}$	泊松比
刚　玉	Al_2O_3	8.0×10^{-6}	0.250
	Cr_2O_3	7.9×10^{-6}	
硅酸铝	$2Al_2O_3 \cdot 2SiO_2$	5.0×10^{-6}	0.240
	$2MnO \cdot 2Al_2O_3 \cdot 3SiO_2$	约 2.0×10^{-6}	
氮化物	TiN	9.4×10^{-6}	0.192
氧化物	MnO	14.1×10^{-6}	0.306
	MgO	13.5×10^{-6}	0.178
	CaO	13.5×10^{-6}	0.210
	FeO	14.2×10^{-6}	
	Fe_2O_3	12.2×10^{-6}	
	Fe_3O_4	15.3×10^{-6}	0.260

　　脆性夹杂物、塑性夹杂物以及半塑性夹杂物对不同的钢材制品性能的影响各不相同,如图 8-16 所示。

　　图 8-16a 中的夹杂物使得夹杂物附近钢的基体出现孔隙;图 8-16b 和图 8-16c 中的夹杂物的线状变形使得钢材力学性能各向异性,特别不利于韧性和塑性;图 8-16d 中的夹杂物对韧性和塑性,尤其是对板材厚度方向上的性能影响最坏。

　　目前,常用检验标准中把钢中夹杂物分为 A(硫化物)、B(氧化铝)、C(硅酸盐)和 D(球状不变形夹杂物)四类夹杂物。不同的钢种,夹杂物对它们的危害程度也各不相同,如各类夹杂物对轴承寿命的危害性按大小可以排成 D > B > C > A 的次序,对夹杂物形态来说,球状不变形夹杂对轴承寿命危害极大,尺寸越大,疲劳寿命越短。

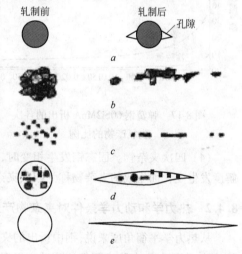

图 8-16　脆性夹杂物、塑性夹杂物以及半塑性夹杂物对不同的钢材制品性能的影响
a—轧制前后的"硬"夹杂物;b—"硬"的结晶体夹杂物在轧制过程中破碎;c—"硬"的夹杂物群被轧成线状;
d—分散在"软"基体上的出"硬"质点组成的夹杂物;
e—轧制条件下的"软"夹杂物

8.4　不同阶段生成的钢中非金属夹杂物的基本特点

8.4.1　按不同阶段生成夹杂物的分类

　　脱氧产生的产物也叫内生夹杂物,对钢材制品产生各种不良影响。消除这些不良影响的方法之一就是夹杂物控制技术。

　　钢水中内生的氧化物夹杂物,是脱氧元素同溶解氧相互作用的产物。在转炉出钢过程中到钢水精炼结束期,产生的夹杂物称为一次性夹杂物;在钢水通过中间包到达结晶器,冷却到结晶温度以前,产生的夹杂物称为二次夹杂物;在进一步的冷却过程中,晶体在固液两相区发展,同时钢中的溶解氧随着温度的降低而析出,钢中的合金元素随着温度的变化也析出,形成富氧和富脱氧元素的液相,它们进一步作用,形成了第三次结晶夹杂物;随着结晶以后固相的转变,典型的 $\delta \rightarrow \gamma$、$\gamma \rightarrow \alpha$ 的转变过程中,进一步析出的氧和脱氧合金元素反应,形成非常细小的结晶后的四次夹杂物。其各自特点如下:

（1）一次夹杂物。在冶炼过程中生成并滞留在钢中的脱氧产物、硫化物和氮化物称为一次夹杂物，也称原生夹杂物。一次夹杂物能够较为容易地从钢中去除，但是没有去除的一次夹杂物在钢的冷凝过程会长大为大的颗粒，因此它在钢中的量越少越好。含铝钢的一次脱氧产物的数量决定于钢液中的铝含量。图 8-17 是弹簧钢 60Si2MnA 析出的各次脱氧产物的比例。

（2）二次夹杂物。出钢和浇铸过程中，由于钢液温度降低，钢中的溶解氧的溶解度降低，析出自由氧，和钢中的脱氧元素反应，导致平衡移动而生成的夹杂物称为二次夹杂物。

（3）三次夹杂物。钢液在凝固过程中，因为温度的进一步降低，各个元素溶解度下降引起平衡移动而生成的夹杂物称为三次夹杂物。高碳钢 82B 依次析出夹杂物的比例见图 8-18。

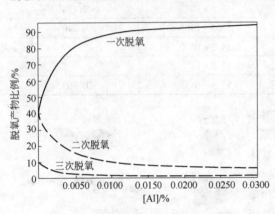

图 8-17　弹簧钢 60Si2MnA 析出的各次　　　　　图 8-18　高碳钢 82B 依次析出夹杂物的比例
脱氧产物的比例

（4）四次夹杂物。固态钢发生相变时，因溶解氧的析出，在晶型转变，$\delta \rightarrow \gamma$，$\gamma \rightarrow \alpha$ 转变下，溶解度发生变化而生成的夹杂物称为四次夹杂物。

8.4.2　热力学和动力学条件对夹杂物产生的影响

从热力学平衡角度来说，钢中析出的夹杂物组成完全决定于钢液成分和钢液温度，当钢液与精炼渣、钢液与夹杂物之间都达到反应平衡时，钢中析出的夹杂物组成应与精炼渣组成相同。但事实上由于动力学因素的限制，钢液与精炼渣中各氧化物组元之间是不可能达到反应平衡的。氧含量为 $60\mu g/g$ 时，夹杂物析出过程的计算结果见图 8-19。

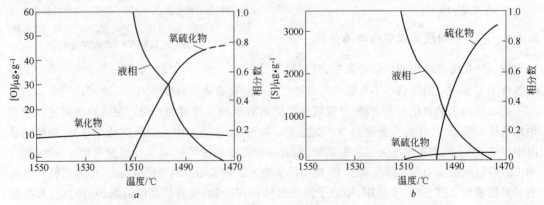

图 8-19　氧含量为 $60\mu g/g$ 时夹杂物析出过程的计算结果
a—凝固阶段氧化物和氧硫化物的析出序列；b—凝固阶段硫化物和氧硫化物的析出序列

钢液与氧化物夹杂物之间是否能达到反应平衡同样也决定于脱氧过程的动力学条件。在合金化阶段,若分别用硅铁和锰铁合金化,钢液中会分别析出 SiO_2 和 MnO,或只析出 SiO_2;若用硅锰合金合金化,会析出 MnO-SiO_2 系夹杂物。典型的是在弹簧钢合金化时由于加入的硅铁量大,钢中的氧首先与硅反应析出 SiO_2,这部分 SiO_2 会一直保留到最终产品中,这已被实践证实。在使用含铝的合金脱氧时,还会产生 MnO-Al_2O_3-SiO_2 系脱氧产物,如在高碳帘线钢、硬线钢的冶炼中,用硅铁、锰铁或硅锰合金化后析出 MnO-Al_2O_3-SiO_2 就是一次脱氧的产物。

各次脱氧产物的析出比例决定于钢液组成,如在高碳帘线钢(C 0.8%,Si 0.25%,Mn 0.55%)和弹簧钢 60Si2CrVA(C 0.6%,Si 1.7%,Mn 0.6%,Cr 1.05%,V 0.15%)中,若钢液用铝脱氧,钢中析出的夹杂物主要是一次脱氧产物 Al_2O_3;当钢液不用铝脱氧时,一次脱氧析出的脱氧产物是 MnO-Al_2O_3-SiO_2 系夹杂物,而且其数量大大下降;在高碳帘线钢中,[Al] = 0.0004%时的一次脱氧产物量仅占 12.5%,阀门弹簧钢中的[Al] = 0.0010%时的一次脱氧产物量占 47.27%。在不用铝脱氧制度下,钢中析出的二次、三次脱氧产物为 CaO-Al_2O_3-SiO_2 系夹杂物。

钢液经过 CaO-Al_2O_3-SiO_2 渣系的炉外精炼,钢中铝、钙含量发生变化,最终影响到二次、三次脱氧产物的组成。二次、三次脱氧产物是钢液脱氧平衡移动过程中通过均相反应析出的氧化物夹杂,它们与钢液之间能建立起反应平衡。因此,用热力学计算方法完全可以预测二次、三次脱氧产物的组成。例如在高碳帘线钢中[Al] > 0.0003%时,二次脱氧产物组成落在刚玉初晶区内;对弹簧钢,当[Al] > 0.0016%时,钢中析出的二次脱氧产物落在刚玉初晶区内。

脱氧产物中的 Al_2O_3 含量对其塑性影响很大。在 MnO-Al_2O_3-SiO_2 三元系中,当 Al_2O_3 = 15% ~ 25%时,夹杂物组成分布在具有良好变形能力的锰铝榴石组成范围内;在 CaO-Al_2O_3-SiO_2 三元系中,当 Al_2O_3 = 15% ~ 25%时,夹杂物组成分布在具有良好变形能力的钙斜长石及其与假硅灰石共晶线附近的低熔点组成范围内。因此,如何通过脱氧控制和炉外精炼控制,实现对钢液中强脱氧元素含量的有效控制,是最终实现对钢中二次、三次脱氧产物组成控制的关键。

8.5 钢中非金属夹杂物去除的机理和途径

8.5.1 夹杂物的去除机理

冶金实验的结果表明,溶解在钢液中的氧和脱氧元素之间的反应进行得很快,反应的产物可能是液态,也可能是固态悬浮于钢液之中。据文献介绍,1cm 的钢液中约含有 3000 多个 10 ~ 20μm 的夹杂物质点,并且大多数为氧化物。

钢中尺寸较小的夹杂物颗粒不足以上浮去除,必须通过碰撞聚合成大颗粒,较大的夹杂物陆续上浮到渣层,或者扩散进入耐火材料内部,这需要通过吹氩或者电磁搅拌来实现。绝大部分的夹杂物主要靠聚集上浮进入顶渣去除,而不是林兹考格(N. Lindskog)认为的大部分由钢包壁吸附。如对自由氧接近 0.04%的钢液用铝脱氧,如果铝是以一批的方式加入钢液中,主要形成珊瑚状 Al_2O_3 簇,这些簇状物很容易浮出进入渣中,只有少量紧密簇状物和单个 Al_2O_3 粒子滞留在钢液中,其尺寸小于 30μm;如果以两批的方式加入,靠近 Al_2O_3 粒子,有一些板型的 Al_2O_3 出现,其尺寸为 5 ~ 20μm。所以加入铝时应尽可能快地一批加入,以减少有害的 Al_2O_3 夹杂物。出钢时加铝脱氧,能形成较大尺寸的 Al_2O_3 夹杂物。夹杂物尺寸越大,碰撞结合力越大,有利于增大夹杂物对气泡的附着力,有利于夹杂物的去除。钢液中的夹杂物颗粒在搅拌状态下的析出可以理解为一种传质过程,此过程从钢液内部指向自由表面、熔渣或耐火材料壁。析出后的颗粒,受界面力的影响,一般不再返回钢液中。直径较大的簇状 Al_2O_3 夹杂物的各种形态如图 8-20 所示。

图 8-20　直径为 $30\mu m$ 的夹杂物三种簇状形态

8.5.2　夹杂物去除的途径

去除夹杂物主要从以下几个方面做好工作:

(1) 合理地进行钢包的吹氩操作,此节内容前面已有描述,此处不再赘述。

(2) 加压减压法。

加压减压法(NK-PERM)是日本钢管公司开发的精炼法,采用顶吹喷枪和包底透气砖吹氮或氢,将氮或氢强制性地溶解在钢水中,使钢中的氮或氢增到 0.0150% ~ 0.0400%,然后在 RH 真空循环脱气装置中脱气、去除夹杂物。钢中过饱和的氮或氢在迅速减压过程中析出,形成微小气泡促使夹杂物上浮。此方法与传统的钢包吹氩相比,钢中夹杂物平均尺寸明显减小,且直径在 $10\mu m$ 以上的夹杂颗粒全部去除。

(3) 钢包电磁搅拌。瑞典 ASEA 公司与 SKF 公司于 1965 年建成了第一座采用电磁感应搅拌的钢包精炼炉 ASEA-SKF。用此方法生产,钢的总氧量可小于 0.0020%,夹杂物显著减少。国内冶金工作者在对 90t LF—VD 钢包精炼电磁搅拌的试验表明,与吹氩搅拌相比,电磁搅拌在降低尺寸在 $20\mu m$ 以下的非金属夹杂物方面有显著的优越性,非金属夹杂物不论颗粒大小,都能以较快速度从钢液中排除。此外,电磁搅拌能量分布均匀,流场基本无死角。一般来说,电磁搅拌比气体搅拌更容易准确掌握,与气体搅拌相比,电磁搅拌对钢渣界面的搅动强度还不够大。电磁搅拌使钢液的流动比较稳定、均衡,避免钢液流速过大导致的卷渣,但电磁搅拌不能提供促使夹杂物上浮的气泡。

(4) 结晶器电磁搅拌。结晶器电磁搅拌是利用向上的电磁力阻止从浸入式水口流出的钢液并改变其方向,借此减小钢液的穿透深度,促使夹杂物上浮分离,同时,抑制弯月面的波动,防止卷渣。

20 世纪 80 年代,瑞典 ASEA 公司与日本川崎公司联合开发的板坯结晶器电磁搅拌技术取得较好效果。90 年代,成功开发出两段电磁搅拌技术,上段用于抑制弯月面的波动,下段用于制动高速流股。近年来又开发出了全幅三段电磁制动技术,将下段磁场用于二次制动。川崎钢铁公司在采用电磁制动后,即使在2.5m/min以上高速连铸时,结晶器内的保护渣也不会卷入钢液中。国内梅钢2号连铸机采用全幅两段电磁搅拌技术,使用效果表明:采用电磁搅拌后,结晶器液面波动幅度明显降低,铸坯夹杂物数量较少且尺寸不大于20μm。

(5)中间包气幕挡墙。通过埋设于中间包底部的透气管或透气梁向钢液中吹入气泡,气泡与流经此处的钢液中的夹杂物颗粒相互碰撞、聚合、吸附,同时增加了夹杂物的垂直向上运动,从而达到净化钢液的目的。

德国NMSG公司的应用结果表明,与不吹气相比,50~200μm大尺寸夹杂物全部去除,小尺寸夹杂物的去除效率增加50%。为了获取细小气泡,新日铁研制了一种旋转喷嘴,借助耐火材料制的旋转叶轮,使吹入中间包的气泡分裂成微细气泡,与传统的中间包设置挡墙法相比,小于50μm的夹杂物明显减少。某钢厂中间包底吹氩试验证实:底吹氩形成的气幕挡墙对夹杂物去除效果明显,同不吹氩相比,铸坯中夹杂物数量下降50%,而且未观察到30~50μm的夹杂物。

(6)中间包离心分离。利用夹杂物与钢液的密度差,可以用离心场来分离夹杂物。在旋转的钢液中,由于夹杂物密度比钢液小,夹杂物会向心运动,在钢液中心聚集长大、上浮。钢液的旋转可以通过旋转磁场产生。20世纪90年代,日本在中间包中进行旋转磁场离心分离夹杂物的试验,离心流动中间包分为圆筒形旋转室和矩形室,钢水由钢包长水口进入旋转室,在旋转区受电磁力驱动进行离心流动,然后从旋转区底部出口进入矩形室进行浇铸。离心搅拌后全氧由0.002%~0.004%降到0.0008%~0.0015%,夹杂物总量约减少一半。

(7)渣洗。渣洗通过控制炉渣成分处理钢液,是最早出现的炉外精炼方法。由于精炼渣可以吸附夹杂物,为了保证渣洗的效果,一般要进行搅拌。渣洗通常与其他工艺操作配合使用。

渣洗过程中夹杂物的去除,主要靠两个方面的作用:

1)钢种原有的夹杂物与乳化渣滴碰撞,被渣滴吸附、同化而随渣滴上浮排除。渣洗时,乳化了的渣滴与钢液强烈的搅拌,这样渣滴与钢中原有的夹杂物,特别是大颗粒夹杂物接触的机会就急剧增加。由于渣与夹杂物间的界面张力远小于钢液与夹杂物间的界面张力,所以钢中夹杂很容易被与它碰撞的渣滴所吸附。渣洗工艺所用的熔渣就是氧化物熔体,而夹杂物大都也是氧化物,所以被渣吸附的夹杂物比较容易溶解于渣滴中,这种溶解过程称为同化。夹杂物被渣滴同化而使渣滴长大,加速了渣滴的上浮过程。

2)促进了脱氧反应产物的排除,使钢中的夹杂物数量减少。在出钢渣洗过程中,乳化渣滴表面可作为脱氧反应新相形成的晶核,形成新相所需的自由能增加不多,所以在不太大的过饱和度下脱氧反应就能进行。此时,脱氧产物比较容易被渣滴同化并随渣滴一起上浮,使残留在钢液内的脱氧产物的数量明显减少。这就是渣洗钢液比较纯净的原因。

电渣重熔是在渣洗基础上发展起来的一项新技术。在电渣重熔过程中,自耗电极的端部熔化的金属汇集成液滴,分散细小的熔滴穿过渣层并最终进入金属熔池,使金属液与熔渣的接触界面显著增加。而且,电极端头温度高达1800℃,原有的固态夹杂物一般均能变成液态,更容易被渣吸附。经电渣重熔的GCr15钢轴承的寿命是电炉轴承钢的3.35倍。

(8)使用中间包过滤器。中间包过滤器主要通过机械拦截、表面吸附的作用去除夹杂物。夹杂物的去除率与过滤器的材质、过滤器孔径和钢水流速有关。文献介绍,美国SELEE钢铁公司研制的过滤器应用在中间包上,夹杂物去除效率提高40%~80%。日本千叶厂研制的陶瓷窄孔过滤器,在最佳情况下能全部去除大于20μm的夹杂物。但是,过滤器的制作工艺比较复杂,生产成本较高,过滤器的比表面积有限,难以满足钢水连续过滤的要求,也仅限应用于高纯净度、高价位钢材的生产。

8.5.3　夹杂物吸附长大的过程

　　夹杂物的运动具有随机性,当某一个夹杂物直径和表面积合适,和其他不同直径的夹杂物碰撞时,能够吸附这些夹杂物,成为夹杂物长大的核心,学术上称为种子夹杂物。当其他夹杂物运动到种子夹杂物周围时,受黏性力和流体动力的作用,种子夹杂物能吸附周围夹杂物粒子,一旦吸附成功,被黏附的夹杂物就在种子夹杂物表面形成突起,从而增大了种子夹杂物的体积和表面积,为下一次吸附过程提供了更有利的条件。同时,夹杂物的吸附作用具有持续性:被吸附的夹杂物往往成为下一次吸附的"活性"表面,这些突起最终成长为尺寸较大的触手,簇状夹杂物的多个触手结构已由实验工作所证实,夹杂物的主链由粒径较大的夹杂物形成,而支链则由粒径较小的夹杂物形成,这种簇状结构比较松散,因此其表观密度较小。铝和氧超饱和时(铝加入 5min 后),形成的粗大的树枝状 Al_2O_3 簇状物的显微照片见图 8-21。

　　在流动的钢液中,夹杂物颗粒容易碰撞而凝并成大颗粒。液态的夹杂物凝并后成为较大液滴上浮;固态的 Al_2O_3 夹杂物和钢液间的润湿角大于 90°,碰撞后,能够相互黏附,在钢液静压力和高温作用下,很快烧结成珊瑚状的群落,尺寸达 100μm 以上,甚至还要大得多。所以颗粒的碰撞凝并是夹杂物去除的重要形式。在强湍流下,夹杂物碰撞聚合非常迅速,例如,在 0.1m²/s³ 的强湍流条件下,夹杂物半径长大到 100μm 只要 2min。模拟夹杂物碰撞、聚合和长大的示意图如图 8-22 所示。

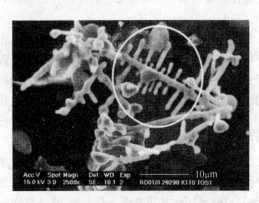

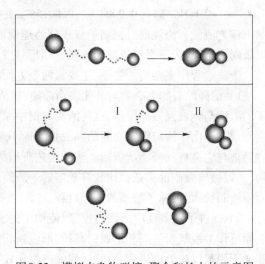

图 8-21　铝和氧超饱和时(铝加入 5min 后),
形成的粗大的树枝状 Al_2O_3 簇状物

图 8-22　模拟夹杂物碰撞、聚合和长大的示意图

8.5.4　吹氩条件对夹杂物去除的影响

　　关于钢包底吹氩去除夹杂物,有关学者建立了夹杂物去除和总氧含量之间的关系,他们把钢包分为三个区:上浮区、吸附区和混合区,认为钢包底吹氩的过程中,钢液中夹杂物形态的氧主要通过上升的气泡群流股带到钢液面进入渣相中而被去除。定量关系为:

$$\ln\left(\frac{a_i}{a_i^0}\right) = \frac{\eta_i}{W_m}\rho v_h \tau \qquad (8-1)$$

式中,a_i 为终了夹杂率或总氧含量,%;a_i^0 为初始夹杂率或总氧含量,%;η_i 为过滤或吸附率;W_m 为钢液质量,t;ρ 为钢液密度,t/m³;τ 为吹氩时间,s;v_h 为气泡群的上升速度,m/s,其表达

式为：

$$v_h = 1.9(H + 0.8)[\ln(1 + H/1.48)]^{0.5}(Q_R^0)0.381 \qquad (8-2)$$

式中，H 为熔池深度，m；Q_R^0 为氩气流量（标态），m^3/s。

结论是要提高去除钢中夹杂物的效率，就应在一定范围内增加底吹氩气的流量。故炉外精炼过程中的夹杂物被气泡俘获去除的效率，决定于吹入钢液中气泡数量和气泡尺寸。钢包底吹氩用透气砖平均孔径一般为 2~4min，在常用的吹氩流量范围产生的气泡直径为 10~20mm。而有效去除夹杂物的最佳气泡直径为 2~15mm，并且气泡在上浮过程会迅速膨胀。因此，底吹氩产生的气泡俘获小颗粒夹杂物概率很小，去除效果不理想，对较大颗粒的夹杂物的去除比较有效。

为了去除钢中的细小夹杂物颗粒，必须在钢液中制造直径更小的气泡。将氩气引入到足够湍流强度的钢液中，依靠湍流波动速度梯度产生的剪切力将气泡击碎，可将大气泡击碎成小气泡。钢包与中间包之间的长水口具有高的湍流强度，在此区域钢水流速达到 1~3m/s。在转炉出钢过程中和连铸钢包长水口吹氩两个环节较为有效。

8.6　钢中非金属夹杂物的控制

夹杂物控制技术的核心思想是根据不同的钢种和对钢种的要求，采用不同的脱氧工艺和精炼路线，以期望控制夹杂物的析出形态和数量，最大限度地从钢液排除，而没有排除的夹杂物，在钢中存在的理化性能，对钢材的危害程度最小为目的的。

通过钢液精炼过程中的脱氧关键环节的控制，能够控制脱氧产物的大小、理化性能，进而影响钢铁制品的性能。如转炉出钢过程中的脱氧工艺，加入的合金种类、出钢的温度控制、合金加入的数量、精炼炉选择的渣系、钙处理方法、吹氩的控制等，既要能够满足钢水浇铸性能的要求，又要保证钢坯的质量，否则可浇性好的钢水，如果夹杂物超标，浇铸出来的钢坯也只能是废品。

钢液的脱氧，第一步要降低钢液中溶解的氧，即把钢液中的氧变成不溶于钢液的氧化物，如 MnO、SiO_2、Al_2O_3 等；第二步还必须将上述脱氧产物从钢液中排除，使钢中总的氧含量降低。一次夹杂物比较容易去除，二次夹杂物去除的难度大于一次夹杂物，三次夹杂物和四次夹杂物全部留在了钢坯中，成为影响钢材质量的主要因素。故实际生产中，钢中夹杂物数量控制的主要工艺要点如下。

8.6.1　转炉的终点成分、温度控制和留碳操作对非金属夹杂物的影响

任何的一种钢种的冶炼，出钢的终点成分中碳含量和温度对钢中溶解氧的影响很大，哪怕是 0.01% 的差距，钢液中溶解氧的浓度差距就会很大。终点碳越低（或后吹），吹入氧主要用来生成氧化铁，使渣中 FeO 急剧增加，同时增加了终点溶解氧。

转炉钢水终点碳过低，出钢带渣的危害远胜于正常吹炼炉次的带渣的危害性。故转炉钢水的精炼过程中，希望钢水在转炉出钢的开始能够得到比较合理的氧含量，一是可以减少脱氧剂的使用量，降低冶炼的脱氧成本，二是可以减少脱氧过程产生的夹杂物的数量，从而能够减少钢坯中氧化物夹杂的数量。某厂在相同 LF 精炼时间内，转炉出钢前原始氧含量和钢水精炼结束时氧含量之间的关系（铝镇静钢）见图 8-23。

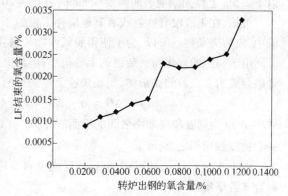

图 8-23　转炉终点不同的氧含量在相同精炼时间下的变化

从以上的关系可以看出,钢水原始的氧含量直接影响了钢水的脱氧效果,影响了钢坯中氧化物夹杂物的含量。氧含量越高,脱氧产物产生的数量越多,从钢液中排除这些夹杂物需要的时间越多、成本越高。处理不好,钢液的结瘤现象、质量水平都会出现问题。控制钢液中原始溶解氧,是减少脱氧产物形成数量的关键。

8.6.2　脱氧工艺的选择

选择合理的脱氧工艺,能够控制不同阶段夹杂物的析出量,优化钢中夹杂物的残余量和残余组分,降低夹杂物的危害。为了尽可能减少夹杂物的数量,转炉冶炼的钢水,出钢过程中一次将脱氧的程度控制在脱氧的目标范围以内,或者接近控制目标的范围以内(控制内容包括对加入脱氧剂的种类、数量以及吹氩的控制),使得脱氧过程中一次夹杂物的数量最多,在出钢过程中以较大的吹氩流量吹氩,使得夹杂物的碰撞更加有效,使得一次脱氧的大颗粒夹杂物得以上浮去除。更为重要的是一些低碳铝镇静钢钢种的冶炼,对合金成分中铝的调整要求一次调整到控制成分的中下限,避免精炼炉加入大量的合金,影响夹杂物的排除。在硅镇静硬线钢的冶炼过程中,转炉出钢首先采用铝脱氧,将钢中的氧含量控制在目标范围以内,将氧化铝的夹杂物在出钢过程中去除大部分,精炼过程中控制顶渣中氧化铝的活度,实现钢中氧化铝夹杂物的危害最小化等。惧怕氧化铝夹杂物,不采用铝脱氧,冶炼出来的钢质量明显的低于铝脱氧钢,优化脱氧工艺,如分阶段采用不同的脱氧工艺,对钢的冶炼周期还是质量都是有益的。

8.6.3　炉外精炼控制手段

8.6.3.1　钢中非金属夹杂物的控制技术

一种炉外精炼设备对钢水的精炼时间一般要求小于 55min,在较短的时间内将夹杂物快速地去除,是炉外精炼的主要操作目的。由前面的公式可以得到,提高钢液中夹杂物去除速度,主要从以下的几个方面做工作:

(1)合理的吹氩工艺制度。采用气体搅拌时,设法向钢液吹入数量更多、尺寸更小的气泡,能有效减少夹杂物的数量、减小夹杂物的尺寸。采用双透气砖的钢包去除夹杂物的效果优于单透气砖的钢包。

(2)增加脱氧产物的半径。由斯托克斯公式计算可知,20μm 以下的夹杂物,在 1m 的钢包内上浮到钢液表面进入钢渣需要的时间为 48.7min 以上;直径为 100μm 的 Al_2O_3 夹杂物从钢液表面以下 2.5m 上浮到钢液表面需要 4.8min;直径为 20μm 的夹杂物的上浮时间增加到 119min。

可见,在钢液没有吹氩或者其他搅拌手段的干预下,20μm 以下的夹杂物几乎全部留在了钢液中,成为夹杂物。所以,为了使得脱氧产物从钢液上浮去除,必须采取措施,增加其半径。

由于初生的氧化物夹杂物的半径很小,但是由于表面张力的作用和相互吸引,它们会聚集或者融合成为大颗粒的夹杂物,实现快速上浮的目的。非金属夹杂物聚集的热力学条件为:

$$\Delta G = \sigma_{m-s} \Delta A = \sigma_{m-s}(A_{m-s}^1 - A_{m-s}^2) < 0 \tag{8-3}$$

式中,σ_{m-s} 为钢液和夹杂物之间的界面能,J;A_{m-s}^1,A_{m-s}^2 分别为夹杂物质点聚集前和聚集后,金属、夹杂物接触面积之差,m^2。

由于 $A_{m-s}^1 < A_{m-s}^2$,所以式(8-3)的反应是自发进行的,即脱氧产物能够在一定的条件下自发融合或者聚集长大。

除了钢水炉外精炼过程中的吹氩对夹杂物之间的碰撞和聚合很有利以外,通常情况下,液态夹杂物之间的相互融合或者聚集的趋势大于固态夹杂物。控制脱氧产物的熔点,对夹杂物上浮无疑也是有利的,这也是采用复合脱氧的主要原因之一。如硅镇静钢控制锰硅比,铝镇静钢采用钙处理就基于此原理。

(3)控制脱氧产物的密度。钢水的密度基本上是稳定的($6.9t/m^3$),脱氧产物的密度较小的时候,钢水和脱氧产物密度之间明显的差异将有利于夹杂物的上浮去除。常见脱氧产物的密度和熔点在常温(20℃)大的数据见表8-4。

表8-4　常见脱氧产物的熔点和密度

脱氧产物组成	密度/t·m^{-3}	脱氧产物组成	密度/t·m^{-3}
Al_2O_3	3.96	$SiO_2 > 40\%$ 的硅酸铁	2.3 ~ 4.0
SiO_2	2.2 ~ 2.6	$MnO·SiO_2$	3.72
MnO	5.5	$2MnO·SiO_2$	4.04
FeO	5.8	$MnO·Al_2O_3$	4.23
TiO_2	4.2	$3MnO·Al_2O_3·3SiO_2$	4.18
Cr_2O_3	5.0	$2FeO·SiO_2$	4.32
V_2O_5	4.87	$Al_2O_3·SiO_2$	3.05
$SiO_2 < 40\%$ 的硅酸铁	4.0 ~ 5.8	$12CaO·7Al_2O_3$	2.83

(4)使用合成渣渣洗。渣洗过程中夹杂物的去除,主要靠两个方面的作用。

1)钢种原有的夹杂物与乳化渣滴碰撞,被渣滴吸附、同化而随渣滴上浮排除。渣洗时,乳化了的渣滴与钢液被强烈地搅拌,这样渣滴与钢中原有的夹杂物,特别是大颗粒夹杂物接触的机会就急剧增加。由于渣与夹杂物间的界面张力 σ_{s-i} 远小于钢液与夹杂物间的界面张力 σ_{m-i},所以钢中夹杂物很容易被与它碰撞的渣滴所吸附。渣洗工艺所用的熔渣大多数是氧化物熔体,而夹杂物大都也是氧化物,所以被渣吸附的夹杂物比较容易溶解于渣滴中,这种溶解过程称为同化。夹杂物被渣滴所同化而使渣滴长大,加速了渣滴的上浮过程。

2)促进了脱氧反应产物的排除,使钢中的夹杂数量减少。在出钢渣洗过程中,乳化渣滴表面可作为脱氧反应新相形成的晶核,形成新相所需的自由能增加不多,所以在不太大的过饱和度下脱氧反应就能进行。此时,脱氧产物比较容易被渣滴同化并随渣滴一起上浮,使残留在钢液内的脱氧产物的数量明显减少。这就是渣洗钢液比较纯净的原因。

一般的合成渣由 CaO、Al_2O_3、CaF_2、SiO_2、MgO 组合而成,其他成分还有 Na_2CO_3、CaF_2 等。合成渣主要有 CaO-Al_2O_3 系、CaO-SiO_2-Al_2O_3 系、CaO-SiO_2-CaF_2 系等。目前常用的合成渣系主要是 CaO-Al_2O_3 碱性渣系,化学成分大致为:CaO 50% ~ 55%、Al_2O_3 40% ~ 45%、$SiO_2 \leqslant 5\%$、$C \leqslant 0.10\%$、$FeO < 1\%$。由此可知,CaO-Al_2O_3 合成渣中,CaO 含量很高,CaO 是合成渣中用于达到冶金反应目的的化合物,其他化合物大多是为了调整成分、降低熔点而加入。FeO 含量较低,因此钢液的脱氧、脱硫有利。除此之外,这种渣的熔点较低,一般波动在 1350 ~ 1450℃之间,当 Al_2O_3 为 42% ~ 48% 时最低。这种熔渣的黏度随着温度的改变,变化也较小,当温度为 1600 ~ 1700℃时,黏度约为 0.16 ~ 0.32Pa·s;当温度低于 1550℃时仍保持良好的流动性。这种熔渣与钢液间的界面张力较大,容易携带夹杂物分离上浮。出钢时加入钢包中的合成渣在钢流的冲击下,被分裂成细小的渣滴,并弥散分布于钢液中,其粒径越小,与钢液接触的表面积越大,渣洗作用越强。这必然使所有在钢渣界面进行的精炼反应加速,同时也增加了渣与钢中夹杂物接触的机会。乳化的渣滴随钢流紊乱搅动的同时,不断碰撞、合并并且长大、上浮。

(5)加强钢渣界面的搅动,降低钢液的黏度。钢液的黏度和钢液的温度关系密切,钢液的温度越高,黏度越小,脱氧产物上浮所受到的阻力越小,上浮速度越快。合适地控制钢液的温度,如转炉出钢的温度、精炼炉合金化和脱氧的温度,都可以提高夹杂物的上浮速度。加强钢渣界面的搅动,能促进夹杂物从钢液中分离,有利于提高渣洗去除夹杂物的效率。

（6）各个冶炼工序强化夹杂物的控制功能。在冶炼、精炼及连铸过程中,不同工序的夹杂物的去除条件各不相同,将各种夹杂物去除技术进行合理组合,最有效地发挥各自的优势,实现多功能精炼,将会取得更好的效果。

8.6.3.2　选择合理的脱氧工艺,控制不同阶段夹杂物的析出量

各次脱氧产物的析出比例决定于钢液中的铝含量高低和钢液组成。钢液中二次、三次脱氧产物的析出数量,决定于精炼过程的综合脱氧、吹氩数量或真空处理的时间。

钢液温度降低时,不同含量的钙浓度和铝浓度所对应的析出夹杂物的规律见图8-24。

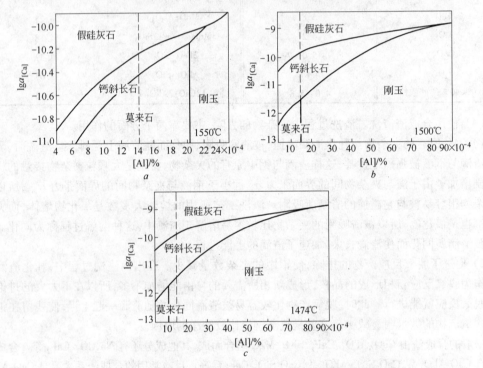

图8-24　不同[Ca]%和[Al]%对应的夹杂物析出规律

对高碳帘线钢（C 0.8%,Si 0.25%,Mn 0.55%）和弹簧钢 60Si2CrVA（C 0.6%,Si 1.7%,Mn 0.6%,Cr 1.05%,V 0.15%）。若钢液用铝脱氧,钢中析出的夹杂物主要是一次脱氧产物 Al_2O_3;当钢液不用铝脱氧时,一次脱氧析出的脱氧产物是 $MnO-Al_2O_3-SiO_2$ 系夹杂物,而且其数量大大下降,如高碳帘线钢中[Al]=0.0004%时的一次脱氧产物量仅占12.5%,阀门弹簧钢中的[Al]=0.001%时的一次脱氧产物量占47.27%。在后一种脱氧制度下钢中析出的二次、三次脱氧产物为 $CaO-SiO_2-Al_2O_3$ 系夹杂。

相对外来夹杂物来说,内生夹杂物的分布较均匀,颗粒也比较细小,而且形成时间越迟,颗粒越细小。内生夹杂物在钢中的存在形态,取决于其形成的时间早晚和本身的特性。如果夹杂物形成的时间较早,而且因熔点高以固态形式存在于钢液中,这些夹杂物在固体钢中仍将保持原有的结晶形态;而如果夹杂物是以液态的异相形式存在于钢液中,那么它们在固态钢中则呈球形。较晚形成的夹杂物多沿初生晶粒的晶界分布,依据它们对晶界的润湿情况不同或呈颗粒状如

FeO,或呈薄膜状如 FeS。从形成的时间上看,一次夹杂物和二次夹杂物,通过合理的工艺手段,可以去除大部分;三次夹杂物和四次夹杂物完全留在了钢中。所以控制钢中的溶解氧能够减少三次、四次夹杂物的生成,提高钢的质量。

此外,钢液在钢包到中间包过程中的二次氧化生成的夹杂物,在中间包没有夹杂物去除工艺的情况下,也属于二次夹杂物的范畴。其中,钢液的二次氧化是指钢水中的合金元素与空气中的氧、炉渣、耐火材料中的氧化物发生化学反应,生成新的氧化物相而污染钢水。

8.6.3.3 脱氧工艺的选择对夹杂物形态的影响

在不同的炼钢工序,夹杂物的尺寸随着冶炼的工艺变化而变化,炼钢过程中的夹杂物尺寸分布服从指数衰减规律:

$$F = \alpha + F_0 \exp(-\beta d)$$

式中,F 为夹杂物出现的频率,%;d 为夹杂物的直径,μm;F_0、α、β 为与工序操作条件有关的系数,其中各个系数的平均值为 $F_0 = 446$;$\alpha = 0.3$,$\beta = 1.72$。

在不同的炼钢工序钢水中夹杂物的平均尺寸分布见图 8-25。

所以选择合理的脱氧工艺,能够控制脱氧产生的夹杂物的形状,使之危害最小。如向钢中加入 Ca 或者加入 CaO 基的合成渣、复合脱氧合金,使 Al_2O_3 夹杂物转变为含高 CaO(CaO ≥ 50%)的钙铝酸盐,如形成 $12CaO \cdot 7Al_2O_3$,其熔点为 1455℃,在钢液中为液态,容易上浮,可提高钢的清洁度。即使部分 $12CaO \cdot 7Al_2O_3$ 夹杂物仍残留在钢中,由于它的硬度比 Al_2O_3 低,且为球状,对钢的危害较小。

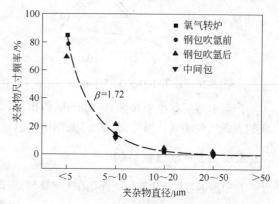

图 8-25 在不同的炼钢工序钢水中
夹杂物的平均尺寸分布

8.6.3.4 硅镇静钢的脱氧控制

硅镇静钢一般为中高碳钢。此类钢材的制品包括硬线钢、弹簧钢、轴承钢等。采用铝终脱氧制度,是造成钢中残存脆性夹杂物刚玉(Al_2O_3)和铝酸钙($mCaO \cdot nAl_2O_3$)的主要根源。这些脆性夹杂物在钢坯热加工时不能随钢基体一起流变,因而在夹杂物与钢基体的接触面上产生微裂纹,是使硬线钢拉拔断裂,弹簧钢制成的弹簧在交变应力的作用下微裂纹扩展,最终导致弹簧疲劳断裂的根源。

热力学计算表明,钢液从 1550℃ 降温至 1500℃ 时,[Al]0.00035%,就可以避免析出 Al_2O_3 夹杂物。若要完全避免析出 Al_2O_3 夹杂物,[Al] 应小于 0.000225%。如果钢液通过钙处理溶解有较多的钙,则对应的铝含量控制范围可适当放宽。

国外在洁净钢冶炼中采用两条工艺措施:其一是生产超低氧弹簧钢,即保证钢材总氧量小于0.0010%,同时通过增加吹氩透气砖数量、中间包设置陶瓷过滤器和良好的保护浇铸技术,使钢中大颗粒夹杂物有效去除;其二是采用脱氧控制与合成渣炉外精炼相结合的夹杂物成分及形态控制技术,避免钢中形成有害夹杂物,同时能减小氧化物夹杂物的粒度。夹杂物形态控制技术已应用于弹簧钢、轴承钢、重轨钢和帘线钢等的生产中。

硅镇静钢使用硅铁、锰铁、或者硅锰合金脱氧,形成的脱氧产物主要有纯 SiO_2(固体)、MnO·

FeO(固体)、MnO·SiO₂(液体)三种,见图 8-26。其中,MnO·SiO₂液态的组成大致为:MnO = 54.1%、SiO₂ = 45.9%,这种脱氧产物容易上浮。

对硅镇静钢,钢中的溶解氧与硅锰相平衡的质量分数较高,为 0.004% ~ 0.006%,这些氧在结晶器内随着温度降低,析出以后,容易产生皮下气泡或者针孔缺陷。硅镇静钢中,与脱氧产物相平衡的钢水溶解氧与铸坯质量的关系见图 8-27。

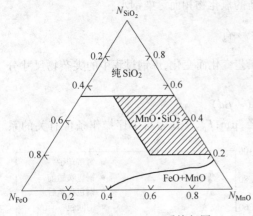

图 8-26 FeO-MnO-SiO₂系统相图

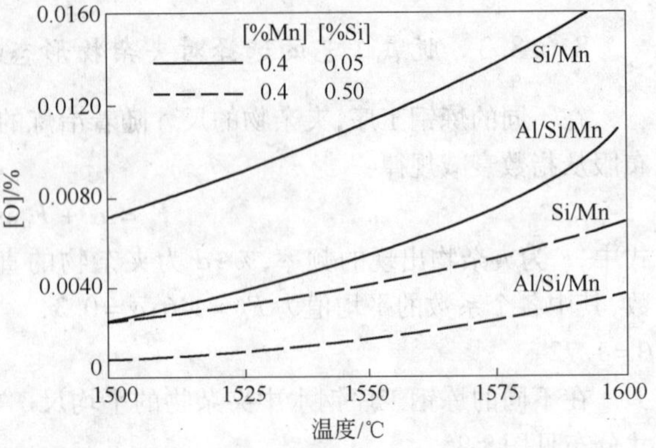

图 8-27 钢水中锰、硅含量与溶解氧含量之间的关系

当钢中溶解氧小于 0.001% 时,SiO₂析出,水口有结瘤的可能;钢中溶解氧大于 0.002% 时,铸坯的表面气泡和气孔增加,质量下降;钢中溶解氧为 0.001% ~ 0.002% 时,综合效果最好。

8.6.3.5 硅铝镇静钢

硅镇静钢容易产生铸坯的针孔和气泡缺陷,而且采用硅锰脱氧,脱氧时间较长。如果采用少量的铝脱氧,保持钢中的酸溶铝的量,再加入硅锰合金脱氧,可以提高脱氧的速度,减少冶炼时间,还能够减少因为硅锰系脱氧剂脱氧不彻底引起的铸坯缺陷。

如在高碳帘线钢生产过程中的合金化阶段,钢中析出的脱氧产物的性质主要决定于钢液中的铝含量。钢液用硅铁和硅锰合金化时,当[Al] < 0.003% 时,一次脱氧产物为具有良好变形能力的锰铝榴石,相应的一次脱氧产物析出量小于 10%。

硅铝镇静钢脱氧形成的产物主要为蔷薇辉石(2MnO·2Al₂O₃·5SiO₂)、锰铝榴石(3MnO·Al₂O₃·3SiO₂)、纯 Al₂O₃。MnO-Al₂O₃-SiO₂三元相图见图 8-28。

把硅铝镇静钢的夹杂物成分控制在相图中的低

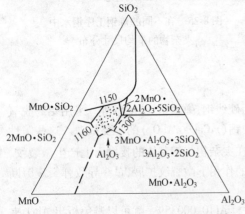

图 8-28 MnO-Al₂O₃-SiO₂三元相图

熔点区域,这样夹杂物不仅容易从钢液中上浮去除,并且轧制过程中在 800 ~ 1300℃ 的范围内可塑性好。锰铝榴石夹杂物中,当 Al₂O₃接近 20% ,其变形性能最好,没有纯 Al₂O₃析出,钢水的结瘤风险减小,并且脱氧良好,能够消除铸坯气泡缺陷的生成。计算结果表明(1823K):[Si] = 0.2% ,[Mn] = 0.4% ,[Al]ₛ = 0.002% ,a_{Al₂O₃} = 0,生成 MnO·SiO₂,相当于硅镇静钢;[Al]ₛ = 0.002% ~ 0.006% ,生成 MnO·SiO₂·Al₂O₃,相当于硅锰脱氧剂 + 少量的铝脱氧的硅铝镇静钢;[Al]ₛ > 0.006% ,有纯 Al₂O₃析出,a_{Al₂O₃} = 1,相当于使用铝脱氧。钢中酸溶铝含量和溶解氧含量之间的关系见图 8-29。

所以[Al]$_s$ < 0.006% ,[O] < 0.002% ,能够生成锰铝榴石,没有纯的 Al$_2$O$_3$ 析出,钢水的可浇性较好,铸坯的气泡缺陷能够被抑制,这一点在生产硬线钢的生产中很重要,没有了纯 Al$_2$O$_3$ 析出,钢丝的拉拔断裂的几率减少,受交变载荷作用的弹簧钢和轴承钢的寿命也会增加。

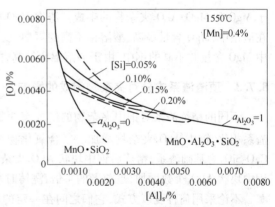

图 8-29　钢中酸溶铝和溶解氧之间的关系

8.6.3.6　铝镇静钢钢液脱氧的工艺应用特点

使用铝脱氧的突出优点是可以将钢水中的氧含量降低到 0.0006% 以下,并且酸溶铝能够细化晶粒,有利于生产低碳铝镇静钢,缺点是铝的脱氧产物,如果控制不当,会形成脆性夹杂物,影响钢材的拉拔性能和延展性能,所以,中高碳钢一般不采用铝脱氧。对中高碳细晶粒钢,采用铝脱氧,钢中的酸溶铝含量[Al]$_s$ > 0.01% ,典型的是弹簧钢,有的厂家装备水平较高,具有 LF、RH、VD 等设备,生产的弹簧钢采用铝脱氧;装备水平一般的厂家,不采用铝脱氧,还要限制使用的合金中铝和钙的含量,防止结瘤、滑板侵蚀严重、脆性夹杂物超标引起的各类质量事故。

对目前大多数的长流程转炉生产线来讲,以生产板材为主,尤其是以深冲钢和冷轧板、各类面板和高强钢,都是采用微合金化元素加铝脱氧,要求钢中的酸溶铝含量在 0.02% ~ 0.06% 之间。铝脱氧主要分为两步:

(1) 转炉出钢加铝或者含铝的脱氧剂,脱除超出[C]-[O]平衡的氧。

(2) 精炼炉脱除和钢中 C 相平衡的溶解氧。

此外,还需要额外加入细化晶粒需要的酸溶铝的量。故此类钢的冶炼需要在转炉出钢的过程中,将酸溶铝一次配至目标成分的中限,同时使用预熔渣、合成渣等进行渣洗,注意控制顶渣的成分。

8.7　钢包耐火材料、顶渣成分对夹杂物形成的影响

对铝镇静钢的冶炼,钢包耐火材料的成分、顶渣的成分,对夹杂物的影响较为明显,除了 SiO$_2$ 是典型的铝镇静钢的二次氧化的主要因素外,以下的因素也很关键。

8.7.1　钢包耐火材料成分对夹杂物的影响

钢包耐火材料对夹杂物的影响前面章节已有介绍。此外,钢液中的铝含量对钢液中的夹杂物产生影响以外,还对耐火材料氧化物组分产生影响。当钢中铝含量比较低时(0.01% 左右),能生成许多 Al$_2$O$_3$ 夹杂物;当铝含量比较高时(0.1% ~ 0.4%),铝能够和 MgO 炉衬反应,置换出其中的 MgO 并进入钢液,钢液凝固后就形成 MgO·Al$_2$O$_3$ 和 MgO 夹杂物;同时,钢中过高的 MgO 含量抑制了 mCaO·nAl$_2$O$_3$ 的生成,影响了夹杂物的变性。

8.7.2　渣中 CaF$_2$ 和 MgO 的影响

渣中各成分中,CaF$_2$ 对夹杂物的形成作用较大。无论在铝含量高或者低的时候,加入 CaF$_2$ 都生成了许多 MgO 和 MgO·Al$_2$O$_3$ 夹杂物,这是因为 CaF$_2$ 能侵蚀炉衬,使 MgO 进入钢液中,从而有利

于 MgO 和 MgO·Al$_2$O$_3$ 夹杂物的生成。渣中 MgO 成分对钢中 MgO·Al$_2$O$_3$ 夹杂物的生成影响较小。在渣系中,MgO 含量最高、酸溶铝不高的钢中,没有发现生成 MgO 和 MgO·Al$_2$O$_3$ 夹杂物。而在渣中 MgO 含量并不高的钢中,由于酸溶铝比较高,能发现很多的 MgO 和 MgO·Al$_2$O$_3$ 夹杂物。

8.7.3　顶渣渣系成分对夹杂物组成的影响

不同的精炼渣系对钢中夹杂物的组成有明显的影响。使用 CaO-Al$_2$O$_3$ 渣系精炼与 CaO-SiO$_2$ 渣系相比,钢中 Al$_2$O$_3$ 夹杂物增加。复合氧化物夹杂物中,铝和钙的质量分数大幅度增加;应用 CaO-SiO$_2$ 为基础渣系,精炼后钢中块状 Al$_2$O$_3$ 夹杂物含量显著的减少;使用 CaO-Al$_2$O$_3$ 渣系,精炼后钢中块状 Al$_2$O$_3$ 个数增加,是前者的 4 倍,浇铸时水口结瘤堵塞率也大幅度上升。

不论采用何种脱氧方式,它们之间在一定的程度上可以互补短板。如在冶炼中高碳钢的过程中,采用铝终脱氧制度,是钢中残存高硬度脆性夹杂物刚玉(Al$_2$O$_3$)和铝酸钙(mCaO·nAl$_2$O$_3$)的主要原因。这些脆性夹杂物在钢坯热加工时,在夹杂物与钢基体的接触面上产生微裂纹。前述两种工艺措施,一是生产超低氧弹簧钢,即保证钢材总氧量小于 0.01% ,同时通过增加吹氩透气砖数量、中间包设置陶瓷过滤器和良好的保护浇铸技术,使钢中大颗粒夹杂物有效去除;二是采用脱氧控制与合成渣炉外精炼相结合的夹杂物成分及形态控制技术,避免钢中形成有害夹杂物,同时能减小氧化物夹杂的粒度,都能够满足实物的质量要求。夹杂物形态控制技术已应用于弹簧钢、轴承钢、重轨钢和帘线钢等的生产中。

9 钙处理技术

9.1 连铸水口结瘤与钙处理

9.1.1 连铸浸入式水口材质的选择

转炉冶炼的钢种,多数是铝镇静钢和各类建材。含铝和含锰较高的钢水。使用石英质水口浇铸高锰钢和铝镇静钢时,钢水与水口发生了以下反应:

$$2[Mn] + (SiO_2) = 2(MnO) + [Si]$$
$$(SiO_2) + (MnO) = MnO \cdot SiO_2$$
$$3(SiO_2) + 4[Al] = 2Al_2O_3 + 3[Si]$$

以上反应生成的反应产物在钢液和耐火材料之间形成过渡层,其厚度为 $100 \sim 300\mu m$,反应产物中各组分别为:MnO $33\% \sim 42\%$、Al_2O_3 $19\% \sim 21\%$、SiO_2 $32\% \sim 37\%$、FeO $2\% \sim 7\%$,熔点为 1200℃左右。当过渡层生成到某尺寸后就形成液滴,从耐火材料脱落进入钢液,其中部分液滴可从钢液中浮出,但有些液滴仍留在钢中成为外来夹杂物。

所以为提高钢的纯净度,延长耐火材料使用寿命,必须选择抗侵蚀的耐火材料。解决的方法是使用高 Al_2O_3 和低 SiO_2 含量的碱性耐火材料,典型的有铝炭质浸入式水口等。一种板坯连铸机常见的铝炭质水口系统组成的示意图如图 9-1 所示。

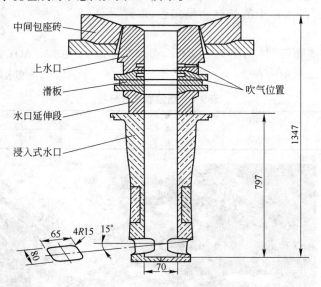

图 9-1　一种板坯连铸机常见的水口示意图

浸入式水口内钢液流动的示意图如图 9-2 所示。

9.1.2 铝镇静钢和硅铝镇静钢浇铸过程中的水口结瘤的敏感部位

结瘤现象分为两部分,即上水口结瘤(中间包水口)和浸入式水口结瘤,在一些情况下,一些

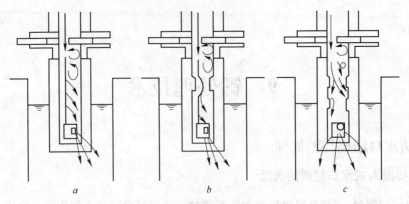

图 9-2　浸入式水口内钢液流动的示意图

a—普通水口；b—单环阶梯水口；c—双环阶梯水口

结瘤物会被钢水冲刷，掉入结晶器内。容易产生结瘤的部位
如图 9-3 所示。

9.1.3　水口结瘤物的成分

9.1.3.1　中间包水口上部结瘤物成分和产生的原因

中间包水口上部结瘤，往往导致连铸非正常停浇。实
际生产中表现为中间包塞棒开启度上涨快。随着堵塞的
加剧，通过水口的钢液流量逐渐减小，直到连铸停浇。某
厂浇铸铝脱氧钢，停浇水口中的结瘤物呈白色，取样后分
析成分见表 9-1。

从上水口的结瘤物解剖（见图 9-4）来看，整个结瘤的
水口可以分为以下三层结构：

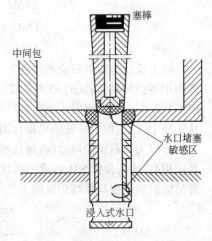

图 9-3　Al_2O_3 夹杂物容易发生沉积
堵塞水口的敏感部位

表 9-1　结瘤物成分分析

成　分	Al_2O_3	CaO	FeO	SiO_2	MgO	MnO	S
含量/%	70.4	18.0	2.8	2.3	5.2	1.0	0.03

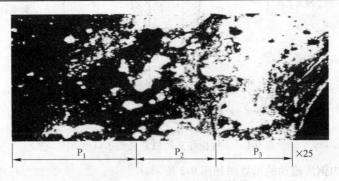

图 9-4　上水口结瘤物解剖结构

（1）P_1：靠近水口耐火材料表面的脱碳层，表面上有许多小孔，有一层不连续的金属层，这是
浸入式水口和钢液接触形成的。

在高温条件下,水口内部的钢液和铝炭质水口发生反应,一种是耐火材料中的碳直接溶解于钢液之中,一种是间接反应,造成耐火材料制品的表面形成脱碳层。水口脱碳示意图见图9-5。

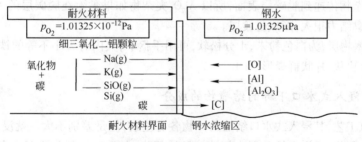

图9-5 水口脱碳示意图

水口脱碳过程中可能发生的化学反应和产生的原因如下:

1)钢液通过气孔进入耐火材料内部与耐火材料中的碳接触,造成碳的直接溶解反应:$(C) \rightarrow [C]$。

2)钢液在上水口区域,温度降低,钢液之间的平衡发生改变,溶解氧析出和铝反应,生成 Al_2O_3 夹杂物,沉积在水口的敏感区:

$$2[Al] + 3[O] = Al_2O_3$$

3)钢液中没有上浮的 Al_2O_3 夹杂物,沉积在水口的敏感区。

4)高温下耐火材料内部发生以下间接反应:

$$Al_2O_3 \longrightarrow 2Al(g) + 3O(g)$$
$$C + O(g) \longrightarrow CO(g)$$

5)高温下耐火材料内部发生以下间接反应:

$$SiO_2(s) + C(s) = SiO(g) + CO(g)$$
$$Na_2O(s) + C(s) = Na(g) + CO(g)$$
$$K_2O(s) + C(s) = 2K(g) + CO(g)$$

6)耐火材料和钢水在接触面还会发生以下反应:

$$3SiO(g) + 2[Al] = (Al_2O_3)(s) + 3[Si]$$
$$2[Al] + 3CO(g) = (Al_2O_3)(s) + 3[C]$$

总的反应为:

$$3SiO_2(g) + 3C(s) + 4[Al] = 2(Al_2O_3)(s) + 3[Si] + 3[C]$$

以上的反应导致耐火材料表层脱碳层的产生,脱碳层的表层结构较为疏松,有较多的孔洞存在。显微结构的照片显示,反应层以残留的 Al_2O_3 大颗粒为主,其间结合相为材料中 Al_2O_3 粉料与钢液中的氧化物反应的产物。钢液沿着孔洞和气孔进入耐火材料表层,形成不连续的金属铁珠存在的金属层。

含铝钢脱氧产物主要为 Al_2O_3,其熔点为2050℃,具有较高的界面能。Al_2O_3 与钢水的润湿角为140°,钢水与 Al_2O_3 的界面张力较大,Al_2O_3 有相互聚群倾向,两个 $10\mu m$ 的 Al_2O_3 夹杂物黏结只需 $0.03s$,黏结力很大且黏附后有足够的强度。因此,耐火材料表面上的脱碳层上的氧化铝,很容易和夹杂物通过碰撞,积聚形成大颗粒夹杂物,在浇铸过程中析出,并黏附在水口周围,形成 P_2 过渡层。

(2)P_2:过渡层,稠密堆积的 Al_2O_3 沉积物,有肉眼可见的缝隙,由铁和烧结的颗粒将内壁和堵塞物烧结在一起。

　　钢水中的夹杂物如果要在第二层上黏附，首先是夹杂物传递到第二层。Al_2O_3 夹杂物倾向于沉积在水口耐火材料表面，以减少表面能，从而形成群集现象。分流的部位使钢液流动速度产生变化，容易造成夹杂物传递到脱碳层表面，所以 Al_2O_3 夹杂物如果黏附在脱碳层的 Al_2O_3 表面，就会迅速黏结，并且黏结力很大，形成过渡层。

　　(3) P_3：堵塞物层，为白色粉末，十分松软，可用手抠下，其内有大小不等的铁珠，主要由 2～30μm 的 Al_2O_3 以块状、片状群聚形成的。

9.1.3.2　浸入式水口下部的结瘤物的成分

　　不同的脱氧工艺，其浸入式水口结瘤的产物各有差别，但是差别不大。就浸入式水口而言，弯月面以上的沉积物，没有和结晶器内钢液接触的部分，主要为含有少量 Al_2O_3 的凝钢。弯月面以下浸入结晶器内钢水部分，内壁的沉积物是粒径小于 5μm 的含量为 80%～90% 瘤状物，经显微镜观察，其包括：由于碳的溶解而形成的 500μm 左右的脱碳层；紧靠脱碳层的是厚度为 100～300μm 的第一沉积层，又称网状 Al_2O_3 致密层；主要由 Al_2O_3 颗粒（25%～30%）+ Na_2O（5%～12%）+ K_2O（1%～4%）+ SiO_2（50%～60%）的玻璃相构成，与钢水接触的有几毫米到几厘米厚的由 Al_2O_3 和瘤状金属构成的沉积物。Al_2O_3 呈平板状且尺寸不大于 20μm，同时也观察到从钢包和中间包耐火材料来的 MgO-Al_2O_3 和 MgO-FeO 类尖晶石。此外在浇铸过程中，浸入式水口发现有大量结瘤物在水口下口端部聚集成菜花头形状（这在一些敞开浇铸的上水口下部也会发现），浸入结晶器钢液中的水口下部结瘤物，会造成注入结晶器的钢液偏流，改变了钢液流动方式，容易导致液面波动及钢液卷渣情况的发生。同时，聚集成菜花头形状的结瘤物往往变大脱落后，进入结晶器。某厂浸入式水口结瘤物的成分见表 9-2。

表 9-2　水口下部结瘤物的成分

成　分	Al_2O_3	CaO	FeO	SiO_2	MgO	MnO	S
含量/%	57.0	20.60	1.6	5.5	3.9	0.45	0.10

　　由分析成分可以看出，水口下部结瘤物主要为以 Al_2O_3 夹杂物为主吸附的保护渣和水口耐火材料侵蚀物的积聚。

9.1.3.3　进入结晶器内的结瘤物产生原因和成分

　　钢水中 Al_2O_3 夹杂物析出以后，存在于流动的钢液中。此外钢水中还产生一些夹杂物，钢包耐火材料中的引流砂、包衬、钢渣也带入部分外来夹杂物进入钢液，这些夹杂物主要有 SiO_2、Fe_2O_3、MgO、硫化物等。这些夹杂物可以成为内生夹杂物 Al_2O_3 沉淀析出的异相形核核心，并聚集形成大的夹杂物颗粒。这些大颗粒互相积聚，形成水口菜花头。随着在水口头部积聚成菜花头形状的结瘤物变大并被钢水冲刷，脱落后进入结晶器，再与结晶器内的其他氧化物积聚，导致在结晶器内形成块状夹杂物。此类块状夹杂物极易被冲入结晶器液相穴深处，而不能上浮，残留在铸坯中成为产品中的夹杂物。某厂含铝钢浇铸过程中结晶器块状物的成分见表 9-3。

表 9-3　结晶器中脱落的结瘤物的成分

成　分	Al_2O_3	CaO	FeO	SiO_2	MgO	MnO	S
含量/%	56.2	21.60	4.0	6.8	3.5	0.38	0.09

　　从上面的分析可知，造成结瘤的主要原因是钢中 Al_2O_3 的含量较高造成的，如果减少 Al_2O_3 的量，

或者将 Al_2O_3 转变为低熔点的液态物质,就不会影响连铸机的正常浇铸。结瘤的部位往往是钢液流动速度较为缓慢的部位。对如图9-6所示的浸入式水口,结瘤的位置是图中水口内径发生改变的位置,即图9-6a 中的底部凹进去的部位,图9-6b 图和图9-6c 图中水口内径凸出部位的"产生台阶的拐弯处"。

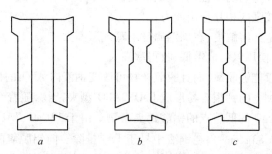

图9-6 浸入式水口

a—普通水口;b—单环阶梯水口;c—双环阶梯水口

9.1.3.4 连铸水口结瘤物的来源和组成概述

许多文献通过对中间包水口堵塞物分析发现,不同的钢水,其结瘤物各不相同,但是主要的成分大多数为含铝的氧化物,以 α-Al_2O_3($T_f=2000\,^\circ\!C$)为主,含铝和含镁的 $MgO\cdot Al_2O_3$ 尖晶石类化合物,还有硫化物等。

对 Al_2O_3 夹杂物在水口内壁上附着的原因,目前已经证实是钢水流经水口时,水口横断面上钢水流速呈抛物线分布,靠近水口壁附近流速很低,促使固体的 Al_2O_3 夹杂物沉积在水口壁上,逐渐长大直至堵塞水口。钢水中 Al_2O_3 夹杂物来源主要有:

(1)出钢过程用铝以及含铝的金属脱氧剂脱氧,生成的脱氧产物 Al_2O_3 未完全排除而残留在钢中;

(2)钢水中的溶解铝与水口内壁上的 SiO_2 发生氧化还原反应产生的 Al_2O_3 附着于水口壁上;

(3)水口内吸入空气中的氧与钢水中的铝发生氧化反应生成的 Al_2O_3;

(4)钢水流经水口,温度降低使钢水中氧的溶解度降低,析出自由氧,Al-O 平衡关系被破坏,析出的氧与钢水中的铝继续反应生成 Al_2O_3。

Al_2O_3 夹杂物在炼钢温度下为固态,析出形状多为不规则或棱角状。这些堵塞物由于组分不同,呈现出的颜色也各不相同,有灰白色、黄绿色、微蓝透黄色、灰黑色等,形状也表现为致密的岩相或者为蜂窝状等。就中间包而言,当[S]=0.025%、[Al]=0.02%~0.04%时,水口沉积物为 CaS、$CaO\cdot 2Al_2O_3$、$CaO\cdot Al_2O_3$。通常它的化学组成见表9-4。

表9-4 水口沉积物的化学组成

成 分	Al_2O_3	SiO_2	CaO	MgO	MnO	TFe
含量/%	73.7	0.9	14.6	2.9	0.8	15.9

9.1.4 钙处理的应用背景

众多的研究表明:钢中的氧化物、硫化物的性状和数量对钢的力学性能和物理化学性能产生很大影响,并且铝脱氧产物的数量和形状是使连铸中间包水口堵塞的主要原因。而钢液的氧与硫含量、脱氧剂的种类以及脱氧、脱硫工艺因素,都将使最终残存在钢中的氧化物、硫化物发生变化。因此,通过选择合适的变性剂,有效地控制钢中的氧、硫含量以及氧化物、硫化物的组成,既可以减少非金属夹杂物的含量,还可以改变它们的性质和形状,从而保证连铸机正常运转,同时改善钢的性能。也就是所说的夹杂物的变性处理。

实际应用的非金属夹杂物的变性剂,一般应具有如下条件:

(1) 与氧、硫、氮有较强的相互作用能力;

(2) 在钢液中有一定的溶解度,在炼钢温度下蒸气压不大;

(3) 操作简便易行,使用以后成本低、收得率高。

钙以及含钙合金不仅能够脱氧,而且脱氧产物可改变钢液内 Al_2O_3 的性状。对普通的铝镇静钢,由热力学条件可知,加入的钙很容易形成 $CaO \cdot 2Al_2O_3$ 型夹杂物,随着 CaO 不断增加而改变为 $CaO \cdot Al_2O_3$,最后形成富 CaO 的低熔点的铝酸钙夹杂物。由于 $12CaO \cdot 7Al_2O_3$ ($C_{12}A_7$) 的熔点最低 1455℃,而且密度也小($2.83g/cm^3$),在钢液中易于上浮排除。向铝脱氧的钢液加入钙并适当控制加入量,就能够改变铝氧化物夹杂物的性状,改善钢液的浇铸性能和钢的质量。实际生产中含铝钢水钙处理的目标就是要将 Al_2O_3 夹杂物尽可能地变性为低熔点的 $C_{12}A_7$ 球状夹杂物或近似于 $C_{12}A_7$ 的低熔点复合钙铝酸盐去除,而且希望留在钢中的夹杂物尽可能少,尺寸尽可能小,这样对提高铸坯质量和顺利浇铸有利。

有相当一部分的钢厂,由于不能解决好方坯和板坯连铸中间包水口结瘤的问题,采取限制钢中铝含量的办法,不用铝或者仅用少量的铝脱氧,把钢中酸溶铝控制在很低的范围内,其结果是钢中的总氧含量显著高于国外同类产品。掌握好钢水的钙处理技术,对提高产品的竞争力大有裨益。

钙处理的方式有多种,如加入含钙的合金、丝线或者脱氧剂。钛、锆、碱土金属(主要是钙合金和含钙的化合物)和稀土金属等都可作为变性剂。生产中大量使用的是含钙合金和稀土合金,其中以钙处理、钡处理、稀土处理和镁处理钢水最为常见和实用。其中钙处理对铝镇静钢的良好作用并不是由于大大地改进了钢的纯净度,而在很大程度上是由于改变了钢中夹杂物的形态。虽然钙处理对铝镇静钢的疲劳、腐蚀和其他性能的影响还不能令人满意,但却是最常见和最经济的处理工艺之一,而钡处理、稀土处理和镁处理技术是目前应用和发展的一个方向。

9.1.5 钙处理的效果

9.1.5.1 钙处理对夹杂物的变性作用以及对水口材质的要求

经过精炼炉冶炼的钢水,溶解氧和夹杂物的含量都大幅度地有所降低,但是还有部分夹杂物停留在了钢液中,有些是高熔点的固态化合物,这些高熔点的固态化合物,有些成为了钢坯中的刚性夹杂物,降低了钢材的使用性能,有些会成为堵塞中间包水口的组成物质。

在装备一般的转炉生产线,钢中的氧含量如果没有足够的低,钢液在浇铸过程中,随着温度的降低,钢中的溶解氧的析出是必然的结果,钢中的合金溶质元素随着温度的降低将会析出,析出的氧和合金元素就会起反应,生成新的氧化物或者其他的化合物,也会成为夹杂物;并且钢水中的合金元素与空气中的氧、炉渣、耐火材料中的氧化物也能够发生化学反应,生成新的氧化物相而污染钢水,影响钢坯质量和堵塞中间包水口,严重的时候,钢包的水口也有结瘤的现象。

此外,冶炼一些钢种,加入的合金中其他元素的含量也比较多,如冶炼 60Si2Mn 的时候,加入的硅铁中含有钙元素,如果没有经过处理,在连铸浇铸的时候,就有可能造成连铸使用的铝炭质

水口的侵蚀加快,塞棒侵蚀速度快,浇铸几炉以后就关不住,导致连铸的停机。其中的主要原因是:

钢水中的 Ca 与钢水中的 Al_2O_3 和 SiO_2 反应:

$$2[Ca] + SiO_2 \longrightarrow 2CaO + [Si]$$

$$3[Ca] + Al_2O_3 \longrightarrow 3CaO + 2[Al]$$

生成的 CaO 再与耐火材料中的 Al_2O_3、SiO_2 反应:

$$mSiO_2 + nCaO \longrightarrow nCaO \cdot mSiO_2 (n > 1, m > 1)$$

$$SiO_2 + 2CaO + Al_2O_3 \longrightarrow 2CaO \cdot SiO_2 \cdot Al_2O_3$$

$$12CaO + 7Al_2O_3 \longrightarrow 12CaO \cdot 7Al_2O_3$$

因为 $2CaO \cdot SiO_2 \cdot Al_2O_3$ 的熔点只有 1539℃,$12CaO \cdot 7Al_2O_3$ 的熔点更加低,只有 1455℃,这些低熔点的化合物在钢液浇铸的温度范围以内,转变为液相的可能性很大,生成液相以后随钢流不断地流失,造成连铸铝炭质的水口或者钢包水口扩大直径,酿成事故。

这要求浇铸钙处理钢的时候,一方面注意钢液中的钙铝比,另一方面水口也不宜使用铝炭质的水口。

以上问题的解决,都需要调整钢液中的成分,将固相的夹杂物转变为液相的夹杂物,达到上浮去除,或者不堵塞水口的目的。处理方法得当,还可以将刚性夹杂物转变为塑性夹杂物,降低夹杂物对钢材的质量影响。所以,钢水的纯净化和钙处理技术对炉外精炼比较重要。

9.1.5.2 钙处理对夹杂物尺寸变化的效果

在喂 CaSi 或者 FeCa 线前后各工艺点的夹杂物尺寸变化表现为:

(1) 在喂线试验的条件下,从喂线前、喂线后、中间包到连铸坯的各个工艺点处的钢样中,夹杂物尺寸基本在 20μm 以下,小颗粒的夹杂物占绝大多数,1~3μm 的小夹杂占 60% 以上,平均为 81.45%;大于 5μm 的夹杂物仅占 1.45%~12.5%,平均为 4.27%。

(2) 钢中钙铝比(Ca/Al)高的炉次,钢中 10~20μm 的夹杂物消失。

(3) 喂线后,具有较高钙铝比的炉次,其连铸坯中各个尺寸级别的夹杂物数量都有较大幅度的降低。而钢中钙铝比较低的炉次,连铸坯中大于 3μm 的夹杂物数量与喂线前相比,有不同程度的增加或相近。

(4) 喂线后随着钢中钙铝比的增加,连铸坯中 1~3μm 的小颗粒夹杂物比例有增加趋势,而较大颗粒的夹杂物特别是大于 5μm 的夹杂物比例下降趋势明显。

(5) 从连铸坯中夹杂物的绝对数量来看,随着钢中钙铝比的增加,大于 5μm 的夹杂物数量逐渐减少。

根据以上的实验分析,在铝镇静钢中喂入 CaSi 线,理想的目标是将 Al_2O_3 夹杂物全部变性成为低熔点的 $C_{12}A_7$ 球状夹杂物,但在实际的生产中这几乎是难以实现的,所能做到的是将大部分的尤其是大颗粒的 Al_2O_3 类夹杂物转变为主要成分接近 $C_{12}A_7$ 的低熔点复合钙铝酸盐,使保留在钢中的 Al_2O_3 类夹杂物或低熔点钙铝酸盐的数量尽可能少、尺寸尽可能小,将其对钢的质量和浇铸性能的不良影响控制在很小的程度内。需要指出的是,喂线后最低钢中钙铝比的确定,在实际生产中有着重要的现实意义,它是预报和控制喂线工艺的基础。

9.2 钙处理原理

9.2.1 钙处理的基本知识和钙铝酸盐的变性

钙处理是主要针对 Al_2O_3 为主的,故钙处理一般为钢液含铝的铝镇静钢、硅铝镇静钢为主的,也有部分的硅镇静钢,其在冶炼过程中,使用含铝的合金脱氧,或者顶渣中 Al_2O_3 的活度较高,造成钢液中含有少量的铝或含铝的氧化物。

含铝型钢水钙处理时,钢中铝含量一定,随着向钢水加入含钙合金或者喂入含钙丝线时,钙含量不断增加,会导致铝从 Al_2O_3 夹杂物中置换出来,夹杂物中钙含量也不断增加, Al_2O_3 夹杂物将发生如下变化过程: $Al_2O_3 \rightarrow CaO \cdot 6Al_2O_3 \rightarrow CaO \cdot 2Al_2O_3 \rightarrow CaO \cdot Al_2O_3 \rightarrow 12CaO \cdot 7Al_2O_3 \rightarrow 3CaO \cdot Al_2O_3$,其熔点逐渐下降,以形成 $12CaO \cdot 7Al_2O_3$ 为最佳的追求,其熔点最低,($T_f = 1455℃$)。 $CaO\text{-}Al_2O_3$ 系的 5 个中间相及其物理性质见表 9-5, $CaO\text{-}Al_2O_3$ 相图见图 9-7。

表 9-5 $CaO\text{-}Al_2O_3$ 系的 5 个中间相及其物理性质

钙铝酸盐	化学式简写	化学组成/%		熔点/℃	显微硬度 /kg·mm^{-2}
		CaO	Al_2O_3		
$3CaO \cdot Al_2O_3$	C_3A	62	38	1535	
$12CaO \cdot 7Al_2O_3$	$C_{12}A_7$	48	52	1455	
$CaO \cdot Al_2O_3$	CA	35	65	1605	930
$CaO \cdot 2Al_2O_3$	CA_2	22	78	约 1750	1100
$CaO \cdot 6Al_2O_3$	CA_6	8	92	约 1850	2200
Al_2O_3		0	100	约 2000	3000 ~ 4000

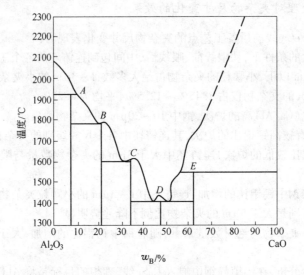

图 9-7 $CaO\text{-}Al_2O_3$ 相图

A—$CaO \cdot 6Al_2O_3$; B—$CaO \cdot 2Al_2O_3$; C—$CaO \cdot Al_2O_3$;

D—$12CaO \cdot 7Al_2O_3$, E—$3CaO \cdot Al_2O_3$

Al_2O_3 夹杂物经钙处理以后,转变成低熔点的钙铝酸盐,其实质上是氧、硫、钙、铝及 CaO、Al_2O_3、CaS 夹杂物相互作用的过程,各种溶解元素及夹杂物之间可能发生的化学反应很多,如果将各种反应都考虑进来则过程非常复杂,影响因素太多,分析起来很困难。从简化问题的角度出发,钢水加钙后, Al_2O_3 夹杂物的变性过程实质上可以简单地理解为氧和硫争夺钙的过程,其中氧又通常由铝决定,钙处理的反应可以表示为:

$$x[Ca] + x[O] + yAl_2O_3 \Longrightarrow (CaO)_x \cdot (Al_2O_3)_y$$

需要指出的是,钢中存在的钙铝酸盐并不是以上述几个稳定的钙铝酸盐相中的某一相单独存在,而常常是一个夹杂物中同时存在两个或两个以上的稳定相,处于一个稳定相向另一个稳定相转变的过程中,因而夹杂物的 Ca/Al 也就介于某两个稳定相对应的 Ca/Al 之间。并在低钙含量的钢中出现富钙的钙铝酸盐夹杂物 CA、$C_{12}A_7$、C_3A,而钙含量高的钢中也出现了少量的低钙钙铝酸盐。这说明在钙处理的过程中,微观来看钢中的夹杂物和钙的分布是不均匀的,在低钙的钢水中存在着一些富钙的微小区域,少量的高钙低熔点的钙铝酸盐即在此小区域内形成;反之,高含钙量的钢水中也存在着低钙的微小区域,而形成个别的低钙钙铝酸盐,甚至存在未经变性的 Al_2O_3 颗粒。也是合乎辩证法的原理的。

此外,钢中存在少量的来源于各种途径的其他氧化物,如 MgO、SiO_2 等,也和钙铝酸盐相聚集形成各种复杂的氧化物夹杂物,如 $CaO \cdot Al_2O_3 \cdot 2SiO_2$、$3CaO \cdot Al_2O_3 \cdot 3SiO_2$ 等。这些复杂的氧化物又可能和硫化物相复合,形成更为复杂的氧硫复合夹杂物。因此,钢中最后存在的夹杂物多为以钙铝酸盐为主要成分,同时含有少量其他氧化物或硫化物的复合夹杂物。

钙处理过程的示意图见图 9-8。

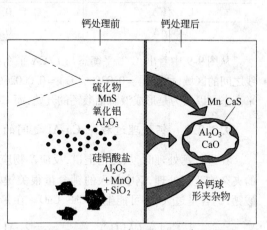

图 9-8 钙处理过程示意图

9.2.2 钙处理过程的热力学分析

9.2.2.1 钢液钙处理过程中各种反应的热力学分析

钢液内加入钙以后,会发生以下反应:

$$[Ca] + [O] = [CaO] \qquad lgK_{CaO} = lg\frac{a_{CaO}}{a_0 a_{Ca}} = \frac{25655}{T} - 7.65 \qquad (9-1)$$

由式(9-1)可以推出:

$$a_0 a_{Ca} = a_{CaO} K_{CaO}^{-1} = a_{CaO} \times 10^{(-25655/T + 7.65)} \qquad (9-2)$$

$$[Ca] + [S] = [CaS] \qquad lgK_{CaS} = lg\frac{a_{CaS}}{a_S a_{Ca}} = \frac{19980}{T} - 5.9 \qquad (9-3)$$

在 Fe-Al-S 系中,从式(9-3)可以推出钙的活度:

$$a_{Ca} = a_{CaS} K_{CaS}^{-1} a_S^{-1} = a_{CaS} \times 10^{(-28300/T + 10.11)} \times a_S^{-1} \qquad (9-4)$$

钙处理以前,钢水中的氧含量由下式决定:

$$3[O] + 2[Al] = [Al_2O_3] \qquad lgK_{Al_2O_3} = lg\frac{a_{Al_2O_3}}{a_{Al}^2 a_0^3} = \frac{61304}{T} - 20.3 \qquad (9-5)$$

从式(9-5)推出:

$$a_0 a_{Al}^{2/3} = a_{Al_2O_3}^{1/3} K_{Al_2O_3}^{-1/3} = a_{Al_2O_3}^{1/3} \times 10^{(-20434/T + 6.79)} \qquad (9-6)$$

由式(9-2)、式(9-6)得:

$$a_{Ca} = a_{CaO} K_{CaO}^{-1} a_{Al}^{2/3} a_{Al_2O_3}^{-1/3} K_{Al_2O_3}^{1/3} = a_{CaO} \times 10^{(-25655/T + 7.65)} \times a_{Al}^{2/3} \times 10^{(20434/T - 6.79)} \times a_{Al_2O_3}^{1/3}$$

1600℃条件下,不同的铝酸钙中 a_{CaO} 及 $a_{Al_2O_3}$ 见表 9-6。

根据铝氧反应平衡和表 9-5 作出 1600℃时的 Al-O 平衡曲线,见图 9-9。

表 9-6　1600℃不同平衡状态下的 a_{CaO} 及 $a_{Al_2O_3}$

铝 酸 钙	a_{CaO}	$a_{Al_2O_3}$
C/L	1.000	0.017
$C_{12}A_7$	0.340	0.064
L/CA	0.150	0.275
CA/CA_2	0.100	0.414
CA_2/CA_6	0.043	0.637
CA_6/A	0.003	1.000

从图 9-9 中看出，C/L 平衡态与 L/CA 平衡态之间存在液态铝酸钙，即在图中 L/CA 线与 C/L 线之间的区域，如[Al] = 0.02%，[O] = 0.00026% ~ 0.00067%时，夹杂物为液态。钙处理时，L/CA 平衡态可以认为是形成液态铝酸钙的开始，而 C/L 平衡态可以认为是形成液态铝酸钙的终了。

9.2.2.2　钙处理过程中 Ca-Al 之间的平衡

在进行钙处理时，从理论上讲，反应产物应该是 $CA_6 \rightarrow CA_2 \rightarrow CA \rightarrow C_{12}A_7 \rightarrow C_3A$。为进行理想的夹杂物变形处理，钢中加入的钙含量很关键。钢液中钙含量不足，Al_2O_3 无法转变为液态的铝酸钙，钙含量过大，有可能生成 CaS、CaO。在 Fe-Al-O-Ca 系中，存在以下的反应：

$$3[Ca] + (Al_2O_3)_{内生夹杂物} \rightleftharpoons 2[Al] + 3[CaO]_{内生夹杂物} \quad \lg K = \frac{15661}{T} - 2.58 \quad (9-7)$$

1823K 和 1923K 时的 Ca-Al 平衡曲线见图 9-10。

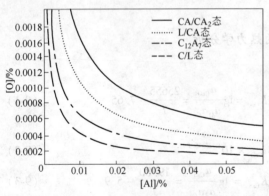

图 9-9　1600℃时的 Al-O 平衡曲线　　　　　图 9-10　1823K 和 1923K 时的 Ca-Al 平衡图

由图 9-10 可以得出，将 Al_2O_3 夹杂物变形为液态夹杂物，钢水中 Ca 需要的浓度范围。1873K，[Al] = 0.02%时，生成液态的铝酸钙，需要[Ca] = 0.0002% ~ 0.0034%，为避免生成非液态的 CA，应保持钢水中的溶解的[Ca] > 0.0002%。从图 9-10 中可以看出，形成 $7Al_2O_3 \cdot 12CaO$ 所需的平衡的钙为 0.00074%，这一数值是很小的，而且当钢水中平衡钙量达到较大值时，反应产物仍应为液态化合物。在实际生产中，加入钢水的钙量是很难超过 C/L 平衡态时的钙含量的。从图 9-10 中也可以看出温度对 Ca-Al 平衡曲线的影响，即钢水温度越高，形成液态铝酸钙所需的平衡钙量越高。

9.2.3　钙处理过程中 S-Al 的动态平衡

9.2.3.1　S-Al 平衡曲线

从前面的公式可以推导出如下的反应式：

$$2[Al] + 3[S] + 3(CaO)_{内生夹杂物} \Longrightarrow (Al_2O_3)_{内生夹杂物} + 3(CaS)_{内生夹杂物}$$

取 $a_{CaS} = 0.75$，按上述分析，结合表9-5中的数据，可作出1873K时的S-Al平衡曲线，见图9-11。从图9-11中可以看出，在一定Al含量的情况下，为避免生成固态铝酸钙，要求钢水中硫含量要处于C/L与L/CA之间。

如果钢水加钙时，钢水中的硫、铝含量位于L/CA线上，则钙会与铝反应，然后剩余的钙将会与硫反应，直到硫含量降到L/CA平衡曲线下才会生成液态铝酸钙。因此为了避免生成液态铝酸钙的同时析出CaS，必须限制钢水中的最大硫含量。[Al] = 0.02%时，生成L/CA态，[S]要低于0.063%；生成$C_{12}A_7$，[S]要低于0.017%。从图9-11中可以看出，只要钢水中的酸溶铝足够低，即使钢水有比较高的硫含量也可避免生成固态铝酸钙。

理论上来看，如果加入的钙含量过高，会生成固态的氧化钙，这在实际生产过程中很难发生。由图9-11可以看出，1873K条件下，如果[Al] = 0.02%、[S]必须低于0.0026%，最终产物才有可能为氧化钙。在实际生产中，除了个别高级别的管线钢等除外，达到如此低的硫含量是极少的，因此，钙处理平衡后最终产物氧化钙是很难出现的。

9.2.3.2　温度对CA在液态下的S-Al平衡的影响

根据反应方程式：

$$2[Al] + 3[S] + 3(CaO)_{内生夹杂物} \Longrightarrow (Al_2O_3)_{内生夹杂物} + 3(CaS)_{内生夹杂物}$$

取 $a_{CaS} = 0.75$，$a_{CaO} = 0.15$，$a_{Al_2O_3} = 0.273$，作出不同温度下的S-Al平衡图，见图9-12。

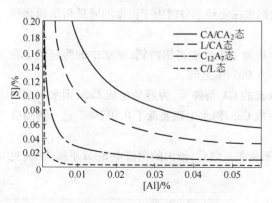

图9-11　1873K时的S-Al平衡图　　　图9-12　CA液态下不同温度的S-Al平衡曲线

从图9-12中看出温度对S-Al平衡曲线的影响：在生成L/CA态铝酸钙的同时避免生成CaS，温度越低所要求的硫含量上限越低。在1873K时，[Al] = 0.03%，为生成液态的CA，[S]必须要低于0.048%；在1823K时，[Al] = 0.03%，为生成液态的CA，[S]必须要低于0.029%。

9.2.4　S-Ca平衡曲线

9.2.4.1　S-Ca平衡对钢液结瘤的影响；

除了高熔点的铝酸钙和纯固态的Al_2O_3能够造成钢液结瘤以外，钢液中形成的镁铝尖晶石也是水口结瘤的原因。夹杂物中MgO来源有以下的几个途径：

（1）钢包水口填料中的氧化镁进入钢包；

（2）脱氧剂中含有少量的镁；

（3）包衬中 MgO 被碳还原生成镁。

钢水中镁一般为 0.001% 左右。在 LF、VD 中形成 $Al_2O_3 \cdot MgO$ 尖晶石，镁降低了铝酸盐（CaO $\cdot Al_2O_3$）中的 Al_2O_3，使 CaO 活度升高形成 CaS。这样就形成高熔点的 $Al_2O_3 \cdot MgO$、CaS，形成水口堵塞。钙与[O]、[S]和 Al_2O_3 同时发生如下反应：

$$(CaO) + \frac{2}{3}[Al] + [S] === (CaS) + \frac{1}{3}(Al_2O_3)$$

所以低碳铝镇静钢的钙处理过程中，形成的夹杂物必须充分考虑 Al-Ca-O-S 元素之间的平衡关系。加钙处理后即可生成铝酸钙（$12CaO \cdot 7Al_2O_3$）防止堵塞水口，又不能够生成 CaS 增加堵水口。为此，一是控制钢中的钙含量，二是控制钙处理过程中的硫含量，即将硫脱到一个合适的范围，再进行钙处理，这是很关键的操作。

9.2.4.2　S-Ca 平衡曲线

由于钙与氧和硫具有很强的亲和力，所以如果钢水中有硫或氧的话，钙就会与它们反应生成氧化物和硫化物存于钢水中。龚坚工程师和王庆祥教授根据以下的反应方程式：

$$[Ca] + [S] === [CaS] \qquad lgK_{CaS} = lg\frac{a_{CaS}}{a_S a_{Ca}} = \frac{19980}{T} - 5.9$$

从硫和钙直接反应的角度出发，得出在 1873K 和 1823K 的 S-Ca 平衡曲线，见图 9-13。

从图 9-13 中可以看出温度对 S-Ca 平衡曲线的影响。在钙处理铝镇静钢中，随着温度的降低，钙有可能会与硫反应生成硫化钙，有可能造成钢水在流经水口时由于温度的降低析出硫化钙夹杂物，成为导致水口结瘤的一个因素。

在 1873K 的钢水中，[Al] = 0.02% 时，钙处理后为了生成液态铝酸钙，钢水中的溶解氧应在 0.00026% ~ 0.00027%，溶解的钙应在 0.0002% ~ 0.0034% 之间。

温度为 1873K 的钢水，[Al] = 0.02% 时，在液态的 CA 条件下，为避免生成 CaS，钢水中硫要低于 0.0063%；在 $12CaO \cdot 7Al_2O_3$ 条件下，为避免生成 CaS，钢水中硫要低于 0.017%。这一点适合于硅铝镇静钢。

蔡开科教授综合考虑 Al-Ca-O-S 元素之间的平衡关系以后，给出的钢液中 S-Ca 平衡曲线（见图 9-14）。

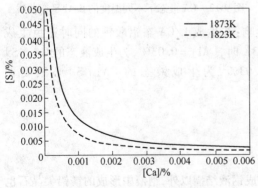

图 9-13　1873K 和 1823K 的 S-Ca 平衡曲线

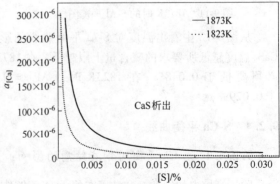

图 9-14　钢液中的 S-Ca 平衡曲线

表 9-7 是钢中生成 CaS 时的[Ca]、[S]含量。如 1550℃，[S] = 0.020% 时，[Ca]超过 0.0005% 就可能有 CaS 析出。

表 9-7　钢中生成 CaS 时的[Ca]、[S]含量

元　素	温度/℃	含量/%				
S	1550~1600	0.005	0.010	0.015	0.020	0.025
Ca	1600	0.0055	0.0027	0.0020	0.0017	0.0014
	1550	0.0023	0.0015	0.0010	0.0005	0.0004

对低碳、低硫铝镇静钢的钙处理,以下是某厂的钙处理工艺原则,就体现了以上的观点:

(1)钢水调铝应尽早进行,并在喂钙前充分搅拌钢水去除夹杂物,喂钙后不适合补铝操作。

(2)进行钢水钙处理时,钢中 CaO 与 Al_2O_3 比值应合适,Al_2O_3 含量应为 43%~58%。

(3)钢水钙处理应控制[S]<0.010%。

(4)喂钙线前钢水应进行充分弱搅拌,保证 Al_2O_3 夹杂物充分上浮去除,T[O]<0.005%。

(5)进行钢水钙处理前应降低钢渣氧化性,钢渣中 FeO+MnO 应控制在 5% 以下。

(6)喂钙处理后应避免钢水与大气接触,防止钢水的二次氧化。

9.2.4.3　根据[Al]-[S]平衡来判断 CaS 析出的条件

在[Ca]不容易检测的时候,也可由[Al]-[S]平衡来判断 CaS 析出,二者的平衡浓度关系见表 9-8。

表 9-8　判断 CaS 析出的[Al]-[S]平衡浓度关系

元　素	温度/℃	含量/%				
Al	1550~1600	0.02	0.03	0.04	0.05	0.06
S	1600	0.031	0.023	0.019	0.016	0.015
	1550	0.017	0.011	0.010	0.009	0.009

由表 9-8 可知,硫含量超过不同的温度下的平衡浓度,就会析出 CaS,如 1550℃,$[Al]_s > 0.06\%$,$[S]_s > 0.009\%$,CaS 就会析出。所以对低碳铝镇静钢,控制钢中 $[Al]_s = 0.02\%$~0.04%,$[S] = 0.01\%$~0.02%,目的就是减少 CaS 的析出。实际生产中,低碳铝镇静钢,在$[S] = 0.01\%$~0.02% 时,水口堵塞主要是由于 Al_2O_3 所引起的,而不是由 CaS 所致。钙处理铝镇静钢,钢中 Ca/S 比对硫化物夹杂物的影响见表 9-9。

表 9-9　钢中 Ca/S 比对硫化物夹杂物的影响

Ca/S 比	夹杂物核心	外　壳
0~0.2	Al_2O_3	MnS(Al 脱氧)
0.2~0.5	$mCaO \cdot n\ Al_2O_3$	MnS
0.5~0.7	$mCaO \cdot n\ Al_2O_3$	(Ca,Mn)S
1~2	$mCaO \cdot n\ Al_2O_3$	CaS

注:控制钙处理钢中合适 Ca/S 比以防止 CaS 析出结瘤。

9.2.5　钢渣的脱氧对钢液钙处理的影响

钢渣的主要功能之一是覆盖钢液,降低钢液和大气接触的几率,防止钢液被炉气中的氧二次氧化,钢渣脱氧的程度也对钢液的二次氧化影响明显,也会严重地影响钙处理的效果,氧化性较强的钢渣,大多数的时候,钙处理的效果是不会理想的。脱氧较好的钢种,顶渣对钢液的影响也很明显。

9.2.5.1　炉渣扩散传氧的基础知识

炉渣能够使得炉气中的氧扩散到钢液内,这是一个定理。

扩散是体系中物质自动迁移、浓度均匀化的过程。它的驱动力是体系内存在的浓度梯度或者化学势梯度,造成组分从高浓度向低浓度区迁移。扩散系数是组元在介质中传输速度的一种量度,其大小表征一种物质原子在其他作为基体的原子中相对扩散的快慢速度。精炼炉的顶渣如果不脱氧,钢液中的氧含量就会逐渐增加,这是炉气中氧通过钢渣传递的结果。目前对顶渣传氧的机理研究有以下两种观点:

(1) 与熔渣中钙等其他组元相比,氧具有较大的扩散系数是熔渣结构中相邻的硅氧根离子中氧的互换及硅氧根离子旋转所致;

(2) 液态铁氧化物中的氧具有较大的化学扩散系数,与自由电子或电子空穴的快速移动有关。图 9-15 是炉气中的氧通过熔渣渗透的示意图。

钢液(含碳的铁滴)与渣中氧化铁反应机理的示意图见图 9-16。

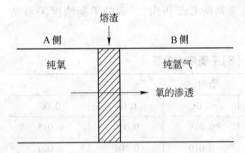

图 9-15　炉气中的氧通过熔渣渗透的示意图

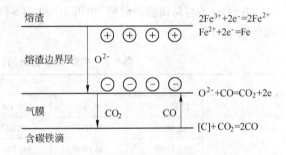

图 9-16　钢液(含碳的铁滴)与渣中氧化铁反应机理

9.2.5.2　炉气-炉渣系统氧在熔渣中的渗透特性

炉气-炉渣系统氧在熔渣中的渗透特性主要有:

(1) 在不含过渡金属氧化物的熔渣中(如 $CaO\text{-}SiO_2\text{-}Al_2O_3$ 和 $CaF_2\text{-}CaO\text{-}SiO_2\text{-}Al_2O_3$),气相中的氧通过物理溶解,以氧分子的形式穿过熔渣进入钢液,氧的渗透率直接与气相氧分压成正比,即:$O_2(g) \longrightarrow O_2(s)$。

(2) 当熔渣中含有过渡金属氧化物(如 Fe_2O_3)时,熔渣中存在电子(自由电子或电子空位)电导,气相中的氧气可通过以下反应式进行化学溶解,并以氧离子的形式在熔渣中传递,氧的渗透率与渣表面气相氧分压的 $1/n(n = 2 \sim 5)$ 次方成正比,即:

$$O_2(g) \Longrightarrow 2O^{2-}(s) + 4p(s)$$
$$M^{2+}(s) + p \Longrightarrow M^{3+}(s)$$

式中,p 为渣中的电子空位;M^{2+},M^{3+} 分别为 +2、+3 价的金属阳离子。

实验表明,熔渣化学溶解传递氧的能力比物理溶解时大得多。熔渣中只加入 0.2% 的 Fe_2O_3 时,氧在渣中的渗透量可提高 10^{10} 倍。$CaO\text{-}SiO_2\text{-}Al_2O_3$ 熔渣中氧渗透量与氧化物含量的关系见图 9-17。

通过上述的论述可知,炉渣的脱氧对降低钢液的二次氧化、提高钙处理的效果有积极的意义。实践也表明,绝大多数的钢种,渣中氧化铁含量为冶金反应进行状况的晴雨表,钢液与熔渣之间的氧平衡为一种动态平衡,渣中氧化铁的高低直接决定着与钢中平衡氧的高低。而氧含量的降低是降低氧化物夹杂物的关键。当渣中 FeO < 0.5% 时,钢中全氧能够小于 0.002%,夹杂物总量也较低;渣中 FeO > 0.5%,钢中全氧和夹杂物总量明显增加。因此降低渣中 FeO 含量是降低钢中氧化物夹杂物的关键。钢渣中的 FeO + MnO 和钢液中的全氧之间的关系见图 9-18。

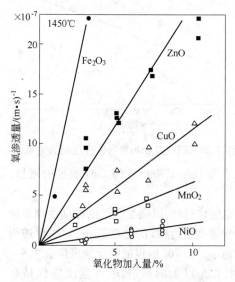

图 9-17　CaO-SiO$_2$-Al$_2$O$_3$ 渣系中氧渗透量与
氧化物含量的关系

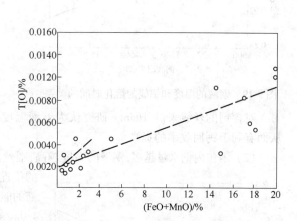

图 9-18　钢渣中的 FeO + MnO 和钢液中的
全氧之间的关系

采用吹氩降低炉气中的氧的分压,对减少钢液精炼过程中的二次氧化有明显的效果。

9.3　钙处理工艺

9.3.1　钙处理过程中钙的回收率

当钙加入到钢液以后,一部分溶解到钢液中,一部分挥发损失,其余的和夹杂物、顶渣、炉衬耐火材料反应消耗掉。钢液中总的钙含量的变化和加入的钙总量之比为钙的收得率,计算公式如下:

$$\eta_{Ca} = \frac{[\%Ca]_T - [\%Ca]_{before}}{[Ca]_{add}} \times 100\%$$

式中,$[\%Ca]_T$ 为钢液加钙以后的钙含量;$[\%Ca]_{before}$ 为钢液加钙以前的钙含量,一般基本上予以忽略;$[Ca]_{add}$ 为加入的总钙量。

例　120tRH 冶炼管线钢 X65,钢水冶炼重量120t,喂线以前钢液中的钙可以忽略不计,喂线600m 以后,钢液中的钙含量为 0.00408%,已知钙铁线中钙含量为 28%,丝线的每米粉剂单重为220g,求钙铁线中钙的回收率。

$$\eta_{Ca} = \frac{0.00408\% \times 120 \times 1000}{220 \times 10^{-3} \times 600 \times 28\%} \times 100\% = 13\%$$

图 9-19 是某厂钢液温度和铝线熔化时间之间的关系。

9.3.2　喂丝速度的控制

喂丝的速度的控制主要根据钢液的温度和钢液量的多少来决定,以便喂丝前设定喂丝机的喂丝速度,达到理想的处理效果,主要特点有:

（1）钢液温度越高，丝线的熔化时间就越短，喂丝速度就应该越快，防止速度慢，丝线在钢包钢液的上部熔化反应掉，达不到喂丝的目的。图9-20是钢液温度和喂丝速度之间的关系。

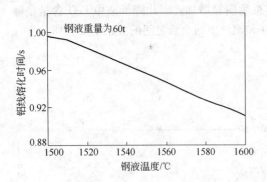

图9-19　钢液的温度和铝线的熔化时间的关系

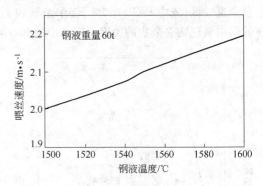

图9-20　钢液温度和喂丝速度之间的关系

对含钙的丝线来讲，Heinke研究认为钢液温度的提高有利于钢中形成的CaO数量的增加，从而有利于钙回收率的提高。

（2）钢包内钢水量越多，钢液的高度越高，喂丝速度也应该越快，以满足喂丝的深度达到最佳的位置。喂丝速度慢，丝线的动能就小，丝线穿透钢液的能力就越小。如70t钢包的喂丝速度应在1.8 ~ 4.0m/s之间，120t以上的钢包，喂丝速度应保持在3.0 ~ 6.5m/s之间，控制合适的喂丝速度很关键。图9-21是钢液量和喂丝速度之间的关系。

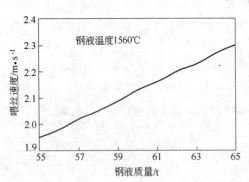

图9-21　钢液量和喂丝速度之间的关系

此外，钢渣的情况，包括厚薄、黏度的大小，钢水的温度、成分对喂丝的速度影响都很明显。钢渣较厚或者碱度过高，钢渣黏度较大，喂丝速度过慢，喂丝操作时丝线就可能无法到达理想的喂丝深度。正常的喂丝操作和喂丝深度与不正常的喂丝操作示意图如图9-22所示。

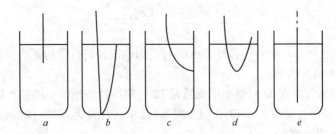

图9-22　正常的喂丝深度和不正常的喂丝深度的示意图
a，b，c，d—不正常的喂丝效果；e—正常的喂丝效果

图9-22给出了正常的喂丝情况下，丝线的喂入深度应该是距离包底很近的区域，铁皮熔化以后，粉剂参与反应。喂丝速度过快，丝线碰撞到包底以后，反弹回钢液中上部；速度过慢，丝线插入钢液的深度不够；丝线的喂入位置和喂丝速度不合适，钢渣的情况不好，还会造成丝线插入钢水一段距离以后，穿出钢液的情况，钙的回收率和处理效果下降。一种生产工艺条件下，喂丝速度和钙的回收率之间的关系如图9-23所示。

9.3.3 喂丝过程中钢液沸腾的现象原因

从化合物 Ca_2Si、$CaSi$、$CaSi_2$、CaC_2、$CaAl_2$ 在 1600～1700℃时分解为 Ca 的蒸气压曲线看出,其值都小于 133.3224Pa 是较小的,实际上钢液的翻腾程度和 Al、Si、Ca 的结合程度及溶于铁液中的速度有关。Si、Al 的溶解增加了 Ca 蒸气压力增大的速度,Si、Al 的含量也是影响 Ca、Ba 的蒸气压的因素之一,也和脱氧元素 Ca、Ba、Al 等和[O]的化合速度有关。

从实践中观察到用 Ca-Si 包芯线时钢液在包中的翻腾较大,使用 Ca 含量低、Si、Al 含量较高的 Si-Al-Ba-Ca 包芯线时钢液的翻腾减小,这和 Ca、Ba、Al 与[O]反应能力增强有关,也和复合脱氧剂中 Ca、Ba 的蒸气压减小有密切关系。

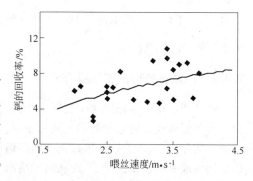

图 9-23 一种生产工艺条件下,喂丝速度和钙的回收率之间的关系

9.3.4 钙回收率的影响因素

影响钙回收率的主要因素有喂丝速度、喂丝长度、喂丝前钢水温度和钢水的成分。喂丝的速度合适,一般是越快,钙的回收率越高;钢水的温度越高,钢液和钢渣的脱氧越好,钙的回收率越高。合适的喂丝位置对钙的回收率的影响也非常重要。钙的回收率和温度之间的关系见图 9-24。

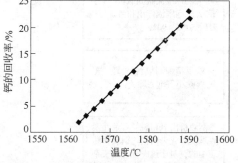

图 9-24 钙的回收率和温度之间的关系

9.3.5 钙处理过程中吹氩的流量控制

钙处理过程中,钙的反应和钙气泡上浮使钢包内钢液的搅拌状态得到改善,故喂入丝线以后反应较为剧烈,吹氩强度过大,钢液在钢包内的反应较为强烈,钢液的二次氧化就会加剧。钙处理过程中产生的夹杂物大多数是直径较小的夹杂物,既有固态也有液态,保持钢液有合适的搅拌能力,利用小气泡黏附作用去除固态夹杂物颗粒,对液态的夹杂物的上浮也比较有利。综合以上两个方面的因素,钢包吹氩的流量以喂丝期间采用强搅拌,喂丝结束后采用弱搅拌的吹氩流量为宜,吹氩结束以后吹氩量的实际控制,以吹氩时渣眼处的钢液面微微裸露为宜。表 9-10 是某厂 120t 钢包不同阶段的吹氩控制流量表。

表 9-10 某厂 120t 钢包不同阶段的吹氩控制流量

项 目	等 待	升 温	合金化	脱硫、补加铝铁	钙处理过程中的搅拌
流量/L·min^{-1}	40～80	120～200	150～200	300～350	30～50

9.3.6 喂丝钙处理的时间把握和喂丝以后钢液停留时间的控制

随着喂丝前钢液硫含量和喂丝后钢液停留时间的增加,中间包钢液的总钙含量减少。喂丝过程中钢液中钙与 Al_2O_3 颗粒作用生成钙铝酸盐夹杂物,并和钢中硫反应生成 CaS 夹杂物,这些夹杂物在喂丝后钢液停留过程中部分地上浮,停留时间越长,上浮越多,从而钢中剩余的总钙量也就越少。所以钢液喂丝软吹以后就应该较快地上连铸浇铸,以保证钢液中的残余钙含量,并且钙处理后,不许再进行加热测温或添加其他合金作业。

9.4　钙处理操作

9.4.1　钢液钙处理的实际操作

钙处理过程中的钙铝比中的所指的铝是酸溶铝,还是生成三氧化二铝的铝,即精炼炉终点成分的酸溶铝和连铸铸坯酸溶铝之间的差值,又称铝损。经过和许多的现场技术人员的讨论计算并结合实际生产,认为钙处理过程中的钙铝比中的铝为后者,按照前者计算,钙处理过程中需要的硅钙线或者钙铁线的量,不论从何种结论出发,从成本的角度上讲都是不可能的。钢液脱氧和钙处理是紧密衔接的,如图 9-25 所示。

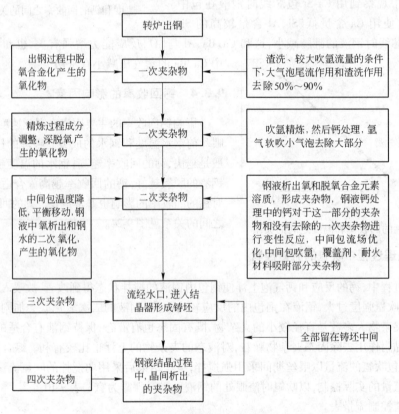

图 9-25　钢液脱氧和钙处理的关系

9.4.2　铝镇静钢的钙处理基本特点

9.4.2.1　精炼工序的钙处理特点

采用含钙的合金或者丝线进行钢水的钙处理,除了增加冶炼成本以外,钙合金脱氧对高铝质或者刚玉质的钢包,水口侵蚀严重。故钙处理必须按照脱氧能力的强→弱→强的顺序进行脱氧和合金化操作,优化转炉钢水的脱氧效果。转炉出钢过程中一次将铝的成分配至目标成分的中限以上,减少或者杜绝后期铝的加入量,是钙处理前的优化步骤,不能够简化或者省略。如果精炼炉补加较大量的铝铁,调整酸溶铝,此时的吹氩操作必须要强搅拌,利用大气泡尾流作用去除补加铝铁产生的大颗粒的 Al_2O_3 夹杂物,总的来讲,铝镇静钢的钙处理要点如下:

（1）对低碳铝镇静钢,加 Al 量大,钢中 $[Al]_s$ 较高(0.03 ~ 0.06%),采用重钙处理,加入到钢水中的钙的量要满足为氧化铝量的 0.9 倍至 3.2 倍。这样钙才能在钢水温度范围内产生液态的钙铝化合物。加入的钙太少的话,反应会不充分,氧化铝固体夹杂物仍然大量存在。即保持钢液中的钙含量达到一个合适的水平,在温度较高的范围,生成以液态铝酸钙盐为主的化合物。

（2）酸溶铝含量在 0.025% ~ 0.06% 之间的钢液,钙处理过程中判断钢水中 Al_2O_3 能够球化的指标为: $Ca/Al_{(精炼炉和中间包钢水铝成分的变化值)} > 0.14$, $Ca/T[O] = 0.7 ~ 1.2$;如果钢液钙处理不充分,钢中钙的含量较低,中间包钢水中钙为 0.0008% ~ 0.0012%,连铸就会浇铸不畅,发生结瘤堵塞水口的现象,也就是说钢水中固态铝酸钙夹杂物增加,导致水口堵塞。生成 $12CaO \cdot 7Al_2O_3$ 的理论成分为: CaO 48%, Al_2O_3 52%, $CaO/Al_2O_3 = 0.92$。

笔者从实际生产中抽取喂丝前,以及一炉钢水在连铸中间包浇铸接近结束的钢液试样,分析钢液中的酸溶铝和钙含量,结果见表 9-11。

表 9-11 钢液中的酸溶铝和钙含量取样分析结果

炉 次	试 样	$[Al]_s/\%$	$Ca/\%$
1428 炉	喂丝前第一个试样	0.0267	0.0011
	中间包终点试样	0.017	0.00147
1429 炉	第一个试样	0.045	0.00049
	终点试样	0.036	0.0006
1430 炉	第一个试样	0.043	0.0016
	终点试样	0.035	0.0013
差值			
1431 炉	第一个试样	0.0365	0.0001
	终点试样	0.033	0.0008

（3）钙处理时,钢中钙含量取决于钢水中氧、铝、硫含量、喂丝中钙量、喂丝速度等,这要求钙处理以前,需要进行较为充分的脱氧、脱硫。钙处理以后,需要有一定的软吹时间(5 ~ 15min),保证钢液内部的夹杂物上浮。

（4）钢水中的铝含量越高,生成的 Al_2O_3 越多,对钢水的可浇性的负面影响越大。铝脱氧以后,生成的 Al_2O_3 和钢液中的铝达到平衡状态。在这一阶段,采用吹氩、合成渣渣洗等方法,去除大部分的 Al_2O_3 夹杂物,然后通过下一步的钙处理,将剩余部分的 Al_2O_3 进行钙处理,使得其中的大部分转变为低熔点的液相,通过软吹进一步去除。当然, Al_2O_3 不可能全部被去除。在钢水离开精炼炉以后,温度就会逐渐降低,钢水中氧的溶解度就会随着温度的降低而降低析出,继续和钢液中的铝反应,铝的沉淀脱氧的反应会持续进行,不断地生成 Al_2O_3 夹杂物,并且, Al_2O_3 含量越低,在钢液中的分布越分散,越不容易去除,这需要在连铸工序继续做工作。

9.4.2.2 连铸工序需要管控的环节

连铸工序需要注意以下的事项,以取得较好的钙处理效果:

（1）在连铸工序,采用挡渣坝、挡渣堰、陶瓷过滤器、气幕挡墙等,改善钢水在中间包的流场,促进夹杂物的进一步上浮。

（2）为了减少第一炉钢水在中间包的二次氧化,在开机前 20min 使用氩气吹扫中间包,采用低熔点的覆盖剂,快速覆盖钢液,防止钢液裸露并且吸附夹杂物。中间包第一炉浇铸时,容易造成连铸中间包的耐火材料剥落和钢包引流砂进入钢液形成夹杂物,中间包钢水达到要求的液面以后,保持5min左右的镇静时间,对这些夹杂物的上浮很必要。

(3)钢水的液面越低,夹杂物上浮需要的时间越少。钢水在正常的浇铸过程中,全程的保护浇铸,中间包保持合适高度的液面浇铸,保证长水口的浸入深度,防止高速注流周围的负压造成中间包内的顶渣进入钢液,也使得夹杂物能够在较短的时间上浮到中间包渣面,得以去除;钢水浇铸结束时,钢包的提升要缓慢。

(4)为了防止钢液的结瘤,采用吹氩塞棒,透气水口也是一种新型的技术。

9.4.3　钢液钙处理的实例

9.4.3.1　转炉出钢下渣造成钢水结瘤停机的案例

120t转炉冶炼SPHC钢,钢种的成分要求见表9-12。

表9-12　SPHC钢的成分要求　　　　　　　　　　　　　　　（%）

目标成分	C	Si	Mn	S	P	Al
上　限	0.07	0.03	0.28	0.030	0.015	0.060
下　限	0.05		0.20	0	0	0.040

为LF连铸第一炉,一次拉碳1643℃,出钢,终点碳为0.081%,出钢过程带渣,渣层厚度为98mm,泼渣没有成功,渣中氧化铁较高,精炼炉钢水到站实际包样铝:0.012%(出钢目标值:0.06%),在精炼炉对钢渣的改质脱氧操作困难,添加铝铁350kg。LF出钢前的钢渣勉强改质为黄渣,包温为1610℃,包样碳为0.079%,包样铝为0.042%,此炉开浇以后8min出现结瘤,20min以后抢救无效中间包结死停机,中间包包样铝为0.035%。

上述案例说明,消除钢渣过于强烈的氧化性对钢液的氧化,是保持铝镇静钢的钢液可浇性的前提条件,也是转炉出钢挡渣的主要目的。

9.4.3.2　出钢过程中氩气不正常造成结瘤的案例

120t转炉冶炼SPHC钢,采用铁水脱硫工艺,转炉终点成分控制较好,但是出钢过程中的氩气搅拌情况不好,此炉为连铸连浇的第五炉。钢水到达LF以后,氩气只能够维持弱搅拌状态,由于温度合适,精炼炉炼钢工调整好温度和成分以后,进行喂丝处理,然后软吹8min,钢水上连铸浇铸,钢水浇铸30t左右,钢包结瘤,引流以后又一次结瘤,中间包也出现结瘤,造成连铸停机。

事后,从钢包水口的堵塞物分析表明,主要成分为Al_2O_3,占85%,主要原因是转炉出钢过程中氩气搅拌不正常,导致钢中大部分的Al_2O_3夹杂物没有上浮,造成钢包水口结瘤和中间包水口结瘤。

9.4.3.3　铝铁补加量过大造成的结瘤案例

冶炼SPHC钢,此炉转炉正常出钢,精炼冶炼未出现异常,吹氩和钢渣的情况良好。但是转炉出钢过程中的铝的加入量偏低,造成钢水LF到站成分为0.015%,距离下限0.025%差距较大,铝铁加入量160kg,总作业时间53min,前后软吹24min,钢水到达连铸浇铸,浇至后期出现结瘤迹象,甲班接班后上连铸一炉钢结瘤未好转,导致结瘤停机。

事后原因分析认为,转炉的铝铁配加量不合理,造成二次补加铝铁,补加的铝铁沉淀脱氧以后,钢中的Al_2O_3没有及时地上浮去除,造成钢水上连铸结瘤。

9.4.3.4　脱硫不合理造成的结瘤案例一

冶炼 SPHC 钢,LF 精炼炉到站以后,钢水硫含量为 0.065%,作业过程中脱硫效率较低,冶炼 40min 以后,钢水中的硫含量为 0.024%,控制成分的目标下限为 0.020%,此时,连铸浇铸的钢包钢水已经浇完,炼钢工为了让钢水上连铸,1601℃进行钙处理。采用喂丝脱硫的方法,喂入比平时多一倍的钙铁丝,脱硫和钙处理同时进行,喂丝以后取样,钢水同时上连铸浇铸,4min 后钢水到达连铸,取样结果传回,[S]=0.018%,酸溶铝为 0.028%,达到了控制水平的要求,但是钢水在中间包浇铸45t 钢水以后结瘤,上水口堵塞物的解剖分析表明,CaS 占17%,Al_2O_3 占78%,Al_2O_3 是导致结瘤的主要物质。

原因分析:此炉为了脱硫,前期钢渣偏干,冶炼过程中 Al_2O_3 上浮去除的效果不好,后期渣子调整后,效果也不明显,加上硫含量高,钙处理过程中的钢液含钙量处于硫化钙析出的区域,造成了结瘤。

9.4.3.5　脱硫不合理造成的结瘤案例二

冶炼 SPHC 钢,转炉出钢量125t,出钢以后,钢包第一个试样分析,钢水中的硫高达 0.055%,成品要求硫含量低于 0.02%。由于此炉是连铸浇铸的第七炉,留给 LF 炉的处理时间只有40min,才能够匹配连铸的浇铸速度。LF 炉很快调整好了成分和温度,但是硫高,白渣条件下脱硫困难,取样五次,钢包硫含量仍然在 0.025%,此时连铸前面的钢包已经浇铸结束了,只等此炉钢水连浇。炼钢工无奈之下,采用了喂丝脱硫的方法,喂入了400m 的钙铁丝线脱硫,此时钢中酸溶铝含量为 0.033%,喂丝以后,硫含量达到了目标成分上限 0.02%,钢水没有按照规定软吹氩气镇静,直接上连铸,此时由于连铸降拉速等,中间包钢水液面较低,温度也偏低,此炉钢水浇铸了60t 的时候,连铸结瘤停机,此时温度合适,经过解剖,水口的堵塞物为外表以硫化钙为主的复杂岩相化合物。

9.4.3.6　喂丝不正常造成的生产实例

1 号 LF 炉冶炼 AP1461C1 钢,2 号机开机第一炉,到精炼炉温度1529℃,上钢水前测温1607℃,冶炼时间68min,送电时间33min,石灰加入量530kg,电石568kg,低碳锰铁41kg,萤石210kg,铝铁121kg,钙铁线500m,软吹9min,上连铸浇至钢包重量110t 时开始,至钢水量剩15t 时结瘤停机。

炉次成分变化见表9-13。

表 9-13　炉次成分变化

炼钢试样号	C	Si	Mn	P	S	Al	Ca	[Al]$_s$
钢水到达 LF 试样1	0.095	0.003	0.087	0.0071	0.020	0.50	0.00135	0.18
LF 试样2	0.064	0.008	0.258	0.0066	0.020	0.06	0.00009	0.04347
LF 试样3	0.070	0.008	0.286	0.0089	0.018	0.047	0.0002	0.0397
LF 喂丝后	0.077	0.028	0.292	0.0086	0.011	0.061	0.00261	0.04904
中间包试样	0.081	0.023	0.291	0.0092	0.012	0.044	0.0008	0.0425

事故原因:

(1) 此炉钢全程吹氩不正常,未进行倒包操作,是造成结瘤事故发生的主要原因。

(2) 包沿渣子厚,丝线未能很好地进入钢水。

预防措施:

(1) 钢包使用前检测透气砖的情况,转炉控制好出钢温度,保证钢水有合适的精炼炉到站温度,温度在冶炼钢种液相线温度以上45℃为宜。

（2）提高操作技能，加强处理突发事故的应变能力。

（3）及时清理钢包包沿的渣子，保证开机炉次钢包的清洁，以利于丝线的喂入。

9.4.4　硅镇静钢的钙处理

9.4.4.1　精炼顶渣对硅镇静钢钢水增铝的机理

冶炼硅镇静钢和含铝低的硅铝镇静钢，经过 LF 的工艺过程中，在使用 CaO-Al$_2$O$_3$ 渣系条件下，能发生硅、锰与 Al$_2$O$_3$ 的反应，导致钢水增铝，化学反应如下：

$$3[Si] + 2(Al_2O_3) = 4[Al] + 3(SiO_2)$$
$$3[Mn] + (Al_2O_3) = 2[Al] + 3(MnO)$$

在采用含碳的脱氧剂进行脱氧过程中，也会发生还原反应，造成钢液增铝，反应如下：

$$3[C] + (Al_2O_3) = 2[Al] + 3CO$$

以上反应的进行，都能够造成钢液增铝。

9.4.4.2　顶渣成分对钢液增铝的影响

LF 处理后钢中铝含量增加的多少，在同比条件下，由于所生产钢种成分的不同，也有所差异。不同成分的精炼渣条件下，钢液中的硅含量和铝含量的关系见图 9-26，不同成分的精炼渣条件下，钢液中的锰含量和铝含量的关系见图 9-27。

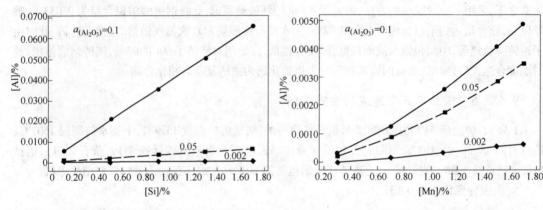

图 9-26　不同精炼渣下硅含量和铝含量的关系　　图 9-27　不同精炼渣下锰含量和铝含量的关系

9.4.4.3　顶渣组分活度对钢液增铝的影响

除了钢液中硅锰成分的影响因素以外，钢中增铝的主要因素取决于精炼渣中 Al$_2$O$_3$ 的活度。随着 Al$_2$O$_3$ 活度的提高，钢水中平衡铝含量急剧增加。LF 精炼后铝含量与精炼渣中 $a_{Al_2O_3}$ 的关系见图 9-28。

图 9-28 说明了 LF 处理过程中钢水增铝的原因和精炼渣中 Al$_2$O$_3$ 的活度大小的关系。当 $a_{Al_2O_3}$ 小于 0.004% 时，可控制 [Al] < 0.0004%，能够满足硅镇静钢 72A 生成塑性夹杂物的要求，当精炼渣中 Al$_2$O$_3$ 小于 12% 时。理论计算和生产实践均证明可以控制 [Al] < 0.003%，防止小方坯连铸的水口结瘤。

在 Al$_2$O$_3$ 的活度较高的条件下，随着 Si、Mn 的增加，Al 增加。在 Al$_2$O$_3$ 活度较高的条件下，钢液的增铝量主要受硅含量大小的控制。但在低 Al$_2$O$_3$ 活度条件下，Si、Mn 的增加对 Al 的影响不大。实测数据表明,使用 CaO-SiO$_2$ 渣系,所有钢种几乎不发生增铝。

要控制[Al] < 0.0004% ,热力学计算的 $a_{Al_2O_3}$ 应该小于 0.004% ,相应的精炼渣的化学成分应该是以 CaO-SiO$_2$ 为基础,(Al$_2$O$_3$) < 7% ;反之,要控制[Al] < 0.003% ,相应渣中的 Al$_2$O$_3$ < 12% ,钢中酸溶铝和钢渣中的 Al$_2$O$_3$ 之间的关系见图 9-29。

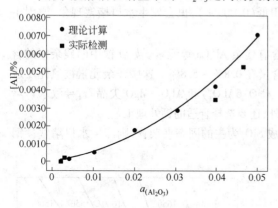

图 9-28　LF 精炼后铝含量与
精炼渣中 $a_{(Al_2O_3)}$ 的关系

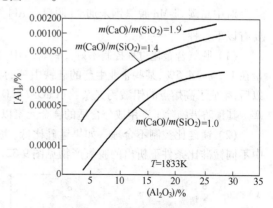

图 9-29　钢中酸溶铝和钢渣中的
Al$_2$O$_3$ 之间的关系

9.4.4.4　LF 精炼时间和钢液增铝的关系

LF 送电精炼过程中,电弧的加热化渣作用,会促进顶渣组分向钢液增铝的反应进行,加热还原的时间越长,反应的生成量越多,故钢液的增铝量是随着 LF 炉的冶炼时间的增加而增加的,二者的关系见图 9-30。

9.4.4.5　不同精炼渣系对夹杂物组分的影响

采用 CaO-Al$_2$O$_3$ 和 CaO-SiO$_2$ 不同的渣系精炼后,钢中均有 MnO-Al$_2$O$_3$-SiO$_2$、CaO-MgO-Al$_2$O$_3$-SiO$_2$ 等复合夹杂物。其明显的区别主要有以下的两点:

(1) 使用 CaO-Al$_2$O$_3$ 渣系,复合夹杂物中 Al$_2$O$_3$ 高达 40% ;而使用 CaO-SiO$_2$ 渣系的 w(Al$_2$O$_3$) 是

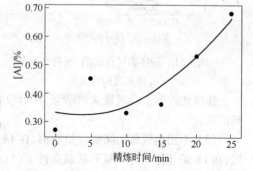

图 9-30　LF 精炼时间与铝含量的关系

19.83% ,其主要原因是钢液增铝,造成钢液中复合夹杂物中 Al$_2$O$_3$ 含量上升;

(2) 使用 CaO-Al$_2$O$_3$ 渣系钢中,复合氧化物夹杂物中的 CaO 含量高于使用 CaO-SiO$_2$ 渣系,复合氧化物夹杂物中 CaO 含量上升,其原因主要是由于 CaO-Al$_2$O$_3$ 渣系中,CaO 的活度要远远高于 CaO-SiO$_2$ 渣系中 CaO 的活度。

9.4.4.6　硅镇静钢钙处理的特点

对常见的硅镇静钢,一般为中高碳钢,典型的有帘线钢、硬线钢、预应力钢绞线等。如果没有铝脱氧,钢中的酸溶铝的含量很低,一般[Al]$_s$ < 0.002% ,水口结瘤主要是 SiO$_2$ 造成的,Al$_2$O$_3$ 引起的结瘤很少,要解决硅镇静钢引起的结瘤现象,首先要将脱氧的产物控制为液态的 MnO·SiO$_2$ 夹杂物,为了达到此目的,要控制有合适的 $m[Mn]/m[Si]$,其中它们的比为摩尔比例。$m[Mn]/m[Si]$ 较低,形成纯二氧化硅,引起水口结瘤;当 $m[Mn]/m[Si]$ 大于 2.5 以后,生成物为液态的

$MnO \cdot SiO_2$ 夹杂物,容易上浮去除。实际上,硅镇静钢的结瘤现象较为少见,也较好处理。铸坯的针孔缺陷、水口结瘤与溶解氧之间的关系见图 9-31。

9.4.4.7　常见的硅镇静钢的结瘤原因和措施

对中高碳 Si-Mn 脱氧钢未加 Al 脱氧,$[Al]_s$ 很低(0.003%),也会发生水口堵塞现象,原因主要有以下三种:

(1) 脱氧合金化过程控制不好。铁合金中,含有残余 Al、Ca 等元素。如钛铁中的残余铝的含量在 1.2% ~4.5%;某些企业生产的硅铁中钙的含量在 0.8% ~5.8%。这些残余元素被氧化反应以后,生成了高熔点的铝酸钙夹杂物($CaO \cdot 2Al_2O_3$、$CaO \cdot 6Al_2O_3$)和 $Al_2O_3 \cdot MgO$ 尖晶石,导致水口堵塞。其预防措施除了选用成分适合的合金元素以外,还要选择合适的钙处理工艺。

(2) 锰硅比控制不合理。如果锰硅比低,生成 SiO_2 为主的固态夹杂物,则产生水口堵塞。钢中不同锰硅比条件下析出的脱氧产物见图 9-32。

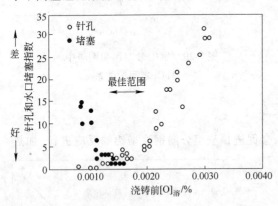

图 9-31　铸坯的针孔缺陷、水口结瘤与　　　　　图 9-32　钢中不同锰硅比条件下析出的
　　　　溶解氧之间的关系　　　　　　　　　　　　　　　　脱氧产物

锰硅比控制不合理造成的结瘤,在钢液脱氧过程中,通过控制合适的锰硅比,即可得到缓解和消除。

(3) 不用铝脱氧的高碳硅镇静钢,在 LF 炉造白渣脱氧,使得 T[O] < 0.002%。这种操作模式,在 LF 炉还原精炼气氛和低氧条件下($[O]$ < 0.0015%),转炉出钢带渣或者下渣,钢包水口填料,会使钢液中含有 MgO;MgO-C 砖中的 MgO 被碳还原以后释放出 Mg,二次氧化生成 MgO;顶渣中的 Al_2O_3 被还原进入钢液,再次氧化以后生成 Al_2O_3,氧化镁和氧化铝反应形成 $MgO \cdot Al_2O_3$,也会造成钢液结瘤。LF 炉白渣精炼时间越长,$MgO \cdot Al_2O_3$ 形成得多,结瘤的情况也会越严重。能够采取的有效措施有:

1) 根据钢中的铝含量,决定钙处理喂丝的量,保持合适的钙铝比,以能够得到 $12CaO \cdot 7Al_2O_3$ 为宜,促使其能够上浮,并且不会造成结瘤。

2) 白渣精炼时间不应太长。

3) LF 顶渣加扩散脱氧剂不应过量。

4) 顶渣保持合适的碱度,吸收 MgO。

9.4.4.8　硅镇静钢的钙处理实例

某厂冶炼弹簧钢 60Si2Mn,转炉出钢量 75t,转炉留碳操作,钢水的氧含量较低,冶炼的记录如下:

20 点 07 分:钢包到达钢包车位置。

20 点 08 分:接通氩气搅拌正常;测温 $T = 1544℃$。

20 点 10 分:送电,加入石灰 100kg,中等氩气搅拌进行混匀成分的作业。

20 点 17 分:停电取样。取样后继续送电。

20 点 22 分:化验结果传回:(Si 1.1%,Mn 0.46%,C 0.48%,S 0.026%,P 0.004%),调整氩气进行强烈搅拌,同时加入硅铁 500kg,高碳锰铁 250kg,增碳剂炭粉 60kg。

20 点 28 分:氩气强烈搅拌持续 5min 以后恢复正常搅拌状态,同时送电。

20 点 36 分:停电取样。$T = 1533℃$

20 点 38 分:送电,成分传回以后微调一次成分。

20 点 43 分:停电,测温 $T = 1540℃$,喂硅钙丝 150m。

20 点 48 分:氩气软吹搅拌 5min,$T = 1538℃$,出钢,上连铸浇铸。

采用类似的冶炼操作冶炼 3 炉钢以后,连铸塞棒关不住,导致停机。事后分析发现,使用的高钙硅铁(含钙 4.8%)造成硅铁合金化以后,钢中的钙就达到了 0.0028%,炼钢工又喂丝处理,增加了钢中氧化钙和钙的含量,造成了铝碳质塞棒被析出的钙氧化以后,侵蚀较快。随后根据钙处理的原理,将冶炼弹簧钢时采用低钙硅铁合金化,并且不喂丝处理,解决了以上的问题。

9.4.5　硅铝镇静钢的钙处理和 20CrMnTiH 钙处理的操作要点

对硅铝镇静钢来讲,一般为中低碳钢。如果 $[Al]_s > 0.01\%$,钢中析出的氧化物基本上以 Al_2O_3 夹杂物为主,钙处理也是考虑 Al_2O_3 夹杂物的变性处理为主,但是也要全面地考虑其他成分对钙处理效果的影响。硅铝镇静钢钙处理过程中的三元相图见图 9-33。

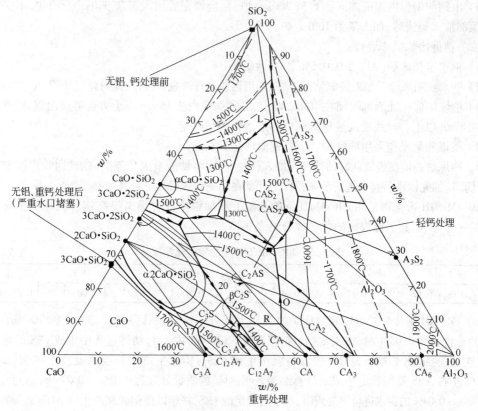

图 9-33　硅铝镇静钢钙处理过程中的三元相图

以下以两种硫含量不同的齿轮钢冶炼和钙处理的实际应用作一说明。硫含量要求较低的 20CrMnTi 钢种的化学成分见表 9-14。

表 9-14　20CrMnTi 钢种的化学成分

牌　号	化学成分/%						
	C	Si	Mn	P	S	Cr	Ti
20CrMnTi	0.17 ~ 0.23	0.17 ~ 0.37	0.80 ~ 1.15	≤0.035	≤0.020	1.00 ~ 1.35	0.04 ~ 0.10

其各个工序的操作要点如下:

(1) 转炉操作要点:

1) 废钢原料避免有色金属,主要包括 Cu、Sn 等含量超标,防止产品表面产生软点和铸坯的表面裂纹。

2) 转炉采用高拉补吹操作,终渣碱度 R 控制在 3.5 ~ 3.8。出钢[C] = 0.08% ~ 0.12%,[P] ≤0.008%。

3) 转炉出钢的温度控制在 1650 ~ 1670℃,保证吹氩站钢包温度在 1550 ~ 1600℃。

4) 脱氧合金化使用的合金选择硅锰合金、硅钙钡、铝铁、中碳铬铁、高碳铬铁、预熔渣、铝渣球、增碳剂。铝铁在钢水出至总量的 1/4 时开始加入。所有钢包内加入的合金必须保证在钢水出至出钢量的 3/4 时加完。

5) 转炉炉后钢包必须干净,出钢底吹气体选择氩气,不使用热补的钢包,钢包内保证没有冷钢和渣子。

6) 出钢前钢包内提前加入预熔渣 200kg/炉,合金加完后加入石灰 300kg 于钢包,出完钢后钢包顶部加入铝渣球,加入量为 100kg/炉。

(2) 精炼冶炼操作要点:

1) 钢水至精炼炉[Al]$_s$ ≥0.015%,[O] ≤0.001%。

2) 钢水到精炼位后如果脱氧情况不好,采用铝铁进行深脱氧操作,此时氩气采用较大的流量。

3) 精炼炉应保证冶炼时间在 40min 以上,必须保证白渣 15min 以上方可喂丝出钢,喂丝后保证软吹 8min 以上。丝线喂入量根据钢中的酸溶铝的量决定。

4) 精炼脱氧操作采用硅铁粉、电石、铝渣球、铝粒。

5) 精炼炉必须在脱氧良好的情况下加入钛铁,一次将钛配至成品范围(钛铁回收率按 55% ~ 60% 计算),加完钛铁后直接进行软吹操作。严禁在加完钛铁后再进行其他操作。

20CrMnTiH 齿轮钢是在 20CrMnTi 钢的基础上增加钢中硫含量来提高钢材机械加工易切削性能的一个钢种,其国标规定的化学成分见表 9-15。

表 9-15　20CrMnTiH 齿轮钢的化学成分　　　　　　　　　　(%)

牌　号	C	Si	Mn	P	S	Cr	Ti
20CrMnTiH	0.17 ~ 0.23	0.17 ~ 0.37	0.80 ~ 1.15	≤0.035	≤0.035	1.00 ~ 1.35	0.04 ~ 0.10

20CrMnTiH 钢转炉的冶炼和精炼炉的控制大部分一样,只是钙处理不同。当 20CrMnTiH 钢水中的硫含量在 0.03% 时,在正常钢水精炼温度下(1600℃左右),精炼过程中生成 CaS 的可能性小,但在过程温降的影响下,[Ca] 较低时就可生成 CaS。实际生产中只要钙处理后剩余[Ca] 为 0.001% 左右,CaS 就能稳定生成。计算结果表明,对硫的质量分数为 0.02% ~ 0.035%,铝的质量分数 0.02% ~ 0.04% 的钢水进行钙处理时,易生成稳定的 CaS,并难以使铝脱氧产生的 Al$_2$O$_3$ 夹杂物完全变性成低熔点的 C$_{12}$A$_7$ 钙铝酸盐。20CrMnTiH 钢水中钙与硫反应生成 CaS 的临界浓度及温度的影

响见图 9-34。

钢水中硫含量较高时,将 Al_2O_3 夹杂物变性为 CA 很困难。对高硫含量钢水直接进行钙处理,反应生成的 CaS 和变性不完全的钙铝酸盐会堵塞连铸水口,造成结瘤事故。因此,钙处理应该在钢水含硫较低时进行,通常在精炼钢水脱氧充分,将硫脱除到 0.017% 以下时,才进行钙处理,此时能较容易地将 Al_2O_3 夹杂物变性为液态钙铝酸盐,接着进行充分软吹搅拌,使夹杂物聚集、长大和上浮,同时使钢水中的残钙尽量排除。这时再喂硫线将钢水中硫含量调整到控制的需要水平。当硫含量增加

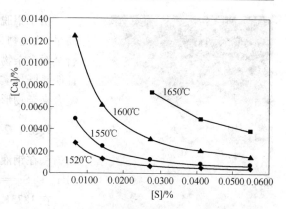

图 9-34 20CrMnTiH 钢水中钙与硫反应
生成 CaS 的临界浓度及温度的影响

后,钢水中残余的液态钙铝酸盐夹杂物还会和硫反应生成 CaS 夹杂物,但经过预先钙处理及软吹搅拌后,大量的钙铝酸盐夹杂物已被脱除,反应生成的 CaS 数量应比先喂硫线再钙处理流程大为减少。同时,生成的 CaS 会以液态的钙铝酸盐为核心析出,部分 CaS 还可溶入到液态钙铝酸盐中,因此会大大减轻对水口的堵塞程度。

9.5 钡合金、镁合金和稀土合金处理

9.5.1 含钡合金处理钢液

9.5.1.1 钡合金对 Al_2O_3 的变性作用的基本原理

脱氧剂的脱氧效果既与它的脱氧能力有关,又与脱氧产物的排除能力有关。脱氧产物的类型越多,就越易复合成较大颗粒的低熔点化合物而排除。含钡合金加入到钢液中时,由于钡在钢液中的溶解度极低,只在初期生成极少量的氧化钡。脱氧剂中的其他脱氧元素均参与脱氧反应,首先生成各自的脱氧产物,再聚集、长大,最终生成复合脱氧产物。由于钡的原子量大,生成的脱氧产物半径较大,因此,与其他脱氧产物的碰撞、长大形成复合脱氧产物的几率较高,同时,其复合脱氧产物的半径也较大。由于夹杂物上浮速度与夹杂物的半径成正比,因此,含钡合金的脱氧产物上浮速度较快,冶炼终点的夹杂物数量必然减少,这也是用钡合金处理钢液能够减少钢液中的夹杂物,提高钢液的质量以及可浇性的原因。此外,由于钡的加入能够降低钙的蒸气压,使钙在钢液中的溶解度上升,从而提高了钙的脱氧和球化夹杂物的能力。因此,含钡、钙的合金具有较高的脱氧和夹杂物变质作用,其脱氧产物易于上浮且速度很快。

钡对 Al_2O_3 进行变性处理的反应式可表示如下:

$$3[Ba] + Al_2O_3(s) \rightleftharpoons 3BaO(s) + 2[Al] \qquad K = 1.10 \times 10^{-8}$$

该反应在处理钢液温度范围内(平衡温度为 1748K)自发进行,生成的 BaO 可与钢中的 Al_2O_3 反应生成 $BaO \cdot Al_2O_3$、$3BaO \cdot Al_2O_3$ 等化合物,在此基础上可以进一步生成低熔点的化合物。各种钡铝酸盐的性质见表 9-16。

表 9-16 钡铝酸盐的性质

化 合 物	$n_{BaO}/n_{Al_2O_3}$	熔点/℃
$BaO \cdot 6Al_2O_3$	0.17	1915
$BaO \cdot Al_2O_3$	1	1815
$3BaO \cdot Al_2O_3$	3	1620

图 9-35　钡合金处理初期的
复合夹杂物形态

由于铝脱氧产物 Al_2O_3 易导致连铸水口结瘤和影响钢的质量,硫化物易导致钢性能的各向异性。为此,通过加入钡合金对夹杂物进行变性处理以控制夹杂物的形态,经过实践证明是既切实可行又经济的手段之一。钡合金处理初期的复合夹杂物形态见图 9-35。

9.5.1.2　钡对硫化物夹杂物变性的影响

钡在钢液中的脱硫反应可以表示为:

$$[Ba] + [S] \Longrightarrow (BaS)(s) \quad \Delta G^{\ominus} = -670.39 - 0.176T \quad kJ/mol$$

在 1873K 时,将浓度换算成摩尔浓度并两边取对数得:

$$\lg N_S + \lg N_{Ba} - \lg N_{BaS(s)} = -13.64$$

从以上公式和实践证明硫含量较高时,硫化物夹杂物易变性。在硫含量不变的情况下,随 N_{Ba} 的增加,N_{BaS} 也增加,说明钡含量高有利于硫化物夹杂物的变性。

采用 Si-Ba 合金取代 Si-Al-Fe、Al 脱氧剂,其脱氧效率高。Si-Ba 合金在脱氧的同时,还能脱硫,Si-Ba 合金加入量为 2.0kg/t 时,脱硫率可达 15% 以上,降低了炼钢成本。

9.5.1.3　含钡合金的成分组成

采用复合脱氧的目的不仅在于降低钢中的溶解氧,更重要的是将脱氧产物变性,生成液态夹杂物,并使该夹杂物与钢液具有较大的表面张力,使之容易上浮排除。对复合脱氧而言,脱氧剂加入后可立即生成接近平衡的脱氧产物,其组成主要取决于合金成分的组成及钢液的原始脱氧情况。对硅锰合金的研究表明,为形成液态夹杂物要求合金的 $[\% Mn] \geqslant 0.38 + 0.80[\% Si]$。对硅铝合金的研究表明,生成液态夹杂物要求合金的硅铝比大于 15.69。对钡合金用于钢液深度脱氧和夹杂物变性的分析及参考 $BaO-Al_2O_3$、$BaO-SiO_2$ 和 $BaO-Al_2O_3-SiO_2$ 相图的基础上得出,直接用于复合脱氧的铝钡合金的 Ba/Al 比应大于 2.4;硅钡合金的 Ba/Si 比应为 1.4 ~ 4.0;硅铝钡合金的组成为:Ba 20% ~ 35%,Al 40% ~ 60%,Si 10% ~ 20%;硅钙钡合金的组成为:Ba 12% ~ 20%,Ca 10% ~ 25%,Si 50% ~ 65%。

一种硅钙钡合金的成分见表 9-17。

表 9-17　一种硅钙钡合金的成分　　　　　　　　　(%)

Si	Ca	Ba	Si	Ca	Ba
56.53	19.08	16.1	60.93	17.11	15.09
62.54	18.04	14.44	56.85	18.8	16.41

9.5.1.4　使用钡合金处理钢液的实例

以下是某厂冶炼高等级抽油杆钢 20Ni2MoA,使用硅钙钡脱氧的操作实例。

冶炼工艺路线:BOF(LD) + LF + CCM。

转炉、精炼炉不同工位的成分控制要求分别见表 9-18 和表 9-19。

表 9-18　转炉钢包钢水成分控制要求

出钢记号	目标成分	C	Si	Mn	S	P	Al
20Ni2MoA	控制范围/%	0.12 ~ 0.16	0.12 ~ 0.20	0.60 ~ 0.70	<0.030	<0.010	0.010 ~ 0.020

表 9-19　LF 精炼成品成分控制　　　　　　　　　　（%）

钢　种	C	Si	Mn	P	S	Ni	Mo
20Ni2MoA	0.18~0.23	0.17~0.37	0.70~0.90	≤0.025	≤0.025	1.65~2.00	0.020~0.30
	0.19~0.22	0.20~0.30	0.75~0.85	≤0.020	≤0.015	1.65~1.75	0.20~0.25

转炉出钢公称容量:120t 转炉出钢底吹氩气的流量控制在 $180~240m^3/h$ 范围内;脱氧合金化:炉后脱氧合金采用电石、硅钙钡、硅锰合金、铝铁,合金加完后钢包内加入石灰 200kg,合金加入量根据各钢种钢包成分要求设定。脱氧剂加入量见表 9-20。

表 9-20　脱氧剂加入量

序　号	出钢碳含量 /%	精炼剂加入量 $/kg·t^{-1}$	电石加入量 $/kg·t^{-1}$	硅钙钡加入量 $/kg·t^{-1}$	铝铁/kg·t^{-1}
1	≥0.10	1	0.5	1.0	0.5
2	0.06~0.10	1	1.0	2.0	1.0
3	≤0.06	1	1.0	2.0	1.5

注意事项如下:

(1)应选用干净的钢包,钢包内不允许有冷钢和渣子,使用前应充分烘烤达到红包出钢。

(2)精炼炉应提前接好定碳定氧仪,按要求分阶段进行定氧。冶炼前应检查电极使用情况,防止冶炼过程中电极脱落增碳。

(3)转炉出钢后,在吹氩站向钢包内加镍铁 1250kg、钼铁 220kg,加合金时将氩气调大,后调小。

(4)精炼可选用精炼剂为电石、硅铁粉、SD 铝渣球、SD 铝渣球(≥1.0kg/t)(电石为辅)。精炼炉碱度控制在 2.8~3.0。

(5)精炼炉应保证冶炼时间在 48min 以上,必须保证白渣 15min 以上方可喂丝出钢,喂丝前应将烟道闸板关闭,Si-Ca 线不小于 150m/炉,精炼炉钢包喂丝后保证软吹 8min 以上,软吹后保证钢包镇静时间为 5min 以上。钢中铝含量高时可适当增加喂丝量。

9.5.1.5　含钡的丝线在实践生产中的应用

复合脱氧剂中脱氧元素开始和氧接触时就产生脱氧反应,脱氧剂中元素和氧接触时都会产生脱氧反应,因为元素含量很高,其反应的标准吉布斯自由能的负值比溶解均匀后的负值大得多。喂 Al 线、Ca-Si 线时,在和氧接触处分别生成高熔点的 Al_2O_3、CaO,因脱氧产物产生的区域不同,很难因碰撞产生低熔点的夹杂物,使 Ca、Al 的溶解量增大,元素的脱氧效率降低。Ca-Si 线中复合脱氧剂中的 Ca、Si 脱氧能力相差很大,在 CaSi 液滴表面处不易形成如 $2CaO·SiO_2$(熔点 2130℃)和 $CaO·SiO_2$(熔点 1540℃)的夹杂物排除。因在钢液中生成的 Al_2O_3 夹杂物不易排除,也增大了钢液的黏度,增加了钢水连铸过程中钢包和中间包水口结瘤的可能性。为改变这种脱氧状态,目前开发出的硅钙钡丝线、硅铝钡钙等脱氧剂,以及利用它们的粉剂制成的各类丝线,已经通过了试验并投入生产应用。这些改良的脱氧剂和丝线组分之间的关系是基于以下角度来考虑的:

(1)降低了钙处理的操作时间。提高丝线中复合脱氧剂中主脱氧元素的脱氧能力,可减少的[Ca]、[Al]、[O]的含量,改善了钢液的纯净度,降低了脱氧元素的消耗,即提高了元素的脱氧利用率,虽然脱氧元素的化合价未发生变化,但是增大了反应的数量。例如从钢液全氧含量来看,喂硅钙钡包芯线时,钢液的全氧含量达到平衡所需时间低于喂硅钙包芯线的时间。就夹杂物数量而言,含钡的丝线脱氧所形成的含钡夹杂物上浮速度快,易于从钢液中排除。故喂硅钙钡包芯线优于喂硅钙包芯线。

(2) Ca、Ba、Al 的脱氧能力强,Ca、Al 和氧反应时耗氧量大,钡还有和氧优先化合并促进生成液态夹杂物的优势,它们的结合是最佳方案,提高钢液的"有效"脱氧是避免先期形成的夹杂物(Al_2O_3)污染钢液。对一些脆性夹杂物要求严格的钢种,使用 Si-Al-Ba-Ca 复合脱氧剂包芯线是较好的脱氧方式之一。

(3) 合适的复合脱氧剂组成的包芯线脱氧,Ca、Al 的用量少且脱氧量大,这是 Si-Al-Ba-Ca 复合脱氧剂具有更高的脱氧能力所产生的效果。

(4) 喂 Si-Al-Ba-Ca 包芯线时钢水的翻腾程度比同时喂 Al 线和 Ca-Si 线小,喂丝过程中引起钢液的降温量小,喂丝过程中冒白烟产生的污染得以减轻。

(5) Si-Al-Ba-Ca 复合脱氧剂及其粉剂丝线还易生成液态夹杂物,提高钢液的"有效"脱氧,提前了净化钢液的时间。喂入 Si-Al-Ba-Ca 开始形成含钡的液态氧化物夹杂未检测到,脱氧夹杂物在早期就上浮去除了,喂硅钙钡包芯线后夹杂物更易于上浮去除,使钢液中夹杂物的数量减少,但夹杂物的尺寸略有增加。钢的可浇性良好,能够有效地防止钢包、中间包水口的堵塞现象,保证连铸操作的顺利进行,减少了经济损失。

(6) 因为脱氧时的化学反应是快速的不均反应,脱氧剂和氧的强烈反应随着元素的溶解更趋于接近平衡,脱氧数量逐渐降低。在使用以上含钡的复合脱氧剂丝线,可以在工艺中充分发挥硅的脱氧作用。出钢时加入了硅系铁合金进行了硅的调整和预脱氧,充分发挥了硅的脱氧量大(每 1kg 硅结合 1.143kg 氧)和廉价的特点,一般将氧降到 0.008% ~ 0.012%,此时也调整了钢液中需要的硅含量,提高了强脱氧元素 Al、Ba、Ca 的脱氧效率,减少了脱氧剂的消耗。从脱氧成本来讲,采用复合的 Si-Al-Ba-Ca 包芯线或者硅钙钡包芯线的脱氧成本比用 Al 线或 Ca-Si 包芯线低。

实践和实验的结果证明,使用含钡的合金脱氧和包芯线喂丝,可以收到以下的效果:

(1) 含钡合金脱氧剂用于钢液脱氧,可获得较低的氧含量,其脱氧产物易于上浮且上浮速度很快,钢中的夹杂物形态发生改变而呈球形,并且均匀分布于钢中。

(2) 使用含钡合金脱氧时,全氧平衡时间缩短,采用 Si-Al-Ba-Ca 脱氧时,其夹杂物聚集、长大和上浮的速度要快于用铝脱氧时,能够较快地使夹杂物数量达到较低的水平。

(3) 从夹杂物形貌、组成来看,在采用 Si-Al-Ba-Ca 脱氧试验中,夹杂物组成主要是 CaO 和 Al_2O_3 的复合夹杂物,其中含有极少量的硫化物夹杂,而且在夹杂物中没有发现 BaO 的存在。夹杂物基本接近球形,说明含钡合金脱氧对夹杂物的球化作用比较明显。

(4) 精炼结束时,向钢液喂入含钡合金的丝线,可以取得较好的夹杂物变性效果,钢中夹杂物由单一的夹杂物变为复合夹杂物 $mCaO \cdot nAl_2O_3$ 或者 $CaO + SiO_2 + Al_2O_3$。相关的试验结果发现,喂丝以后终点试样中未发现含有氧化钡的复合夹杂物,钢中的夹杂物基本呈球形,形态几乎完全球化,且分布均匀,和钙处理的效果相比,能够大幅度地降低夹杂物对钢材性能的危害。

9.5.2 含镁合金处理钢液

9.5.2.1 采用镁处理工艺的特点

镁的蒸气压在钢水炉外精炼的条件下较大,直接采用镁处理钢液,镁和钢液之间的反应剧烈,容易引发钢水飞溅等事故,故采用镁处理钢液的工艺,大多数采用含镁的合金,典型的有铝镁合金等。

采用镁合金处理钢液时,合金中镁含量一般小于 15%。由 MgO-Al_2O_3 相图可知,中间氧化产物只有镁铝尖晶石($MgO \cdot Al_2O_3$),且生成区域相对很大。为便于计算,所有氧化物产物都以纯物

质计算,即产物活度为1。在 MgO-Al₂O₃ 体系中存在如下反应:

$$[Mg] + [O] \Longrightarrow (MgO) \qquad \Delta G^{\ominus} = -728600 + 238.4T \quad J/mol$$

$$2[Al] + 3[O] \Longrightarrow (Al_2O_3) \qquad \Delta G^{\ominus} = -1202000 + 386.3T \quad J/mol$$

$$(MgO) + (Al_2O_3) \Longrightarrow (MgO \cdot Al_2O_3) \qquad \Delta G^{\ominus} = -13830 - 14.45T \quad J/mol$$

由此可以组合得到:

$$[Mg] + 2[Al] + 4[O] \Longrightarrow (MgO \cdot Al_2O_3) \qquad \Delta G^{\ominus} = -1944430 + 610.25T \quad J/mol$$

得出 1873K 时,生成物以纯物质为标态时(活度系数为1),氧含量和钢液中元素成分之间的关系:

$$[Mg] + [O] \Longrightarrow (MgO) \qquad a_{[O]} = 1.3 \times 10^{-8} a_{[Mg]}^{-1}$$

$$2[Al] + 3[O] \Longrightarrow (Al_2O_3) \qquad a_{[O]} = 3.55 \times 10^{-5} a_{[Al]}^{-2}$$

$$[Mg] + 2[Al] + 4[O] \Longrightarrow (MgO \cdot Al_2O_3) \qquad a_{[O]} = 2.57 \times 10^{-6} a_{[Mg]}^{-0.25} a_{[Al]}^{-0.5}$$

同样,可以计算出钢液中铝、镁含量与生成物之间的关系,见图9-36。

由图9-36可以看出,使用铝镁合金脱氧时,脱氧产物 MgO·Al₂O₃ 的生成区域较大。如中厚板钢 Q345 钢在 1873K 条件下的铝活度为 3×10^{-4},$[Mg] = 0.0063\% \sim 0.015\%$ 时,形成尖晶石;$[Mg] < 0.0063\%$ 时,主要形成 Al₂O₃ 夹杂物,$[Mg] > 0.015\%$ 时,形成 MgO 夹杂物。微量镁的存在,就有可能生成单独的 MgO·Al₂O₃,这说明加入相当少量的镁也能使 Al₂O₃ 变性。故生产硅镁静钢和硅铝镁静钢时,镁脱氧产生的 MgO 具有很强的扩大 CaO-SiO₂-Al₂O₃ 系相图中低熔点区域的能力,

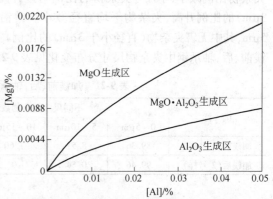

图 9-36　[Mg]、[Al]与生成的脱氧产物之间的关系(1873K)

使得由 CaO、SiO₂、Al₂O₃ 组成的夹杂物生成低熔点结晶相的概率明显地增加,有利于夹杂物的上浮去除,减弱簇状 Al₂O₃ 夹杂物对钢的危害,这是镁合金处理钢液的独特之处。

9.5.2.2　铝镁合金脱氧过程中的基础反应和对形成夹杂物的影响分析

采用含镁的合金脱氧,最常见的是铝镁合金。与铝脱氧相比,铝镁合金脱氧后夹杂物粒径较小,分布较弥散。经过钙处理的钢水中夹杂物多数是球形的铝酸钙类夹杂,尽管从钢的各向异性来说,这种夹杂物的形态是有利的,但是相对来说尺寸比较大。在用镁处理的钢水中,形成的是形状不规则的镁铝尖晶石夹杂,但是尺寸都相当小(小于 2μm),对钢的力学性能几乎没有不利影响。

经过镁处理的铝脱氧钢中的总氧含量略低于钙处理的铝脱氧钢,并且明显低于单独用铝脱氧的钢,夹杂物总数和单位面积上夹杂物个数都远远小于经过钙处理的铝脱氧钢。不同处理工艺下,夹杂物总数和单位面积夹杂物个数的比较见图9-37。

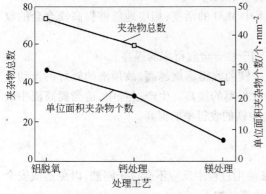

图 9-37　不同处理工艺下,夹杂物总数和单位面积夹杂物个数的比较

由于 $MgO \cdot Al_2O_3$ 的形状不利于钢在轧制过程中的较大压缩比的轧制,为了降低 $MgO \cdot Al_2O_3$ 的危害,需要进一步使用其他复合脱氧元素将 $MgO \cdot Al_2O_3$ 转化为低熔点产物。所以镁处理钢水主要应用于硅镁静钢和硅铝镁静钢,除了使用镁铝合金脱氧以外,还有用各类含镁的丝线,以及进行镁处理。其中,硅钙钡铝镁包芯线洁净度指数最低,为 12.95 个/mm^2。金相观察显示,夹杂物多为复合夹杂物,钢水的洁净度明显提高。

9.5.2.3　采用含镁合金处理轴承钢的工艺特点

在轴承钢的生产中,夹杂物尺寸对轴承钢疲劳寿命呈非线性影响,如果夹杂物数量多但尺寸细小,轴承钢仍然能获得高的疲劳寿命,而数量极少的大颗粒夹杂则明显降低轴承钢的疲劳寿命。一般认为,直径大于 $8\mu m$ 或小于 $3\mu m$ 的夹杂物几乎是无害的。经镁铝合金处理后,大尺寸夹杂物比例减小,小尺寸夹杂物的比例明显升高,夹杂物平均直径减小;无害夹杂物(直径小于 $3\mu m$)的比例升高,夹杂物平均直径减小。镁铝合金处理后,2 号样中夹杂物直径几乎均小于 $5\mu m$,其中无害夹杂物(直径小于 $3\mu m$)的比例高达 96.23%,其夹杂物平均直径达 $1.103\mu m$。加镁前、后,轴承钢中夹杂物尺寸分布变化见表9-21。

表 9-21　加镁前、后,轴承钢中夹杂物尺寸分布变化

试 样	不同尺寸夹杂物数量的分布/%					平均直径 /μm	总数 /个
	$0 \sim 5\mu m$	$5 \sim 10\mu m$	$10 \sim 15\mu m$	$>15\mu m$	$<3\mu m$		
加镁前(1 号样)	89.36	8.51	1.60	0.53	79.26	2.363	188
加镁后(2 号样)	99.46	0.54	0	0	96.23	1.103	371

9.5.2.4　采用含镁合金处理钢液的工艺过程中的注意事项

采用含镁合金处理钢液,主要是要提高镁的收得率,使得采用此工艺的成本控制具有可操作性,为了达到以上目的。需要注意的事项有以下几点:

(1)将镁合金尽可能加到熔池深处,以便镁气泡能分散在整个熔池内,以提高反应效率和镁的收得率。

(2)加强熔池的气体搅拌,扩大上浮镁气泡表面的总面积。

(3)减少加入的含镁合金颗粒的直径,降低钢水温度。

(4)为了使镁能够长时间地停留在钢水中,采用降低钢水的过热度,降低钢水中氧、硫的含量,减少钢水的二次氧化的方法,能够明显提高镁合金的收得率。

(5)适当提高渣中 MgO 的含量,能够提高渣系中 MgO 的活度,相应地能够提高镁合金的收得率,所以选择合适的渣系,能够提高镁的收得率。

(6)降低渣中 FeO 的含量,提高渣的碱度,有利于镁合金收得率的提高。

(7)顶渣吸附 Al_2O_3 夹杂的能力越大,镁合金中镁的收得率就越高,故顶渣的较好的流动性和渣中 Al_2O_3 有合适的活度,有利于镁合金中镁的收得率的提高。生产过程中,适当提高渣中的 Al_2O_3 含量和向渣中配加合适的 CaF_2 有利于镁合金中镁的收得率的提高。

9.5.2.5　含镁脱氧剂的使用注意事项

除了提高镁合金中镁的收得率以外,还要保证使用过程中反应不会过于剧烈,以免造成安全事故。含镁脱氧剂的使用,应该有一定的原则,主要概括如下:

(1)直上工艺的钢种(转炉出钢不经过 CAS、LF 等工艺的处理直接上连铸浇铸的工艺),出

钢时先用硅锰合金进行预脱氧,然后采用 Si-Ca-Ba-Mg 复合脱氧剂进行深脱氧,防止脱氧剧烈,造成钢水外溢或者飞溅严重。

(2) 转炉钢水过氧化、温度过高、出钢口过大的情况下,禁止使用大量的含镁合金进行直接的脱氧处理。

(3) 使用镁合金处理工艺,吹氩量需要动态地调整,防止钢水的飞溅现象加剧。

9.5.2.6　采用含镁合金处理钢液的工艺路线和效果

采用镁合金处理钢液的工艺中,最为经济和有效的是钢液经过 LF 进行处理。采用镁合金处理的钢液,LF 终点的处理分喂硅钙线和不喂硅钙线两种工艺。采用 Si-Al-Ba-Ca 复合脱氧剂进行脱氧和 LF 终点喂 Si-Ca 线的工艺相比,有以下特点:

(1) 含镁合金脱氧易生成 $MgO \cdot Al_2O_3$ 尖晶石夹杂物,其尺寸较小,有利于细化夹杂物尺寸。

(2) 采用 Si-Ca-Ba-Mg 脱氧时,其铸坯全氧含量低于原工艺,并且不喂 Ca 线,铸坯中的全氧含量更低。

(3) 采用 Si-Ca-Ba-Mg 脱氧时,夹杂物的尺寸明显低于原工艺。

(4) 不喂 Ca 线时的夹杂物尺寸低于喂线操作后的夹杂物尺寸。

9.5.3　稀土合金处理钢液

9.5.3.1　稀土元素的基本介绍

稀土被称为工业的味精,在工业生产和科学研究中应用很广,钢铁行业也不例外,目前稀土元素已经成功地应用于重轨钢、耐候钢等钢种的大生产中。稀土元素包括周期表中原子序数从 57 ~ 71 共 15 种镧系元素,以及在化学性质上与它们相近的钪和钇,共计 17 种元素。自然界中稀土元素主要包括铈(Ce)、镧(La)、镨(Pr)和钕(Nd),它们约占稀土元素总量的 75% 以上。稀土元素的性质都很类似,熔点低、沸点高、密度大,与氧、硫、氮等元素有很大的亲和力。与其他元素的氧化物、硫化物比较,稀土氧化物、硫化物的密度较大(5 ~ 6g/cm³),在炼钢温度下都呈固态。

根据稀土元素的物理化学性质,又可把稀土元素分为轻、中、重三组。稀土元素常见的是三价,电子层结构是 $[Xe][4f]^x$,属于周期表中第ⅡB 族。稀土元素的化学性质较活泼,易与其他元素相互作用,具有典型的金属特性,轻稀土金属的熔点在 800 ~ 1000℃ 间;重稀土金属在 1300 ~ 1700℃ 之间。我国稀土资源十分丰富,不仅储量大,而且品种齐全,轻、中、重稀土配套,资源优势得天独厚。

9.5.3.2　稀土在炼钢中的作用

稀土元素之所以具有极强的化学活性,是因为其独特的电子壳结构,4f 壳层结构的能价态可变和大原子尺寸的特点,使其成为极强的净化剂和洁净钢夹杂物的有效变质剂,以及有效控制钢中弱化源、降低局域区能态和钢局域弱化的强抑制剂。在钢的炉外精炼过程中,优化和掌握好稀土的使用工艺,对改善钢的性能和开发新型钢种有着重要的意义。稀土在钢铁制造流程中的作用是多方面的,可概括如下:

(1) 对钢中夹杂物的变性作用。国外学者 S. Malm 系统地研究了各种稀土夹杂物的变形能力,指出稀土铝酸盐($REAl_{11}O_{18}$ 和 $REAlO_3$)的性质与 Al_2O_3 十分相似,在钢中呈细串链状分布,无塑性的稀土铝酸盐夹杂物细颗粒呈串链状或单独存在,或与 MnS 一起构成复合夹杂物;稀土铝氧硫化物(RE_2O_2S)通常具有一定的变形能力(呈半塑性),且颗粒较稀土铝酸盐大,也呈串链状出现;含硅的稀土铝氧化合物 $RE(Al,Si)_{11}O_{18}$、$RE(Al,Si)O_3$ 具有较好的变形能力。由此可见,稀土的应用在一定程度上对脆性的 Al_2O_3 起了变性作用,改善了弹簧钢的疲劳性能,这充分说明夹杂物性质对弹簧疲劳寿命有着重大影响。稀土夹杂物的析出顺序为:稀土氧硫化物(或稀土铝酸盐)、稀土硫化物,稀土氮化物。采用稀土脱氧,稀土元素 La、Ce、Y 和 Al 的脱氧产物为稀土氧化物或 Al_2O_3 与氧化铁形成的复合夹杂物,这些夹杂物呈细小弥散分布,对钢的硬度、弹性强度和抗拉强度有益。

　　20 世纪 70 年代,随着稀土在我国钢铁生产中应用的研究和推广,对弹簧钢进行稀土处理改变硫化物,特别是钢中高硬度的刚玉(Al_2O_3)夹杂物的形态、性质和分布,对提高 60Si2Mn、55SiMnVB 等弹簧钢疲劳寿命有明显效果。稀土使弹簧钢夹杂物变性的主要原因被认为是将钢中高硬度的棱角状 Al_2O_3 转变成了硬度较低的稀土铝酸盐($REAl_{11}O_{18}$ 、$REAlO_3$)、稀土氧硫化合物(RE_2O_2S 、$REAlO_2S$ 等)。

　　朱江波等人使用模型研究,针对稀土对洁净重轨钢的作用过程中发现,在未添加稀土的情况下,钢中的主要夹杂物为 MnS 和 Al_2O_3 ,当 Ce 加入量为 0.005% 时, Al_2O_3 夹杂完全消失;当 Ce 加入量为 0.007% 时,MnS 夹杂也完全发生转变,此时析出的夹杂物为 Ce_2O_2S 和 CeS;当 Ce 加入量为 0.004% 时,由于 Ce_2O_2S 的析出使钢液中的氧达到较低水平,Ce 将与 S 反应析出 CeS;Ce 加入量为 0.011% 时,由于钢液中 Ce 和 N 的偏析,使 Ce 和 N 的局部浓度急剧升高,促使 CeN 夹杂物的析出。而添加稀土 La 与 Ce 的情况类似,略有不同的是钢中首先析出的是 $LaAlO_3$ 夹杂,其次是 La_2O_2S 和 LaS 夹杂物,最后是 LaN 夹杂物。随着稀土加入量的增加,固溶稀土含量和进入夹杂物的稀土含量都有所增加,但增加趋势不同。稀土 Ce、La 的加入量对洁净重轨钢中夹杂物析出量的影响分别见图 9-38 和图 9-39。

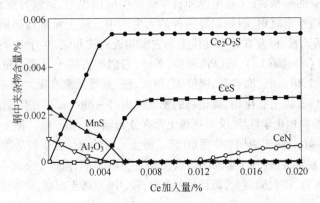

图 9-38　Ce 加入量对洁净重轨钢中夹杂物析出量的影响

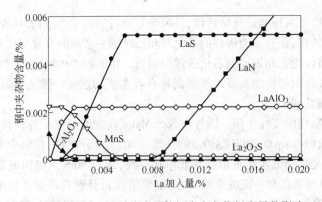

图 9-39　La 加入量对洁净重轨钢中夹杂物析出量的影响

（2）对钢液的净化作用。稀土在钢中的净化作用主要表现在可深度降低氧和硫的含量,降低磷、硫、氢、砷、锑、铋、铅、锡等低熔点元素的有害作用。稀土金属的化学性质异常活泼,在炼钢温度下(1550~1600℃),同氧、硫等有害杂质作用,生成密度小、熔点高的化合物,并从钢液中排除,从而导致钢液内杂质含量减少。一方面,一定量的稀土可以与钢中的砷、锑、铋、铅、锡等杂质交互作用,形成熔点较高的化合物。在低碳钢中,当$(RE+As)/(O+S) \geqslant 6.7$时即出现脱砷产物,加稀土后,观察到了Ce-Pb球状夹杂物,消除了钢的Pb脆。另一方面,稀土还能抑制这些杂质在晶界上的偏析。稀土能降低氢的扩散系数,延缓氢在裂纹尖端塑性区的富集,从而使裂纹扩展的孕育期和断裂时间延长。

（3）提高含磷钢的耐大气腐蚀性。加入稀土后,磷、硫在枝晶间的偏聚减少,磷在型材钢中的偏析度约减少30%,磷在钢中的均匀分布可以使磷的作用充分发挥。

（4）细化晶粒。在钢液的浇铸过程中,稀土化合物微小的固态质点为钢液的凝固结晶提供了异质晶核,或在结晶界面上偏聚,阻碍了晶胞长大,为钢坯的晶粒细化提供了较好的热力学条件,故钢中加入稀土能细化钢的铸态组织,改善钢的综合性能。

在铸造行业,铸钢的晶粒组织常规条件下比较粗大。通过添加稀土元素,可提高钢的硬度和加工硬化能力,减少铸态疏松,使钢中夹杂物变少、变小、球化,提高了钢的耐磨性、屈服强度和韧性、塑性。

（5）微合金化作用。由于稀土金属的原子半径同工业金属的原子半径差异很大,稀土金属在铁液中的固溶度很小,很难形成固溶体,因此合金化作用极差,但是在稀土合金钢中,由于稀土主要偏聚于晶界,引起晶界的结构、化学成分和性能的变化,并影响其他元素的扩散和新相的形核与长大,从而导致钢的组织与性能发生变化,这种变化被认为是稀土的微合金化作用。

（6）固溶度及固溶强化。由稀土-铁系相图可知,稀土元素在铁液中与铁原子是互溶的,但其在铁基固溶体中的分配系数极小,在铁液凝固过程中,被固液界面推移,最后富集于枝晶间或晶界。

稀土元素在铁液中的固溶度很难以常规的方法来测定,特别是由于稀土元素与铁中常见杂质元素如硫、氧等有很大的化学亲和力,很容易发生反应而形成夹杂物,影响铁中稀土元素含量测定的准确性。用内耗法、X射线测定晶格常数法、非水电解分离夹杂物和ICP光谱等方法测稀土合金化量等说明稀土固溶量基本在百万分之几到十万分之几,还有的达到万分之几。由于稀土原子半径比铁原子大,对固溶体能提供强化作用。

（7）改善晶界。固溶在钢中的稀土往往通过扩散机制富集于晶界,减少了杂质元素在晶界的偏聚,强化了晶界,改善了钢与晶界有关的性能。如在25MnTiB钢中加入稀土(RE=0.4%),在一定淬火温度范围内,阻碍了硼在奥氏体晶界的偏聚,改善了钢与晶界有关的性能,如低温脆性、疲劳性能、晶界腐蚀、高温强度和回火脆性等。相关研究还发现稀土有减少磷的区域偏析作用,使磷不再集中于晶界。对900℃淬火、650℃回火炉冷脆化处理的钢试样,在液氮温度下冲击断裂,其中未加La的钢主要沿晶断裂,而含La量适宜的钢则产生穿晶断裂,说明La能阻止脆化处理的钢试样沿晶断裂。

（8）降低碳、氮元素的脱溶量。钢中碳、氮的脱溶是引起蓝脆的原因之一。稀土元素可显著降低铁中碳、氮的脱溶量,使它们不能脱溶进入内应力区或晶体缺陷中去,减小了钉扎位错的间隙原子数目,因而提高了钢的塑性和韧性。另外,稀土元素影响碳化物的形态、大小、分布、数量和结构,提高了钢的力学性能等。

（9）影响相变和改善组织。稀土元素影响钢的临界点、淬火钢回火以及马氏体和残余奥氏体分解的热力学与动力学等。相关试验观察到,稀土元素影响钢的相变温度A_{c1}、A_{r1}、A_{c3}、A_{r3}、M_s、

M_f 等,改变相变产物的组织结构(在不同的稀土钢中分别观察到细化渗碳体、细化板条马氏体亚结构或位错马氏体结构),改变铁素体的含量和尺寸,抑制碳化物相的聚集粗化。

9.5.3.3　稀土元素的脱氧机理

稀土元素加入钢液以后,产生如下反应:

$$2[RE] + 3[O] \Longrightarrow RE_2O_3 \qquad K_O = [RE]^2[O]^3$$

$$2[RE] + 3[S] \Longrightarrow RE_2S_3 \qquad K_S = [RE]^2[S]^3$$

$$2[RE] + 2[O] + [S] \Longrightarrow RE_2O_2S \qquad K_{OS} = [RE]^2[O]^2[S]$$

Janke 等研究结果表明:

$$[\%RE]^2[\%O] = 9.4 \times 10^{-18}$$

在1600℃时的相互作用系数 $e_O^{Ce} = -670, e_O^{La} = -552$。这说明稀土元素是比铝还强的脱氧剂。

9.5.3.4　稀土元素脱硫的机理

由形成 CeS 和 Ce_2O_2S 的热力学计算可以得到$[\%Ce][\%S] = 1.2 \times 10^{-4}$,$[\%Ce]^2[\%O]^2[\%S] = 4 \times 10^{-16}$。

CeS、Ce_3S_4 和 Ce_2S_3 的生成自由能分别为 $-364650\ J/mol$、$-420240\ J/mol$ 和 $-442680 J/mol$。可见,稀土元素是一种很强的脱硫剂。

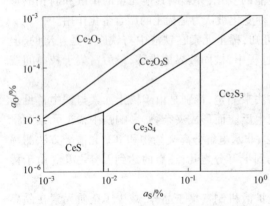

图 9-40　加入 Fe-Ce 以后生成产物的
平衡图(1627℃)

钢液初始的氧、硫含量决定了稀土元素加入后所能生成的产物。图 9-40 是 Fruehan 计算的铈在不同硫、氧活度时所生成的氧化物、硫化物及硫氧化物的平衡图。

夹杂物的变质能增加夹杂物与晶界抵抗裂纹形成与扩展的能力。在实际生产中,稀土合金最常用于控制硫化物的形态。热力学计算表明,当钢中$[\%Mn]/[\%S] > 2$ 时,虽然脱氧良好,锰与硫的含量也正常,仍然会生成 MnS 夹杂物,它的熔点低,热轧时会在轧制方向形成带状夹杂物,并极大地降低钢的横向力学性能,如延展性和消除产生裂纹倾向的限度都将大大降低,硫化锰也使钢对氢裂纹的敏感性增加,因此应该消除钢中的 MnS 夹杂物。研究指出,加入适量的稀土合金,在钢的凝固过程中会生成稀土氧硫化物,如 RE_2O_2S,它们呈细小而分散的球状夹杂物,在热加工时不会变形,消除了硫化锰的有害作用。对加入稀土钢和不加稀土钢进行试验,取样分析表明,钢中加入稀土元素后,钢中夹杂物大部分已球化,而未加稀土元素的钢中,夹杂物绝大部分以长条状沿轧制方向分布。用少量的 Al 终脱氧并加入稀土,会形成高熔点的在晶内任意分布的球形夹杂物,取代沿晶界分布的第二类硫化物。当稀土加入量适宜,稀土硫化物可完全取代 MnS。稀土化合物在热加工变形时,仍保持细小的球形或纺锤形,较均匀地分布在钢材中,消除了原先存在的沿钢材轧制方向分布的呈长条状的 MnS 等夹杂,明显地改善了钢的横向韧性、高温塑性、焊接性能、疲劳性能、耐大气腐蚀性能等。稀土夹杂物的热膨胀系数和钢的近似,可避免钢材热加工冷却时在夹杂物周围产生大的附加应力,有利于提高钢的疲劳强度。

由于稀土元素对硫化物的变性作用，故易切削钢加入稀土，能够改善其切削加工性能。在 20CrRES、20CrMnTiRE 和 1Cr18Ni9RES 等易切削钢中，由于较多的稀土夹杂物（Ce_2S_3 及 Ce_2O_2S）和包裹式复合稀土夹杂物（以高硬度的 Al_2O_3 及 TiN 等质点作为核心，外围包有低硬度的 Ce_2S_3 及 Ce_2O_2S）的形成，使单独存在的硬质点数量大大减少；同时，稀土夹杂物在刀具前形成一层具有润滑作用的覆盖膜，能和夹杂物在切削时发生应力集中，从而明显地改善了钢的切削加工性能。

9.5.3.5 稀土在炉外精炼过程中应用的局限性

A 稀土化合物对中间包结瘤的影响

由于稀土夹杂物的密度大约为 $5 \sim 6 g/cm^3$，接近于铁，不易上浮，并且各类稀土铝氧化物的密度大、熔点高，夹杂物也不易上浮，很可能在中间包的水口处凝集，连铸浇钢时常堵塞水口造成结瘤；模铸过程中钢锭底部会产生倒锥偏析。为优化控制硫化物形态，防止水口结瘤和倒锥偏析的产生，硫和稀土元素含量的临界之间的关系见图 9-41。图中阴影部分是为了控制硫化锰又避免产生倒锥偏析的硫和稀土元素的含量。为了充分控制硫化物的形态，K. Sambongi 等研究指出，钢中稀土元素与硫的含量之比 [%RE]/[%S] 应该大于 3。

用稀土元素脱氧、脱硫的产物与钢中原始氧、硫含量的关系见表 9-22。为了防止稀土元素处理钢液带来的负面影响，一般情况下，钢液中加入稀土元素时，钢液中的硫含量应该低于

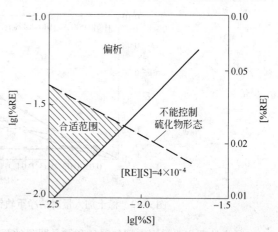

图 9-41 优化控制硫化物形态防止倒锥偏析的硫和稀土元素含量的临界值

0.01%，并且尽量减少稀土元素的用量。工业生产使用稀土元素的实践证明，按照此含量关系就可以有效地用稀土元素控制硫化物的形态。稀土夹杂物的性状随 [%RE]/[%S] 比值的变化大体见表 9-23。

表 9-22 用稀土元素脱氧、脱硫的产物与钢中原始氧、硫含量的关系

脱氧、脱硫产物	稀土氧化物	稀土氧硫化物	稀土硫化物
[S]/[O]	<10	10~100	>100

表 9-23 稀土夹杂物的性状与钢中硫、稀土含量的关系

$\dfrac{[\%RE]}{[\%S]}$	夹杂物组成	夹杂物性状
0	MnS	带状、细长条状、可塑
<0.5	REMnS	条状，塑性较小
约 1	$RE_2O_2S - (5 \pm 50)\%$ MnO	纺锤形、球状，塑性更差
约 3	RE_2S_3、RE_3S_4	多边形或球状，无塑性
>3	RES	不规则的点串状，无塑性

B 稀土元素对钢包耐火材料的侵蚀

稀土元素能够与各种耐火材料发生化学反应侵蚀钢包内衬，造成钢包的侵蚀速度加剧。所

以在钢水的炉外精炼过程中,包括在中间包中使用稀土元素处理钢液,耐火材料的侵蚀是影响稀土元素使用的限制因素之一。

9.5.3.6　稀土处理采用的方法

使用稀土处理钢液时,由于结瘤和侵蚀耐火材料的原因,稀土的加入方法不尽如人意,因此,用稀土来控制弹簧钢夹杂物形态的作用是十分有限的。在稀土加入量较低的情况下,用于净化钢液、变质夹杂的稀土量较多;随着稀土加入量的增加,钢中固溶稀土含量逐渐大于夹杂物中稀土含量,稀土的合金化作用明显加强。在同一稀土加入量条件下,固溶 La 的量要大于固溶 Ce 的量,可见 La 的合金化能力要优于 Ce。稀土加入量对洁净重轨钢中 Ce 和 La 的存在状态的影响见图 9-42。

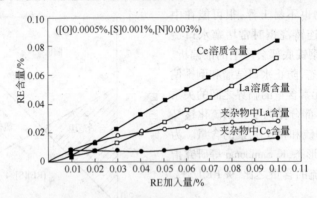

图 9-42　稀土加入量对洁净重轨钢中 Ce 和 La 的存在状态的影响

稀土处理主要采用中间包喂丝和结晶器喂丝两种方法。稀土在炼钢过程中的使用注意事项如下:

(1) 中间包喂入稀土需要的注意事项:

1) 钢液的氧含量尽量的低,中间包采用碱性涂料涂抹,覆盖剂采用专用的覆盖剂。

2) 采用保护浇铸,防止钢液的二次氧化。

3) 使用中间包挡墙和过滤器,采用气幕挡墙和中间包吹氩技术效果将更好。

4) 钢水的液面控制不宜过高,以利于夹杂物的上浮。

(2) 结晶器喂入稀土丝线需要注意的事项:

1) 钢液进行深脱氧和深脱硫(易切削钢例外)。

2) 采用专用的结晶器保护渣,以利于吸收上浮的稀土夹杂物。

3) 采用电磁搅拌技术,提高夹杂物的上浮几率。

9.6　合成渣处理钢液

9.6.1　合成渣的概念

合成渣是为达到一定的冶金效果而按一定成分配制的专用渣料。在转炉出钢过程中及出钢以后,在钢水的炉外精炼过程中使用,以脱氧和吸附夹杂物为主要目的,其形式多姿多样,由于它是采用不同的氧化物熔体,经过化学反应或者物理方法合成制备的,所以称作合成渣,不同的厂家叫法不同,主要称为脱氧剂、改进剂、精炼剂、预熔渣等。

9.6.2　合成渣的生产方法

合成渣的生产主要有以下几种方法:

(1)原料混合法。将不同的原料破碎加工成粉状,按要求成分配成粉料使用。最典型的是将电石粉、铝灰、萤石粉末、白云石粉末等混合而成的精炼剂。

(2)烧结精炼渣法。将要求成分的粉料添加黏结剂混匀后烧结成块状,破碎成颗粒状后使用。

(3)预熔精炼渣法。使用化渣炉将要求成分的原料熔化成液态渣,倒出凝固后机械破碎成颗粒状后使用。最近几年典型的代表是$12CaO \cdot 7Al_2O_3$,主要用于 LF 钢水脱硫、去除夹杂物而净化钢液的目的。它的化学组成及质量分数见表 9-24。

表 9-24　预熔渣 $12CaO \cdot 7Al_2O_3$ 的主要成分

成 分	CaO	Al_2O_3	SiO_2	MgO	FeO
含量/%	40 ~ 43	45 ~ 50	3.8 ~ 4.0	4.2 ~ 5.8	1.8 ~ 2.0

这种精炼渣的主要组成是 $12CaO \cdot 7Al_2O_3$ 化合物,本身就具有很低的熔点,渣中含有的 SiO_2、FeO、MgO 等杂质还具有降低熔点的作用;同时,由于含有较高的 Al_2O_3,对铝脱氧产物具有很高的吸附能力,因而精炼钢水时用这种渣可以配加大量的石灰(CaO)而对熔渣的流动性影响不大,从而进一步增加渣的脱硫能力,尤其适用于铝脱氧钢。此种精炼渣系的相图中分三角形示意图如图 9-43 所示。

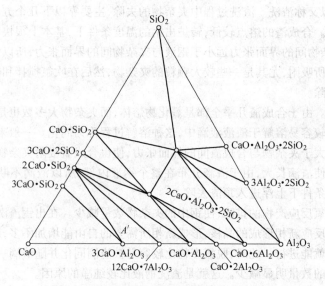

图 9-43　CaO-SiO_2-Al_2O_3 系相图中的分三角形

9.6.3　合成渣的基本特点

一般来说,合成渣大多数是由 CaO、CaC_2、Al_2O_3、CaF_2、SiO_2、MgO 为基本组成,为了满足一定的工艺要求,有的添加了铝粉、炭粉、钝化镁粉、$CaCO_3$、Na_2CO_3 等。目前,常用的合成渣系主要是 CaO-Al_2O_3 碱性渣系,化学成分大致为:CaO50% ~ 55%、$Al_2O_3$40% ~ 45%、$SiO_2 \leqslant$5%、$C \leqslant$0.10%、$FeO <$1%。在 CaO-Al_2O_3 合成渣中,CaO 的含量很高,CaO 是合成渣中用于达到冶金反应目的的化合物,其他化合物多是为了调整成分、降低熔点而加入。FeO 的含量较低,因此对钢液的脱氧、脱硫有利。除此之外,这种渣的熔点较低,一般波动在 1350 ~ 1450℃ 之间,当 Al_2O_3 的含量为 40% ~50% 时最低。这种熔渣的黏度随着温度的改变,变化也较小。当炉渣的受热温度为 1560 ~1700℃ 时,黏度约为 0.12 ~ 0.32Pa·S;当温度为 1500 ~ 1600℃ 时,黏度与转

炉的一般白渣相同,当温度低于1550℃时仍保持良好的流动性,这种熔渣与钢液间的界面张力较大,容易携带夹杂物分离上浮。但当渣中SiO_2和FeO的含量增加时,将会降低熔渣的脱硫能力。添加SiO_2的目的是为了炉渣的溶解,SiO_2的含量不超过5%,合成渣对脱硫的影响不太明显。

一座冶炼高品种钢的转炉出钢过程中的合成渣脱氧,对提高粗炼钢水的质量,提高精炼炉的缓冲能力有着巨大的影响作用。

合成渣在出钢过程中能够对钢液进行脱氧的同时,还能够对钢水进行洗涤,促使夹杂物聚合长大,实现夹杂物上浮去除的目的,同时可以极大地提高钢水的脱硫率,降低脱硫的操作成本。据笔者统计,转炉根据冶炼的钢种和质量要求的不同,可以使用不同的合成渣,在转炉出钢过程中使用,最大的脱硫率能够达到50%左右,铝的回收率达到70%,使冶炼成本最低,钢水质量最优。

9.6.4　合成渣去除夹杂物的原理

合成渣在转炉出钢过程中,随着钢流加入钢包,或者预先加入钢包,在出钢过程中和钢液强烈地相互搅拌,这一过程中能够对钢液脱氧产生的夹杂物进行吸附吸收,达到上浮去除的目的,能够净化钢液,所以又称渣洗。渣洗过程中夹杂物的去除,主要靠以下几个方面的作用:

(1)吸附上浮。合成渣的熔点较低,转炉出钢的温度条件下,基本上很快就熔化为一个个小渣滴,由于渣与夹杂物间的界面张力远小于钢液与夹杂物间的界面张力,所以钢中夹杂物很容易被与它碰撞的渣滴所吸附,尤其是一些较大颗粒的夹杂物,然后在吹氩搅拌和密度差异产生的浮力的作用下上浮去除。

(2)同化去除。由于合成渣几乎全部是氧化物熔体,而夹杂物大多数也是氧化物,所以被渣滴吸附的夹杂物比较容易溶解于渣液液滴中,这种溶解过程称为同化。一般来说,钢中夹杂物与钢水的界面张力远大于夹杂物与合成渣间的界面张力,使得合成渣吸附夹杂物的能力加强,夹杂物被渣滴所同化而使渣滴长大,由于渣滴分布在整个钢液内部,所以渣滴不断地同化长大,在吹氩和出钢的动力学条件下上浮进入顶渣去除。

(3)促进了脱氧反应产物的排除,使钢中的夹杂物数量减少。在出钢渣洗过程中,乳化的渣滴表面可作为脱氧反应新相形成的晶核,形成新相所需要的自由能增加不多,所以在不太大的过饱和度下脱氧反应就能进行。此时,脱氧产物比较容易被渣滴同化并随渣滴一起上浮,使残留在钢液内的脱氧产物的数量明显减少。这就是渣洗钢液比较纯净的原因。

(4)部分改变夹杂物的形态,加快钢中杂质的排除。合成渣中往往含有一定的脱氧产物相同的成分,使用一定成分的合成渣,可以控制夹杂物形态。通过控制合成渣成分,来控制钢中溶解氧和夹杂物成分,促进夹杂物在渣中的快速吸收溶解。当渣中CaO含量较高,而钢液又使用充分的铝脱氧时,钢液中就含有一定的钙,这些钙的存在可以使夹杂物的变性成为可能。

9.6.5　合成渣的脱氧作用

9.6.5.1　使用合成渣的脱氧原理

使用合成渣脱氧主要从以下的几个途径实现:

(1)由于熔渣中的FeO远低于与钢液中氧平衡的数值,即$[O]_\% > a_{FeO}L_0$,因而钢液中的氧经过钢渣界面向熔渣滴内扩散而不断降低,直到$[O]_\% = a_{FeO}L_0$的平衡状态。渣洗时,合成渣在钢液中乳化,使钢渣界面成千倍地增大,同时强烈地搅拌,都使扩散过程显著地加速。因此,当还原性的合成渣与未脱氧(或脱氧不充分)的钢液接触时,钢中溶解的氧能通过扩散进入渣中,从而使钢液脱氧。

(2)钢中溶解氧的活度高低,除了取决于钢中溶解铝的含量外,还取决于脱氧产物 Al_2O_3 的活度。如果能降低脱氧产物 Al_2O_3 的活度,将有利于脱氧平衡向生成 Al_2O_3 的方向移动,从而降低钢中氧的活度。$CaO\text{-}Al_2O_3$ 二元系可以生成 $CaO \cdot 6Al_2O_3$、$CaO \cdot 2Al_2O_3$、$CaO \cdot Al_2O_3$、$12CaO \cdot 7Al_2O_3$、$3CaO \cdot Al_2O_3$ 等复合化合物。由炉渣的共存理论可知,在由 $CaO\text{-}Al_2O_3$ 二元系组成的炉渣中,这些化合物都是能够存在的。由于这些复杂分子的存在,消耗了相当比例的 Al_2O_3 用于形成复杂化合物,使 Al_2O_3 的活度降低,促进反应向生成 Al_2O_3 的方向移动,达到降低溶解氧的目的。实验结果证明,对使用 $CaO\text{-}Al_2O_3$ 二元渣系覆盖的钢水进行铝脱氧,如果只用铝脱氧,在 1600℃ 左右,要使钢水中氧的活度降低到 4×10^{-6},需要的溶解铝量为 0.022%。如果使用铝和石灰脱氧,达到同样的脱氧效果,所需的溶解铝仅为 0.0016%。在同样的溶解铝条件下,随着 $CaO\text{-}Al_2O_3$ 二元渣中 CaO 比例的增大,钢中的溶解氧迅速降低。高碱度精炼渣对钢中酸溶铝和全钙的影响见图 9-44;精炼渣中的 Al_2O_3 含量对钢中酸溶铝的影响见图 9-45;精炼渣中的 Al_2O_3 和 MgO 的含量对钢中酸溶铝的影响见图 9-46;精炼渣碱度对钢中全氧含量的影响见图 9-47;精炼渣的碱度对钢中酸溶铝的影响见图 9-48。

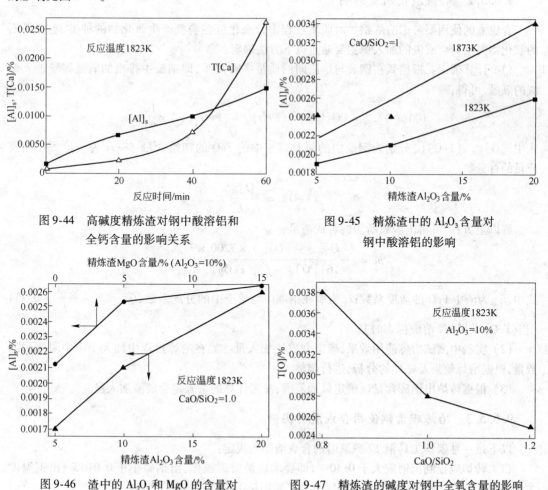

图 9-44　高碱度精炼渣对钢中酸溶铝和全钙含量的影响关系

图 9-45　精炼渣中的 Al_2O_3 含量对钢中酸溶铝的影响

图 9-46　渣中的 Al_2O_3 和 MgO 的含量对钢中酸溶铝的影响

图 9-47　精炼渣的碱度对钢中全氧含量的影响

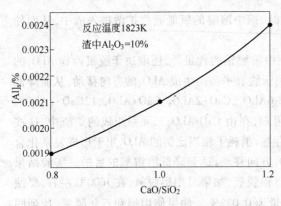

图 9-48　精炼渣碱度对钢中酸溶铝含量的影响

（3）采用硅锰合金预脱氧，然后加铝终脱氧的硅铝镇静钢，脱氧产物硅酸锰和钢水中溶解的铝之间能够反应生成富含 Al_2O_3 的夹杂物。在铝加入过程中，由于脱氧反应速度远大于铝在钢液中熔化和扩散的速度，故易产生局部富铝而析出较大的夹杂物颗粒。而用合成渣精炼脱氧时，钢液中不会产生局部富铝，因而析出的夹杂物成分均匀而细小，有利于夹杂物的去除。

（4）合成渣中本身含有一些强脱氧剂，如接脱氧反应。铝和电石、炭粉等，能够对钢液和钢渣进行直

（5）使用合成渣成渣速度迅速，成渣以后覆盖钢液，达到防止钢液吸气、降温和二次氧化的目的，在某种意义上也有利于钢液的脱氧。

9.6.5.2　合成渣使用量的确定

合成渣的使用要考虑冶炼钢种时脱氧过程中合金化沉淀脱氧产生氧化物的种类，主要是铝的氧化物夹杂。合成渣的加入量主要通过以下方法确定：

（1）计算确定。根据氧在钢液与熔渣间的质量平衡关系，即钢液中排出的氧量等于进入熔渣的氧量，可得：

$$100([O]_{0,\%} - [O]_{\%}) = [(FeO)_{\%} - (FeO)_{0,\%}] \times \frac{16}{72} \times m$$

式中，$[O]_{0,\%}$，$(FeO)_{0,\%}$ 分别为钢液中的氧及熔渣中的 FeO 的初始含量，%；m 为渣量，%（钢液质量的百分数）。

$$(FeO) = \frac{[O]_{\%}}{f_{FeO}L_0}$$

解以上方程，可得出脱氧所需的合成渣量：

$$m = \frac{([O]_{0,\%} - [O]_{\%}) \times 7200 \times f_{FeO}L_0}{16\{[O]_{\%} - f_{FeO}(FeO)_{0,\%}L_0\}}$$

式中，f_{FeO} 为渣中 FeO 的活度系数；L_0 为氧在钢液中与熔渣中的分配系数，$\lg L_{0,\%} = -\dfrac{6320}{T} + 0.734$（当（FeO）采用1%溶液标态时）。

（2）实践中测试冶炼使用效果，确定合成渣加入量。如在冶炼过程中加入一个中限范围的数量，根据冶炼效果及铸坯的分析，进行调整。

（3）根据转炉出钢碳含量。确定氧的范围，参考计算的量确定合成渣加入量。

9.6.5.3　冶炼碳素钢使用合成渣的实例

以下是一种碳素工具钢 T7 脱氧时的合成渣加入规定：

（1）转炉应控制出钢碳大于 0.30%，即要求转炉留碳操作，出钢磷小于 0.010%，出钢温度大于 1630℃，并保证炉内金属料熔化完全。严禁出钢下渣和带渣。

（2）出钢的增碳操作必须在出钢量达到目标值五分之四左右时完成，防止增碳时炭粉没有

被溶解吸收而浮在上方,给精炼带来困难。

(3)炉后终脱氧剂采用复合精炼剂、电石和硅钙钡合金。炉后脱氧:出钢前向钢包内加入 0.5~1kg/t 的复合精炼剂,钢水出到五分之四吨后先加入 0.5~1kg/t 电石,然后再加入 0.2~1.5kg/t 的硅钙钡合金,具体的加入量见表9-25。

表9-25 碳素工具钢T7转炉脱氧合金加入量方案

序号	出钢碳含量/%	精炼剂加入量/kg·t⁻¹	电石加入量/kg·t⁻¹	硅钙钡加入量/kg·t⁻¹
1	C≥0.40	0.2~1	0~0.5	0.5
2	0.20 < C < 0.40	0.5~1	0.5~1.0	1.0
3	0.10 < C≤0.20	1~1.5	1.0~1.5	1.5
4	0.045 < C≤0.10	1.5	2	1.5~2
5	C < 0.040	1.5	2~2.5	1.5~2

9.6.5.4 冶炼铝镇静钢SPHC使用合成渣的使用实例

冶炼铝镇静钢SPHC的工艺路线为:LD + FW(喂铝线) + CCM。以下是合成渣加入规定:

(1)转炉出钢保证钢液一次倒炉率,成分和温度同时满足要求,其中钢液的终点碳含量[C] = 0.04%~0.06%。

·(2)转炉出钢做好挡渣,保证钢包内的渣层厚度小于60mm。

(3)转炉出钢过程中一次将酸溶铝配至目标成分的中限以上 +0.010% 的范围。

(4)出钢过程中首先加入铝铁合金和低碳合金,钢水出钢达到四分之一出钢量时,随着钢流加入A类合成渣。A类合成渣的成分见表9-26。

表9-26 A类合成渣(一种烧结精炼剂)的成分

成　分	CaF₂	Al₂O₃	CaO	Al
含量/%	20~30	15~35	>20	7~15

(5)出钢结束以后,向渣面加入B类合成渣。B类合成渣的成分见表9-27。

表9-27 B类合成渣的成分

成　分	CaF₂	Al₂O₃	CaO	MgO	Al
含量/%	<6	20~30	20~30	<8	>24

(6)出钢过程中氩气搅拌采用强搅拌,以钢水不溢出钢包为原则,加入B类合成渣以前吹氩控制切换成为中等强度的搅拌,以能够看到吹氩砖上方的渣眼为准。

(7)钢水到达吹氩站以后,首先调整温度。如果酸溶铝不够,补加铝铁尽可能地早,补加铝铁的过程中钢液的吹氩搅拌应保持较强的搅拌为宜。采用喂入铝线补铝也应该较快地进行,补加铝铁或者喂入铝线以后,软吹5~12min以后出钢上连铸,不进行钙处理。

(8)转炉出钢挡渣失败或者带渣严重,泼渣以后钢水上LF处理。

9.6.5.5 使用合成渣脱氧的过程时间计算

合成渣脱氧过程速率的限制环节为钢液中氧的扩散:

$$-\frac{\mathrm{d}[\mathrm{O}]_\%}{\mathrm{d}t} = \beta_0 \frac{A}{V}([\mathrm{O}]_\% - a_{\mathrm{FeO}}L_0) \tag{9-8}$$

式中，$-\dfrac{d[O]_\%}{dt}$ 为钢液中氧含量变化速率；β_0 为氧在钢液中的传质系数；A 为渣钢界面积；V 为钢液的体积。

a_{FeO} 可用 $[O]_\%$ 的函数式表示：

$$a_{FeO} = \left\{ (FeO)_{0,\%} + ([O]_{0,\%} - [O]_\%) \times \frac{7200}{16m} \right\} f_{FeO} \tag{9-9}$$

将式(9-9)代入式(9-8)，分离变量后，积分得：

$$\lg \frac{[O]_{0,\%} - b/a}{[O]_\% - b/a} = \frac{at}{2.3} \tag{9-10}$$

其中

$$a = \beta_0 \frac{A}{V} \left(1 + \frac{7200 f_{FeO} L_O}{16m} \right)$$

$$b = \beta_0 \frac{A}{V} f_{FeO} L_O \left\{ (FeO)_{0,\%} + \frac{7200}{16m} [O]_{0,\%} \right\}$$

由式(9-10)可计算脱氧 t s 后，钢液中的氧含量，也可由欲将钢液中的氧降到要求的水平，求出需要多长的时间。

10 RH 精炼技术

10.1 RH 精炼原理与冶金功能的特点

RH 精炼法又称真空循环脱气法。精炼过程中,整个钢水冶金反应是在砌有耐火衬的真空槽内进行的。真空槽的下部是两个带耐火衬的浸渍管,上部装有热弯管,炉气被真空泵系统抽走,形成一个以下部槽为反应区的真空冶金反应区域。钢水处理前,先将浸渍管浸入待处理的钢水中,与真空槽连通的两个浸渍管,一个为上升管,另一个为下降管,在上升管中上部四周均匀地布置有 6 ~ 12 个喷嘴,不断向钢水吹入氩气或氮气,浸渍管中的上升管喷吹气体的示意图如图 10-1 所示。

吹入钢水中的气体受热膨胀,在气泡泵原理的作用下,加上真空槽抽真空时,钢水表面与真空槽内的压差,迫使钢水向浸渍管里流动,从而驱动钢液不断上升。一种吹氮 RH 的示意图如图 10-2 所示。

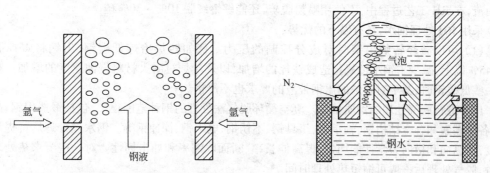

图 10-1　浸渍管中的上升管喷吹气体的示意图　　图 10-2　一种吹氮 RH 的示意图

流经真空槽钢水中的氩气、氢气、一氧化碳等气体在真空状态下被抽走。脱气的钢水由于密度增加再经下降管流入钢包,就此不断循环反复。最早开发应用 RH 的主要目的是对钢水脱氢,减少和防止钢中白点的产生,因此,RH 技术仅限于处理大型锻件用钢、厚板钢、硅钢、轴承钢等对气体要求较严格的钢种,应用范围很有限。随着工业的发展,对钢水质量的要求日益严格,RH 技术也得到了迅速发展。目前 RH 的发展已经进入了一个全新的阶段,开发诸如 RH-KTB、RH-MFB 等工艺。目前采用先进的 RH 工艺装备能够达到以下效果:

(1) 脱氢。经循环处理后,脱氧钢可脱氢约 65%,未脱氧钢脱氢可达到 70%;使钢中的氢降到 0.0002% 以下。统计分析发现,最终氢含量近似地与处理时间呈直线关系,因此,如果适当延长循环时间,氢含量还可以进一步降低。

(2) 脱氧。真空条件下碳有较强的脱氧作用,这是 RH 和 VD 的一个巨大而明显的优势,首先采用碳脱氧,然后在碳脱氧达到平衡时,采用铝脱氧或者其他的脱氧剂脱氧,可以将钢中的氧降低到一个理想的水平。

(3) 去氮。与其他各种真空脱气法一样,RH 法的脱氮量也不大。当钢中原始氮含量较低时,如 [N] < 0.005%,处理前后氮含量几乎没有变化。当 [N] > 0.01% 时,脱氮率一般只有 10% ~ 20%。在一些情况下,RH 还有增氮的现象。

（4）脱碳。在冶炼深冲钢和汽车面板钢、IF 钢等钢种时，采用自然脱碳和强制脱碳的工艺，可将钢中的碳脱至 0.005% 以下。

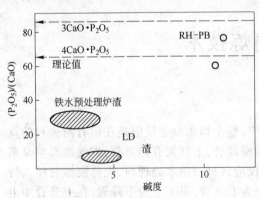

图 10-3　RH-PB 工艺中粉剂的脱磷与铁水喷粉脱磷和转炉氧化渣脱磷的效果对比

（5）加热。采用化学方法（主要使用铝热法）对钢水加热，以满足后续精炼和连铸的需要。这种功能可以挽救低温钢水，还可以降低转炉的出钢温度。

（6）脱磷。RH 吹氧工艺与喷粉结合，在 RH 能够进行脱磷操作，效果较好。文献介绍日本新日铁名古屋厂 230t 的 RH 采用 OB/PB 工艺，用于生产 [P] < 0.002% 的超低磷钢，并且喷粉脱磷的结果显示，RH 的脱磷工艺，石灰粉剂的利用率远远高于铁水喷粉脱磷和转炉的脱磷。图 10-3 是 RH-PB 工艺中粉剂颗粒的脱磷与铁水喷粉脱磷和转炉氧化渣脱磷的效果比较。

（7）脱硫。RH 脱硫分为两种，一种是喷粉脱硫，使用顶枪或者专用的喷枪进行喷粉，采用 $CaO + CaF_2$ 粉剂，使用多功能顶枪喷粉，脱硫率可以达到 80% 以上；另外一种是顶渣经过 LF 改质的白渣，在 RH 工艺过程中，不使用喷粉脱硫，还能够继续脱 10% ~ 30% 硫。

采用 RH 处理钢水，具有以下的优势：

（1）可以减轻转炉出钢时对成分控制的压力。例如转炉冶炼低碳钢，出钢将碳控制在 0.045% 以上，减少了钢水过氧化造成铁耗的增加，以及对炉衬耐火材料侵蚀速度的增加。在冶炼一些低碳钢时，甚至对转炉的出钢带渣的要求也不严格。

（2）进行脱气处理的钢质量高。真空循环脱气法处理的钢种范围很广，包括锻造用钢、高强钢、各种碳素和合金结构钢、轴承钢、工具钢、不锈钢、电工钢、深冲钢等。钢水经处理后可提高纯净度，使纵向和横向力学性能均匀，提高伸长率、断面收缩率和冲击韧性。对一些要求热处理的钢种，脱气处理后一般可缩短热处理时间。

（3）与 VD 相比，RH 处理钢水的周期和能力远远大于 VD，可以规模化地组织生产。

（4）经济效益好。采用 RH 工艺后，可以缩短生产周期，提高收得率，节约脱氧剂及合金元素，改善钢质量，而且脱气处理后一般可缩短热处理时间，获得较好的经济效果。实践证明，真空脱气不会增加每吨钢的生产成本，对一些钢种还会明显地降低成本。

10.1.1　RH 工艺的发展简介

RH 真空钢液循环脱气法是德国蒂森公司所属鲁尔钢（Ruhrstahl）公司和海拉斯（Heraeus）公司于 1957 年共同开发成功的，命名为 RH 真空脱气法（RH vacuum degassing），简称 RH 法。RH 的发明在欧洲，部分冶金功能的拓展在日本。它是在真空室抽真空，并从浸渍管的上升管吹入氩气，使钢包中的钢液进入真空室，然后钢液从浸渍管中的另一根下降管流回钢包（见图 10-4）。钢液经过循环真空脱气，可以脱去氢等气体，并除去部分夹杂物。

10.1.2　RH-OB 工艺

1972 年，新日铁室兰制铁所根据 VOD 生产超低碳不锈钢原理，在 RH 真空室下部的炉壁砌风口砖，装置氩冷却吹氧喷嘴，进行对循环流动钢液吹氧脱碳、采用铝热法提温的方法，称为 RH-OB（oxygen blowing degassing）法，如图 10-5 所示。这一方法可炼超低碳不锈钢、铝镇静钢等。该技术在 20 世纪 70~80 年代得到了迅速应用,但由于风口区的砖蚀损严重,真空室结瘤等因素的负面影响,影响了其发展。

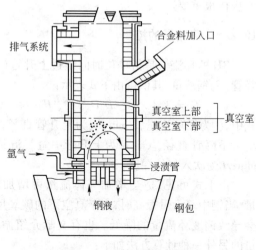

图 10-4　RH 工艺的示意图

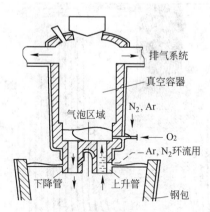

图 10-5　RH-OB 示意图

10.1.3　**RH-KTB**（或 RH-TOB、RH-OTB）

　　1988 年,日本川崎制铁所在真空室顶部装置水冷氧枪进行顶吹氧,对循环流动钢液进行吹氧真空脱碳、CO 二次燃烧、提温,以生产汽车用冷轧超低碳薄板钢、IF 钢,该方法称为 RH-KTB（Kawasaki top oxygen blowing degassing）法,又称 RH-TOB（top oxygen blowing）法或 RH-OTB 法,如图 10-6 所示。

10.1.4　**RH-MFB**

　　RH-MFB（RH-multifuncfion bumer）技术是新日铁于 1992 年开发的,称为多功能喷嘴技术。喷嘴既可喷粉,又可吹氧,在真空状态下进行吹氧强制脱碳、铝化学加热钢水,在大气状态下吹氧气和天然气燃烧加热烘烤真空室,能够清除真空室内壁形成的结瘤物,在强制脱碳的同时,还可以对炉气进行二次燃烧,具有加热的作用。其氧

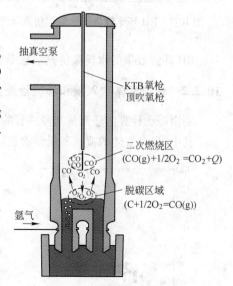

图 10-6　RH-KTB 示意图

枪由四层钢管组成,中心管吹氧,环缝输入天然气或焦炉煤气,外管间通冷却水,其冶金功能与 RH-KTB 相近。

10.2　**RH 精炼常用参数和操作基础**

　　RH 的脱气是在砌有耐火材料内衬的真空室内进行,脱气时将浸入管(上升管、下降管)插入钢水中,当真空室抽真空后钢液从两根管子内上升到压差高度。根据空气升液泵的原理,从上升管下部约 1/3 处向钢液吹入 Ar 等驱动气体,使上升管的钢液内产生大量气泡核,钢液中的气体就会向 Ar 气泡扩散,同时气泡在高温与低压的作用下,迅速膨胀,使其密度下降。于是钢液溅成极细微粒呈喷泉状,以约 5m/s 的速度喷入真空室,钢液得到充分脱气。脱气后由于钢液密度相

对较大而沿下降管流回钢包。即钢液实现:钢包→上升管→真空室→下降管→钢包的连续循环处理过程。RH 的操作关键之一在于熟练地掌握设备的操控,RH 精炼钢水的效果和脱气时间、抽真空的情况等因素有关,所以了解这些参数对操作很重要。

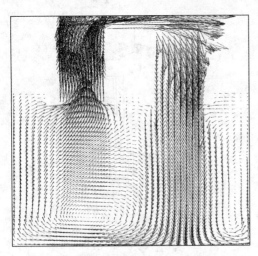

图 10-7　RH 环流效果的水模拟仿真示意图

10.2.1　环流量的控制

　　RH 的环流量是指单位时间通过上升管(或下降管)的钢液量,其值可由下式表示:

$$Q = 3.8 \times 10^{-3} D_u D_d^{1.1} G^{0.31} H^{0.5}$$

式中,Q 为循环流量,t/min;D_u 为上升管直径, cm;D_d 为下降管直径, cm;G 为上升管中氩气流量,L/min;H 为吹入气体深度, cm。

　　由上式可见,适当增加气体流量可增加环流量,当钢中氧含量很高时,由于真空下的碳氧反应,会导致钢液环流量的降低。也有文献介绍循环流量的另外一种计算方法如下:

$$Q = 0.02 D^{1.5} Q_1^{0.33}$$

式中,D 为上升管直径,mm;Q_1 为上升管吹入的氩气流量,L/min。

RH 环流效果的水模拟仿真示意图如图 10-7 所示。

10.2.2　环流气体吹入量和环流管直径的关系

　　刘浏博士计算的环流量与浸渍管的直径、吹氩量的关系和实际测量值如图 10-8 所示。其中,提升气体的流量和浸渍管直径之间的关系见图 10-9。

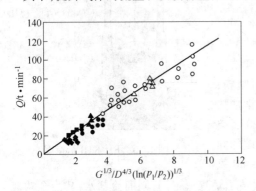

图 10-8　环流量与浸渍管的直径、吹氩量计算的关系和实际测量值

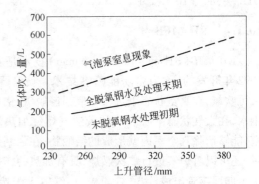

图 10-9　提升气体的流量和浸渍管直径之间的关系

10.2.3　脱气时间的控制

　　为保证精炼效果,脱气时间必须得到保证,其主要取决于钢液温度和温降速度。

$$\tau_{处} = \Delta T_C / \bar{v}_t$$

式中,$\tau_{处}$ 为脱气时间;ΔT_C 为处理过程允许温降;$\bar{v}_t$ 为处理过程平均温降速度,℃/min。

　　若已知钢种在处理过程中的温降速度和要求的处理时间,则精炼炉可确定所需的出钢温度。

反之,根据钢水的温度,可以确定处理时间。

10.2.4 循环次数的控制

循环次数是指通过真空室钢液量与处理容量之比,其表达式为:

$$u = W/t/V$$

式中,u 为循环因素,次;t 为循环时间,min;W 为环流量,t/min;V 为钢液总量,t。

脱气过程中钢液中气体浓度可由下式表示:

$$\bar{c}_t = c_e + m'(c_0 - c_e)^{-\frac{1}{m'}\cdot\frac{W}{V}\cdot t}$$

式中,$\bar{c}_t$ 为脱气 t 时间后钢液中气体平均浓度;c_e 为脱气终了时气体浓度;c_0 为钢液中原始气体浓度;t 为脱气时间,min;V 为钢包容量,t;W 为环流量,t/min;m' 为混合系数,其值在 $0 \sim 1$ 之间变化。

当脱气后钢液几乎不与未脱气钢液混合,钢液的脱气速度几乎不变,此时钢液经一次循环可以达到脱气要求时,$m' \to 0$。

当脱气后钢液立即与未脱气钢液完全混合,钢包内的钢液是均匀的。钢液中气体的浓度缓慢下降;脱气速度仅取决于环流量时,$m' \to 1$。

当脱气后钢液与未脱气钢液缓慢混合时,$0 < m' < 1$。

综上所述,钢液的混合情况是控制钢液脱气速度的重要环节之一。一般为了获得好的脱气效果,可将循环次数选在 $3 \sim 5$ 之间。

10.2.5 钢水提升高度

钢水提升高度示意图如图10-10所示。

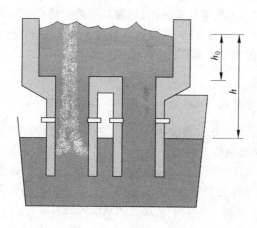

图 10-10　钢水提升高度示意图

钢水提升高度可用下式表示:

$$h = \frac{p_0 - p}{\rho g}$$

式中,h 为提升高度/m;p_0 为大气压/1.01×10^5 Pa;p 为真空槽内压力/Pa;g 为重力加速度/9.8m/s^2;ρ 为钢水密度,取 7.0×10^3 kg/m^3。

顶枪向钢液吹氧时,一定要保证 h_0 高度,以防止烧损槽底耐火材料,因此在操作时,浸渍管要保证足够的浸渍深度并配以合理的真空度。

环流气体种类的选择一般采用 Ar 为环流气体,当冶炼钢种对氮无要求,或有特殊要求(钢中要求有一定含量的氮)时,可用 N_2 作环流气体。用 N_2 作环流气体处理 15~20min,一般增氮量为 0.002%~0.003%。(轻处理时);所有对氢含量要求较严格的钢种,为防止钢坯的质量缺陷,原则上用 Ar 作环流气体。

10.2.6　钢水在 RH 真空过程的循环速率

钢水在 RH 真空过程的循环速率可用下式表示:

$$Q = 1.63G^{\frac{1}{3}}D^{\frac{4}{3}}\left[\ln\left(\frac{p_{at}}{p_0}\right)\right]^{\frac{1}{3}}$$

式中,Q 为钢水的循环速度,m^3/min;G 为环流气体的流量,L/min;D 为浸渍管的直径,m;p_{at} 为大气压力,Pa;p_0 为真空管内的压力 Pa。

10.2.7　RH 钢水循环一次的时间

RH 钢水循环一次的时间 T 的计算公式:

$$T = W/Q$$

式中,T 为钢水一次循环时间/min;W 为钢水重量/t;Q 为环流量 t/min。

10.2.8　RH 钢液运动的流场和混匀时间的计算

10.2.8.1　RH 钢液回流的特点

RH 的钢液在流动过程中形成的回流区,主要包括上升管到下降管之间形成的主回流区和下降管与包壁之间形成的回流区。在主回流区内,钢液从下降管流到钢包底部并且沿着钢包包壁上升,上升的钢液主要有三种运动形式:一部分钢液流向上升管,由于受到提升气体的抽吸作用,速度增加;一部分钢液在钢包的中下部流向下降流股从而形成回流区;还有一小部分钢液继续沿着包壁上升,速度逐渐减弱。

10.2.8.2　RH 的混匀时间

钢液混合状况的好坏取决于合金添加速度、添加角度、合金粒度等因素。合金添加速度太快,容易堵塞插入管;合金添加速度太慢则影响生产节奏,并增大精炼过程的温降。最大的合金添加速度(t/min)一般为钢液循环流量(t/min)的 2%~4%。合金的添加对钢液的混匀影响较大。添加合金以后,按照钢液混匀的概念,钢液循环 3 次就达到了均匀混合,即达到了均匀化。例如一个 250t 的 RH,其循环流量为 75t/min,那么达到混匀的时间为:

$$t = \frac{3 \times 250}{75} = 10min$$

RH 钢包内钢水的混匀时间受环流量的影响,混匀时间随提升气体流量的增大而迅速缩短,增大吹气管直径可使混合效果改善。在实际生产过程中,RH 的钢包底部是不吹氩的,如果出现了混匀效果不好的情况,RH 精炼结束以后,采用钢包底吹氩进行搅拌混匀,也是一种选择。

10.2.8.3　RH 处理过程中钢液未达均匀的判断和处理措施

RH 处理过程中钢液是否均匀,可以通过在处理过程中取过程样并分析其相关成分和测温来判定。对普钢、低合金钢、硅钢等钢种,加合金后,得出各元素[Si]、[Mn]、[Cr]的平均含量计算值,以及经一定的循环时间后的实测值。若实测值与计算值相差0.1%以上,就可以判定钢液循环不良。对含铝系列钢,以处理后的$[Al]_s$计算值与实测值之差为判断依据。若$[Al]_s$相差0.02%以上,表明钢液循环明显不良。在无取向硅钢的脱碳期,钢液碳含量如果变化不明显,可以判定是插入管堵塞导致的循环不良。

对脱碳钢、普钢、低合金钢、取向硅钢等钢种,进行RH精炼处理10min后,测定钢液温度,其值与循环正常时统计值相差10℃以上时,就可以判定钢液循环不良。无取向硅钢和含铝系列钢合金化后的升温幅度与正常时相差15℃以上,就可以判定为钢液循环不良。

10.2.9　RH浸渍管上吹气孔堵塞对钢液循环流量的影响

RH的上吹气孔堵塞会对循环流量产生一定的影响,从而影响脱碳和混匀时间,其影响的主要特点为:

(1)顺次堵吹气孔达3个以上时,所有吹气量下的循环流量都明显降低,吹气量越大,循环流量降低越明显。

(2)对称堵吹气孔对循环流量的不利影响小于顺次堵吹气孔。对称堵吹气孔3个或3个以下时,可以正常生产。

在相同条件下,采用下排吹气孔吹气时的循环流量大于采用上排吹气孔吹气的循环流量。降低吹气孔的位置有利于钢水流动,是提高循环流量的有效手段。

10.3　RH真空处理冶金功能的描述和定义

10.3.1　RH的脱氧

10.3.1.1　氧在钢水中的溶解度

氧在钢液中有一定的溶解度,其溶解度的大小首先取决于钢液的温度。据启普曼对Fe-O系平衡的实验研究,在1520~1700℃范围内,纯铁中氧的溶解度可用下式表示:

$$\lg[O\%] = -\frac{6320}{T} + 2.734$$

依据上式可计算出不同温度下,纯铁液中氧的溶解度。计算的结果表明,当铁液温度由1520℃升高到1700℃时,氧的溶解度增加了一倍,达0.32%。但是在实际的炼钢过程中,由于钢液中存在一些其他元素,加上液面覆盖有炉渣,四周又接触耐火材料,所以氧的溶解是极为复杂的。以实测氧含量与上式计算结果相比较,可以认为氧在钢中的溶解远未达到平衡。一般来说,实际钢液中的氧含量与炉子类型、温度、钢液成分、造渣制度等参数有关。

10.3.1.2　RH脱氧的特点

RH的脱氧是目前真空精炼手段中,脱氧方式最灵活,方法最简化,效果和精炼成本最低的工艺之一。RH脱氧的方法主要有碳脱氧和合金脱氧两种方法。其中,碳脱氧的工艺在RH是最容易实现的,原理在前面的章节已有介绍。1600℃时不同真空度条件下碳氧的平衡曲线如图10-11所示。

在真空中碳氧反应的产物一氧化碳从钢液中猛烈逸出时,会促使钢中溶解的氢和氮分离出来并迅速地排出钢液。某厂测定的利用碳脱氧的实测结果如图10-12所示。

在真空条件下,由于碳氧反应非常激烈,产生的CO气体很快被抽走,因此,RH真空脱气的

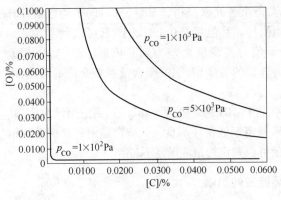

图 10-11　碳氧平衡图（1600℃）

脱氧效果比较好,一般经过 RH 真空处理的钢水,全氧含量可保持在 0.002% ~ 0.005% 之间,特别好的炉次还能低于这个含量。转炉生产线的钢种特点是以中低碳钢为主,在不留碳操作时,钢中的氧浓度为 0.03% ~ 0.1%,电炉出钢钢水不做特殊的脱氧,即不添加铝和硅的脱氧剂(有的时候为了防止出钢加碳,也添加少量的硅合金脱氧),只是添加炭粉进行脱氧,或者添加高碳合金(锰铁和铬铁等)进行脱氧,钢水到达 RH 以后,利用 RH 的真空状态下的碳参与脱氧脱气,或者采用现行加碳工艺脱氧,在碳脱氧结束的时候,添加铝铁或者合金合金化脱氧,一是提高了脱氧的速度,二是提高了合金的收得率,节约了成本。

生产铝镇静钢的时候,在自然脱碳结束的时候,添加铝铁进行终点脱氧。RH 处理过程中,利用铝脱氧时,加铝量和钢中氧浓度的关系见图 10-13。

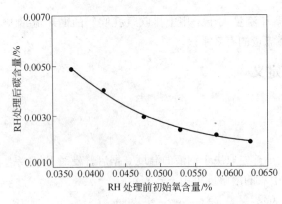

图 10-12　RH 处理前氧浓度和处理后碳浓度的关系

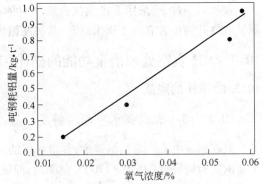

图 10-13　RH 处理过程中加铝量和氧浓度的对应关系

10. 3. 2　RH 的脱氢

RH 真空脱气装置的脱气效率很高,对完全脱氧的钢水,其脱氢率可不小于 60%,而未完全脱氧钢水,脱氢率可不小于 70%。初始氢含量为 0.00025% ~ 0.00028% 时,脱氢率为 47% ~ 60%,最低氢含量降至 0.0001%,可保证低氢钢生产的要求。脱氢效率在一定真空度下取决于钢水的循环次数。一般情况下,脱气 15 ~ 20min,可将钢水中原始氢含量降到 0.0002% 以下,这些原理在理论部分有描述,在此不再叙述。武钢 80tRH 在处理前测定钢水氢含量为 0.00025% ~ 0.00028%,RH 终点取样测定氢含量为 0.0001% ~ 0.00015%,某厂一座 RH 处理过程中,真空度、处理时间和钢中氢含量的对应关系见图 10-14。

10. 3. 3　RH 的脱氮

由于钢中氮的溶解度是氢的 15 倍,且硫和氧影响脱氮速率,因此,RH 真空脱气的脱氮效果不明显,通常效率为 0 ~ 40%。其中,钢中氮含量较高的情况下,脱氮效率较高,低氮情况下,脱氮

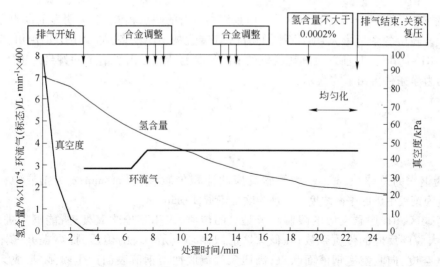

图 10-14 RH-KTB 处理的氢含量随处理过程的变化

效果不明显,甚至还有增氮的现象,有脱氮效果的炉次仅占 10% ~ 40% ,处理后钢中氮含量最好的能够小于 0.002% 。RH 处理过程中主要考虑的是抑制钢水从炉气吸氮。武钢 80tRH 处理前测定,钢水中氮含量为 0.00156% ,RH 处理后测定氮含量为 0.00185% ,增加了 0.00029% (20 炉平均值)。

10.3.4 RH 的脱碳

10.3.4.1 RH 脱碳的基础知识

RH 最主要的功能之一是脱碳,不仅金属中的氧和渣中的 FeO 可用于脱碳,RH 的其他供氧形式也能够有效地对钢液进行脱碳,经过 RH 处理可将钢中的碳降到 0.002% 以下。

在脱碳反应进行时,仅当形成 CO 气泡的 p_{CO} 大于或等于其所受的外压时,气泡才能形成。即:

$$p_{CO} \geqslant p_{(g)} + (\rho_m H_m + \rho_s H_s) g + \frac{2\sigma}{r}$$

式中,p_{CO} 为气泡内的分压,或与之平衡的外压,Pa;$p_{(g)}$ 为炉气的压力,Pa;ρ_m,ρ_s 分别为钢液和熔渣的密度,kg/m³;H_m,H_s 分别为钢液层和熔渣层的厚度,m;σ 为钢液的表面张力,N/m;r 为气泡的半径,m;g 为自由落体加速度,9.81m/s²。

但对一定的 p_{CO}(与[C][O]有关),上式右边后三项值越小,则脱碳反应越易进行。在真空下,只能使 p_{CO} 减小,而当 p_{CO} 减小到一定值后,真空度进一步提高,也不能再提高脱碳速率。所以,一般真空脱碳,仅需采用 10 ~ 0.2kPa 的压力即可。在初期的快速减压也可以加速脱碳,研究表明,在初期快速减压可加速 RH 脱碳速率,在中后期保持高真空度也是有利于脱碳的。高速排气可保持真空室超低碳区域内化学反应的驱动力,降低气泡形成压力,抑制脱碳速率降低,合理的快速减压是改善脱碳反应速率的关键环节之一。从真空条件下的碳氧平衡关系可知,当钢液中的氧含量低于 0.02% 时,RH 的脱碳反应将会受到抑制,此时为了进一步进行脱碳反应,需要增加钢液中的氧含量。最终为得到[C] < 0.01% 的钢水,要求处理前钢水初始碳含量必须小于 0.04% 。RH 初始碳含量高时,要得到终点碳小于 0.01% 的钢水,是通过加矿石或铁皮加速脱碳。某厂曾引进用于 70t 钢包的 RH 装置,初始钢水中[C] = 0.07% 时,想要获得[C] < 0.01% 的钢水,经计算需添加 0.0675% 的氧气,即相当于每吨钢需要加入

2.45kg 的 Fe_2O_3，以补充溶解氧的不足。但是添加矿石的缺点较多，最为明显的缺点是钢液的温降较大。随后各个厂家发明了不同的有吹氧装置的 RH 设备，如 RH-O/RH-OB、RH-KTB、RH-MFB、RH-TCB 等，目前采用加矿脱碳的 RH 基本上已经退出了冶金的舞台。RH 真空脱碳反应的动力学条件可由下式表示：

$$\frac{dc}{dt} = -k_C(c_s - c_{eq})$$

$$k_C = \frac{Q}{V} \times \frac{\alpha_k}{Q + \alpha_k}$$

式中，V 为钢水的总体积，m^3；α_k 为脱碳反应的体积传质系数，m^3/min；c_s 为钢液中初始碳浓度，%；c_{eq} 为钢液中碳的平衡浓度，%；Q 为吹气流量，L/min。

在高碳区，RH 脱碳反应的限制环节是氧的传质，采用顶枪吹氧处理，能够促进形成 CO 气泡，增大脱碳反应的传质系数；在低碳区的限制环节是 [C] 的传质，提高提升气体的吹气流量和真空度，向真空室钢液面吹氧，高压氧气流股冲击钢液表面产生喷溅，形成无数个小液滴飞入气相中。同时，氧气流股被钢液撕碎，无数个小氧气泡进入钢液内部，扩大了钢液与氧气的接触面积，不仅使钢液的溶解氧增加，并且扩大了碳氧反应区域，大大促进深脱碳反应。

10.3.4.2　影响 RH 脱碳的因素分析

影响 RH 脱碳的因素主要有钢水的循环流量、真空度和供氧方式三个方面，其中真空度的影响前面已有介绍。

A　钢水循环流量对脱碳反应的影响

在 RH 钢水的处理过程中，由于钢水循环流量增加，钢水在真空室底部的线速度增加，使钢流的边界层减薄，碳向钢液面扩散速度增加，脱碳速率也相应地加快。所以，提高钢水循环流量对脱碳的影响比较明显。

提高钢水循环流量的方法如下：

(1) 扩大浸渍管中间下降管的内径，能够有效地增大环流量。文献介绍，日本使用长轴和短轴为 300mm × 560mm 的椭圆形浸渍管代替 ϕ300mm 的圆形浸渍管，使得循环流量从 34t/min 增加到 79t/min。增大下降管直径，即使在同样的驱动气体流量的情况下，由于 CO 气体向气泡中的扩散作用，可以容纳和产生更多的气泡，增大了循环管上升区的相界面，同时也使喷溅到真空室的钢液增加，增大了钢液乳化区的相界面，使脱碳速度加快。插入管的内径越大，脱碳速率越大。在条件允许的情况下，应尽可能地增大插入管内径，增大循环流量，促进脱碳反应进行。

(2) 增加浸渍管的插入深度也可以增大循环流量。

(3) 增大驱动气体流量。驱动气体是 RH 的钢液循环的动力源，驱动气体量的大小直接影响钢液循环状态和脱碳等冶金反应。在较大的驱动氩气流量下，由于湍流作用，在上升管内瞬间产生大量气泡核，钢液中的气体逐渐向氩气泡内扩散，气泡在高温、低压作用下，体积成百倍地增加，以至钢液像喷泉似的向真空室上空喷去，将钢液喷成雨滴状，使脱气表面积大大增加，脱碳反应的体积传质系数增加，从而加快脱碳速率。脱碳反应的体积传质系数和提升气体流量（吹氩量）的关系见图 10-15。

基于以上的考虑，日本发明了三腿浸渍管的 RH，其中两只下降管，一只上升管，循环流量增加了 1.5 倍。用于镍基不锈钢和铬系不锈钢的冶炼，成为不锈钢冶炼的新方法。

B 供氧方式对脱碳的影响

向钢水中吹氧,氧气的供给是高碳含量领域内控制反应过程的有效方法。RH的脱碳操作主要是在使用过程中必须注意初期快速减压,尽快吹氧,缩短高碳区钢水脱碳时间,保证在中后期较高真空度、较大吹氩量下有足够的自然脱碳时间,将低碳区的碳降至更低范围。但是,如果在氧气过剩情况下,受碳扩散控制的超低碳领域再继续供给氧气不仅没有意义,氧气还会迅速被吸收到钢水内,对喷溅液滴小直径化并没有好处。另外,过剩的溶解氧是一种表面活性元素,它将阻碍产生 CO 的化学反应。所以在极低碳区,从多功能顶枪吹入氩气气体是最好的促进脱碳反应的方法之一。此外,在真空条件下精炼时间越长,越有利于进一步降低钢液中的碳含量,二者的关系见图 10-16 。

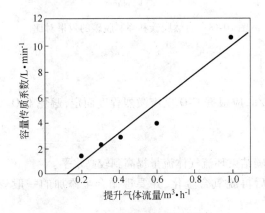

图 10-15 容量传质系数与提升
气体流量的关系

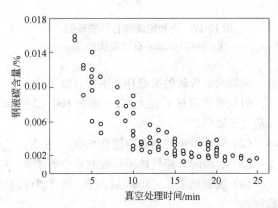

图 10-16 真空处理时间与钢液碳含量的关系

10.3.4.3 RH 的自然脱碳和强制脱碳

RH 脱碳的方式主要有两种,即自然脱碳和强制脱碳。

A RH 的自然脱碳

自然脱碳又称 VCD(vacuum carbon deoxidation),它是在 RH 工位抽真空,在一定的真空条件下,钢液中的碳和氧进行反应的脱碳方式。在钢水温度为 1600℃ 和合金含量较低的条件下,RH 自然脱碳的热力学方程可简化为:

$$[\%C][\%O] = 0.002 p_{CO} \times 10^{-5}$$

当钢中溶解氧在 0.02% 以上,初始碳含量为 0.03% 以下时,自然脱碳可成功进行。

B RH 的强制脱碳和关键控制

强制脱碳(本处理)也称为真空条件下的吹氧脱碳。当钢水初始碳含量高于 0.03% 以上,钢中的游离氧浓度低于 0.02% 时,钢水中的氧含量不能满足于自然脱碳需要,需要使用顶枪强制脱碳。强制脱碳和自然脱碳的 Vacher-Hamilton 曲线如图 10-17 所示。

利用强制脱碳的原理,转炉出钢过程中,或者在 RH 工位配加合金时,可以利用大量廉价的高碳合金降低成本。或者向钢液加碳以后,进行强制脱碳,达到进一步脱除钢中气体的目的。强制脱碳主要适用于以下钢种:

(1)转炉炉后未添加 Al 及其他易氧化合金元素的低碳铝镇静钢。

(2)转炉炉后未添加 Si、Al 及其他易氧化合金元素的非高碳钢。

自然脱碳和强制脱碳的脱碳效率对比见图 10-18。

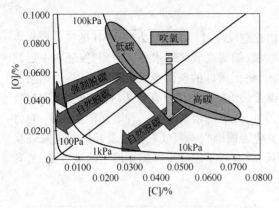

图 10-17　强制脱碳和自然脱碳的
Vacher-Hamilton 真空脱碳曲线

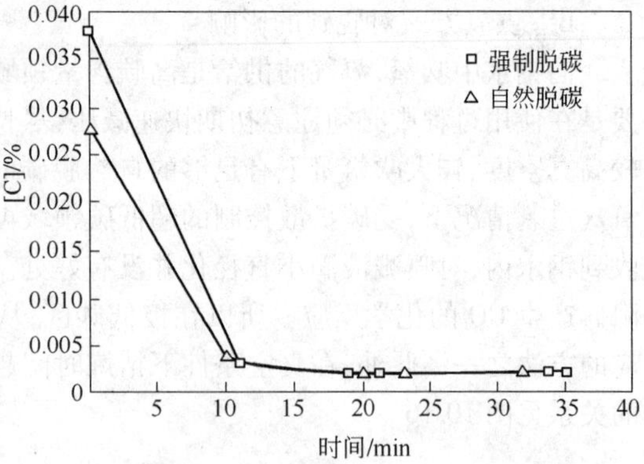

图 10-18　自然脱碳和强制脱碳的效果对比

强制吹氧脱碳的关键环节主要有以下几点：

（1）吹氧流量不宜太大，一般为 800～2400m³/h，应根据 C-O 反应激烈程度而定，避免 C-O 反应过于激烈。

（2）脱碳结束控制真空度在 8900Pa 左右。

（3）脱碳时环流气体流量控制在中等水平，脱碳结束环流气体流量提高到较高水平。

（4）脱碳结束 2～3min 后测温、测 T[O]，然后再脱氧合金化，并要遵循合金添加的一般原则。

图 10-19 是 RH 处理过程中碳含量随时间的变化关系。

RH 处理前后钢中碳含量的变化见图 10-20。

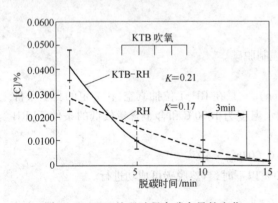

图 10-19　RH 处理过程中碳含量的变化

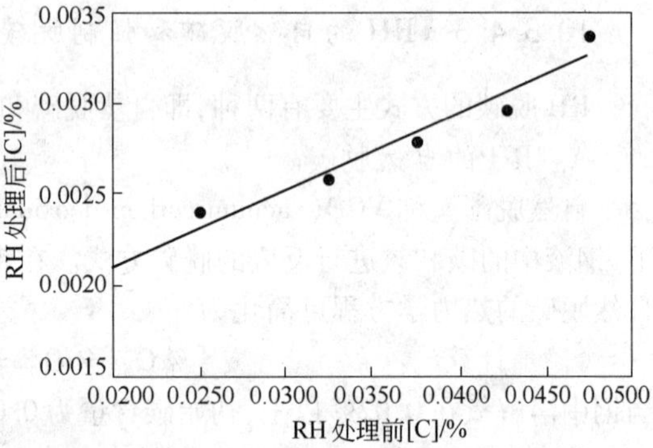

图 10-20　RH 处理前后钢中碳含量的变化

C　RH 强制脱碳的时机和控制顺序

RH 强制脱碳最佳的时间是钢液开始循环以后 3min，真空度达到 8kPa 开始吹氧，氧枪高度 250～500cm，氧气流量控制在 1200～2400m³/h，操作的控制图如图 10-21 所示。

D　强制脱碳氧耗的计算

钢液的吹氧量需要从三个方面来考虑：

（1）脱碳反应需要的氧气质量为：

$$W_1 = \frac{16}{12}G \times 1000 \times (\Delta C_s - \Delta C_e) \tag{10-1}$$

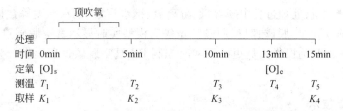

图 10-21　强制顶枪吹氧脱碳操作的时间控制

式中,ΔC_s,ΔC_e 分别为脱碳开始时和脱碳结束以后钢液中的碳的质量分数,$\times 10^{-6}$;G 为钢液量,t。

(2) 钢液中游离氧变化需要的吹氧质量为:

$$W_2 = G \times 1000(O_e - O_s - O_t) \tag{10-2}$$

式中,O_e 为钢液脱碳结束以后钢液中氧的质量分数,一般控制在 0.02% ~ 0.04% 之间;O_s 为钢水中初始氧的质量分数;O_t 为顶渣和耐火材料向钢液传递的氧的质量分数,其值为 0.01% ~ 0.022%,转炉下渣严重,取上限,反之亦然。

总计需要氧气的质量为:

$$W = G \times 1000\left(\frac{16}{12} \times (\Delta C_s - \Delta C_e) + (O_e - O_s - O_t)\right) \tag{10-3}$$

相当于摩尔数为:

$$N = \frac{1}{32}G \times 1000\left(\frac{16}{12} \times (\Delta C_s - \Delta C_e) + (O_e - O_s - O_t)\right) \tag{10-4}$$

折算成为体积数表示为:

$$Q = \frac{22.4G \times 1000\left(\frac{16}{12} \times (\Delta C_s - \Delta C_e) + (O_e - O_s - O_t)\right)}{32\mu\varphi} \tag{10-5}$$

式中,μ 为氧气的利用率,50% ~ 70%;φ 为使用工业氧气的纯度,98% ~ 99.5%。

例如,300tRH 具体的数据如下:

初始氧含量/%	初始碳含量/%	目标碳含量/%	钢水量/t
0.06	0.45	0.015	300

将以上数据代入式 10-5 计算可得需要吹氧量为 80m³ 即可。

合理地计算出吹氧量,可以提高操作效率,减少吹氧以后游离氧过高引起的脱氧成本的增加。

E　RH 吹氧脱碳的两种控制模型简介

RH 的吹氧量控制将直接影响脱碳效果。吹氧量不足起不到作用,吹氧量过大既不经济,又可能对钢水洁净度不利。必须根据对钢水初始碳、氧、温度以及目标钢水的碳、温度的准确计算来确定吹氧量,目前 RH 吹氧脱碳的控制分为动态和静态两种脱碳控制模型:

(1) 静态脱碳模型。该模型从真空脱碳及冶金学基本原理出发,对需要脱碳的钢种,根据该炉次处理开始时获得的初始碳、游离氧、钢液温度等信息,预测处理过程中随真空度的逐步下降,钢液中碳含量和游离氧含量的变化过程。在 RH 处理初期,应计算出达到要求的碳浓度所必需的处理时间和吹氧操作等综合信息,使操作人员更好地控制处理过程,从而达到减少脱碳时间和降低生产成本的目的。

(2) 动态脱碳模型。依靠先进的检测装置及检测手段,及时获取真空脱碳过程中的废气信息及处理前初始碳含量,处理过程中碳含量、游离氧、钢水重量、钢水温度等数据,能够迅速准确地预报钢水中当前碳含量、脱碳速度、脱碳总量等。模型实时显示真空脱碳过程的许多相关信息,动态演示整个过程,为操作人员更好地实时控制 RH 真空脱碳过程提供较为详细的参考,从而优化 RH 脱碳工艺。

10.3.5　RH 用氧技术

10.3.5.1　RH-O 真空吹氧技术

1969 年,德国蒂森钢铁公司开发了 RH 顶吹氧技术,第一次用水冷氧枪从真空室顶部向真空室内循环着的钢水表面吹氧,目的是将电弧炉或转炉的精炼任务转移到 RH 工艺中来,强制脱碳,缩短真空处理周期,降低脱碳过程中铬的氧化损失。在工业生产中 RH-O 真空吹氧技术用的是单孔拉瓦尔喷头,氧枪由顶部插入真空室。经 RH-O 真空吹氧处理后,可以将[C]=0.045% 的初始钢水,经 12min 脱碳后,得到[C]<0.005% 的钢水。但是由于吹氧时喷溅严重,致使真空室结瘤及氧枪粘钢严重,所以 RH-O 真空吹氧技术未能得到发展。

10.3.5.2　RH-OB 真空侧吹氧技术和特点

根据 VOD 生产不锈钢的原理,1972 年新日铁室兰厂开发了 RH-OB 真空侧吹氧技术。吹氧枪由 OB 枪本体、供氧控制系统组成。OB 枪本体是双层套管,内层在吹氧时通入氧气,非吹氧状态就通入氩气或氮气(见图 10-22)。

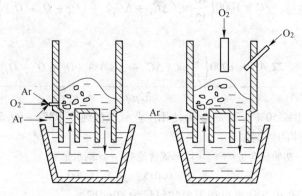

图 10-22　RH-OB 装置示意图

RH-OB 真空侧吹氧技术主要具有以下特点:

(1)根据钢包温度、钢水自由氧含量及初始碳的不同情况,采用新开发的强制降碳、加铝升温或不吹氧降碳等三种处理模式,降低转炉出钢温度 20℃ 左右,减轻了转炉负荷。

对 RH-OB 处理去除钢中夹杂物的研究,明确了钢中氧化物夹杂含量与 RH 循环时间的一级反应式,也明确了经 RH 处理、加铝脱氧合金化后,循环时间必须大于 7min,才能有效地把钢中大部分氧化物夹杂去掉,使其达到 0.008% 以下,经 RH-OB 处理的钢水,夹杂物不仅数量多,而且尺寸较大,在连铸中间包内发现有直径为 30~45μm 的夹杂物,必须进行一次轻处理(循环时间大于 10min)才能去除由于升温产生的大型夹杂物。所以对高质量钢,应慎用 RH-OB 升温处理。这也限制了 RH-OB 的钢水进站处理温度。

(2)RH-OB 真空侧吹氧技术在处理过程中,由于饱含循环氩气的钢液进入真空室后,再遇到侧吹氧枪吹入的氧气,伴随着气泡的破裂和激烈的碳氧反应,就产生剧烈的钢液飞溅。在真空室槽壁上黏附着大量冷钢,严重影响下一炉精炼的钢种质量。更换下部槽后,清理槽壁上的冷钢需用人工切割,劳动强度大,工作安全性差。

(3) RH-OB 的喷嘴要埋入钢液中,为了防止喷嘴堵塞和冷却,喷嘴需要吹氩(氮)保护,真空泵能力要加大约 20%。RH-OB 的喷嘴寿命低,下部槽寿命维持在 150 炉左右,作业率很低,影响了作业率。

(4) 耐火材料易损坏、消耗高。

所以近年来新建 RH 装置已不采用 OB 结构,而是向顶枪吹氧及多功能化的方向发展。

10.3.5.3 RH 的顶枪吹氧及多功能化的特点

RH 的顶枪分两大类:

(1) 只顶吹氧气,如 RH-KTB、RH-TB。

(2) 既能顶吹氧气,同时能顶吹煤气、天然气及粉剂,如 RH-BTB、RH-MESID、RH-KTB/B、RH-MFB。

四种多功能顶枪性能的比较见表 10-1。

表 10-1 四种多功能顶枪性能的比较

公 司	BSEE	MESO	KSC	NSC
形 式	BTB	MESID	KTB/B	MFB
功 能	吹氧、喷粉、吹燃气	吹氧、喷粉、吹燃气	吹氧、吹燃气	吹氧、吹气、喷粉
喷粉载气	Ar	Ar		O₂
枪体结构	五套管	五套管	三套管	四套管
二次燃烧	有	无	有	无

顶枪多功能化的优势主要有:

(1) 简化了真空槽体及横移台车的结构。

(2) 减少了钢水温降和真空槽壁沾冷钢,减少了漏气点。

(3) 顶枪在真空槽内上部位置,通过喷吹燃气,真空槽内加热温度更均匀,具备烧嘴加热及切割冷钢的功能。取消了真空槽中部的斜插加热烧嘴。

(4) 顶枪的强制脱碳可以将转炉出钢的碳范围放宽,避免转炉钢水过氧化(超低碳钢转炉出钢碳含量可提高到 0.06%)。利用 CO 的二次燃烧获得温度补偿,槽内表面温度可达到 1450℃左右。

(5) 采用焦炉煤气或者天然气做燃料,减少了废气排放量,减轻了真空泵负荷,能够获得高真空度,减少了清除真空槽内冷结钢的工序。

10.3.5.4 RH-KTB 真空顶吹氧技术

为减少真空处理过程的温降,1986 年日本川崎制铁株式会社开发了 RH 真空顶吹氧技术,简称 RH-KTB 法,即在 RH 真空处理装置上安装可升降的顶吹水冷单孔拉瓦尔氧枪,如图 10-23 所示。在脱碳反应受氧气供给速率支配的沸腾处理前半期,向真空槽内的钢水液面吹入氧气,增大氧气供给量,因而可在氧含量较低的水平下大大加速脱碳。在 $[C] > 0.03\%$ 的高碳浓度区,KTB 法的脱碳速率常数 $k_C = 0.35$,比常规 RH 法大;在 $[C] > 0.01\%$ 的范围内,主要由吹氧来控制脱碳反应,脱碳速度随着氧的增加而增加;而在 $[C] \leqslant 0.01\%$ 条件下,吹氧的意义就不大了。因此,使用 RH-KTB 法的转炉出钢钢水碳含量可由 0.03% 提高到 0.05%。在吹氧快速脱碳的同时,对真

空室内产生的 CO 炉气进行二次燃烧,具体反应如下:

$$CO + \frac{1}{2}O_2 = CO_2 \quad \Delta H_{CO_2} = 3.94 kJ/kg_{CO}$$

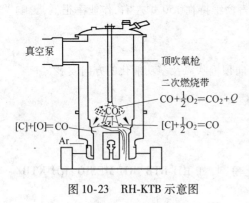

图 10-23　RH-KTB 示意图

KTB 脱碳的同时,依靠二次燃烧提供的热量补偿精炼过程中的温度损失。因此,采用 KTB 法的出钢温度比传统 RH 法平均可以降低 26.3℃。

据有关资料介绍,RH-KTB 真空顶吹氧技术最主要的工艺特点是:

(1) 不需额外添加热源(如铝、硅等),成本低。

(2) 不需延长处理时间,生产作业率高。

(3) 热效率高,在吹氧脱碳期的前 10min 内,炉气中 CO_2 含量高达 60.5%(而普通 RH 仅为 3.5%)。RH-KTB 法可以在高碳低氧位区脱碳,使整个精炼过程在低氧位下进行。

10.3.5.5　RH-MFB 真空多功能氧枪

为了提高转炉出钢碳含量和降低钢水氧含量,并可加热真空室和进行钢水温度补偿,1998 年 8 月新日铁公司广畑制铁所建成第一台 RH 多功能枪设备,简称 RH-MFB 真空装置(见图 10-24)。

RH-MFB 法的主要功能是在真空状态下的吹氧强脱碳、铝化学加热钢水,在大气状态下吹氧气、天然气燃烧加热烘烤真空室及清除真空室内壁形成的结瘤物,真空状态下吹天然气、氧气燃烧加热钢水及防止真空室顶部形成结瘤物。MFB 氧枪由四层钢管组成,中心管吹氧,环缝输入天然气(LNG)或焦炉煤气(COG),外管间通冷却水见图 10-25。

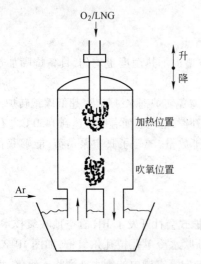

图 10-24　RH-MFB 真空装置

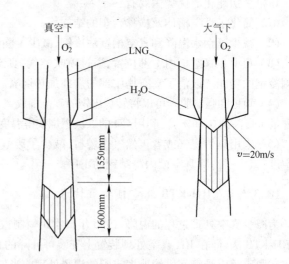

图 10-25　MFB 氧枪的结构和燃烧状态的示意图

在真空状态下,由于射流和火焰的长度得到了延长,因此,MFB 枪在真空处理过程中可在较高枪位下进行吹氧脱碳、Al 加热或用煤气燃烧加热真空室,防止处理过程中结瘤物的形成。攀钢在 1997 年 11 月建成投产 RH-MFB 真空处理装置,在试生产期间测试了该装置所具备的各种冶金功能,其 RH-MFB 真空处理装置的主要工艺参数和处理的主要钢种见表 10-2。

表 10-2　攀钢 RH-MFB 真空处理装置的技术参数

RH 形式	单室上动式	RH 形式	单室上动式
每次处理钢水量/t	131	极限真空度/Pa	30
钢包自由净空/mm	300~500	抽气时间/min	≤4(900kPa 至 1.5Pa)
超低碳钢处理时间/min	28	真空系统泄漏率/kg·h⁻¹	≤25(20℃)
低碳铝镇静钢处理时间/min	16	钢水循环速率/t·min⁻¹	50~70
高耐候钢及低合金钢处理时间/min	22	真空室总高/mm	10650
真空泵抽气能力/kg·h⁻¹	550(66.6Pa,20℃)	插入管内径/mm	450
	1300(1300Pa,20℃)	真空室砌砖后内径/mm	1700
	2800(8000Pa,20℃)	枪加热真空室的加热速度/℃·h⁻¹	≥60
	3500(13300Pa,20℃)		

10.3.5.6　多功能顶枪的枪位概念和控制

顶枪的枪位是以顶枪提升距离来界定的。枪位的高度以下部槽砌砖面为零起点,如图 10-26 所示。

顶枪脱碳过程中,如果枪位过高,氧气射流没有有效地参与反应,吹氧收得率下降,延长脱碳时间;降低枪位可减少氧气流股在到达钢液面的行程中的动能损失,加强对真空室内钢液的流动状态的扰动,促进气流分布的均匀化和钢液的搅拌,增加气液接触面积,从而有利于传质。但是,枪位过低时,高速的氧气流股几乎来不及扩展直接冲击钢液,容易造成钢液喷溅严重、钢液过氧化、氧枪粘钢、下部槽耐火材料损耗严重等负面影响,故枪位需控制在一个合理的范围。RH 在操作过程中,吹氧的情况可以根据摄像头观察到吹氧的效果,操作工可以根据具体的情况进行枪位的调整,如某厂的吹氧枪位高度是控制在离下部槽耐火材料砖砌面 3~3.5m 的位置进行吹氧的。

一种多功能顶枪的枪位参数见表 10-3。

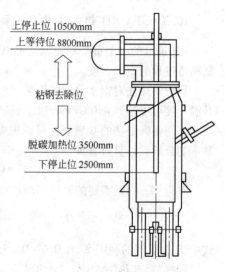

上停止位 10500mm
上等待位 8800mm
粘钢去除位
脱碳加热位 3500mm
下停止位 2500mm

图 10-26　RH 的枪位示意图

表 10-3　一种多功能顶枪的枪位参数

指　标	参　数	指　标	参　数
正常工作吹氧流量/m³·h⁻¹	1200	槽内待机上限位置/mm	1680
工作压力/MPa	1.0	槽内待机位置/mm	1860
枪高(离槽底)/mm	4500~5000	气体切换位置(允许吹氧位置)/mm	4810

10.3.6　RH 温度控制

RH 处理过程中的温度损失主要有以下几个方面:

(1) RH 抽真空以后,烟气带走的显热。

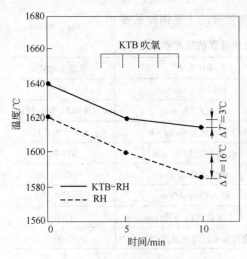

图 10-27　RH 处理过程的温度变化

（2）RH 耐火材料升温需要钢液的部分热量。

（3）RH 表面的热损失。

（4）钢包钢水的热散失，包括渣面的辐射、包壁的对流等。

（5）合金化过程的热损失。

一座典型的 RH 处理过程中的温度散失情况见图 10-27。

图 10-27 中是 KTB 处理与常规 RH 处理的钢水温度随时间的变化，KTB 操作使温降速率减缓，吹氧结束时钢水的温降值仅为 3℃，表明顶吹氧产生的燃烧热量用于对钢水热补偿，达到 13℃ 以上。因此可降低转炉出钢温度。RH 的温度的不足，主要通过铝热法或者硅热法进行补偿，即向钢水中添加铝或硅，通过吹氧氧化放热促使钢液升温。

10.3.6.1　RH 铝热法升温的氧耗计算

RH 顶枪的一个重要功能就是可以通过吹氧加铝对钢水进行升温，从而可以灵活、稳定地控制精炼过程的钢水温度。

顶枪铝热法对钢水升温的影响：经测定，每吨钢添加 1kg 铝吹氧后，钢水温度上升 25℃ 以上，升温速度可以达到 4.0℃/min 以上，氧气利用率为 65% 以上，热效率达 80%。

采用铝升温法的吹氧氧耗可以根据公式推算得出，计算值在考虑了吹氧效率以后，和实际是基本吻合的。计算过程如下：

$$2[Al] + 3[O] \Longrightarrow (Al_2O_3)$$

氧化 1kg 的铝需要的氧气（转化为标态下的氧）为：

$$Q_{氧气量} = \frac{48 \times 22.4}{2 \times 27 \times 32 \times \mu_{利用率:0.6 \sim 0.75}} \quad (m^3)$$

式中，μ 为氧气的利用率，在 0.6~0.75 之间。

同样，对硅热法，加入 1kg 的硅铁，需要的氧耗为：

$$Q_{氧气量} = \frac{\alpha \times 22.4}{14 \times 32 \times \mu_{利用率:0.6 \sim 0.75}} \quad (m^3)$$

10.3.6.2　已脱氧钢顶枪升温要点

已脱氧钢水的升温要点如下：

（1）为防止钢水的过氧化及真空槽耐火材料的过度熔损，顶枪吹氧之前的加铝量（铝硅镇静钢加铝和 Fe-Si），应确保顶枪结束后钢中的铝（铝硅镇静钢是铝和硅）在目标中限值左右。

（2）顶枪吹氧时，为尽量减少钢水的飞溅，环流气流量不宜过大，保证环流量和真空槽钢液的高度即可。

（3）顶枪吹氧时，真空度控制在 5kPa 以上，但不能过高，建议控制在 5~7kPa，以防止飞溅剧烈。

（4）顶枪吹氧结束后，轻处理钢真空度控制在 3.5~6.7kPa，本处理控制在 0.25kPa 以上。

（5）为使夹杂物充分上浮，顶枪吹氧结束后至处理终了的搅拌时间须确保在8min以上。

（6）顶枪吹氧升温，氧气利用率为75%～92%。

10.3.6.3 未脱氧钢吹氧升温的注意事项

未脱氧钢吹氧升温的注意事项：

（1）未脱氧钢在实施吹氧升温前，首先加Al（铝镇静钢加Al和FeSi；成品铝上限极低的硅镇静钢，加Fe-Si），确保脱氧后再进行KTB，以防止钢水的过度氧化和减少飞溅。

（2）吹氧控制等要点同已脱氧钢的顶枪吹氧升温要点一致。

10.3.7 RH的合金化过程分析

RH的合金加入是从RH上部的合金加料孔加入的，合金加入孔位置的选定主要基于以下原因考虑：

（1）加入的合金避免被吸入排气管中，又能够加入到真空室底部的中间或者偏向于上升管的一侧。

（2）合金加入位置的高度高于钢水飞溅的最大高度，防止加料孔被堵塞，所以，RH的加料孔一般有两种，一是上部加入法，这是以前众多RH的选择；二是目前开发了多功能顶枪的RH，选择从抽气孔对面的侧壁加入，文献介绍的RH流场特点，合金添加角度应该选择使合金落在真空室内上升管上方的钢液面上。合金粒度过大，合金溶解困难；合金粒度过小，容易被抽走。因此合金粒度一般选为3～15mm。合金加入在上升管区域对合金加入有利。

（3）铁合金加入顺序和原则如下：

1）一般先加Al或Si脱氧，以避免其他合金元素因氧化而引起的浪费。

2）Mn、Cr、V、Nb在Al（或Si）脱氧后加入，特别应注意Si脱氧钢种（不能用Al脱氧），因Mn、Si要生成Mn-Si化合物，此时Mn要在脱氧终了后加入。

3）与氧有很强亲和力的元素，如Ti、B、Ce、Zr，在脱氧终了后加入，以避免合金回收率下降。

4）脱氧钢水中的碳应和其他高密度合金一起加入，或在此之前尽早加入。若需碳脱氧，则应小批量、多批投入，以避免太强烈的C-O反应。

铁合金加入时期不同，颗粒较小，容易被真空抽走进入排气管道，颗粒过大，不容易溶解，所以规定验收合金的粒度见表10-4，常用铁合金收得率见表10-5。

表10-4 常见合金的理化指标要求

元 素	合 金 名 称	主要成分/%	颗粒度/mm
C	增碳剂	C＞95	5～15
Si	硅 铁	Si：70～75	10～50
Mn	锰 铁	Mn：60～95	10～50
Al	铝 铁	Al＞49	10～50
Ti	钛 铁	Ti＞31	10～50
Nb	铌 铁	Nb＞63	10～50
Cr	铬 铁	Cr	10～50
V	钒 铁	V＞56	10～50
Al	铝 粒	Al＞99	5～10

表 10-5　常用铁合金收得率

合　金　名　称	RH 收得率/%	合　金　名　称	RH 收得率/%
HC-FeMn	90	Fe-V	100
LC-FeMn	95	Fe-Ti	75
Fe-Si	90	Fe-B	70 ~ 80
增碳剂	95	Fe-Nb	95
B-Al	75 ~ 85	Fe-Mo	100
HC-FeCr	100	Ni 板	100
LC-FeCr	100	Cu 板	100
MC-FeCr	100	Fe-P	95

　　(4) 合金的加入速度是根据钢水的循环速度决定的。在合金添加的时候,为了使得钢水的循环速度达到最大,吹氩的流量力争处于较大的状态。合金加入速度超过了某一个临界值,有可能引起钢水凝固,导致浸渍管内正常钢水循环的停止。所以,合金的加入速度有一定的限制。为了使得钢液的成分均匀,以及合金化以后脱氧产物的上浮,在铁合金加入结束以后,需要进行 2.5 ~ 5min 的纯脱气循环使钢水的成分和温度均匀化。误操作引起的合金一次加入过量以后,需要进一步增加环流气体的流量,增加钢水循环次数,来消除负面影响。

　　环流量为 100t/min 时的合金添加最大速度见表 10-6。

表 10-6　环流量为 100t/min 时的合金添加最大速度

合金种类	最大的添加速度/kg·min⁻¹	合金种类	最大的添加速度/kg·min⁻¹
硅　铁	900	铝　粒	600
高碳锰铁	810	钛　铁	450
炭　粉	150		

10.3.8　RH 过程夹杂物的去除特点

　　RH 工艺过程中夹杂物去除的特点主要有以下几点:

　　(1) RH 去除夹杂物的行为主要发生在前 12min,可将大部分夹杂物去除。其中前 2 ~ 8min 是去除夹杂物最快的时间段,RH 处理 24min 后可以将大部分的夹杂物去除。

　　(2) 提升气体的流量越大,去除夹杂物的效果越好。

　　(3) 真空室内的钢液液面高度对夹杂物的去除有影响,提升气体为 20L/min 条件下,不同真空室液面高度下夹杂物去除率随时间变化的曲线见图 10-28。

　　(4) RH 的大部分夹杂物是被顶渣吸附的,故顶渣的改质很重要。除了控制顶渣的熔点外,控制渣中的 CaO/Al_2O_3 为 1.6 ~ 1.8 之间,对顶渣吸附夹杂物很重要。炉渣吸附 Al_2O_3 的能力和 RH 处理以后钢液中 T[O] 的关系见图 10-29。

　　(5) RH 顶渣的氧含量直接影响 RH 处理以后钢液中的氧含量范围。RH 顶渣的脱氧是减少顶渣向钢液的传氧的关键,在冶炼一些超低碳钢时,由于 RH 顶渣改质困难,采用 RH + LF 的工艺进行深脱氧。

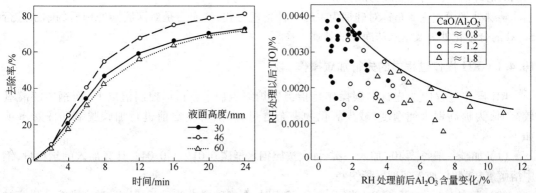

图 10-28　提升气体为 20L/min 条件下,不同真空室液面高度下夹杂物去除率随时间变化的曲线

图 10-29　RH 处理以后不同顶渣 CaO/Al₂O₃ 对吸收钢液 Al₂O₃ 夹杂物的能力比较

10.4　RH 处理模式

RH 处理根据钢种要求不同,可分为轻处理模式、中间处理模式、深脱碳处理模式和特殊处理模式,见图 10-30。

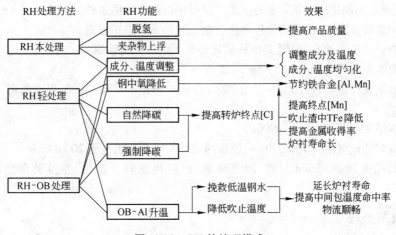

图 10-30　RH 的处理模式

轻处理模式针对钢种以低碳铝镇静钢为主,钢种主要特点是碳含量较低(0.02% ~ 0.06%)、低硅(≤0.03%),代表钢种有部分低碳汽车板、深冲钢、冷轧板、SS400 等。其处理特点是真空度要求较低,一般控制在 6 ~ 7kPa 左右;处理时间短,一般处理时间小于 15min;环流气体流量控制较低。

中间处理模式与轻处理模式基本差不多,其要求钢水碳含量一般在 0.01% ~ 0.03%;要求转炉过来的钢水必须是带氧钢(目的是脱碳);要求对象钢种对氢不敏感,但使用条件较为严格,包括不含 Cr、Ni 的耐候钢、低等级管线钢、强度级别不太高的管线钢等。代表钢种如 DI 材(易拉罐)、X65、SM490 等。

深脱碳处理模式针对钢种为超低碳钢,代表钢种为 IF 钢,即无间隙原子钢。其工艺特点是要求真空度高,达到 65Pa 以下;要求处理的钢水为不经过脱氧的钢,含氧量控制在 0.04% ~ 0.08% 之间,碳含量小于 0.05%,氮含量较低;处理时间长,脱碳时间大于 15min,冶炼时间大于 30min;对环流气体的控制较为严格。

特殊处理模式主要是针对硅钢为主的一种处理方式,其实质是对深脱碳处理后的钢水进行 Si、Al 的合金化处理及钢水洁净化的处理。

10.4.1　RH 操作过程中的先行加碳操作

RH 操作过程中的先行加碳操作是指当转炉终点[C]在目标控制值以下,而钢中游离氧较高时,为提高钢水纯净度,减少氧化物夹杂含量,在加合金之前进行加碳脱氧。注意事项如下:

(1) 加碳一般每隔 10s 加入一次,每次按照钢水增碳 0.01% ~ 0.04% 计算加入的炭粉量,钢中溶解氧较高时,加入速度可稍快些。

(2) 真空度 6.7 ~ 26.6kPa,当[O] > 0.02% 时,真空度要求低于 13.3kPa,过高则 C-O 反应过于强烈,过低则有逆流。

(3) 加碳结束应马上提高真空度至 6.7kPa 左右。

10.4.2　先行顶枪脱碳模式

先行顶枪脱碳模式是当转炉终点[C]高于成品目标上限值,并且处理过程中的自然降碳量还不足以将其降到目标值以下时,利用顶枪装置,在正常合金化处理之前,使用顶枪向钢液中吹氧,利用 C-O 反应强制把[C]降下来的模式。先行顶枪脱碳适用钢种如下:

(1) 转炉炉后未添加 Al 及其他易氧化合金元素的低碳铝镇静钢。

(2) 转炉炉后未添加 Si、Al 及其他易氧化合金元素的非高碳钢。

先行顶枪脱碳的操作要点如下:

(1) 氧枪供氧流量不宜过大,一般为 2000m³/h,应根据 C-O 反应激烈程度而定,避免 C-O 反应过于激烈。

(2) 脱碳结束控制真空度在 8900Pa。

(3) 脱碳时环流气流量 1000L/min,脱碳结束环流气流量提高到 2000L/min。

(4) 脱碳结束后 2 ~ 3min 测温、测游离氧,然后再脱氧合金化,并遵循合金添加的一般原则。

10.4.3　RH 轻处理

轻处理是指在 67 ~ 266 × 10² Pa 的低真空度下对钢水温度、成分进行调整的处理。轻处理不能达到去除氢、氮的目的,能部分去氧。在 RH 设备能力有余时,适当提高转炉吹炼低碳钢时的终点碳,利用 RH 轻处理将碳降到目标成分,有利于降低转炉终渣氧化铁含量,减少炉衬侵蚀,提高吹止时的残渣量以及铁合金的收得率。通常轻处理时间为 20min,处理过程温降为 20 ~ 30℃。

10.4.4　RH 本处理

本处理是在高真空度下(真空槽内压低于 133Pa)去除钢水中的氢、氮、氧的处理工艺。本处理时,通常要在高真空度下,使钢水经过 5 ~ 8 次以上的循环。然后经合金微调后结束处理。通常经过本处理,[H] ≤ 0.0002%,钢水温降约 30 ~ 35℃(大型 RH 设备),根据最终钢水碳含量不同,[O]波动在 0.003% ~ 0.005% 之间。本处理的总处理周期通常在 30min 以上。

本处理要点如下:

(1)出钢用钢包应连续使用 5 次以上,且出钢时耐火材料表面温度应在 1000℃ 左右。

(2)钢包成分在目标成分中下限(铝及特殊合金例外),钢包温度为目标管理温度 +10℃ ~ -5℃,不可至 -10℃ 以下。

(3)钢包中应尽量无转炉渣(渣厚小于 100mm),保护渣要干燥无水分,一般用石灰。

(4)真空槽和浸渍管使用三次以上,浸渍管压入后处理一炉以上,方可处理本处理钢。

(5)浸渍管喷补所用材料应尽量使其不增氢。

(6)确认符合真空度条件方可处理本处理钢,必要时进行检漏试验。

(7)处理时,全泵迅速投入,1A 泵应在 4min 内投入。

(8)处理过程中不允许出现任何由于槽体冷却水管泄漏造成钢包进水或 KTB 枪漏水的现象。

(9)确保铁合金的干燥度。

10.4.5　RH 处理过程中的操作

10.4.5.1　实践过程中 RH 真空处理操作的基本过程

RH 精炼处理的基本过程为:

(1)待处理钢水包由行车吊运至 RH 钢包台车上,钢包台车开到位于真空槽下方的处理位置,由人工判定钢液面高度,进行测温、取样、定氧等操作。

(2)顶升钢包车至预定高度。钢包车被液压缸再次顶升,将真空槽的浸渍管浸入钢水并到预定的深度。与此同时,上升浸渍管以预定的流量吹入氩气。顶升钢包的速度首先是快速上升到一定的高度,然后缓慢上升,钢包顶升的液压升降的时间和顶升高度曲线见图 10-31。

随着浸渍管完全浸入钢液,真空泵启动,其中 RH 蒸汽泵抽真空的基本原理如图 10-32 所示。

(3)各级真空泵根据预先设定的抽气曲线进行工作。真空泵的投入和抽气特性见图 10-33。

(4)进行测温、取样、定氧操作(在钢包内浸渍管旁边的空隙处进行)。

(5)真空脱氢处理,在规定时间及规定低压条件下持续进行循环脱气操作以达到氢含量的目标值。

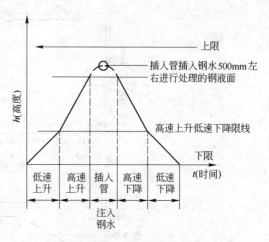

图 10-31　RH 真空精炼过程中钢包顶升的液压升降的时间和顶升高度曲线

(6)真空脱碳处理(低碳或超低碳等级钢水),循环脱气持续一定时间以达到碳含量的目标值。

(7)在脱碳过程中,钢水中的碳和氧反应形成一氧化碳通过真空泵排出。如钢中氧含量不足,可通过顶枪吹氧提供氧气。脱碳结束时,钢水通过加铝进行脱氧。

(8)钢水脱氧后,合金料通过真空料斗加入真空槽。以上(5) ~ (8)的操作,可以通过摄像头传回的画面进行监控,以便修正或者指导作业。

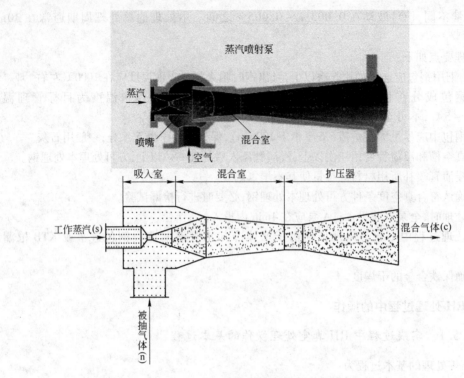

图 10-32　RH 蒸汽泵抽真空的基本原理

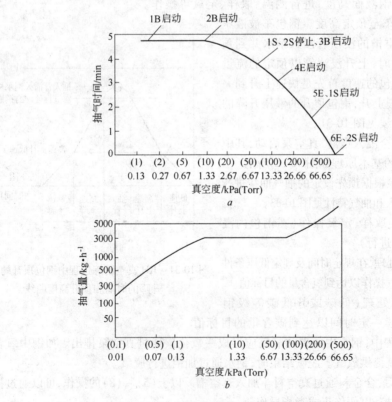

图 10-33　真空泵的投入和抽气特性曲线

(9)对钢水进行测温、定氧和确定化学成分。

(10)钢水处理完毕时,真空泵系统依次关闭,真空槽复压,重新处于大气压状态。

(11)处理完毕后,钢包下降,上升浸渍管自动改吹氩为吹氮吹扫一段时间。

(12)钢包台车开出,钢包底吹氩进行弱搅拌状态,进行喂丝操作,喂丝操作结束以后,卸掉吹氩管,行车把钢包吊运至连铸钢包回转台进行浇铸。

某些钢种的 RH 处理时间见表10-7。

表 10-7　某些钢种的 RH 处理时间　　　　　　　　（min）

钢　　种	IF 钢	容器钢	管线钢	耐候钢	优质碳素钢	高强钢
钢包台车入	2	2	2	2	2	2
钢包上升	1	1	1	1	1	1
测温、打开真空主阀	1	1	1	1	1	1
脱气(脱碳)	18	15	20	18	12	15
测温取样	1	1	1	1	1	1
等　样	3	3	3	3	3	3
成分调整	5	5	5	5	5	5
测温取样	1	0	0	0	0	0
等　样	3.0	0	0	0	0	0
成分微调	(6)	0	0	0	0	0
钢包下降	1	1	1	1	1	1
台车到加保温剂位置	1	1	1	1	1	1
喂丝吹氩、保温剂加入	3	3	3	3	3	3
弱吹氩	5		5			
钢包台开出	1	1	1	1	1	1
合计(单线)	52	36	44	37	31	34
合计(双工位)	41	30	33	31	25	28

10.4.5.2　RH 的基本操作顺序

几种常见 RH 基本处理模式如图 10-34 ~ 图 10-36 所示。图中,RH_s 表示 RH 开始;RH_e 表示 RH 结束。

10.4.5.3　RH 的测温取样和喂丝操作

RH 的测温取样、定氧,操作简单,为了能够使得测温取样的结果能够有代表性,一般规定测温取样的位置如图 10-37 所示。

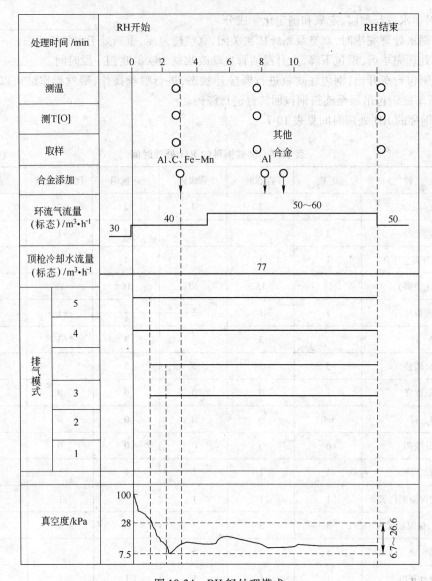

图 10-34 RH 轻处理模式

测温取样的时间控制根据不同的处理模式决定,典型的顶枪脱碳测温取样的程序见图 10-21。

喂丝是指借助喂丝机将比较轻、易氧化、易挥发的合金元素制成包芯线快速输入钢液,在钢液深处溶解,从而达到脱氧、脱硫、改变夹杂物的形态,实现成分微调等冶金目的。喂丝的操作大部分在真空处理结束以后进行,将钢包车开至喂丝位置,开启钢包的底吹氩透气砖进行底吹氩,其操作和 LF 的基本相同。喂丝有利于提高元素收得率,成分命中率,大幅度降低贵重合金元素加入量,降低冶炼成本费用。喂线的要点如下:

(1) CaSi 和 Fe-Ca 线以 Ca 收得率的 10% ~ 15% 进行计算;Al 线收得率:铝镇静钢以 75% ~ 80% 计算,采用铝硅脱氧的钢以 95% 计算;C 粉包芯线收得率以 100% 计算。

(2) 喂线期间钢水采用弱搅拌,以钢水不裸露为准,喂线结束后搅拌时间,普钢大于 3min,优钢大于 5min。

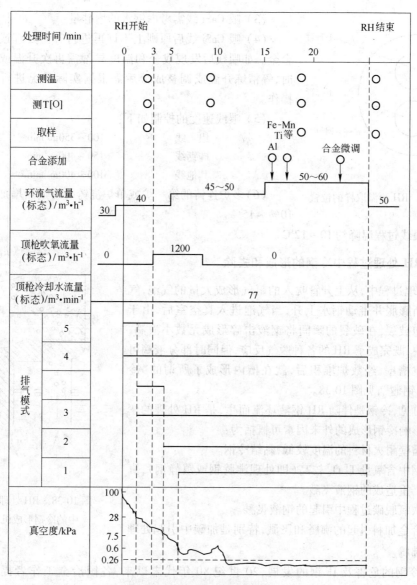

图 10-35　RH 本处理模式

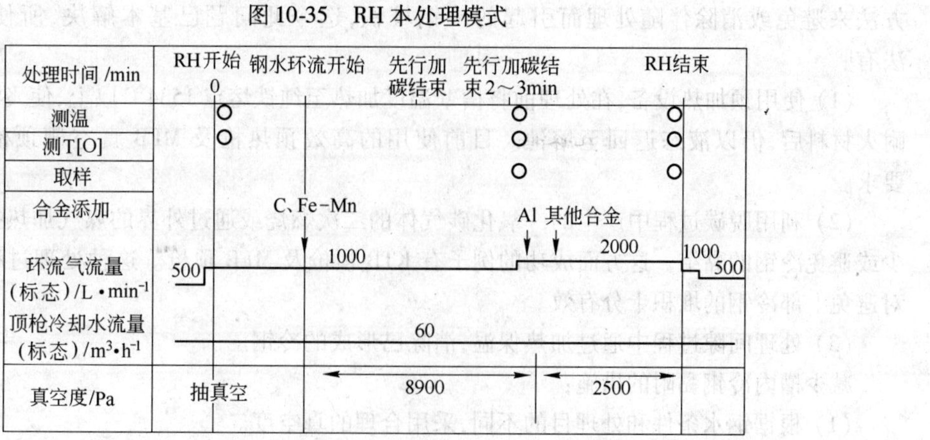

图 10-36　RH 先行加碳处理模式

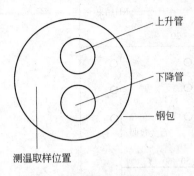

图 10-37　RH 测温取样的位置

（3）喂 CaSi 线需考虑钢水的增硅量。

（4）喂 CaSi 线后原则上不许再进行升温处理或添加其他合金。如喂线后发现成分和温度异常需再次升温或调整成分时，等精炼升温或调整成分后需根据实际状况进行重新补喂操作。

（5）喂线速度的控制如下：

铝　线	100 ~ 350m/min
硅钙线	150 ~ 400m/min
其他线	100 ~ 400m/min

（6）多炉连铸的第一炉或单炉浇铸时可适当增加喂入量的 10% ~ 15%。

（7）喂线过程温降约 10 ~ 12℃。

10.4.6　RH 处理过程中冷钢的形成和去除

RH 处理过程中，从上升管吹入的氩气形成大量的气泡，气泡受热不断膨胀并带动钢水上升，当气泡进入真空室后，由于压差使气泡破裂，在破裂的瞬间将钢液击碎形成无数小液滴，在此过程中，既完成了 RH 的各种脱气反应，但同时部分液滴可吸附于真空槽壁，经数炉堆积后，就在槽内形成了所谓的"冷钢"，或称"钢瘤"，见图 10-38。

由此可见，冷钢是伴随 RH 钢液环流而生，是 RH 处理的孪生产物。影响冷钢形成的外来因素可概括为：

（1）槽壁耐火材料的温度较低，黏结冷钢。

（2）钢中含氧量 T[O] 较高（即处理沸腾钢或镇静钢），真空下沸腾严重造成的钢液飞溅。

（3）吹氧脱碳过程中引起的钢液飞溅。

（4）合金加料引起的沸腾和飞溅，特别是加碳中引起处理中断或大沸腾。

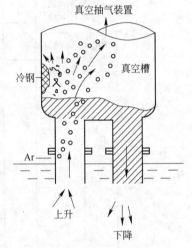

图 10-38　RH 处理过程
中的冷钢形成机理

由于冷钢的危害及 IF 钢的发展，20 世纪 80 年代末以来，各国冶金工作者提出了多种方法来避免或消除伴随处理而引起的冷钢堆积，迄今此问题已基本解决，所使用的主要方法有：

（1）使用预加热设备，在处理前将槽壁温度加热至纯铁熔点 1534℃以上，使飞溅的钢水碰到耐火材料后，仍以液态返回至熔池。目前使用的高效预热枪及 MFB 真空槽顶枪即可达到此要求。

（2）利用脱碳过程中产生的一氧化碳气体的二次燃烧或通过外界的煤气加热提高槽温以减少或避免冷钢的黏结。这方面成功的例子有 KTB 顶枪及 MFB 顶枪。这种处理过程中加热方法对避免上部冷钢的堆积十分有效。

（3）处理间隙过程中通过加热保温，消除已形成的冷钢。

减少槽内冷钢黏附的措施：

（1）根据钢水条件和处理目的的不同，采用合理的真空度。

（2）实施 KTB 或者 MFB 时，控制好枪高和真空度，尽量减少飞溅。

（3）尽量避免槽的交替使用,最大限度地确保槽的连续使用,以保持较高的槽温。

（4）使用中的槽,在等待时间超过 20min 时,要及时进行天然气烘烤。

（5）长时间不用的槽或修补槽,使用前要进行天然气烘烤,使槽温（槽内壁温度）高于 1000℃

（6）尽量缩短去除冷钢时间和浸渍管修补时间。

11 高效 LF 炉的精炼操作工艺

作为常规精炼手段的 LF 工艺,具有强大的工艺可调控的能力。如转炉出钢硫含量超标、下渣、钢液的温度过低,CAS-OB 对这些情况所起的作用微乎其微,而 LF 则能够从容面对这些难题。所以,LF 的控制操作点多、面广,远比 CAS-OB 复杂。实际生产中精炼炉的操作过程见图 11-1。

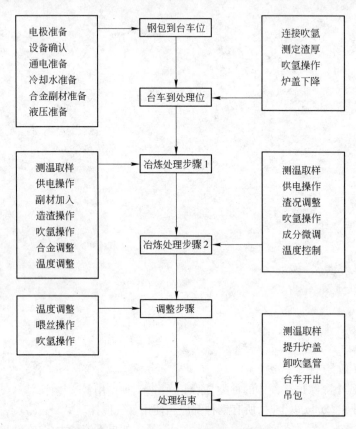

图 11-1 精炼炉的基本操作过程

从 LF 的作业顺序来看,LF 的操作工艺主要分为以下几个方面:

(1)钢包的控制和吹氩控制。

(2)脱氧的控制。

(3)温度控制。

(4)造渣的控制。

(5)成分控制和脱氧和钢水纯净度的控制。

11.1 高效 LF 炉对转炉钢水的要求

高效是冶金过程中最主要的管控原则之一,为了 LF 的高效运转,LF 精炼炉冶炼一般对转炉

的出钢有一定的要求,以保证钢水的精炼炉处理过程的顺利实施,高效 LF 炉对转炉钢水的主要要求有:

(1)转炉出钢控制合适的终点温度,以便于钢液的温度控制和脱氧。当转炉出钢的终点[C] = 0.025% ~ 0.04% 时,随着温度的升高,终点氧溶呈上升趋势;当 $T > 1680℃$ 时,终点氧溶明显增加,转炉的出钢终点温度对终点氧含量的影响见图 11-2。

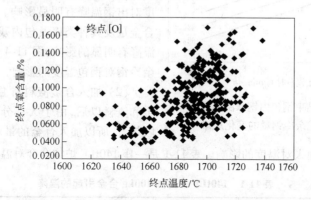

图 11-2 转炉出钢终点温度对终点氧含量的影响

(2)转炉出钢要控制好合适的终点成分,中高碳钢争取高拉碳出钢,低碳钢争取出钢的碳含量控制在 0.045% 以上。防止钢水过氧化,造成脱氧操作的难度增加,转炉终点钢中的碳含量与渣中 MnO、FeO 的关系见图 11-3。

(3)转炉出钢时应随钢流加入精炼炉精炼所需要钢渣的 1/3 ~ 2/3 的石灰和与之需要化渣的萤石,以及各类合成渣,以便于钢包炉冶炼时快速成渣。

(4)转炉出钢时应随钢流加入足的合金及脱氧剂(如铝饼、硅钙合金或其他脱氧剂),以降低粗炼钢水中氧含量,对不同钢种所需的合金种类及数量可以参考分钢种工艺指导卡。

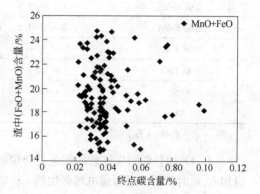

图 11-3 转炉终点碳含量和渣中
氧化物含量之间的关系

(5)出钢过程中底吹搅拌气体的种类,原则上普通钢种使用氮气搅拌,特殊钢种使用氩气搅拌,但精炼时间超过 25min 以上时,所有钢种都应当使用氩气搅拌。

(6)转炉出钢时应尽量做到挡渣出钢,减少下渣量。如果下渣量太多,在精炼开始之前必须进行倒渣操作,可以减少脱氧剂(Al、Fe、Si 等)的耗量,冶炼低碳钢时,挡渣可以减少的各类脱氧剂的消耗量更多,并可以减少回磷量 0.001% ~ 0.003%(质量分数)。

(7)转炉应尽量确保出钢量稳定在一个合理的范围,出完钢后应及时将实际出钢量、吹氩搅拌情况以及出钢过程中发生的异常情况通知钢包炉操作工。

11.2 LF 炉的温度控制

精炼炉对处理的钢水有着一定的要求,基本要求是钢水的到站温度是在冶炼钢种的液相线温度以上 45℃ 为最好,这样对精炼炉的送电化渣脱硫、脱氧合金化、泡沫渣埋弧,保护炉衬、增加缓冲时间都有利。

影响温度控制的主要因素包含有:

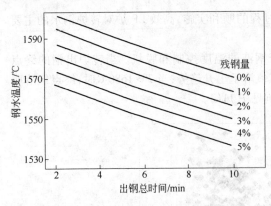

图 11-4　出钢结束钢包内钢水温降值随
出钢时间和残余冷钢量的变化规律

（1）钢包的烘烤控制。转炉出钢钢水的温降决定于钢水流量和出钢高度。由于出钢时间较短，包壁散热对钢水温度基本没有影响，但包壁蓄热，特别是距包壁内表面 40mm 以内区域的包衬蓄热对出钢温降影响较大，即钢包内壁温度对出钢温降有明显影响。出钢过程中加入的合金量及其种类以及包内残余冷钢量都对出钢温降有明显的影响，图 11-4 是出钢时间、钢包残余冷钢对钢包温度的影响。

（2）加入合金渣料对温度的影响。加入合金和渣料以后，由于大部分的合金熔化需要吸收热量，所以加入合金的量对温度控制很关键，这需要计算出合金加入对温度的影响。表 11-1 是一座 140tLF 炉加合金对温度的影响。

表 11-1　140tLF 炉每加 100kg 合金引起的温降

材　料	温降值/℃	材　料	温降值/℃
高碳 FeMn	−1.1～−1.9	炭粉	−4.4
低碳 FeMn	−0.8～−1.5	渣料	−1.1
高碳 FeCr	−1.55～−1.9	FeMo	−0.8
低碳 FeCr	−1.5	FeNb	−0.88
FeSi	+0.44	FeTi	−0.74
Al	+1.33	FeNi	−0.88

注：+ 表示放热；− 表示吸热。

（3）LF 加热期间应注意的问题是合理的低电压、大电流操作。如果吹氩正常，炉渣渣料已经加入，此时就可以进行送电埋弧加热了。在加热的初期，炉渣并未熔化好，加热速度应该慢一些。可以采用低功率供电。熔化后，电极逐渐插入渣中。此时，由于电极与钢水中氧的作用、包底吹入气体的作用、炉中加入的 CaC_2 与钢水中氧反应的作用，炉渣就会发泡，渣层厚度就会增加。这时就可以以较大的功率供电，加热速度可以达到 3～5℃/min。加热的最终温度取决于后续工艺的要求。加热的基本要求和操作如下：

1）如果钢水到站测温值低于 LF 开始处理的温度要求，温度的控制原则是首先供电升温直至接近目标温度下限的 20～25℃。

2）开始加热时，炉渣较干不易埋弧时，应采取低档电压送电。

3）炉渣形成之后，根据埋弧情况，逐渐加大电压级数。

4）加合金期间，测温取样期间应断电操作。

5）如钢水温度较高，要求升温幅度较小，则可采用中低电压送电操作。

6）电弧加热可使钢液的升温速度达 0.5～4.5℃/min，不包括以下温降因素：

① 钢包吸热，钢包的预热、烘烤和升温状况；

② 渣料吸热，如 80tLF 炉，加入每吨渣料的温度损失为 20～33℃；

③ 合金吸热，温降值参考合金加入标准；

④ 温度散失，炉渣稀薄时，散热速度较快。

7)炉渣埋弧状况不好时,具体表现为炉内噪声大,此时要降低供电电压。

8)连续升温 10min 以上,应停止加热 1～5min,或者以保温档位送电 5min 左右,适当增加吹氩强度,以便钢水温度上下均匀,不致造成渣面局部温度过高。

9)不经 VD 钢种的 LF 轻处理总供电时间控制在 25min,经 VD 钢种的 LF 本处理总供电时间控制在 35min。

一些钢厂冶炼普钢时,LF 炉温度控制过高,或者转炉出钢温度很高,LF 到站温度就高出目标温度很多,这时候就采用加入和冶炼钢种成分一致的冷钢降温。这些冷钢来源于本厂轧钢的切头、切尾,或者存在表面质量缺陷的成品,还有连铸产生的切头、短尺、废品等。笔者亲眼目睹了德国 BSW 厂的转炉出钢以后,钢包温度超过 1680℃,该厂员工直接使用行车吊加整卷的盘元到钢包的过程,降温效果明显。

一些工作时间较短的炼钢工,对温度的控制存在难度的情况下,以下方法也是一种明智的选择:

(1)将温度一次控制在目标温度范围以内,然后采用保温档位送电冶炼,这样也可以较为准确地控制钢包内钢液的温度。

(2)将温度一次控制在目标温度以下 5℃ 左右,然后采用保温档位送电,出钢前将温度控制到位,这中间需要多测温即可。

(3)如果一次将温度控制到高于目标温度,采用增加吹氩量、停电或者加冷钢的降温方式逐步降温。

(4)温度回归关系的建立。实际的钢液升温速度与初始钢液温度、转炉出钢时的合金和辅料加入量、钢包的预热温度、钢包底吹氩制度、钢包运转周期、冶炼过程中的埋弧情况等因素有关。宝钢集团上海五钢有限公司的虞明全工程师在一座 100t 的 LF 炉上,在电压为 235～251V 和电流为 12000～30000A 时,测得钢液的升温范围与加热时间的回归关系为:

$$\theta = 4.35t - 7$$

式中,θ 为钢液的升温范围/℃;t 为加热时间,min。这样,根据回归关系就可以简单地估算出升温的范围。

实际生产中,将不同钢包,在不同的电压、电流、温度下冶炼某一个钢种时的升温情况做记录,在 EXCEL 表格中输入,就可以发现相应的升温控制的数学回归关系,对优化操作意义重大。

如 70tLF 炉,经过建立回归关系,冶炼弹簧钢,快速升温档 4 档,每分钟升温 4℃,加入 800kg 硅铁,钢液升温 2.5℃,由此可以精确地控制送电的档位,便于调整温度。

11.3 LF 的实际脱氧操作的控制

11.3.1 LF 脱氧的方法简述

镇静钢主要分为铝镇静钢、硅镇静钢和硅铝镇静钢三类。铝镇静钢通常为低碳钢,硅镇静钢通常为中高碳钢。钢液脱氧方式主要可以分为铝脱氧和硅脱氧,辅助的脱氧方式有碳脱氧、钡合金脱氧,甚至目前的合成渣出现了镁脱氧的方式等。

LF 的脱氧方式分为沉淀脱氧和扩散脱氧两种。沉淀脱氧就是添加合金或者脱氧剂进入钢液内部,在合金化的同时,达到脱氧的目的的方法。沉淀脱氧包括合金化、添加铝铁脱氧等方法;扩散脱氧主要是利用了氧在钢渣间的浓度存在着定量关系的原理,通过不断地降低钢渣(又称顶渣)中的氧含量,促使钢液中的氧不断地向钢渣中扩散,达到降低钢液中氧含量的一种脱氧方法。扩散脱氧包括 LF 造白渣,向渣面添加铝粉、硅铁粉、碳化硅粉末、电石、合成渣、炭粉等。

11.3.2　扩散脱氧和造渣控制

11.3.2.1　炉渣成分的选择和控制

精炼炉的脱氧操作就是将钢水中的氧变成氧的化合物,将它们从钢液中排出的过程。LF 炉渣对脱氧(包括吸附夹杂物)有着重要的影响,研究表明:在没有渣的情况下,脱氧剂脱氧是不能把钢中的氧降得很低的。所以从脱氧角度来说,在确定了脱氧剂后,选取合适的渣料组成是非常重要的。

制定一个合理的造渣制度是钢液脱氧的关键所在,确定能快速脱氧的渣成分的原则主要有以下几个方面:

(1) 合适的熔化温度和较强的吸附夹杂物的能力。铝镇静钢和一些硅镇静钢中存在的夹杂物主要是 Al_2O_3 型的,因此,需要将渣成分控制在易于去除 Al_2O_3 夹杂物的范围,渣对 Al_2O_3 的吸附能力可以通过降低 Al_2O_3 活度和降低渣熔点以改进 Al_2O_3 的传质系数来实现。降低 Al_2O_3 活度被认为是更重要的,渣成分应接近 CaO 饱和区域。如果渣成分在 CaO 饱和区,Al_2O_3 的活度变小,可以获得较好的热力学条件,但由于熔点较高,吸附夹杂物效果并不好,在渣处于低熔点区域时,吸附夹杂物能力增加,但热力学平衡条件恶化,其解决办法是将渣成分控制在 CaO 饱和区,但向低熔点区靠拢具体的做法是控制渣中 Al_2O_3 含量,使 CaO/Al_2O_3 控制在 1.5 ~ 1.7 之间,即冶炼铝镇静钢时,平常所说的还原期初期保持一定时间的稀渣操作,对夹杂物上浮至关重要。表 11-2 是某厂冶炼管线钢采用的以吸附夹杂物为主的渣系。

表 11-2　某厂冶炼管线钢采用的以吸附夹杂物为主的渣系　　　　　　　　　(%)

制造命令号	顺序	CaO	SiO₂	P₂O₅	TFe	S	Al₂O₃	MgO	MnO	CaF₂	TiO₂	R (−)	CaO/Al₂O₃
2924077	初始	48.088	11.554	0.057	1.439	0.126	31.908	5.695	1.298	3.487	0.521	4.162	1.106
2924077	终点	56.599	10.783	0.001	0.670	0.347	28.399	0.362	0.112	3.069	0.222	5.249	1.445
2924078	初始	49.620	7.697	0.024	0.489	0.137	36.481	3.254	0.794	3.937	0.523	6.447	1.123
2924078	终点	59.846	9.023	0.027	1.058	0.268	24.101	0.000	0.231	5.070	0.075	6.633	1.807
2924079	初始	53.208	9.137	0.026	1.041	0.175	32.438	0.000	0.710	5.461	0.196	5.823	1.280
2924079	终点	58.893	8.291	0.038	0.429	0.376	30.343	0.000	0.172	4.352	0.079	7.104	1.524
2924080	初始	50.430	11.321	0.029	0.857	0.239	31.220	3.333	0.794	5.129	0.346	4.455	1.185
2924080	终点	58.158	9.201	0.022	0.408	0.308	25.842	0.000	0.102	7.261	0.180	6.321	1.660
2924081	初始	50.236	7.107	0.023	0.729	0.142	35.336	1.157	0.443	7.252	0.452	7.069	1.184
2924081	终点	61.051	8.041	0.000	0.226	0.270	26.029	0.000	0.087	5.744	0.018	7.593	1.792

(2) 碱度的控制。对以 $CaO-SiO_2-Al_2O_3$ 为主的渣系,试验表明:精炼炉渣的碱度主要取决于 CaO/SiO_2 的量,CaO/SiO_2 在 2.5 ~ 3.0 之间,精炼渣中不稳定氧化物($FeO + MnO$)的量在 1.0% ~ 5.0% 之间,对夹杂物的吸附有一定的效果。

对以 $CaO-SiO_2-Al_2O_3-MgO$ 为主的渣系,碱度越高,炉渣的熔点越高,保持合理的炉渣碱度(1.5 ~ 4.0)很重要。其中造渣的碱度是随着冶炼的进程逐渐增加的。

11.3.2.2　LF 造渣的控制步骤

在炉外精炼过程中,通过合理地造渣,可以达到脱硫、脱氧、脱磷甚至脱氮的目的;可以吸收钢中的夹杂物;可以控制夹杂物的形态,可形成泡沫渣(或者称为埋弧渣)包裹电弧,提高热效率,减少耐火材料侵蚀。因此,在精炼炉工艺中要特别重视造渣。

LF 炉造渣对钢水精炼效果和提高包衬使用寿命很关键,造渣的要求如下:

(1)造渣材料主要为石灰、萤石、火砖砂以及造白渣用的还原剂(如 SiC、电石、硅铁粉或铝粉等),其加入比例为石灰:萤石为(6~8):1,出钢时向钢包中加入约占出钢钢水量 0.5%~0.8% 的石灰及相应的萤石,即正常情况下约 350~500kg 石灰和 50~70kg 萤石。在精炼开始后可根据情况适当补加石灰及萤石,但石灰加入总量应控制在钢水量的 0.8%~1.0%,并且精炼渣量一般为钢液重量的 1.5%~2.0%,渣层厚度应在 70~100mm 之间,以确保良好的精炼效果。

(2)根据钢水中硫含量及成品硫的要求,可适当调整渣量,转炉加入的渣料熔清,合金熔化均匀以后开始加入渣料,分批加入石灰及预熔型合成渣。第一批加入石灰 150~300kg、预熔渣 50~150kg,处理过程再追加 1~2 批石灰,每批 50~200kg,一般等上批料熔化后再加入下一批。

(3)造渣期间,要随时观察渣的流动性,太稠则加入预熔渣,太稀则加入石灰进行调整。

(4)造还原渣(白渣)操作:对冶炼合金含量比较高或对气体、夹杂物要求比较严格的钢种,为提高合金收得率或达到良好的脱气及去除夹杂物的目的,要求进行白渣操作。具体操作方法是:LF 炉初期渣形成之后,观察炉渣的颜色和流动性,向钢包内炉渣表面上撒还原剂(如 SiC、硅铁粉、电石或铝粉等)进行炉渣脱氧,使渣中 FeO 含量降至 0.8%~1% 以下并且颜色由黄色变为白色。还原剂(SiC、硅铁粉、电石、铝粉)的加入原则是少量、多批次,操作期间应注意观察,白渣形成并稳定之后就可以关闭炉门并适当降低送电功率以保持白渣。

(5)通电中采用复合脱氧剂进行炉渣脱氧,采用少量、多批的加入方法,每批约加入 5~10 包(2.5kg/包),加在电极附近的渣面上,而不要投入钢水裸露面或电弧下;要求全程渣面脱氧、持续白渣;LF 全程复合脱氧剂加入量控制在 150~180kg。

(6)对铝镇静钢,通电 6~8min 左右加入铝铁或者铝锰铁。

(7)加渣料及复合脱氧剂过程中,吹氩流量控制在 350~400L/min,造渣和通电中避免使用高压旁通操作。

(8)还原剂选择的一般原则是:对质量要求不高的钢种(如碳素结构钢、低合金钢等),可以使用 SiC;对质量要求比较高(如高合金钢、弹簧钢等),则应使用硅铁粉、铝粉或电石造还原渣,以提高钢水的洁净度。使用 SiC 或电石时应当特别注意,当炉渣氧化性较强时,加 SiC 的速度应当尽量缓慢,以免炉渣剧烈反应,突然大量发泡溢出钢包,造成设备损坏或伤及操作人员。

(9)在白渣操作过程中,如果出现冒黑烟的情况,要及时采取措施(如打开炉门等)破坏电石渣。

(10)在整个精炼期间应密切注意精炼渣的情况,根据情况随时补加渣料,以确保良好的精炼效果。如果炉渣返干、结块,可以适当补加部分萤石或火砖块;如果炉渣过稀,可适当补加石灰。白渣形成之后应尽量少开启炉门,以保持良好的炉内还原气氛。此时可以通过电弧噪声判断炉内渣况。

11.3.2.3 LF 渣(FeO + MnO)含量的控制

LF 渣(FeO + MnO)含量的控制要依钢种和所要解决的质量问题而定。绝大多数的钢种,渣中(FeO + MnO)的含量越低越好,这样,既可以满足钢液的脱氧需要,又可以满足钢液脱硫的需求。如板坯连铸机生产易拉罐用钢时,要求将 LF 渣的(FeO + MnO)含量控制在 0.9%~1.3%,这样既可以使钢中 Al₂O₃ 夹杂减少,保证易拉罐的表面质量,又能够防止 Al₂O₃ 引起的结瘤事故。

国外学者 Rob Dekkers 等对 Ispat Inland Bar Products 钢厂生产的 C = 0.2%,Al = 0.02%~

0.04%,并采用钙处理的钢中,从结瘤的定径水口中取出的堵塞物试样中发现,在堵塞物内的沉积物由 CaS、铝酸钙和尖晶石 MgO·Al₂O₃组成。他们认为 MgO·Al₂O₃对水口堵塞的作用大于 CaS 和铝酸钙。MgO·Al₂O₃的生成是因为 Ca 的脱氧能力大于 Al。用钙处理钢水可以使 [O] 更为降低。[O] 使 Mg 更容易从熔渣和 MgO-C 质耐水材料中还原出来,因而产生 MgO·Al₂O₃,其反应式如下:

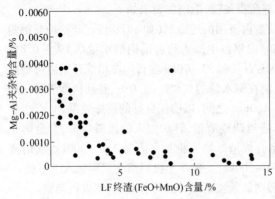

图 11-5　LF 终渣(FeO + MnO)含量对中间
包钢水内 Mg-Al 夹杂物含量的影响

$$MgO + C \Longrightarrow Mg(g) + CO(g)$$
$$CO(g) \Longrightarrow [C] + [O]$$
$$Mg(g) + [O] + Al_2O_3 \Longrightarrow MgO \cdot Al_2O_3$$

所以用连铸小方坯生产 Al 细晶粒钢,将顶渣的(FeO + MnO)含量控制在 5%,见图 11-5。以此来控制氧的含量范围,虽然对脱硫有些不利,但却有利于防止 MgO·Al₂O₃生成。为了使[O]不过低,以防止 MgO·Al₂O₃生成,Rob Dekkers 等提出铝应在 LF 处理后期加入,然后再用钙处理钢水,将 Al₂O₃变性为液态铝酸钙。以此解决钢中溶解氧超标的问题。

A　LD—LF—RH—CC 生产超低碳钢时顶渣中(FeO + MnO)含量的控制

采用 LD—LF—RH—CC 流程生产超低碳钢钢时(包括 IF 钢、汽车面板 DC-O3 等),转炉采用铁水脱硫处理(将硫脱到 0.003%),选用低硫废钢,来控制钢中的硫含量,LF 渣不脱氧或者轻度脱氧,只是将钢液的温度升高,满足 RH 处理的需要,故 LF 工位只加入 MgCO₃和 Al₂O₃埋弧升温,保证 LF 渣的(FeO + MnO)处于一个较高的含量范围(表 11-3),以满足 RH 的深脱碳需要,因此,LF 在生产超低碳钢时,LF 渣可以不脱氧或少脱氧。

表 11-3　LF 渣(FeO + MnO)的质量分数　　　　　　　　　　(%)

阶　段	FeO	MnO	阶　段	FeO	MnO
RH 处理前	17.3	5.1	RH 处理后	14.5	4.7

B　铝镇静钢的脱氧速度的控制

铝镇静钢的碳含量和硅含量一般要求较低,甚至要求钢中硅含量低于 0.025%,正常的生产情况下,铝镇静钢的脱氧速度要求越快越好,含铝的沉淀脱氧剂脱氧时争取一步配加到位,原因是这种方式产生的脱氧产物在钢液中碰撞、长大、上浮的动力学条件最好,可以争取铝脱氧以后的产物有足够的时间,通过吹氩搅拌上浮到钢渣界面,被钢渣吸附去除,合理的时间会使钢液的质量有明显的改善。对铝镇静钢,如果脱氧速度较慢,脱硫效率将会明显地下降,但是精炼时间的延长(前面章节有介绍)会生成复杂的镁铝夹杂物,造成结瘤。

在生产不正常的情况下,如连铸停机,钢水需要长时间精炼,此时的脱氧速度就可以从考虑成本的角度出发,首先利用含碳的扩散脱氧剂进行扩散脱氧,脱氧进行到一定的程度,在钢水出钢前的 45min 左右,将酸溶铝配够,然后精炼,对降低成本有积极的意义。

钢液中酸溶铝与 Al₂O₃的关系见图 11-6。

C　硅镇静钢的脱氧速度控制

硅镇静钢的脱氧,一般是根据具体的钢种、工艺路线来决定。最为常见的是弹簧钢、高强度建筑用钢和硬线钢的冶炼。

此类钢的脱氧速度一般是首先按脱硫的要求、成本的要求来决定,然后考虑是否会产生结瘤问题,来调整脱氧速度。如冶炼弹簧钢,如果硫较高,需要快速地进行沉淀脱氧,为造白渣创造条件,以促进脱硫反应的快速进行。如果工艺条件较好,冶炼钢种对酸溶铝的含量要求较低,或者要求酸溶铝的量必须稳定在某一个范围,添加的硅铁中的铝含量较高,可以考虑先进行增碳,然后加硅铁进行沉淀脱氧,这样钢中溶解氧降低以后,合金硅铁中的铝一部分参与脱氧,形成氧化物,从钢中排出,一部分留在钢中,达到稳定酸溶铝的目标。如果首先进行快速脱氧,合金中的铝大部分氧化,生成的氧化物颗粒多,不容易上浮,酸溶铝的含量不好控制。

整体来讲,钢种的脱氧速度要求越快越好,但是具体的操作把握,需要根据实际情况决定。有时候精炼时间过长,形成的铝镁尖晶石造成的结瘤问题也不容忽视。

生产高碳钢($C = 0.6\% \sim 0.8\%$)时,LF 精炼渣的碱度 $(CaO + CaF_2)/(SiO_2)$ 对水口堵塞有影响,见图 11-7。

标记	最终[Ca]/%	[Al]/%	$m(CaO+CaF_2)/m(SiO_2)$	备注
△	0.0007~0.0011	0.0030~0.0050	3.0~4.9	
○	0.0007~0.0010	0.0030~0.0070	1.8~2.9	
●	0.0012~0.0040	0.0030~0.0070	1.8~2.9	堵水口
■	0.0007~0.0015	0.0050~0.0070	3.0~4.0	

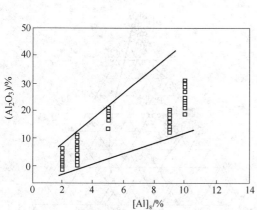
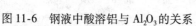

图 11-6 钢液中酸溶铝与 Al_2O_3 的关系

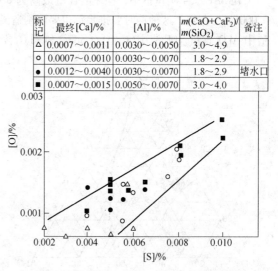

图 11-7 高碳钢精炼渣成分对水口堵塞的影响

由图 11-7 可见,在钢包处理结束时,LF 渣的碱度大于 3 时,可使钢中硫和氧降低,因此使堵塞水口的倾向减少。

D 硬线钢、子午线轮胎钢丝钢 LF 渣成分的控制

硬线钢和轮胎钢丝钢在拔成很细的丝时容易断头。为了减少断头,钢丝在冷拔时钢中夹杂物应以可变形夹杂钙斜长石($CaO \cdot Al_2O_3 \cdot 2SiO_2$)状态存在。

有学者认为,钢水用 Mn-Si 脱氧时形成的蔷薇辉石($MnO \cdot SiO_2$)可以转化为锰铝石榴子石($3MnO \cdot Al_2O_3 \cdot 3SiO_2$)状态存在。因为在废钢和 FeSi 中含有的少量铝就足以实现这种转化。他们认为锰铝石榴子石在热加工时是可变形夹杂(即玻璃体),但在热加工后的冷却过程中会由原来的玻璃体变为结晶体。如果将结晶体的锰铝石榴子石进行冷拔,则容易发生断头。因此,在 LF 内加入硅灰石($CaO \cdot SiO_2$,熔点 1540℃)为主要成分的 LF 渣(与硅灰石一起加入少量萤石或 Al_2O_3,可以将熔点降低到 1200℃ 左右),可以将锰铝石榴子石变性为钙斜长石,钙斜长石不但在热加工时是可变形夹杂,而且在冷加工时仍然是可变形夹杂。在热加工时产生的细长钙斜长石夹杂在冷加工时被破碎分离并沿细钢丝的长度方向分布,这种极细的夹杂物碎片在冷加工时对钢丝断头很少有影响。如果用 Al_2O_3 作包衬,LF 渣应控制$(CaO)/(SiO_2) = 1.11$,$Al_2O_3 = 10\%$;如果用 MgO 作包衬,LF 渣应控制$(CaO)/(SiO_2) = 0.9 \sim 1.1$,$Mg = 15\%$,$Al_2O_3 = 1\%$,$CaF_2 = 10\%$。

这样,可以将[O]$_{溶解}$控制在 0.001% ~ 0.002% 范围内。当[O]$_{溶解氧}$ > 0.001% ~ 0.002% 时,会生成不变形的富 SiO$_2$夹杂,当[O]$_{溶解}$ < 0.001% ~ 0.002% 时,会生成不变形的富镁硅酸盐。

E　优质弹簧钢 LF 渣成分的控制

优质弹簧钢、硬线钢和轮胎线以及钢轨都要求钢中夹杂物在热轧或拔丝时具有超高塑性。如阀簧钢 SAE9254,其成分要求见表 11-4。

表 11-4　阀簧钢 SAE9254 的成分要求 　　　　　　　　(%)

成　分	C	Mn	Si	Cr	S	P	Al
下　限	0.510	0.600	1.400	0.600			
上　限	0.550	0.800	1.600	0.750	0.008	0.012	0.003

在 SAE9254 阀簧钢中,容许铝含量最高为 0.003%,在生产这种钢时,要求将铝含量限制在 0.0005%,在生产这种钢时要排除铝也要限制造渣材料中的 Al$_2$O$_3$进入钢水。钢中铝含量受控于 LF 渣中 Al$_2$O$_3$含量。LF 渣中(CaO)/(SiO$_2$)和 Al$_2$O$_3$含量对夹杂物成分和 T[O]有影响(见图 11-8)。

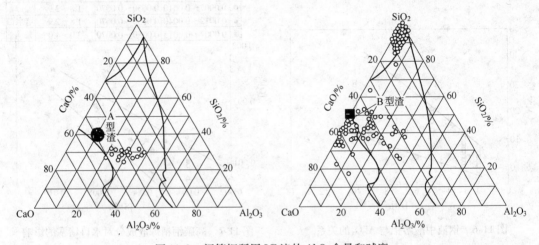

图 11-8　阀簧钢所用 LF 渣的 Al$_2$O$_3$含量和碱度

●—A 型渣;■—B 型渣

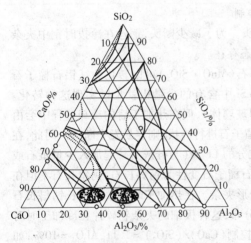

图 11-9　铝镇静钢所用 LF 渣的成分

由图可见,LF 渣 A 中(Al$_2$O$_3$) = 10%,(CaO)/(SiO$_2$) = 1.25;LF 渣 B 中(Al$_2$O$_3$) = 1%,(CaO)/(SiO$_2$) = 1.0,可满足冶炼的要求。

F　轴承钢 LF 渣成分的控制

浦项制钢在采用铁水预处理脱磷—LD—LF—RH—大方坯连铸生产轴承钢的工艺中,采用铝脱氧工艺,钢中[Al] = 0.02% ~ 0.03%。为减少夹杂物含量,浦项制钢主要优化了 LF 渣成分,将 LF 渣成分从传统 A 型改用为 B 型,使轴承钢的 T[O]从 0.0012%左右降到 0.0008%左右。A 型和 B 型 LF 渣成分见图 11-9。

A 型和 B 型渣的 SiO$_2$含量都很少,减少了 SiO$_2$的二次氧化作用,减少了氧源从 LF 渣向钢水扩散。根据他们的研究,当 LF 渣(CaO)/(SiO$_2$) > 4 时,这

少量的 SiO_2 也不是氧源。A 型渣的 $a_{Al_2O_3}$ 低,但熔化温度高(1505℃),B 型渣的 $a_{Al_2O_3}$ 高,但熔化温度低(1349℃),因而采用 A 型渣时,Al_2O_3 从钢水向顶渣转移多,但转移慢;采用 B 型渣时,Al_2O_3 从钢水向顶渣转移少,但转移快。该厂权衡这两方面的利弊后,决定弃用 A 型渣,改用 B 型渣。为得到改进 B 型渣的顶渣成分,采用如表 11-5 所示的措施。

表 11-5　改进 B 型渣顶渣成分的措施

渣型	出钢脱氧			电弧加热			RH 处理		
	顺序	$(CaO)/$ (SiO_2)	渣氧化性	加料	渣状态	$(CaO)/$ (SiO_2)	$(CaO)/$ (Al_2O_3)	循环时间 /min	处理后 $T[O]/\%$
A	FeSi, FeMn, Al	低	高	CaO 及 少量 CaF_2	干	3.5~4.5	2.0~4.4	25	0.0010~ 0.0012
B	Al, FeMn, FeSi	高	低	Al_2O_3,减少 CaO 加入量	稀	4.5~7.0	1.7~1.8	25	0.0005~ 0.0008

RH 处理后,$(CaO)/(Al_2O_3)$ 控制在 1.7~1.8 时,将轴承钢钢水中的 Al_2O_3 夹杂去除到顶渣中最有效,从而将[O]从 0.001%~0.0016% 降低到 0.0005%~0.0008%。

G　硅脱氧的碳钢 LF 渣成分的选定

由于钢包精炼的推广,一些原来用铝脱氧的钢种改用硅脱氧。硅脱氧钢有助于消除水口堵塞,而且用优化的 LF 渣也能使硅脱氧钢的[O]达到使用铝脱氧钢的效果。硅脱氧钢的[O]可以低到 0.001% 以下,所以用硅不用铝脱氧也不会在连铸坯内产生皮下气泡。

钢水脱氧后,钢液中氧先受控于脱氧,而后受控于钢包渣。按硅镇静钢来生产时,为了将[O]控制在 0.001% 以下,根据[Si] + 2[O] ══ (SiO_2) 的反应,必须将 LF 渣在 1600℃ 时的 a_{SiO_2} 降低到 0.0035 以下。

为了将 LF 渣的 a_{SiO_2} 降低到 0.0035 以下,并保持 LF 渣的流动性,该厂向 LF 渣中加入 Al_2O_3,Al_2O_3 与 SiO_2 一起作为熔剂,加加入石灰。用 Al_2O_3 取代一部分 SiO_2 能提高 CaO 的溶解度和降低 a_{SiO_2}。MgO 也是熔剂,当渣中含有 Al_2O_3 时,MgO 的最佳质量分数为 8%~10%。在此含量时,不但使 a_{SiO_2} 进一步降低,而且还使钢包耐火材料侵蚀速度减缓。

在 CaO 饱和的 LF 渣中,当 MgO = 8%,用 Al_2O_3 取代 SiO_2 时,[O]的计算值见表 11-6。

表 11-6　当 MgO = 8%,用 Al_2O_3 取代 SiO_2 时,[O]的计算值

$Al_2O_3/\%$	MgO/%	CaO/%	$SiO_2/\%$	$(Al_2O_3)/(SiO_2)$	a_{SiO_2}	[O]/%	a_O
10	8	50	32	0.31	0.014	0.0019	0.000013
15	8	51	26	0.58	0.005	0.0011	0.000008
20	8	55	17	1.17	0.00041	0.003	0.000002
25	8	57	10	2.5	0.000048	<0.0002	<0.000002

当钢中[Si] = 0.16%、0.25%,并用硅脱氧时,为了将[O]控制在 <0.0008% 以下。该厂选定的 LF 渣成分见表 11-7。

表 11-7　选定的 LF 渣成分

[Si]	CaO/%	MgO/%	$Al_2O_3/\%$	$SiO_2/\%$	$(Al_2O_3)/(SiO_2)$
0.16	53~55	8~10	>18	<17	1~1.25
0.25	50~52	8~10	18~20	18~20	

11.3.3　LF 的成分控制

11.3.3.1　LF 对转炉出钢成分调整的要求

精炼炉成分的控制对转炉有一定的要求,主要如下:

(1) 转炉冶炼结束出钢过程中严格禁止下渣,以防止成分波动范围大、脱氧困难等现象的发生,增加冶炼成本。

(2) 高合金钢种(合金含量超过 5%),出钢过程中应加入合金量的 50% ~75%。

(3) LF 第一次取样的成分,即转炉工序成分,应符合如表 11-8 所示的标准规定。

表 11-8　LF 第一次取样的成分规定

钢种目标成分元素	转炉工序成分	
	上　限	下　限
C≤0.10%(低碳钢)	目标成分下限	目标成分下限 - 0.04%
0.10% < C≤0.25%(中碳钢)	目标成分下限	目标成分下限 - 0.05%
C > 0.25%(高碳钢)	目标成分下限	目标成分下限 - 0.010%
Si	目标成分下限 - 0.02%	目标成分下限 - 0.15%
Mn	目标成分下限	目标成分下限 - 0.20%
Cr	目标成分下限	目标成分下限 - 0.15%
Al	≤目标成分上限 + 0.02%	目标成分下限以上
P	小于钢种成分 - 0.005%	目标成分下限
S	小于钢种成分上限 + 0.03%	无要求

精炼炉成分的控制一般分为粗调和微调,粗调一次,微调 1 ~3 次。粗调就是钢水到站以后,炉渣熔清化好,合金熔化均匀;吹氩搅拌至少在 3min 后,测温钢水温度在液相线温度以上 45℃取样;精炼炉测温取样分析以后,根据钢水中的成分,对主要元素进行粗调,将它们的成分范围控制在成分下限的 - 0.05% 左右。

微调:在还原渣形成后进行,合金收得率高,易于命中目标,这时候将化学成分分 1 ~3 次调整好。由于这类调整成分范围较小,所以称作微调。取样的试样要求确认试样无渣、无气孔、无冒涨。

11.3.3.2　LF 合金加入的基本原则和收得率

LF 合金加入的基本原则如下:

(1) 合金元素加入 LF 炉内,加入量要合适,保证熔化迅速,成分均匀,回收率高。

(2) 合金元素和氧的亲和力比氧和铁的亲和力小时,这些合金可在转炉出钢期完全加入,如 Ni、Cu、W、Mo。

(3) 某些合金元素和氧的亲和力比氧和铁的亲和力大时,这些合金可部分在转炉出钢期加入,少量在精炼期加入,如 Cr、Mn、V、Si。

(4) 某些合金元素和氧的亲和力比氧和铁的亲和力大得多时,这些合金元素必须在脱氧良好的情况下加入,如 Ti、B、Ca。

（5）常用合金元素和氧的亲和力的顺序由弱到强的顺序为：Ag、Cu、Ni、Co、W、Mo、Fe、Nb、Cr、Mn、V、Si、Ti、B、Zr、Al、Mg、Ca。

合金的回收率见表 11-9。

表 11-9   合金的回收率

合金名称	回收率/%	合金名称	回收率/%
高碳锰铁	98 ~ 100	钼铁	100
低碳锰铁	98 ~ 100	镍铁	100
高碳铬铁	95 ~ 100	铌铁	95
低碳铬铁	95 ~ 100	钨铁	100
硅　铁	65 ~ 95	钛铁	40 ~ 70
增碳剂	75 ~ 95	铝	40 ~ 75

11.3.4   LF 炉钢液吸氮的过程和预防措施

现有的研究和实践都已经证明,钢液中的硫和氧对钢液的吸氮有明显的影响。傅杰教授的研究结果为,[O] > 0.02% ~ 0.03% 时,钢中的表面活性元素多聚集于液 – 气界面,可以阻碍钢液吸氮。硫的作用和氧的作用类似。LF 炉处理的钢液大多数为脱氧钢,转炉出钢以后,钢中的氧含量较低,硫也较低,故 LF 炉的操作过程是钢液吸氮的一个重要的原因。LF 增氮的主要原因是电弧区增氮、钢液与大气的接触、原材料中带入的氮。

LF 精炼过程的增氮主要是电弧区增氮。电极加热时,电弧作用于钢液上,弧区的温度在 3000℃ 以上,LF 炉极心圆区的钢液直接接受电弧的热辐射,这部分钢液较其他部位的钢液温度高,而当钢液温度超过 2600℃ 时,即使是钢液的氧含量和硫含量较高,但是在此高温范围内,氧、硫对钢液表面的活性作用消失,钢液容易吸氮。这时氮气在钢液中的溶解反应为：

$$\frac{1}{2}N_2(g) \Longrightarrow [N] \quad K = \frac{a_{[N]}}{\sqrt{p_{N_2}}} = \frac{[\%N]f_N}{\sqrt{p_{N_2}}} \longrightarrow [\%N] = \frac{K}{f_N}\sqrt{p_{N_2}}$$

式中,$a_{[N]}$ 为 [N] 的活度;p_{N_2} 为 [N] 的平衡分压,kPa;f_N 为 [N] 的活度系数。

氮溶解反应常数与温度的关系为：

$$\lg K = \frac{-a}{T} - b$$

式中,a, b 为常数。

当氮分压一定时,钢液中氮的溶解度与氮溶解反应常数及其活度系数有关。当温度升高时,K 值增大,钢液中氮的溶解度也增加,故电弧区增氮严重。因此,LF 防止钢液吸氮的常规手段如下：

（1）为防止弧区钢液面裸露,减少电弧区钢液的增氮,送电精炼过程中必须要造好泡沫渣。

（2）LF 在没有送电加热精炼时,由于钢液脱氧、脱硫良好,氧、硫的表面活性作用而阻碍钢液吸氮的作用基本消失,只要钢液面裸露就有可能吸氮,在精炼过程中要控制好吹氩搅拌功率,避免钢液面裸露。

（3）LF 过程增碳时,焦炭特别是沥青焦中氮含量高,要尽量避免用其增碳。

（4）喂硅钙线时，硅钙线线中含有一定的氮，也可能会引起钢液的增氮。其原因有：喂线过程中的钢液沸腾激烈造成的钢液的裸露吸氮；包芯线在制作过程中粉剂之间的空隙较大，存在空气，高速喂线将这些空气也带入钢液内部，造成吸氮。

11.4　LF 炉炼钢用石墨电极的基础知识

11.4.1　电极材料的基础知识

石墨电极具有熔点高、导电性好、强度高的特点；其在冶炼过程中氧化生成 CO、CO_2 气体，不会污染钢种；通过制造工艺，可以调整其密度，能够将抗热震性调到最佳；其价格低、易加工、是理想的冶金工业用材料。虽然石墨的升华温度（3800℃）比使用中电弧的中心温度低得多，在当前 LF 炉作业的情况下，电极的升华不可避免，表面温度达 600℃ 以上，氧化也不可避免；加上电极生产时受原料、各工序工艺、设备、操作多变的影响，产品性能很难达到均质、全优结构的指标要求；加之使用中要经受不断变化外力的作用，就会增加消耗。石墨电极虽不能满足 LF 炉炼钢对电极的全部要求，但迄今为止仍是 LF 炉炼钢不可替代的耐高温导电材料。了解石墨电极的性能、消耗机理、质量影响因素和降耗办法，对低碳经济十分必要。多年来，石墨电极在制造和使用及相关人员的共同努力下，产品质量、使用功率、电效率、热效率不断提高，致使炼钢生产率不断提高，LF 炉的石墨电极的消耗为 0.2 ~ 0.5kg/t 钢，占炼钢成本的 0.5% ~ 2%。

11.4.2　LF 炉工况特点及对导电电极的要求

LF 炉工况特点及对导电电极的要求如下：

（1）LF 炉是利用电极在钢液或渣层中起弧，将电能转化为热能，从而加热钢水。一般电弧区温度可达 3000 ~ 6000℃，钢水温度高于 1500℃。电有交流、直流之分，弧有长短之别，为此不仅要求电极在高温下有良好的导电能力，还应在多变的条件下高效、低耗地运行。

（2）电极柱上接电源的二次母线，下端起弧直通钢水，其最高电流由电源决定，截面电流密度除受集肤效应和邻近效应的影响外，纵向还受截面不均和机械连接中电阻多变的影响。电极必须能承受强大的温度梯度造成的径向、轴向和切向热应力的破坏。

（3）电阻率越低，使用时电极消耗及电耗越少。为此，接长电极时，电极的接头处要求吹灰，保证两根电极连接处清洁、无杂物，减少灰尘在接头处聚集，引起电阻的增加，造成局部电阻过大在该处起弧，增加电耗，甚至造成电极折断。

（4）高温下，电极必须有一定的强度，在外力作用下尽量少折断。

（5）高温下，电极表面不剥落，避免影响精炼钢水的质量。

11.4.3　电极消耗的原理

电极消耗分为底部端面消耗和侧面消耗两部分，电极端部消耗和电极形状如图 11-10 所示。

电极端面消耗的主要原因是电极在电弧高温下的氧化和热应力条件下产生的应力剥落。在大电流的条件下，电弧剧烈地向外偏移，造成电极垂直方向上受电弧偏移力的影响，导致底部受力剥落；在单相电极送电的时候，单相电极的电流密度过大，也会造成端部应力不平衡而导致端面剥落。电极端面的剥落示意图如图 11-11 所示。

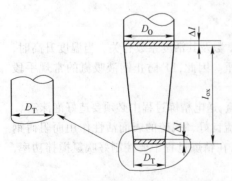

图 11-10　电极端部消耗和电极形状

在有合适的泡沫化的炉渣时,电极端头和炉渣中的氧化物起反应,生成一氧化碳气体被侵蚀;在侧面的电极部分,在受热条件下,和炉气中的氧气起反应,造成侧面的氧化,电极被顶渣侵蚀的示意图如图11-12所示。

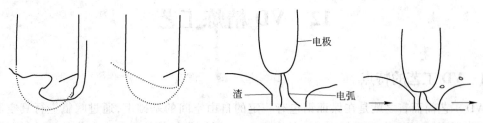

图11-11　电极端面的剥落　　　　图11-12　电极被顶渣侵蚀的示意图

11.4.4　电极的折断

电极的折断又称断电极,是一种破坏力较大的事故。电极折断以后进入钢水,造成钢水的增碳,导致碳成分出格,并且断电极以后,折断的断电极需要从钢包内捞出来,劳动强度大,安全隐患多,生产也会中断。断电极一般分为以下几种类型:

(1)电极和LF炉盖绝缘电极孔套砖的间隙过小,造成电极下降过程中摩擦套砖蹭断电极,或者电极受到震动和绝缘套砖相撞碰断电极。

(2)冶炼过程中意外的事故撞断电极。如行车吊物从LF上空通过时碰撞电极、松放电极时出现误操作等,造成电极折断。

(3)电极间的接头拧不紧,存在很小的缝隙,相互连接的两根电极局部过热变细,送电加热时,在电流产生的电磁力作用下,使得电缆摆动,电极臂的系统不平衡,电极受到震动造成折断,如图11-13所示。

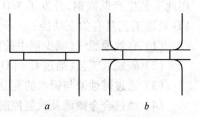

图11-13　电极连接处变细造成
电极高位断裂的示意图
a—电极间有缝隙;*b*—接合部变细

(4)钢包内吹氩的流量较大,剧烈运动的钢液对电极造成冲击,导致电极折断。

(5)钢包表面结渣,导电性不好,送电时电极捣在渣面上,造成电极折断。

(6)送电过程中,起弧的电流过大,造成电极瞬间受力过大折断。

(7)钢包到位以后,钢包法兰边不平衡,下降炉盖时造成电极孔蹭断电极。

(8)包盖升降系统的几个力臂不平衡,造成升降炉盖时的电极折断。

12　VD 精炼工艺

12.1　VD 工艺的特点

VD 工艺简而言之就是在保证钢包有一定的自由空间的基础上,通过吹氩进行真空脱气为主要目的的工艺。与 RH 相比,VD 的真空度更加低,脱气的效果和夹杂物的尺寸控制均优于 RH 工艺,只是处理能力远远低于 RH,故多数钢厂将 VD 作为电炉短流程的典型配置,转炉生产线也有配置 VD 的工艺,作为冶炼精品钢的一种工艺选择。VD 的工艺路线有两种,一种是经过 LF 对顶渣经过了改质和温度补偿,然后经过 VD 进行精炼的工艺,一种是转炉出钢以后,钢液首先经过 VD 进行氧脱碳工艺降碳冶炼低碳钢,文献介绍国外已有部分钢厂开始采用 VD 处理来生产极低碳或超低碳钢,已获得了很好的处理效果。国内的舞钢电炉生产线也利用此工艺生产低碳钢,开发了 WH70、X70、WDB620、X60 等低碳高强度贝氏体钢。总而言之,VD 处理工艺具有如下功能:

(1) 有效地脱气(减少钢中的氢、氮含量)。

(2) 碳脱氧工艺(通过 $C + [O] = [CO]$ 反应去除钢中的氧)和氧脱碳工艺。

(3) 通过碱性渣与钢水的充分反应脱硫。

(4) 通过合金微调及吹氩控制钢水的化学成分和温度。

(5) 通过吹氩,脱氧产生的 CO 和 H_2 气泡,使得夹杂物附着在气泡上,使夹杂物集聚并上浮。

12.2　VD 脱氢工艺基础

一般认为,真空条件下,脱氢速度主要受液相的传质速度控制,故由此得出氢含量随时间 $t_{有效}$ 的变化关系式:

$$\ln([\%H]/[\%H]_0) = kt_{有效}$$

式中,$[\%H]$ 为钢液内气体氢含量;$[\%H]_0$ 为原始钢液内氢含量;k 为表观传质系数。

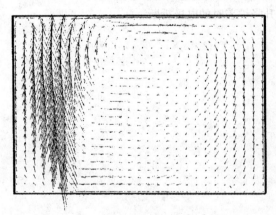

吹氩流量的控制对脱氢的影响很大。脱氢过程中增加钢液的比表面积可以使钢中的氢降低。采用加强钢液搅拌的方法,使钢液与真空接触的界面不断更新,可起到扩大比表面积的作用,因此在真空处理时都采用吹氩气搅拌。因为氩气通过钢液时,溶解于钢中的气体会以气体分子的形式进入氩气泡中。氩气泡相当于一个个微小的真空室,进入氩气泡的氢气会随着气泡的上浮而逸出钢液。所以增加氩气用量,能够降低钢中氢。VD 过程中吹氩时钢包纵截面上的流场示意图如图 12-1 所示。

图 12-1　VD 过程中吹氩时钢包纵
截面上的流场示意图

钢厂真空脱气采用真空钢包炉,真空脱气

对钢包自由空间(又称净空高度)的要求为 500~1000mm。脱气过程中如果吹氩量过大,会造成渣面上涨及大量喷溅,甚至有时吹氩侧钢渣溢出钢包。因此,吹氩量控制在一定的范围内。搅拌强度弱,真空处理时间长,吹氩时间强,真空处理时间可以相应地缩短。真空处理时间和钢中氢含量的关系见图 12-2。此外,渣层的厚度对氢的逸出影响明显,减少渣量,即减少渣层的厚度,有利于脱氢,二者的关系见图 12-3。

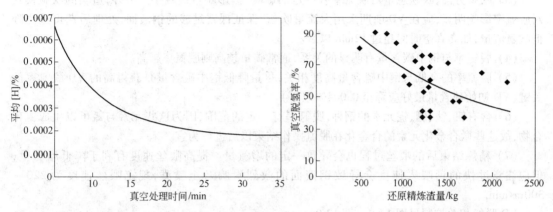

图 12-2　真空处理时间和钢中氢含量变化的关系图　　图 12-3　真空处理的渣量和脱氢率的关系

12.3　低氮钢生产的 VD 处理控制要点

脱氢关键点的操作同样适用于脱氮的操作,VD 低氮钢的处理需要分步进行,在转炉、LF、VD 三个环节分别予以控制。

转炉工序的关键控制点:

(1)铁水和生铁是氮含量最高的原料,生铁的传热效果不好,冶炼低氮钢,要求限制生铁的加入量,甚至不能够配加生铁。

(2)废钢中的生活垃圾含氮量较高,需要严格地控制。

(3)大型经过表面热处理的废钢加入量不宜过大。

(4)吹炼采用少渣冶炼,可以有效地提高脱气效率。

(5)出钢过程中氩气的控制要适量地大一些,出钢前采用较大流量的氩气底吹 30~120s 吹扫钢包,钢包烘烤要充分。

(6)出钢量不能太多,以保持钢包有一定的净空高度,以利于 LF 的氩封保护。

LF 处理过程控制要点:

(1)由于 LF 过程的增氮量与送电冶炼的埋弧情况和送电时间的长短有关,因此应采取措施降低电耗以减少增氮量,如保持较高的 LF 初始温度(减少出钢后的等待时间),炉渣具有良好的埋弧效果等。

(2)良好的吹氩对抑制 LF 过程增氮具有重要作用。大流量吹氩甚至在常压下也可能产生脱氮效果,但前提条件是钢水具有低的硫含量,同时应保持 LF 炉内良好的还原性气氛(如关闭各操作孔及炉门、保持微正压等)。但应注意在通电过程中不能采用大流量吹氩,因为这反而有可能加剧钢液面的吸氮。

(3)LF 过程中除控制增氮量外,最重要的任务是将钢水中的硫脱至尽可能低的水平,因硫含量的高低与 VD 脱氮率关系很密切。对超低硫钢,要求 LF 结束时硫含量小于 0.004%。

VD 处理过程控制要点：

（1）必须严格执行分钢种制造标准中对高真空保持时间的规定。因为真空保持时间越长，钢水氮含量越低，故应有足够的真空保持时间以使脱氮过程能够充分进行，但通常在真空保持时间超过 22min 后脱氮效果便不再明显。

（2）真空度对脱氮有着明显的影响，真空度越高，脱氮率越高。

（3）吹氩方面，吹氩总量对脱氮率有一定的影响，但影响量级较小。另外，适当的吹氩模式对脱氮率影响明显，应在 VD 前期采用大流量吹氩，保证裸露足够的钢液面，处理后期可适当降低吹氩流量，如高真空时间超过 12min 以后。

（4）脱氮率与钢中碳含量有明显的关系，通常碳量越高则脱氮率越高。

（5）脱氮率的高低与钢中硫含量高度相关，尽量降低钢中硫含量是获得高的 VD 脱氮率的关键（VD 初始硫含量最好应降至 0.004% 以下）。

（6）含有钒、钛、硼、铌元素的钢种，脱氮率有一定的范围，因为这些元素与氮可以生成氮化合物，故这些微合金化元素的合金化在脱氮操作结束以后进行为宜。

（7）精炼结束后的喂丝过程也会导致一定的增氮量。提高喂丝速度有利于降低增氮量，但应注意过快的钙喂入速度会导致钢液面的激烈沸腾乃至喷溅，规定喂丝速度为 220 ~ 300m/min。

VD 脱氮相关控制见图 12-4 ~ 图 12-9。

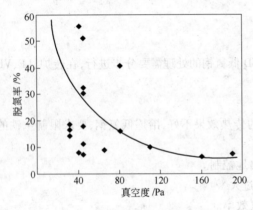

图 12-4　真空度和脱氮率的关系

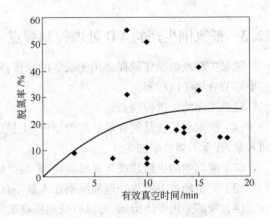

图 12-5　有效真空时间和脱氮率的关系

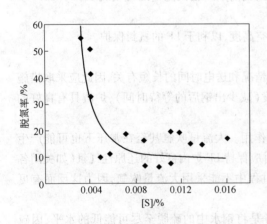

图 12-6　钢中硫含量和脱氮率的关系

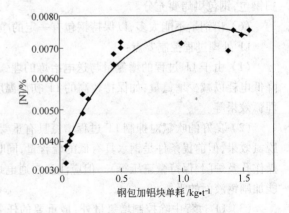

图 12-7　钢包加铝量对脱氮的关系

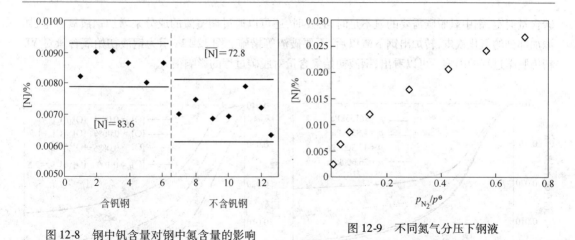

图 12-8 钢中钒含量对钢中氮含量的影响

图 12-9 不同氮气分压下钢液
中的平衡氮含量

12.4 VD 脱氧和脱碳

12.4.1 VD 的氧脱碳和碳脱氧工艺

真空氧脱碳原理与真空碳脱氧原理是一致的。换句话说,真空氧脱碳是根据真空碳脱氧原理反推出来的一种新的脱碳工艺,它们的区别只在于冶金侧重点不同而已。此工艺利用 VD 真空设备,在钢水未经硅、铝等脱氧还原的情况下,进行真空氧脱碳能够使成品钢中的碳降到 0.05% 以下,这种工艺的特点主要是转炉吹炼结束时,钢液的氧碳比能够满足后续 VD 处理的需要,就无需将转炉钢液的碳吹至很低,能够减轻转炉的负担。影响氧脱碳的工艺因素有:

(1) 吹氩量对氧脱碳工艺的影响。加大吹氩量能在一定程度上提高 VD 处理过程中钢液的脱碳速率,但效果不显著,而且吹氩量过大时,容易造成钢液喷溅或溢渣(尤其在脱碳初期)。因此,吹氩量采用先小后大的吹氩制度较为合理。图 12-10 是不同吹氩量情况下对 VD 的脱碳影响。

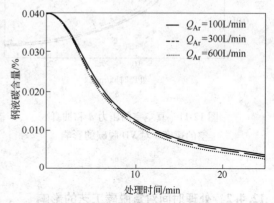

图 12-10 不同吹氩量对 VD 氧脱碳的影响

(2) 真空度对 VD 脱碳的影响。真空度对 VD 精炼脱碳过程的影响很大,在工艺条件和设备条件允许的情况下,提高抽真空速度,降低真空室压力有利于钢液脱碳。VD 处理的初期,抽真空速度快,即降压时间短,很快就能获得较大的脱碳速率,缩短 VD 处理周期,对脱碳过程有利,真空室的压力和抽真空的速度对 VD 脱碳的影响关系见图 12-11。

(3) 钢液初始氧含量对 VD 精炼脱碳过程的影响。根据化学反应方程式可知,碳氧反应的氧碳比应该为 16:12,故氧和碳的质量分数之比应该大于 1.3,否则氧脱碳的反应就会受到抑制。这说明钢液初始氧含量对 VD 精炼脱碳过程的影响很明显,提高氧碳比后,脱碳速率显著提高,钢液的终点碳含量也明显降低。但当氧碳比大于 2 后,再提高钢液的初始氧含量对脱碳速率的影响不大,此时脱碳反应主要受钢液中碳扩散的环节限制。VD 碳脱氧工艺中,钢液初始氧含量的控制应根据钢中碳含量而定,钢中氧脱碳需要的氧不足时,必要时,还可以通过调整渣的成分来增加钢液氧含量,如添加部分的氧化铁皮,转炉出钢下渣以后,不要破渣等措施。图 12-12a 示为钢液初始氧含量对 VD 精炼脱碳过程的影响。可以看出,钢液初始氧含量对脱碳过程的影响很大。

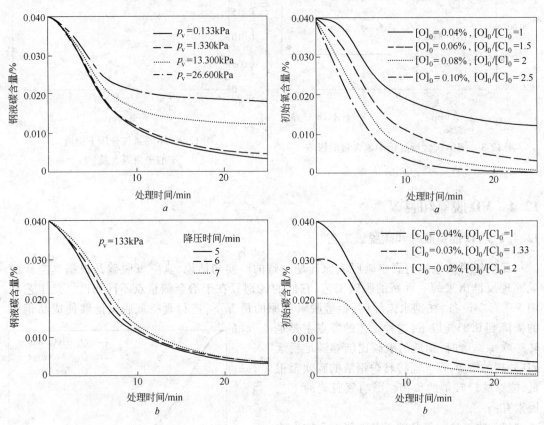

图 12-11　真空室的压力 a 和抽真
空的速度 b 对 VD 脱碳的影响

图 12-12　初始氧含量 a 和初始碳含量
b 对 VD 精炼脱碳过程的影响

（工艺条件:氩气搅拌流量 300L/min,真空室压力 0.133kPa）

12.4.2　处理时间对氧脱碳工艺的影响

　　由于处理时间长,氧脱碳反应进行得相对要彻底一些,故增加处理时间,能够有效地降低钢液中的碳含量,但是超过 25min 以后,效果将不再明显。VD 处理过程中钢液中碳、氧含量随时间变化的关系见图 12-13。

12.4.3　采用氧脱碳工艺的控制要点

　　采用氧脱碳工艺的控制要点如下:
　　(1) 采用氧脱碳工艺,需要考虑 VD 处理结束以后与 LF 的时间和功能上的衔接,避免处

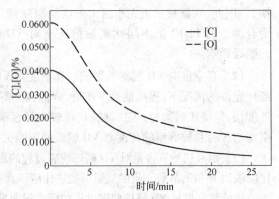

图 12-13　VD 处理过程中钢液中碳、氧
含量随时间变化的关系

理时间过长,影响生产线时间流的均衡。

(2)进入 VD 前的钢液温度要求在 1580℃ 以上,转炉出钢过程中不使用硅铝等强脱氧剂脱氧。

(3)在抽真空操作中,进泵速度要均匀平衡,防止钢水剧烈沸腾引起溢渣。

(4)自然氧脱碳后,炉渣中 FeO、MnO 等含量很高,变渣十分困难,渣碱度和流动性不易控制,需要及时地完成对顶渣进行改质。

(5)为了减少钢液的增碳量,在 VD 结束进行脱氧操作时,选择使用无碳或者微碳的脱氧剂,如铝线、铝粉、碳含量较低的硅铁粉等。

(6)破真空后,向钢液喂入铝线、硅钙线或者添加硅钙合金进行沉淀脱氧,为 LF 的操作创造条件。

12.4.4 VD 的碳脱氧工艺和实例

VD 的碳脱氧工艺,可以减少合金或者脱氧剂的使用量,降低脱氧成本,并且减少使用脱氧剂脱氧产生的氧化物夹杂的量,此工艺适用于冶炼中高碳钢,即转炉出钢以后,钢水进入 VD 抽真空进行碳脱氧,然后进入 LF 处理,其工艺原理和氧脱碳基本一致。

例1 处理碳成分异常的炉次。

转炉冶炼 GCr15,转炉出钢增碳,由于增碳过程中控制不好,钢包内的碳含量已经接近成分中限,考虑到 LF 冶炼过程中的增碳和防止意外,该包钢水转炉出钢以后,钢包吊至 VD 工位,进行碳脱氧操作,处理 18min 以后,取样化验碳脱氧已经将钢中的碳降至成分下限,消除了一起成分出格的质量事故。

例2 冶炼硬线钢。

冶炼硬线钢,最为典型的是该钢种不采用铝脱氧,LF 脱氧、脱硫的难度较大,转炉出钢过程中首先进行增碳,将碳的成分调整到目标下限左右,然后钢水在 VD 进行碳脱氧,然后进入 LF 处理,可以缓解冶炼硬线钢,因为合金元素含量少,不能够使用铝脱氧带来的困难,提高了脱氧的效率。

12.4.5 VD 脱氧操作要点

VD 脱氧的关键操作在于:

(1)钢水进入真空室以前,要进行充分的脱氧,即白渣状态下才能够进入真空室处理,以减少真空处理时间。

(2)真空处理时间和脱氧率存在着线性关系。需要说明的是,高真空条件下,真空时间越长,脱氧率越高。低真空条件下,处理时间增加,脱氧率增加不明显,有时会出现氧化量增加的现象。

(3)合理地控制吹氩可以增加脱氧率。

(4)真空处理温度适当地提高,有利于脱氧率的提高。

(5)钢中酸溶铝含量越高,钢中氧含量越低。

以上的关系分别见图 12-14 ~ 图 12-18。

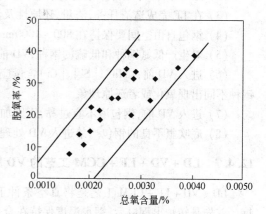

图 12-14 进入真空时钢中总氧量对脱氧率的影响

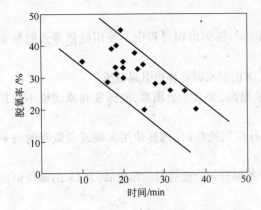

图 12-15　真空保持时间和钢水脱氧率的关系

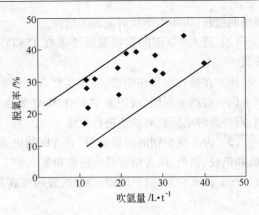

图 12-16　吹氩量对脱氧率的影响

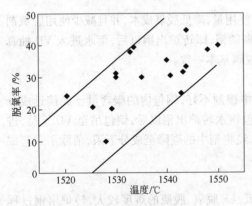

图 12-17　破真空温度对钢水脱氧率的影响

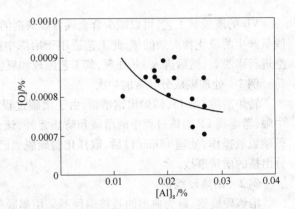

图 12-18　成品酸溶铝和钢中氧含量的关系

12.4.6　LD + LF + VD + CCM 工艺 VD 处理前对 LF 的要求

采用 LD + LF + VD + CCM 工艺主要是冶炼一些对气体要求较高,并且是合金量较高的钢种,故 VD 处理前对前道工序 LF 的要求:

(1) 处理前必须测温取样:温度控制要充分考虑整个处理过程的温降。

(2) 除 Ti、B、Al、Ca 等元素外,其余合金元素的成分要在 LF 调整好。

(3) 在 LF 完成造渣任务,渣量、还原性及流动性都要满足 VD 罐的处理要求。

(4) 钢包自由空间要保持在 800 ~ 1000mm 以上。

(5) 对生产低氮钢种和低硫的钢种,VD 前铝要控制在上限。

(6) 进入 VD 前,[Mn]、[Si]、[Cr] 含量应在目标中限;因为这些元素在 VD 处理过程中根据钢种不同出现氧化或者还原现象。

(7) 进入 VD 前,钢包渣不宜过黏,否则加少量萤石、预熔渣稀释。

(8) 底吹氩不良的钢包严禁进入 VD 处理。

12.4.7　LD + VD + LF + CCM 工艺的 VD 脱碳

LD + VD + LF + CCM 工艺是将真空条件下的碳脱氧的原理用于铝镇静钢或者低碳钢的冶炼。首先是转炉出钢以后,钢水温度保持在合理的范围以内,钢水粗脱氧或者不脱氧,以钢包内的钢液不沸腾为宜。钢水到达 VD 工位以后,迅速地进行降压抽真空操作,在此期间,吹氩量由小到大进行调整,进行碳脱氧或者氧脱碳的工艺,在此工艺期间不加任何的脱氧剂,反应达到平衡以后,如果冶炼铝镇静钢,一次性将钢中的酸溶铝配至目标的中限,然后取样破真空,钢水前往 LF 升温和造渣精炼。和 RH 的工艺思路基本一致。

12. 5　VD 处理操作

12.5.1　VD 处理操作要求

真空度时间控制如表 12-1 所示。

表 12-1　常见的真空度时间控制

目标 N 成分/%	≥0. 0090	≥0. 0080	≥0. 0065	≥0. 0060	≥0. 0050	≥0. 0040
最短高真空保持时间/min	5 ~ 10	13	15	18	20	23

（1）对有特殊要求的钢种,如超低硫、低氮和氢等,可根据原始含量适当延长高真空保持时间;

（2）对高碳钢,可在上表要求基础上适当缩短高真空保持时间;

（3）对高铬钢,可在上述要求基础上适当延长高真空保持时间;

（4）应严格按分钢种制造标准执行高真空保持时间;

（5）高真空保持时间由于设备或者其他原因未达到 9min 的炉次,应该取样分析气体的含量。

12.5.2　处理过程吹氩的控制

VD 过程的吹氩是由小到大的过程,真空度越高,吹氩量越大,脱气效果越好,如一座 150t 的钢包在 VD 过程中的氩气控制变化如下:

（1）开始抽气氩流量调至 100L/min(标态)。

（2）真空室压力不超过 18kPa(180mbar)时,调节氩气流量至 200L/min(标态)。

（3）真空度达到 9kPa(90mbar)时,氩气流量调至 300L/min(标态)。

（4）真空度低于 2.5kPa(25mbar)时,氩气流量调至 400L/min(标态)。

（5）抽真空初期注意观察渣面情况,若有溢渣,当即退泵。

（6）整个过程中,观察钢液面,使钢液面裸露逐渐增大由 300 ~ 500mm。

（7）真空度达到 0.5kPa(5mbar)时,尽量增大吹氩量增大钢液裸露面,有利于抑制溢渣。

（8）处理周期结束温度达到目标值后,破空前氩气流量调至 200L/min(标态)。

（9）真空盖打开前氩气流量调至 80L/min(标态),以不裸露钢液为准。

12.5.3　温度的控制

经 VD 处理的钢种,LF 处理终点温度为:

$$T = C_S \Delta T_S + C_V \Delta T_V + C_W \Delta T_W + \sum_{i=1}^{n} C_i \Delta t_i + T_d$$

式中,T 为 LF 处理终点温度;ΔT_S 为运送、等待时间;C_V 为真空处理期间温降系数;ΔT_V 为真空处理时间;C_W 为喂丝期间温降系数;ΔT_W 为喂丝时间;C_i 为各种合金温降系数;Δt_i 为各种合金加入量;T_d 为钢包回转台温度。

由上式可见,经 VD 处理钢种的 LF 处理终点温度应考虑以下因素:

（1）VD 工位等待温降速度 0.5℃/min。搅拌及抽真空期间，温降按 1.5～1.7℃/min 计算。

（2）合金料及渣料对温降的影响。

（3）如果 LF 终点温度偏高，VD 可适当延长处理时间。

（4）禁止 VD 结束后通过大氩量搅拌来进行温度调节。若需降温调节温度，必要时可重新进行 VD 的短时间抽气。

（5）如果加入少量的 Al、FeTi、FeB 时，可忽略合金加入对温度的影响。如果加入各种合金较多时，吨钢每加入 1kg 引起的温降可按表 12-2 中的数值计算。

表 12-2　合金加入 1kg/t 引起的钢包温降

材　料	温降值/℃	材　料	温降值/℃
炭粉	−4.018	FeMn	−1.475
FeCr	−1.827	FeTi	−0.836

（6）严禁处理结束后，大流量吹氩搅拌降温。

（7）VD 处理结束前必须保证钢水有充分镇静时间，以确保夹杂物的上浮去除。镇静时间是指所有成分调整结束（包括补铝和钙处理）后透气砖的氩气流量均低于 180L/min、不吹破渣面且渣面略微波动条件下所保持的时间。

（8）分钢种镇静时间要求参考冶炼工艺标准进行。

12.5.4　成分的控制

VD 合金化的一个主要的原因是为了尽可能地在真空条件下，进行碳脱氧的工艺，防止合金加入过早，影响脱氮、脱氧的效果。故 VD 处理的钢种达到高真空 10min 之后可进行合金微调，处理结束 5min 前合金加入完毕，其处理特点如下：

（1）VD 处理的钢种如需加入 Ti、B 等易氧化合金，则应该推迟合金微调的时间至高真空结束前 3min 进行。

（2）合金加入量的计算方法：

$$合金加入量 = \frac{钢水量(kg) \times (目标成分 - 实际成分)}{合金含量 \times 回收率}$$

合金元素回收率按表 12-3 给出的范围计算。

表 12-3　常见合金的回收率范围

元　素	回收率/%	元　素	回收率/%
Fe-Mn	100	Fe-Cr	100
Fe-Si	98	Fe-Ti	75
C	95	Al	75
Fe-B	75		

12.6　VD 处理过程的钙处理

VD 的钙处理也是在抽真空结束以后，破真空操作结束，钢液的吹氩调整至软吹状态进行，操作特点和 LF 的喂丝钙处理基本一致,不同之处在于 VD 工艺在真空条件下的特殊性。主要表现为 VD 过程中,钢液中的钙含量在脱氧情况良好的情况下,溶解在钢中的碳、硅还原炉渣中的氧化钙,是钙进入钢液的一个可能的途径,钢液中的钙含量将会增加。

12.6.1 CaO 的活度及渣型的选择

在 VD 炉中,炉渣中的 CaO 被钢中碳还原的反应为:
$$(CaO) + [C] \Longrightarrow [Ca] + CO \quad \Delta G = 600485 - 177.16T \quad J/mol$$

陈秀娟、郑少波、洪新、徐建伦等人计算了反应时钢中钙含量与氧化钙活度之间的关系,见图 12-19。

图 12-19 表明了不同温度下,渣中的 CaO 活度对钢中的钙含量的影响。图 12-20 为 CaO-SiO_2-Al_2O_3 渣系的等活度图,从图 12-19 中可以看出,随着 CaO 活度的增加,钢中的钙含量增加。如果钢中的钙要控制在 0.002% 以下,则渣中 CaO 在 1600℃ 时,活度小于 0.15,由图 12-20 中的等碱度线可知炉渣的碱度要小于 2.5;如果钢中的钙要控制在 10μg/g 以下,则渣中 CaO 在 1600℃ 时,活度小于 0.075,由图 12-20 的等碱度线可知炉渣的碱度要小于 2.0。

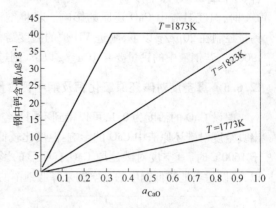

图 12-19 CaO 活度对钢中钙含量的影响

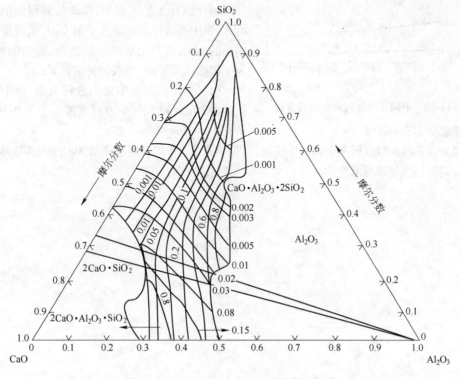

图 12-20 CaO-SiO_2-Al_2O_3 渣系的等活度图

12.6.2　温度对碳还原氧化钙的影响

图 12-21 为温度对钢中钙含量的影响。从图中可以看出温度对碳还原钙的影响。随着温度的上升,钢中钙含量增加。当温度提高到 1600℃ 时,碳还原钙量较多。由于在真空度作用下,被还原的钙可从钢液中挥发出来,从而在图 12-19 中出现了平台。图 12-21 为真空度为 65Pa,渣中 CaO 活度为 0.1 时,温度对渣中 CaO 还原的影响。若将钢液中钙量控制在 20μg/g 以下,则进 VD 炉的温度需低于

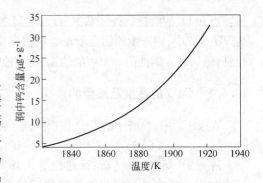

图 12-21　温度对钢中钙含量的影响

1900K。若钢液中的钙量要在 10μg/g 以下,则进 VD 炉的温度要控制在 1870K 以下。

12.6.3　真空度对碳还原氧化钙及钢中钙含量的影响

假设 CaO 的活度为 0.1,可以得到不同真空度时钢中的钙含量(见图 12-22)。从图中可以看出真空度对碳还原渣中 CaO 的影响:温度比较低时,真空度对钢中钙含量的影响有限;当温度高于 1600℃ 时,真空度对碳还原 CaO 有明显的影响;随着真空度的提高,钢中的钙含量增大。所以,可以适当地降低钢中的真空度来降低钢中的钙含量。

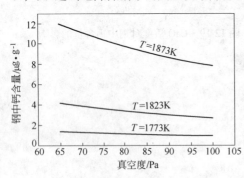

图 12-22　不同真空度时钢中的钙含量

炉钢液温度小于 1600℃。

综上所述,为了减少钢中钙含量,需控制渣中 CaO 活度,即需将炉渣碱度控制在 2.0~2.5。此外,在保证浇铸所需温度前提条件下,尽量降低进入 VD 炉的钢液温度。

因此,VD 工艺过程中,高碳低氧钢如轴承钢的冶炼,钢中的碳可以还原渣中的 CaO,从而进一步与钢中的 Al_2O_3 结合生成铝酸钙夹杂,影响钢的质量,为了消除这类影响,采取的措施如下:

(1) 为了控制钢中的铝酸钙夹杂,钢中的钙要控制在 10μg/g 以下,炉渣碱度需小于 2.0,进入 VD 炉钢液温度小于 1600℃。

(2) 为了减少铝酸钙夹杂物的生成量,需控制进入 VD 炉时钢液中的 Al_2O_3 夹杂物(减少铝脱氧量),同时适当地降低真空度。

13   CAS-OB 精炼技术

13.1   CAS-OB 精炼技术的发展和冶金功能的概述

　　20 世纪 70 年代初期,转炉炼钢是钢铁业的主导炼钢方法,也是转炉发展的鼎盛时期之一。随着市场对钢材质量和品种要求的日益严格,迫切需要一种低成本、大批量生产纯净钢的技术。在这个背景下,日本新日铁公司率先开发密封吹氩 SAB(sealed argon bubbling)法。新日铁八幡厂受到 SAB 法的启发,将合金加入浸渍罩内,取得了预期的效果。经过不断的改进,该厂于 1975 年首先推出密封吹氩条件下的钢包成分调整法,正式命名为 CAS(composition adjustment by sealed argon bubbling)工艺,即密封吹氩合金成分调整法,是近年来发展起来的一种炉外处理技术,整个系统由钢包、底吹氩透气砖、浸渍罩、加料口、排烟口以及浸渍罩的升降系统组成,如图 13-1 所示。

　　1976 年,CAS 工艺在美国取得了专利。CAS-OB 工艺是在 CAS 的基础上发展起来的,CAS-OB 装置在原 CAS 装置上增设氧枪、氧枪升降装置和供气系统(O_2、N_2、Ar),CAS-OB 工艺示意图如图 13-2 所示。

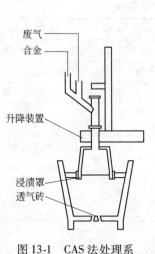

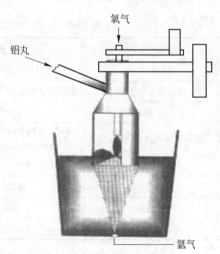

图 13-1　CAS 法处理系　　　　图 13-2　CAS-OB 工艺示意图
　　　　统示意图

　　CAS-OB 工艺在原有 CAS 站增设吹氧、提温功能,增设的氧枪安装在浸渍罩的中心,采用的是顶吹自耗型氧枪,发热剂主要是铝系发热剂。提温时采用的是连续供料的方式。其加热钢液的原理是:加入发热剂的同时向钢液里吹氧,使它们发生化学反应,产生的化学反应热借助于底吹氩气搅拌从钢液上层传向钢液内部,达到加热钢液的目的。

　　CAS 和 CAS-OB 工艺在合金成分调整方面具有低廉、简便和准确的优势,能够适应钢铁工业以低成本冶炼优质钢的发展趋势。CAS 法的上述优势是其他精炼手段无法比拟的,得到了世界各国的大力推广。各国也开发了工艺接近、各具特色的类似 CAS 的工艺。其中典型的有：

（1）IR-UT(injeciton refining-up temperature)是约于 1987 年为日本住友公司在 LT-OB 基础上改进完善，并与喷粉相结合而形成的另一种钢包简易升温技术。CAS-OB 与 IR-UT 这两种方法均是将块(丸)状发热剂加入浸渍罩内的钢液面上，并将顶吹氧枪插入罩内钢液面上吹氧而加热钢液。不同之处是 CAS-OB 为底吹氩气搅拌，IR-UT 是顶吹氩气搅拌并具有喷粉功能。

（2）1989 年，我国的宝钢分公司炼钢厂从日本新日铁引进了 CAS 处理装置，投产后还增加了 OB 功能，武钢于 1989 年初自行研制了简易 CAS-OB 装置配合连铸生产。之后，鞍钢也与日本联合研制开发了类似 CAS-OB 的 ANS-OB 装置，保证了连铸工艺的进行。

（3）LATS 钢包合金微调站(ladle alloy trimming station)，简称"LATS"，也是 CAS-OB 的另外一种叫法，二者工艺路线是基本一致的。

目前，在钢铁产业要求低成本的前提下，为了提高质量、降低消耗、减少投资，冶炼一般优质钢种时，CAS/CAS-OB 工艺成为一种首选的炉外精炼工艺。CAS/CAS-OB 的基本功能可以归结为以下三点：

（1）调整(废钢降温、化学热法升温)和均匀钢水的成分与温度；其中，75% 以上的炉次是进行降温处理的。

（2）提高合金收得率。

（3）净化钢水，去除夹杂物。

CAS-OB 工艺能够生产的钢种见表 13-1。

表 13-1　CAS-OB 工艺能够生产的钢种

序　号	品种名称	代表钢号	标准代号
1	碳素结构钢	Q195,Q235,Q255、SS330,SS400	GB912 – 89,GB3274 – 88,JISG3101
2	优质碳素结构钢	08,08Al,10 号,15 号,20 号,25 号,40 号	GB710 – 91,GB711 – 88
3	低合金高强度结构钢	Q295,Q345	GB/T1591 – 94
	高耐候性结构钢、船板钢	09CuPRE,09CuPTiRE,09CuPCrNi,09CuPCrNi-A,09CuPCrNi-B	GB4171 – 2000
	汽车大梁用钢	09SiVL、16MnL	GB3273 – 89
	焊瓶钢	HP295,HP325	GB6653 – 94
4	管线钢	X42 ~ X60	API
5	冷轧用钢	SPHC、SPHD 等	

13.2　CAS/CAS-OB 精炼参数的确定

13.2.1　CAS-OB 的排渣能力

CAS-OB 处理中底吹排渣效果是十分重要的操作。排渣效果是指吹氩以后钢包表面裸露钢水面积的大小，主要与渣层厚度、渣黏度和底吹氩气流量等因素有关。底吹排渣示意见图 13-3。研究表明，底吹氩气的扩张宽度，即最大排渣直径可以表示为：

$$X = d + 2H\tan\frac{\theta}{2}$$

式中，X 为最大排渣直径，m；H 为熔池深度，m；θ 为底吹氩气流股扩张角，(°)；d 为底吹透气砖的砖直径,m。

　　CAS-OB 底吹排渣面积除了与底吹气体的流量有关外,还与渣层厚度有关,实验室模型中钢包底吹排渣效果和实践结果都表明,排渣能力有以下特点:

　　(1)在底吹排渣过程中,随着底吹氩气流量的提高,排渣面积增大;但当底吹氩气流量达到一定值后,进一步提高底吹氩气流量,排渣效果变化不大。

　　(2)排渣能力随底吹氩气流量的增加而增加,随渣厚的增加而减弱。某厂渣层厚度对排渣效果的影响见图 13-4。

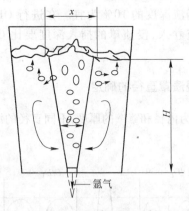

图 13-3　底吹排渣示意图　　　　　图 13-4　某厂渣层厚度对排渣效果的影响

　　(3)底吹位置对排渣能力没有大的影响,但与混匀时间有关,混匀时间随着底吹位置与中心的距离的增加而减小。

　　(4)在合适范围内,底吹流量越大,混匀效果越好;浸渍罩越浅,混匀效果也越好。

　　因此在 CAS-OB 处理中应选择最佳的底吹氩气流量,以防止钢水散热过多并降低氩气消耗量。

13.2.2　浸渍罩的插入深度对钢包内钢液流场的影响和插入深度的范围

　　插入浸渍罩以后,钢包内钢液的流场分为三部分,即浸渍罩内部的小循环流、浸渍罩下方较多流向钢包中心的、较大的一些循环流和沿着钢包壁向上流动的循环流。不同浸渍罩插入深度下,钢液流场的变化示意图如图 13-5 所示。

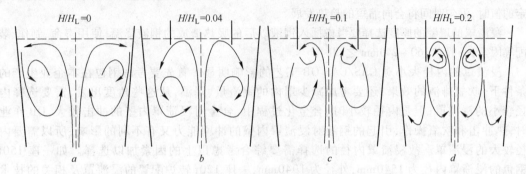

图 13-5　不同浸渍罩插入深度下钢液流场的变化示意图

(熔池深度 H_L;浸渍罩插入深度 H)

图 13-5a 为没有浸渍罩插入的流场,图 13-5b ~ 13-5d 为浸渍罩插入后的流场。当插入浸渍罩以后,钢包内熔池的水平流被浸渍罩阻挡以后,沿着浸渍罩向下运动,在向下运动的过程中,部分钢液被上升的气泡抽引向气液两相区运动形成向上的循环流;另一部分钢液在向下的运动过程中,向钢包壁方向运动,形成了沿着钢包壁向上的流动。所以由图 13-6d 可以看出,$H/H_L = 0.2$时,即浸渍罩插入较深的时候,在浸渍罩内部存在较强的循环流,浸渍罩下方的钢液的循环流较弱,靠近包壁处的钢液有向上流动的趋势。所以浸渍罩插入深度较深,熔池的混匀时间增加,但是浸渍罩内部的搅拌强烈,有利于浸渍罩内的化学反应。

在关于浸渍罩插入深度的操作问题上,某知名钢厂的插入深度为 200 ~ 400mm(250 ~ 300t 钢包),也有的文献介绍,浸渍罩的插入深度为钢液深度的 10% 为宜。在进行 OB 升温作业过程中,为了提高热效率和减少浸渍罩外的钢渣卷入,浸渍罩的插入深度要比 CAS 作业时深一些。

13.2.3　浸渍罩的直径对钢包内钢液流场的影响和浸渍罩直径的确定

浸渍罩是 CAS/CAS-OB 的关键设备,主要工艺尺寸为内径和罩壁的厚度,不同直径的浸渍罩插入钢包内以后,对钢包内钢液流场的影响见图 13-6。

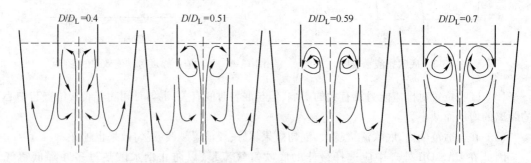

图 13-6　不同直径的浸渍管对钢包内钢液流场的影响示意图
D 为浸渍罩直径;D_L 为钢包底部直径

实验室的研究结果表明,在浸渍罩插入深度一定的情况下,浸渍罩内的钢液流场和浸渍罩的直径关系密切,浸渍罩的直径越小,罩内的循环流较强,随着浸渍罩直径的增加,浸渍罩内的循环流变强,钢包内搅拌强烈的钢液向浸渍罩内集中,而浸渍罩下方的循环流和沿着钢包壁向上的流动减弱。故随着浸渍罩直径的增加,钢包内钢液的混匀时间增加。但是当浸渍罩直径增加到一定的值时,混匀时间将会向缩短的趋势发展。

浸渍罩的罩壁的厚度选择要考虑插入钢液以后的吸热造成的钢液降温、使用寿命、制作、装配等因素,一般在 160 ~ 240mm 之间。

浸渍罩的内径大小对 CAS/CAS-OB 工艺的影响明显。首先要考虑钢包在本企业生产的条件下,吹氩排渣的效果,还要考虑减少罩内的钢渣量、降温,从这些角度出发,需要选择内径较小的浸渍罩;但是内径较小时,合金化过程中,合金对浸渍罩内壁的冲击较大,OB 作业时,热冲击和吹氧操作,引起的钢液对浸渍罩内壁的冲刷能力又有不利的影响,所以需要内径较大的浸渍罩。故浸渍罩内径的选择需要综合考虑以上的因素加以选择。如一座 150t 钢包的浸渍罩内径为 1540mm,外径为 1940mm,一座 120t 转炉配置的浸渍罩及相关的技术数据见表 13-2。

表 13-2　一座 120t 转炉配置的浸渍罩及相关的技术数据

序　号	指　标		参　数
1	CAS-OB 平均处理量(公称)/t		120
2	CAS-OB 最小处理量/t		100
3	CAS-OB 最大处理量/t		140
4	钢包净空高度(120t,新衬)/mm		832
5	钢包最大净空高度(100t,新衬)/mm		1288
6	钢包上口直径/mm		φ3539
7	钢包内衬上口直径/mm		φ2839
8	一般 OB 升温范围/℃		约 30
9	OB 升温速度/℃·min⁻¹		≥4
10	OB 最大升温速度/℃·min⁻¹		8
11	钢包透气砖数量/个		1
12	浸渍罩数量/个		4
13	浸渍罩及提升装置	内径/mm	1300
		外径/mm	1700
		高度/mm	约 2900
		工作行程/mm	约 2200
		最大行程/mm	约 5400
		提升的速度/m·min⁻¹	5.4
		提升重量/t	约 20
		电机功率/kW	约 1×37

13.2.4　CAS-OB 吹氩控制和吹氩流量的计算

相关文献介绍,钢包熔池内钢渣卷入钢中的临界搅拌功为 50~100W/t,一般钢包底吹氩的熔池搅拌功计算公式为:

$$E = 28.5 \times \frac{QT}{W_s} \times \lg\left(1 + \frac{h}{148}\right)$$

式中,E 为比搅拌能,W/t;Q 为底吹氩气流量,m³/min;T 为钢水温度,K;W_s 为钢水量,t;h 为钢水液面高度,m。

均混时间 t(s)可以表示为:

$$t = 800E^{-0.4}$$

按照以上的条件计算出的氩气流量基本上能够正确地和实践过程中的数据吻合,所以被广泛应用于排渣过程中氩气流量的计算。

例1　计算一座 120t 的钢包,在 CAS 工位排渣过程中的吹氩流量范围以及均混时间。其中钢水重量为 120t,钢水温度 1600℃,钢水的液面高度 3.010m。

解:分别取 $E_1 = 50W/t$,$E_2 = 100W/t$,$T = 1873K$,$W = 120t$;$h = 3.010m$,代入式(13-1)可得:$Q_1 = 0.233m^3/min$,$Q_2 = 0.466m^3/min$;

熔池混匀时间:在 $E_1 = 50W/t$,$E_2 = 100W/t$ 时,可分别求得:$t_1 = 126.8s$,即 2.1min;$t_2 = 167.4s$,即 2.79min。

以上计算表明,对一座 120t 的钢包,在保证渣不被卷入钢中的前提下,当钢水为 120t 时,要达到推开渣面使钢液面裸露,以下降浸渍罩的目的,吹氩强度为 233 ~ 466L/min,在此吹氩强度下,钢水搅拌混匀的时间需 126.8 ~ 167.4s,即 2.11 ~ 2.79min。理论上,在此范围内吹氩,钢水裸露的面积会随着吹氩强度的增加而增加,低于此范围,达不到排开顶渣的效果,而高于此吹氩强度,则会加大形成大气泡的倾向,渣会被卷入钢水中,推开渣面使钢液面裸露的效果会变差。

某钢厂 300t 钢包排渣的吹氩流量控制在 300 ~ 500L/min,与上述公式的计算结果也是很接近的。

13.2.5　CAS/CAS-OB 工艺过程中底吹氩气的位置确定

从钢液混匀的角度讲,离钢包中心位置越近的位置,吹氩效果越差,离开中心的距离越远,效果越好,一般的底吹氩气的位置,是在靠近包壁的某一个位置上,但是在 CAS/CAS-OB 的工艺中,考虑到这种布置对吹氩的排渣给浸渍罩的升降带来不利的影响,对浸渍罩内壁某一个方向的冲刷也严重,还有可能造成上升的钢液流股溢出浸渍罩,飞溅到钢包外面,或者引起钢渣强烈搅拌,所以 CAS-OB 工艺中,底吹氩气的位置选择在接近钢包中心的位置。ANS-OB 钢包精炼工艺原理见图 13-7。

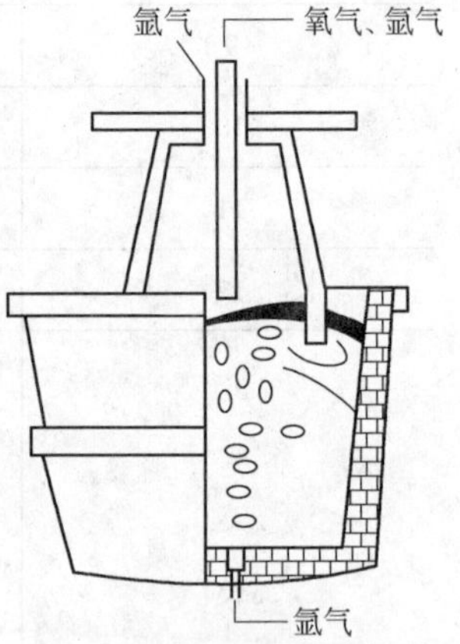

图 13-7　ANS-OB 钢包精炼工艺原理

13.3　CAS/CAS-OB 钢包渣控制

13.3.1　钢包渣厚控制

CAS 工艺操作的关键是排除隔离罩内的氧化渣,钢包渣层厚度影响 CAS 工艺的处理效果。钢包渣层过厚时,CAS 罩排渣能力得不到充分利用,部分渣残留在罩内,合金收得率就会降低且操作极不稳定,而且对钢液的喂丝钙处理也有相当大的影响。因此,转炉出钢最好将钢包内钢水覆盖渣的厚度控制在 30 ~ 50mm,一般不超过 100mm 为宜,如超过 150mm,最明智之举为破渣,或者改变工艺路线,钢水上 RH 或者 LF 处理。图 13-8 是国内某著名钢厂的 CAS 工艺路线。

13.3.2　钢包顶渣改质

CAS-OB 精炼技术的优点是时间短、热量损失小,缺点是覆盖渣对钢水精炼效果差(脱氧、脱硫的能力差,吸附夹杂物的能力低),所以要对覆盖渣进行改质。

顶渣由转炉出钢过程中流入钢包的炉渣、铁合金脱氧产生的产物、加入的脱硫剂,脱氧剂等组成。当转炉内的渣大量进入钢包内时所形成的覆盖渣,渣中 FeO 含量会达到 8% ~ 15%,当转炉渣流入钢包的量较少时,会因为硅铁脱氧产物 SiO_2 在渣中比例增大,或者含铝的脱氧剂氧化产生的 Al_2O_3 在渣中比例增大,而造成覆盖渣碱度(CaO/Al_2O_3、CaO/SiO_2)降低,甚至使覆盖渣碱度

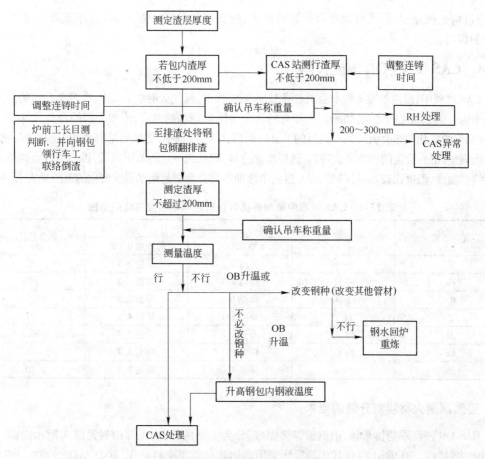

图 13-8 某钢厂的 CAS 工艺路线

小于 2.0。覆盖渣改质的目的就是要适当提高覆盖渣碱度、降低覆盖渣氧化性,覆盖渣改质的方法主要是在转炉出钢过程中向钢包内加入改质剂或脱硫剂,高效脱氧剂也具有良好的覆盖渣改质作用。利用钢水的流动冲刷和搅拌作用促进钢渣反应并快速生成覆盖渣。覆盖渣改质剂通常采用 $CaO + CaF_2$、$CaO\text{-}Al_2O_3\text{-}Al$、$CaO\text{-}CaC_2\text{-}CaF_2$ 等系列。覆盖渣改质后,碱度可达到 2.5～3.0,渣中($FeO + MnO$)含量低于 3%～5%。某厂 CAS-OB 工序,钢渣成分不同引起的钢水浇铸情况的不同见表 13-3。

表 13-3　某厂 CAS-OB 工序钢渣成分不同引起的钢水浇铸情况的不同关系

CAS-OB 的钢渣成分/%								钢水浇铸情况
CaO	SiO_2	P_2O_5	FeO	S	Al_2O_3	MgO	CaF_2	
44.51	8.04	0.02	0.96	0.073	39.26	3.82	4.68	浇铸正常
47.08	11.98	0.01	1.3	0.09	30.85	5.87	5.23	浇铸正常
49.51	8.35	0.04	1.15	0.07	39.43	0	3.34	浇铸正常
40.1	12.3	0.07	4.02	0.04	26.73	8.19	4.21	钢包结瘤、中间包结瘤
36.08	12.23	0.12	3.79	0.03	19.62	13.5	3.8	中间包结瘤

13.3.3 钢包渣面结壳的处理

CAS-OB 工艺装备中,有专门的破渣枪,即操作平台设有一个钢棒,专门用于渣面结壳的处理,该机构是机械驱动,头部装有可拆卸的枪头,枪头破渣使用一段时间,损坏或者变形以后,更换新的即可。

13.4　CAS/CAS-OB 温度控制

CAS 过程中,浸渍罩插入钢水会引起降温,吹氩过程中,氩气从钢水中溢出,也带走一定的热能,添加合金也会引起温度的变化,如添加大部分的合金会降低钢水的温度,添加个别的合金,如硅铁和铝铁,硅和铝的氧化放热会引起钢水温度的上升。所以,CAS 过程中,如果到站钢水的温度过高,此时添加合金调整成分,合金的回收率会降低,选择添加冷材,调温到一定的范围以后,再添加合金调整成分,最后终调温度,温度比较容易控制。CAS 过程中添加各类合金引起钢水温度变化的范围见表 13-4。

表 13-4　CAS 过程中添加各类合金引起钢水温度变化的范围

元　素	合金种类	温度损失/℃		合金品位/%
		每增加 1kg/t	每增加 0.1%	
Si	Fe-Si	升温 0.7	升温 0.9	75
Fe	冷材	降温 1.7	降温 1.7	100
Mn	Fe-Mn	降温 1.5	降温 2.3	77
P	Fe-P	降温 1.1	降温 4.9	23
Al	纯 Al	升温 1.8	升温 2.7	99.8
Cr	Fe-Cr	降温 2.1	降温 3.4	65
B	Fe-B	降温 1.6	降温 9.2	20

浸渍罩耐火材料对升温的要求:

CAS-OB 浸渍罩为锥形体,由钢板焊接而成,分为上下两部分,上部内衬是潜入钢水内部,一般采用浇注料制作,20 世纪 80 年代中后期则采用高铝质自流浇注料制作,其中 $Al_2O_3 > 78\%$,OB 升温在有限的空间进行,热负荷高,同时为了防止发热剂的流失,浸渍罩插入较深,浸渍罩内的钢液循环对流的强度增加,浸渍罩工作条件趋于恶化,侵蚀速度加快。正常 CAS 处理的浸渍罩寿命达 70 ~ 80 炉,当有 CAS-OB 处理浸渍罩寿命则下降至 40 ~ 50 炉,而且承受不了长时间 OB 升温,很容易烧穿浸渍罩。因此,从质量控制和处理成本方面考虑,CAS-OB 升温幅度不宜过大,一般应低于 45℃。

13.5　CAS 过程中成分的调整

为了保证合金在加料过程中不堵塞料仓的加料口,有利于快速地熔化在钢水中,有利于成分中相互影响因素的互不干扰,以及操作的自动化水平的提高,对合金的块度和成分有一定的要求。表 13-5 是某厂对合金理化指标的要求。

在 CAS 过程中,合金元素的收得率和转炉出钢过程中的脱氧程度、带渣量的多少、渣子的氧化性强弱、CAS 排渣的效果以及浸渍,罩内的氧化渣的量有密切的关系。一些常见合金中,合金元素的收得率的推荐参考范围见表 13-6。

表 13-5　某厂对合金理化指标的要求

材料	体积密度 /t·m^{-3}	粒度大小/mm	化学成分/%						
			C	Si	Mn	P	S	特殊	其他
HC-FeMn	4.1	10 ~ 50	≤7.0	≤1.0	≥60	≤0.50	≤0.03		
LC-FeMn	3.7	10 ~ 50	≤2.0	≤1.5	75 ~ 82	≤0.40	0.03		

续表 13-5

材 料	体积密度 /t·m⁻³	粒度大小/mm	化学成分/%						
			C	Si	Mn	P	S	特殊	其他
Fe-Si	1.7	10 ~ 50	≤0.2	73 ~ 80	≤0.5	≤0.04	≤0.02		
Al	1.5	25×25×35						Al>99.5	Cu≤0.05
增碳剂	0.6	3 ~ 15	≥80				≤0.35		
冷却废钢	3.4	50×50×(5~15)	≤0.2	≤0.25	≤0.8	≤0.03	≤0.02		

表 13-6 一些常见合金中,合金元素的收得率范围

合金化元素	合金元素的收得率/%	
	Al 镇静钢	Al-Si 镇静钢
C	95	95
Si	90	95
Mn	90	95
Al	对成品而言,收得率约为30%~75%,但随钢中 T[O] 量变化	CAS 处理完,收得率75%;对成品而言,收得率60%
Cr	90	95
N(氮化锰)	氮收得率为50%~55%	
N(氮化铬)	氮收得率为70%~75%	
S	90	95
P	90	95
B	75	80

调整成分加入合金量的计算

低合金钢的生产,由于钢中合金元素的含量低,一般采用以下公式计算:

$$G = \frac{A - B}{FC} \times W$$

式中,G 为合金加入量,kg;A 为目标成分,%;B 为残余成分,%;F 为铁合金中元素的成分,%;C 为回收率,%;W 为钢液重量,kg。

例2 冶炼 45 钢,钢水重量 120t,控制锰的目标成分为 0.65%,CAS 到站钢水取样分析成分锰为 0.55%,锰铁的回收率为 98%,锰铁中锰含量为 65%,计算锰铁的加入量为:

$$G = \frac{0.65\% - 0.55\%}{98\% \times 65\%} \times 120 \times 1000 = 188.38 \text{kg}$$

例3 冶炼 HRB400,钢水重量 120t,CAS 炉钢水到站以后 Mn 1.2%,Si 0.20%,目标要求 [Mn] 为 1.5%,[Si] 的目标值为 0.55%,使用硅锰合金和硅铁调整成分,硅锰合金中锰的回收率按照 100% 计算,硅的回收率为 80%,硅铁的回收率为 85%。硅锰合金中锰含量为 64%,硅含量为 17%,硅铁中硅的含量为 75%,计算各种合金的用量。

首先,使用硅锰配锰,计算加入硅锰的量 G:

$$G = \frac{1.5\% - 1.2\%}{100\% \times 64\%} \times 120 \times 1000 = 562 \text{kg}$$

然后,计算 562kg 硅锰合金带入的硅含量 P:

$$P = \frac{562 \times 17\% \times 80\%}{120000 + 562} \times 100\% = 0.06\%$$

最后,计算硅铁的加入量 S:

$$S = \frac{0.55\% - 0.20\% - 0.06\%}{75\% \times 85\%} \times 120562 = 548\text{kg}$$

13.6　CAS-OB 的工艺环节简述和操作

由于 CAS-OB 以后,尤其是采用铝热法,钢水的质量将会下降,严重的将会导致连铸结瘤,所以目前绝大多数厂家只是提倡 CAS 的操作,而不提倡 OB 操作,所以,下面将 CAS 的操作和 OB 的操作分开叙述。

经过 CAS/CAS-OB 处理以后的钢水,达到目标化学成分和温度之后,浸渍罩通过驱动机构被提升离开钢水,除尘烟道系统停止工作。钢包台车移动到布料器下方,向钢包内加入保温剂(覆盖剂),然后钢包车开至钢水接受位置,最后由精炼车间里的行车将钢包吊运到连铸机进行连铸。

CAS-OB 的工艺过程为:转炉出钢以后,钢包台车运载着盛有钢水的钢包进入处理工位之后,用于底部吹氩的惰性气体供应管线连接到固定在钢包上的惰性气体供应接头上,随后进行 CAS 或者 CAS-OB 两种冶金工艺处理程序。某厂的 CAS/CAS-OB 工艺示意图见图13-9。CAS-OB 的工艺流程见图13-10。

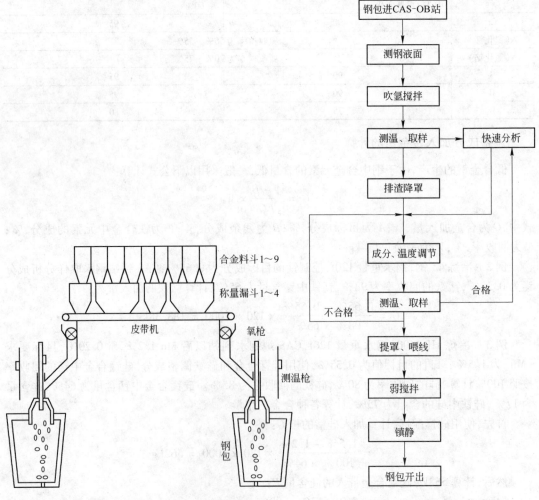

图 13-9　某厂的 CAS/CAS-OB 工艺示意图
(左为 CAS 工艺,右为 CAS-OB 工艺)

图 13-10　CAS-OB 的工艺流程

13.6.1 单纯的 CAS 工艺

单纯的 CAS 工艺当钢水温度等于或高于目标温度时,接通钢包底部的氩气,通过钢包底部的透气砖,对钢水进行搅拌。在氩气的驱动下,吹氩口上方的钢水表面形成无渣区(如果钢渣表面结壳,使用破渣枪捣开表面钢渣),此时,浸渍罩下降。与此同时,除尘系统开始工作。浸渍罩内钢水表面形成几乎不含有钢渣的纯净区域。浸渍罩插入钢水,使其内部基本上与大气相隔离,形成一个较封闭的惰性气体环境。根据冶炼的产品成分和工艺要求,进行添加合金元素、小废钢冷材降温、喂丝、吹氩搅拌、测温、取样等操作。由于是在这样一种惰性气体的环境中添加合金,因此能够保证较高和稳定的合金元素收得率。合金辅料是从高位料仓经称量台车和滑动溜槽等加料设备加入到待处理钢水之中。各种喂丝的带芯线通过喂丝机喂入钢水中,进行钙处理和其他成分的调整等操作,然后是喂丝加入保温剂,行车吊钢水上连铸浇铸。

CAS 操作曲线见图 13-11。

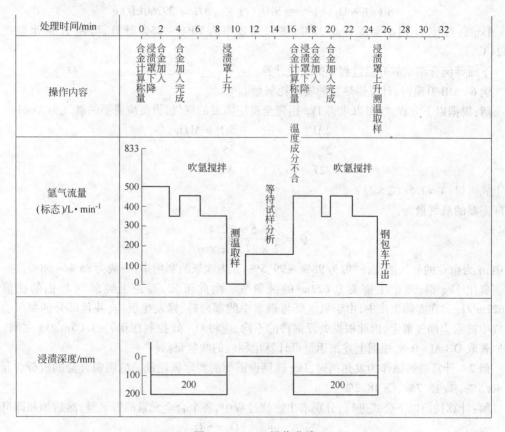

图 13-11 CAS 操作曲线

13.6.2 CAS-OB 工艺

当处理前钢水温度低时,首先采用加铝或其他发热元素通过吹氧枪进行吹氧升温,即 OB 工艺。由于底吹氩的搅拌,反应热可以快速到达钢包内各部位的钢水,在短时间内提高钢水温度,然后进行 CAS 的工艺流程,完成 CAS-OB 的操作。

13.6.2.1　OB 工艺过程中的基础计算

目前最常采用的使钢水升温的发热剂主要有 Al、Fe-Si、Si-Ca-Ba、Fe-Al 等,这些发热剂中发热元素为 Al、Si、Ca、Ba。

例4　Al 作为发热元素时,计算其热化学的铝氧反应方程式如下:

$$2Al(s) + \frac{3}{2}O_2(g) === Al_2O_3(s) \qquad \Delta H = 31580kJ/kg$$

其中,铝的热效应要考虑到反应热效应和化学反应放热,铝从室温加热到熔化温度的吸热,以及从熔化温度熔化为液态需要吸收的熔化潜热。

钢水的平均比热为 $0.88kJ/(kg \cdot ℃)$,1kg 铝可使 1t 钢水温度升高:$31580/(0.88 \times 1000) = 35.88 \approx 36℃$;由于一般 CAS 设备的热效率为 70% ~ 85%,实际上 1kg 铝可使 1t 钢水温度升高 25 ~ 30℃,由此可知,250kg 铝可使 250t 钢水温度升高 25 ~ 30℃。

例5　硅的氧化放热反应为:

$$Si(s) + O_2(g) === SiO_2(l) \qquad \Delta H = 29260kJ/kg$$

1kg 硅可使 1t 钢水温度升高 32℃;按照热效率为 70% ~ 85% 计算,可使 1t 钢水温度升高 24℃。

下面举例介绍吹氧升温过程中的氧耗计算。

例6　OB 升温时,计算铝热发的实际耗氧量。

解:根据以下方程式,可以求得 1kg 铝完全反应需要的氧气,设反应需要的氧气为 Xmol:

$$2Al \qquad + \qquad 1.5O_2 = Al_2O_3$$
$$2 \qquad\qquad\qquad 15$$
$$1/27 \qquad\qquad\qquad X$$

由上式可得:$X = 1.5/(2 \times 27)$
实际需要的氧气量为:

$$Q = \frac{1.5 \times 22.4}{2 \times 27 \times \alpha \times \eta}$$

式中,α 为企业的氧气浓度,一般为 98% ~ 99.5%;η 为吹氧的利用率,一般为 85% ~ 98%。

氧化 1kg 铝,理论上需要 $0.622m^3$ 的纯氧气。由此可知,理论上纯氧气与铝的比值为 $0.622m^3/kg$。在实际生产中,由于氧气要与钢水中的部分硅、锰发生反应,并且部分的氧气会从废气中被除尘烟气带走,因此根据处理钢种的不同,应将 $O_2:Al$ 控制在 0.7 ~ 1.05m³/kg 之间。

若取 $O_2:Al = 0.8$,根据上述加铝量可计算出相应的吹氧量。

例7　计算硅钙钡作为发热剂时,1kg 硅钙钡需要的实际氧耗量。硅钙钡合金的成分含量为 Si 40.5%、Ba 15.7%、Ca 18.2%。

解:计算按照以下公式进行,分别求出燃烧过程中,各个合金元素的需氧量,然后加和即可。

$$Si \qquad + \qquad O_2 = SiO_2$$
$$28 \qquad\qquad 22.4$$
$$1 \times 40.5\% \qquad M_1$$

燃烧合金中的硅元素,理论需氧量 $M_1(m^3)$:

$$M_1 = \frac{1 \times 40.5\% \times 22.4}{28}$$

$$2Ba \qquad + \qquad O_2 = 2BaO$$

$$2 \times 137 \qquad 22.4$$
$$1 \times 15.7\% \qquad M_2$$

燃烧合金中的钡元素,理论需氧量 $M_2(\text{m}^3)$:

$$M_2 = \frac{1 \times 15.7\% \times 22.4}{137}$$

$$2Ca \qquad + \qquad O_2 = 2CaO$$
$$2 \times 40.8 \qquad 22.4$$
$$1 \times 18.2\% \qquad M_3$$

燃烧合金中的钙元素,理论需氧量 $M_3(\text{m}^3)$:

$$M_3 = \frac{1 \times 18.2\% \times 22.4}{2 \times 40.8}$$

总的实际需氧量 $M(\text{m}^3)$:

$$M = \left(\frac{1 \times 40.5\%}{28} + \frac{1 \times 15.7\%}{137} + \frac{1 \times 18.2\%}{2 \times 40.8} \right) \times \frac{22.4}{\alpha\eta}$$

表 13-7 是各种不同元素升温热效应的计算值。

表 13-7 各种不同元素升温热效应的计算值

发热元素	反应方程式	元素发热值/kJ·kg⁻¹	吨钢升温值/℃·kg⁻¹	耗氧量/m³·℃⁻¹
Al	$2Al + 1.5O_2 = Al_2O_3$	−31580	35.8	0.622
Si	$Si + O_2 = SiO_2$	−29260	33.1	0.80
Mn	$2Mn + O_2 = 2MnO$	−5385.0	6.13	0.20
Ba	$2Ba + O_2 = 2BaO$	−3901.6	4.44	0.08
Ca	$2Ca + O_2 = 2CaO$	−12462.5	14.19	0.28

加铝量的原则:对钢中 Si、Mn 含量较高的钢种,铝的加入量取下限,而氧的吹入量取上限;对钢中 Si、Mn 含量较低的钢种,铝的加入量取上限,而氧的吹入量取下限。并需根据钢水量的不同,确定吨钢的加铝量及吹氧量。氧气和钢液反应的模型见图 13-12。

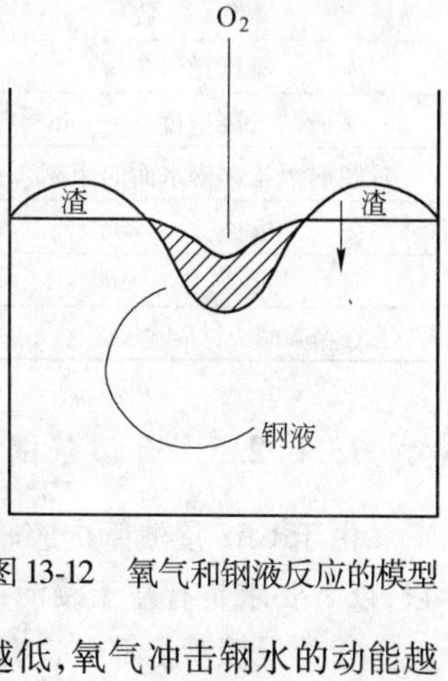

在选择发热剂时,不仅要考虑到发热剂的发热效果,还要考虑到发热剂中主元素与氧反应能力大小,以减少发热剂的加入量,提高利用率和加热速率,同时还要考虑其形成的氧化物夹杂的可排除性和对钢性能的影响,以及生产成本的技术经济指标。

图 13-12 氧气和钢液反应的模型

13.6.2.2 吹氧模式的确定

CAS-OB 的氧枪为普通的钢管或者不锈钢直筒钢管,压力大于 0.6MPa 左右,氧气在离开枪头时,速度接近或者超过声速,所以枪位越低,氧气冲击钢水的动能越大、反应越快、飞溅越大,可以获得较高的提温速度,增加氧气的利用率,减少热损失,负面影响是对除尘系统和浸渍管的冲击也加剧,氧枪的损耗速度增加,钢水的飞溅严重,会造成事故。通常认为氧气流股对钢水面的冲击起来的钢水飞溅量少,氧流股集中在反应区域以利于铝氧反应的穿透为标准。为保证发热剂铝和氧气在钢水表面层进行反应,此时穿透深度(L)和钢水深度(L_0)的比值(L/L_0)选择在0.2~0.3之间。所以氧枪枪位的控制对升温过程是关键因素,宝钢300t 钢包,氧流股在钢水面的临界速度大于 30.5m/s,当供氧强度为 0.16~0.18m³/(t·min)时,氧枪枪位在 350~

450mm 之间,氧流股在氧枪出口处的最大速度为 251.5m/s。实际吹氧操作必须注意以下问题:

(1) 防止钢水的过氧化和有益元素的损失。对这一问题,解决方法是增加底吹氩气的流量,控制顶吹氧流量和增加铝的过量系数。

(2) 减少氧枪的烧损。对这问题,一般要求使用不锈钢管外高铝质的耐火材料,这样在操作中就可以忽略氧枪熔损的问题。枪位控制即操作中降枪速度,以上一炉的氧枪熔损量和本炉预定吹氧量的时间确定。

(3) 快速升温对浸渍罩的寿命影响。对这一问题,要求控制合适的枪位防止喷溅过量,尽可能将反应区包围在钢水中,减少对浸渍罩内耐火材料的直接辐射以及在吹氧前加入部分铝,减少表面 FeO 的大量富集。

13.6.2.3　氧枪枪位间隙的概念

枪位的间隙(h)是指氧枪前端与钢水面之间的距离,是 CAS-OB 重要工艺控制参数之一。h 太小,造成翻动激烈、喷溅大、降低氧枪寿命及浸渍管寿命;h 太大,热效率低,钢水飞溅大。一座 100 ~ 250t 钢包的 CAS-OB 工艺中,常规控制一般为 $h = 400$mm,参考范围 $h = 350 ~ 450$mm。

13.6.2.4　氧枪枪长的控制及设定

CAS-OB 枪位间隙定位首先是确定 OB 枪上法兰基准面,而后输入枪长确定实际氧枪前端位置,再输入钢渣面和标准枪位间隙确定氧枪下降行程。因此,确定氧枪长度是至关重要的。为了保证氧枪的吹氧有效可控,规定一个氧枪的枪管长度有一个最大长度(针对新枪管)和最小长度(针对使用一段时间后的枪管),超过最小长度的范围,需要更换氧枪枪管,超过最长长度时,切割去多余部分,才能够换上使用。一座 120t CAS-OB 的枪位示意见图 13-13。吹氧系统的参数见表 13-8。

表 13-8　吹氧系统的参数

参　　数	数　据	参　　数	数　据
氧枪行程/mm	7025	正常压力(减压后)/MPa	1.0
氧枪的升降速度/m·min^{-1}	2 ~ 10.4	流量调节范围/m^3·h^{-1}	0 ~ 3000
吹氧时氧枪离钢水面的距离/mm	300 ~ 500	吹氧时升温速度/℃·min^{-1}	4 ~ 8
枪径(外)/mm	205	停位精度/mm	±20
枪径(内)/mm	50	枪长(耐火材料部分)/mm	3700
自耗式,覆盖耐火材料吹氧能力/m^3·h^{-1}	1600 ~ 3000		

13.6.2.5　升温范围的确定

由于 CAS 浸渍管内腔较薄弱、容积小,每次升温量较大时易造成浸渍管穿孔、断裂事故,所以,以下要求是有益于浸渍罩的寿命的:

(1) 浸渍管上部喉口有耐火材料保护,$T \leqslant 45℃$;

(2) 浸渍管上部喉口无耐火材料保护,$T \leqslant 30℃$。

CAS-OB 升温量与加铝量等的关系如下:

浸渍管插入深度也是影响 OB 升温效率的重要因素。如果浸渍管插入过浅则易造成投入的升温元素(如铝等)容易被钢水带走,影响升温效率,增加其他元素的氧化机会。

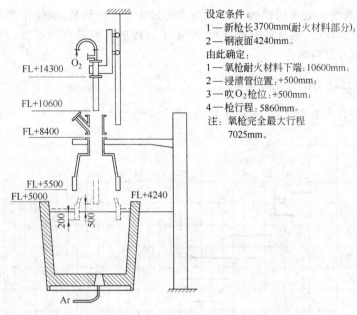

图 13-13　一座 120tCAS-OB 的枪位示意图

因此,浸渍管须插入较深,以扩大氧与升温元素(如铝等)的反应机会。浸渍管插入深度 $H_0 = 350 \sim 400\,\mathrm{mm}$。

升温值(ΔT)计算及最大升温值的限制:

$$\Delta T = 目标达到温度 - 实际温度 + \Delta T_1$$

ΔT_1 为钢包状态对钢水温度的影响。但包底冷钢对温度影响较复杂,只能通过随时测温来解决。

13.6.2.6　OB 处理过程底吹氩流量控制

底吹氩流量控制也是 CAS-OB 重要工艺参数之一。吹氩流量过大,则搅拌过于激烈,喷溅大,影响浸渍管和氧枪寿命。太大的流量也可使投入的铝被带至浸渍管外的渣层中,降低热效率等。底吹氩流量过小时,搅拌微弱,易导致局部钢水过热。极低时,甚至可导致浸渍管或包底烧穿。底吹氩流量标准为 $V = 150 \sim 200\,\mathrm{L/min}$。

注:底吹氩流量选定须通过观察判定,一般以钢水面有少量翻腾为准。如有底吹氩漏气现象,即控制相当于正常情况下的下限流量进行作业。

OB 升温后搅拌时间控制,由于采用 OB 铝升温后,产生大量 Al_2O_3 夹杂。因此,为确保产品质量,当铝升温结束后,须确保足够的搅拌时间:

(1) 当总的升温值 $\Delta T \leqslant 20\,℃$ 时,搅拌时间 $\geqslant 5\,\mathrm{min}$。

(2) 当总的升温值 $\Delta T > 20\,℃$ 时,搅拌时间 $\geqslant 7\,\mathrm{min}$。

13.6.2.7　发热剂的加入方式

发热剂的加入方式有多种,CAS-OB 法与 IR-UT 法采用溜槽状以块状(丸状)发热剂加入,国外还有采用喂丝法。当以块状加入发热剂时,发热剂合金浮在浸渍罩钢水面上,此时采用顶枪在液面上供氧,高浓度的发热剂钢水与氧反应,产生的高温熔化低温发热剂,使之溶入浸渍罩内的钢水,在吹氧的作用下,氧气进一步氧化大部分的发热剂,促使发热剂快速氧化放热,最终加热整包钢水;采用喂丝法时,由于发热剂被射入钢水深部,整包钢水铝含量相对较高(喂丝法一般采用铝线),这种方法可减少5%的热量,但技术要求较高,钢水中其他合金元素控制较难,同时氧枪寿命短,增加了冶炼成本和操作的难度,故目前以采用投入加料的方法加入发热剂为主。

13.6.2.8 CAS-OB 的处理周期

CAS-OB 的处理周期见图 13-14 和表 13-9。

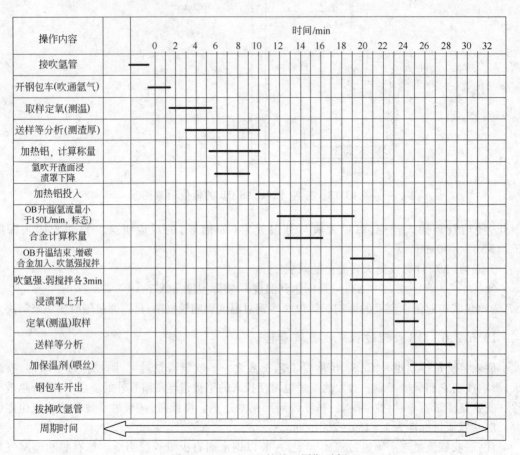

图 13-14 CAS-OB 的处理周期示例

表 13-9 CAS-OB 的处理周期   （min）

处 理 步 骤	常规(70%)	OB 升温(20%)	喂丝 + OB(10%)
钢包台车进入处理工位	1	1	1
测量钢水的液面高度及渣层厚度	1	1	1
氩气吹开渣面、浸渍罩下降、吹氩搅拌均匀	2	2	2
测温取样	2	2	2
送样分析	5	5	5
合金称量、投入合金	1	1	1
OB 吹氧		5	5
吹氩搅拌	3	3	3

处 理 步 骤	常规(70%)	OB 升温(20%)	喂丝 + OB(10%)
测温、取样(吹氩搅拌)	2	2	2
(送样分析)	(5)	(5)	(5)
浸渍罩上升	1	1	1
钢包台车移到保温剂投入工位喂丝并返回	4	4	4
钢包台车移到保温剂投入工位	0.5	0.5	0.5
投保温剂	0.5	0.5	0.5
钢包台车离开保温剂投入工位	1	1	1
总处理周期	24(29)	29(34)	29(34)

13.7　CAS 处理过程中钢中夹杂物的情况

　　转炉出钢过程中,进行成分的粗调和脱氧的操作,在此过程中加入的脱氧剂和合金会产生许多的夹杂物。其中大部分颗粒较大的夹杂物,在出钢过程中较大氩气流量的吹氩搅拌的作用下,得以上浮去除。而钢中存在簇群状和块状的 Al_2O_3 夹杂物,尺寸较小,集中在 $20\mu m$ 以下;此外钢中球状的 Al_2O_3 夹杂物数量较少,尺寸多数为 $10\mu m$ 以下。这一点在 CAS 处理以前,通过取钢水的试样,经过观察得到了证实。

　　在 CAS-OB 处理过程中,经过添加合金进行成分的终点调整和脱氧,加入的合金脱氧剂、被氧化以后,在钢水中形成夹杂物,在 CAS 较大的吹氩条件下,大颗粒的夹杂物也随气泡黏附去除进入渣中或者被耐火材料表面吸附,所以经过合理的 CAS 工艺以后,钢水中的夹杂物以块状和簇群状的 Al_2O_3 为主,尺寸比 CAS 处理以前的尺寸要小,集中在 $5\mu m$ 以下;除此之外,钢中还存在部分的 CaO、MgO、MnS、SiO_2 等。和 CAS 处理以前相比,钢水中的氧含量得到大幅度的降低。某厂 CAS 工艺对钢水处理前后的定氧仪定氧结果见表 13-10。发现钢水自由氧大幅降低。

表 13-10　某厂 CAS 工艺对钢水处理前后的定氧仪定氧结果

内　容	[O]/%	内　容	[O]/%
处理前	0.00586	处理后	0.00087

13.8　CAS 过程中的喂丝钙处理操作

　　CAS 钢水钙处理的目的主要是改善钢水的质量、减少刚性夹杂物 Al_2O_3 的含量、提高钢水的流动性、减少结瘤。钙处理过程中主要的控制项目有两个,一是钢水中[Ca]/[S],二是钢水中的[Ca]/[Al]。

　　文献介绍,[Ca]/[Al]>0.14 时,可以形成低熔点的钙铝酸盐,或者与 CaS 形成复合化合物,降低了 CaS 的熔点,消除结瘤的风险;当[Ca]/[S]>0.3 时,可以使钢中长条状的硫化物夹杂转变为球状的 CaS 夹杂物或复杂硫化物夹杂。

　　以上结果要取得良好的效果,必须将 CAS 处理过程中的钢水中的氧含量和渣中的氧含量降下来。研究结果证实,钢水进行钙处理喂丝以前,钢中的自由氧越高,夹杂物的球化率越低,钙处理效果就越差。笔者跟踪了转炉 + CAS 流程的板坯生产线大量的结瘤炉次的钙处理过程,结果显示,这些结瘤的炉次几乎全部集中在转炉下渣或者过吹的炉次。在这些炉次中,转炉不论是冶炼铝镇静钢 SPHC,还是合金钢 Q345、Q125,都有结瘤。其中铝镇静钢最为突出。所以 CAS 工艺过程中,如果转炉下渣严重或者过吹严重,最好的选择是增加冶炼周期,进行脱氧或者改换工艺。如有 LF 和 RH

配置的,钢水上 LF 或者 RH 处理,因为 CAS 处理,连铸结瘤以后,一包钢水不仅损失了,而且连铸也停机了,实在是得不偿失。CAS 钙处理过程中喂丝的区域选择在中心吹氩的位置。

13.9　CAS-OB 处理铝镇静钢的工艺实例

本节以冷轧用钢 SPHC 为例,介绍 CAS-OB 处理铝镇静钢的工艺控制要点。

冷轧用钢 SPHC 的成分见表 13-11。

表 13-11　冷轧用钢 SPHC 的成分

成　分	C	Si	Mn	P、S	Al
含量/%	0.04 ~ 0.08	<0.03	0.2 ~ 0.4	<0.015	0.02 ~ 0.06

转炉操作要点如下:

(1) 入炉铁水成分要求[S] ≤ 0.010%;脱硫站扒渣要求后扒渣,扒渣量大于渣量的三分之二,防止回硫。

(2) 要求配加厂内废钢或低硫废钢。

(3) 转炉造渣碱度按照 R = 2.8 ~ 3.2 控制,终点采用高拉补吹操作,出钢前炉内定氧;出钢碳含量控制在 0.05% ~ 0.08%。

(4) 出钢温度正常为 1660 ~ 1680℃;CAS 工位钢水到站钢包温度正常为 1620 ~ 1650℃;

(5) 要求出钢时间不低于 4min。

(6) 要求钢包为红热钢包,包口、包壁、包底清洁,严禁有残渣,吹氩成功率确保 100%。

(7) 炉后脱氧合金采用电石、低碳锰铁、铝铁、钢包改质剂(铝渣球),所有加入的合金必须保证在钢水出至出钢量的四分之三时加完;电石可在出钢前提前加入包底;出完钢后在钢包内加入钢包改质剂(铝渣球),低碳锰铁、铝铁合金加入量根据钢包成分要求设定,电石加入量 1.0 ~ 1.5kg/t、钢包改质剂(铝渣球)加入量 150 ~ 250kg/炉;炼钢工根据实际下渣量及时通知 CAS 组长,适当调整该工位铝渣球的加入量。

(8) 转炉自出钢开始必须保证全程吹氩,在出钢过程中能够明显看到钢包底吹氩效果,氩气流量以钢水液面明显翻动为准,确保转炉炉后所加合金及渣料充分。

CAS 精炼操作的前期准备包括:

(1) 钢包使用双透气芯钢包,上线前必须烘烤良好,CAS 使用正常周转钢包(钢包闲置时间小于 2 小时),禁止黑钢包、冷钢包、结包底钢包上线。

(2) 钢包包口干净,不影响浸渍罩上下运行,钢包包底无渣壳。

(3) 浸渍罩预热。利用开机前两炉钢水对浸渍罩进行预热(浸渍罩在钢水中浸泡时间每次大于 5min)。

CAS-OB 的处理周期是指钢包到达 CAS-OB 处理工位至钢包离开 CAS 处理工位时间,CAS 处理周期的确定:

(1) 成分、温度合适时,CAS-OB 处理周期为 20min。

(2) 温度合适、成分不合适,合金化后成分合适,CAS-OB 处理周期为 25min。

(3) 温度不合适需 OB 处理时,CAS-OB 处理周期为 30min。

CAS-OB 处理工艺的确定:

(1) 检查钢包吹氩情况。要求氩气强搅拌时,搅拌面(裸露钢水面)可调节到浸渍罩内圆截面大小;氩气弱搅拌时,可满足软吹条件(钢水不裸露,搅拌区域钢渣微微波动);氩气搅拌不满足工艺要求时,必须更改精炼路径,上 LF 处理。

（2）钢水到站以后[S]>0.020%，更改工艺路线，钢水上 LF 处理。

（3）测量钢渣厚度。要求钢渣厚度必须小于150mm，最佳钢渣厚度80~100mm，转炉下渣（渣层厚度大于150mm），进行泼渣处理，泼渣处理后 CAS-OB 处理周期小于15min，更改精炼路径（上 LF 炉）。

（4）CAS-OB 初炼温度1620~1650℃，最佳温度1630~1640℃，包况及浸渍罩不好时，包温可提高10~20℃。若初炼温度低于1620℃，无法确保终点温度时，更改精炼路径，上 LF 处理。

（5）钢包吹氩要求。自转炉出钢开始必须保证全程吹氩，氩气流量以钢水液面微动为准，保证软吹效果，严禁氩气流量过大造成钢水大翻，导致钢水二次氧化。

（6）转炉下渣量较大，钢水温度大于1650℃时，上 RH 处理。

（7）禁止 CAS-OB 处理进行回钢水操作，否则必须更改精炼路径。

CAS-OB 工艺操作要点如下：

（1）转炉出钢结束钢包到达 CAS-OB 工位，第一步进行测渣层厚度；第二步粘渣观察对钢渣进行二次改质，使用铝渣球大于100kg，必要时加入10~30kg加热铝或铝铁（钢渣厚度大于100mm）；第三步进行测温、定氧操作。

（2）钢包到达，调节氩气搅拌2.5min（氩气流量100~150L/min）后进行取样操作。

（3）试样返回后，成分不合适进行合金化操作，成分合适直接进行喂丝操作。

合金化工艺操作要点如下：

（1）合金化工艺操作禁止在钢水要上连铸10min内进行。合金化操作前必须进行降浸渍罩操作。

（2）降罩操作。现场操作下降浸渍罩至渣面300~400mm处时，调节氩气至搅拌面大于浸渍罩内圆截面大小（氩气流量150~350L/min或旁路吹氩），再次下降浸渍罩至钢液面下200mm时停止降浸渍罩。

（3）合金化操作。在此操作过程中必须考虑到浸渍罩和合金加入过程对钢包造成的温降（一般为10~30℃）。合金化工艺原则：CAS-OB 工位合金补加一次成分命中，合金补加总量小于200kg，其中铝铁补加量须不超过120kg，合金化工艺必须在降罩状态下进行，氩气流量调节至200~350L/min（标态），合金配加结束后氩气流量调节至100~150L/min（标态），搅拌3min后进行取样操作，取样结束后氩气调节至软吹状态（氩气流量35~100L/min（标态）），控制温度至处理结束。

钙处理操作要点如下：

（1）成分合适后进行喂丝作业，喂丝机故障无法进行钙处理时必须更改精炼路径，采用 CAS+LF工艺，钢水成分、温度合适，钢水到达 LF 工位进行 LF 轻处理以后喂丝，不论在哪一个工位，都采用钙铁线或者铝线，连铸采用透气上水口时，采用喂铝线的工艺，反之亦然。

（2）喂丝量为0~500m，根据喂丝前的脱氧情况和酸溶铝的量，以及钢液中的硫含量确定。

软吹操作和出钢操作要点如下：

（1）钢水成分合适，进行喂丝操作处理后，进行软吹操作，调节氩气至钢水不裸露、搅拌区域钢渣微微波动为宜。软吹时间必须大于5min，最长不超过12min。

（2）取终点试样，控制终点温度（氩气软吹状态）。

（3）钢水成分、温度合适，处理结束后，停止氩气搅拌，在 CAS 处理工位配加80kg的保护渣，开出钢包，钢水上连铸浇铸。

14 钢种的冶炼

14.1 管线钢的冶炼

管线钢作为微合金化元素典型集中应用的钢种,制造过程管控的环节较多,是冶炼难度集中体现的钢种,掌握了管线钢的冶炼,对其他钢种的冶炼大有裨益,本章做重点介绍。

14.1.1 氢的危害和管控

氢在常温下的钢坯中的溶解度很低,随着温度的降低,钢中氢析出,造成的危害较多,典型的是析出以后产生的鱼眼和白点的缺陷,加剧 MnS 塑性夹杂物在轧制过程中的危害,降低钢的塑性,甚至引起钢材制品的断裂。氢也能够引起点状偏析,造成焊缝热影响区的裂纹,是管线钢生产过程中需要重点控制的成分。其主要来源于原料中的碳氢化合物,潮湿的原材料,冶炼使用的耐火材料、渣料,以及钢水和潮湿炉气的接触。

钢水中的氢的主要操作控制环节有以下几点:

(1)转炉保持一定的铁水比和配碳量,吹炼过程中有较大的脱碳沸腾量。

(2)使用的渣料原材料干燥,水分含量少。

(3)转炉的少渣吹炼有助于脱氢的操作,同样适用于脱氮的操作。

(4)转炉在吹炼后期不加矿石。

(5)转炉出钢过程中的合金保持干燥,有条件的进行烘烤。

(6)在精炼工艺中,严格地管控原材料,减少钢水的裸露,不同的地区关注生产的气候条件,梅雨季节和雨季不安排生产低氢钢种。

(7)钢包等耐火材料前几炉不用于冶炼低氢钢。

(8)增加真空度和真空处理时间。

14.1.2 氮的危害和管控

氮在铁液中的溶解度远高于固态的溶解度,钢中氮含量较高时,在低温下呈过饱和状态,氮在钢材制品中主要以氮化物的形式存在,并且低温下较为稳定,故氮化物在低温下不会以气态析出,而是以弥散的固态氮化物析出,引起钢材制品晶格的扭曲,产生应力,使得钢材制品的硬度和脆性增加,塑性和韧性降低,这种现象称为时效硬化或者老化,并且钢中磷含量较高时,这种时效倾向会加剧。钢中的氮含量越高,时效现象越严重,钢中的氮含量低于 0.0006% 时,才能够消除时效现象。脱氧良好的钢中,添加 Al、Ti、V、B 可以和钢水中的氮生成氮化物,使得固溶在 α-Fe 中的氮含量降低,减轻或者消除时效现象。

在管线钢生产中,氮的主要危害是造成焊接热影响区的脆化以及降低制管过程中钢材的冷加工性能。

钢水中的氮含量主要来源于铁水和生铁,吹炼过程中使用的氧气以及渗氮处理的废钢,铁水比例越高,转炉终点的氮含量越低。转炉废钢加入量和终点氮含量之间的关系见图 14-1。

钢液裸露二次氧化吸氮等。钢液中的氮的溶解度是氢的 15 倍，并且钢中的氧含量和硫含量对脱氮有一定的影响。如 VD 工艺中，硫含量低于 0.005% 时，脱氮速度明显增加。但是 RH 的脱氮效果不明显，仅在高氮区能够脱除 10% ~ 30% 左右的氮，故氮的管控在于转炉、精炼和连铸三个环节，关键在转炉，控制在精炼和连铸。钢水中氮含量的管控主要有以下几点：

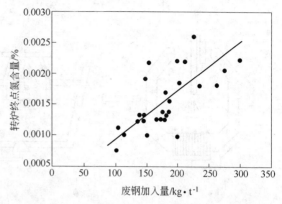

图 14-1　转炉废钢加入量和终点氮含量之间的关系

（1）转炉冶炼低氮钢种时，减少废钢的比例，不使用生铁和经过渗氮处理的废钢。

（2）废钢块度必须合适，单重大于 500kg 的大块等难熔废钢，在吹炼后期熔化会影响转炉终点的氮含量。

（3）铁水的温度越高，锰含量、钛含量、硅含量越高，铁水中的氮含量越低。

（4）氧气中的氮含量对增氮影响明显，减少补吹（又称后吹），对钢水氮含量的控制很重要。

（5）钢水的氧化性越强，钢水越不易吸氮，转炉吹炼过程中铁水比越高，多批次加铁矿石的操作有利于氮的脱除和增氮。

（6）复吹转炉的脱氮效果优于顶吹转炉。

（7）复吹转炉的底吹气体较早转换为氩气搅拌，如碳火出现，脱碳反应开始以后，底吹气体就应该转换为氩气。

（8）出钢不脱氧工艺的增氮量低于出钢脱氧的工艺。

（9）减少出钢散流，控制合理的出钢时间有利于减少钢水的吸氮。

（10）出钢过程中添加改质剂，及时地覆盖钢液有利于减少钢水的吸氮。

（11）保持出钢钢包的净空高度，控制合适的吹氩量，有利于 LF 的氩封保护钢液，减少吸氮。

（12）转炉出钢保持合适的温度，减少 LF 的送电时间，有利于减少电弧区的增氮。

（13）LF 过程中的埋弧操作有利于减少钢水的吸氮。

（14）真空精炼过程中，在抽真空脱氮操作接近结束以后，添加 Al、Ti、V、B 等和氮容易发生反应的元素的合金，有利于脱氮。

（15）连铸的钢包水口、中间包水口的氩封，钢包加盖等措施，对减少钢水的二次氧化和增氮有明显的作用。

14.1.3　纯净管线钢冶炼工艺路线的选择

对高级别管线钢的生产，各厂家已经成功地开发了一系列的冶金技术。其中，关键技术就是使钢纯净化，即使钢的硫、磷、夹杂物及气体含量降到最低。目前，生产管线钢采用的工艺路线有几种：

（1）铁水预处理脱硫——复吹转炉——LF（或 CAS）——钙处理——连铸。这种工艺路线适用于 X70 以下级别的管线钢。采用 LD + CAS + CCM 生产管线钢的示意图如图 14-2 所示。

（2）铁水预处理脱硫或三脱——复吹转炉——LF——RH（或 VD）——钙处理——连铸。

（3）铁水预处理脱硫或三脱——复吹转炉——RH（或 VD）——LF——钙处理——连铸。

（4）铁水预处理脱硫或三脱——复吹转炉——RH——钙处理——连铸。

铁水预处理：铁水实施三脱可使铁水成分[P] ≤ 0.002%，[S] ≤ 0.001%，[Si] ≤ 0.3%，从而

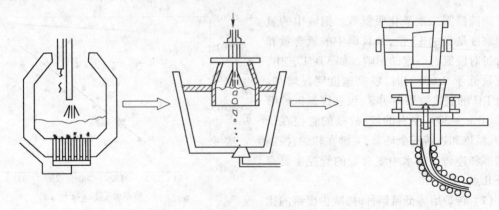

图 14-2　采用 LD + CAS + CCM 生产管线钢的示意图

为转炉炼钢提供优质原料。

复吹转炉:与传统顶吹转炉相比,进一步强化了冶炼过程中熔池的搅拌,促进各种冶金反应的进行和温度、成分的均匀,有利于去除夹杂物和有害气体,使转炉冶炼终点控制稳定。复吹转炉更适合冶炼碳含量很低的管线钢钢种。

LF 精炼炉:经过 LF 炉处理的钢水,可以精确控制钢水成分及温度,能够做到 C、Si、Mn、Cr、Mo、V 等元素控制在 0.03% 以内,温度在 5℃ 以内,[S] ≤ 0.01%,从而把钢的性能波动降低到最低。另外,通过造白渣能够进一步去除钢中夹杂物,提高钢水的洁净度。

RH(或 VD)脱气炉:经过 RH(或 VD)脱气处理的钢水,可以使钢中气体含量达到很低的水平,T[O] ≤ 0.02%,[N] ≤ 0.03%,气体含量的降低能够大大改善钢的力学性能等指标。

钙处理:采用钙处理技术控制了夹杂物的形态,从而改善在酸性环境下钢管的抗氢致开裂(HIC)能力。

连铸:长结晶器及电磁搅拌、轻压下等现代连铸技术的应用,能够提高铸坯的综合质量,使得铸坯质量优良,能够满足进一步加工的要求。

降低由连铸带来的中心部位偏析是生产管线钢的关键技术。炼出纯净钢只是第一步,对连铸凝固区的有效控制才能达到最终降低偏析的目的。钢的低硫含量能够增加高强钢的裂纹扩展吸收能力,通过同时降低碳和硫的含量及微合金化技术可以在 X80 及 X100 以上的高强度钢中获得高韧性。

TMCP(热变形控制工艺)技术是生产高级别管线钢的至关重要的技术。TMCP 控轧工艺及紧随其后的快速冷却工艺在内的改进工艺方法于 20 世纪 80 年代崭露头角。采用这一工艺,只要进一步降低碳含量,并添加适当的合金成分,即能生产 X80 以上的高强度的材料。高钢级管线钢的目标成分设计要确保高的强度,还要考虑因采用 TMCP 控制和快速冷却工艺生产的机械强化,而又不会损害焊接性能和韧性。随着碳含量的增加,钢的强度增加,而韧性和焊接性能降低。但由于控轧控冷工艺和微合金化技术的日趋成熟,同时为改善焊接热影响区(HAZ)的性能,钢中的碳含量逐渐降低,X80、X100 级管线钢技术是为了获得高强度、高韧性钢板,再结晶和相变过程的控碳含量应在 0.05% 以下为宜。

采用 TMCP 技术研制出的抗酸性环境的 X80 级钢,能通过控制材料中的相变来降低偏析。最初引进控制轧制后,已成为获得细化铁素体组织的技术。在 TMPC 过程中,除了使用控制轧制技术外,还利用终轧后的控制冷却技术使钢的金相组织从细化的铁素体为主向细化的贝氏体为主转变。通过 TMCP 技术既能获得更高的强度和更高的韧性,又能保证焊接所要求的合适的碳含量。

终冷温度是低碳钢获得高强度的一个重要的影响因素。高强度可以通过强化冷却加上低终冷温度来获得,也可以通过提高碳当量来实现。

高钢级管线钢 TMCP + ACC 生产控制的几个重点:

(1) 保证钢坯加热温度到一定要求,使 Nb 的碳化物充分溶解。

(2) 再结晶区的第一阶段轧制时,必须获得细化的奥氏体晶粒。

(3) 在奥氏体未再结晶区的精轧温度控制在 A_{r_3} 以上,此温度范围内必须有足够的压下量。

(4) 控制好决定最终产品组织的冷却速度和终冷温度(ACC 处理工艺)。预先设定冷却速度或"理想"的冷却速度,目标是尽可能快地冷却到芯部。但是表层的冷却终止温度必须高于马氏体开始转变温度 M_s。

(5) 直接淬火(DQ)必须有较高的冷却速度,使得钢材芯部和表层的终冷温度低于马氏体开始转变温度 M_s。

(6) 直接淬火和回火(DQST),以很高的冷却速度将钢板表层冷却到马氏体开始转变温度以下,随后利用钢板芯部的热量自回火。

14.1.4 管线钢选用的基本思路

管线钢的安全关系到社会的安全,从社会安全的角度出发,管线钢必须是纯净钢,其洁净度要求是低硫或者超低硫、低磷、低氢、低氧,并且经过钙处理使硫化物夹杂球化,增加管线钢的安全使用性能。为了实现以上的目的,必须考虑以下问题:

(1) 钢的抗拉强度和屈服强度是由钢的化学成分和轧制工艺所决定的。管线钢在不同的使用区域要求也不同。如 X70,不同的要求,其成分也不一样。暑期管线选材时,应选用屈服强度较高的钢种,以减少钢的用量。选钢种时还应考虑钢的屈服强度与抗拉伸强度的比例关系,即钢材的屈强比,用以保证制管成形质量和焊接性能。管线钢在经反复拉伸压缩后,包申格效应会使管线钢的强度降低,严重的降低 15%,在订购制管用钢板时必须考虑这一因素。可在该级别钢的最小屈服强度的基础上提高 $40 \sim 50MPa$。

(2) 钢材的断裂韧性与化学成分、合金元素、热处理工艺、材料厚度和方向性有关。应尽可能降低钢中 C、S、P 的含量,适当添加 V、Nb、Ti、Ni 等合金元素,采用控制轧制、控制冷却等工艺,使钢的纯度提高、材质均匀、晶粒细化,可提高钢韧性。目前采取方法多为降碳、增锰。

(3) 在含硫化氢的油、气环境中使用的管线钢,应该具有极低的硫含量,并进行有效的非金属夹杂物形态控制和减少显微成分偏析。管线钢的硬度值对氢致开裂(HIC)也有重要的影响,为防止钢中氢致裂纹,一般应将硬度控制在 HV265 以下。

14.1.5 管线钢的成分

除了微合金化元素以外,最初的管线钢的成分和 20MnSi、16Mn 的成分接近,管线钢的发展也是一个钢中碳含量不断降低的过程。各个级别管线钢成分的控制,主要是和钢材的力学性能和其他要求紧密结合的。如根据铌元素在钢中的特性(铌具有细化钢的晶粒、提高钢的强度和韧性的作用),随着铌含量的增加,钢的强度和韧性也会随着增加,但当达到一定铌含量后,钢的强度和韧性反而会开始下降,所以,一般钢种设计铌成分范围为 0.020% ~ 0.040% 比较合适。

较高的碳和锰含量会加剧磷的偏析,为提高钢板的焊接性能,保证钢坯加热时 Nb(C,N)易于溶解,将碳控制在成分的中下限,即 0.13% ~ 0.17%。

锰对钢的强度有一定影响,锰含量偏低会使强度下降,过高则影响钢板的冷冲压和焊接性能,应将其含量控制在合适的范围内。而钢中加入适量的硅起固溶强化作用。

以下列举一些管线钢的典型成分,见表 14-1 ~ 表 14-5。

表 14-1　X60 管线钢的典型成分　　　　　　　　（%）

元　素	C	Si	Mn	P	S	Nb	V	Al	Ti	Ca
成分控制最小值	0.16	0.25	1.5	<0.015	<0.008	0.035	0.035	0.015	0.02	0.0015
成分控制最大值	0.18	0.35	1.6			0.045	0.045	0.04	0.03	0.004

表 14-2　X70 管线钢典型化学成分　　　　　　　　（%）

厂家	C	Si	Mn	Cr	Mo	Ni	Nb	V	Ti	Cu	P	S	P_{cm}	C_{eq}
宝钢	0.05	0.20	1.56	0.026	0.21	0.14	0.045	0.032	0.016	0.18	0.011	0.003	0.17	0.39
鞍钢	0.03	0.27	1.56	0.025	0.25	0.13	0.057	0.04	0.021	0.14	0.005	0.004	0.18	0.41
武钢	0.03	0.21	1.55	0.021	0.27	0.23	0.047	0.038	0.018	0.21	0.010	0.002	0.18	0.41
住友	0.06	0.15	1.62	0.02	0.01	0.20	0.035	0.05	0.022	0.28	0.011	0.001	0.18	0.39
德国	0.07	0.27	1.57	0.06	0.01	0.03	0.04	0.07	0.013	0.03	0.011	0.001	0.19	0.37

注:1. 碳当量 $C_{eq} = C + Mn/6 + (Cr + Mo + V)/5 + (Cu + Ni)/15$。

　　2. 裂纹敏感系数 $P_{cm} = C + Si/30 + (Mn + Cu + Cr)/20 + Ni/60 + Mo/15 + V/10 + 5B$。

表 14-3　X70 管线钢典型力学性能

生产厂家	壁厚/mm	取样位置	屈服强度/MPa	抗拉强度/MPa	伸长率/%	冲击韧性(-20℃)/J	屈强比
宝钢	14.6	横向	525	644	37	341	0.82
鞍钢	14.6	横向	543	656	42	413	0.83
武钢	14.6	横向	539	659	42	402	0.82
日本住友	21	横向	532	627	40.9	297	0.85
德国	21	横向	507	607	40.5	267	0.84
要求值			485 ~ 620	570	与壁厚有关	140	≤0.90

表 14-4　X80 管线钢的冶炼控制成分　　　　　　　　（%）

成分项目	C	Si	Mn	P	S	Al_t	Nb	Ti	V
范围	0.025 ~ 0.054	0.145 ~ 0.254	1.8 ~ 1.9	≤0.012	≤0.002	0.015 ~ 0.045	0.06 ~ 0.08	0.010 ~ 0.025	0.035 ~ 0.050
成分项目	Cu	Mo	Ni	O	N	Ca	B	H	
范围	0.2 ~ 0.3	0.25 ~ 0.35	0.25 ~ 0.35	≤0.003	≤0.006	0.0015 ~ 0.0045	≤0.0005	≤0.00025	

表 14-5　X90 和 X100 的典型成分　　　　　　　　（%）

钢级	C	Mn	Si	P	S	Nb + Ti	Ni + Cr + Cu	Cr + Mo + Mn	B	C_{eq}	P_{cm}
X90	0.04	1.90	0.25	0.005	0.002	≤0.08	≤0.9	≤2.5		0.50	0.19
X100	0.04	1.90	0.25	0.005	0.002	≤0.08	≤0.9	≤2.5	0.0008	0.50	0.19

14.1.6 管线钢连铸坯表面横裂纹的控制

不论是哪一种管线钢,基本上都采用铌进行微合金化处理,所以管线钢是典型的含铌钢,铸坯容易出现裂纹。含铌管线钢连铸坯表面横裂纹形成的原因如下:

(1) 钢的二次脆化区相当于 $\gamma \rightarrow \alpha$ 相变区。当温度小于 900℃ 时,钢的塑性下降的范围是 $1100 \sim 900$℃。对碳含量在 $0.10\% \sim 0.18\%$ 的铌微合金化包晶钢,其低塑性区可能高于碳钢的 $700 \sim 900$℃ 范围。连铸坯过矫直区时,温度在 $700 \sim 900$℃ 的低塑性区,此时氮化物、碳化物和碳氮化合物沿奥氏体晶界及其附近大量析出,造成晶界脆性,铸坯内弧面坯壳抵抗不了矫直力的作用而产生横裂纹,发生在振痕波谷处。因此,不合适的二次冷却制度,是造成连铸坯表面形成振痕横裂纹的主要原因。保持钢中合理的 Ti 和 N 的比例是优化工艺的一种选择。

(2) 硫、磷的影响。由于硫在钢中易形成 MnS 夹杂物与偏析,磷在 α-Fe 与 γ-Fe 中的扩散速度小,易形成偏析,而凝固过程中的偏析、夹杂、析出、相变方式及变性速度等综合作用会使铸坯在 $600 \sim 900$℃ 范围有效地降低断面的收缩率,从而出现高温脆化现象,即出现裂纹。因此,应尽量将钢中的硫、磷含量控制在较低范围内。

14.1.7 X52 的冶炼实例

X52 的冶炼工艺路线:LD + CAS + CCM。

转炉工序的控制要点如下:

(1) 铁水比大于 85%,废钢选用纯净废钢、块度合适、干燥、无油污等有机物,磷、硫含量要低,不配加生铁。

(2) 采用深脱硫铁水,脱硫结束以后扒渣,扒渣量大于五分之四,防止扒渣不净造成铁水回硫。

(3) 吹炼过程中争取成分和温度一次同时命中,吹炼过程中采用氩气底吹,补吹次数不得大于 2 次。

(4) 出钢温度控制在 $1650 \sim 1680$℃,出钢采用挡渣操作,钢包带渣厚度不大于 50mm。

(5) 钢包采用高铝质或者刚玉质无碳钢包,烘烤良好,烘烤包壁内衬温度大于 850℃,新钢包前 3 炉不得投入使用。

(6) 出钢过程中,根据终点成分采用锰铁(高碳锰铁 + 低碳锰铁) + 硅锰合金进行合金化。出钢过程中首先加入铝铁、复合脱氧剂和电石,然后进行合金化,出钢结束以后向顶渣加入铝渣球和改质剂对顶渣进行改质。

CAS 工序的控制要点如下:

(1) 钢水到站以后,测温和测量渣厚。温度过低或转炉挡渣不好造成顶渣厚度大于 80mm,钢水改上 LF 处理。挡渣不好上 LF 处理前,钢包进行泼渣处理。

(2) 转炉出钢以后钢水的硫含量大于目标值,钢水过 LF 处理,进行脱硫。

(3) 冶炼此钢种以前,浸渍罩使用次数大于 5 炉,使用前在冶炼其他钢种时进行浸渍预热 3 炉以上。

(4) 渣厚合适,增加底吹气体的流量,进行排渣降罩。

(5) 排渣以后根据温度情况,决定是否加入冷材。温度调整接近出钢温度范围 15℃ 左右,补加合金调整终点成分。调整成分需要考虑添加钛铁对钢液硅含量和铝含量的影响。

(6) 酸溶铝的调整需要较早开始,添加大量的铝铁以后,氩气以较大的流量搅拌 $5 \sim 10$min,并对顶渣进行改质,渣系选择 $CaO\text{-}SiO_2\text{-}Al_2O_3$ 渣系,碱度控制在 $1.3 \sim 2.0$ 之间。

（7）钛铁和钒铁在温度处于合适范围内加入，酸溶铝调整结束以后加入。

（8）成分调整结束以后，吹氩切换至偏心底吹氩，采用软吹，然后进行喂丝钙处理。

（9）钙处理喂丝结束以后，软吹 5min，钢水上连铸浇铸。

（10）钢水不符合 CAS 处理条件的，LF 按照优钢操作正常处理即可。

14.1.8　X80 的冶炼实例

X80 的冶炼选用 LD + RH + CCM 的工艺路线，RH 后，温度不足时，可以经过 LF 升温补偿，但是 RH 不允许 OB 升温。

转炉的控制要点：

（1）铁水比大于88%，废钢选用纯净废钢、块度合适、干燥、无油污等有机物，磷、硫含量要低，不配加生铁。

（2）铁水采用深脱硫铁水，脱硫结束以后扒渣，扒渣量大于五分之四，防止扒渣不净造成铁水回硫。

（3）合金化铜板、镍板、部分的钼铁随废钢一起入炉，加入电解的镍板前要求经过烘烤处理，防止带入氢过多。

（4）吹炼过程中争取成分和温度一次同时命中，吹炼过程中采用氩气底吹，补吹次数不得大于2次。

（5）出钢温度控制在 1650 ~ 1690℃，出钢采用挡渣操作，钢包带渣厚度不大于 50mm。

（6）钢包采用高铝质或者刚玉质无碳钢包，烘烤良好，烘烤包壁内衬温度大于850℃，新钢包前 5 炉不得投入使用。

（7）出钢过程中采用锰铁（高碳锰铁 + 低碳锰铁）+ 硅锰合金进行粗脱氧，根据转炉终点的成分补加铜板、镍板或者钼铁，出钢过程中使用铝渣球和复合脱氧剂对顶渣进行改质。

RH 的控制要点：

（1）RH 冶炼此钢种不许喷补浸渍管和真空室。

（2）钢包到位以后定氧、定碳，然后顶升钢包抽真空作业。

（3）根据钢水的碳含量决定是否进行强制脱碳，如需强制脱碳，在钢液环流开始 3min 时进行顶枪脱碳。

（4）顶枪脱碳结束以后，加入铌铁，然后提高真空度进行脱气操作。

（5）高真空状态下钢液处理 8min 以后，按照顺序加入铝铁、钒铁、钛铁和硼铁。

（6）RH 处理结束前使用铝粉或者铝渣球对钢包顶渣继续改质，渣中 Fe + Mn 在2%以下。

（7）RH 处理结束以后，钢包底吹开始，吹氩控制处于软吹状态，进行喂线钙处理，钙处理结束以后，保持软吹 8min 左右，钢水上连铸浇铸。

（8）RH 结束以后，如果温度降低达不到连铸要求，可不进行钙处理，钢水过 LF 进行温度补偿，温度补偿过程中对顶渣继续改质，温度达到要求以后，进行成分微调，然后进行钙处理，结束以后钢水上连铸浇铸。其中钙处理过程中需要考虑到钢水中的钙硫比处于图 14-3 所示的可控制范围内。

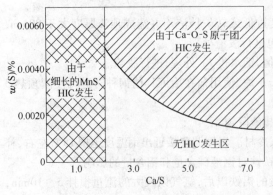

图 14-3　钙处理过程中 Ca/S 的控制区域

14.2　IF 钢的冶炼

14.2.1　IF 钢的概念和特点

　　钢中的合金元素和杂质元素的原子以间隙和固溶两种方式溶入钢的晶格点阵中,形成间隙固溶体时,间隙原子必须比铁原子体积小,因此,它们在铁原子之间比较容易移动,同时在钢中铁原子分布有较多的晶格缺陷—位错,间隙原子较易集中在这些位置。当钢发生变形时,铁原子会由于应力的作用发生位移,同时位错也会发生运动。如果位错处有间隙原子,就需要很大的能量才会发生移动,与没有间隙原子处的位错运动相比,变形较小,造成不均匀变形,使钢的塑性降低。

　　IF(interstitial free atom steel)钢属于超低碳软钢,钢中的碳含量低于 0.008% 以下,钢中硅含量要求也很低,主要采用铝脱氧,铝和钛、铌等作为主要的合金化添加元素。由于钢中的碳含量极低,钢中剩余的碳与氮和加入的微合金化元素形成化合物被固定,在钢的铁素体中,没有间隙原子(C、N)存在,故称为无间隙原子钢。IF 钢由于碳、氮含量很低,因此,具有以下优异性能:

　　(1)良好的深冲性能。普通铝镇静深冲钢在冲压成型过程中,冲压的外力超过钢材的屈服点时,钢中被束缚的位错开始滑移,产生滑移变形,位错要到它们相互交割或者在晶界聚集以后才会停止,从而形成不连续的屈服现象,在冲压件表面形成滑移线。IF 钢中没有阻碍位错运动的间隙原子,冲制过程中不产生滑移线,故优于普通铝镇静深冲钢的性能。

　　(2)由于钢中的碳和氮被合金元素固定,其再结晶过程能够在很短的时间内完成,能够适应快速加热和快速冷却的退火的生产工艺,故能够在连续退火线上大量、连续地生产。

　　(3)较低的屈服强度和较高的伸长率。

　　(4)没有时效现象的存在。

　　在 RH 发展还没有如今的许多功能以前,IF 钢作为一种精品钢,制造难度较大,能够生产的厂家不多,随着 RH 的发展和连铸技术的进步,目前能够配置 RH 带有吹氧功能的钢厂,基本上都能够生产 IF 钢,只是工艺装备的不同和管控的能力不同,生产的 IF 钢的质量各有差异。目前 IF 钢已被广泛地应用于汽车面板、家电面板等领域。

14.2.2　IF 钢的成分设计和成分范围

　　IF 钢的成分设计和成分范围为:

　　(1)硫的成分范围。IF 钢的研究表明,钢中含有一定量的硫,将会有 $Ti_4C_2S_2$ 产生,有助于碳的析出,钢中硫的最佳含量为 0.005% ~0.006% ,一般成分小于 0.010%。

　　(2)氮的成分范围。钢中氮含量越低越好,一般的 IF 钢,钢中的氮含量低于 0.004%。

　　(3)碳的成分范围。IF 钢中,碳含量的增加会降低钢的深冲性能和焊接性能,为了固碳,需要额外加入微合金化元素,增加了成本,故 IF 钢中的碳含量越低越好,一般低于 0.01%。

　　(4)氧的成分范围。钢中氧含量过高,一是铝脱氧产生的夹杂物多,会在钢板表面产生麻点、凹坑等缺陷,影响 IF 钢的表面质量;二是容易产生连铸过程中的结瘤现象;三是脱氧的难度和成本增加,故钢中的氧含量一般控制在 0.003% 以下。IF 钢精炼时顶渣的控制,前面章节已有介绍。

　　(5)硅、磷的成分范围。硅能够降低钢的延展性,磷能够增加钢材的冷脆危害,但是不影响钢材的深冲性能。这两种元素对一般的 IF 钢来讲,越低越好,实际生产中硅和磷的控制和 SPHC 钢种的成分接近,即 Si <0.03% ,P <0.020% 即可。另外,因为磷能够增加 IF 钢的强度而不影响其深冲性能,部分高强 IF 钢以磷作为合金化元素被应用。

钢中硅来源于顶渣和耐火材料中 SiO_2 的还原,以及合金钛铁中带入的硅。

(6) 锰的成分范围。锰能够提高其他元素的脱氧效果,消除硫的不利影响,在钢中硫含量很低时,钢中的锰含量越低越好,一般控制在 0.2% 以下。

(7) 酸溶铝的成分范围。钢中的酸溶铝,一是有助于钢液温度降低以后,脱除钢中析出的自由氧;二是能够生成氮化铝固氮,故酸溶铝要求是越高越好,但酸溶铝过高,钢液的二次氧化风险增加(还原顶渣和耐火材料中的 SiO_2、渣中的氧化物,钢液的吸气),因此,和大多数的铝镇静钢一样,IF 钢中酸溶铝一般控制在 0.02% ~ 0.06% 之间。

(8) 钛元素的成分范围。IF 钢的成分设计是基于钢的基体中没有固溶的间隙原子为基础的。如添加钛元素为合金化固碳的主要元素,碳的原子量是钛原子原子量的四分之一,故添加碳含量四倍的钛就能够把钢中的碳转变为碳化钛,但是,考虑到钢中的氮和硫等影响因素,实际生产中以钛元素合金化的 IF 钢,钛的加入量为碳的 10 倍以上,以保证钢中有足够的钛固定钢中的碳和氮。

其中添加钛的质量分数的计算如下:

$$[Ti]\% = 4[C]\% + 3.4[N]\% + 1.5[S]\%$$

采用铌合金化的 IF 钢,铌的范围如下:

$$[Nb]\% = (0.05 \sim 0.3) \times [Ti]\%$$

以上成分以及钢中的氧化物夹杂物,对 IF 钢危害程度由弱到强的排序为:

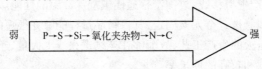

弱   P→S→Si→氧化夹杂物→N→C   强

表 14-6 是两种典型的 IF 钢的成分。

表 14-6   两种典型的 IF 钢成分   (%)

C	Si	Mn	O	S	P	Ti	Nb	Al_s
<0.008	<0.03	<0.2	<0.003	<0.010	<0.02	0.03 ~ 0.08		0.02 ~ 0.06
<0.005	<0.05	<0.2	<0.003	<0.008	<0.010	0.03 ~ 0.06	0.010 ~ 0.015	0.02 ~ 0.04

14.2.3   IF 钢的生产工艺路线和生产实例

按照 IF 钢的成分来看,能够生产 IF 钢的工艺路线不外乎以下两种:

(1) 铁水脱硫预处理 + 复吹转炉 + VOD + CCM。

(2) 铁水脱硫预处理 + 复吹转炉 + RH + CCM。

其中,第一种工艺成本高昂,不适合大批量的生产;第二种工艺能够经济地大批量生产,是目前生产 IF 钢的主要工艺。某厂汽车镀锌板 IF 钢的生产实例如下。

转炉的控制要点:

(1) 转炉采用铁水脱硫处理,脱硫后,铁水的硫含量小于 0.005%,脱硫后铁水扒渣处理,扒渣量大于五分之四。

(2) 废钢的比例控制在 16% 左右,采用清洁低硫废钢,不配加生铁和氮含量高的机械工件废钢。

(3) 转炉采用复吹工艺,脱碳反应开始以后,底吹气体使用氩气搅拌。

(4) 转炉出钢终点碳控制在 0.045% 左右。氮含量小于 0.03%,磷、硫含量小于目标成分下限以下。

（5）出钢采用挡渣处理,钢包带渣厚度小于 80mm。

（6）转炉出钢过程中不脱氧或者进行粗脱氧即可,即添加少量的铝或含铝的改质剂脱氧,保证钢液不产生沸腾即可。

（7）转炉出钢使用无碳高铝质或者无碳刚玉质钢包,避免生成镁铝尖晶石夹杂物。钢包内清洁无杂物,使用前已使用钢包冶炼低碳铝镇静钢 3 炉以上。

某厂 IF 钢转炉粗炼钢水的成分控制见表 14-7 。

表 14-7 某厂 IF 钢转炉粗炼钢水的成分控制

成 分	C	Si	Mn	P	S	O	N
含量/%	≤0.03	≤0.02	0.10~0.20	≤0.007	≤0.006	0.040~0.060	≤0.0025

RH 的控制要点:

（1）钢水到达 RH 以后,进行测温定氧,温度不足,可以考虑进行 OB 升温,或者钢水上 LF 进行升温处理,LF 处理过程中,为防止加热过程中的顶渣溢渣现象(氧化性钢渣在加热过程中溢出钢包的现象),LF 对钢渣进行一般改质即可。某厂 IF 钢 RH 处理前钢水的成分见表 14-8。

表 14-8 某厂 IF 钢 RH 处理前钢水的成分 （%）

炉 次	C	Si	Mn	Al$_s$	P	S	Ti	O	N
1	0.02	0.001	0.16	0.001	0.003	0.005	0.001	0.0479	0.0034
2	0.02	0.002	0.16	0.001	0.004	0.006	0.001	0.0459	0.0028
3	0.02	0.003	0.16	0.001	0.004	0.005	0.001	0.0438	0.0027
4	0.03	0.006	0.20	0.005	0.004	0.004	0.001	0.0470	0.0030
5	0.03	0.004	0.18	0.003	0.004	0.004	0.001	0.0316	0.0025
6	0.03	0.004	0.14	0.004	0.003	0.004	0.004	0.0398	0.0030

（2）不同转炉粗炼条件下钢水处理工艺见表 14-9。

表 14-9 不同转炉粗炼条件下钢水处理工艺

类 别	钢水条件	处理工艺
A	碳低,T[O]高,温度正常	自然降碳
工艺流程	环流→真空脱碳→脱氧→合金化→纯脱气(温度偏低时可 OB)	
B	碳,T[O]正常,温度低	自然降碳 OB
工艺流程	环流→先自然降碳 + OB 升温→脱氧→合金化→纯脱气(至成品规格以下)	
C	碳高,T[O]低温度正常或温度低	OB 降碳 自然降碳
工艺流程	环流→OB 强制降碳 + 自然降碳→脱氧→合金化→纯脱气	

（3）测温定氧、定碳以后,决定钢水是否强制脱碳,然后顶升钢包进行抽真空处理。强制脱碳时碳含量大于 0.05%,真空度控制在 3000~8000Pa,钢液环流开始 3min 左右进行;碳含量在 0.04% 以下时,真空度控制在 1000~3000Pa,钢液环流 3min 以后开始。

（4）强制脱碳结束以后,钢中自由氧控制在 0.035%~0.055%,真空度迅速控制在 150Pa 以下,进行高真空度下的自然脱碳。

（5）自然脱碳结束以后,对顶渣进行改质,渣中氧化铁和氧化锰的含量控制在2%左右,渣中SiO_2控制在8%以下,碱度控制在1.5左右。

（6）高真空度自然脱碳时间控制在8~15min左右。然后,定氧、定碳分析,成分在目标范围以内,添加铝丸或者铝铁进行脱氧,铝脱氧过程中需要考虑对钢液升温的影响。

（7）钢水在RH工位温度偏高时,可采用较大流量的环流氩气,增加钢水的环流时间进行温度调整,温度合适以后进行脱氧、合金化操作。

（8）添加铝铁脱氧3~10min以后,添加钛铁合金或者海绵钛,其中钛铁中的硅含量必须低于0.3%以下。添加钛铁需要考虑钛铁增铝的因素。然后待钢液混匀以后取样分析。

（9）RH过程中钢水的硫含量超标,可采用喷粉脱硫,脱硫的操作在铝脱氧以后迅速进行。

（10）成分达到目标范围以内,进行纯脱气操作3~6min,然后破真空处理,然后钢包底吹氩气开始,控制在软吹状态,钢包车开至喂丝位置,喂入钙铁线300~500m。

（11）钙处理结束以后,软吹5min,添加无碳覆盖剂,钢水上连铸浇铸。

（12）RH处理期间,测温控制在3~5次。

连铸工序的管控:

（1）连铸中间包涂料使用高钙低硅涂料涂抹,中间包挡渣堰高度合适。

（2）中间包使用前烘烤充分,包内无杂物。开机前使用氩气吹扫。

（3）钢包、中间包长水口采用氩封保护浇铸,钢包进行加盖保护。

（4）中间包水口采用吹氩水口,以减少结瘤现象。

（5）钢水的浇铸过热度控制在25℃左右,采用恒速浇铸,减少结晶器液面的波动卷渣。

（6）中间包使用无碳覆盖剂,结晶器使用无碳专用保护渣,浇铸过程中执行黑渣浇铸,即结晶器内保护渣面保持始终有粉渣层存在。

（7）浇铸过程中中间包液面控制的不宜过高,以利于夹杂物的上浮和去除。

某厂冶炼的IF钢的成品成分见表14-10。

表 14-10　某厂冶炼的 IF 钢的成品成分　　　　　　　　（%）

炉　次	C	Si	Mn	Al_s	P	S	Ti	O	N
1	0.0028	0.012	0.15	0.03	0.006	0.007	0.05	0.0027	0.0039
2	0.0019	0.015	0.19	0.02	0.005	0.007	0.05	0.0020	0.0025
3	0.0025	0.014	0.17	0.02	0.003	0.005	0.05	0.0030	0.0034
4	0.0023	0.011	0.15	0.04	0.006	0.006	0.06	0.0022	0.0040
5	0.0015	0.008	0.15	0.03	0.005	0.004	0.06	0.0035	0.0036
6	0.0014	0.008	0.17	0.03	0.003	0.005	0.06	0.0026	0.0026

14.3　LD + CAS + LF + CCM 冶炼船体结构用钢

14.3.1　船体结构用钢的成分介绍

船体结构用钢广泛用于船体的制造,属于硅铝镇静钢,在有铁水脱硫的现代化转炉生产线上冶炼难度不大,生产工艺比较灵活,其要求有以下的特点:

（1）控制好锰的含量,保证 C_{eq} 处于可控范围。

（2）磷、硫含量尽可能的低。

（3）氮含量控制在 0.007% 以下。

（4）酸溶铝的范围尽量控制在 0.02% ~ 0.045%。

一种一般船体结构用钢的成分见表 14-11。

表 14-11　一种一般船体结构用钢的成分

成分/%	C	Si	Mn	P	Nb	Al$_s$	S
船体用钢	0.08 ~ 0.15	0.1 ~ 0.3	0.6 ~ 1.2	< 0.015	0.008 ~ 0.015	0.02 ~ 0.06	< 0.005

注：$C_{eq} = (C + Mn/6) < 0.4$，$[N] < 0.007\%$。

14.3.2　LD + CAS + LF + CCM 冶炼船体结构用钢的工艺管控

转炉的控制要点：

（1）铁水深脱硫并且扒渣，入炉前硫含量低于 0.005%。

（2）采用低硫、低磷废钢，冶炼过程中不配加生铁。

（3）转炉出钢终点碳控制在 0.035% ~ 0.040%，磷低于 0.010%，出钢要求挡渣。

（4）出钢过程中首先添加脱硫剂，然后添加脱氧剂和合金化需要的合金。

CAS 的控制要点：

（1）钢水到站首先定氧、定碳，然后加铝脱氧，酸溶铝一次调整到位，$[O] < 0.001\%$ 后，加入铌铁。

（2）加入铌铁钢液吹氩混匀以后，取样分析，同时调整温度。

（3）硫含量满足成分要求，钢水可进行钙处理，然后软吹 5min，上连铸浇铸。

（4）硫含量没有达到目标成分，钢水温度调整至连铸目标温度以下 10 ~ 25℃，钢水上 LF 处理。

LF 的控制要点：

（1）首先送电化渣，同时加顶渣改质剂改质顶渣，按照 LF 标准操作脱硫至目标成分。

（2）出钢温度控制按照中间包 15 ~ 20℃ 的过热度进行。

14.4　各类工艺生产 SPHC 钢的过程控制

14.4.1　SPHC 钢的介绍

SPHC 钢是一种典型的低碳铝镇静钢，主要用于冷轧板的生产，生产 SPHC 钢的工艺路线选择较多，此钢种的钢水不仅要求有较高的纯净度，而且对气体含量也有严格的要求，其化学成分见表 14-12。

表 14-12　SPHC 钢的化学成分　　　　　　　（%）

牌号	C	Si	Mn	P	S	Al$_s$	Cr	Ni	Cu	As
SPHC	≤0.10	≤0.03	0.25 ~ 0.35	≤0.020	≤0.020	≥0.020	≤0.10	≤0.15	≤0.15	≤0.05

注：其余要求执行 Q/BG035—2005；氧氮控制目标：$T[O] ≤ 0.05\%$，$[N] ≤ 0.05\%$

SPHC 钢的生产工艺路线主要有以下几种，笔者将分别叙述：

（1）铁水脱硫 + LD + CAS(LF) + CCM。

（2）铁水不脱硫 + LD + LF + CCM。

（3）铁水脱硫 + LD + RH + CCM。

14.4.1.1　生产工艺的管控

铁水脱硫 + LD + CAS(LF) + CCM 是最为简明,成本较为低廉的生产模式,生产过程中的管控要点如下。

转炉管控要点:

(1) 铁水采用深脱硫,脱硫后按照正常的扒渣程序进行扒渣,防止回硫。

(2) 废钢的比例按照铁水温度控制在 15% ~20% ,不配加硫高的废钢。

(3) 转炉的出钢温度控制在 1620 ~1650℃ ,钢包温度控制在 1590 ~1610℃ ,采用烘烤充分的低硅高铝质钢包或者刚玉质钢包。

(4) 出钢采用挡渣处理,钢包渣厚控制在 60mm 以下。

(5) 出钢过程中按照首先添加电石、预熔渣、铝铁对钢水进行脱氧,吹氩采用较强的搅拌,酸溶铝争取一次配加至目标中限左右,出钢结束降低吹氩强度,对顶渣进行改质。

CAS 管控要点:

(1) 钢水到站,进行测温、定氧、定碳,渣厚超过 60mm ,或者转炉下渣,钢水成分硫超标,钢水温度较低,钢水上 LF 处理。

(2) CAS 工位首先调整温度,同时进行顶渣改质,改质剂使用铝镇静钢的低硅或者无硅改质剂。温度过高,添加冷材(铝镇静钢的小冷条)进行调温,钢水温度偏低,LF 无处理时间,可以采用 OB 升温,然后进入下一步的调整成分的操作。

(3) 酸溶铝到站偏离目标成分中限较大时,进行排渣降罩,添加铝铁补铝,补铝以后氩气强搅拌 8min 左右,去除夹杂物,同时对顶渣改质,顶渣碱度控制在 2.0 左右,然后进行钙处理。

(4) 酸溶铝偏离目标中限值不大时,采用喂入铝线补铝,可以不进行钙处理。

LF 管控要点:

(1) 钢水到站,首先测温,定氧、定碳,转炉带渣严重,进行泼渣处理。

(2) 首先进行温度的调整,温度过高,要求 CAS 降温以后,再进行处理;温度过低,首先进行送电加热,同时对顶渣进行改质。渣系采用 CaO-Al$_2$O$_3$ 渣系,其中渣中的 SiO$_2$ 含量控制在 8% 以下,顶渣的碱度 CaO/(Al$_2$O$_3$ + SiO$_2$)控制在 1.5 左右,以利于吸附氧化铝夹杂物。

(3) 送电升温的同时,首先采用电石对顶渣进行脱氧,同时起到促进顶渣发泡埋弧的作用,同时添加铝渣球或者铝灰进行脱氧。

(4) 温度接近目标以后,调整钢水的酸溶铝的成分,铝铁加入量过多,大流量的吹氩保持在 5min 左右,同时考虑加铝铁对钢水升温的影响。

(5) 渣中 MgO 含量大于 6% ,还原精炼的时间控制在 45min 左右。避免镁铝尖晶石的生成,造成钢包和中间包结瘤。

(6) 温度和成分合适,进行钙处理,然后钢液上连铸浇铸。

14.4.1.2　铁水不脱硫 + LD + LF + CCM 的生产工艺

A　转炉出钢的操作

这种工艺冶炼的难点是酸溶铝的控制和脱硫的操作,连铸的结瘤也是管控的难点,脱硫的主要难点表现在转炉出钢下渣或者带渣严重,出钢过程中的脱硫效率将会急剧下降,同时铝铁的回收也会明显地降低,钢水在 LF 处理脱硫,顶渣还原的同时,钢水增硅,造成钢水经过精炼炉处理以后,硅含量超标,主要原因是转炉带渣,或者脱硫化渣的操作中萤石加入过多引起的。及时地修补出钢口或者更换出钢口,保证挡渣成功是影响 SPHC 钢种冶炼成败的关键环节之一。出钢脱硫的脱硫剂加入和转炉定氧结果的关系见表 14-13。

表 14-13　转炉出钢脱氧脱硫操作物料的加入情况

出钢前定氧/%	铝铁加入量/kg·t⁻¹	预熔渣加入量/kg·t⁻¹	电石加入量/kg·t⁻¹
<0.0300	2.90	100	0.5
0.0400~0.0600	3.30	210	0.5~0.8
0.0700	3.40	250	1.0~1.2
0.0800	3.90	300	1.5
0.0900	4.0	350	1.5
≥0.1000	4.50	380	1.5~2

转炉出钢过程中争取最大限度的脱硫,是减轻 LF 脱硫压力、减少顶渣向钢水增硅的关键。转炉出钢过程中,通过转炉采用出钢前定氧,根据钢水的氧含量配加铝铁,一次将酸溶铝调整到成分要求的中下限,精炼炉尽量少加或者不加铝铁(或者喂铝线)调整酸溶铝,对精炼炉的操作优化,降低连铸结瘤的风险影响明显,其中转炉出钢过程中的最大脱硫率可以达到 55%。

B　LF 精炼炉的操作要点

LF 炉首先是调整成分。顶渣氧化性严重,首先考虑泼渣;钢水酸溶铝偏低,硫含量较高,首先是根据温度调整成分。温度偏低,进行升温,同时进行顶渣改质;温度合适,首先进行调整成分,没有沉淀脱氧,扩散脱氧、脱硫就不容易进行。添加铝铁,根据添加量控制吹氩,促进夹杂物上浮被顶渣吸附。脱硫操作按照 LF 的脱硫要点进行控制即可。

C　钙处理技术要点

冶炼 SPHC 时,采用铁钙线进行钙处理技术,目的是改变夹杂物的形态和分布,达到上浮去除的目的。笔者从现场的总结中得知,对连铸结瘤以后结瘤物的分析表明,硫化钙夹杂占据的比例较大,从结瘤的时间来分析,开机前 3 炉结瘤的典型性现象说明,在前面开机时候,钢水从钢包到中间包的温度降低的幅度最大,钢液中析出的氧含量最多,生成于水口区的铝的氧化物量最大,钙处理不当时结瘤现象立竿见影,所以笔者计算以后认为,冶炼该钢种的时候,钙处理的温度和硫含量的最佳关系见表 14-14。

表 14-14　精炼炉冶炼 SPHC 合理的钙处理温度和硫含量的最佳关系

温度/℃	1620	1600	1580~1595
硫含量/%	0.015	0.018	0.020

结果是与生产实践结果吻合的,即精炼炉脱硫难度较大的时候,在硫含量处于上限的时候,喂丝脱硫,造成硫化钙结瘤物的大量生成,会造成连铸的结瘤。

14.4.1.3　铁水脱硫 + LD + RH + CCM

铁水脱硫 + LD + RH + CCM 是最简明,成本较为合理,钢坯质量最为优化的一种生产工艺。采用这种工艺,可以明显地减轻转炉的压力。如转炉只要控制好硫的成分,在保证温度的基础上,可以减少补吹的次数,采用这种工艺的管控特点如下:

(1) 转炉采用铁水脱硫,出钢温度保持在 1620~1650℃。

(2) 转炉出钢进行挡渣,出钢过程中如果碳含量过低,可以采用高碳锰铁进行脱氧。脱氧操作采用粗脱氧,保证钢水不沸腾即可,同时钢包顶渣厚度可不做严格要求。

（3）钢水到达 RH,首先进行定氧、定碳,碳含量在合适范围,进行 RH 的轻处理模式,调整温度,同时顶渣进行改质,温度合适时,调整酸溶铝的成分;碳含量过低,可以采用先行加碳模式,即向钢液增碳,利用碳脱氧工艺,然后调整成分;碳含量过高,采用 OB 降碳,然后调整成分。

（4）成分调整结束,根据具体情况,可以进行钙处理,也可以不进行钙处理。钢水上连铸浇铸。

14.4.2　含硼 SPHC 生产工艺的特点

薄板坯连铸连轧生产的铝镇静钢晶粒细、屈服强度高,冷轧生产时存在一定的难度。对 SPHC 钢进行硼微合金化,在低碳铝镇静钢中含有少量硼(0.0005% ~ 0.005%)时,可以平衡钢中氮析出粗大 BN 析出物,可以粗化晶粒、降低屈服强度、提高深冲性能。但是含硼钢中硼含量大于 0.003% 以后,会产生含硼相,如 $Fe_3(CB)$、$Fe_3(CB)_6$、Fe_2B 等,这些含硼化合物沿着晶界析出产生热脆,造成板坯连铸过程中的角裂、烂边现象。表 14-15 是某厂添加硼铁的生产试验数据。

表 14-15　添加硼铁的生产试验数据

硼铁加入时机	一次 Mn/Si	一次 Mn/S	成品 Mn/Si	成品 Mn/S	成品硼含量/%
开机第一炉硼铁34kg,钙铁线300m	11.667	4.828	5.926	11.429	0.00152
硼铁34kg,钙铁线200m	8.000	3.355	5.333	20.000	0.00274
硼铁33kg,钙铁线300m	11.000	2.619	5.333	10.667	0.00264
硼铁38kg,钙铁线300m	10.909	3.529	6.667	9.412	0.00250
硼铁34kg,钙铁线260m	12.308	3.636	5.000	9.412	0.00161
硼铁30kg,钙铁线300m	8.125	4.643	7.619	11.429	0.00250
硼铁30kg,钙铁线300m	11.333	4.407	6.400	11.429	0.00248
硼铁28kg,钙铁线300m	8.836	4.962	7.273	10.667	0.00242
开机第一炉硼铁34kg,钙铁线300m	5.294	3.750	5.333	26.667	0.00175

通过铸坯的切角处理以后,对冷轧是有益的,故冶炼含硼的 SPHC 也是一种工艺选择。冶炼 SPHC 钢中,元素 Fe、C、Si、Mn、B 的脱氧热力学自由能如下:

$$[O] + [C] = CO \qquad \Delta G = -20490 - 39.17T$$
$$[Fe] + [O] = FeO \qquad \Delta G = -112442 + 46.56T$$
$$[O] + [Mn] = MnO \qquad \Delta G = -244300 + 107.6T$$
$$2[O] + [Si] = SiO_2 \qquad \Delta G = -288220 + 109.1T$$
$$3[O] + 2[Al] = Al_2O_3 \qquad \Delta G = -408333 + 131.3T$$
$$3[O] + 2[B] = B_2O_3 \qquad \Delta G = -254806 + 96T$$

钢中主要脱氧元素的脱氧能力顺序为:Al > Si > B > Mn。其中,铝的脱氧能力远大于其他 3 种元素,标准状态下,铝、硅都优先于硼与氧结合,加入的硼元素一旦均匀扩散到熔池中,在铝保护下不会被氧化。采用这种工艺主要是 LF 炉的白渣期间或者 CAS 浸渍罩内加入硼铁合金,硼的回收率在 55% ~ 80% 之间。并且生产实践证明,LF 工艺处理结束以后,钢水中的硼主要为酸溶硼,还有少量的硼的氮化物,硼的氧化物很少存在。其中酸溶硼是指固溶硼和 $Fe_3(CB)$、$Fe_{23}(CB)_6$。随着时效现象的产生,钢中的氮化硼不断增加。某厂冶炼含硼 SPHC 时,LF 终点的渣样成分见表 14-16。

表 14-16　某厂冶炼含硼 SPHC 时 LF 终点的渣样成分　　　　　　　　（%）

CaO	SiO$_2$	Al$_2$O$_3$	MgO	FeO	MnO	S	B$_2$O$_3$
46.01	5.30	35.86	11.08	0.54	0.24	1.04	<0.1
52.17	7.02	26.98	9.98	0.48	<0.10	1.16	<0.1
50.89	5.30	28.72	10.10	1.19	<0.10	1.04	<0.1

　　利用硼元素调整钢坯的屈服强度和消除时效现象,硼含量控制范围处于 0.0015% ~ 0.003% 之间时,会引起大量的角部裂纹,使用该工艺时需要考虑到炼钢工序和轧钢工序的综合成本。

14.5　齿轮钢的冶炼

14.5.1　齿轮钢的冶金要求和基础知识简介

　　齿轮钢属于结构钢的一种,都是热顶锻用钢,对钢材的表面质量和性能要求很严格。如汽车齿轮用钢不仅要有良好的强韧性、耐磨性,能很好地承受冲击、弯曲和接触应力,而且还要求变形小、精度高。齿轮的生产和加工工艺,除了一般的淬火、回火热处理外,还采用渗碳淬火、氮化处理、高频淬火等多种表面硬化处理,国外对齿轮钢淬透带宽的控制一般是全带控制在 HRC4 ~ 7。我国现执行的 GB/T 3077—1999《合金结构钢技术条件》中,有部分钢种用于齿轮用钢,其中以 20CrMnTi、20Cr、40Cr、20CrMo 为主要品种。20CrMnTi 用量最大,该钢在炼钢技术不断发展的过程中产生了许多异议。有观点认为,该钢在冶炼时所产生的 TiN 不变形夹杂物比基体硬,影响加工精度,在使用时会形成疲劳源而影响齿轮的疲劳寿命,因此,属于淘汰钢种;还有的观点认为该钢的主要元素铬和锰为我国富有元素,晶粒长大倾向性小,加工性能好,在冶炼中控制好 TiN 的形状或使其变性,同样还具有广阔的前景,主要措施之一就是降低钢中的氮含量,故转炉生产齿轮钢的工艺能够适应这种发展的需求。国外的新型齿轮钢已有 Cr-Mo、Mn-Cr、Cr-Ni-Mn、Mn-Cr-B、Cr-Ni-Mo 等系列。由湖北大冶特钢起草的车辆用齿轮钢的技术条件见表 14-17。

表 14-17　湖北大冶特钢起草的车辆用齿轮钢的技术条件

牌号	化学成分/%								淬透性值 HRC	
	C	Si	Mn	P	S	Cr	Cu	Ti	J_9	J_{15}
H1	0.18 ~ 0.23	0.17 ~ 0.37	0.80 ~ 1.10	≤0.030	≤0.035	1.00 ~ 1.30	≤0.20	0.04 ~ 0.10	26 ~ 32	22 ~ 29
H2	0.18 ~ 0.23	0.17 ~ 0.37	0.80 ~ 1.10	≤0.030	≤0.035	1.00 ~ 1.30	≤0.20	0.04 ~ 0.10	30 ~ 36	24 ~ 31
H3	0.18 ~ 0.23	0.17 ~ 0.37	0.80 ~ 1.10	≤0.030	≤0.035	1.00 ~ 1.30	≤0.20	0.04 ~ 0.10	32 ~ 38	26 ~ 33
H4	0.18 ~ 0.23	0.17 ~ 0.37		≤0.030	≤0.035		≤0.20	0.04 ~ 0.10	35 ~ 41	28 ~ 35
H5	0.18 ~ 0.23	0.17 ~ 0.37	0.90 ~ 1.25	≤0.030	≤0.035	1.10 ~ 1.45	≤0.20	0.04 ~ 0.10	37 ~ 43	32 ~ 38
H6	0.18 ~ 0.23	0.17 ~ 0.37	0.90 ~ 1.25	≤0.030	≤0.035	1.10 ~ 1.45	≤0.20	0.04 ~ 0.10	39 ~ 45	35 ~ 41

　　新型齿轮钢的化学成分见表 14-18。

表 14-18　新型齿轮钢的化学成分　　　　　　　　　（%）

牌　号	C	Si	Mn	P	S
16MnCrH	0. 14 ~ 0. 20	≤0. 12	1. 00 ~ 1. 40	≤0. 030	0. 02 ~ 0. 035
20MnCrH	0. 17 ~ 0. 23	≤0. 12	1. 00 ~ 1. 40	≤0. 030	0. 02 ~ 0. 035
25MnCrH	0. 23 ~ 0. 28	≤0. 12	0. 60 ~ 0. 80	≤0. 030	0. 02 ~ 0. 035
28MnCrH	0. 25 ~ 0. 30	≤0. 12	0. 60 ~ 0. 80	≤0. 030	0. 02 ~ 0. 035
16CrMnBH	0. 13 ~ 0. 18	0. 15 ~ 0. 40	1. 00 ~ 1. 30	≤0. 030	0. 015 ~ 0. 035
17CrMnBH	0. 15 ~ 0. 20	0. 15 ~ 0. 40	1. 00 ~ 1. 30	≤0. 030	0. 015 ~ 0. 035
18CrMnBH	0. 15 ~ 0. 20	0. 15 ~ 0. 40	1. 00 ~ 1. 30	≤0. 030	0. 015 ~ 0. 035
16Cr2Ni2H	0. 15 ~ 0. 19	0. 15 ~ 0. 40	0. 40 ~ 0. 60	≤0. 030	0. 015 ~ 0. 035
16CrNiH	0. 13 ~ 0. 18	0. 15 ~ 0. 35	0. 70 ~ 1. 10	≤0. 030	0. 002 ~ 0. 04
16Cr2Ni2H	0. 16 ~ 0. 21	0. 15 ~ 0. 40	0. 70 ~ 1. 10	≤0. 030	0. 015 ~ 0. 035
17Cr2Ni2MoH	0. 15 ~ 0. 19	0. 15 ~ 0. 40	0. 40 ~ 0. 60	≤0. 030	0. 015 ~ 0. 035
17Cr2Ni2MoH1	0. 17 ~ 0. 23	0. 15 ~ 0. 35	0. 60 ~ 0. 90	≤0. 030	0. 017 ~ 0. 032
20Cr2Ni2MoH2	0. 17 ~ 0. 23	0. 15 ~ 0. 35	0. 40 ~ 0. 95	≤0. 030	0. 017 ~ 0. 032
20CrMoH	0. 17 ~ 0. 23	0. 17 ~ 0. 35	0. 35 ~ 0. 90	≤0. 030	≤0. 025
20CrH	0. 18 ~ 0. 23	0. 17 ~ 0. 37	0. 50 ~ 0. 80	≤0. 030	≤0. 035

牌　号	Ni	Cr	Mo	Al	Cu
16MnCrH		0. 90 ~ 1. 20		0. 20 ~ 0. 055	≤0. 20
20MnCrH				0. 23 ~ 0. 055	≤0. 20
25MnCrH				0. 20 ~ 0. 055	≤0. 20
28MnCrH	≤0. 15		≤0. 10	0. 20 ~ 0. 055	≤0. 20
16CrMnBH		0. 80 ~ 1. 10			≤0. 20
17CrMnBH		1. 00 ~ 1. 30			≤0. 20
18CrMnBH		1. 00 ~ 1. 30			≤0. 20
16Cr2Ni2H	1. 40 ~ 1. 70	1. 40 ~ 1. 70			≤0. 20
16CrNiH	0. 8 ~ 1. 20	0. 80 ~ 1. 20	≤0. 10	0. 02 ~ 0. 05	≤0. 20
16Cr2Ni2H	0. 80 ~ 1. 20	0. 80 ~ 1. 20	≤0. 10	0. 02 ~ 0. 05	≤0. 20
17Cr2Ni2MoH	1. 50 ~ 1. 08	0. 25 ~ 0. 35		≤0. 20	≤0. 20
17Cr2Ni2MoH1		0. 35 ~ 0. 65	0. 15 ~ 0. 25	0. 02 ~ 0. 045	≤0. 20
20Cr2Ni2MoH2		0. 25 ~ 0. 65	0. 15 ~ 0. 25	0. 02 ~ 0. 045	≤0. 20
20CrMoH		0. 85 ~ 1. 25	0. 15 ~ 0. 35	0. 02 ~ 0. 05	≤0. 15
20CrH		0. 70 ~ 1. 00			≤0. 15

我国部分齿轮钢制造企业和齿轮钢使用企业的情况见表 14-19。

表 14-19　我国部分齿轮钢制造企业和齿轮钢使用企业的情况

企业名称	产品	使用品种	20CrMnTi(H)年用量/t	供货厂家	产品流向
北京华纳齿轮公司	轻型汽车变速箱	20CrMnTi(H)、8620H、40Cr、SCM420H、Y45S	1000～1500	北满、大冶	切诺基、金杯、烈豹等
北京齿轮总厂	轻型汽车变速箱	20CrMnTi(H)、8620H	3000	抚钢、本溪、首特、大冶	切诺基、金杯、IEV CO、五菱
唐山爱信齿轮有限公司	轻型汽车变速箱	20CrMnTi(H)	3500	抚钢、上五	金杯、五菱、长城、皮卡、淮海
天津汽车齿轮公司	轻型汽车变速箱	20CrMnTi(H)、SCM420H	1000～1500	首特、抚钢	夏利、大发
杭州前进齿轮箱集团	重型和轻型汽车、工程机械、船用齿轮箱	20CrMnMo、16～18MnCr5、19CrNi5		首特、抚钢、北满、大冶	IEVCO、奇瑞、吉利、一汽、二汽等
杭州依维柯汽车变速器有限公司	轻型汽车变速箱	16～18MnCr5、19CrNi5	(200)	兴澄、上五	IEVCO、出口
常州齿轮厂	中型汽车、农机、工程机械齿轮和部分变速箱	20CrMnTi(H)、20CrMo、45、40Cr	2500～3000	兴澄、上五	二汽、福田、厦工等
重庆綦江齿轮传动有限公司	重型汽车变速器、取力器	20CrMnTi(H)、ZF 系列	6000	抚钢、大冶、重特、长城、太钢	重庆红岩、斯太尔、陕汽、常客等
大同齿轮厂	中、轻型汽车变速箱	20CrH	(18000)	抚钢、北满、大冶	一汽、二汽
内蒙古汽车	中、轻型汽车变速箱	SCM822H	(2500)	西宁、抚钢、大冶	一汽、二汽
包头一、二机厂	汽车、坦克齿轮	20CrMnTi(H)	5000	西宁、大冶、抚钢	自用
东风52厂	汽车齿轮毛坯	20CrMnTi(H)、SCM822H、20MnB、40Cr	15000	西宁、大冶、抚钢	东风集团
东风精工齿轮厂	汽车齿轮	20CrMoH	(2500)	东钢、太钢、大冶	东风集团

14.5.2　齿轮钢的技术要求和冶金要求

齿轮制造对齿轮钢的技术要求主要有：

（1）足够的芯部淬透性和良好的深层淬透性,确保齿轮渗碳淬火时渗层和芯部不出现过冷奥氏体分解产物。

（2）齿轮渗碳淬火后变形小,免去或减少磨削加工,降低运行噪声。

（3）良好的成型性。

（4）良好的可热处理性。

根据技术要求,齿轮钢的冶金要求如下：

（1）钢液纯净度的要求。齿轮钢的氧要求是小于 0.02%,外国一般要求小于 0.0015%。非金属夹杂物按 JK 系标准评级图评级,一般要求级别 A≤2.5、B≤2.5、C≤2.0、D≤2.5。

（2）晶粒度的要求。奥氏体晶粒度是齿轮钢质量要求的又一项重要指标,细小均匀的奥氏体晶粒可以稳定末端淬透性,减少热处理变形,提高渗碳钢的脆断抗力。目前我国齿轮钢的奥氏体晶粒度级别一般要求小于或等于 5 级。

(3) 钢中微量元素铝和硫的要求。为保证齿轮钢的加工性能,目前国内外对齿轮钢的微量元素都有一定的要求,例如,为保证钢的晶粒度要求,铝含量为 0.02% ~ 0.04% ;为提高切削性要求,硫含量为 0.025% ~ 0.040% 。

14.5.3 齿轮钢的转炉生产工艺

转炉生产工艺的组合理论上有以下几种:

(1) LD + RH + CCM。这种工艺适合生产 40Cr、20Cr、28MnCr 等中高碳齿轮钢。可以利用廉价的中高碳合金,并且在 RH 工艺中进行碳脱氧,提高钢液的洁净度。

(2) LD + LF + CCM。这种工艺适合生产各类要求不太严格、合金加入量较大的齿轮钢,如 20CrMnTiH 等。

(3) LD + RH + LF + CCM。这种工艺可以最大限度地发挥炉外精炼的工艺功能,提高制品的质量。

(4) LD + LF + RH + CCM。这种工艺对南方的梅雨季节和生产气体含量较低的钢种比较有利,其主要特点是转炉的出钢温度不必太高,LF 脱氧合金化(铬、锰的调整)升温以后,钢水到达 RH,脱气以后添加铝铁和钛铁,然后进入喂丝钙处理程序,钢水上连铸浇铸。

14.5.3.1 LD + RH + CCM 生产 40Cr 钢的要点

LD + RH + CCM 生产 40Cr 钢的要点:

(1) 转炉采用铁水脱硫,控制硫含量高的废钢入炉。

(2) 转炉出钢采用烘烤温度 850℃ 以上的钢包出钢。出钢前 15min 将合金加入钢包底,在在线烘烤钢包的位置进行烘烤。

(3) 转炉的其他操作按照低氮钢的控制要点进行控制,并且按照优钢的方法控制转炉的带渣量,防止回磷。

(4) 转炉出钢温度保持在 1620 ~ 1680℃ ,出钢根据终点成分选择合金,终点碳含量较低时,采用高碳铬铁或者中碳铬铁合金化。

(5) 出钢结束对顶渣进行脱氧改质。

(6) 钢水到达 RH 以后,根据成分决定处理模式。首先是碳含量的控制,碳含量不足,采用先行加碳模式;碳含量过高,采用自然脱碳或者强制脱碳模式降碳,同时继续对顶渣改质。

(7) 碳含量控制结束,调整其他合金成分,调整完毕,进行纯脱气操作,然后钢水调整温度,进行钙处理,上连铸浇铸。

(8) 冶炼此钢种不宜采用 OB 加铝升温模式。

14.5.3.2 LD + RH + LF + CCM 生产 20CrMnTiH 的工艺

20CrMnTiH 钢的成分如表 14-20 所示。

表 14-20　20CrMnTiH 钢的成分　　　　　　　　　　(%)

牌　号	C	Mn	Si	Cr	Ti	S	Ni
20CrMnTi	0.17 ~ 0.24	0.80 ~ 1.10	0.20 ~ 0.40	1.00 ~ 1.30	0.06 ~ 0.12	≤0.04	≤0.40

采用 LD + RH + LF + CCM 工艺生产 20CrMnTiH 钢的管控特点如下:

（1）转炉按照低氮钢的工艺组织生产,铁水硫含量不高时（小于0.030%）,可以不要脱硫操作。

（2）转炉控制出钢的终点磷成分,防止钢包带渣回磷。

（3）转炉出钢温度控制在1620～1660℃,出钢前合金经过烘烤,降低转炉的出钢温度。

（4）转炉根据出钢终点的成分选择合金,终点碳含量较低时,可以使用中碳或者部分高碳合金。

（5）钢水在RH处理过程中,碳的控制与冶炼40Cr的相同。

（6）RH处理过程温度不足,钛铁可在LF加入。RH结束以后,钢水温度不足,钢水上LF升温,升温过程中注意埋弧操作,防止钢液增氮,同时钢液脱硫至0.010%～0.015%。

（7）LF温度调整合适,添加钛铁,然后进行钙处理。

（8）钙处理结束以后,软吹5min,夹杂物上浮以后,喂入硫线增硫,然后钢水上连铸浇铸。

14.6 LD + CAS(LF)冶炼汽车轮毂钢的工艺

14.6.1 汽车轮毂钢的成分介绍

汽车轮毂钢用于车轮的制造,属于低碳铝镇静钢,要求深冲性能良好,冶炼过程中的难点在于连铸结瘤的控制,钢中夹杂物和残余有害金属Cr、Ni、Cu的管控,以及硫含量的控制操作,同时钢中的氧、氮含量控制要合理。汽车轮毂钢的成分见表14-21。

表14-21 汽车轮毂钢的成分 （%）

C	Si	Mn	P	S	Al$_s$	Cr + Ni + Cu
0.05～0.08	≤0.03	0.26～0.33	≤0.015	≤0.0050	0.020～0.060	≤0.10

14.6.2 汽车轮毂钢冶炼的工艺路线和管控要点

汽车轮毂钢的冶炼路线采用LD + CAS + CCM和LD + LF + CCM两种工艺,其中经过LF处理为特殊情况下的处理工艺路线。

转炉的控制要点:

（1）转炉的铁水采用深脱硫操作,脱硫结束进行扒渣处理。

（2）废钢比控制在15%～20%,具体的比例根据铁水的温度调整,废钢配加低硫废钢,生铁配加的比例低于废钢加入量的20%,不得加入轻薄料压块和有害元素较高的废钢。

（3）吹炼过程中按照一般钢种的复吹模式,复吹气体采用氮气和氩气,脱碳反应开始以后氮气切换为氩气。

（4）转炉出钢温度控制在1620～1650℃,出钢终点碳含量控制在0.04%～0.06%,补吹次数不超过2次。

（5）转炉使用钢包为高铝质或刚玉质钢包,并且烘烤情况良好,包壁温度大于850℃。

（6）转炉出钢前添加压渣剂对炉渣进行黏度调整,采用挡渣处理,钢包的渣厚小于50mm。

（7）转炉出钢终点硫含量高于目标成分,采用电石+脱硫剂+铝铁+低碳锰铁+活性石灰进行复合脱氧,所有物料必须在出钢量五分之四之前全部加完,其中脱硫剂的成分见表14-22。

表 14-22　脱硫剂的成分

成　分	CaF$_2$	Al$_2$O$_3$	MgO	BaO	CaO	Al
含量/%	12 ~ 22	10 ~ 20	5 ~ 8	6	> 20	15 ~ 20

（8）转炉出钢终点成分硫含量低于目标成分,采用电石 + 脱氧剂 + 铝铁 + 低碳锰铁进行复合脱氧,脱氧剂选用低硅或无硅脱氧剂。

（9）转炉出钢开始过程中的氩气搅拌采用强烈搅拌,随着出钢的进程逐渐降低,转炉出钢结束以后,氩气的搅拌采用中等强度的搅拌,顶渣渣眼直径控制在 200mm 左右,然后添加顶渣改质剂对顶渣进行改质,同时进行扩散脱氧,改质剂添加位置应避开渣眼位置。

（10）转炉出钢以后,顶渣的碱度控制在 2.0 以下。

CAS 的处理工艺:

（1）钢水到站以后,首先测量渣厚和温度,温度不够、渣厚超过 50mm、渣面结壳严重、转炉下渣情况下,钢水改上 LF 处理。

（2）CAS 处理的工序为首先调整温度接近目标范围,调整温度过程中对顶渣进行改质,然后调整酸溶铝,再进行钙处理,钙处理选择钙铁线。

（3）测温取样以后,如果钢中酸溶铝含量偏离目标范围较大,下降浸渍罩至距离渣面 20mm处,开启钢包中心底吹氩气,排渣达到要求以后下降浸渍罩,插入正常深度,然后补加铝铁,同时对顶渣进行改质,改质剂使用铝渣球。

（4）添加的铝铁的量大于 100kg 以后,钢液的氩气搅拌维持在较强搅拌状态下搅拌 5 ~ 10min,然后进行下一步的钙处理。

（5）钙处理采用常规的钙处理模式即可。

（6）钢水在 CAS 工位到站以后,如果酸溶铝的控制合理,顶渣情况正常,可对顶渣进行改质以后,调整温度,不进行钙处理,钢水连铸浇铸。

（7）钢水在 CAS 工位到站以后,酸溶铝含量处于中限偏下 0.005% 以内,钢液可喂入铝线补铝操作即可,补铝结束以后软吹 5min,可以不进行钙处理。

14.7　高碳硬线钢的冶炼

14.7.1　高碳硬线钢的成分

高碳硬线钢是以高碳钢坯（C > 0.6%）为原料,经高速线材轧机轧制、热处理后拉拔而成。主要应用在质量要求较高的钢帘线、电力和电气化铁路高耐蚀锌铝合金镀层钢绞线、高精度预应力钢丝绳、高应力气门簧用钢丝等。其中用高碳硬线钢生产的钢帘线是汽车用子午胎必不可少的金属骨架材料,随着世界各国子午胎的产量和需求量的增加,高碳硬线钢的产量需求也越来越多。

高碳硬线钢是专用钢中质量要求最为苛刻的钢种之一,其纯净度和组织均匀性是影响其拉拔性能的重要因素。钢的纯净度主要由非金属夹杂物决定,钢中非金属夹杂物越少,纯净度越高,其拉拔性能就越好。其中,常见的两种高碳硬线钢的成分见表 14-23。

表 14-23　常见的两种高碳硬线钢的成分　　　　　　　　　　　　（%）

牌　号	C	Si	Mn	P	S	Cr	Ni	Cu
70	0.67 ~ 0.75	0.17 ~ 0.37	0.50 ~ 0.8	< 0.030	< 0.030	< 0.25	< 0.25	< 0.25
72A	0.80 ~ 0.85	0.12 ~ 0.35	0.60 ~ 0.9	< 0.020	< 0.020	< 0.25	< 0.25	< 0.25

14.7.2 高碳硬线钢的精炼关键控制

高碳硬线钢的冶炼难度在于钢中氧化铝夹杂物含量的管控和钢水的脱硫。其生产过程中的管控难度一般,生产工艺主要以 LD + LF + CCM 和 LD + RH + CCM 两种工艺或者两种工艺次序上的不同组合。

采用 LD + LF + CCM 的生产工艺,其工艺的管控特点是转炉的生产采用铁水脱硫,高拉碳出钢,出钢以后对顶渣进行改质,精炼炉钢水上 LF 进行脱硫和成分调整。由于钢种为硅镇静钢,钢液脱硫的难度比较集中。

为了减少钢液中脆性夹杂物 Al_2O_3 的含量,部分厂家采用无铝脱氧剂脱氧、合金化的工艺,负面影响是钢坯中氧含量较高,实物质量较低。转炉出钢采用铝脱氧,控制钢液中酸溶铝的含量小于 0.02%,顶渣采用 CaO-Al_2O_3-SiO_2 渣系精炼,控制渣中 Al_2O_3 的活度也是一种不错的选择。硬线钢的钙处理采用一般钢种的钙处理标准。

采用铁水脱硫 + LD + RH + CCM 的生产工艺,转炉出钢根据成分可使用廉价的高碳锰铁进行合金化,钢水在 RH 进行碳脱氧工艺,同时进行增碳和纯脱气操作,使得钢种的成本降低、质量将会有很大的提高和进步。

14.8 耐热钢的冶炼

14.8.1 耐热钢的基础知识

耐热钢属于结构钢的一种。碳素结构钢的强度随着工作温度的提高而急剧下降,其极限使用温度为 350℃。加入一些元素 Cr、Mo、V、W、Ti 等,可以提高钢的高温强度和持久强度。如 Cr-Mo 基低中合金耐热钢具有良好的抗氧化性和热强性,工作温度可以达到 600℃,广泛应用于蒸汽动力发电设备。

典型的耐热钢有 12CrMo、15CrMo、10Cr2Mo1、12Cr1MoV、20Cr3MoWV、12Cr2MoWVB、12Cr3MoVSiTiB、17CrMo1V 等,其中,美国牌号的 A335-P11、A335-P22、A335-P91 耐热钢的化学成分见表 14-24。

表 14-24　部分美国牌号的耐热钢的化学成分　　　　　　　　(%)

牌　号	C	Mn	Cr	Mo	V	P,S
A335-P11	0.05 ~ 0.15	0.3 ~ 0.6	1.0 ~ 1.5	0.44 ~ 0.65		< 0.010
A335-P22	0.05 ~ 0.15	0.3 ~ 0.6	1.9 ~ 2.6	0.87 ~ 1.13		< 0.010
A335-P91	0.08 ~ 0.12	0.3 ~ 0.6	8.0 ~ 9.5	0.85 ~ 1.05	0.18 ~ 0.25	< 0.010

14.8.2 耐热钢的冶炼

耐热钢的合金加入量大、碳含量低、气体含量要求低,其冶炼的工艺难度较大,冶炼的工艺路线常见的有:

(1) LD + RH + LF + CCM。

(2) LD + LF + RH(LF) + CCM。

其各个工艺管控特点简述如下:

(1) 转炉采用高铁水比例进行冶炼,废钢加入5% ~15%左右的纯净废钢。

(2) 转炉铁水进行深脱硫,并且扒渣。

（3）钨铁随着废钢加入转炉。

（4）转炉可以采用铁矿石或者锰铁矿作冷却剂，以增加钢水终点的锰含量。

（5）转炉吹炼中后期，从炉顶高位料仓加入少量的高碳铬铁作冷却剂，同时增加钢液终点的铬含量。

（6）转炉出钢温度控制在1660℃左右，出钢挡渣。

（7）转炉出钢过程中加入中碳或者高碳铬铁，其中合金加入前进行充分的烘烤，以减少钢包的降温幅度，出钢过程钢液粗脱氧处理，目标铬配至下限左右。

（8）钢包温度满足RH处理的温度，采用第一种工艺，钢水上RH处理，否则采用第二种工艺。

（9）钢水到达RH定氧、定碳以后，进行强制脱碳和常规脱气操作等内容，脱碳至目标范围，进行铝脱氧，钢水上LF处理。

（10）钢水到达LF进行升温和成分调整、脱硫作业，成分调整过程中可根据钢包成分使用低碳铬铁、金属铬、低碳锰铁、金属锰等，减少钢水的增碳、增磷。

（11）升温过程中进行顶渣改质，改质以后钢水进行深脱硫。

（12）温度和成分调整合适以后，钢水进行模铸或者连铸，铸余钢水分类回收。

（13）转炉出钢钢包温度达不到RH处理温度的要求，采用第二种工艺，钢水上LF升温，升温过程中添加铬铁合金，配加至目标中下限。

（14）升温过程中钢水不进行专项的脱氧操作。

（15）温度合适，钢水上RH进行脱碳、脱气操作和顶渣的改质。

（16）RH结束，钢水进行终点脱氧，硫含量超标，钢水上LF脱硫，然后上模铸或者连铸。

14.9　轴承钢的冶炼

14.9.1　轴承钢的基础知识

轴承钢主要用于制造轴承的滚珠和滚圈，它具有很高的硬度、强度和耐磨性。由于轴承在工作时受力的接触面积很小，同时受高速变化的应力作用，所以对轴承钢的质量要求很高。钢的洁净度和耐用寿命有着密切的关系，因此对钢中气体和夹杂物的含量要求很严。轴承钢在很大的程度上决定了装备的精度、性能、寿命与可靠性，在国民经济中占有极其重要的地位，从某一个角度讲，轴承钢的生产技术水平是一个国家工业水平的重要标志之一。

世界轴承钢的发展方向是：钢材洁净度的超纯化（O + Ti < 10μg/g）和钢中碳化物的充分均匀化，以及制造成本的不断降低。对高碳铬轴承钢来讲，主要是提高钢材的洁净度和钢中碳化物的充分均匀化。氧化物夹杂是轴承钢中最具危害性的夹杂物，对疲劳破坏有显著的影响。氧含量越高，不仅造成氧化物夹杂数量增多，而且氧化物夹杂尺寸增大、偏析严重、夹杂级别增高，对疲劳寿命的危害也就加剧。今天，冶金材料工作者正在为钢中氧含量接近 2 ~ 3μg/g 这样的极限值的新目标而努力。当前，人们关注的另一个体现轴承钢清洁度的热点是钢中钛含量的水平。SKF公司的试验表明：钛含量从 40μg/g 下降到 10μg/g，能使轴承钢寿命提高约2倍；日本某公司的试验表明：如果钛含量能控制在 12μg/g 以下，微型轴承可达到静音的运转效果。因此，要努力降低钢中的钛，轴承钢的制造者希望轴承钢中钛含量在 6μg/g 以下。

14.9.2　轴承钢的钢种发展简介

经过10多年的开发，国际上已形成高碳铬轴承钢、渗碳轴承钢、中碳轴承钢、不锈轴承钢、高温轴承钢等系列。轴承钢的相关技术已达到成熟水平,且采用专业生产线制造各类轴承钢。

　　高碳铬轴承钢是轴承钢的代表钢种,各国对它都有专用的技术标准。例如,ISO/FDIS683-17 中纳标的高碳铬轴承钢钢种有:100Cr6、100CrMnSi4-1、100CrMnSi6-4。我国的高碳铬轴承钢标准 (GB/T 18254—2002)包括的钢种有:GCr15、GCr15SiMn、GCr4、GCr15SiMo、GCr18Mo。其中, C1.0%、Cr1.5%的轴承钢,自从 19 世纪发明以来,成分基本上没有变化,只是工业化的发展提高 了其质量水平,部分轴承钢的成分如表 14-25 所示。

表 14-25　部分轴承钢的成分　　　　　　　　　　　　　　(%)

牌　号	Si	Mn	P	C	S	Cr
GCr6	0.15 ~ 0.35	0.20 ~ 0.40	≤0.035	1.05 ~ 1.15	≤0.035	0.40 ~ 0.70
GCr9	0.15 ~ 0.35	0.20 ~ 0.40	≤0.035	1.00 ~ 1.10	≤0.035	0.90 ~ 1.20
GCr9SiMn	0.40 ~ 0.70	0.90 ~ 1.20	≤0.035	1.00 ~ 1.10	≤0.035	0.90 ~ 1.20
GCr15	0.15 ~ 0.35	0.20 ~ 0.40	≤0.035	0.95 ~ 1.05	≤0.035	1.30 ~ 1.65
GCr15SiMn	0.45 ~ 0.65	0.90 ~ 1.20	≤0.035	0.95 ~ 1.05	≤0.035	1.30 ~ 1.65

　　我国的渗碳轴承钢标准(GB/T 3203—82)中的钢种有:G20CrMo、G20CrNiMo、G20CrNi2Mo、 G20Cr2Ni4、G10CrNi3Mo、G20Cr2Mn2Mo。

　　G20CrMo 钢经渗碳、淬回火后,表层具有较高硬度和耐磨性,达到轴承材料基本要求。其芯 部硬度较低,有较好的韧性,适用于制造受冲击负荷的零部件。另外还具有较高的热强性。

　　我国没有专用的中碳轴承钢。常借用于中碳轴承钢的钢种有:37CrA、65Mn、50CrVA、 50CrNi、55SiMoVA、5CrNiMo、SAE8660。

　　为了提高产品质量,适应工业化进程的需求,目前已经开发研制出节能、节约资源、适应市场 需求的新轴承钢品种,典型的有供铁路机客车辆的节能、节资源、抗冲击的低淬透性轴承钢 GCr4。该钢种与 GCr15、GCr15SiMn 相比,明显地降低了 Cr、Mn、Mo、Si 等提高淬透性元素的含 量,只用廉价的碳和低含量铬元素,并用不同于传统的全淬透热处理的整体感应加热——表面淬 火处理方法,使材料表层既具有全淬硬高碳铬轴承钢的高硬度、高耐磨性的优点,其芯部又获得 了渗碳轴承钢芯部所具有的高韧性、抗冲击的特点,是一种具有全淬硬高碳铬轴承钢和渗碳轴承 钢两者特性合一的轴承材料。

　　GCr18Mo——新型高淬透性轴承钢,与 GCr15、GCr15SiMn 相比,明显地提高了铬元素的含 量,同时添加了适量的钼元素,采用下贝氏体等温淬火处理工艺,使该钢种具有下贝氏体组织和 较低的残余奥氏体含量。与处理成贝氏体组织的 GCr15 相比,该钢种具有更高的冲击韧性、断裂 韧性和轴承中值寿命,能更好地保证铁路轴承使用寿命的可靠性和稳定性。

　　国外新观点认为,轴承钢中的合金元素主要是提高淬透性,而真空脱气技术发展到今天,碳 素钢的洁净度同样也可以大大提高。对壁厚不大的轴承采用真空脱气的高碳钢,其寿命完全能 满足要求,故碳素轴承钢目前的应用也已经很普遍。例如,美国用碳含量 0.7% 左右的碳素钢 (1070 钢)制造轿车轴承,日本用碳含量 0.53% 左右的碳素钢(S53C 钢)作汽车等速万向节轴 承等。

14.9.3　轴承钢的转炉生产工艺

　　轴承钢的转炉生产工艺主要有以下几种:

　　(1) LD + CCM。采用这种工艺生产轴承钢的难度较大,主要体现在转炉的管控上。转炉高铁水比例冶炼,铁水进行深脱硫扒渣操作,转炉吹炼全程化渣脱磷,高拉碳(留碳操作),挡渣出钢,每一个环节对轴承钢的质量影响都很大。

(2) LD + LF + VD + CCM。这是一种比较成熟的冶炼工艺,其工艺根据各个环节可灵活处理。生产特点是转炉铁水脱硫,终点高拉碳,出钢挡渣,控制下渣量不大于 50mm,LF 采用高碱度($CaO/SiO_2 \geqslant 3.5$)CaO-SiO_2-Al_2O_3 渣系进行钢包精炼处理,合金化脱氧、脱硫,调整温度,然后钢水上 VD。某厂冶炼 GCr15 过程中,LF 精炼炉使用的渣系成分见表 14-26。

表 14-26　LF 精炼渣的成分　　　　　　　　　(%)

TFe	FeO	SiO_2	CaO	MgO	Al_2O_3	CaF_2	$R(-)$
0.52	0.67	13.84	50.85	6.71	20.95	9.09	3.69

在 VD 工位真空度保持在 100Pa 以下,进行脱气操作 10~30min,同时软吹 3~8min,促进夹杂物的进一步上浮,其中在 VD 工位,不得使用炭粉增碳。此工艺可实现转炉冶炼 GCr15 轴承钢的高效、高质、低成本生产。

(3) LD + LF + RH + CCM。这种工艺的目的同以上 VD 处理的工艺大致相同,只是 RH 的生产能力更大,操作更加方便。

(4) LD + RH + LF + CCM。采用这种工艺,转炉可以使用廉价的高碳铬铁进行出钢配铬、配碳,然后钢水上 RH 进行碳脱氧或者强制脱碳、自然脱碳的操作,然后再进行脱气、脱氧的操作,钢中酸溶铝控制在 0.01% 以下,钢水上 LF 调整温度、脱硫,同时促使钢中氧化物夹杂进一步上浮,最后钢水上连铸或者模铸浇铸。值得一提的是,日本的企业利用小气泡黏附夹杂物的原理,在加压站向轴承钢的钢水中加压,使得钢水中溶解大量的氢,然后钢水上 RH 处理过程中,利用 RH 压力骤然减小的特点,使得钢水中的气体迅速逸出,带走其中的夹杂物,实现夹杂物数量最低的冶炼目的。

14.9.4　轴承钢连铸过程中的结瘤原因

轴承钢是一种特殊的钢种。为了减少 D 类夹杂物的产生,轴承钢不允许钙处理,因此,其钢水的浇铸结瘤问题是生产中的管控难点之一。吴巍、刘浏等人研究了武钢第一炼钢厂转炉生产轴承钢,连铸浸入式水口结瘤的现象以后,发现浸入式水口结瘤的堵塞物主要以铁为主,同时含有 Cr、Si、C、Al 等物质。其中水口内壁的渣层主要是 $CaO \cdot 2Al_2O_3$ 和 $CaO \cdot 6Al_2O_3$ 为主的高熔点钙铝酸盐,主要的产生原因是钢水温度降低以后,钢水中的铁和铬被氧化,导致钢中的钙铝酸盐和氧化铬形成堵塞物造成连铸结瘤,其预防措施主要是加强水口的保温和钢水的保护浇铸,合适的中间包过热度以及减少钢中的非金属夹杂物,并且钢中酸溶铝的成分控制在 0.01% 以下。水口堵塞物的成分和钢水的成分见表 14-27。

表 14-27　轴承钢连铸水口堵塞物的成分和中间包钢水的成分　　　(%)

成　分	C	Cr	Si	Al	Ti
水口堵塞物	0.51	1.22	0.16	0.088	<0.005
中间包钢水	0.99	1.43	0.28	0.010	0.007

14.9.5　轴承钢的夹杂物变质处理技术——镁处理技术

国内外研究采用镁等碱土金属对轴承钢进行夹杂物变质处理,结果表明,变质处理能够获得形状和尺寸都比较理想的复合夹杂物。Saxena 的研究结果表明镁能使簇状 Al_2O_3 夹杂变成尺寸细小、

边缘圆滑的 $MgO \cdot Al_2O_3$ 夹杂物,而且其周围被能变形的硫化物所包围,这种多相的夹杂物对钢的疲劳性能有害程度较小。采用镁铝合金夹杂物变质实验证明,轴承钢经镁铝合金处理后,大尺寸夹杂物比例减小,小尺寸夹杂物的数量明显升高,夹杂物平均直径减小;无害夹杂物(直径小于 $3\mu m$)的比例升高,夹杂物平均直径减小。加镁前、后轴承钢中夹杂物尺寸分布变化见表14-28。

表14-28　加镁前、后轴承钢中夹杂物尺寸分布变化

试　样	不同尺寸夹杂物数量的分布/%					平均直径 /μm	总数 /个
	$0 \sim 5\mu m$	$5 \sim 10\mu m$	$10 \sim 15\mu m$	$>15\mu m$	$<3\mu m$		
加镁前	89.36	8.51	1.60	0.53	79.26	2.363	188
加镁后	99.46	0.54	0	0	96.23	1.103	371

　　因此,在轴承钢的冶炼中加入微量的镁即能起到变质 Al_2O_3 夹杂物的作用,使 Al_2O_3 向 $MgO \cdot Al_2O_3$ 甚至是 MgO 转变,变质效果十分显著,说明镁有细化夹杂物尺寸的作用,对轴承钢的生产有积极的意义。

参 考 文 献

[1] 钱之荣,范广举. 耐火材料实用手册[M]. 北京:冶金工业出版社 1996:120.

[2] 袁海燕. AHF 精炼用浸渍罩预制块的研制与应用[J]. 耐火材料,2003(3):180.

[3] 阮国智,李楠,吴新杰. Al_2O_3-C 耐火材料对于超低碳钢的增碳作用[J]. 耐火材料,2004(6):399~401

[4] 薛正良,李正邦,张家雯. CaO 坩埚的研制及其在真空熔炼超低氧钢中的应用[J]. 耐火材料,2002(5):267~270

[5] 薛正良,齐江华,高俊波. 超低氧钢熔炼过程中炉衬与钢液的相互作用[J]. 武汉科技大学学报(自然科学版),2005(2):119~121。

[6] 薛正良,李正邦,张家雯,等. 用氧化钙坩埚真空感应熔炼超低氧钢的脱氧动力学[J]. 钢铁研究学报,2003,15(5),5~8.

[7] 王领航,高里存. MgO-CaO-ZrO_2 耐火材料的性能、制备与应用[J]. 耐火材料,2004(5):350~352。

[8] 丁岩峰,谢朝晖. MgO-C 质浇注料的研究[J]. 耐火材料,2002(1):21~23.

[9] 程本军,杨彬,王金相,等. MgO-ZrO_2-C 材料的性能和显微结构[J]. 耐火材料,2004(5):312~315.

[10] 陈肇友. RH 精炼炉用耐火材料及提高其寿命的途径[J]. 耐火材料,2009(2).

[11] 陈肇友. Si-C-O 复杂体系中的化学反应[J]. 耐火材料,2003(6):311~315.

[12] 陈肇友,田守信. 耐火材料与洁净钢的关系[J]. 耐火材料,2004(4):219~225.

[13] 陈肇友,李红霞. 镁资源的综合利用及镁质耐火材料的发展[J]. 耐火材料,2005(1):6~15.

[14] 陈肇友. 炉外精炼用耐火材料提高寿命的途径及其发展方向[J]. 耐火材料,2007(1):1~12.

[15] 陈肇友. MgO-CaO 和镁铬耐火材料在炉外精炼渣中的溶解动力学[M]. 北京:冶金工业出版社,1998.

[16] 黄波,张文杰,顾华志,等. 不烧镁钙砖的抗精炼渣侵蚀性能[J]. 钢铁研究学报,2004(2):10.

[17] 钟香崇. 自主创新,发展新型优质耐火材料[J]. 耐火材料,2005(1):1~5.

[18] 钟香崇. 展望新一代优质高效耐火材料[J]. 耐火材料,2003,37(1):1~10.

[19] 佟新,何家梅,鲍士学,等. 鞍钢冶炼用耐火材料的现状及新进展[J]. 耐火材料,2005(2):130~134.

[20] 金从进,李泽亚. 宝钢钢包用铝锆炭滑板的性能及使用情况[J]. 耐火材料,2004(5):358~361.

[21] 宫波,李拴生,侯再恩. 不定形耐火材料颗粒级配的优化[J]. 耐火材料,2003(6):326~329.

[22] 潘波,尹国祥,王健东,等. 不同类型镁钙砂对 MgO-CaO-C 砖抗渣性的影响[J]. 耐火材料,2009(1):35~38.

[23] 潘波,尹国祥,王健东. 低钙电熔镁钙砂与高钙烧结镁钙砂制备的 MgO-CaO-C 砖抗渣性对比[J]. 耐火材料,2009(3):170~174.

[24] 黄燕飞,梅金波,叶俊辉,等. 常见的钢包滑动水口漏钢原因分析及改进措施[J]. 耐火材料,2009(2):157~158.

[25] 刘辉敏,孙加林,王金相. 吹氩期间狭缝数量和尺寸对透气砖热梯度应力的影响[J]. 耐火材料,2009(3):199~202.

[26] 李林,洪彦若,孙加林. 低炭 MgO-C 质耐火材料的抗熔渣侵蚀行为[J]. 耐火材料,2004(5):297~301.

[27] 廖桂华,徐国辉,沈立峰,等. 基质组成对铝镁浇注料性能的影响[J]. 耐火材料,2003(4):217~220.

[28] 林东,白长柱,毛晓刚,等. 低碳钢包工作衬砖在本钢炼钢厂的应用[J]. 耐火材料,2005(4):319.

[29] 彭小艳,李林,彭达岩,等. 低碳镁碳砖及其研究进展[J]. 耐火材料,2003(6):355~357.

[30] 陆志新,沈钟铭. 钙处理钢用连铸中间包滑板的损毁原因与改进措施[J]. 耐火材料,2009(2):153~154.

[31] 周卫胜,刘前芝,汪波. 钢包滑板间漏钢原因及防范措施[J]. 耐火材料,2005(3):225~226.

[32] 宝鑫,佟晓军. 精炼条件对狭缝式透气元件使用效果的影响[J]. 耐火材料,2000,34(1):38~40,53.

[33] 韩斌,刘玉泉,刘广利. 供气元件在炼钢工艺中的应用[J]. 耐火材料,2003(6):358~360.

[34] 富强,张晖,牛益民,等. 不同结合系统刚玉 – 方镁石-尖晶石浇注料的性能[J]. 耐火材料,2002,36(2):104~106.

[35] 张晖,李红霞,杨彬.钢包透气砖在精炼条件下的应力场分布研究[J].耐火材料,2009(2):113~116.

[36] 白长柱,牛智旺,楚振芳.钢包包衬用铝镁质浇注预制块的开发与使用[J].耐火材料,2004(5):362~363.

[37] 程瑛,朱纪衡,王国田.钢包透气砖座砖修补料的研制与应用[J].耐火材料,2004(5):360~362.

[38] 姚金甫,田守信.钢包粘渣与包衬耐火材料[J].耐火材料,2003(2):108~110.

[39] 徐恩霞,钟香崇.高铝砖高温弯曲应力-应变关系[J].耐火材料,2005(4):266~269.

[40] 王作霞,姚春战,艾丽.滑动水口密封垫的试制与应用[J].耐火材料,2003(6):330~332.

[41] 李学军,于咏春,魏汝民.50吨钢包滑动水口的改造[J].山东冶金,2003(1).

[42] 陈双全,胡铁山,陈波.250吨钢包底吹氩透气砖的使用与改进[J].炼钢,2002(5).

[43] 赵惠忠,蓝振华,汪厚植,等.活性氧化铝微粉对RH浸渍管浇注料性能的影响[J].耐火材料,2003(4):187~190.

[44] 李运平.提高钢包自动开浇率的试验,耐火材料,2007,(3):233~234.

[45] 郭永谦.提高150t钢包自开率的工艺措施[J].耐火材料,2006(3):236~238.

[46] 陈晓霞,吴芸芸,梁永和,等.使用后铝镁碳砖的显微结构分析[J].耐火材料,2004(3):183~185.

[47] 王龙光,李红霞,徐延庆,等.镁铬耐火材料在真空条件下的抗渣性[J].耐火材料,2006(5):324~328.

[48] 田琳,陈树江,张玲.镁钙质耐火材料脱硫反应动力学研究[J].耐火材料,2006(5):358~361.

[49] 唐碧辉,徐彬,刘国齐.铝碳材料与稀土钢夹杂物的反应[J].耐火材料,2006(3):197~199.

[50] 郑海平,朱纪衡,肖进平,等.铝镁浇注料钢包整体浇注技术的工艺优化[J].耐火材料,2006(3):239.

[51] 马明错,刘瑞斌.炼钢用铝碳质耐火材料的回收利用[J].耐火材料,2006(2):150~152.

[52] 金鹏,胡莉敏.RH精炼炉合金加料口用耐火组合砖组合形式的优化[J].耐火材料,2008(1):69~70.

[53] 张熙,李新健,唐坤,等.连铸用滑板的发展概况及其损毁机理[J].耐火材料,2007(3):225~229.

[54] 戴吉文,金广湘.涟钢CSP生产线100t钢包包衬的优化设计[J].耐火材料,2008(1):68~69.

[55] 卫忠贤,韩相明,黄天杰,等.金属铝结合镁－尖晶石-碳滑板的研制[J].耐火材料,2007(6):457~459.

[56] 何平显,陈荣荣,甘菲芳,等.几种钢包用含碳耐火材料对IF钢增碳的比较[J].耐火材料,2005(4):280~282.

[57] 战东平,姜周华,王文忠,等.耐火材料对钢的洁净度的影响[J].特殊钢,1999,20(增刊):57~59.

[58] 战东平,姜周华,王文忠.耐火材料对钢水洁净度的影响[J].耐火材料,2003,37(4)230~232.

[59] 魏耀武,李楠,伍书军.含铝粉的MgO－SiC材料对钢水的增碳行为[J].耐火材料,2006(5):346~348.

[60] 魏耀武,李楠.耐火材料对钢水洁净度的影响[J].炼钢,2001(3):58~60.

[61] 李楠,匡加才.碱性耐火材料脱磷作用的研究[J].耐火材料,2000,34(5):249~250.

[62] 王龙,马武,刘劲松.环形狭缝式透气砖的研制与应用[J].耐火材料,2007(6):446~448.

[63] 宋希文,刘国齐,苏有权.含碳耐火材料的热扩散系数[J].耐火材料,2007(6):473~475.

[64] 李新健,柯昌明,李楠.含碳耐火材料的防氧化方法[J].耐火材料,2006(2):133~135.

[65] 高靖超.钢水罐滑动系统漏钢原因的案例分析及改进措施[J].耐火材料,2007(2):151~152.

[66] 高靖超.钢包用双面使用滑板的研制与应用[J].耐火材料,2008(4):309~310.

[67] 石雄,洪学勤,易碧辉.钢包用铝镁浇注料的抗渣性能[J].2008(5):394~395.

[68] 程瑛,朱纪衡,王国田.钢包透气砖座砖修补料的研制与应用[J].耐火材料,2004(5):361.

[69] 朱纪衡,肖禁平,郑海平.钢包上水口在线整体更换技术研究[J].耐火材料,2006(2):155.

[70] 郭连英,夏春学,李熙锋.钢包滑动水口存在的问题及解决方法[J].耐火材料,2005(6):472~476.

[71] 周卫胜,刘前芝,汪波.钢包滑板间漏钢原因及防范措施[J].耐火材料,2005(3):225.

[72] 陈方,李志坚,吴锋.LF渣粉化原因及其对渣线MgO－C砖的损毁[J].耐火材料,2005(1):54~55.

[73] 贺中央,郑小平,王廷立.Al_2O_3－ZrO－C系滑板侵蚀反应[J].耐火材料,2007(5):383~388.

[74] 阮国智,李楠,吴新杰.Al_2O_3－C耐火材料对超低碳钢的增碳作用[J].耐火材料,2004(6):399.

[75] 张兴业,李宗英.我国钢包用耐火材料的品种及应用[J].山东冶金,2007(2):12~18.

[76] 荆桂花,肖国庆.镁铝尖晶石基耐火材料的最新研究进展[J].耐火材料,2004(5):347~349.

[77] 王龙光,李红霞,徐延庆,等.镁铬耐火材料在真空条件下的抗渣性[J].耐火材料,2006(4):324~328.

[78] 李存弼,译.高度耐剥落性低碳 MgO-C 砖[J].国外耐火材料,1997(9):7~11.

[79] 罗明,李楠,郑海忠等.外加剂对白云石烧结及抗水化性的影响[J].耐火材料,2001,35(1):14~15,18.

[80] 吴占德,蒋明学.镁钙系耐火材料的研究现状[J].耐火材料,2009(2):136~139.

[81] 程贺朋,李红霞,杨彬,等.碳复合耐火材料对熔钢增碳作用的研究进展[J].中国冶金,2007(3):1~5.

[82] 林东,白长柱,毛晓刚,等.低碳钢包工作衬砖在本钢炼钢厂的应用[J].耐火材料,2005(4):319.

[83] 彭小燕,李林,彭达岩.低碳镁碳砖及其研究进展[J].耐火材料,2003(6):355~357.

[84] 吴华杰,程志强,金山同,等.镁钙质和镁质中间包涂料对钢液洁净度的影响[J].耐火材料,2002,36(3):145~147.

[85] 何平显,陈荣荣,甘菲芳,等.几种钢包用含碳耐火材料对 IF 钢增碳的比较[J].耐火材料,2005,39(4):280~282.

[86] 蒋明学,陈肇友.含 Al_2O_3 和 CaF_2 炉外精炼渣在镁白云石耐火材料中的渗透[J].钢铁,1993(7):21~23.

[87] 彭西高,译.铝尖晶石浇注料整体钢包内衬的砌筑与修补[J].国外耐火材料,1996,21(10):14~18.

[88] 姚金甫.国内外钢包的粘渣及对策钢铁,2002,37(2):70~72.

[89] 陈松林,孙加林,熊小勇,等.镁锆砖和镁铬砖的抗 RH 炉渣侵蚀性对比[J].耐火材料,2007,41(6):417~420,423.

[90] 祝洪喜,邓承继,白晨,等.钢包用引流材料的特性与控制参数[J].炼钢,2008(5):49~53.

[91] 祝洪喜,邓承继,白晨,等.钢包用引流砂材料的流动性能与烧结性能[J].武汉科技大学学报(自然科学版)[J]:2007(6):592~595.

[92] 米源.影响钢包自动开浇率的因素分析及措施武钢技术[J].2007(2):45.

[93] 邱文东,金从近.提高连铸钢包自动开浇率的研究[J].耐火材料,2003(1):19~27.

[94] 黄燕飞,杜不一,李友胜,等.提高同侧出钢钢包自流率的研究[J].耐火材料,2006(6):433~436.

[95] 朱纪衡,陈树林,周淑华,等.提高小钢包自动开浇率[J].连铸,2005,(4):43~46.

[96] 刘文琪,李林.钢包用铬质引流砂的研制[J].耐火材料,2001(4):219~220.

[97] 马征明.精炼钢包引流砂的研制与应用[J].耐火材料,2002(1):51.

[98] 阮国智,李楠,吴新杰. Al_2O_3-C 耐火材料对超低碳钢的增碳作用[J].耐火材料,2004,38(6):399~400.

[99] Tripathi N N,等,许营,译,钢包使用次数对钢水中非金属夹杂物形成的影响[J].2005(4):56~60.

[100] 李新健,柯昌明,李楠.含碳耐火材料的防氧化方法[J].耐火材料,2006(2):33~35.

[101] 曲殿利,钟香崇,孙加林,等.添加物对 RH 法用镁铬砖高温挥发性和抗渣性的影响[J].耐火材料,2003(3):133~135.

[102] 王龙光,李红霞,徐延庆,等.镁铬耐火材料在真空条件下的抗渣性[J].耐火材料,2006(5):324~328.

[103] 战东平,姜周华,李成斌.不同碱度的脱硫渣对 RH 用镁铬砖的侵蚀[J].耐火材料,2005(1):73~76.

[104] 谭立华,译. Al_2O_3-C 和 MgO-C 耐火材料中金属添加剂的性能[J].国外耐火材料,1995(5):27~31.

[105] 陈荣荣,何平显,牟济宁,等.RH 真空炉用无铬耐火材料抗渣性能的研究[J].耐火材料,2005,39(5):357~360.

[106] 朱伯铨.电熔镁锆合成料中 SiO_2 的赋存形态及分布特征[J].武汉科技大学学报,2000,23(2):139~141.

[107] 曹同友.炼钢工序过程温降规律的研究[J].钢铁研究,2009(1):20~23.

[108] 王志刚,李楠,孔建益,等.钢包底温度场和应力场数值模拟[J].冶金能源,2004,23(4):16~19.

[109] 孔建益,李楠,李友荣,等.有限元法在钢包温度场模拟中的应用[J].湖北工学院学报,2002,17(2):

6~8.

[110] 金从进,丘文冬,汪宁.烘烤过程钢包包壁温度场的有限元研究[J].耐火材料,2001,35(1):24~25.

[111] 刘占增,郭鸿志.钢包传热研究的发展与现状[J].钢铁研究,2007(1):59~61.

[112] 李晶,傅杰,周德光.60t钢包的传热分析[J].特殊钢,2001(4):16~20.

[113] 卢翔宇,杨吉春,王宏明.钢包热行为数学模型研究[J].包头钢铁学院学报,2000(2):125~133.

[114] 崔建军,张莉,徐宏,等.新型钢包整体温度场和应力场三维数值模拟[J].炼钢,2006(5):22~26.

[115] 张莉,徐宏,崔建军,等.特大型钢包烘烤过程包壳表面温度场研究[J].钢铁,2006(11):29~31.

[116] 张莉,徐宏,崔建军,等.钢包材料SM490B钢断裂及中温低周疲劳性能研究[J].炼钢,2007(6):51~53.

[117] 吴晓东,刘青,职建军,等.宝钢炼钢厂300吨整体钢包热循环实测研究[J].北京科技大学学报,2001,23(5):418~420.

[118] 倪满森.降低出钢温度,实现低过热度连铸[J].炼钢,1999(5).

[119] 赵新凯,孙本良,李成威,等.40t钢包浇铸过程的数学模拟研究[J].炼钢,2008(3):40~44.

[120] 刘青,赵平,吴晓东,等.钢包的运行控制[J].北京科技大学学报,2005,(2):232~236.

[121] 欧阳德刚,李江,刘和彪.微碳碱性钢水保温覆盖剂的研制与应用[J].炼钢,2002(1):35~38.

[122] 徐永斌,徐兵.小型钢包覆盖剂放热研制[J].炼钢,2006(5):31~34.

[123] 李淑清.钢包钢水保温覆盖剂的开发[J].特殊钢,2003(2):47~49.

[124] 朱立光,王硕明,万爱珍,等.钢水覆盖剂保温性能的实验研究[J].钢铁研究,1999(2):8.

[125] 薛正良,王义芳,王立涛.用小气泡从钢液中去除夹杂物颗粒[J].金属学报,2003(4):431~437.

[126] 王立涛,薛正良,张乔英,等.钢包炉吹氩与夹杂物去除[J].钢铁研究学报,2005,17(3):34.

[127] 郑淑国,朱苗勇.吹氩钢液精炼过程气泡去夹杂机理研究[J].钢铁,2008(6):25~28.

[128] 李碧霞,高文芳,颜正国,等.大包底吹氩水模试验研究[J].炼钢,2001(4):44~46.

[129] 李宝宽,顾明言,齐凤升.底吹钢包内气-钢液-渣三相流模型及渣层行为的研究[J].金属学报,2008(10):1198~1202.

[130] 幸伟,沈巧珍,王晓红,等.钢包底吹氩过程数学物理模拟研究[J].炼钢,2005(6):33~36.

[131] 幸伟,倪红卫,沈巧珍,等.130t钢包底吹氩喷嘴布置模式优化的水模型试验[J].特殊钢,2007(4):13~15.

[132] 干磊,何平.钢包卷渣临界底吹流量规律的水力学模拟研究[J].炼钢,2009(1):41.

[133] 熊志刚,姚勇,高志利,等.氩气流量控制在钢包精炼炉底吹中的实现[J].武钢技术,2009(1):34.

[134] 干磊,何平.底吹钢包中钢-渣间传质的物理模拟[J].钢铁钒钛,2008(2):36~40.

[135] 刘浏,郭征,李正邦.搅动熔池中的传质过程[J].东北大学学报(自然科学版),1998,(增刊):85~89.

[136] 曾林,刘蚣,魏季和.底吹氩精炼过程中钢包内流体流动的数值模拟[J].上海金属,2009(3).

[137] 张胤,贺友多,王卫海.钢包吹氩时钢液循环流动过程数学模型研究[J].包头钢铁学院学报,2002(2):112~114.

[138] 艾新港,包燕平,吴华杰,等.钢包底吹氩卷渣临界条件的水模型研究[J].特殊钢,2009(2):7~10.

[139] 陈向阳,郑淑国,董杰,朱苗勇.钢包底吹氩位置对钢水去夹杂影响的水模型研究[J].特殊钢,2009(3):7~9.

[140] 华一新.冶金过程动力学导论[M].北京:冶金工业出版社,2004.

[141] 奥特斯F.钢冶金学[M].北京:冶金工业出版社,1998:68~424.

[142] 黄希祐.钢铁冶金学原理[M].北京:冶金工业出版社,2004.

[143] 杜成武,朱苗勇,董世泽,等.硅铝钡铁合金在炼钢中的脱氧研究[J].铁合金,2003(2):7~9.

[144] 陈家祥.硅铝钡钙包芯线的应用和成分的分析[J].铁合金,2004(4):14~18.

[145] 徐鹿鸣.包芯线技术及其在冶金工业中的应用(Ⅰ)[J].铁合金,2008(1):30~34.

[146] 徐鹿鸣.包芯线技术及其在冶金工业中的应用(Ⅱ)[J].铁合金,2008(2):10~34.

[147] 赵保国,兰岳光,王天瑶.90t钢包喂丝的工艺实践[J].特殊钢,2006(2):54~56.

[148] 李晶,傅杰,王平. LF 过程中喂 Al 线速度的计算[J]. 特殊钢,2001(2):17~19.

[149] 张建,姜钧普,周国平,等. 钢包喂 Ca-Si 线工艺参数的优化研究[J]. 钢铁,1998(7).

[150] 韩志军,林平,刘浏. 20CrMnTiH 齿轮钢钙处理热力学[J]. 钢铁,2007(9):33.

[151] Heinke R. Kinetic Model for the Formation of CaO and CaS in Aluminum Deoxidized Steel by Calcium Treatment. Steel Research,1987,58:162~166.

[152] 王厚昕,姜周华,李阳,等. 喂 SiCaBa 包芯线对钢中夹杂物变性的影响[J]. 钢铁研究学报,2004(2):17~21.

[153] 宋延沛,李秉哲,朱景芝,等. 稀土复合变质剂对高碳高速钢性能及组织的影响[J]. 钢铁研究学报,2001(6):31.

[154] 马春生,于华财,刘宝忠. 稀土镁硅合金在沸腾钢中的应用[J]. 钢铁,1998,33(5).

[155] 张胜军,宋波,王碧燕,等. 铁液中稀土(La、Ce、Y)脱氧产物的尺寸和分布[J]. 钢铁研究学报,2002(4):16.

[156] 刘宏宾,苗利湘. 论稀土材料的现状与发展[J]. 湖南冶金,2002(3):4.

[157] 陈林,杨希,王文君. 稀土微合金元素对 U71Mn,REⅡ重轨钢动态再结晶的影响[J]. 中国稀土学报,2009(3):431.

[158] 马杰,刘芳. 稀土元素在钢中的作用及对钢性能的影响[J]. 钢铁研究,2009(3):54.

[159] 王厚昕,姜周华,李阳,等. 含钡合金对硬线钢的脱氧试验[J]. 特殊钢,2003(5):19.

[160] 杜成武,朱苗勇,董世泽,等. 硅铝钡铁合金在炼钢中的脱氧研究[J]. 钛合金,2003(2):169.

[161] 李阳,姜周华,姜茂发. 含钡合金在钢液中的脱氧行为研究[J]. 炼钢,2003(3):26.

[162] 李尚兵,王谦,何生平. 低碳钢镁合金脱氧的研究[J]. 特殊钢,2007(1):32

[163] 陈斌,姜敏,王灿国,等. Mg 在超纯净钢中应用的理论探索[J]. 钢铁,2007(7):30~32.

[164] 陈斌,包萨日娜,姜敏. 镁提高钢水洁净度的研究[J]. 钢铁研究学报,2008(6):15~18.

[165] 缪新德,于春梅,石超民,等. 轴承钢中钙铝酸盐夹杂物的形成及控制[J]. 北京科技大学学报,2007(8):772.

[166] 高运明,郭兴敏,周国治. 熔渣中氧传递机理的研究[J]. 钢铁研究学报,2004(4):1~5.

[167] 李海波,林伟,王新华,等. 铝脱氧钢中尖晶石夹杂物的生成与转变[J]. 特殊钢,2007(3):30.

[168] 张鉴. 冶金熔体和溶液的计算热力学[M]. 北京:冶金工业出版社,2007.

[169] 李素芹,朱荣,王新华,等. 含 BaO 渣系精炼极低硫钢的动力学[J]. 北京科技大学学报,2003,25(6):520~523.

[170] 李桂荣,王宏明. 含 B₂O₃ 无氟无害连铸保护渣物理性能研究[J]. 特殊钢,2005,26(3):12~14.

[171] 李桂荣,王宏明,黄成兵. Ba₂O₃ 在 CaO-BaO-SiO₂-Al₂O₃-CaF₂ 精炼渣中的作用[J]. 炼钢,2007(1):24~26

[172] 陈斌,姜敏,包萨日娜,等. C₁₂A₇ 炉渣与合金钢液平衡时的 Al 行为[J]. 炼钢,2008(3):33~35.

[173] 陈俊锋,李广田,李文献. LF 预熔精炼渣成分优化的研究[J]. 材料与冶金学报,2003(3):174.

[174] 刘新生,赵宏欣,吕晓芳. 12CaO·7Al₂O₃ 预熔渣在精炼过程中的粉化问题[J]. 炼钢,2006(6):18.

[175] 李京社,唐海燕,孙开明. 硫容量模型和在五元渣系 CaO-SiO₂-MgO-Al₂O₃-FeO 中的应用[J]. 钢铁研究学报,2009(2):10.

[176] 杨吉春,王宏明,李桂荣. Li₂O、Na₂O、K₂O、BaO 对 CaO 基钢包渣系性能影响的实验研究[J]. 炼钢,2002(2):35~36.

[177] 李宗强,薛正良,张海峰,等. CaF₂ 对铝酸钙预熔精炼渣系预熔特性和脱硫的影响[J]. 中国冶金,2007(1):47.

[178] 李波,魏季和,张学军. CaO-CaF₂ 对钢包精炼顶渣性能的影响[J]. 中国冶金,2008(5):5~8.

[179] 阮小江,姜周华,龚伟. 精炼渣对轴承钢中氧含量和夹杂物的影响[J]. 特殊钢,2008(1):1~3.

[180] 张贺艳,姜周华,王文忠,等. BaO 和 Na₂O 对 LF 精炼钢水回磷的影响[J]. 2002(1):14.

[181] 战东平,姜周华,梁连科,等. 150 吨 EAF-LF 预熔精炼渣脱硫试验研究[J]. 炼钢,2003(2):48.

[182] 汤曙光. 精炼渣组成对冶金效果的影响[J]. 炼钢,2001(4):29~31.

[183] 陈家祥.炼钢常用图表数据手册[M].北京:冶金工业出版社,1984.

[184] 李广田,陈俊锋,李文献,等.多功能预熔精炼渣的研制和应用[J].特殊钢,2004(2):47~50.

[185] 龚坚,王庆祥.钢液钙处理的热力学分析[J].炼钢,2003(3):56~60.

[186] 林伟.炉外精炼用碱性白渣的特性[J].炼钢,2004(3):14.

[187] 李阳,姜周华,袁伟霞,等.精炼渣对非铝脱氧钢夹杂物影响的试验研究[J].中国冶金,2006(6):28~33.

[188] 孙毅杰,熊银成.炼钢用复合化渣剂的开发与应用[J].炼钢,2001(5):28~30.

[189] 杜松林.转炉两步脱氧工艺技术研究[J].钢铁,2005(4):32~34.

[190] 吕春风,尚德礼,于广文.钛脱氧钢中针状铁素体的形成[J].鞍钢技术,2008(4):32.

[191] 潘贻芳,凌遵峰,王宝明.无氟预熔 LF 精炼渣的开发与应用研究[J].钢铁,2006(10):23~25.

[192] 薛正良,胡志刚,阎小平.弱脱氧钢水脱硫工艺研究[J].钢铁,2008(6):23~25.

[193] 刘浏.炉外精炼工艺技术的发展[J].炼钢,2001(4):2.

[194] 宋满堂,王会忠,徐明.转炉矩形坯连铸生产 GCr15 钢的试验[J].炼钢,2009(1):1.

[195] 韩乃川,杨素波,等.炼钢脱氧工艺现状及改进攀钢脱氧工艺的建议[J].钢铁钒钛,2000(6).

[196] 卓晓军,王立峰,王新华,等.帘线钢中 CaO-SiO$_2$ – Al$_2$O$_3$ 类夹杂物成分的控制[J].钢铁研究学报,2005(4):26~29.

[197] 袁方明,王新华,等.连铸中间包水口堵塞的数值模拟[J].金属学报,2006(10):1109~1114.

[198] 王庆祥,吴雄,喻承欢,等.浸入式水口堵塞的机理及其改善措施[J].钢铁,2005(2):34~35.

[199] 张邦文,李保卫,贺友多.金属熔体中夹杂物的生长动力学[J].钢铁研究学报,2005(6):19~22.

[200] 魏军.BOF–LF–CSP 生产低碳铝镇静钢夹杂物行为研究[D].北京科技大学博士论文,2005,3.

[201] 张才贵,赵国光,程乃良.浇铸钙处理钢水堵水口原因分析及工艺改进[J].炼钢,2007(1):9~12.

[202] 蔡开科,孙彦辉,秦哲.浇注过程中间包水口堵塞现象[J].连铸,2007(6):1~8.

[203] 蔡开科.转炉-精炼-连铸过程钢中氧的控制[J].钢铁,2004,8:49~57.

[204] 张立峰,蔡开科.BOF-RH-CC 生产纯净钢研究报告[J].北京科技大学学报,1998(5):73.

[205] 赵海民,惠卫军,聂义宏,等.夹杂物尺寸对 60Si2CrVA 高强度弹簧钢的高周疲劳性能的影响[J].钢铁,2008(5):66.

[206] 李洪春,孙维华.济钢用稀土处理含钛钢的工业实践[J].钢铁,2001(9):18~20.

[207] 何燕霖,李麟.计算热力学在钢中非金属夹杂物研究中的应用[J].上海金属,2004(1):1~6.

[208] 王宝明,潘贻芳,田雷,等.含铝钢连铸时中间包水口结瘤物的成因分析[J].炼钢,2008(6):41~46.

[209] 贺智勇,李林,刘开琪.国内浸入式水口材质和防堵塞技术的发展[J].中国冶金,2007(10):1~5.

[210] 陆青林,郑少波,裘旭迪,等.钢中微量 Mg 对轴承钢中碳化物的影响[J].上海金属,2008(6):30~35.

[211] 宁林新,李宏,张炯明,等.钢中夹杂物的分形维数[J].钢铁研究学报,2005(6):59~62.

[212] 高文芳,赵继宇,易卫东.钢中非金属夹杂物塑性化研究[J].炼钢,2008(6):22~25.

[213] 岳强,陈舟,邹宗树.钢液中非金属夹杂物团聚的机理分析[J].钢铁,2008(11):37~41.

[214] Allner F W,Fritz E.氧气转炉炼钢的发展[J].中国冶金,2002(6):38~41.

[215] 陈超,秦筠.纽约世贸中心用厚板钢剖析及对宝钢建筑用厚板开发的启示[J].宝钢技术,2003(2):34.

[216] 孙决定,袁宇峰.我国 IF 钢的研究与生产[J].冶金信息导刊,2006(5):5~7.

[217] 李正邦.真空冶金新进展[J].特殊钢,1999(4).

[218] 冯杰,张红文.炼钢基础知识[M].北京:冶金工业出版社,2005:63~100.

[219] 徐曾啟.炉外精炼[M].北京:冶金工业出版社,2003:86~87.

[220] 唐萍,温光华,漆鑫.LF 炉埋弧精炼渣的研究[J].钢铁,2004(1):24~26.

[221] 迪林,王平,傅杰.LF 炉埋弧泡沫渣实验研究[J].特殊钢,1999(3):24~26.

[222] 龚坚,王丽萍.45 号钢连铸定径水口结瘤分析[J].连铸,2004,3:22~23.

[223] 德国钢铁工程师协会,王俭,等译.渣图集[M].北京:冶金工业出版社 2000:1~150.

[224] 张立峰,王新华.连铸钢中的夹杂物[J].山东冶金,2004(6):1~5.

[225] 刘浏.炉外精炼工艺技术的发展[J].炼钢,2001(4):1~3.

[226] 金炎,毕学工,傅连春.钢液中 Al_2O_3 夹杂物生成与去除的数学模型[J].炼钢,2005(4):31~36.

[227] 张晓兵.钢液脱氧和氧化物夹杂控制的热力学模型[J].金属学报,2004(5):509~514.

[228] 马中庭,王福明,魏利娟.钢液连铸工艺中水口阻塞的定量描述[J].中国稀土学报,2002(20卷专刊)444~446.

[229] 薛正良,于学斌,刘振清.钢帘线用高碳钢(82B)氧化物夹杂控制热力学[J].炼钢,2002(2):31~34.

[230] 薛正良,李正邦,张家雯.钢的脱氧与氧化物夹杂控制[J].特殊钢,2001(6):24~26.

[231] 薛正良,李正邦,张家雯.改善弹簧钢中氧化物夹杂物形态的热力学条件[J].钢铁研究学报,2000(6):20~25.

[232] 薛正良,李正邦,张家雯.不同脱氧条件下弹簧钢氧化物夹杂的性质和形貌[J].特殊钢,2001(3):24~28.

[233] 薛正良,李正邦,张家雯.硅脱氧钢中氧化物夹杂 Al_2O_3 含量控制热力学基础[J].中国稀土学报,2002,20:57~60.

[234] 王世俊,张峰,刘晓晨,等.钢包渣改质剂在 LF 上生产 Q345C 钢的应用[J].炼钢,2008(2):7~11.

[235] 栗红,吕志升,修国涛,等.钢包水口絮流分析[J].鞍钢技术,2008(6):44~48.

[236] 袁方明,王新华,杨学富.钙元素对钢液相线温度的影响[J].特殊钢,2006(3):32~34.

[237] 高振波,梁海庆,吴坚,等.钙处理工艺对低碳冷镦钢洁净度的影响[J].北京科技大学学报,2007(8):785~788.

[238] 职建军.钙处理对连铸钢浇铸性能的影响[J].上海金属,2004(3):34~38.

[239] 李国忠,简龙,陈伟庆.钙处理对含 0.048%~0.065%S 中碳结构钢中硫化物的影响[J].特殊钢,2006(3):23~26.

[240] 汤曙光,焦兴利.复合脱氧剂对钢力学性能影响的研究[J].钢铁,2002,11:59~62.

[241] 包萨日娜,陈斌,姜敏,等.超低氧钢中同时降低[Al],[O]实验研究[J].钢铁,2007(6):30~33.

[242] 于学斌,吴健鹏,时启龙,等.残钙量对夹杂物变形效果的影响[J].炼钢,2006(1):49~51.

[243] 顾克井,魏军,蔡开科,等.72A 钢非金属夹杂物行为[J].北京科技大学学报,2003(1):27~30.

[244] 李海波,李宏,王新华.20CrMoH 钢精炼过程中 T[O]和夹杂物的研究[J].钢铁,2007(10):43~47.

[245] 张婷,包燕平,崔衡,等.210 吨复吹转炉-CAS 精炼-连铸流程生产低碳铝镇静钢的洁净度[J].特殊钢,2008(2):60~63.

[246] 乐可襄,周云,李杰,王世俊,等.CAS-OB 钢包内钢水流场和均匀混合时间[J].钢铁研究学报,2006(2):5~8.

[247] 裴风娟,陈伟庆,杨荣光,等.CAS-OB 精炼浸入罩的蚀损机理[J].上海金属,2007(3):38~40.

[248] 金友林,包燕平.CAS 精炼钢包中气泡运动行为研究[J].钢铁,2008(4):31~35.

[249] 王喆,陈仕华,等.LATS 法——经济简洁的钢水精炼工艺[J].上海金属,2005(5):12~15.

[250] 王静,宋依新,许红玉.浇铸 CAS-OB 处理的非铝镇静钢水口堵塞原因分析[J].河北冶金,2008(3):6~8.

[251] 区铁,田义胜,柳志敏,等.气泡搅拌和炉渣成分对低碳钢水洁净度的影响[J].武钢技术,2007(3):6~8.

[252] 干磊,何平.深插入浸罩 CAS 钢包流场混合特性的水模型研究[J].特殊钢,2008(1):28~30.

[253] 田建国.应用非线性回归技术预测 CAS 终点钢水温度[J].炼钢,2006(1):19~23.

[254] 韩志军,林平,刘浏,等.20CrMnTiHI 齿轮钢钙处理热力学[J].钢铁,2007,42(9):34.

[255] 缪新德,于春梅,石超民,等.轴承钢中钙铝酸盐夹杂物的形成及控制[J].北京科技大学学报,2007(8):433.

[256] 杨海林,周前,韩铁水.VD 真空氧脱碳工艺[J].炼钢,2005(5):18~22.

[257] 张晓军,宁东,臧绍双.钢液 VD 真空处理脱氮数学模型[J].鞍钢技术,2008(5):27.

[258] 易继松,易学俊,刘汉绥.VD 过程的真空脱硫热力学[J].特殊钢,1999(5).

[259] 杨海林,周前,韩铁水,VD 真空氧脱碳工艺[J].炼钢,2005(5):18~21.

[260] 汪周勋,炼钢真空脱气系统泄漏的控制[J].炼钢,2001(3):31~12.

[261] 杨晓江,夏春学,王晓明,150t LF 快速脱硫工艺实践[J].炼钢,2006(1):16.

[262] 蒋国昌.纯净钢及二次精炼[M].上海:上海科学技术出版社,2006,8.

[263] 袁伟霞,等.LF 炉埋弧渣的开发及应用研究[C]//中国金属学会炼钢学会编.第九届全国炼钢学术会议论文集:24.

[264] 林功文.钢包炉精炼用渣的功能和配制[J].特殊钢,2001(6):28.

[265] 陈秀娟,郑少波,洪新.VD 炉内轴承钢中碳还原渣中 CaO 的热力学及影响因素分析[J].上海金属,2005(2):26~28.

[266] 焦兴利,范鼎东,鲍未强.ASEA – SKF 精炼炉 VD 处理过程钢水的脱氧[J].特殊钢,2001(1):48.

[267] 易继松,易学俊,刘汉绥.VD 过程的真空脱硫热力学[J].特殊钢,1999(5).

[268] 程官江,王三忠,刘海强,等.100t VD 精炼脱气工艺实践[C]//2004 年全国炼钢、轧钢生产技术会议文集,2004.

[269] 尹小东,黄宗泽,顾文兵.VD 生产低碳/超低碳钢的现状及在宝钢的开发前景[J].宝钢技术,2005(1):35.

[270] 汪明东.130t RH 脱碳模型建立及超低碳钢处理工艺优化[J].炼钢,2003(4):15.

[271] 蒋兴元,魏季和,温丽娟,等.150t RH 装置内钢液的流动和混合特性及吹气管直径的影响[J].上海金属,2007(3):34.

[272] 任子平,姜茂发,孙群,等.IF 钢的深度脱碳[J].钢铁研究学报,2005(4).

[273] 张锦刚,李德刚,于功力,等.IF 钢生产过程中 RH – TB 真空脱碳效果的工艺研究[J].钢铁,2006(6):33.

[274] 杨秀,章奉山.RH – KTB 工艺生产超低碳钢[J].钢铁研究,2004(2):15.

[275] 林利平,田义胜.RH – KTB 技术在武钢二炼钢厂的应用实践[J].武钢技术,2003(3):15.

[276] 章奉山,朱万军,刘振清,等.RH – KTB 深脱氮工艺试验研究[J].钢铁,2006(4):31.

[277] 溧阳洲,张大德,薛念福,等.RH – MFB 真空处理工艺技术[J].钢铁钒钛,2001(3):44.

[278] 于华财,宋满堂,林东.RH – TB 精炼工艺优化[J].炼钢,2005(4):1~5.

[279] 艾立群,蔡开科.RH 处理过程钢液脱硫[J].炼钢,2001(3):53.

[280] 黄成红,于学斌.RH 精炼过程中钢液成分和温度均匀化的研究[J].炼钢,2005(2):22~25.

[281] 徐国群.RH 精炼技术的应用与发展[J].炼钢,2006(2):12.

[282] 韩海鹰,贾斌,陈义胜,等.RH 真空处理过程中钢包内钢水流动及其对脱碳的影响[J].包头钢铁学院学报,2000(2):149.

[283] 李宝宽,霍慧芳,栾叶君,等.RH 真空精炼系统气液两项循环的均相流模型[J].金属学报,2005(1):60~66.

[284] 金永刚,许海虹,朱苗勇.RH 真空脱气动力学过程的物理模拟研究[J].炼钢,2000(5):39.

[285] 尹国才,秦玲玲.马钢 RH – KTB 流场的数值模拟[J].中国冶金,2007(1):39.

[286] 李成林,胡江.宝钢二炼钢 RH 脱碳推定模型的研发和应用[J].宝钢技术,2004(6):44.

[287] 周鉴,彭明耀,彭其春,等.涟钢 RH – MFB 精炼过程氮的行为研究[J].武汉科技大学学报,2009(1):29.

[288] 耿佃桥,雷洪,郝冀成.不同浸渍管参数下 RH 装置内钢液流动行为[J].钢铁,2008(2):36.

[289] 张朝生,译.日本用 RH 装置大量生产超低碳钢的技术[J].武钢技术,2000(6):56.

[290] 刘建功,张钏,刘良田.武钢 RH 多功能真空精炼技术开发[J].炼钢,1999(1).

[291] 赵启云,李炳源.RH 用氧技术的发展与应用[J].炼钢,2001(5):54.

[292] 刘浏. RH 真空精炼工艺与装备技术的发展[J]. 钢铁,2006(8):1～8.

[293] 雷洪,王地君.130t RH 真空脱氢工艺分析与应用[J]. 炼钢,2007(2):18.

[294] 温丽娟,魏季和,蒋兴元,等. 钢液 RH 精炼过程中的喷粉脱硫[J]. 上海金属,2005(4):54～56.

[295] 顾文兵,黄宗泽,尹小东. VD 精炼脱碳过程的工艺因素分析[J]. 钢铁研究学报,2006(8):18～24.

[296] 张彩军,蔡开科,袁伟霞,等. 管线钢的性能要求与炼钢生产特点[J]. 炼钢,2002(5):40～44.

[297] 刘川汉. 重轨钢炉外精炼技术[J]. 炼钢,2000(3):56～58.

[298] 潘秀兰,李震,王艳红,等. 国内外纯净钢生产先进技术[J]. 炼钢,2007(1):44.

[299] 赵李平,王勇,王鸿盛. 连铸中间包水口堵塞问题的研究现状[J]. 炼钢,2007(2):59.

[300] 臧晓俊,潘学军,朱丽云. LD→LF→CC 工艺控制过程氧含量变化的研究[J]. 炼钢,2007(5):18.

[301] 彭其春,李源源,杨成威. CSP 生产 Q235B 和 SPHC 钢洁净度的研究[J]. 炼钢,2007(3):45.

[302] 李博. 宝钢二炼钢新建 300t LF 的设计特点[J]. 炼钢,2007(3):57.

[303] 任毅,张帅,王爽. 组织形貌对 X80 管线钢性能影响[J]. 北京科技大学学报,2007(8):799.

[304] 姜进强,张东力. 高效 RH 新工艺开发应用[J]. 山东冶金,2008(4):1～5.

[305] 高珊,郑磊. 高强度高韧性 X80 管线钢的研制与应用[J]. 宝钢技术,2007(2):1～4.

[306] 罗海文,董瀚. 高级别管线钢 X80～X120 的研发与应用[J]. 中国冶金,2006(4):9～11.

[307] 宋满堂,王会忠,王新华. 极低硫 X70 钢的 LF 精炼工艺研究[J]. 钢铁,2008(12):38～41.

[308] 陈方玉.82B 线材笔尖状断裂形貌成因分析[J]. 武钢技术,2005(5):19.

[309] 肖桂枝,朱伏先,邸洪双.610MPa 级大型石油储罐用高强度钢板的开发[J]. 钢铁研究学报,2008(11):55～56.

[310] 徐光,张鑫强,薛正良. CSP 微合金高强度钢研究[J]. 武汉科技大学学报,2008(5):520～523.

[311] 王洪,刘小林,唐荻,等. D36 高强度船板钢的生产工艺[J]. 北京科技大学学报,2005(5):552～555.

[312] 肖鸿光,贺道中. HSL450S 海底管线钢的开发[J]. 特殊钢,2007(6):63～65.

[313] 颜慧成,仇圣桃,刘家琪,等. LF 精炼 SPHC 钢硼微合金化工艺[J]. 钢铁研究学报,2007(9):17～20.

[314] 岳峰,崔衡,包燕平,等. Ti－IF 钢中夹杂物的行为[J]. 炼钢,2009(4):9～12.

[315] 杨才福,张永权,柳书平. 钒、氮微合金化钢筋的强化机制[J]. 钢铁,2001,5(36):56.

[316] 姜善玉. X60 管线钢板的研制[J]. 中国冶金,2005(7):39.

[317] David John Milbourn. 采用不同微合金化工艺制备的 X65 管线钢与同类管线钢的比较[D]//2007 中国钢铁年会论文集,2007.

[318] 薛小怀,杨淑芳,吴鲁海,等. X80 管线钢的研究进展[J]. 上海金属,2004(2):45.

[319] 黄国建,徐烽,郭惠久. 鞍钢 X60 管线钢热轧卷板的研制与应用[J]. 鞍钢技术,2004(5):17.

[320] 刘仁东,周丹,郭惠久. 鞍钢含铌汽车板和高强船板钢的开发[J]. 鞍钢技术,2004(4):10.

[321] 高惠临. 管线钢合金设计及其研究进展[J]. 焊管,2009(5):5～11.

[322] 徐祖耀. 钢的组织控制与设计(一)[J]. 上海金属,2007(1):1～7.

[323] 徐祖耀. 钢的组织控制与设计(二)[J]. 上海金属,2007(2):1～7.

[324] 余蓉,吴玮,郭永铭,等. 钢帘线钢的生产与发展[J]. 特殊钢,2005(6):1～6.

[325] TaKhide Senuma. 钢铁工业中关于沉淀析出研究的现状和前景[J]. 鞍钢技术,2004(3):59～61.

[326] 王春明,鲁强,吴杏芳. 管线钢的合金设计[J]. 鞍钢技术,2004(6):22.

[327] 潘秀兰,王艳红,梁慧智,等. 国内外超低碳 IF 钢炼钢工艺分析[J]. 鞍钢技术,2009(1):5～9.

[328] 张宪. 我国轴承钢的质量状况[J]. 物理测试,2004(6):1～6.

[329] 宋志敏,张虹. 我国轴承钢生产及质量现状[J]. 钢铁研究学报,2000(4):58～61.

[330] 高扬,刘永长. 我国轴承钢线材的专业化生产[J]. 特殊钢,2001(4):26～28.

[331] 苑少强,刘义,梁国俐. 微量 Nb 在低碳微合金钢中的作用机理[J]. 河北冶金,2008(1):7～10.

[332] 虞明全. 轴承钢钢种系列的发展状况[J]. 上海金属,2008(5):49～53.

[333] 于桂玲,苗红生,刘惠民. 轴承钢的脱氧工艺优化[J]. 炼钢,2001(1):27～30.

[334] 周德光,傅杰,李晶,等.轴承钢中镁的控制及作用研究[J].钢铁,2002,7(37):23~25.

[335] 邵主彪.转炉生产高碳硬线钢的工艺实践[J].河南冶金,2006,14(增刊):156~159.

[336] 吴杰,刘振清.转炉冶炼超低碳、超低氮钢的工艺技术[J].特殊钢,2005(4):56~59.

[337] 郝宁,王新华,王海涛.氧气转炉出钢脱硫-LF精炼生产超低硫钢的工艺[J].特殊钢,2006.(6):44~47.

冶金工业出版社部分图书推荐

书　名	定价（元）
炉外精炼及铁水预处理实用技术手册	146.00
电炉钢水的炉外精炼技术	49.00
炉外精炼	30.00
铁水预处理与钢水炉外精炼	39.00
LF 精炼技术	35.00
炉外精炼用耐火材料（第 2 版）	20.00
氧气转炉炼钢工艺与设备	42.00
炼钢氧枪技术	58.00
转炉炼钢生产技术	25.00
转炉炼钢功能性辅助材料	40.00
转炉炼钢实训	35.00
转炉炼钢生产	58.00
电炉炼钢 500 问（第 2 版）	25.00
电弧炉炼钢工艺与设备（第 2 版）	35.00
电炉炼钢除尘	45.00
电炉炼钢除尘与节能问答	29.00
连铸及炉外精炼自动化技术	52.00
连铸坯质量控制	69.00
连铸坯质量研究	36.00
连铸连轧理论与实践	32.00
连铸及炉外精炼自动化技术	52.00
实用连铸冶金技术	35.00
连铸结晶器保护渣应用技术	50.00
连铸结晶器	69.00
低倍检验在连铸生产中的应用和图谱	70.00
连铸电磁搅拌和电磁制动的理论及实践	36.00
薄板坯连铸连轧（第 2 版）	45.00
现代电炉—薄板坯连铸连轧	98.00
薄板坯连铸连轧钢的组织性能控制	79.00
薄板坯连铸装备及生产技术	48.00
炼钢常用图表数据手册（第 2 版）	249.00
现代电炉炼钢生产技术手册	98.00
现代连续铸钢实用手册	248.00
洁净钢——洁净钢生产工艺技术	65.00
洁净钢生产的中间包技术	39.00
钢铁冶金及材料制备新技术	28.00
钢铁冶金的环保与节能（第 2 版）	56.00